# ARM 体系结构与编程

## (第 3 版)

陈长生　编　著

清华大学出版社
北　京

## 内 容 简 介

ARM 处理器是一种 16/32 位的高性能、低成本、低功耗的嵌入式 RISC 微处理器，由 ARM 公司设计，然后授权给各半导体厂商生产，它目前已经成为应用最为广泛的嵌入式处理器。

本书分为 16 章，对 ARM 处理器的体系结构、指令系统和开发工具进行了较全面的介绍。其中包括 ARM 体系结构、ARM 程序设计模型、ARM 汇编语言程序设计、ARM C/C++编译器、ARM 连接器的使用、ARM 集成开发环境 CodeWarrior IDE 及高性能调试工具 ADW 的使用。此外还介绍一些典型的基于 ARM 体系的嵌入式应用系统设计的基本技术。最后讲述了 STM32 微控制器应用开发和自动驾驶系统应用开发。通过阅读本书，读者可以掌握开发基于 ARM 应用系统各方面的知识。

本书可作为学习 ARM 技术的材料，也可作为嵌入式系统开发人员的参考手册。



**图书在版编目(CIP)数据**

ARM 体系结构与编程 / 陈长生编著. -- 3 版. --北京 ：清华大学出版社, 2025. 7.
ISBN 978-7-302-69428-1
Ⅰ. TP332
中国国家版本馆 CIP 数据核字第 2025DG4414 号

**责任编辑**：张彦青
**封面设计**：李　坤
**责任校对**：李玉萍
**责任印制**：刘海龙
**出版发行**：清华大学出版社
网　　址：https://www.tup.com.cn, https://www.wqxuetang.com
地　　址：北京清华大学学研大厦 A 座　　邮　　编：100084
社 总 机：010-83470000　　邮　　购：010-62786544
投稿与读者服务：010-62776969, c-service@tup.tsinghua.edu.cn
质量反馈：010-62772015, zhiliang@tup.tsinghua.edu.cn
印 装 者：北京同文印刷有限责任公司
经　　销：全国新华书店
开　　本：185mm×260mm　　印　张：32　　字　数：778 千字
版　　次：2003 年 2 月第 1 版　2025 年 8 月第 3 版　　印　次：2025 年 8 月第 1 次印刷
定　　价：69.00 元

---

产品编号：107361-01

# 前 言

嵌入式系统是指以应用为中心，以计算机技术为基础，软硬件可裁剪，适应应用系统对功能、可靠性、成本、体积和功耗严格要求的专用计算机系统。

嵌入式系统并不是最近出现的新技术，只是随着微电子技术和计算机技术的发展，微控制芯片功能越来越强大，嵌入微控制芯片的设备和系统也越来越多，从而使得这种技术越来越引人注目。嵌入式系统与通用的计算机系统既有相似之处，也有明显的区别。通常，嵌入式系统中的系统程序(包括操作系统)与应用程序是浑然一体的，这些程序被编译连接成一个可执行的二进制映像文件(Image)，这个二进制映像文件被固化在系统中，在系统复位后自动执行。嵌入式系统的开发系统与实际运行的系统并不相同，需要交叉编译系统和适当的调试系统。

ARM 嵌入式处理器是一种高性能、低功耗的 RISC 芯片。它由英国 ARM 公司设计，世界上几乎所有的主要半导体厂商都生产基于 ARM 体系结构的通用芯片，或在其专用芯片中嵌入 ARM 相关技术。如 TI、Motorola、Intel、NS、Philips、Altera、Agilent、Atmel、Hynix、Sharp、Triscend、NEC、Cirrus Logic、Samsung 和 LinkUp 等公司都有相应的产品。目前 ARM 芯片广泛应用于无线产品、PDA、GPS、网络、消费电子产品、STB 及智能卡中，基于 ARM 内核的处理器年产量突破 90 亿个，已经成为业界的龙头。本书较全面地介绍基于 ARM 技术的嵌入式应用系统的开发技术。

### 1. 本书的主要读者

本书对 ARM 处理器的体系结构、指令系统、开发工具做了较全面的介绍。并在此基础上讨论一些典型的基于 ARM 体系嵌入式应用系统设计时的基本技术。通过阅读本书，读者可以掌握开发基于 ARM 应用系统各方面的知识。它可作为学习 ARM 技术的材料，也可作为嵌入式系统开发人员的参考手册。

### 2. 本书的主要内容

本书以可执行的二进制映像文件为中心，介绍基于 ARM 微处理器的嵌入式系统的开发过程所涉及的知识，主要包括以下几部分内容。

- Image 文件的“原材料”，包括*.c、*.h、*.obj、*.asm 及*.lib 文件。这些文件包括操作系统，通常以*.lib 形式提供，也有一些操作系统附属的源代码，可以是*.c、*.h、*.asm；BSP(其实也是操作系统的一部分，因为它对于不同的计算机主板是不同的，这里将其单独列出)，它通常为*.c、*.h、*.asm；语言库(如 C 语言运行库)，通常为*.lib；用户自己的应用程序，通常为*.c、*.h、*.asm。

  本书将对应地介绍 ARM 体系结构；ARM 指令系统；ARM 汇编语言，对应于*.asm 文件；ARM C 语言的独特部分(与标准 C 相同的部分这里不再介绍)，对应于*.c；ARM 编程指南；ARM 编译器使用。

本书还将介绍 ARM 公司提供的集成开发环境 CodeWarrior IDE 的使用方法。

- Image 文件各部分的组织方法以及在内存中的安排。
  本书将对应地介绍 ELF 格式映像文件的组成、ARM 连接器的使用、程序在 ROM 中的存放技术。
- Image 文件中各部分的功能。
  本书将对应地介绍一个嵌入式系统各部分的功能，着重介绍系统启动部分的设计。这部分内容是嵌入式系统涉及的难点，将通过一些实例来介绍。
- Image 的调试。
  本书主要介绍 ARM 公司的调试工具 ADW 的使用方法，同时将介绍嵌入式系统的基本调试方法。

### 3. 本书的结构安排

全书包括 16 章。各章主要内容说明如下。

第 1 章简要介绍 ARM 公司的情况以及基于 ARM 技术的嵌入式系统的应用情况，比较详细地介绍了 ARM 系列处理器及其特点，并介绍了 ARM 的寄存器及其使用方法、ARM 的存储系统和异常中断等知识。通过对本章的学习，读者可以对 ARM 技术有一个总体了解。

第 2 章简要介绍了 ARM 指令集和主要寻址方式。通过学习本章，读者能够详细了解 ARM 指令集的相关知识，同时能够掌握 ARM 指令的寻址方式，为下一章学习各种 ARM 指令集打下坚实的基础。

第 3 章详细介绍了 ARM 指令集。通过介绍各指令的编码格式、语法格式、执行的操作以及应用方法，向读者全面阐述了 ARM 指令集的用法，同时通过介绍一些常用的 ARM 指令代码段，帮助读者进一步理解各指令的应用方法，从而使读者能够快速理解和掌握 ARM 指令的应用，为进行嵌入式编程积累经验。

第 4 章介绍 ARM 汇编语言程序设计的基本方法以及 ARM 汇编器 armasm 的使用方法。其中包括 ARM 汇编语言中的伪操作(Directives)、宏指令(Pseudo-instruction)、汇编语言格式、armasm 的使用方法以及一些汇编语言程序示例。通过这些介绍，读者可以掌握 ARM 汇编语言设计的方法。

第 5 章介绍 ARM 体系的存储系统。在一个嵌入式系统中，存储系统是非常重要的一部分。这里将介绍 ARM 体系中用于存储管理的协处理器 CP15、存储管理单元 MMU、写缓冲以及高速缓存、快速上下文切换技术，还将介绍有关存储系统的程序设计。并以 LinkUp 公司 ARM 处理器芯片 L7210 中的存储系统为例，介绍 ARM 存储系统的设计技术。其中没有介绍存储保护单元 MPU，这是因为 MPU 更简单，而 MMU 的应用更为广泛。本章对于虚拟存储技术、缓冲技术以及高速缓存技术都将做比较详细的介绍，使那些从事基于低端单片机应用的开发人员更容易理解 ARM 体系中存储系统的设计技术。

第 6 章介绍 ARM/Thumb 过程调用的标准。为了能使单独编译的 C 语言程序和汇编程序之间能够相互调用，必须为子程序间的调用制定一定的规则。ATPCS 规定了 ARM 程序和 Thumb 程序中子程序调用的基本规则。这些基本规则包括子程序调用过程中寄存器的使用规则、数据栈的使用规则和参数的传递规则等。同时，该章还将介绍支持数据栈检查的 ATPCS 以及与代码/数据位置无关的 ATPCS。

第 7 章介绍 ARM 程序和 Thumb 程序混合使用的方法。如果程序遵守支持 ARM 程序和 Thumb 程序混合使用的 ATPCS，则程序中的 ARM 子程序和 Thumb 子程序可以相互调用。对于 C/C++源程序而言，只要在编译时指定-apcs /interwork 选项，编译器生成的代码就遵守支持 ARM 程序和 Thumb 程序混合使用的 ATPCS。而对于汇编源程序而言，用户必须保证编写的代码遵守支持 ARM 程序和 Thumb 程序混合使用的 ATPCS。该章还将介绍相关的选项和编程技术。

第 8 章介绍 ARM 汇编程序以及 C/C++程序之间相互调用的技术。其中将介绍 C 编译器中内嵌的汇编器的使用方法。

第 9 章详细介绍 ARM 体系中的异常中断技术。其中包括异常中断处理的过程，各种异常中断处理的进入和返回机制，在应用程序中使用异常中断处理的方法以及各种异常中断的详细使用技术。

第 10 章主要介绍 ARM 体系中 C/C++语言程序设计的基本知识。其中包括 ARM C/C++语言的一些特性、ARM C/C++编译器的使用方法，以及 ARM C/C++运行时库的使用方法。通过这些介绍，可以使读者掌握开发嵌入式 C/C++应用程序的基本知识和方法，进一步了解嵌入式应用系统的特点。

第 11 章介绍如何由目标文件以及库文件得到可执行的映像文件。其中包括 ELF 格式的可执行映像文件的组成、ARM 连接器的使用方法，以及连接过程所执行的各种操作。最后通过一些实例介绍在映像文件中各部分内容的地址映射关系。

第 12 章介绍嵌入式应用程序设计的基本知识，然后通过几个示例具体说明嵌入式应用程序的设计方法。对于每个示例，不仅详细介绍程序设计的要点，而且介绍如何使用 ARM 开发工具编译、连接这些程序，生成映像文件。该章是对前面几章知识的综合应用。

第 13 章介绍 CodeWarrior IDE 集成开发环境的使用方法。其中着重介绍在 CodeWarrior IDE 中工程项目的使用方法，以及生成目标的设置方法。这些知识是使用 CodeWarrior IDE 进行应用程序开发时最为重要的部分。

第 14 章介绍 ARM 体系的调试系统和 ARM 公司的高性能调试工具 ADW 的使用方法。ADW 的功能非常多，本书并不是一本专门介绍 ADW 的书。因而只是介绍其中的一些基本功能和嵌入式系统的基本调试方法。

第 15 章介绍 STM32 微控制器应用开发知识，包括 STM32 的开发环境、STM32 软件开发环境 MDK-ARM 的安装、STM32CubeMX 的安装、建立第一个工程和 LED 流水灯设计。

第 16 章介绍自动驾驶系统应用开发知识，包括自动驾驶系统分析、智能小车循迹子系统开发、循迹系统实现、智能小车调速模块应用开发，由于篇幅限制的需要，本章为电子版，读者可以扫描章首页的二维码阅读。

4. 阅读本书时的注意事项

在嵌入式应用系统的开发技术中，涉及很多名词术语，本书主要使用在国内单片机技术领域中通用的一些名词术语，但仍有一些 ARM 体系中特有的名词术语较难翻译。本书中有很多词是按照其技术含义来表达的，而不是按单词直接翻译。同时，对于一些名词术语，本书在括号内给出了其英文名称，便于读者理解。

对于 ARM 指令系统，本书给出了详细的介绍，希望该部分能作为 ARM 汇编程序开发人员的参考资料，提高工作效率。

本书由陈长生老师负责编写和统稿，参与编写的还有刘伟老师。其中，刘伟编写了第 7～11 章，其余部分均由陈长生编写。由于作者水平有限，书中疏漏之处在所难免，在感谢你选择本书的同时，也希望你能够把对本书的意见和建议告诉我们。

编　者

# 目　录

# 第 1 章　ARM 概述及其基本编程模型

ARM 公司既不生产芯片也不销售芯片，它只进行芯片技术授权。采用 ARM 技术 IP 核(智能知识产权核)的微处理器遍及汽车、消费电子、成像、工业控制、海量存储、网络、物联网、安保等各类产品市场。目前，基于 ARM 技术的处理器已经占据 32 位 RISC 芯片 80%以上的市场份额。可以说，ARM 技术无处不在。

## 1.1　ARM 技术的应用领域及其特点

### 1.1.1　ARM 技术的应用领域

ARM 应用场景广泛且多样化，几乎覆盖了现代科技的各个领域。

#### 1. 移动智能终端

ARM 架构在智能手机和平板电脑等移动智能终端领域具有广泛的应用。由于 ARM 处理器具有低功耗、高性能的特点，使得移动设备的续航能力得到显著提升，同时保证了流畅的用户体验。如今市场上的大部分主流移动智能终端均采用 ARM 架构的处理器，为用户提供丰富的功能和便捷的操作体验。

#### 2. 嵌入式系统

在嵌入式系统领域，ARM 架构同样表现出色。嵌入式系统广泛应用于各种智能设备中，如智能手表、智能眼镜等可穿戴设备，以及智能家电、智能门锁等家居产品。ARM 处理器能够满足这些设备对低功耗、集成度和实时性能的需求，为嵌入式系统的发展提供了强大的支持。

#### 3. 物联网设备

随着物联网技术的不断发展，ARM 架构在物联网设备中的应用也越来越广泛。物联网设备包括各种传感器、控制器和执行器等，它们需要具备低功耗、可靠性和实时通信的能力。ARM 处理器正是满足了这些需求，为物联网设备提供了稳定的硬件平台，推动了物联网应用的快速发展。

#### 4. 智能家居系统

在智能家居系统中，ARM 技术也发挥着重要作用。智能家居系统通过整合各种智能设备和传感器，实现家庭环境的智能化控制和管理。ARM 处理器作为智能家居系统的核心部件，能够确保系统的稳定运行和高效通信，提升了家庭生活的便捷性和舒适度。

#### 5. 工业自动化设备

在工业领域，ARM 架构的处理器被广泛应用于工业自动化设备中。这些设备需要实

现高精度、高可靠性和实时控制的功能，ARM 处理器能够满足这些要求，为工业自动化设备的稳定运行提供了保障。同时，ARM 处理器的低功耗特性也有助于降低工业设备的运行成本和维护成本。

#### 6. 汽车电子系统

在汽车电子系统中，ARM 技术同样扮演着重要角色。随着汽车智能化和网联化的发展，汽车电子系统对处理器的性能要求越来越高。ARM 处理器能够满足汽车电子系统对高性能、低功耗和实时性的需求，为汽车的安全驾驶和智能化功能提供了可靠的硬件支持。

#### 7. 云计算与服务器

在云计算和服务器领域，ARM 架构也逐渐崭露头角。随着云计算技术的普及和数据中心规模的扩大，对服务器的能效比和性能要求不断提高。ARM 处理器以其低功耗和高性能的特点，在云计算和服务器领域得到了广泛应用，为数据中心提供了更加高效和环保的解决方案。

#### 8. 安全与加密应用

在安全与加密应用方面，ARM 架构同样具有显著优势。ARM 处理器内置的安全功能和加密引擎能够提供强大的安全保障，保护敏感数据和隐私信息不被泄露。这使得 ARM 处理器在金融、医疗、政府等需要高度安全性的领域得到了广泛应用，为这些领域的信息安全提供了有力保障。

随着技术的不断进步和应用场景的不断拓展，ARM 架构将继续发挥其在低功耗、高性能和安全性方面的优势，为现代科技的发展提供强大的支持。

### 1.1.2 ARM 技术的特点

#### 1. 低功耗

ARM 处理器设计之初就非常注重能效比，这使得它在电池供电的设备中特别受欢迎，如手机、平板电脑和可穿戴设备。其低功耗特性延长了设备的使用时间。

#### 2. RISC 架构

ARM 采用精简指令集计算机(RISC)架构，这意味着它使用更少的指令完成任务，相比复杂指令集计算机(CISC)，它可以提高处理效率并降低能耗。

#### 3. 高度可配置性

ARM 提供一系列可授权的 CPU 核心设计，允许制造商根据特定应用的需求选择或定制处理器内核，从低端的嵌入式系统到高端的服务器芯片都有覆盖。

#### 4. 生态系统广泛

ARM 拥有庞大的生态系统，包括软件开发者、硬件制造商、工具链提供商等，这保证了 ARM 架构的广泛应用和发展。

### 5. 兼容性与扩展性

ARM 架构保证了向前和向后的兼容性，使得旧的软件可以在新的处理器上运行，同时也便于开发者为未来的产品开发软件。此外，ARM 架构易于扩展，支持多核、多处理器系统设计。

### 6. 小型化

ARM 处理器通常占用较少的物理空间，这使得它们适合集成到空间有限的设备中，如手机和可穿戴设备等。

### 7. 成本效益

由于设计的简洁性和制造的标准化，基于 ARM 的芯片生产成本相对较低，这对大量生产和消费类电子产品尤为重要。

### 8. 高性能

随着技术的进步，现代 ARM 处理器在保持低功耗的同时，也能提供与桌面级处理器相媲美的计算性能，尤其是在单线程和特定任务上。

## 1.2　ARM 体系结构的版本及命名方法

迄今为止，ARM 体系结构已经定义了多个版本，从低版本到高版本，ARM 体系的指令集功能不断扩大。下面主要以 9 个版本为例，介绍 ARM 体系结构中不同版本指令集的特点，以及各版本包含的一些变种的特点。

## 1.2.1　ARM 体系结构的版本

ARM 体系结构的 9 个版本(V1～V9)的特点如下。

### 1. 版本 1(V1)

该版本在 ARM1 中实现，但没有在商业产品中使用。它包括下列指令。

- 基本数据处理指令(不包括乘法)。
- 字节、字以及半字加载/存储指令(Load/Store)。
- 分支(branch)指令，包括用于子程序调用的分支与链接(branch-and-link)指令。
- 软件中断指令 SWI，被用于操作系统调用。

版本 1 中，地址空间是 26 位，目前已不再使用。

### 2. 版本 2(V2)

与版本 1 相比，版本 2 增加了下列指令。

- 乘法指令和乘加法指令(multiply & multiply-accumulate)。
- 支持协处理器的指令。
- 对于 FIQ 模式，提供了额外的两个备份寄存器。

- 原子性(atomic)加载/存储指令 SWP 和 SWPB。

版本 2 中，地址空间是 26 位，目前已不再使用。

### 3. 版本 3(V3)

版本 3 较以前的版本发生了较大的变化。主要改进部分如下。

- 新增 32 位寻址能力。处理器的地址空间扩展到了 32 位，但除了版本 3G(版本 3 的一个变种)外的其他版本是向前兼容的，支持 26 位的地址空间。
- 当前程序状态信息从原来的 R15 寄存器转移到一个新的寄存器中，新寄存器名为 CPSR(Current Program Status Register，当前程序状态寄存器)。
- 增加了 SPSR(Saved Program Status Register，备份的程序状态寄存器)，用于在程序异常中断时，保存被中断程序的状态。
- 增加了两种异常模式，使操作系统代码可以方便地使用数据访问中止异常、指令预取中止异常和未定义指令异常。
- 增加了指令 MRS 和指令 MSR，用于访问 CPSR 寄存器和 SPSR 寄存器。
- 修改了原来的从异常中返回的指令。

### 4. 版本 4(V4)

与版本 3 相比，版本 4 增加了下列指令。

- 半字的读取和写入指令。
- 有符号字节的 load 和 store 指令。
- 增加了 T 变种，可以使处理器状态切换到 Thumb 状态，在该状态下指令集是 16 位的 Thumb 压缩指令集。
- 增加了处理器的特权模式。在该模式下，使用的是用户模式下的寄存器。

另外，在版本 4 中明确定义了哪些指令会引起未定义指令异常。版本 4 不再强制要求与以前的 26 位地址空间兼容。

### 5. 版本 5(V5)

与版本 4 相比，版本 5 增加或者修改了下列指令。

- 提高了 T 变种中 ARM/Thumb 混合使用的效率。
- 对于 T 变种的指令和非 T 变种的指令使用相同的代码生成技术。

同时，版本 5 还具有以下特点。

- 增加了前导零计数(Count Leading Zeros)指令，该指令可以使整数除法和中断优先级排队操作更为有效。
- 增加了软件断点指令(BKPT)。
- 为协处理器设计提供了更多的可选择指令。
- 更加严格地定义了乘法指令对条件标志位的影响。

### 6. 版本 6(V6)

版本 6 的主要特点是增加了 SIMD 功能扩展。它适合使用电池供电的高性能便携式设备。这些设备一方面需要处理器提供高性能，另一方面又需要功耗很低。SIMD(single instruction multiple datastreams，单指令流，多数据流)功能扩展为包括音频/视频处理在内的应用系统提供了优化功能，可以使音频/视频处理性能提高 4 倍。

7. 版本 7(V7)

- ARMv7 架构是在 ARMv6 架构的基础上诞生的。
- 采用了 Thumb-2 技术。该技术是在 ARM 的 Thumb 代码压缩技术的基础上发展起来的，并且保持了对现存 ARM 解决方案的完整的代码兼容性。Thumb-2 技术比纯 32 位代码少使用 31%的内存，减小了系统开销。同时能够提供比已有的基于 Thumb 技术解决方案高出 38%的性能。
- 采用了 NEON 技术，将 DSP 和媒体处理能力提高了近 4 倍，并支持改良的浮点运算，满足下一代 3D 图形、游戏物理应用以及传统嵌入式控制应用的需求。
- 支持改良的运行环境，以迎合不断增加的 JIT(Just In Time)和 DAC(Dynamic Adaptive Compilation)技术的使用。
- 对早期的 ARM 处理器软件也提供很好的兼容性。
- ARMv7 架构定义了三大分工明确的系列：A 系列面向尖端的基于虚拟内存的操作系统和用户应用；R 系列针对实时系统；M 系列对微控制器和低成本应用提供优化。

8. 版本 8(V8)

ARMv8-A 将 64 位架构支持引入 ARM 架构中，其中包括：

- 64 位通用寄存器、SP(堆栈指针)和 PC(程序计数器)；
- 64 位数据处理和扩展的虚拟寻址。

两种主要执行状态：

- AArch64——64 位执行状态，包括该状态的异常模型、内存模型、程序员模型和指令集支持；
- AArch32——32 位执行状态，包括该状态的异常模型、内存模型、程序员模型和指令集支持。

这些执行状态支持以下三个主要指令集。

- A32(或 ARM)：32 位固定长度指令集，通过不同架构变体增强部分 32 位架构执行环境，现在称为 AArch32。
- T32 (Thumb)是以 16 位固定长度指令集的形式引入的，随后在引入 Thumb-2 技术时增强为 16 位和 32 位混合长度指令集。部分 32 位架构执行环境现在称为 AArch32。
- A64：提供与 ARM 和 Thumb 指令集类似功能的 64 位固定长度指令集。随 ARMv8-A 一起引入，它是一种 AArch64 指令集。

9. 版本 9(V9)

2021 年，在 ARMv8 发布 10 年后，ARM 公司发布了 ARMv9 架构。自推出 ARMv9 架构以来，ARM 发布了一系列架构扩展，旨在通过添加指令集内实现的指令来构建该产品，以期在未来两代移动和基础设施 CPU 中，将 CPU 性能提高 30%以上，并且在未来 10

年内成为下一个 3000 亿芯片的计算平台。

- 指针认证代码。ARMv9 的核心功能之一是指针认证代码[PAC]。作为 AArch64 ARMv8-A 的一部分被 ARM 引入的指针认证方案旨在使攻击者更难修改内存中受保护的指针而不被检测到。
- 分支目标识别。ARM 还包括分支目标识别[BTI]，该分支目标识别作为 ARMv8.5 安全扩展的一部分，已扩展到 ARMv9。这提供了间接分支及其目标周围的控制流完整性[CFI]，从而有助于限制针对设备的 JOP 攻击次数。
- 特权访问禁止。被称为 PAN 的 Privileged Access Never 是针对 ARMv8 64 位规范的内存访问保护中检测到的漏洞而引入的。其目的是防止对用户数据的特权访问，除非将其明确启用为安全机制以防止可能的攻击。
- 矢量指令。ARM 在矢量支持领域引入了广泛的新技术。基于向量的数学在高速计算中至关重要，尤其是在图像分析、生物特征安全和密码学等领域。ARM 架构的矢量指令始于 ARM NEON 和单指令/多数据[SIMD]指令，这些指令通过可扩展矢量扩展[SVE]在整个 ARMv8 中得到了增强。ARMv9 还引入了 SVE2，SVE2 通过 ARMv9.2 中的可伸缩矩阵扩展[SME]进一步扩展。此外，ARM 还添加了一些新的通用矩阵乘法[GEM]指令，以减少带宽内存。
- 机密计算，又名“领域内存扩展”。ARM 公司在 ARMv9 中添加其机密计算功能有助于为隔离、机密性和真实性提供硬件基础，可与 TrustZone 技术媲美。机密计算旨在通过将计算置于基于硬件的安全性能中，保护部分代码和数据在使用过程中不被访问或修改，甚至不被授权软件访问或修改。机密计算体系结构[CCA]基于在一个独立于安全和非安全环境的区域中工作，从而能够保护敏感数据和代码不管是在使用中、静止中还是在传输中都不受系统其他部分的影响。

## 1.2.2 ARM 体系的变种

这里将某些特定功能称为 ARM 体系的某种变种(variant)，例如支持 Thumb 指令集，称为 T 变种。目前 ARM 定义了以下变种。

### 1. Thumb 指令集(T 变种)

Thumb 指令集是将 ARM 指令集的一个子集重新编码而形成的一个指令集。ARM 指令长度为 32 位，Thumb 指令长度为 16 位。这样，使用 Thumb 指令集可以得到密度更高的代码，这对于需要严格控制产品成本的设计是非常有意义的。

(1) 与 ARM 指令集相比，Thumb 指令集具有以下局限性。

- 完成相同的操作，Thumb 指令通常需要更多的指令。因此，在对系统运行时间要求苛刻的应用场合，ARM 指令集更为适合。
- Thumb 指令集没有包含进行异常处理时需要的一些指令，因此在异常中断的低级处理中，仍然需要使用 ARM 指令。这种限制决定了 Thumb 指令需要与 ARM 指令配合使用。对于支持 Thumb 指令的 ARM 体系版本，使用字符 T 来表示。

(2) 相关 Thumb 指令集版本的示例如下。

- Thumb 指令集版本 1。用于 ARM 体系版本 4 的 T 变种。

- Thumb 指令集版本 2。用于 ARM 体系版本 5 的 T 变种。

(3) 与版本 1 相比，Thumb 指令集的版本 2 具有以下特点。

- 通过增加指令和对已有指令的修改，提高 ARM 指令和 Thumb 指令混合使用时的效率。
- 增加了软件断点指令。
- 更加严格地定义了 Thumb 乘法指令对条件标志位的影响。

这些特点与 ARM 体系版本 4 到版本 5 进行的扩展密切相关。实际上，通常并不使用 Thumb 版本号，而是使用相应的 ARM 版本号。

### 2. 长乘法指令(M 变种)

M 变种增加了两条用于进行长乘法操作的 ARM 指令。其中一条指令用于实现 32 位整数乘以 32 位整数，生成 64 位整数的长乘法操作；另一条指令用于实现 32 位整数乘以 32 位整数，然后再加上 32 位整数，生成 64 位整数的长乘加操作。在需要这种长乘法的应用场合，M 变种很适合。

然而，在有些应用场合中，乘法操作的性能并不重要，但对于尺寸要求很苛刻，在系统实现时就不适合增加 M 变种的功能。

M 变种首先在 ARM 体系版本 3 中引入。如果没有上述设计方面的限制，在 ARM 体系版本 4 及其以后的版本中，M 变种是系统中的标准部分。对于支持长乘法 ARM 指令的 ARM 体系版本，使用字符 M 来表示。

### 3. 增强型 DSP 指令(E 变种)

E 变种包含了一些附加的指令，这些指令用于增强处理器对一些典型的 DSP 算法的处理性能。主要包括以下指令。

- 几条新的实现 16 位数据乘法和乘加操作的指令。
- 实现饱和的带符号数的加减法操作的指令。所谓饱和的带符号数的加减法操作，是指在加减法操作溢出时，结果并不进行卷绕(Wrapping Around)，而是使用最大的整数或最小的负数来表示。
- 进行双字数据操作的指令，包括双字读取指令 LDRD、双字写入指令 STRD 和协处理器的寄存器传输指令 MCRR/MRRC。
- Cache 预取指令 PLD。

E 变种首先在 ARM 体系版本 5T 中使用，用字符 E 表示。在 ARM 体系版本 5 以前的版本中，以及在非 M 变种和非 T 变种的版本中，E 变种是无效的。

### 4. Java 加速器 Jazelle(J 变种)

ARM 的 Jazelle 技术将 Java 的优势和先进的 32 位 RISC 芯片完美地结合在一起。Jazelle 技术提供了 Java 加速功能，可以得到比普通 Java 虚拟机高得多的性能。与普通的 Java 虚拟机相比，Jazelle 使 Java 代码运行速度提高了 8 倍，而功耗降低了 80%。

Jazelle 技术使得程序员可以在一个单独的处理器上同时运行 Java 应用程序、已经建立好的操作系统、中间件以及其他的应用程序。与使用协处理器和双处理器相比，使用单独的处理器可以在提供高性能的同时，保证低功耗和低成本。

J 变种首先在 ARM 体系版本 4TEJ 中使用，用字符 J 表示 J 变种。

5. ARM 媒体功能扩展(SIMD 变种)

ARM 媒体功能扩展为嵌入式应用系统提供了高性能的音频/视频处理技术。

新一代的 Internet 应用系统、移动电话和 PDA 等设备需要提供高性能的流式媒体，包括音频和视频等；而且这些设备需要提供更加人性化的界面，包括语音识别和手写输入识别等。这样，就要求处理器能够提供很强的数字信号处理能力，同时还必须保持低功耗，以延长电池的使用时间。ARM 的 SIMD 媒体功能扩展为这些应用系统提供了解决方案。它为包括音频/视频处理在内的应用系统提供了优化功能，可以使音频/视频处理性能提高 4 倍。

(1) ARM 媒体功能扩展的主要特点如下。

- 将音频/视频处理性能提高了 2～4 倍。
- 可以同时进行 2 个 16 位操作数或者 4 个 8 位操作数的运算。
- 提供了小数算术运算。
- 用户可以定义饱和运算的模式。
- 两套 16 位操作数的乘加/乘减运算。
- 32 位乘以 32 位的小数 MAC。
- 同时 8 位/16 位选择操作。

(2) ARM 媒体功能扩展的主要应用领域如下。

- Internet 应用系统。
- 流式媒体应用系统。
- MPEG4 编码/解码系统。
- 语音和手写输入识别。
- FFT 处理。
- 复杂的算术运算。
- Viterbi 处理。

### 1.2.3 ARM/Thumb 体系版本的命名格式

表示 ARM/Thumb 体系版本的字符串是由下面几部分组成的。

- 字符串 ARMv。
- ARM 指令集版本号。例如 1～9 的数字字符。
- 表示变种的字符。由于在 ARM 体系版本 4 以后，M 变种成为系统的标准功能，字符 M 通常不需要列出来。
- 使用字符 x 表示排除某种写功能。比如，在早期的一些 E 变种中，未包含双字读取指令 LDRD、双字写入指令 STRD、协处理器的寄存器传输指令 MCRR/MRRC 以及 Cache 预取指令 PLD。这种 E 变种记作 ExP，其中 x 表示缺少，P 代表上述的几种指令。

例如，有效的 ARM/Thumb 体系版本名称及其含义如表 1.1 和表 1.2 所列。这些名称描述了各版本的具体特点。

表 1.1　有效的 ARM/Thumb 体系版本名称及其含义(1)

| 名　称 | ARM 指令集版本号 | Thumb 指令集版本号 | M 变种 | E 变种 |
|---|---|---|---|---|
| ARMv3 | 3 | 无 | 否 | 否 |
| ARMv3M | 3 | 无 | 是 | 否 |
| ARMv4xM | 4 | 无 | 否 | 否 |
| ARMv4 | 4 | 无 | 是 | 否 |
| ARMv4TxM | 4 | 1 | 否 | 否 |
| ARMv4T | 4 | 1 | 是 | 否 |
| ARMv5xM | 5 | 无 | 否 | 否 |
| ARMv5 | 5 | 无 | 是 | 否 |
| ARMv5TxM | 5 | 2 | 否 | 否 |
| ARMv5T | 5 | 2 | 是 | 否 |
| ARMv5TexP | 5 | 2 | 是 | 处理 LDRD、MCRR、MRRC、PLD、STRD 指令外的指令 |
| ARMv5TE | 5 | 2 | 是 | 是 |

表 1.2　有效的 ARM/Thumb 体系版本名称及其含义(2)

| 名　称 | T 变种 | E 变种 | J 变种 | SIMD 变种 |
|---|---|---|---|---|
| ARMv5TEJ | 是 | 是 | 是 | 否 |
| ARMv6 | 是 | 是 | 是 | 是 |
| ARMv7 | 是 | 是 | 是 | 是 |
| ARMv8 | 是 | 是 | 是 | 是 |
| ARMv9 | 是 | 是 | 是 | 是 |

## 1.3　ARM 处理器系列

ARM 处理器包含下面几个系列的处理器产品以及其他厂商实现的基于 ARM 体系结构的处理器。

- ARM7 系列。
- ARM9 系列。
- ARM9E 系列。
- ARM10E 系列。
- SecurCore 系列。
- Intel 的 Xscale。
- Intel 的 StrongARM。

这些处理器最高性能达到了 800 MIPS，功耗数量级为 mW/MHz。对于支持同样 ARM 体系版本的处理器，其软件是兼容的。这些处理器广泛应用于以下领域。

- 开放应用平台。包括无线系统、消费产品以及成像设备等。
- 实时嵌入式应用。包括存储设备、汽车、工业和网络设备。
- 安全系统。包括信用卡和 SIM 卡等。

下面简要介绍各种处理器的特点。

## 1.3.1　ARM7 系列

ARM7 系列处理器是低功耗的 32 位 RISC 处理器，主要用于对功耗和成本要求比较苛刻的消费类产品。其最高主频可以达到 130 MIPS。ARM7 系列处理器支持 16 位的 Thumb 指令集，使用 Thumb 指令集可以用 16 位的系统开销得到 32 位的系统性能。

ARM7 系列包括 ARM7TDMI、ARM7TDMI-S、ARM7EJ-S 和 ARM720T 四种类型，主要用于适应不同的市场需求。

(1) ARM7 系列处理器具体应用于以下场合。

- 个人音频设备(MP3 播放器、WMA 播放器、AAC 播放器)。
- 接入级的无线设备。
- 喷墨打印机。
- 数字照相机。
- PDA。

(2) ARM7 系列处理器具有以下主要特点。

- 成熟的大批量的 32 位 RISC 芯片。
- 最高主频达到 130 MIPS。
- 功耗很低。
- 代码密度很高，兼容 16 位的微处理器。
- 得到广泛的操作系统和实时操作系统的支持，包括 Windows CE、Palm OS、Symbian OS、Linux 以及其他业界领先的实时操作系统。
- 众多的开发工具。
- EDA 仿真模型。
- 优秀的调试机制。
- 业界众多领先的 IC 制造商生产这类芯片。
- 提供 0.25 μm、0.18 μm 及 0.13 μm 的生产工艺。
- 代码与 ARM9 系列、ARM9E、ARM10E 兼容。

## 1.3.2　ARM9 系列

ARM9 系列处理器使用 ARM9TDMI 处理器核，其中包含了 16 位的 Thumb 指令集。使用 Thumb 指令集可以用 16 位的系统开销得到 32 位的系统性能。

ARM9 系列包括 ARM920T、ARM922T 和 ARM940T 三种类型，主要用于适应不同的市场需求。

(1) ARM9 系列处理器具体应用于以下场合。

- 下一代的无线设备，包括视频电话和 PDA 等。
- 数字消费品，包括机顶盒、家庭网关、MP3 播放器和 MPEG4 播放器等。
- 成像设备，包括打印机、数字照相机和数字摄像机等。
- 汽车、通信和信息系统。

(2) ARM9 系列处理器具有以下主要特点。

- 支持 32 位 ARM 指令集和 16 位 Thumb 指令集的 32 位 RISC 处理器。
- 五级整数流水线。
- 单一的 32 位 AMBA 总线接口。
- MMU 支持 Windows CE、Palm OS、Symbian OS、Linux 等。
- MPU 支持实时操作系统，包括 VxWorks。
- 统一的数据 Cache 和指令 Cache。
- 提供 0.18 μm、0.15 μm 及 0.13 μm 的生产工艺。

## 1.3.3 ARM9E 系列

ARM9E 系列处理器使用单一的处理器内核，提供了微控制器、DSP、Java 应用系统的解决方案，从而极大地减小了芯片的尺寸以及复杂程度，降低了功耗，缩短了产品面世时间。ARM9E 系列处理器提供了增强的 DSP 处理能力，非常适合那些需要同时使用 DSP 和微控制器的应用场合。其中的 ARM926EJ-S 包含了 Jazelle 技术，可以通过硬件直接运行 Java 代码，提高了系统运行 Java 代码的性能。

ARM9E 系列包括 ARM926EJ-S、ARM946E-S 和 ARM966E-S 三种类型，用于适应不同的市场需求。

(1) ARM9E 系列处理器具体应用在以下场合。

- 下一代的无线设备，包括视频电话和 PDA 等。
- 数字消费品，包括机顶盒、家庭网关、MP3 播放器和 MPEG4 播放器等。
- 成像设备，包括打印机、数字照相机和数字摄像机等。
- 存储设备，包括 DVD 与 HDD 等。
- 工业控制，包括马达控制和能量控制等。
- 汽车，通信和信息系统的 ABS 和车体控制等。
- 网络设备，包括 VoIP、Wireless LAN、xDSL 等。

(2) ARM9E 系列处理器具有以下特点。

- 支持 32 位的 ARM 指令集和 16 位的 Thumb 指令集的 32 位 RISC 处理器。
- 包括了 DSP 指令集。
- 五级整数流水线。
- 在典型的 0.13 μm 工艺下，性能可以达到 300 MIPS。
- 集成的实时跟踪和调试功能。
- 单一的 32 位 AMBA 总线接口。
- 可选的 VFP9 浮点处理协处理器。
- 在实时控制和三维图像处理时，性能可达到 215 MFLOPS。

- 高性能的 AHB 系统。
- MMU 支持 Windows CE、Palm OS、Symbian OS、Linux 等。
- MPU 支持实时操作系统，包括 VxWorks。
- 统一的数据 Cache 和指令 Cache。
- 提供 0.18 μm、0.15 μm 及 0.13 μm 的生产工艺。

## 1.3.4 ARM10E 系列

ARM10E 系列处理器具有性能高和功耗低的特点。它所采用的新的体系使其在所有 ARM 产品中具有最高的 MIPS/MHz。ARM10E 系列处理器采用了新的节能模式，提供了 64 位的读取/写入(Load/Store)体系，支持包括向量操作的满足 IEEE 754 的浮点运算协处理器，系统集成更加方便，拥有完整的硬件和软件可开发工具。

ARM10E 系列包括 ARM1020E、ARM1022E 和 ARM1026EJ-S 三种类型，主要用于适应不同的市场需求。

(1) ARM10E 系列处理器具体应用于以下场合。

- 下一代的无线设备，包括视频电话、PDA、笔记本电脑和 Internet 设备等。
- 数字消费品，包括机顶盒、家庭网关、MP3 播放器和 MPEG4 播放器等。
- 成像设备，包括激光打印机、数字照相机和数字摄像机等。
- 工业控制，包括马达控制和能量控制等。
- 汽车，通信和信息系统等。

(2) ARM10E 系列处理器具有以下特点。

- 支持 32 位的 ARM 指令集和 16 位的 Thumb 指令集的 32 位 RISC 处理器。
- 包括了 DSP 指令集。
- 六级整数流水线。
- 在典型的 0.13 μm 工艺下，性能可以达到 400 MIPS。
- 单一的 32 位 AMBA 总线接口。
- 可选的 VFP10 浮点处理协处理器。
- 在实时控制和三维图像处理时性能可达到 650 MFLOPS。
- 高性能的 AHB 系统。
- MMU 支持 Windows CE、Palm OS、Symbian OS、Linux 等。
- 统一的数据 Cache 和指令 Cache。
- 提供 0.18 μm、0.15 μm 及 0.13 μm 的生产工艺。
- 并行读取/写入(load/store)部件。

## 1.3.5 SecurCore 系列

SecurCore 系列处理器提供了基于高性能的 32 位 RISC 技术的安全解决方案。SecurCore 系列处理器除了具有体积小、功耗低、代码密度大和性能高等特点外，还具有它自己的特别优势，即提供了安全解决方案的支持。

SecurCore 系列处理器具有以下特点。

- 支持 ARM 指令集和 Thumb 指令集，以提高代码的密度和系统性能。
- 采用软内核技术，以提供最大程度的灵活性，以及防止外部对其进行扫描探测。
- 提供了安全特性，抵制攻击。
- 提供面向智能卡的和低成本的存储保护单元(MPU)。
- 可以集成用户自己的安全特性和其他的协处理器。

SecurCore 系列包括 SecurCore SC100、SecurCore SC110、SecurCore SC200 和 SecurCore SC210 四种类型，主要用于适应不同的市场需求。

SecurCore 系列处理器主要应用于一些安全产品及应用系统，包括电子商务、电子银行业务、网络、移动媒体和认证系统等。

本章简单介绍 ARM 体系编程模型的一些基本概念，相关的知识在本书后面还有详细的介绍。

## 1.4　ARM 处理器的运行模式

ARM 处理器共有 7 种运行模式，如表 1.3 所示。

表 1.3　ARM 处理器的 7 种运行模式

| 处理器模式 | 描　述 |
| --- | --- |
| 用户模式(User，usr) | 正常程序执行的模式 |
| 快速中断模式(FIQ，fiq) | 用于高速数据传输和通道处理 |
| 外部中断模式(IRQ，irq) | 用于通常的中断处理 |
| 特权模式(Supervisor，svc) | 供操作系统使用的一种保护模式 |
| 数据访问中止模式(Abort，abt) | 用于虚拟存储及存储保护 |
| 未定义指令中止模式(Undefined，und) | 用于支持通过软件仿真硬件的协处理器 |
| 系统模式(System，sys) | 用于运行特权级的操作系统任务 |

除了用户模式之外的其他 6 种处理器模式称为特权模式(Privileged Modes)。在这些模式下，程序可以访问所有的系统资源，也可以任意地进行处理器模式的切换。其中，除系统模式外，其他 5 种特权模式又称为异常模式。

处理器模式可以通过软件控制进行切换，也可以通过外部中断或异常处理过程进行切换。大多数的用户程序运行在用户模式下。这时，应用程序不能够访问一些受操作系统保护的系统资源。应用程序也不能直接进行处理器模式的切换。当需要进行处理器模式切换时，应用程序可以产生异常处理，在异常处理过程中进行处理器模式的切换。这种体系结构可以使操作系统控制整个系统的资源。

当应用程序发生异常中断时，处理器进入相应的异常模式。在每一种异常模式中都有一组寄存器，供相应的异常处理程序使用，这样就可以保证在进入异常模式时，用户模式下的寄存器(保存了程序运行状态)不被破坏。

系统模式并不是通过异常过程进入的，它和用户模式具有完全一样的寄存器。但是系统模式属于特权模式，可以访问所有的系统资源，也可以直接进行处理器模式切换。它主要供操作系统任务使用。通常操作系统的任务需要访问所有的系统资源，同时该任务仍然使用用户模式的寄存器组，而不是使用异常模式下相应的寄存器组，这样可以保证当异常中断发生时任务状态不被破坏。

## 1.5 ARM 寄存器介绍

ARM 处理器共有 37 个寄存器。

- 31 个通用寄存器。包括程序计数器(PC)在内。这些寄存器都是 32 位寄存器。
- 6 个程序状态寄存器。这些寄存器都是 32 位寄存器，但目前只使用了其中 12 位。

ARM 处理器共有 7 种不同的处理器模式，在每一种处理器模式中有一组相应的寄存器组。任意时刻(也就是任意的处理器模式下)，可见的寄存器包括 15 个通用寄存器(R0～R14)、一个或两个状态寄存器及程序计数器(PC)。在所有的寄存器中，有些是各模式共用的同一个物理寄存器；有一些寄存器是各模式自己拥有的独立的物理寄存器。表 1.4 列出了各种处理器模式下可见的寄存器情况。

表 1.4 各种处理器模式下的寄存器

| 用户模式 | 系统模式 | 特权模式 | 数据访问中止模式 | 未定义指令中止模式 | 外部中断模式 | 快速中断模式 |
|---|---|---|---|---|---|---|
| R0 | R0 | R0 | R0 | R0 | R0 | R0 |
| R1 | R1 | R1 | R1 | R1 | R1 | R1 |
| R2 | R2 | R2 | R2 | R2 | R2 | R2 |
| R3 | R3 | R3 | R3 | R3 | R3 | R3 |
| R4 | R4 | R4 | R4 | R4 | R4 | R4 |
| R5 | R5 | R5 | R5 | R5 | R5 | R5 |
| R6 | R6 | R6 | R6 | R6 | R6 | R6 |
| R7 | R7 | R7 | R7 | R7 | R7 | R7 |
| R8 | R8 | R8 | R8 | R8 | R8 | R8_fiq |
| R9 | R9 | R9 | R9 | R9 | R9 | R9_fiq |
| R10 | R10 | R10 | R10 | R10 | R10 | R10_fiq |
| R11 | R11 | R11 | R11 | R11 | R11 | R11_fiq |
| R12 | R12 | R12 | R12 | R12 | R12 | R12_fiq |
| R13 | R13 | R13_svc | R13_abt | R13_und | R13_irq | R13_fiq |
| R14 | R14 | R14_svc | R14_abt | R14_und | R14_irq | R14_fiq |
| PC | PC | PC | PC | PC | PC | PC |
| CPSR | CPSR | CPSR | CPSR | CPSR | CPSR | CPSR |
| | | SPSR_svc | SPSR_abt | SPSR_und | SPSR_irq | SPSR_fiq |

## 1.5.1　通用寄存器

通用寄存器可以分为下面 3 类。

- 未备份寄存器(Unbanked Registers)，包括 R0～R7。
- 备份寄存器(Banked Registers)，包括 R8～R14。
- 程序计数器 PC，即 R15。

### 1. 未备份寄存器

未备份寄存器包括 R0～R7。对于每一个未备份寄存器来说，在所有的处理器模式下指的都是同一个物理寄存器。在异常中断造成处理器模式切换时，由于不同的处理器模式使用相同的物理寄存器，可能导致寄存器中数据被破坏。未备份寄存器没有被系统用于特别的用途，任何可采用通用寄存器的应用场合都可以使用未备份寄存器。

### 2. 备份寄存器

对于备份寄存器 R8～R12 来说，每个寄存器对应两个不同的物理寄存器。例如，当使用快速中断模式下的寄存器时，寄存器 R8 和寄存器 R9 分别记作 R8_fiq、R9_fiq；当使用用户模式下的寄存器时，寄存器 R8 和寄存器 R9 分别记作 R8_usr、R9_usr 等。在这两种情况下，使用的是不同的物理寄存器。系统没有将这几个寄存器用于任何特殊用途，但是当中断处理非常简单，仅仅使用 R8～R12 寄存器时，FIQ 处理程序则不必执行保存和恢复中断现场的指令，从而可以使中断处理过程非常迅速。

对于备份寄存器 R13 和 R14 来说，每个寄存器对应 6 个不同的物理寄存器，其中的一个是用户模式和系统模式共用的；另外的 5 个对应于其他 5 种处理器模式。采用下面的记号来区分各个物理寄存器：

```
R13_<mode>
```

其中，<mode>可以是下面几种模式之一：usr、svc、abt、und、irq 及 fiq。

寄存器 R13 在 ARM 中常用作栈指针。在 ARM 指令集中，这只是一种习惯的用法，并没有任何指令强制性地使用 R13 作为栈指针，用户也可以使用其他的寄存器作为栈指针；而在 Thumb 指令集中，有一些指令强制性地使用 R13 作为栈指针。

每一种异常模式拥有自己的物理的 R13。应用程序初始化该 R13，使其指向该异常模式专用的栈地址。当进入异常模式时，可以将需要使用的寄存器保存在 R13 所指的栈中；当退出异常处理程序时，将保存在 R13 所指的栈中的寄存器值弹出。这样就使异常处理程序不会破坏被其中断程序的运行现场。

寄存器 R14 又被称为连接寄存器(Link Register，LR)，在 ARM 体系中具有以下两种特殊的作用。

(1) 每一种处理器模式自己的物理 R14 中存放着当前子程序的返回地址。当通过 BL 或 BLX 指令调用子程序时，R14 被设置成该子程序的返回地址。在子程序中，当把 R14 的值复制到程序计数器 PC 中时，子程序即返回。可以通过下面两种方式实现这种子程序的返回操作。

① 执行下面任何一条指令：

```
MOV  PC, LR
BX    LR
```

② 在子程序入口使用下面的指令将 PC 保存到栈中：

```
STMFD  SP! ,{<registers>,LR}
```

相应地，下面的指令可以实现子程序返回：

```
LDMFD  SP! ,{<registers>,PC}
```

(2) 当异常中断发生时，该异常模式特定的物理 R14 被设置成该异常模式将要返回的地址，对于有些异常模式，R14 的值可能与将返回的地址有一个常数的偏移量。具体的返回方式与上面的子程序返回方式基本相同。

R14 寄存器也可以作为通用寄存器使用。

### 3. 程序计数器 R15

程序计数器 R15 又被记作 PC。它虽然可以作为一般的通用寄存器使用，但是有一些指令在使用 R15 时有一些特殊限制。当违反了这些限制时，该指令执行的结果将是不可预料的。

由于 ARM 采用流水线机制，当正确读取了 PC 的值时，该值为当前指令地址值加 8 个字节。也就是说，对于 ARM 指令集来说，PC 指向当前指令的下面两条指令的地址。由于 ARM 指令是字对齐的，PC 值的第 0 位和第 1 位总为 0。

需要注意的是，当使用指令 STR/STM 保存 R15 时，保存的可能是当前指令地址值加 8 字节，也可能保存的是当前指令地址加 12 字节。到底是哪种方式，取决于芯片的具体设计方式。无论如何，在同一芯片中，要么采用当前指令地址加 8，要么采用当前指令地址加 12，不能有些指令采用当前指令地址加 8，而另一些指令采用当前指令地址加 12。因此对于用户来说，尽量避免使用 STR/STM 指令来保存 R15 的值。当不可避免这种使用方式时，可以先通过一些代码来确定所用的芯片使用的是哪种实现方式。假设 R0 指向可用的一个内存字，下面的代码可以在 R0 指向的内存字中返回该芯片所采用的地址偏移量。

```
SUB  R1,PC,#4          ; R1 中存放下面 STR 指令的地址
STR  PC,[R0]           ; 将 PC=STR 地址加 offset 保存到 R0 中
LDR  R0,[R0]           ;
SUB  R0,R0,R1          ; offset=PC-STR 地址
```

在上面的讨论中，都是针对指令返回的值。该值并非是指令读取期间出现在数据总线上的值。在指令读取期间出现在数据总线上的值取决于芯片的具体实现方式。

当成功地向 R15 中写入一个地址数值时，程序将跳转到该地址执行。由于 ARM 指令是字对齐的，写入 R15 的地址值应该满足 bits[1:0]=0b00，至于具体的要求，ARM 各版本有以下不同。

- 对于 ARMv3 以及更低的版本，写入 R15 地址值的 bits[1:0]被忽略，即写入 R15 的地址值将和 0xFFFFFFFC 做与操作。
- 对于 ARMv4 以及更高的版本，程序必须保证写入 R15 寄存器的地址值的 bits[1:0]

为 0b00；否则将会产生不可预知的结果。

对于 Thumb 指令集来说，指令是半字对齐的。处理器将忽略 bit[0]，即写入 R15 的地址值首先与 0xFFFFFFFE 做与操作，再写入 R15 中。

还有一些指令对于 R15 的用法有一些特殊的要求。比如，指令 BX 利用 bit[0]来确定是 ARM 指令还是 Thumb 指令。

这种读取 PC 值和写入 PC 值的不对称的操作需要特别注意。这一点在以后的章节还有介绍。如指令“MOV PC, PC”将程序跳转到当前指令下面第 2 条指令处执行。因为指令中，第 2 个 PC 寄存器读出的值为当前指令的地址值加 8，这样对 ARM 指令而言，写入 PC 寄存器的是当前指令下面第 2 条指令的地址。类似的指令还有“ADD PC, PC, #0”。

## 1.5.2　程序状态寄存器

CPSR(当前程序状态寄存器)可以在任何处理器模式下被访问。它包含了条件标志位、中断禁止位、当前处理器模式标志以及其他的一些控制和状态位。每一种处理器模式下都有一个专用的物理状态寄存器，称为 SPSR(备份程序状态寄存器)。当特定的异常中断发生时，这个寄存器用于存放当前程序状态寄存器的内容。在异常中断程序退出时，可以用 SPSR 中保存的值来恢复 CPSR。

由于用户模式和系统模式不是异常中断模式，所以它们没有 SPSR。当在用户模式或系统模式中访问 SPSR 时，将会产生不可预知的结果。

CPSR 的格式如下所示。SPSR 格式与 CPSR 格式相同。

| 31 | 30 | 29 | 28 | 27 | 26　　　　　　　　7 | 6 | 5 | 4 | 3 | 2 | 1 | 0 |
|---|---|---|---|---|---|---|---|---|---|---|---|---|
| N | Z | C | V | Q | DNM(RAZ) | I | F | T | M4 | M3 | M2 | M1 | M0 |

### 1. 条件标志位

N(Negative)、Z(Zero)、C(Carry)及 V(oVerflow)统称为条件标志位。大部分的 ARM 指令可以根据 CPSR 中的这些条件标志位来选择性地执行。各条件标志位的具体含义如表 1.5 所示。

以下指令会影响 CPSR 中的条件标志位。

- 比较指令，如 CMP、CMN、TEQ 及 TST 等。
- 当一些算术运算指令和逻辑指令的目标寄存器不是 R15 时，这些指令会影响 CPSR 中的条件标志位。
- MSR 指令可以向 CPSR/SPSR 中写入新值。
- MRC 指令将 R15 作为目标寄存器时，可以把协处理器产生的条件标志位的值传送到 ARM 处理器。
- 一些 LDM 指令的变种指令可以将 SPSR 的值复制到 CPSR 中，这种操作主要用于从异常中断程序中返回。
- 一些带“位设置”的算术和逻辑指令的变种指令，也可以将 SPSR 的值复制到 CPSR 中，这种操作主要用于从异常中断程序中返回。

表 1.5　CPSR 中的条件标志位

| 标 志 位 | 含　义 |
| --- | --- |
| N | 本位设置成当前指令运算结果的 bit[31]的值。<br>当两个补码表示的有符号整数运算时，N=1 表示运算的结果为负数；N=0 表示运算的结果为正数或零 |
| Z | Z=1 表示运算的结果为零；Z=0 表示运算的结果不为零。<br>对于 CMP 指令，Z=1 表示进行比较的两个数大小相等 |
| C | 下面分 4 种情况讨论 C 的设置方法。<br>①在加法指令中(包括比较指令 CMN)，当结果产生了进位，则 C=1，表示无符号数运算发生上溢出；其他情况下 C=0。<br>②在减法指令中(包括比较指令 CMP)，当运算中发生借位，则 C=0，表示无符号数运算发生下溢出；其他情况下 C=1。<br>③对于包含移位操作的非加/减法运算指令，C 中包含最后一次被溢出的位的数值。<br>④对于其他非加/减法运算指令，C 位的值通常不受影响 |
| V | 对于加/减法运算指令，当操作数和运算结果为二进制的补码表示的带符号数时，V=1 表示符号位溢出。<br>通常其他的指令不影响 V 位，具体可参考各指令的说明 |

### 2. Q 标志位

在 ARMv5 的 E 系列处理器中，CPSR 的 bit[27]称为 Q 标志位，主要用于指示增强的 DSP 指令是否发生了溢出。同样 SPSR 中的 bit[27]也称为 Q 标志位，用于在异常中断发生时保存和恢复 CPSR 中的 Q 标志位。

在 ARMv5 以前的版本及 ARMv5 的非 E 系列的处理器中，Q 标志位没有被定义。CPSR 的 bit[27]属于 DNM(RAZ)。

### 3. 控制位

CPSR 的低 8 位 I、F、T 及 M[4:0]统称为控制位。当异常中断发生时，这些位发生变化。在特权级的处理器模式下，软件可以修改这些控制位。

(1)　中断禁止位

①　当 I=1 时，禁止 IRQ 中断。

②　当 F=1 时，禁止 FIQ 中断。

(2)　T 控制位

T 控制位用于控制指令执行的状态，即说明本指令是 ARM 指令还是 Thumb 指令。对于不同版本的 ARM 处理器，T 控制位的含义不同。

对于 ARMv3 以及更低的版本和 ARMv4 的非 T 系列版本的处理器，没有 ARM 状态和 Thumb 状态切换，T 控制位应为 0。

对于 ARMv4 以及更高版本的 T 系列的 ARM 处理器，T 控制位的含义如下。

①　T=0，表示执行 ARM 指令。

②　T=1，表示执行 Thumb 指令。

对于 ARMv5 以及更高版本的非 T 系列的 ARM 处理器，T 控制位的含义如下。

① T=0，表示执行 ARM 指令。

② T=1，表示强制下一条执行的指令产生未定义指令中断。

(3) M 控制位

控制位 M[4:0]控制处理器模式，具体含义如表 1.6 所示。

表 1.6　控制位 M[4:0]的含义

| M[4:0] | 处理器模式 | 可访问的寄存器 |
| --- | --- | --- |
| 0b10000 | User | PC，R14～R0，CPSR |
| 0b10001 | FIQ | PC，R14_fiq～R8_fiq，R7～R0，CPSR，SPSR_fiq |
| 0b10010 | IRQ | PC，R14_irq～R13_irq，R12～R0，CPSR，SPSR_irq |
| 0b10011 | Supervisor | PC，R14_svc～R13_svc，R12～R0，CPSR，SPSR_svc |
| 0b10111 | Abort | PC，R14_abt～R13_abt，R12～R0，CPSR，SPSR_abt |
| 0b11011 | Undefined | PC，R14_und～R7_und，R12～R0，CPSR，SPSR_und |
| 0b11111 | System | PC，R14～R0，CPSR(ARMv4 及更高版本) |

### 4. 其他位

CPSR 中的其他位用于将来 ARM 版本的扩展。应用软件不要操作这些位，以免与 ARM 将来版本的扩展冲突。

## 1.6　ARM 体系的异常中断

在 ARM 体系中，通常用以下 3 种方式控制程序的执行流程。

- 在正常程序执行过程中，每执行一条 ARM 指令，程序计数寄存器(PC)的值加 4 个字节；每执行一条 Thumb 指令，程序计数寄存器(PC)的值加两个字节。整个过程是按顺序执行的。
- 通过跳转指令，程序可以跳转到特定的地址标号处执行，或者跳转到特定的子程序处执行。其中，B 指令用于执行跳转操作；BL 指令在执行跳转操作的同时，保存子程序的返回地址；BX 指令在执行跳转操作的同时，根据目标地址的最低位可以将程序状态切换到 Thumb 状态；BLX 指令执行 3 个操作，跳转到目标地址处执行，保存子程序的返回地址，根据目标地址的最低位可以将程序状态切换到 Thumb 状态。
- 当异常中断发生时，系统执行完当前指令后，将跳转到相应的异常中断处理程序处执行。在异常中断处理程序执行完成后，程序返回到发生中断的指令的下一条指令处执行。在进入异常中断处理程序时，要保存被中断的程序的执行现场，在从异常中断处理程序退出时，要恢复被中断的程序的执行现场。

## 1.6.1 ARM 中异常中断的种类

ARM 体系中的异常中断如表 1.7 所示。

表 1.7 ARM 体系中的异常中断

| 异常中断名称 | 含 义 |
| --- | --- |
| 复位(Reset) | 当处理器的复位引脚有效时，系统产生复位异常中断，程序跳转到复位异常中断处理程序处执行。复位异常中断通常用于下面几种情况。<br>①系统加电时。<br>②系统复位时。<br>③跳转到复位中断向量处执行，称为软复位 |
| 未定义的指令<br>(Undefined Instruction) | 当 ARM 处理器或者是系统中的协处理器认为当前指令未定义时，产生未定义的指令异常中断。可以通过该异常中断机制仿真浮点向量运算 |
| 软件中断<br>(Software Interrupt，SWI) | 这是一个由用户定义的中断指令。可用于用户模式下的程序调用特权操作指令。在实时操作系统(RTOS)中可以通过该机制实现系统功能调用 |
| 指令预取中止<br>(Prefetch Abort) | 如果处理器预取的指令地址不存在，或者该地址不允许当前指令访问，当该被预取的指令执行时，处理器产生指令预取中止异常中断 |
| 数据访问中止(Data Abort) | 如果数据访问指令的目标地址不存在，或者该地址不允许当前指令访问，处理器产生数据访问中止异常中断 |
| 外部中断请求(IRQ) | 当处理器的外部中断请求引脚有效，而且 CPSR 寄存器的 I 控制位被清除时，处理器产生外部中断请求(IRQ)异常中断。系统中各外设一般通过该异常中断请求处理器服务 |
| 快速中断请求(FIQ) | 当处理器的外部快速中断请求引脚有效，而且 CPSR 寄存器的 F 控制位被清除时，处理器产生快速中断请求(FIQ)异常中断 |

各种异常中断都具有各自的备份寄存器组，在本章前面已经有了比较详细的介绍，这里不再重复。

当多个异常中断同时发生时，可以根据各异常中断的优先级选择响应优先级最高的异常中断。关于异常中断的优先级，将在第 9 章详细介绍。

## 1.6.2 ARM 处理器对异常中断的响应过程

ARM 处理器对异常中断的响应过程如下所述。

(1) 保存处理器当前状态、中断屏蔽位以及各条件标志位。这是通过将当前程序状态寄存器 CPSR 的内容保存到将要执行的异常中断对应的 SPSR 寄存器中实现的。各异常中断有自己的物理 SPSR 寄存器。

(2) 设置当前程序状态寄存器 CPSR 中相应的位。包括设置 CPSR 中的位，使处理器进入相应的执行模式；设置 CPSR 中的位，禁止 IRQ 中断，当进入 FIQ 模式时，禁止 FIQ 中断。

(3) 将寄存器 lr_mode 设置成返回地址。

(4) 将程序计数器(PC)设置成该异常中断的中断向量地址，从而跳转到相应的异常中断处理程序处执行。

上述的处理器对异常中断的响应过程可以用以下伪代码来描述：

```
R14_<exception_mode> = return link
SPSR_<exception_mode> = CPSR
CPSR[4:0] = exception mode number
/*当运行于 ARM 状态时 */
CPSR[5] = 0
/*当响应 FIQ 异常中断时，禁止新的 FIQ 中断 */
if <exception_mode> == Reset or FIQ then
CPSR[6] = 1
/*禁止新的 FIQ 中断*/
CPSR[7] = 1
PC = exception vector address
```

### 1.6.3　从异常中断处理程序中返回

从异常中断处理程序中返回包括以下两个基本操作。

(1)　恢复被中断的程序的处理器状态，即将 SPSR_mode 寄存器内容复制到 CPSR 中。

(2)　返回到发生异常中断的指令的下一条指令处执行，即把 lr_mode 寄存器的内容复制到程序计数器 PC 中。

实际上，当异常中断发生时，程序计数器 PC 所指的位置对于各种不同的异常中断是不同的。同样，返回地址对于各种不同的异常中断也是不同的。

## 1.7　ARM 体系中的存储系统

关于 ARM 体系的存储系统，在第 5 章会有详细的介绍。这里仅仅介绍 ARM 编程模型中与存储系统相关的一些概念。

### 1.7.1　ARM 体系中的存储空间

ARM 体系使用单一的地址空间。该地址空间的大小为 $2^{32}$ 个 8 位字节。这些字节单元的地址都是无符号的 32 位数值，取值范围是 $0\sim2^{32}-1$。

ARM 的地址空间也可以看作是 $2^{30}$ 个 32 位的字单元。这些字单元的地址可以被 4 整除，也就是说，该地址的低两位为 0b00。地址为 A 的字数据包括地址为 A、A+1、A+2、A+3 四个字节单元的内容。

在 ARMv4 及以上的版本中，ARM 的地址空间也可以看作是 $2^{31}$ 个 16 位的半字单元。这些半字单元的地址可以被 2 整除，也就是说，该地址的最低位为 0b0。地址为 A 的半字数据包括地址为 A、A+1 两个字节单元的内容。

各存储单元的地址作为 32 位的无符号数，可以进行常规的整数运算。这些运算的结果进行 $2^{32}$ 取模。也就是说，运算结果发生上溢出和下溢出时，地址将会发生卷绕。

## 1.7.2 ARM 存储器格式

在 ARM 体系中，每个字单元中包含 4 个字节单元或者两个半字单元；一个半字单元中包含两个字节单元。但是在字单元中，4 个字节哪一个是高位字节，哪一个是低位字节则有两种不同的格式：Big-endian 格式和 Little-endian 格式。

在 Big-endian 格式中，对于地址为 A 的字单元，包括字节单元 A、字节单元 A+1、字节单元 A+2 及字节单元 A+3，其中字节单元由高位到低位的字节顺序为 A、A+1、A+2、A+3。地址为 A 的字单元包括半字单元 A、半字单元 A+2，其中半字单元由高位到低位的字节顺序为 A、A+2。地址为 A 的半字单元包括字节单元 A、字节单元 A+1，其中字节单元由高位到低位的字节顺序为 A、A+1。这种存储器格式如图 1.1 所示。

| 31 24 | 23 16 | 15 8 | 7 0 |
|---|---|---|---|
| 字单元 A | | | |
| 半字单元 A | | 半字单元 A+2 | |
| 字节单元 A | 字节单元 A+1 | 字节单元 A+2 | 字节单元 A+3 |

图 1.1　Big-endian 格式的存储系统

在 Little-endian 格式中，地址为 A 的字单元包括字节单元 A、字节单元 A+1、字节单元 A+2 及字节单元 A+3，其中字节单元由高位到低位的字节顺序为 A+3、A+2、A+1、A。地址为 A 的字单元包括半字单元 A、半字单元 A+2，其中半字单元由高位到低位的字节顺序为 A+2、A。地址为 A 的半字单元包括字节单元 A、字节单元 A+1，其中字节单元由高位到低位字节顺序为 A+1、A。这种存储器格式如图 1.2 所示。

| 31 24 | 23 16 | 15 8 | 7 0 |
|---|---|---|---|
| 字单元 A | | | |
| 半字单元 A+2 | | 半字单元 A | |
| 字节单元 A+3 | 字节单元 A+2 | 字节单元 A+1 | 字节单元 A |

图 1.2　Little-endian 格式的存储系统

## 1.7.3 非对齐的存储访问操作

在 ARM 中，通常希望字单元的地址是字对齐的(地址的低两位为 0b00)，半字单元的地址是半字对齐的(地址的最低位为 0b0)。在存储访问操作中，如果存储单元的地址没有遵守上述对齐规则，则称为非对齐(Unaligned)的存储访问操作。

### 1. 非对齐的指令预取操作

当处理器处于 ARM 状态期间，如果写入到寄存器 PC 中的值是非字对齐的(低两位不为 0b00)，要么指令执行的结果不可预知，要么地址值中最低两位被忽略；当处理器处于 Thumb 状态期间，如果写入到寄存器 PC 中的值是非半字对齐的(最低位不为 0b0)，要么指令执行的结果不可预知，要么地址值中最低位被忽略。

如果系统中指定，当发生非对齐的指令预取操作时，忽略地址值中相应的位，则由存储系统实现这种“忽略”。也就是说，这时该地址值原封不动地送到存储系统。

#### 2. 非对齐的数据访问操作

对于 Load/Store 操作，如果是非对齐的数据访问操作，则系统定义了下面 3 种可能的结果。

- 执行的结果不可预知。
- 忽略字单元地址的低两位的值，即访问地址为 Address AND 0xFFFFFFFC 的字单元；忽略半字单元地址的最低位的值，即访问地址为 Address AND 0xFFFFFFFE 的半字单元。
- 忽略字单元地址值中的低两位的值；忽略半字单元地址的最低位的值。由存储系统实现这种“忽略”。也就是说，这时该地址值原封不动地送到存储系统。

当发生非对齐的数据访问时，到底采用上述 3 种处理方法中的哪一种，是由各指令指定的。

## 1.7.4 指令预取和自修改代码

在 ARM 中允许指令预取。在 CPU 执行当前指令的同时，可以从存储器中预取其后若干条指令。具体预取多少条指令，不同的 ARM 实现中有不同的数值。

预取的指令并不一定能够得到执行。比如当前指令完成后，如果发生了异常中断，程序将会跳转到异常中断处理程序处执行，当前预取的指令将被抛弃。或者如果执行了跳转指令，则当前预取的指令也将被抛弃。

正如在不同的 ARM 实现中，预取的指令条数可能不同，当发生程序跳转时，不同的 ARM 实现中采用的跳转预测算法也可能不同。

自修改代码指的是代码在执行过程中可能修改自身。对于支持指令预取的 ARM 系统，自修改代码可能会带来潜在的问题。当指令被预取后，在该指令被执行前，如果有数据访问指令修改了位于主存中的该指令，这时被预取的指令和主存中对应的指令不同，从而可能使执行的结果发生错误。

# 第 2 章　ARM 指令分类及其寻址方式

在本章中，将介绍 ARM 指令分类以及各类指令对应的寻址方式。

## 2.1　ARM 指令集概述

本节将介绍 ARM 指令相关的一些基本概念，包括指令的分类、指令的一般编码格式以及 ARM 指令的条件码。

### 2.1.1　ARM 指令的分类

ARM 指令集可以分为跳转指令、数据处理指令、程序状态寄存器(PSR)传输指令、Load/Store 指令、协处理器指令和异常中断产生指令 6 类。

### 2.1.2　ARM 指令的一般编码格式

ARM 指令字长为固定的 32 位。一条典型的 ARM 指令编码格式如下：

| 31　28 | 27　25 | 24　21 | 20 | 19　16 | 15　12 | 11　8　7　0 |
|---|---|---|---|---|---|---|
| cond | 0　0　1 | opcode | S | Rn | Rd | shifter_operand |

其中的符号及参数说明如下。

- opcode：指令操作符编码。
- cond：指令执行的条件编码。
- S：决定指令的操作是否影响 CPSR 的值。
- Rd：目标寄存器编码。
- Rn：包含第 1 个操作数的寄存器编码。
- shifter_operand：表示第 2 个操作数。

一条典型的 ARM 指令语法格式如下：

```
<opcode>{<cond>}{S} <Rd>,<Rn>,<shifter_operand>
```

其中的符号及参数说明如下。

- <opcode>：指令助记符，如 ADD 表示算术加操作指令。
- {<cond>}：表示指令执行的条件。
- {S}：决定指令的操作是否影响 CPSR 的值。
- <Rd>：表示目标寄存器。
- <Rn>：表示包含第 1 个操作数的寄存器。
- <shifter_operand>：表示第 2 个操作数。

## 2.1.3　ARM 指令的条件码域

大多数 ARM 指令都可以有条件地执行，也就是根据 CPSR 中的条件标志位决定是否执行该指令。当条件满足时执行该指令，条件不满足时该指令被当作一条 NOP 指令，这时处理器进行判断中断请求等操作，然后转向下一条指令。

在 ARMv5 之前的版本中，所有的指令都是有条件执行的，从 ARMv5 版本开始，引入了一些必须无条件执行的指令。

每一条 ARM 指令包含 4 位的条件码，如下所示：

条件码共有 16 个，各条件码的含义和助记符如表 2.1 所示。可条件执行的指令可以在其助记符的扩展域加上条件码助记符，从而在特定的条件下执行。

表 2.1　指令的条件码

| 条件码 <cond> | 条件码助记符 | 含　义 | CPSR 中条件标志位值 |
|---|---|---|---|
| 0000 | EQ | 相等 | Z=1 |
| 0001 | NE | 不相等 | Z=0 |
| 0010 | CS/HS | 无符号数大于/等于 | C=1 |
| 0011 | CC/LO | 无符号数小于 | C=0 |
| 0100 | MI | 负数 | N=1 |
| 0101 | PL | 非负数 | N=0 |
| 0110 | VS | 上溢出 | V=1 |
| 0111 | VC | 没有上溢出 | V=0 |
| 1000 | HI | 无符号数大于(Higher) | C=1 且 Z=0 |
| 1001 | LS | 无符号数小于等于 | C=0 或 Z=1 |
| 1010 | GE | 带符号数大于等于 | N=1 且 V=1　或 N=0 且 V=0 |
| 1011 | LT | 带符号数小于 | N=1 且 V=0　或 N=0　且 V=1 |
| 1100 | GT | 带符号数大于 | Z=0 且 N=V |
| 1101 | LE | 带符号数小于等于 | Z=1 或 N！=V |
| 1110 | AL | 无条件执行 | |
| 1111 | NV | 该指令从不执行 | ARMv3 之前 |
| | 未定义 | 该指令执行结果不可预知 | ARMv3 及 ARMv4 |
| | AL | 该指令无条件执行 | ARMv5 及以上版本 |

# 2.2　ARM 指令的寻址方式

ARM 指令的寻址方式有以下几种。

- 数据处理指令的操作数的寻址方式。
- 字及无符号字节的 Load/Store 指令的寻址方式。
- 杂类 Load/Store 指令的寻址方式。
- 批量 Load/Store 指令的寻址方式。
- 协处理器 Load/Store 指令的寻址方式。

## 2.2.1　数据处理指令的操作数的寻址方式

通常数据处理指令的格式如下：

```
<opcode>{<cond>}{S} <Rd>,<Rn>,<shifter_operand>
```

其中的符号及参数说明如下。

- <opcode>：指令助记符，如 ADD 表示算术加操作指令。
- {<cond>}：表示指令执行的条件。
- {S}：决定指令的操作是否影响 CPSR 的值。
- <Rd>：表示目标寄存器。
- <Rn>：表示包含第 1 个操作数的寄存器。
- <shifter_operand>：表示第 2 个操作数。

<shifter_operand>通常有下面 3 种格式。

(1) 立即数方式。每个立即数由一个 8 位的常数循环右移偶数位得到。其中循环右移的位数由一个 4 位二进制的两倍表示。如果立即数记作<immediate>，8 位常数记作 immed_8，4 位的循环右移值记作 rotate_imm，则有：

```
<immediate>= immed_8 循环右移(2*rotate_imm)
```

这样并不是每一个 32 位的常数都是合法的立即数，只有能够通过上面构造方法得到的常数才是合法的立即数。下面的常数是合法的立即数：

```
0xff,0x104,0xff0,0xff00
```

而下面的数不能通过上述构造方法得到，因此不是合法的立即数：

```
0x101,0x102,0xFF1
```

同时按照上面的构造方法，一个合法的立即数可能有多种编码方法。如 0x3F0 是一个合法的立即数，它可以采用下面两种编码方法：

```
immed_8=0x3F,rotate_imm=0xE
```

或者

```
immed_8=0xFC,rotate_imm=0xf
```

但是，由于这种立即数的构造方法中包含了循环移位操作，而循环移位操作会影响

CPSR 的条件标志位 C。因此，同一个合法的立即数由于采用了不同的编码方式，将使某些指令的执行产生不同的结果，这是不允许的。ARM 汇编编译器按照下面的规则来生成立即数的编码。

- 当立即数的值在 0 和 0xFF 范围中时，令 immed_8=<immediate>，rotate_ imm=0。
- 其他情况下，汇编编译器选择使 rotate_imm 数值最小的编码方式。

(2) 寄存器方式。在寄存器寻址方式下，操作数即为寄存器的数值。例如：

```
MOV  R3,R2        ; 将 R2 的数值放到 R3 中
ADD  R0,R1,R2     ; R0 的数值等于 R1 的数值加上 R2 的数值
```

(3) 寄存器移位方式。寄存器移位方式的操作数为寄存器的数值做相应的移位(或者循环移位)而得到。具体的移位(或者循环移位)的方式有下面几种。

- ASR：算术右移。
- LSL：逻辑左移。
- LSR：逻辑右移。
- ROR：循环右移。
- RRX：扩展的循环右移。

移位(或者循环移位)的位数可以用立即数方式或者寄存器方式表示。

下面是一些寄存器移位方式的操作数示例：

```
MOV  R0,R1,LSL #3       ; R0=R1*(2**3)
ADD  R0,R1,R1,LSL #3    ; R0=R1+R1*(2**3)
SUB  R0,R1,R2,LSR #4    ; R0=R1-R2/(2**4)
MOV  R0,R1,ROR R2       ; R0=R1 循环右移 R2 位
```

数据处理指令操作数的具体寻址方式有 11 种。

- #<immediate>
- <Rm>
- <Rm>, LSL #<shift_imm>
- <Rm>, LSL　<Rs>
- <Rm>, LSR #<shift_imm>
- <Rm>, LSR　<Rs>
- <Rm>, ASR #<shift_imm>
- <Rm>, ASR　<Rs>
- <Rm>, ROR #<shift_imm>
- <Rm>, ROR　<Rs>
- <Rm>, RRX

### 1. #<immediate>

**指令编码格式**

| 31 28 | 27 25 | 24 21 | 20 | 19 16 | 15 12 | 11 8 | 7 0 |
|---|---|---|---|---|---|---|---|
| cond | 0 0 1 | opcode | S | Rn | Rd | rotate_imm | immed_8 |

**操作数生成方法**

指令的操作数<shifter_operand>即为立即数#<immediate>。立即数#<immediate>的生成方法见前面章节的介绍。当 rotate_imm=0 时，循环器的进位值(即 Carry-out 位)为 CPSR 中的 C 条件标志位；当 rotate_imm!=0 时，循环器的进位值(即 Carry-out 位)为操作数<shifter_operand>的最高位 bit[31]。

**指令中操作数的语法格式**

```
#<immediate>
```

其中，<immediate>= immed_8 循环右移(2*rotate_imm)。

**指令中操作数寻址操作的伪代码**

```
shifter_operand = immed_8 Rotate_Right (rotate_imm * 2)
if rotate_imm == 0 then
    shifter_carry_out = C flag
else                  /* rotate_imm != 0 */
    shifter_carry_out = shifter_operand[31]
```

**使用说明**

这里需要注意，关于立即数的合法性以及立即数编码的规则，具体细节在上一节已经做了详细描述，这里不再重复。

**示例**

```
MOV R0,#0xFC0          ; 令 R0 的数值为 0xFC0
```

### 2. <Rm>

**指令编码格式**

| 31 28 | 27 25 | 24 21 | 20 | 19 16 | 15 12 | 11 7 | 6 4 | 3 0 |
|---|---|---|---|---|---|---|---|---|
| cond | 0 0 0 | opcode | S | Rn | Rd | 0 0 0 0 0 | 0 0 0 | Rm |

**操作数生成方法**

指令的操作数<shifter_operand>即为寄存器的数值。循环器的进位值(即 Carry-out 位)为 CPSR 中的 C 条件标志位。

**指令中操作数的语法格式**

```
<Rm>
```

其中，<Rm>指定操作数所在的寄存器。

**指令中操作数寻址操作的伪代码**

```
shifter_operand = Rm
shifter_carry_out = C Flag
```

**使用说明**

当 R15 用作第 1 个源操作数 Rn 或者第 2 个操作数 Rm 时，操作数即为当前指令地址加常数 8。

**示例**

```
MOV  R3,R2         ; 将 R2 的数值放到 R3 中
ADD  R0,R1,R2      ; R0 的数值等于 R1 的数值加上 R2 的数值
```

### 3. <Rm>, LSL #<shift_imm>

**指令编码格式**

| 31　28 | 27　25 | 24　21 | 20 | 19　16 | 15　12 | 11　7 | 6　4 | 3　0 |
|---|---|---|---|---|---|---|---|---|
| cond | 0 0 0 | opcode | S | Rn | Rd | shift_imm | 0 0 0 | Rm |

**操作数生成方法**

指令的操作数<shifter_operand>为寄存器 Rm 的数值逻辑左移 shift_imm 位。由于 shift_imm 为 5 位，所以移位的范围为 0～31 位。进行移位操作后，空出的位添 0。当 shift_imm=0 时，循环器的进位值(即 Carry-out 位)为 CPSR 中的 C 条件标志位；当 shift_imm!=0 时，循环器的进位值为操作数<shifter_operand>的最高位 bit[31]。

**指令中操作数的语法格式**

```
<Rm>,LSL #<shift_imm>
```

其中：

- <Rm>为进行逻辑左移操作的寄存器；
- LSL 表示逻辑左移操作；
- <shift_imm>为逻辑左移位数，范围为 0～31。

**指令中操作数寻址操作的伪代码**

```
if shift_imm == 0 then          /*寄存器操作数 */
    shifter_operand = Rm
    shifter_carry_out = C Flag
else                            /* shift_imm > 0 */
    shifter_operand = Rm Logical_Shift_Left shift_imm
    shifter_carry_out = Rm[32 - shift_imm]
```

**使用说明**

当 R15 用作第 1 个源操作数 Rn 或者第 2 个操作数 Rm 时，操作数即为当前指令地址加常数 8。

**示例**

```
MOV R0,R0,LSL #n  ; R0=R0*(2**n)
```

### 4. <Rm>, LSL <Rs>

**指令编码格式**

| 31 28 | 27 25 | 24 21 | 20 | 19 16 | 15 12 | 11 8 | 7 4 | 3 0 |
|---|---|---|---|---|---|---|---|---|
| cond | 0 0 0 | opcode | S | Rn | Rd | Rs | 0 0 0 1 | Rm |

**操作数生成方法**

指令的操作数<shifter_operand>为寄存器 Rm 的数值逻辑左移一定的位数。移位的位数由 Rs 的最低 8 位 bits[7:0]决定。当 Rs[7:0]=0 时，指令的操作数<shifter_operand>为寄存器 Rm 的数值，循环器的进位值(即 Carry-out 位)为 CPSR 中的 C 条件标志位；当 Rs[7:0]>0 且 Rs[7:0]<32 时，指令的操作数<shifter_operand>为寄存器 Rm 的数值逻辑左移 Rs[7:0]位，循环器的进位值(即 Carry-out 位)为 Rm 最后被移出的位 Rm[32−Rs[7:0]]；当 Rs[7:0]=32 时，指令的操作数<shifter_operand>为 0，循环器的进位值为 Rm[0]；当 Rs[7:0]>32 时，指令的操作数<shifter_operand>为 0，循环器的进位值为 0。

**指令中操作数的语法格式**

```
<Rm>,LSL  <Rs>
```

其中：

- <Rm>为进行逻辑左移操作的寄存器；
- LSL 表示逻辑左移操作；
- <Rs>为包含逻辑左移位数的寄存器。

**指令中操作数寻址操作的伪代码**

```
if Rs[7:0] == 0 then
    shifter_operand = Rm
    shifter_carry_out = C Flag
else if Rs[7:0] < 32 then
    shifter_operand = Rm Logical_Shift_Left Rs[7:0]
    shifter_carry_out = Rm[32 - Rs[7:0]]
else if Rs[7:0] == 32 then
    shifter_operand = 0
    shifter_carry_out = Rm[0]
else          /* Rs[7:0] > 32 */
    shifter_operand = 0
    shifter_carry_out = 0
```

**使用说明**

当 R15 用作 Rn、Rm、Rd 及 Rs 时，会产生不可预知的结果。

### 5. <Rm>, LSR #<shift_imm>

**指令编码格式**

| 31–28 | 27–25 | 24–21 | 20 | 19–16 | 15–12 | 11–7 | 6–4 | 3–0 |
|---|---|---|---|---|---|---|---|---|
| cond | 0 0 0 | opcode | S | Rn | Rd | shift_imm | 0 1 0 | Rm |

**操作数生成方法**

指令的操作数<shifter_operand>为寄存器 Rm 的数值逻辑右移 shift_imm 位。这里 shift_imm 的范围为 0～31，当 shift_imm=0 时，移位位数为 32，所以移位位数范围为 1～32 位。进行移位操作后，空出的位添 0。当 shift_imm=0 时，操作数<shifter_operand>值为 0，循环器的进位值为 Rm 的最高位 Rm[31]；其他情况下，操作数<shifter_operand>为寄存器 Rm 的数值逻辑右移 shift_imm 位，循环器的进位值为 Rm 最后被移出的数值。

**指令中操作数的语法格式**

```
<Rm>,LSR #<shift_imm>
```

其中：

- <Rm>为进行逻辑右移操作的寄存器；
- LSR 表示逻辑右移操作；
- <shift_imm>为逻辑右移位数，范围为 1～32，shift_imm=0 时，移位位数为 32。

**指令中操作数寻址操作的伪代码**

```
if shift_imm == 0 then
    shifter_operand = 0
    shifter_carry_out = Rm[31]
else          /* shift_imm > 0 */
    shifter_operand = Rm Logical_Shift_Right shift_imm
    shifter_carry_out = Rm[shift_imm - 1]
```

**使用说明**

当 R15 用作第 1 个源操作数 Rn 或者第 2 个操作数 Rm 时，操作数即为当前指令地址加常数 8。

### 6. <Rm>, LSR　<Rs>

**指令编码格式**

| 31–28 | 27–25 | 24–21 | 20 | 19–16 | 15–12 | 11–8 | 7–4 | 3–0 |
|---|---|---|---|---|---|---|---|---|
| cond | 0 0 0 | opcode | S | Rn | Rd | Rs | 0 0 1 1 | Rm |

**操作数生成方法**

指令的操作数<shifter_operand>为寄存器 Rm 的数值逻辑右移一定的位数。移位的位数由 Rs 的最低 8 位 bits[7:0]决定。当 Rs[7:0]=0 时，指令的操作数<shifter_operand>为寄存器

Rm 的数值，循环器的进位值为 CPSR 中的 C 条件标志位；当 Rs[7:0]>0 且 Rs[7:0]<32 时，指令的操作数<shifter_operand>为寄存器 Rm 的数值逻辑右移 Rs[7:0]位，循环器的进位值为 Rm 最后被移出的位 Rm[Rs[7:0]−1]；当 Rs[7:0]=32 时，指令的操作数<shifter_operand>为 0，循环器的进位值为 Rm[31]；当 Rs[7:0]>32 时，指令的操作数<shifter_operand>为 0，循环器的进位值为 0。

**指令中操作数的语法格式**

```
<Rm>,LSR  <Rs>
```

其中：

- <Rm>为进行逻辑右移操作的寄存器；
- LSR 表示逻辑右移操作；
- <Rs>为包含逻辑右移位数的寄存器。

**指令中操作数寻址操作的伪代码**

```
if Rs[7:0] == 0 then
    shifter_operand = Rm
    shifter_carry_out = C Flag
else if Rs[7:0] < 32 then
    shifter_operand = Rm Logical_Shift_Right Rs[7:0]
    shifter_carry_out = Rm[Rs[7:0] - 1]
else if Rs[7:0] == 32 then
    shifter_operand = 0
    shifter_carry_out = Rm[31]
else          /* Rs[7:0] > 32 */
    shifter_operand = 0
    shifter_carry_out = 0
```

**使用说明**

当 R15 用作 Rn、Rm、Rd 及 Rs 时，会产生不可预知的结果。

### 7. <Rm>, ASR #<shift_imm>

**指令编码格式**

| 31　28 | 27　25 | 24　21 | 20 | 19　16 | 15　12 | 11　7 | 6　4 | 3　0 |
|---|---|---|---|---|---|---|---|---|
| cond | 0 0 0 | opcode | S | Rn | Rd | shift_imm | 1 0 0 | Rm |

**操作数生成方法**

指令的操作数<shifter_operand>为寄存器 Rm 的数值逻辑右移 shift_imm 位。这里 shift_imm 范围为 0～31，当 shift_imm=0 时，移位位数为 32，所以移位位数范围为 1～32 位。进行移位操作后，空出的位添 Rm 的最高位值 Rm[31]。当 shift_imm=0 时，将进行 32 次算术右移操作，这时若 Rm[31]=0，则操作数<shifter_operand>值为 0，循环器的进位值即 Rm 的最高位 Rm[31]也为 0；若 Rm[31]!=0，则操作数<shifter_operand>值为

0xFFFFFFFF，循环器的进位值即 Rm 的最高位 Rm[31]为 1。其他情况下，操作数<shifter_operand>为寄存器 Rm 的数值算术右移 shift_imm 位，循环器的进位值为 Rm 最后被移出的数值。

**指令中操作数的语法格式**

```
<Rm>,ASR #<shift_imm>
```

其中：

- <Rm>为进行逻辑右移操作的寄存器；
- ASR 表示算术右移操作；
- <shift_imm>为算术右移位数，范围为 1～32，shift_imm=0 时移位位数为 32。

**指令中操作数寻址操作的伪代码**

```
if shift_imm == 0 then
   if Rm[31] == 0 then
      shifter_operand = 0
      shifter_carry_out = Rm[31]
   else     /* Rm[31] == 1 */
      shifter_operand = 0xFFFFFFFF
      shifter_carry_out = Rm[31]
else        /* shift_imm > 0 */
   shifter_operand = Rm Arithmetic_Shift_Right <shift_imm>
   shifter_carry_out = Rm[shift_imm - 1]
```

**使用说明**

当 R15 用作第 1 个源操作数 Rn 或者第 2 个操作数 Rm 时，操作数即为当前指令地址加常数 8。

### 8. <Rm>, ASR <Rs>

**指令编码格式**

| 31　28 | 27　25 | 24　21 | 20 | 19　16 | 15　12 | 11　8 | 7　4 | 3　0 |
|---|---|---|---|---|---|---|---|---|
| cond | 0 0 0 | opcode | S | Rn | Rd | Rs | 0 1 0 1 | Rm |

**操作数生成方法**

指令的操作数<shifter_operand>为寄存器 Rm 的数值算术右移一定的位数。移位的位数由 Rs 的最低 8 位 bits[7:0]决定。当 Rs[7:0]=0 时，指令的操作数<shifter_operand>为寄存器 Rm 的数值，循环器的进位值为 CPSR 中的 C 条件标志位；当 Rs[7:0]>0 且 Rs[7:0]<32 时，指令的操作数<shifter_operand>为寄存器 Rm 的数值算术右移 Rs[7:0]位，循环器的进位值为 Rm 最后被移出的位 Rm[Rs[7:0]−1]；当 Rs[7:0]>=32 时，将进行 32 次算术右移操作，这时若 Rm[31]=0，则操作数<shifter_operand>值为 0，循环器的进位值即 Rm 的最高位 Rm[31]也为 0；若 Rm[31]=1，则操作数<shifter_operand>值为 0xFFFFFFFF，循环器的进位值 Rm 的最高位 Rm[31]也为 1。

**指令中操作数的语法格式**

```
<Rm>,ASR  <Rs>
```

其中：

- <Rm>为进行算术右移操作的寄存器；
- ASR 表示算术右移操作；
- <Rs>为包含算术右移位数的寄存器。

**指令中操作数寻址操作的伪代码**

```
if Rs[7:0] == 0 then
    shifter_operand = Rm
    shifter_carry_out = C Flag
else if Rs[7:0] < 32 then
    shifter_operand = Rm Arithmetic_Shift_Right Rs[7:0]
    shifter_carry_out = Rm[Rs[7:0] - 1]
else         /* Rs[7:0] >= 32 */
    if Rm[31] == 0 then
        shifter_operand = 0
        shifter_carry_out = Rm[31]
    else     /* Rm[31] == 1 */
        shifter_operand = 0xFFFFFFFF
        shifter_carry_out = Rm[31]
```

**使用说明**

当 R15 用作 Rn、Rm、Rd 及 Rs 时，会产生不可预知的结果。

### 9. <Rm>, ROR #<shift_imm>

**指令编码格式**

| 31–28 | 27–25 | 24–21 | 20 | 19–16 | 15–12 | 11–7 | 6–4 | 3–0 |
|---|---|---|---|---|---|---|---|---|
| cond | 0 0 0 | opcode | S | Rn | Rd | shift_imm | 1 1 0 | Rm |

**操作数生成方法**

指令的操作数<shifter_operand>为寄存器 Rm 的数值循环右移 shift_imm 位。由于 shift_imm 为 5 位，所以移位的范围为 0～31 位。进行移位操作后，从寄存器右端移出的位又插入到寄存器左端空出的位。当 shift_imm=0 时的操作将在后面介绍；当 shift_imm!=0 时，操作数<shifter_operand>为寄存器 Rm 的数值循环右移 shift_imm 位，循环器的进位值为最后从寄存器右端移出的数值。

**指令中操作数的语法格式**

```
<Rm>,ROR #<shift_imm>
```

其中：

- <Rm>为进行循环右移操作的寄存器；
- ROR 表示循环右移操作；
- <shift_imm>为循环右移位数，范围为 0～31。当 shift_imm=0 时，将执行 RRX 操作。

**指令中操作数寻址操作的伪代码**

```
if shift_imm == 0 then
        /* 见“关于 RRX 寻址方式的介绍” */
else    /* shift_imm > 0 */
    shifter_operand = Rm Rotate_Right shift_imm
    shifter_carry_out = Rm[shift_imm - 1]
```

**使用说明**

当 R15 用作第 1 个源操作数 Rn 或者第 2 个操作数 Rm 时，操作数即为当前指令地址加常数 8。

### 10. <Rm>, ROR　<Rs>

**指令编码格式**

| 31　28 | 27　25 | 24　21 | 20 | 19　16 | 15　12 | 11　8 | 7　4 | 3　0 |
|---|---|---|---|---|---|---|---|---|
| cond | 0 0 0 | opcode | S | Rn | Rd | Rs | 0 1 1 1 | Rm |

**操作数生成方法**

指令的操作数<shifter_operand>为寄存器 Rm 的数值循环右移一定的位数。移位的位数由 Rs 的最低 8 位 bits[7:0]决定。当 Rs[7:0]=0 时，指令的操作数<shifter_operand>为寄存器 Rm 的数值，循环器的进位值为 CPSR 中的 C 条件标志位；否则当 Rs[4:0]=0 时，指令的操作数<shifter_operand>为寄存器 Rm 的数值，循环器的进位值为 Rm[31]；当 Rs[4:0]>0 时，指令的操作数<shifter_operand>为寄存器 Rm 的数值循环右移 Rs[4:0]位，循环器的进位值为 Rm 最后被移出的位 Rm[Rs[4:0]-1]。

**指令中操作数的语法格式**

```
<Rm>,ROR <Rs>
```

其中：

- <Rm>为进行循环右移操作的寄存器；
- ROR 表示循环右移操作；
- <Rs>为包含循环右移位数的寄存器。

**指令中操作数寻址操作的伪代码**

```
if Rs[7:0] == 0 then
    shifter_operand = Rm
```

```
    shifter_carry_out = C Flag
else if Rs[4:0] == 0 then
    shifter_operand = Rm
    shifter_carry_out = Rm[31]
else        /* Rs[4:0] > 0 */
    shifter_operand = Rm Rotate_Right Rs[4:0]
    shifter_carry_out = Rm[Rs[4:0] - 1]
```

**使用说明**

当 R15 用作第 1 个源操作数 Rn 或者第 2 个操作数 Rm 时，操作数即为当前指令地址加常数 8。

### 11. <Rm>, RRX

**指令编码格式**

| 31–28 | 27–25 | 24–21 | 20 | 19–16 | 15–12 | 11–4 | 3–0 |
|---|---|---|---|---|---|---|---|
| cond | 0 0 0 | opcode | S | Rn | Rd | 0 0 0 0 0 1 1 0 | Rm |

**操作数生成方法**

指令的操作数<shifter_operand>为寄存器 Rm 的数值右移一位，并用 CPSR 中的 C 条件标志位填补空出的位。CPSR 中的 C 条件标志位则用移出的位代替。

**指令中操作数的语法格式**

```
<Rm>,RRX
```

其中：

- <Rm>为进行移位操作的寄存器；
- RRX 表示扩展的循环右移操作。

**指令中操作数寻址操作的伪代码**

```
shifter_operand=(C Flag Logical_Shift_Left 31)OR(Rm Logical_Shift_Right 1)
shifter_carry_out = Rm[0]
```

**使用说明**

当 R15 用作第 1 个源操作数 Rn 或者第 2 个操作数 Rm 时，操作数即为当前指令地址加常数 8。

## 2.2.2 字及无符号字节的 Load/Store 指令的寻址方式

Load 指令用于从内存中读取数据放入寄存器中；Store 指令用于将寄存器中的数据保存到内存。ARM 有两大类 Load/Store 指令：一类用于操作 32 位的字类型数据以及 8 位无符号的字节类型数据；另一类用于操作 16 位半字类型的数据以及 8 位的有符号字节类型的数据。这里介绍的是第一种类型的 Load/Store 指令的寻址方式。

各种类型的 Load/Store 指令的寻址方式由两部分组成。一部分为一个基址寄存器；另一部分为一个地址偏移量。基址寄存器可以为任一通用寄存器；地址偏移量可以有下面 3 种格式。

- 立即数。立即数可以是一个无符号数值，这个数值可以加到基址寄存器，也可以从基址寄存器中减去这个数值。
- 寄存器。寄存器中的数值可以加到基址寄存器，也可以从基址寄存器中减去这个数值。
- 寄存器及一个移位常数。这种格式由一个通用寄存器和一个立即数组成，寄存器中的数值可以根据指令中的移位标志及移位常数做一定的移位操作，生成一个地址偏移量。这个地址偏移量可以加到基址寄存器，也可以从基址寄存器中减去这个地址偏移量。

同样，寻址方式的地址计算方法有以下 3 种。

- 偏移量法。这种方法中，基址寄存器中的值和地址偏移量做加减运算，生成操作数的地址。
- 事先更新法。这种方法中，基址寄存器中的值和地址偏移量做加减运算，生成操作数的地址。指令执行后，这个生成的操作数地址被写入基址寄存器。
- 事后更新法。这种方法中，指令将基址寄存器的值作为操作数的地址执行内存访问。基址寄存器中的值和地址偏移量做加减运算，生成操作数的地址。指令执行后，这个生成的操作数地址被写入基址寄存器。

这里以 LDR 指令为例介绍此类 Load/Store 指令的编码格式和语法格式。

LDR 指令的格式如下所示。该指令主要用于从内存中将一个字的数据传送到寄存器中。

| 31　28 | 27　26 | 25 | 24 | 23 | 22 | 21 | 20 | 19　16 | 15　12 | 11　0 |
|---|---|---|---|---|---|---|---|---|---|---|
| cond | 0　1 | I | P | U | 0 | W | 1 | Rn | Rd | Address_mode |

其中：

- cond 为指令执行的条件编码；
- I、P、U、W 等位的含义在后面将详细说明；
- Rd 为目标寄存器编码；
- Rn 与 Address_mode 一起构成第 2 个操作数的内存地址。

LDR 指令的语法格式如下：

```
LDR{<cond>}{B} {T}<Rd>,<address_mode>
```

其中，<address_mode>表示第 2 个操作数的内存地址，共有以下 9 种格式。

- [<Rn>, #+/–<offset_12>]
- [<Rn>, +/–<Rm>]
- [<Rn>, +/–<Rm>，<shift>#<shift_imm>]
- [<Rn>, #+/–<offset_12>]!
- [<Rn>, +/–<Rm>]!

- [<Rn>, +/–<Rm>，<shift>#<shift_imm>]!
- [<Rn>], #+/–<offset_12>
- [<Rn>], +/–<Rm>
- [<Rn>], +/–<Rm>，<shift>#<shift_imm>

### 1. [<Rn>, #+/–<offset_12>]

**指令编码格式**

| 31 28 | 27 26 | 25 | 24 | 23 | 22 | 21 | 20 | 19 16 | 15 12 | 11 0 |
|---|---|---|---|---|---|---|---|---|---|---|
| cond | 0 1 | 0 | 1 | U | B | 0 | L | Rn | Rd | offset_12 |

**内存地址计算方法**

内存地址 address 为基址寄存器的值加上/减去偏移量 offset_12。当 U=1 时，address 为基址寄存器的值加上偏移量 offset_12；当 U=0 时，address 为基址寄存器的值减去偏移量 offset_12。

**指令中寻址方式的语法格式**

```
[<Rn>,#+/-<offset_12>]
```

其中：

- <Rn>为基址寄存器(本小节其他寻址方式中的<Rn>也均为基址寄存器)；
- < offset_12>为地址偏移量。

**计算内存实际地址的伪代码**

```
if U == 1 then
    address = Rn + offset_12
else    /* U == 0 */
    address = Rn - offset_12
```

**使用说明**

该寻址方式适合访问结构化的数据成员、参数的存取以及栈中数据的访问。当地址偏移量为 0 时，指令访问的即为 Rn 指向的内存数据单元。

B 标志位用于控制指令操作的数据类型。当 B=1 时，指令访问的是无符号的字节数据；当 B=0 时，指令访问的是字数据。

L 标志位用于控制内存操作的方向。当 L=1 时，指令执行 Load 操作；当 L=0 时，指令执行 Store 操作。

当 R15 用作基址寄存器 Rn 时，内存基地址为当前指令地址加 8 字节偏移量。

**示例**

```
LDR R0,[R1,#4]    ；将内存单元 R1+4 中的字读取到 R0 寄存器中
LDR R0,[R1,#-4]   ；将内存单元 R1-4 中的字读取到 R0 寄存器中
```

### 2. [<Rn>, +/–<Rm>]

**指令编码格式**

| 31 28 | 27 26 | 25 | 24 | 23 | 22 | 21 | 20 | 19 16 | 15 12 | 11 4 | 3 0 |
|---|---|---|---|---|---|---|---|---|---|---|---|
| cond | 0 1 | 1 | 1 | U | B | 0 | L | Rn | Rd | 00000000 | Rm |

**内存地址计算方法**

内存地址 address 为基址寄存器 Rn 的值加上/减去索引寄存器 Rm 的值。当 U=1 时，address 为基址寄存器的值加上索引寄存器 Rm 的值；当 U=0 时，address 为基址寄存器的值减去索引寄存器 Rm 的值。

**指令中寻址方式的语法格式**

```
[<Rn>,+/-<Rm>]
```

其中，< Rm >为索引寄存器。

**计算内存实际地址的伪代码**

```
if U == 1 then
   address = Rn + Rm
else     /* U == 0 */
   address = Rn - Rm
```

**使用说明**

该寻址方式适合访问字节数组中的数据成员。

B 标志位用于控制指令操作的数据类型。当 B=1 时，指令访问的是无符号的字节数据；当 B=0 时，指令访问的是字数据。

L 标志位用于控制内存操作的方向。当 L=1 时，指令执行 Load 操作；当 L=0 时，指令执行 Store 操作。

当 R15 用作基址寄存器 Rn 时，内存基地址为当前指令地址加 8 字节偏移量。当 R15 用作索引寄存器 Rm 时，会产生不可预知的结果。

**示例**

```
LDR R0,[R1,R2]        ; 将内存单元 R1+R2 中的字读取到 R0 寄存器中
LDR R0,[R1,-R2]       ; 将内存单元 R1-R2 中的字读取到 R0 寄存器中
```

### 3. [<Rn>, +/–<Rm>，<shift>#<shift_imm>]

**指令编码格式**

| 31 28 | 27 | 26 | 25 | 24 | 23 | 22 | 21 | 20 17 | 16 12 | 11 7 | 6 5 | 4 | 3 0 |
|---|---|---|---|---|---|---|---|---|---|---|---|---|---|
| cond | 0 | 1 | 1 | U | B | 0 | L | Rn | Rd | shift_imm | shift | 0 | Rm |

**内存地址计算方法**

内存地址 address 为基址寄存器 Rn 的值加上/减去一个地址偏移量。当 U=1 时，address 为基址寄存器的值加上该地址偏移量；当 U=0 时，address 为基址寄存器的值减去该地址偏移量。该地址偏移量是由索引寄存器 Rm 的值通过移位(或循环移位)得到的，具体计算方法可参考前面操作数寻址方式一节。

**指令中寻址方式的语法格式**

```
[<Rn>,+/-<Rm>,<shift>#<shift_imm>]
```

根据其中<shift>的不同，具体可有以下 5 种格式：

```
[<Rn>,+/-<Rm>,LSL #<shift_imm>]
[<Rn>,+/-<Rm>,LSR #<shift_imm>]
[<Rn>,+/-<Rm>,ASR #<shift_imm>]
[<Rn>,+/-<Rm>,ROR #<shift_imm>]
[<Rn>,+/-<Rm>,RRX]
```

其中：

- < Rm>为寄存器中的数值经过相应的移位(或循环移位)生成的地址偏移量；
- <shift_imm>为移位(或循环移位)的位数。

**计算内存实际地址的伪代码**

```
case shift of
   0b00     /* LSL */
   index = Rm Logical_Shift_Left shift_imm
   0b01     /* LSR */
      if shift_imm == 0 then   /* LSR #32 */
         index = 0
      else
         index = Rm Logical_Shift_Right shift_imm
   0b10     /* ASR */
      if shift_imm == 0 then   /* ASR #32 */
         if Rm[31] == 1 then
            index = 0xFFFFFFFF
         else
            index = 0
      else
         index = Rm Arithmetic_Shift_Right shift_imm
   0b11     /* ROR or RRX */
      if shift_imm == 0 then   /* RRX */
         index = (C Flag Logical_Shift_Left 31) OR
          (Rm Logical_Shift_Right 1)
      else     /* ROR */
         index = Rm Rotate_Right shift_imm
endcase
if U == 1 then
   address = Rn + index
else    /* U == 0 */
   address = Rn - index
```

**使用说明**

当数组中的数据成员长度大于 1 个字节时，使用该寻址方式可高效地访问数组的数据成员。

B 标志位用于控制指令操作的数据类型。当 B=1 时，指令访问的是无符号的字节数据；当 B=0 时，指令访问的是字数据。

L 标志位用于控制内存操作的方向。当 L=1 时，指令执行 Load 操作；当 L=0 时，指令执行 Store 操作。

当 R15 用作基址寄存器 Rn 时，内存基地址为当前指令地址加 8 字节偏移量；当 R15 用作索引寄存器 Rm 时，会产生不可预知的结果。

**示例**

```
LDR R0,[R1,R2 ,LSL #2] ; 将地址单元(R1+R2*4)中的数据读取到 R0 中
```

### 4. [<Rn>, #+/–<offset_12>]!

**指令编码格式**

| 31　28 | 27　26 | 25 | 24 | 23 | 22 | 21 | 20 | 19　16 | 15　12 | 11　0 |
|---|---|---|---|---|---|---|---|---|---|---|
| cond | 0　1 | 0 | 1 | U | B | 1 | L | Rn | Rd | offset_12 |

**内存地址计算方法**

内存地址 address 为基址寄存器的值加上/减去偏移量 offset_12。当 U=1 时，address 为基址寄存器的值加上偏移量 offset_12；当 U=0 时，address 为基址寄存器的值减去偏移量 offset_12。

当指令执行的条件满足时，生成的地址值将写入基址寄存器 Rn 中。这种在指令的内存访问完成后进行基址寄存器内容更新的方式称为事先访问方式(pre-indexed)。

**指令中寻址方式的语法格式**

```
[<Rn>,#+/-<offset_12>]!
```

其中：

- <offset_12>为地址偏移量；
- ! 用于设置 W 位，更新基址寄存器的内容。

**计算内存实际地址的伪代码**

```
if U == 1 then
     address = Rn + offset_12
else    /* if U == 0 */
      address = Rn - offset_12
if ConditionPassed(cond) then
      Rn = address
```

**使用说明**

该寻址方式适合访问数组时，自动进行数组下标的更新。

B 标志位用于控制指令操作的数据类型。当 B=1 时，指令访问的是无符号的字节数据；当 B=0 时，指令访问的是字数据。

L 标志位用于控制内存操作的方向。当 L=1 时，指令执行 Load 操作；当 L=0 时，指令执行 Store 操作。

当 R15 用作基址寄存器 Rn 时，会产生不可预知的结果。

**示例**

```
LDR R0,[R1,#4]!   ; 将内存单元(R1+4)中的数据读取到 R0 中，同时 R1=R1+4
```

### 5. [<Rn>, +/–<Rm>]!

**指令编码格式**

| 31–28 | 27 26 | 25 | 24 | 23 | 22 | 21 | 20 | 19–16 | 15–12 | 11–4 | 3–0 |
|---|---|---|---|---|---|---|---|---|---|---|---|
| cond | 0 1 | 1 | 1 | U | B | 1 | L | Rn | Rd | 00000000 | Rm |

**内存地址计算方法**

内存地址 address 为基址寄存器 Rn 的值加上/减去索引寄存器 Rm 的值。当 U=1 时，address 为基址寄存器的值加上索引寄存器 Rm 的值；当 U=0 时，address 为基址寄存器的值减去索引寄存器 Rm 的值。

当指令执行的条件满足时，生成的地址值 address 将写入基址寄存器 Rn 中。这种在指令的内存访问完成后进行基址寄存器内容更新的方式称为事先访问方式。

**指令中寻址方式的语法格式**

```
[<Rn>,+/-<Rm>]!
```

其中：

- <Rm>为索引寄存器；
- ！用来设置 W 位，更新基址寄存器的内容。

**计算内存实际地址的伪代码**

```
if U == 1 then
    address = Rn + Rm
else    /* U == 0 */
    address = Rn - Rm
if ConditionPassed(cond) then
    Rn = address
```

**使用说明**

B 标志位用于控制指令操作的数据类型。当 B=1 时，指令访问的是无符号的字节数据；当 B=0 时，指令访问的是字数据。

L 标志位用于控制内存操作的方向。当 L=1 时，指令执行 Load 操作；当 L=0 时，指令执行 Store 操作。

当 R15 用作基址寄存器 Rn 或 Rm 时，会产生不可预知的结果。

当 Rn 和 Rm 是同一个寄存器时，会产生不可预知的结果。

示例

```
LDR  R0,[R1,R2]! ; 将内存单元(R1+R2)中的数据读取到 R0 中，同时 R1=R1+R2
```

### 6. [<Rn>，+/–<Rm>，<shift>#<shift_imm>]!

**指令编码格式**

| 31 28 | 27 26 | 25 | 24 | 23 | 22 | 21 | 20 | 19 16 | 15 12 | 11 7 | 6 5 | 4 | 3 0 |
|---|---|---|---|---|---|---|---|---|---|---|---|---|---|
| cond | 0 1 | 1 | 1 | U | B | 1 | L | Rn | Rd | shift_imm | shift | 0 | Rm |

**内存地址计算方法**

内存地址 address 为基址寄存器 Rn 的值加上/减去一个地址偏移量。当 U=1 时，address 为基址寄存器的值加上该地址偏移量；当 U=0 时，address 为基址寄存器的值减去该地址偏移量。该地址偏移量是由索引寄存器 Rm 的值通过移位(或循环移位)得到的，具体的计算方法可参考前面介绍的操作数寻址方式。

当指令执行的条件满足时，生成的地址值 address 将写入基址寄存器 Rn 中，为事先访问方式。

**指令中寻址方式的语法格式**

```
[<Rn>,+/-<Rm>,<shift>#<shift_imm>]!
```

根据其中<shift>的不同，具体可有以下 5 种格式：

```
[<Rn>,+/-<Rm>,LSL #<shift_imm>]!
[<Rn>,+/-<Rm>,LSR #<shift_imm>]!
[<Rn>,+/-<Rm>,ASR #<shift_imm>]!
[<Rn>,+/-<Rm>,ROR #<shift_imm>]!
[<Rn>,+/-<Rm>,RRX]!
```

其中：

- < Rm >寄存器中的数值经过相应的移位(或循环移位)生成地址偏移量；
- <shift_imm>为移位(或循环移位)的位数；
- ! 用来设置 W 位，更新基址寄存器的内容。

**计算内存实际地址的伪代码**

```
case shift of
   0b00      /* LSL */
     index = Rm Logical_Shift_Left shift_imm
   0b01      /* LSR */
```

```
      if shift_imm == 0 then    /* LSR #32 */
        index = 0
      else
        index = Rm Logical_Shift_Right shift_imm
    0b10     /* ASR */
      if shift_imm == 0 then    /* ASR #32 */
        if Rm[31] == 1 then
           index = 0xFFFFFFFF
        else
           index = 0
      else
        index = Rm Arithmetic_Shift_Right shift_imm
    0b11     /* ROR or RRX */
    if shift_imm == 0 then  /* RRX */
      index = (C Flag Logical_Shift_Left 31) OR
      (Rm Logical_Shift_Right 1)
    else     /* ROR */
      index = Rm Rotate_Right shift_imm
endcase
if U == 1 then
    address = Rn + index
else    /* U == 0 */
    address = Rn - index
if ConditionPassed(cond) then
    Rn = address
```

使用说明

B 标志位用于控制指令操作的数据类型。当 B=1 时，指令访问的是无符号的字节数据；当 B=0 时，指令访问的是字数据。

L 标志位用于控制内存操作的方向。当 L=1 时，指令执行 Load 操作；当 L=0 时，指令执行 Store 操作。

当 R15 用作基址寄存器 Rn 或 Rm 时，会产生不可预知的结果。

当 Rn 和 Rm 是同一个寄存器时，会产生不可预知的结果。

示例

```
LDR  R0,[R1,R2,LSL#2]!  ; 将内存单元(R1+R2*4)中的数据读取到 R0 中,
                        ; 同时 R1=R1+R2*4
```

7. [<Rn>]，#+/–<offset_12>

指令编码格式

| 31–28 | 27 26 | 25 | 24 | 23 | 22 | 21 | 20 | 19–16 | 15–12 | 11–0 |
|---|---|---|---|---|---|---|---|---|---|---|
| cond | 0 1 | 0 | 1 | U | B | 0 | L | Rn | Rd | offset_12 |

**内存地址计算方法**

指令使用基址寄存器 Rn 的值作为实际内存访问的地址。

当指令执行的条件满足时，将基址寄存器的值加上/减去偏移量 offset_12，生成新的地址值。当 U=1 时，新的地址值为基址寄存器的值加上偏移量 offset_12；当 U=0 时，新的地址值为基址寄存器的值减去偏移量 offset_12。最后将新的地址值写入基址寄存器 Rn 中。这种在指令的内存访问完成计算新地址的方式称为事后访问方式(post-indexed)。

**指令中寻址方式的语法格式**

```
[<Rn>],#+/-<offset_12>
```

其中，<offset_12>为地址偏移量。

**计算内存实际地址的伪代码**

```
address = Rn
if ConditionPassed(cond) then
   if U == 1 then
      Rn = Rn + offset_12
   else     /* U == 0 */
      Rn = Rn - offset_12
```

**使用说明**

B 标志位用于控制指令操作的数据类型。当 B=1 时，指令访问的是无符号的字节数据；当 B=0 时，指令访问的是字数据。

L 标志位控制内存操作的方向。当 L=1 时，指令执行 Load 操作；当 L=0 时，指令执行 Store 操作。

当 R15 用作基址寄存器 Rn 或 Rm 时，会产生不可预知的结果。

**示例**

```
LDR R0,[R1],#4    ；将地址为 R1 的内存单元数据读取到 R0 中，然后 R1=R1+4
```

8. [<Rn>]，+/–<Rm>

**指令编码格式**

| 31 28 | 27 26 | 25 | 24 | 23 | 22 | 21 | 20 | 19 16 | 15 12 | 11 4 | 3 0 |
|---|---|---|---|---|---|---|---|---|---|---|---|
| cond | 0 1 | 1 | 0 | U | B | 0 | L | Rn | Rd | 0 0 0 0 0 0 0 0 | Rm |

**内存地址计算方法**

指令使用基址寄存器 Rn 的值作为实际内存访问的地址。

当指令执行的条件满足时，将基址寄存器的值加上/减去索引寄存器 Rm 的值，生成新的地址值。当 U=1 时，新的地址值为基址寄存器的值加上索引寄存器 Rm 的值；当 U=0 时，新的地址值为基址寄存器值减去索引寄存器 Rm 的值。最后将新的地址值写入基址寄存器 Rn 中。这种方式为事后访问方式。

**指令中寻址方式的语法格式**

```
[<Rn>],+/-<Rm>
```

其中，<Rm>为索引寄存器。

**计算内存实际地址的伪代码**

```
address = Rn
if ConditionPassed(cond) then
    if U == 1 then
        Rn = Rn + Rm
    else /* U == 0 */
        Rn = Rn - Rm
```

**使用说明**

B 标志位用于控制指令操作的数据类型。当 B=1 时，指令访问的是无符号的字节数据；当 B=0 时，指令访问的是字数据。

L 标志位控制内存操作的方向。当 L=1 时，指令执行 Load 操作；当 L=0 时，指令执行 Store 操作。

当 R15 用作基址寄存器 Rn 或 Rm 时，会产生不可预知的结果。

当 Rn 和 Rm 是同一个寄存器时，会产生不可预知的结果。

**示例**

```
LDR R0,[R1],R2    ；将地址为 R1 的内存单元数据读取到 R0 中，然后 R1=R1+R2
```

### 9. [<Rn>]，+/–<Rm>，<shift>#<shift_imm>

**指令编码格式**

| 31 28 | 27 26 | 25 | 24 | 23 | 22 | 21 | 20 | 19 16 | 15 12 | 11 7 | 6 5 | 4 | 3 0 |
|---|---|---|---|---|---|---|---|---|---|---|---|---|---|
| cond | 0 1 | 1 | 1 | U | B | 0 | L | Rn | Rd | shift_imm | shift | 0 | Rm |

**内存地址计算方法**

指令使用基址寄存器 Rn 的值作为实际内存访问的地址。

当指令执行的条件满足时，将基址寄存器的值加上/减去一个地址偏移量，生成新的地址值。当 U=1 时，新的地址值为基址寄存器的值加上该地址偏移量；当 U=0 时，新的地址值为基址寄存器的值减去该地址偏移量。该地址偏移量是由索引寄存器 Rm 的值通过移位(或循环移位)得到，具体的计算方法可参考前面操作数寻址方式一节。最后将新的地址值写入基址寄存器 Rn 中。这种方式为事后访问方式。

**指令中寻址方式的语法格式**

```
[<Rn>],+/-<Rm>,<shift>#<shift_imm>
```

根据其中<shift>的不同，具体可有以下 5 种格式：

```
[<Rn>],+/-<Rm>,LSL #<shift_imm>
[<Rn>],+/-<Rm>,LSR #<shift_imm>
[<Rn>],+/-<Rm>,ASR #<shift_imm>
[<Rn>],+/-<Rm>,ROR #<shift_imm>
[<Rn>],+/-<Rm>,RRX
```

其中：

- <Rm>寄存器中的数值经过相应的移位(或循环移位)生成地址偏移量；
- <shift_imm>为移位(或循环移位)的位数。

**计算内存实际地址的伪代码**

```
address = Rn
case shift of
   0b00     /* LSL */
      index = Rm Logical_Shift_Left shift_imm
   0b01     /* LSR */
      if shift_imm == 0 then   /* LSR #32 */
         index = 0
      else
         index = Rm Logical_Shift_Right shift_imm
   0b10     /* ASR */
      if shift_imm == 0 then   /* ASR #32 */
         if Rm[31] == 1 then
            index = 0xFFFFFFFF
         else
            index = 0
      else
         index = Rm Arithmetic_Shift_Right shift_imm
   0b11     /* ROR or RRX */
      if shift_imm == 0 then   /* RRX */
         index = (C Flag Logical_Shift_Left 31) OR
          (Rm Logical_Shift_Right 1)
      else      /* ROR */
          index = Rm Rotate_Right shift_imm
endcase
if ConditionPassed(cond) then
   if U == 1 then
      Rn = Rn + index
   else     /* U == 0 */
      Rn = Rn - index
```

**使用说明**

B 标志位用于控制指令操作的数据类型。当 B=1 时，指令访问的是无符号的字节数据；当 B=0 时，指令访问的是字数据。

L 标志位用于控制内存操作的方向。当 L=1 时，指令执行 Load 操作；当 L=0 时，指令执行 Store 操作。

当 R15 用作基址寄存器 Rn 或 Rm 时，会产生不可预知的结果。

当 Rn 和 Rm 是同一个寄存器时，会产生不可预知的结果。

**示例**

```
LDR R0,[R1],R2,LSL #2 ; 将地址为 R1 的内存单元数据读取到 R0 中，然后 R1=R1+R2*4
```

## 2.2.3 杂类 Load/Store 指令的寻址方式

这里所说的杂类 Load/Store 指令，包括操作数为半字(无符号数或带符号数)数据的 Load/Store 指令；操作数为带符号的字节数据的 Load 指令；双字的 Load/Store 指令。这类指令的语法格式如下：

```
LDR|STR{<cond>}H|SH|SB|D  <Rd>,<addressing_mode>
```

其中，<addressing_mode>是指令中内存单元的寻址方式，具体有以下 6 种格式：

- [<Rn>, #+/–<offset_8>]
- [<Rn>, +/–<Rm>]
- [<Rn>, #+/–<offset_8>]!
- [<Rn>, +/–<Rm>]!
- [<Rn>], #+/–<offset_8>
- [<Rn>], +/–<Rm>

### 1. [<Rn>, #+/–<offset_8>]

**指令编码格式**

| 31–28 | 27–25 | 24 | 23 | 22 | 21 | 20 | 19–16 | 15–12 | 11–8 | 7 | 6 | 5 | 4 | 3–0 |
|---|---|---|---|---|---|---|---|---|---|---|---|---|---|---|
| cond | 0 0 0 | P | U | 1 | W | L | Rn | Rd | immedH | 1 | S | H | 1 | immedL |

**内存地址计算方法**

内存地址 address 为基址寄存器的值加上/减去偏移量 offset_8。当 U=1 时，address 为基址寄存器的值加上偏移量 offset_8；当 U=0 时，address 为基址寄存器的值减去偏移量 offset_8。

**指令中寻址方式的语法格式**

```
[<Rn>,#+/-<offset_8>]
```

其中：

- <Rn>为基址寄存器(在其他寻址方式中，<Rn>也为基址寄存器)；
- <offset_8>为地址偏移量，该偏移量被编码成高 4 位 immedH 和低 4 位 immedL。

**计算内存实际地址的伪代码**

```
offset_8 = (immedH << 4) OR immedL
if U == 1 then
```

```
    address = Rn + offset_8
else    /* U == 0 */
    address = Rn - offset_8
```

**使用说明**

该寻址方式适合访问结构化数据的数据成员、进行参数的存取以及栈中数据访问。当地址偏移量为 0 时，指令访问的即为 Rn 指向的内存数据单元。

B 标志位用于控制指令操作的数据类型。当 B=1 时，指令访问的是无符号的字节数据；当 B=0 时，指令访问的是字数据。

L 标志位用于控制内存操作的方向。当 L=1 时，指令执行 Load 操作；当 L=0 时，指令执行 Store 操作。

S 标志位用于控制半字访问时的数据类型。当 S=1 时，数据为带符号数；当 S=0 时，数据为无符号数。

当 S=0 且 H=0 时，表示无符号的字节数据。这种数据的寻址方式不属于现在讨论的这种寻址方式。包含这种操作数的指令可能属于 SWP/SWPB 指令，或者目前尚未实现的算术指令及 Load/Store 指令。

S=1 且 L=0 表示带符号数的 Store 指令。目前尚未实现该指令。

当 R15 用作基址寄存器 Rn 时，内存基地址为当前指令地址加 8 字节偏移量。

**示例**

```
LDRSB R0,[R1,#3]     ; 将内存单元(R1+3)中的有符号字节数据读取到 R0 中,
                     ; R0 中高 24 位设置成该字节数据的符号位
```

### 2. [<Rn>, +/–<Rm>]

**指令编码格式**

| 31　28 | 27　　　24 | 23 | 22　21 | 20 | 19　16 | 15　12 | 11　　8 | 7 | 6 | 5 | 4 | 3　　0 |
|---|---|---|---|---|---|---|---|---|---|---|---|---|
| cond | 0　0　0　1 | U | 0　0 | L | Rn | Rd | 0　0　0　0 | 1 | S | H | 1 | Rm |

**内存地址计算方法**

内存地址 address 为基址寄存器 Rn 的值加上/减去索引寄存器 Rm 的值。当 U=1 时，address 为基址寄存器的值加上索引寄存器 Rm 的值；当 U=0 时，address 为基址寄存器的值减去索引寄存器 Rm 的值。

**指令中寻址方式的语法格式**

```
[<Rn>,+/-<Rm>]
```

其中：

- <Rn>为基址寄存器；
- <Rm>为索引寄存器。

**计算内存实际地址的伪代码**

```
if U == 1 then
    address = Rn + Rm
else    /* U == 0 */
    address = Rn - Rm
```

**使用说明**

该寻址方式适合访问字节数组中的数据成员。

标志位 L、S 的用法与[<Rn>，#+/–<offset_8>]指令相同。

当 R15 用作基址寄存器 Rn 时，内存基地址为当前指令地址加 8 字节偏移量。当 R15 用作索引寄存器 Rm 时，会产生不可预知的结果。

**示例**

```
STRH  R0,[R1,R2]   ; 将 R0 中的低 16 位数据保存到内存单元(R1+R2)中
```

### 3. [<Rn>，#+/–<offset_8>]!

**指令编码格式**

| 31–28 | 27–24 | 23 | 22 21 | 20 | 19–16 | 15–12 | 11–8 | 7 | 6 | 5 | 4 | 3–0 |
|---|---|---|---|---|---|---|---|---|---|---|---|---|
| cond | 0 0 0 1 | U | 1 1 | L | Rn | Rd | immedH | 1 | S | H | 1 | immedL |

**内存地址计算方法**

内存地址 address 为基址寄存器的值加上/减去偏移量 offset_8。当 U=1 时，address 为基址寄存器的值加上偏移量 offset_8；当 U=0 时，address 为基址寄存器的值减去偏移量 offset_8。

当指令执行的条件满足时，生成的地址值将写入基址寄存器 Rn 中。这种方式为事先访问方式。

**指令中寻址方式的语法格式**

```
[<Rn>,#+/-<offset_8>]!
```

其中：

- <Rn>为基址寄存器；
- <offset_8>为地址偏移量，该偏移量被编码成高 4 位 immedH 和低 4 位 immedL。
- ! 用来设置 W 位，更新基址寄存器的内容。

**计算内存实际地址的伪代码**

```
offset_8 = (immedH << 4) OR immedL
if U == 1 then
    address = Rn + offset_8
else    /* U == 0 */
    address = Rn - offset_8
```

```
if ConditionPassed(cond) then
    Rn = address
```

**使用说明**

该寻址方式适合访问数组时，自动进行数组下标的更新。

标志位 L、S 的用法与[<Rn>，#+/–<offset_8>]指令相同。

当 R15 用作基址寄存器 Rn 时，会产生不可预知的结果。

**示例**

```
LDRSH R7,[R6,#2]!    ; 将内存单元(R6+2)中的字节数据读取到R7中，R7中高16位设置成
                     ; 该半字的符号位; R6=R6+2
```

### 4. [<Rn>，+/–<Rm>]!

**指令编码格式**

| 31–28 | 27–24 | 23 | 22 21 | 20 | 19–16 | 15–12 | 11–8 | 7 | 6 | 5 | 4 | 3–0 |
|---|---|---|---|---|---|---|---|---|---|---|---|---|
| cond | 0 0 0 1 | U | 0 1 | L | Rn | Rd | 0 0 0 0 | 1 | S | H | 1 | Rm |

**内存地址计算方法**

内存地址 address 为基址寄存器 Rn 的值加上/减去索引寄存器 Rm 的值。当 U=1 时，address 为基址寄存器的值加上索引寄存器 Rm 的值；当 U=0 时，address 为基址寄存器的值减去索引寄存器 Rm 的值。

当指令执行的条件满足时，生成的地址值 address 将写入基址寄存器 Rn 中。这种方式属于事先访问方式(pre-indexed)。

**指令中寻址方式的语法格式**

```
[<Rn>,+/-<Rm>]!
```

其中：

- <Rn>为基址寄存器；
- <Rm>为索引寄存器；
- ! 用于设置 W 位，更新基址寄存器的内容。

**计算内存实际地址的伪代码**

```
if U == 1 then
    address = Rn + Rm
else    /* U == 0 */
    address = Rn - Rm
if ConditionPassed(cond) then
    Rn = address
```

**使用说明**

标志位 U、L、S 的用法与[<Rn>, #+/–<offset_8>]指令相同。

当 R15 用作基址寄存器 Rn 或 Rm 时，会产生不可预知的结果。

当 Rn 和 Rm 是同一个寄存器时，会产生不可预知的结果。

示例

```
LDRH R0, [R1, R2]!  ; 将内存单元(R1+R2)中的半字数据读取到 R0 中，
                    ; R0 中高 16 位设置成 0; R1=R1+R2
```

### 5. [<Rn>], #+/–<offset_8>

指令编码格式

| 31 28 | 27 24 | 23 | 22 21 | 20 | 19 16 | 15 12 | 11 8 | 7 | 6 | 5 | 4 | 3 0 |
|---|---|---|---|---|---|---|---|---|---|---|---|---|
| cond | 0 0 0 1 | U | 1 0 | L | Rn | Rd | immedH | 1 | S | H | 1 | immedL |

内存地址计算方法

指令使用基址寄存器 Rn 的值作为实际内存访问的地址。

当指令执行的条件满足时，将基址寄存器的值加上/减去偏移量 offset_8，生成新的地址值。当 U=1 时，新的地址值为基址寄存器的值加上偏移量 offset_8；当 U=0 时，新的地址值为基址寄存器的值减去偏移量 offset_8。最后将新的地址值写入基址寄存器 Rn 中。这种方式为事后访问方式。

指令中寻址方式的语法格式

```
[<Rn>],#+/-<offset_8>
```

其中：

- <Rn>为基址寄存器；
- < offset_8>为地址偏移量。

计算内存实际地址的伪代码

```
address = Rn
offset_8 = (immedH << 4) OR immedL
if ConditionPassed(cond) then
    if U == 1 then
        Rn = Rn + offset_8
    else /* U == 0 */
        Rn = Rn - offset_8
```

使用说明

当 R15 用作基址寄存器 Rn 或 Rm 时，会产生不可预知的结果。

标志位 L、S 的用法与前面的指令相同，此处不再赘述。

示例

```
STRH  R0,[R1],#8    ; 将 R0 中的低 16 位数据保存到内存单元(R1)中，
                    ; 同时，指令执行后 R1=R1+8
```

### 6. [<Rn>]，+/–<Rm>

**指令编码格式**

| 31–28 | 27–24 | 23 | 22–21 | 20 | 19–16 | 15–12 | 11–8 | 7 | 6 | 5 | 4 | 3–0 |
|---|---|---|---|---|---|---|---|---|---|---|---|---|
| cond | 0 0 0 0 | U | 0 0 | L | Rn | Rd | 0 0 0 0 | 1 | S | H | 1 | Rm |

**内存地址计算方法**

指令使用基址寄存器 Rn 的值作为实际内存访问的地址。

当指令执行的条件满足时，将基址寄存器的值加上/减去索引寄存器 Rm 的值生成新的地址值。当 U=1 时，新的地址值为基址寄存器的值加上索引寄存器 Rm 的值；当 U=0 时，新的地址值为基址寄存器的值减去索引寄存器 Rm 的值。最后将新的地址值写入基址寄存器 Rn 中。这种方式为事后访问方式。

**指令中寻址方式的语法格式**

```
[<Rn>],+/-<Rm>
```

其中：

- <Rn>为基址寄存器；
- <Rm>为索引寄存器。

**计算内存实际地址的伪代码**

```
address = Rn
if ConditionPassed(cond) then
    if U == 1 then
        Rn = Rn + Rm
    else     /* U == 0 */
       Rn = Rn - Rm
```

**使用说明**

当 R15 用作基址寄存器 Rn 或 Rm 时，会产生不可预知的结果。

当 Rn 和 Rm 是同一个寄存器时，会产生不可预知的结果。

**示例**

```
STRH  R0,[R1],R2     ; 将 R0 中的低 16 位数据保存到内存单元(R1)中,
                     ; 同时，指令执行后 R1=R1+R2
```

## 2.2.4　批量 Load/Store 指令的寻址方式

一条批量 Load/Store 指令可以实现在一组寄存器和一块连续的内存单元之间传输数据。其语法格式如下：

```
DM|STM{<cond>}<addressing_mode> <Rn>{!}, <registers>{^}
```

其中，指令中寄存器和内存单元的对应关系满足这样的规则，即编号低的寄存器对应

于内存中的低地址单元，编号高的寄存器对应于内存中的高地址单元，<Rn>中存放地址块的最低地址值。

<addressing_mode>表示地址的变化方式，有以下 4 种方式。

- IA (Increment After)：事后递增方式。
- IB (Increment Before)：事先递增方式。
- DA (Decrement After)：事后递减方式。
- DB (Decrement Before)：事先递减方式。

批量 Load/Store 指令的编码格式如下：

| 31 28 | 27 25 | 24 | 23 | 22 | 21 | 20 | 19 16 | 15 0 |
|---|---|---|---|---|---|---|---|---|
| cond | 1 0 0 | P | U | S | W | L | Rn | register list |

指令中各标志位的含义如下。

U 标志位表示地址变化的方向。当 U=1 时，地址从基址寄存器<Rn>所指的内存单元向上(Upwards)变化；当 U=0 时，地址从基址寄存器<Rn>所指的内存单元向下(Downwards)变化。

P 标志位表示基址寄存器<Rn>所指的内存单元是否包含在指令使用的内存块内。当 P=0 时，基址寄存器<Rn>所指的内存单元不包含在指令使用的内存块内。如果 U=0，基址寄存器<Rn>所指的内存单元是指令使用的内存块上面相邻的一个内存单元；如果 U=1，基址寄存器<Rn>所指的内存单元是指令使用的内存块下面相邻的一个内存单元。当 P=1 时，基址寄存器<Rn>所指的内存单元包含在指令使用的内存块内。如果 U=0，基址寄存器<Rn>所指的内存单元是指令使用的内存块最上面的一个内存单元；如果 U=1，基址寄存器<Rn>所指的内存单元是指令使用的内存块最下面的一个内存单元。

S 标志位对于不同的指令有不同的含义。当 LDMS 指令的寄存器列表中包含 PC 寄存器(即 R15)时，S=1 表示指令同时将 SPSR 的数值复制到 CPSR 中。对于寄存器列表中不包含 PC 寄存器(即 R15)的 LDMS 指令以及 STMS 指令，S=1 表示当处理器模式为特权模式时，指令操作的寄存器是用户模式下的物理寄存器，而不是当前特权模式的物理寄存器。

W 标志位表示指令执行后，基址寄存器<Rn>的值是否更新。当 W=1 时，指令执行后基址寄存器加上(U=1)或者减去(U=0)寄存器列表中的寄存器个数乘以 4。

L 标志位表示操作的类型。当 L=1 时，执行 Store 操作；当 L=0 时，执行 Load 操作。

在寄存器列表域<register list>中，每一位对应一个寄存器。如 bit[0]代表寄存器 R0，bit[15]代表寄存器 R15(PC)。

### 1. 事后递增方式 IA

#### 指令编码格式

| 31 28 | 27 26 25 | 24 | 23 | 22 | 21 | 20 | 19 16 | 15 0 |
|---|---|---|---|---|---|---|---|---|
| cond | 1 0 0 | 0 | 1 | S | W | L | Rn | register list |

**内存地址计算方法**

寄存器列表<registers list>中的每一个寄存器对应一个内存单元。第 1 个寄存器(即编号最小的寄存器)对应的内存单元为基址寄存器<Rn>所指的内存单元，记作<start_ address>；随后的每个寄存器对应的内存单元的地址是前一个内存地址加 4(字节)；最后一个寄存器(即编号最大的寄存器)对应的内存单元地址记作<end_address>，它等于基址寄存器<Rn>的值加上前面所有寄存器对应的内存总数，即寄存器总个数减 1 的 4 倍。

当指令执行条件满足时，指令执行后，将<end_address>的值写入基址寄存器<Rn>。

**指令中寻址方式的语法格式**

```
IA
```

**计算内存实际地址的伪代码**

```
start_address = Rn
end_address = Rn + (Number_Of_Set_Bits_In(register_list) * 4) - 4
if ConditionPassed(cond) and W == 1 then
     Rn = Rn + (Number_Of_Set_Bits_In(register_list) * 4)
```

**使用说明**

标志位 S 和 W 的用法见本小节开始部分的叙述。

L 标志位表示操作的类型。当 L=1 时，执行 Store 操作；当 L=0 时，执行 Load 操作。

**示例**

```
LDMIA R0,{R5-R8} ; 将内存单元(R0)到(R0+12)四个字数据读取到R5～R8的寄存器中
```

### 2. 事先递增方式 IB

**指令编码格式**

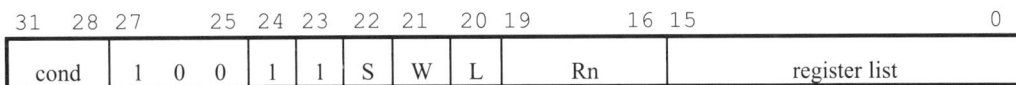

| 31　28 | 27　25 | 24 | 23 | 22 | 21 | 20 | 19　16 | 15　0 |
|---|---|---|---|---|---|---|---|---|
| cond | 1　0　0 | 1 | 1 | S | W | L | Rn | register list |

**内存地址计算方法**

寄存器列表<register list>中的每一个寄存器对应一个内存单元。第 1 个寄存器(即编号最小的寄存器)对应的内存单元的地址为基址寄存器<Rn>的值加 4，记作<start_address>；随后的每个寄存器对应的内存单元的地址是前一个内存地址加 4(字节)；最后一个寄存器(即编号最大的寄存器)对应的内存单元地址记作<end_address>，它等于基址寄存器<Rn>值再加上寄存器总个数的 4 倍。

当指令执行条件满足时，指令执行后，将<end_address>的值写入基址寄存器<Rn>。

**指令中寻址方式的语法格式**

```
IB
```

**计算内存实际地址的伪代码**

```
start_address = Rn + 4
end_address = Rn + (Number_Of_Set_Bits_In(register_list) * 4)
if ConditionPassed(cond) and W == 1 then
    Rn = Rn + (Number_Of_Set_Bits_In(register_list) * 4)
```

### 3. 事后递减方式 DA

**指令编码格式**

| 31 28 | 27 25 | 24 | 23 | 22 | 21 | 20 | 19 16 | 15 0 |
|---|---|---|---|---|---|---|---|---|
| cond | 1 0 0 | 0 | 0 | S | W | L | Rn | register list |

**内存地址计算方法**

寄存器列表<register list>中的每一个寄存器对应一个内存单元。第 1 个寄存器(即编号最小的寄存器)对应的内存单元的地址为基址寄存器<Rn>的值减去寄存器总个数减 1 的 4 倍，记作<start_address>；随后的每个寄存器对应的内存单元的地址是前一个内存地址加 4(字节)；最后一个寄存器(即编号最大的寄存器)对应的内存单元地址记作<end_address>，它等于基址寄存器<Rn>的值。

当指令执行条件满足时，指令执行后，将<start_address>的值减 4，写入基址寄存器<Rn>中。

**指令中寻址方式的语法格式**

```
DA
```

**计算内存实际地址的伪代码**

```
start_address = Rn-(Number_Of_Set_Bits_In(register_list) * 4)+4
end_address = Rn
if ConditionPassed(cond) and W == 1 then
    Rn = Rn - (Number_Of_Set_Bits_In(register_list) * 4)
```

### 4. 事先递减方式 DB

**指令编码格式**

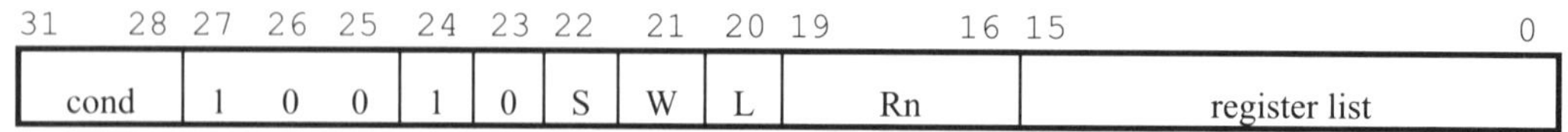

| 31 28 | 27 26 25 | 24 | 23 | 22 | 21 | 20 | 19 16 | 15 0 |
|---|---|---|---|---|---|---|---|---|
| cond | 1 0 0 | 1 | 0 | S | W | L | Rn | register list |

**内存地址计算方法**

寄存器列表<registers list>中的每一个寄存器对应一个内存单元。第 1 个寄存器(即编号最小的寄存器)对应的内存单元的地址为基址寄存器<Rn>的值减去寄存器总个数的 4 倍，记作<start_address>；随后的每个寄存器对应的内存单元的地址是前一个内存地址加 4(字节)；最后一个寄存器(即编号最大的寄存器)对应的内存单元地址记作<end_address>，它等于基址寄存器<Rn>的值减 4。

当指令执行条件满足时，指令执行后，将<start_address>的值写入基址寄存器<Rn>。

**指令中寻址方式的语法格式**

```
DB
```

**计算内存实际地址的伪代码**

```
start_address = Rn - (Number_Of_Set_Bits_In(register_list) * 4)
end_address = Rn - 4
if ConditionPassed(cond) and W == 1 then
     Rn = Rn - (Number_Of_Set_Bits_In(register_list) * 4)
```

### 5. 对应于栈操作的寻址方式

对于通常的数据传输(在寄存器和内存单元之间)来说，由于 Load 指令和 Store 指令可以采用相同的寻址方式，数据向内存中存放的方式和从内存中读出的方式相同，因而可以方便地实现批量传输。

对于数据栈的操作，数据写入内存和从内存中读出的顺序不同。下面讨论如何使用合适的寻址方式实现数据栈中批量数据的传输。

栈指针通常可以指向不同的位置。栈指针指向栈顶元素(即最后一个入栈的数据元素)时称为 Full 栈；栈指针指向与栈顶元素相邻的一个可用数据单元时称为 Empty 栈。

数据栈的增长方向也可以不同。当数据栈向内存地址减小的方向增长时，称为 Descending 栈；当数据栈向内存地址增加的方向增长时，称为 Ascending 栈。

综合这两个特点，可以有以下 4 种数据栈。

- FD：Full Descending。
- ED：Empty Descending。
- FA：Full Ascending。
- EA：Empty Ascending。

不同数据栈对应的批量 Load/Store 指令的寻址方式如表 2.2 及表 2.3 所示。

表 2.2　LDM 指令的寻址方式

| 通常寻址方式 | 数据栈寻址方式 | L 位 | P 位 | U 位 |
|---|---|---|---|---|
| LDMDA | LDMFA | 1 | 0 | 0 |
| LDMIA | LDMFD | 1 | 0 | 1 |
| LDMDB | LDMEA | 1 | 1 | 0 |
| LDMIB | LDMED | 1 | 1 | 1 |

表 2.3　STM 指令的寻址方式

| 通常寻址方式 | 数据栈寻址方式 | L 位 | P 位 | U 位 |
|---|---|---|---|---|
| STMDA | STMED | 0 | 0 | 0 |
| STMIA | STMEA | 0 | 0 | 1 |
| STMDB | STMFD | 0 | 1 | 0 |
| STMIB | STMFA | 0 | 1 | 1 |

## 2.2.5　协处理器 Load/Store 指令的寻址方式

一条协处理器 Load/Store 指令可以在 ARM 处理器和协处理器之间传输批量数据。其语法格式如下：

```
<opcode>{<cond>}{L} <coproc>,<CRd>,<addressing_mode>
```

其中，<addressing_mode>表示地址的变化方式，有以下 4 种格式。

- [<Rn>,#+/–<offset_8>*4]
- [<Rn>,#+/–<offset_8>*4]!
- [<Rn>],#+/–<offset_8>*4
- [<Rn>],<option>

协处理器 Load/Store 指令的编码格式如下。

| 31　28 | 27　25 | 24 | 23 | 22 | 21 | 20 | 19　16 | 15　12 | 11　8 | 7　0 |
|---|---|---|---|---|---|---|---|---|---|---|
| cond | 1　1　0 | P | U | N | W | L | Rn | CRd | Cp# | offset_8 |

指令中各标志位的含义如下。

U 标志位表示基址寄存器<Rn>值的更新方式。当 U=1 时，基址寄存器<Rn>的值加上地址偏移量；当 U=0 时，基址寄存器<Rn>的值减去地址偏移量。

N 标志位的含义由各协处理器决定，一般用来表示传输数据的字节大小。

W 标志位表示指令执行后，基址寄存器<Rn>的值是否更新。当 W=1 时，指令执行后更新基址寄存器的内容；当 W=0 时，指令执行后基址寄存器的内容不变。

标志位 P 和标志位 W 一起决定指令中基址寄存器内容更新的方式，如表 2.4 所示。

表 2.4　指令中基址寄存器值内容更新的方式

| P 位的值 | W 位的值 | 基址寄存器值的更新方式 |
|---|---|---|
| 1 | 1 | 事先更新的寻址方式(pre-indexed) |
| 1 | 0 | 偏移量的寻址方式(offset) |
| 0 | 1 | 事后更新的寻址方式(post-indexed) |
| 0 | 0 | 非索引方式(unindexed) |

L 标志位表示操作的类型。当 L=1 时，执行 Store 操作；当 L=0 时，执行 Load 操作。

### 1. 偏移量 [<Rn>,#+/–<offset_8>*4]

**指令编码格式**

| 31　28 | 27　25 | 24 | 23 | 22 | 21 | 20 | 19　16 | 15　12 | 11　8 | 7　0 |
|---|---|---|---|---|---|---|---|---|---|---|
| cond | 1　1　0 | 1 | U | N | 0 | L | Rn | CRd | Cp# | offset_8 |

**内存地址计算方法**

这种寻址方式产生一段连续的内存地址。第 1 个地址值为基址寄存器<Rn>值减去/加上指令中立即数的 4 倍；随后的每个地址是前一个内存地址加 4(字节)；直到协处理器发出信号，结束本次数据传输。这种寻址方式允许由协处理器来决定传输数据的数目。

这种寻址方式最大可以传输 16 个字的数据。

**指令中寻址方式的语法格式**

```
[<Rn>,#+/-<offset_8>*4]
```

其中：

- <Rn>为基址寄存器；
- <offset_8>为 8 位立即数，该偏移量乘以 4，生成地址偏移量。

**计算内存实际地址的伪代码**

```
if ConditionPassed(cond) then
    if U == 1 then
       address = Rn + offset_8 * 4
    else    /* U == 0 */
       address = Rn - offset_8 * 4
    start_address = address
    while (NotFinished(coprocessor[cp_num]))
       address = address + 4
    end_address = address
```

**使用说明**

当 R15 作为 Rn 时，其值为当前指令的地址加 8。

### 2. 事先更新 [<Rn>,#+/–<offset_8>*4]!

**指令编码格式**

| 31　28 | 27　25 | 24 | 23 | 22 | 21 | 20 | 19　16 | 15　12 | 11　8 | 7　0 |
|---|---|---|---|---|---|---|---|---|---|---|
| cond | 1　1　0 | 1 | U | N | 1 | L | Rn | CRd | Cp# | offset_8 |

**内存地址计算方法**

这种寻址方式产生一段连续的内存地址。第 1 个地址值为基址寄存器<Rn>的值减去/加上指令中立即数的 4 倍，记作<first_address>；随后的每个地址是前一个内存地址加 4(字节)；直到协处理器发出信号，结束本次数据传输。这种寻址方式允许由协处理器来决定传输数据的数目。

这种寻址方式最大可以传输 16 个字的数据。

当指令执行的条件满足时，将<first_address>的值写入基址寄存器<Rn>。

#### 该指令中寻址方式的语法格式

```
[<Rn>,#+/-<offset_8>*4]!
```

其中：

- <offset_8>为 8 位立即数，该偏移量乘以 4，生成地址偏移量；
- ! 用来设置 W 位，更新基址寄存器的内容。

#### 计算内存实际地址的伪代码

```
if ConditionPassed(cond) then
    if U == 1 then
        Rn = Rn + offset_8 * 4
    else     /* U == 0 */
        Rn = Rn - offset_8 * 4
    start_address = Rn
    address = start_address
    while (NotFinished(coprocessor[cp_num]))
        address = address + 4
    end_address = address
```

#### 使用说明

当 R15 作为 Rn 时，会产生不可预知的结果。

### 3. 事先更新[<Rn>],#+/–<offset_8>*4

#### 指令编码格式

| 31–28 | 27–25 | 24 | 23 | 22 | 21 | 20 | 19–16 | 15–12 | 11–8 | 7–0 |
|---|---|---|---|---|---|---|---|---|---|---|
| cond | 1 1 0 | 0 | U | N | 1 | L | Rn | CRd | Cp# | offset_8 |

#### 内存地址计算方法

这种寻址方式产生一段连续的内存地址。第 1 个地址值为基址寄存器<Rn>的值，记作<first_address>；随后的每个地址是前一个内存地址加 4(字节)；直到协处理器发出信号，结束本次数据传输。最后一个地址值为基址寄存器<Rn>的值加上/减去指令中立即数的 4 倍，记作<end_address>。这种寻址方式允许由协处理器决定传输数据的数目。

这种寻址方式最大可以传输 16 个字的数据。

当指令执行的条件满足时，将<end_address>的值写入基址寄存器<Rn>。

#### 指令中寻址方式的语法格式

```
[<Rn>],#+/-<offset_8>*4
```

其中，<offset_8>为 8 位立即数，该偏移量乘以 4，生成地址偏移量。

**计算内存实际地址的伪代码**

```
if ConditionPassed(cond) then
   start_address = Rn
   if U == 1 then
      Rn = Rn + offset_8 * 4
   else     /* U == 0 */
      Rn = Rn - offset_8 * 4
      address = start_address
   while (NotFinished(coprocessor[cp_num]))
      address = address + 4
   end_address = address
```

**使用说明**

当 R15 作为 Rn 时，会产生不可预知的结果。

### 4. 非索引 [<Rn>],<option>

**指令编码格式**

| 31　28 | 27　25 | 24 | 23 | 22 | 21 | 20 | 19　16 | 15　12 | 11　8 | 7　0 |
|---|---|---|---|---|---|---|---|---|---|---|
| cond | 1　1　0 | 0 | U | N | 0 | L | Rn | CRd | Cp# | option |

**内存地址计算方法**

这种寻址方式产生一段连续的内存地址。第 1 个地址值为基址寄存器<Rn>的值；随后的每个地址是前一个内存地址加 4(字节)；直到协处理器发出信号，结束本次数据传输。这种寻址方式允许由协处理器来决定传输数据的数目。

这种寻址方式最大可以传输 16 个字的数据。

指令中 bits[7:0]没有被 ARM 使用，可用作协处理器来扩展指令。

**指令中寻址方式的语法格式**

```
[<Rn>],<option>
```

其中：

- <Rn>为基址寄存器；
- <option>没有被 ARM 使用，可用作协处理器来扩展指令。

**计算内存实际地址的伪代码**

```
if ConditionPassed(cond) then
   start_address = Rn
   address = start_address
   while (NotFinished(coprocessor[cp_num]))
      address = address + 4
   end_address = address
```

**使用说明**

当 R15 作为 Rn 时，其值为当前指令的地址加 8。

# 第 3 章　精通 ARM 指令集

本章将详细介绍各 ARM 指令，并给出一些典型的 ARM 功能代码段。

## 3.1　ARM 指令集

ARM 指令集可以分为 6 大类，即跳转指令、数据处理指令、程序状态寄存器(PSR)传输指令、Load/Store 指令、协处理器指令和异常中断产生指令。

为了更清楚地描述这些指令，将这几大类的指令进一步分为几个小类分别进行讲述。

### 3.1.1　跳转指令

在 ARM 中，有两种方式可以实现程序的跳转：一种是跳转指令；另一种是直接向 PC 寄存器(R15)中写入目标地址值。

通过直接向 PC 寄存器中写入目标地址值，可以实现在 4GB 的地址空间中任意跳转，这种跳转指令又称为长跳转。如果在长跳转指令之前使用“MOV LR, PC”等指令，可以保存将来返回的地址值，就实现了在 4GB 的地址空间中的子程序调用。

在 ARM 版本 5 及以上的体系中，实现了 ARM 指令集和 Thumb 指令集的混合使用。指令使用目标地址值的 bit[0]来确定目标程序的类型。bit[0]值为 1 时，目标程序为 Thumb 指令；bit[0]值为 0 时，目标程序为 ARM 指令。

在 ARM 版本 5 以前的体系中，传送到 PC 寄存器中的目标地址值的低两位 bits[1:0]被忽略，跳转指令只能在 ARM 指令集中执行，即程序不能从 ARM 状态切换到 Thumb 状态。

非 T 系列版本 5 的 ARM 体系不含 Thumb 指令，当程序试图切换到 Thumb 状态时，将产生未定义指令异常中断。

ARM 的跳转指令可以从当前指令向前或向后 32MB 的地址空间跳转。这类跳转指令有以下 4 种。

- B：跳转指令。
- BL：带返回的跳转指令。
- BLX：带返回和状态切换的跳转指令。
- BX：带状态切换的跳转指令。

#### 1. B 及 BL 指令

B(跳转指令)和 BL(带返回的跳转指令)均可以跳转到指令中的目标地址，这两个指令和目标地址处的指令都属于 ARM 指令集。二者都可以根据 CPSR 中条件标志位的值和指令中的执行条件决定是否执行跳转操作。二者的不同之处在于，B 指令仅仅执行跳转操作；BL 指令同时还将 PC 寄存器的值保存到 LR 寄存器中。

指令的编码格式

| 31　　28 | 27　　25 | 24 | 23　　　　0 |
|---|---|---|---|
| cond | 1　0　1 | L | signed_immed_24 |

指令的语法格式

```
B{L}{<cond>} <target_address>
```

其中：

- L 决定是否保存返回地址。当有 L 时，当前 PC 寄存器的值将保存到 LR 寄存器中；当没有 L 时，指令仅执行跳转，当前 PC 寄存器的值将不会保存到 LR 寄存器中。
- <cond>为指令执行的条件码。
- <target_address>为指令跳转的目标地址。这个目标地址的计算方法是：将指令中的 24 位带符号的补码立即数扩展为 32 位(扩展其符号位)；将此 32 位数左移两位；将得到的值加到 PC 寄存器中，即得到跳转的目标地址。由这种计算方法可知，跳转的范围大致为–32MB～+32MB。

指令操作的伪代码

```
if ConditionPassed(cond) then
   if L == 1 then
      LR = address of the instruction after the branch instruction
      PC = PC + (SignExtend(signed_immed_24) << 2)
```

指令的使用

BL 指令用于实现子程序调用。子程序的返回可以通过将 LR 寄存器的值复制到 PC 寄存器中来实现。通常有下面 3 种方法来实现这种复制。

- BX R14。
- MOV PC, R14。
- 当子程序入口中使用了“STMFD R13!,{<registers>, R14}”时，可以用指令“LDMFD R13!,{<registers>,PC}”。

ARM 汇编器通过以下步骤计算指令编码中的 Signed_immed_24。

(1) 将 PC 寄存器的值作为本跳转指令的基地址值。

(2) 从跳转的目标地址中减去上面所说的跳转的基地址值，生成字节偏移量。由于 ARM 指令是字对齐的，该字节偏移量为 4 的倍数。

(3) 当上面生成的字节偏移量超过 33554432～33554430 时，程序需要做相应的处理。

(4) 否则，将指令编码字中的 Signed_immed_24 设置成上述字节偏移量的 bits[25:2]。

当指令跳转越过地址 0 或 32 位地址空间的最高地址时，将产生不可预知的结果。

示例

```
B  Label    ；程序跳转到标号 Label 处执行
BCC Label   ；当 CPSR 寄存器中的 C 条件标志位为 1 时，程序跳转到标号 Label 处执行
BL  func_1  ；程序跳转到子程序 func_1 处执行，同时将当前 PC 值保存到 LR 中
```

### 2. BLX(1)指令

第 1 种格式的 BLX 指令记作 BLX(1)。BLX(1)指令从 ARM 指令集跳转到指令中指定的目标地址，并将程序状态切换为 Thumb 状态，该指令同时将 PC 寄存器的内容复制到 LR 寄存器中。

本指令属于无条件执行的指令(即条件码为 AL)。

**指令的编码格式**

| 31–28 | 27–25 | 24 | 23–0 |
|---|---|---|---|
| 1 1 1 1 | 1 0 1 | H | signed_immed_24 |

**指令的语法格式**

```
BLX <target_address>
```

其中，<target_address>的用法与 B 及 BL 指令中的用法相同。

**指令操作的伪代码**

```
LR = address of the instruction after the BLX instruction
T Flag = 1
PC = PC + (SignExtend(signed_immed_24) << 2) + (H << 1)
```

**指令的使用**

当子程序为 Thumb 指令集，而调用者为 ARM 指令集时，可以通过 BLX 指令实现子程序调用和程序状态的切换。子程序的返回可以通过将 LR 寄存器(R14)的值复制到 PC 寄存器中来实现。通常有下面两种方法。

- BX R14。
- 当子程序入口使用 PUSH{<registers>,R14}时，可以用指令 POP{<registers>,PC}。

ARM 汇编器通过以下步骤计算指令编码中的 Signed_immed_24。

(1) 将 PC 寄存器的值作为本跳转指令的基地址值。

(2) 从跳转的目标地址中减去上面所说的跳转的基地址值，生成字节偏移量。由于 ARM 指令是字对齐的，Thumb 指令是半字对齐的，该字节偏移量为偶数。

(3) 当上面生成的字节偏移量超过 33554432～33554430 时，程序需要做相应的处理。

(4) 否则，将指令编码字中的 Signed_immed_24 设置成上述字节偏移量的 bits[25:2]，同时将指令编码字中的 H 位设置成上述字节偏移量的 bit[1]。

本指令是无条件执行的。

指令中的 bit[24]被作为目标地址的 bit[1]。

### 3. BLX(2)指令

第 2 种格式的 BLX 指令记作 BLX(2)。BLX(2)指令从 ARM 指令集跳转到指令中指定的目标地址，目标地址的指令可以是 ARM 指令，也可以是 Thumb 指令。目标地址放在指令中的寄存器<Rm>中，该地址的 bit[0]值为 0，目标地址处的指令类型由 CPSR 中的 T 标识位决定。该指令同时将 PC 寄存器的内容复制到 LR 寄存器中。

**指令的编码格式**

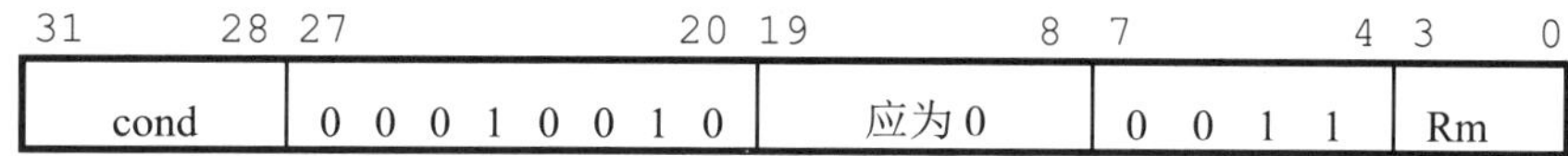


**指令的语法格式**

```
BLX{<cond>} <Rm>
```

其中：

- <cond>为指令执行的条件码。当<cond>忽略时，指令为无条件执行。
- <Rm>寄存器中为跳转的目标地址。当<Rm>寄存器的 bit[0]值为 0 时，目标地址处的指令为 ARM 指令；当<Rm>寄存器的 bit[0]值为 1 时，目标地址处的指令为 Thumb 指令。当<Rm>寄存器为 R15 时，会产生不可预知的结果。

**指令操作的伪代码**

```
if ConditionPassed(cond) then
    LR = address of instruction after the BLX instruction
    T Flag = Rm[0]
    PC = Rm AND 0xFFFFFFFE
```

**指令的使用**

当 Rm[1:0]=0b10 时，由于 ARM 指令是字对齐的，这时会产生不可预料的结果。

### 4. BX 指令

BX 指令跳转到指令中指定的目标地址，目标地址处的指令可以是 ARM 指令，也可以是 Thumb 指令。目标地址值为指令的值和 0xFFFFFFFE 做与操作的结果，目标地址处的指令类型由寄存器<Rm>的 bit[0]决定。

**指令的编码格式**

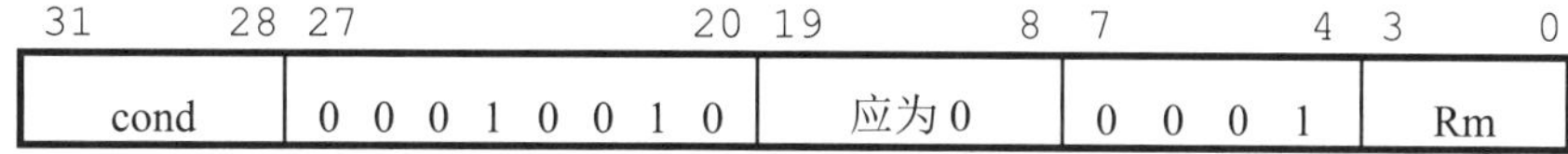


**指令的语法格式**

```
BX{<cond>} <Rm>
```

其中：

- <cond>为指令执行的条件码。当<cond>忽略时，指令为无条件执行。
- <Rm>寄存器中为跳转的目标地址。当<Rm>寄存器的 bit[0]为 0 时，目标地址处的指令为 ARM 指令；当<Rm>寄存器的 bit[0]为 1 时，目标地址处的指令为 Thumb 指令。

指令操作的伪代码

```
if ConditionPassed(cond) then
    T Flag = Rm[0]
    PC = Rm AND 0xFFFFFFFE
```

指令的使用

当 Rm[1:0]=0b10 时，由于 ARM 指令是字对齐的，这时会产生不可预料的结果。

当<Rm>为 PC 寄存器时，即指令“BX PC”将程序跳转到当前指令下面第 2 条指令处执行。虽然可以这样使用，但推荐使用更简单的指令来实现与这条指令相同的功能。如指令“MOV PC, PC”及指令“ADD PC, PC, #0”。

## 3.1.2 数据处理指令

数据处理指令可大致分为 3 类：数据传送指令，如 MOV；算术逻辑运算指令，如 ADD、SUB 和 AND 等；比较指令，如 TST。

(1) 数据传送指令用于向寄存器中传入一个常数。该指令包括一个目标寄存器和一个源操作数，源操作数的计算方法在 2.2 节中已详细介绍过。

(2) 算术逻辑运算指令通常包括一个目标寄存器和两个源操作数。其中一个源操作数为寄存器的值，另外一个源操作数的计算方法在 2.2 节已详细介绍过。算术逻辑运算指令将运算结果存入目标寄存器，同时更新 CPSR 中相应的条件标志位。

(3) 比较指令不保存运算结果，只更新 CPSR 中相应的条件标志位。

数据处理指令包括以下指令。

(1) MOV：数据传送指令。

(2) MVN：数据求反传送指令。

(3) ADD：加法指令。

(4) ADC：带位加法指令。

(5) SUB：减法指令。

(6) SBC：带位减法指令。

(7) RSB：逆向减法指令。

(8) RSC：带位逆向减法指令。

(9) AND：逻辑与操作指令。

(10) ORR：逻辑或操作指令。

(11) EOR：逻辑异或操作指令。

(12) BIC：位清除指令。

(13) CMP：比较指令。

(14) CMN：基于相反数的比较指令。

(15) TST：位测试指令。

(16) TEQ：相等测试指令。

### 1. MOV 传送指令

MOV 指令将<shifter_operand>表示的数据传送到目标寄存器<Rd>中，并根据操作的结果更新 CPSR 中相应的条件标志位。

#### 指令的编码格式

| 31–28 | 27 26 | 25 | 24–21 | 20 | 19–16 | 15–12 | 11–0 |
|---|---|---|---|---|---|---|---|
| cond | 0 0 | 1 | 1 1 0 1 | S | 应为 0 | Rd | shifter_operand |

#### 指令的语法格式

```
MOV{<cond>}{S} <Rd>, <shifter_operand>
```

其中：

- <cond>为指令执行的条件码。当<cond>忽略时，指令为无条件执行。
- S 决定指令的操作是否影响 CPSR 中条件标志位的值。当有 S 时，指令更新 CPSR 中条件标志位的值；当没有 S 时，指令不更新 CPSR 中条件标志位的值。当有 S 时分两种情况：若指令中的目标寄存器<Rd>为 R15，则当前处理器模式对应的 SPSR 的值被复制到 CPSR 寄存器中，对于用户模式和系统模式，由于没有相应的 SPSR，指令执行的结果将不可预料；若指令中的目标寄存器<Rd>不是 R15，指令根据传送的数值设置 CPSR 中的 N 位和 Z 位，并根据移位器的进位值 carry-out 设置 CPSR 的 C 位，CPSR 中的其他位不受影响。
- <Rd>寄存器为目标寄存器。
- <shifter_operand>为向目标寄存器中传送的数据，其计算方法在 2.2 节中有详细的介绍。

#### 指令操作的伪代码

```
if ConditionPassed(cond) then
    Rd = shifter_operand
    if S == 1 and Rd == R15 then
        CPSR = SPSR
    else if S == 1 then
        N Flag = Rd[31]
        Z Flag = if Rd == 0 then 1 else 0
        C Flag = shifter_carry_out
        V Flag = unaffected
```

#### 指令的使用

MOV 指令可以完成以下功能。

- 将数据从一个寄存器传送到另一个寄存器中。
- 将一个常数传送到一个寄存器中。
- 实现单纯的移位操作。左移操作可以实现将操作数乘以 $2^n$。
- 当 PC 寄存器作为目标寄存器时，可以实现程序跳转。这种跳转可以实现子程序调用以及从子程序中返回。

- 当 PC 寄存器作为目标寄存器且指令中 S 位被设置时，指令在执行跳转操作的同时，将当前处理器模式的 SPSR 寄存器内容复制到 CPSR 中。这样指令“MOVS PC, LR”可以实现从某些异常中断中返回。

### 2. MVN 传送指令

MVN 指令将<shifter_operand>表示的数据的反码传送到目标寄存器<Rd>中，并根据操作的结果更新 CPSR 中相应的条件标志位。

**指令的编码格式**

| 31 28 | 27 26 | 25 | 24 21 | 20 | 19 16 | 15 12 | 11 0 |
|---|---|---|---|---|---|---|---|
| cond | 0 0 | 1 | 1 1 1 1 | S | 应为 0 | Rd | shifter_operand |

**指令的语法格式**

```
MVN{<cond>}{S} <Rd>, <shifter_operand>
```

其中，各参数的用法与 MOV 传送指令相同。

**指令操作的伪代码**

```
if ConditionPassed(cond) then
    Rd = NOT shifter_operand
    if S == 1 and Rd == R15 then
        CPSR = SPSR
    else if S == 1 then
        N Flag = Rd[31]
        Z Flag = if Rd == 0 then 1 else 0
        C Flag = shifter_carry_out
        V Flag = unaffected
```

**指令的使用**

MVN 指令有以下用途。

- 向寄存器中传送一个负数。
- 生成位掩码。
- 求一个数的反码。

### 3. ADD 加法指令

ADD 指令将<shifter_operand>表示的数据与寄存器<Rn>中的值相加，并把结果保存到目标寄存器<Rd>中，同时根据操作的结果更新 CPSR 中相应的条件标志位。

**指令的编码格式**

| 31 28 | 27 26 | 25 | 24 21 | 20 | 19 16 | 15 12 | 11 0 |
|---|---|---|---|---|---|---|---|
| cond | 0 0 | 1 | 0 1 0 0 | S | Rn | Rd | shifter_operand |

#### 指令的语法格式

```
ADD{<cond>}{S} <Rd>, <Rn>, <shifter_operand>
```

其中：

- <cond>、S 和 Rd 的用法与 MOV 传送指令相同。
- <Rn>寄存器为第 1 个源操作数所在的寄存器。
- <shifter_operand>为第 2 个操作数，其计算方法在 2.2 节有详细介绍。

#### 指令操作的伪代码

```
if ConditionPassed(cond) then
    Rd = Rn + shifter_operand
    if S == 1 and Rd == R15 then
        CPSR = SPSR
    else if S == 1 then
        N Flag = Rd[31]
        Z Flag = if Rd == 0 then 1 else 0
        C Flag = CarryFrom(Rn + shifter_operand)
        V Flag = OverflowFrom(Rn + shifter_operand)
```

#### 指令的使用

ADD 指令实现两个操作数相加。

#### 示例

典型用法如下：

```
ADD Rx, Rx, #1              ; Rx=Rx+1
ADD Rd, Rx, Rx, LSL #n      ; Rx=Rx+Rx*(2*n)=Rx*(2*n+1)
ADD Rs, PC, #offset         ; 生成基于 PC 的跳转指针
```

### 4. ADC 带位加法指令

ADC 指令将<shifter_operand>表示的数据与寄存器<Rn>中的值相加，再加上 CPSR 中的 C 条件标志位的值，并把结果保存到目标寄存器<Rd>中，同时根据操作的结果更新 CPSR 中相应的条件标志位。

#### 指令的编码格式

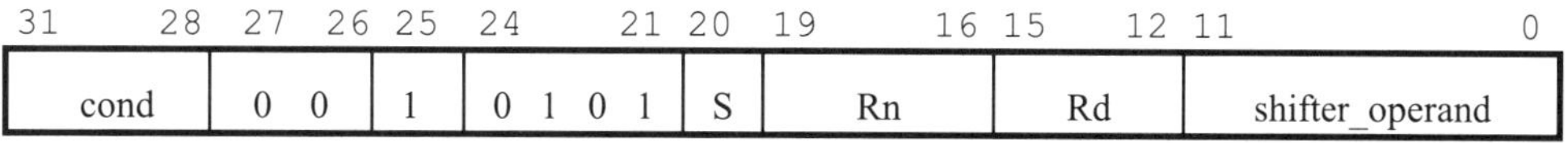

| 31–28 | 27–26 | 25 | 24–21 | 20 | 19–16 | 15–12 | 11–0 |
|---|---|---|---|---|---|---|---|
| cond | 0 0 | 1 | 0 1 0 1 | S | Rn | Rd | shifter_operand |

#### 指令的语法格式

```
ADC{<cond>}{S} <Rd>, <Rn>, <shifter_operand>
```

其中，各参数用法与 ADD 加法指令相同。

**指令操作的伪代码**

```
if ConditionPassed(cond) then
   Rd = Rn + shifter_operand + C Flag
   if S == 1 and Rd == R15 then
      CPSR = SPSR
   else if S == 1 then
      N Flag = Rd[31]
      Z Flag = if Rd == 0 then 1 else 0
      C Flag = CarryFrom(Rn + shifter_operand + C Flag)
      V Flag = OverflowFrom(Rn + shifter_operand + C Flag)
```

**指令的使用**

ADC 指令和 ADD 指令联合使用，可以实现两个 64 位的操作数相加。例如，寄存器 R0 和 R1 中放置一个 64 位的源操作数，其中 R0 中放置低 32 位数值，寄存器 R2 和 R3 中放置另一个 64 位的源操作数，其中 R2 中放置低 32 位数值，则下面的指令序列实现了两个 64 位操作数的加法操作：

```
ADDS R4,R0,R2
ADC R5,R1,R3
```

若将上述“ADC R5,R1,R3”指令改为“ADCS R5,R1,R3”，操作结果将影响到 CPSR 寄存器中相应的条件标志位的值。

### 5. SUB 减法指令

SUB 指令从寄存器<Rn>中减去<shifter_operand>表示的数值，并把结果保存到目标寄存器<Rd>中，同时，根据操作的结果更新 CPSR 中相应的条件标志位。

**指令的编码格式**

<table>
<tr><td>31 28</td><td>27 26</td><td>25</td><td>24 21</td><td>20</td><td>19 16</td><td>15 12</td><td>11 0</td></tr>
<tr><td>cond</td><td>0 0</td><td>I</td><td>0 0 1 0</td><td>S</td><td>Rn</td><td>Rd</td><td>shifter_operand</td></tr>
</table>

**指令的语法格式**

```
SUB{<cond>}{S} <Rd>, <Rn>, <shifter_operand>
```

其中，各参数用法与 ADD 加法指令相同。

**指令操作的伪代码**

```
if ConditionPassed(cond) then
   Rd = Rn - shifter_operand
   if S == 1 and Rd == R15 then
      CPSR = SPSR
   else if S == 1 then
      N Flag = Rd[31]
      Z Flag = if Rd == 0 then 1 else 0
```

```
    C Flag = NOT BorrowFrom(Rn - shifter_operand)
    V Flag = OverflowFrom(Rn - shifter_operand)
```

**指令的使用**

SUB 指令实现两个操作数相减。典型用法如下：

```
SUB Rx, Rx, #1              ; Rx=Rx-1
```

当 SUBS 指令与跳转指令联合使用时，可以实现程序中循环。这时就不需要 CMP 指令了。

需要注意的是，在 SUBS 指令中，如果发生了借位操作，CPSR 寄存器中的 C 标志位设置成 0；如果没有发生借位操作，CPSR 寄存器中的 C 标志位设置成 1。这与 ADDS 指令中的进位指令正好相反。

### 6. SBC 带位减法指令

SBC 指令从寄存器<Rn>中减去<shifter_operand>表示的数值，再减去寄存器 CPSR 中 C 条件标志位的反码，并把结果保存到目标寄存器<Rd>中，同时根据操作的结果更新 CPSR 中相应的条件标志位。

**指令的编码格式**

| 31–28 | 27 26 | 25 | 24–21 | 20 | 19–16 | 15–12 | 11–0 |
|---|---|---|---|---|---|---|---|
| cond | 0 0 | I | 0 1 1 0 | S | Rn | Rd | shifter_operand |

**指令的语法格式**

```
SBC{<cond>}{S} <Rd>, <Rn>, <shifter_operand>
```

其中，各参数的用法与 ADD 加法指令相同。

**指令操作的伪代码**

```
if ConditionPassed(cond) then
   Rd = Rn - shifter_operand - NOT(C Flag)
   if S == 1 and Rd == R15 then
      CPSR = SPSR
   else if S == 1 then
      N Flag = Rd[31]
      Z Flag = if Rd == 0 then 1 else 0
      C Flag = NOT BorrowFrom(Rn - shifter_operand - NOT(C Flag))
      V Flag = OverflowFrom(Rn - shifter_operand - NOT(C Flag))
```

**指令的使用**

SBC 指令和 SUBS 指令联合使用，可以实现两个 64 位的操作数相减。例如寄存器 R0 和 R1 中放置一个 64 位的源操作数，其中 R0 中放置低 32 位数值，寄存器 R2 和 R3 中放置另一个 64 位的源操作数，其中 R2 中放置低 32 位数值，则下面的指令序列实现了两个 64 位操作数的减法操作。

```
SUBS R4,R0,R2
SBC R5,R1,R3
```

需要注意的是，在 SBCS 指令中，如果发生了借位操作，CPSR 寄存器中的 C 标志位设置成 0；如果没有发生借位操作，CPSR 寄存器中的 C 标志位设置成 1。这与 ADDS 指令中的进位指令正好相反。

### 7. RSB 逆向减法指令

RSB 指令从<shifter_operand>表示的数值中减去寄存器<Rn>值，并把结果保存到目标寄存器<Rd>中，同时根据操作的结果更新 CPSR 中相应的条件标志位。

**指令的编码格式**

| 31 … 28 | 27 26 | 25 | 24 … 21 | 20 | 19 … 16 | 15 … 12 | 11 … 0 |
|---|---|---|---|---|---|---|---|
| cond | 0 0 | I | 0 0 1 1 | S | Rn | Rd | shifter_operand |

**指令的语法格式**

```
RSB{<cond>}{S} <Rd>, <Rn>, <shifter_operand>
```

其中：

- <Rn>寄存器为第 2 个操作数所在的寄存器。
- <shifter_operand>为第 1 个操作数。

其他各参数的用法与 ADD 加法指令相同。

**指令操作的伪代码**

```
if ConditionPassed(cond) then
    Rd = shifter_operand - Rn
    if S == 1 and Rd == R15 then
       CPSR = SPSR
    else if S == 1 then
       N Flag = Rd[31]
       Z Flag = if Rd == 0 then 1 else 0
       C Flag = NOT BorrowFrom(shifter_operand - Rn)
       V Flag = OverflowFrom(shifter_operand - Rn)
```

**指令的使用**

RSB 指令实现两个操作数相减。典型用法如下：

```
RSB Rd, Rx, #0                ; Rd=-Rx
RSB Rd,Rx,Rx,LSL#n            ; Rd=Rx*(2**n-1)
```

第一条指令可以方便地实现求相反数的操作，第二条指令能够实现乘方和减法的运算。正是有了 RSB 指令，才能够方便地实现类似的运算。

### 8. RSC 带位逆向减法指令

RSC 指令将<shifter_operand>表示的数值减去寄存器<Rn>的值，再减去寄存器 CPSR

中 C 条件标志位的反码，并把结果保存到目标寄存器<Rd>中，同时，根据操作的结果更新 CPSR 中相应的条件标志位。

**指令的编码格式**

| 31–28 | 27 26 | 25 | 24–21 | 20 | 19–16 | 15–12 | 11–0 |
|---|---|---|---|---|---|---|---|
| cond | 0 0 | I | 0 1 1 1 | S | Rn | Rd | shifter_operand |

**指令的语法格式**

```
RSC{<cond>}{S} <Rd>, <Rn>, <shifter_operand>
```

其中，各参数的用法与 RSB 逆向减法指令相同。

**指令操作的伪代码**

```
if ConditionPassed(cond) then
    Rd = shifter_operand - Rn - NOT(C Flag)
    if S == 1 and Rd == R15 then
       CPSR = SPSR
    else if S == 1 then
       N Flag = Rd[31]
       Z Flag = if Rd == 0 then 1 else 0
       C Flag = NOT BorrowFrom(shifter_operand - Rn - NOT(C Flag))
       V Flag = OverflowFrom(shifter_operand - Rn - NOT(C Flag))
```

**指令的使用**

下面的指令序列可以求一个 64 位数值的负数。64 位数放在寄存器 R0 与 R1 中，其负数放在 R2 与 R3 中。其中 R0 与 R2 中放低 32 位值。

```
RSBS R2,R0,#0
RSC R3,R1,#0
```

需要注意的是，在 RSBS 指令中，如果发生了借位操作，CPSR 寄存器中的 C 标志位设置成 0；如果没有发生借位操作，CPSR 寄存器中的 C 标志位设置成 1。这与 ADDS 指令中的进位指令正好相反。

### 9. AND 逻辑与操作指令

AND 指令将<shifter_operand>表示的数值与寄存器<Rn>的值按位做逻辑与操作，并把结果保存到目标寄存器<Rd>中，同时根据操作的结果更新 CPSR 中相应的条件标志位。

**指令的编码格式**

| 31–28 | 27 26 | 25 | 24–21 | 20 | 19–16 | 15–12 | 11–0 |
|---|---|---|---|---|---|---|---|
| cond | 0 0 | I | 0 0 0 0 | S | Rn | Rd | shifter_operand |

**指令的语法格式**

```
AND{<cond>}{S} <Rd>, <Rn>, <shifter_operand>
```

其中：

- <Rn>寄存器为第 1 个源操作数所在的寄存器。
- <shifter_operand>为第 2 个操作数。

其他参数用法与 MOV 传送指令相同。

**指令操作的伪代码**

```
if ConditionPassed(cond) then
   Rd = Rn AND shifter_operand
   if S == 1 and Rd == R15 then
      CPSR = SPSR
   else if S == 1 then
      N Flag = Rd[31]
      Z Flag = if Rd == 0 then 1 else 0
      C Flag = shifter_carry_out
      V Flag = unaffected
```

**指令的使用**

AND 指令可用于提取寄存器中某些位的值。具体做法是设置一个掩码值，将该值中对应于寄存器中欲提取的位设置为 1，其他的位设置成 0。将寄存器的值与该掩码值做与操作，即可得到想提取位的值。

### 10. ORR 逻辑或操作指令

ORR 指令将<shifter_operand>表示的数值与寄存器<Rn>的值按位做逻辑或操作，并把结果保存到目标寄存器<Rd>中，同时，根据操作的结果更新 CPSR 中相应的条件标志位。

**指令的编码格式**

| 31　　28 | 27　26 | 25 | 24　　21 | 20 | 19　　16 | 15　　12 | 11　　0 |
|---|---|---|---|---|---|---|---|
| cond | 0 0 | I | 1 1 0 0 | S | Rn | Rd | shifter_operand |

**指令的语法格式**

```
ORR{<cond>}{S} <Rd>, <Rn>, <shifter_operand>
```

其中，参数用法与 AND 指令相同。

**指令操作的伪代码**

```
if ConditionPassed(cond) then
   Rd = Rn OR shifter_operand
   if S == 1 and Rd == R15 then
      CPSR = SPSR
   else if S == 1 then
      N Flag = Rd[31]
      Z Flag = if Rd == 0 then 1 else 0
      C Flag = shifter_carry_out
      V Flag = unaffected
```

指令的使用

ORR 指令可用于将寄存器中某些位的值设置成 1。具体做法是设置一个掩码值，将该值中对应于寄存器中欲提取的位设置为 1，其他的位设置成 0。将寄存器的值与该掩码值做逻辑或操作，即可得到想提取的位的值。

示例

下面的代码将 R2 中的高 8 位数据传送到 R3 的低 8 位中：

```
MOV R0, R2, LSR #24      ; 将 R2 的高 8 位数据传送到 R0 中，R0 的高 24 位设置成 0
ORR R3, R0, R3, LSL #8  ; 将 R3 中的数据逻辑左移 8 位，这时，R3 的低 8 位为 0
                         ; ORR 操作将 R0(高 24 位为 0)的低 8 位数据传送到寄存器 R3
```

### 11. EOR 逻辑异或操作指令

EOR 指令将<shifter_operand>表示的数值与寄存器<Rn>的值按位做逻辑异或操作，并把结果保存到目标寄存器<Rd>中，同时，根据操作的结果更新 CPSR 中相应的条件标志位。

指令的编码格式

| 31–28 | 27 26 | 25 | 24–21 | 20 | 19–16 | 15–12 | 11–0 |
|---|---|---|---|---|---|---|---|
| cond | 0 0 | I | 1 1 0 0 | S | Rn | Rd | shifter_operand |

指令的语法格式

```
EOR{<cond>}{S} <Rd>, <Rn>, <shifter_operand>
```

其中，参数的用法与 AND 指令相同。

指令操作的伪代码

```
if ConditionPassed(cond) then
   Rd = Rn EOR shifter_operand
   if S == 1 and Rd == R15 then
      CPSR = SPSR
   else if S == 1 then
      N Flag = Rd[31]
      Z Flag = if Rd == 0 then 1 else 0
      C Flag = shifter_carry_out
      V Flag = unaffected
```

指令的使用

EOR 指令可用于将寄存器中某些位的值取反。将某一位与 0 做逻辑异或操作，该位的值不变；将某一位与 1 做逻辑异或操作，该位的值将被求反。

示例

```
EOR R1, R0, R0, ROR #16     ; R1 = A^C,B^D,C^A,D^B
```

### 12. BIC 位清除指令

BIC 指令将<shifter_operand>表示的数值与寄存器<Rn>的值的反码按位做逻辑与操作，并把结果保存到目标寄存器<Rd>中，同时根据操作的结果更新 CPSR 中相应的条件标志位。

**指令的编码格式**

| 31　　28 | 27 26 | 25 | 24　　21 | 20 | 19　　16 | 15　　12 | 11　　　　0 |
|---|---|---|---|---|---|---|---|
| cond | 0 0 | I | 1 1 1 0 | S | Rn | Rd | shifter_operand |

**指令的语法格式**

```
BIC{<cond>}{S} <Rd>, <Rn>, <shifter_operand>
```

其中，各参数的用法与 AND 指令相同。

**指令操作的伪代码**

```
if ConditionPassed(cond) then
   Rd = Rn AND NOT shifter_operand
   if S == 1 and Rd == R15 then
      CPSR = SPSR
   else if S == 1 then
      N Flag = Rd[31]
      Z Flag = if Rd == 0 then 1 else 0
      C Flag = shifter_carry_out
      V Flag = unaffected
```

**指令的使用**

BIC 指令可用于将寄存器中某些位的值设置成 0。将某一位与 1 做 BIC 操作，该位值被设置成 0；将某一位与 0 做 BIC 操作，该位值不变。

### 13. CMP 比较指令

CMP 指令从寄存器<Rn>中减去<shifter_operand>表示的数值，根据操作的结果更新 CPSR 中相应的条件标志位，后面的指令就可以根据 CPSR 中相应的条件标志位来判断是否执行了。

**指令的编码格式**

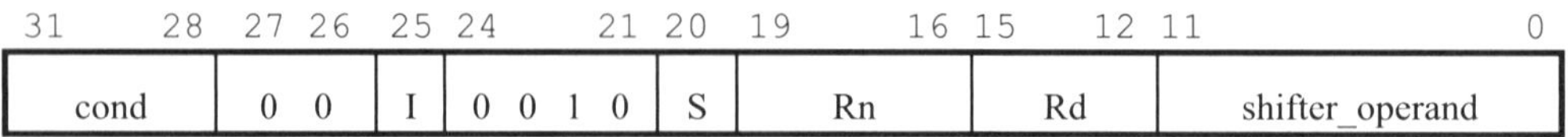

| 31　　28 | 27 26 | 25 | 24　　21 | 20 | 19　　16 | 15　　12 | 11　　　　0 |
|---|---|---|---|---|---|---|---|
| cond | 0 0 | I | 0 0 1 0 | S | Rn | Rd | shifter_operand |

**指令的语法格式**

```
CMP{<cond>} <Rn>, <shifter_operand>
```

其中：

- <cond>为指令执行的条件码。当<cond>忽略时指令为无条件执行。
- <Rn>寄存器为第 1 个操作数所在的寄存器。
- <shifter_operand>为第 2 个操作数，其计算方法在 2.2 节中有详细的介绍。

**指令操作的伪代码**

```
if ConditionPassed(cond) then
    alu_out = Rn - shifter_operand
    N Flag = alu_out[31]
    Z Flag = if alu_out == 0 then 1 else 0
    C Flag = NOT BorrowFrom(Rn - shifter_operand)
    V Flag = OverflowFrom(Rn - shifter_operand)
```

**指令的使用**

CMP 指令与 SUBS 指令的区别在于 CMP 指令不保存操作结果。

#### 14. CMN 基于相反数的比较指令

CMN 指令将寄存器<Rn>中的值加上<shifter_operand>表示的数值，根据操作的结果更新 CPSR 中相应的条件标志位，后面的指令就可以根据 CPSR 中相应的条件标志位来判断是否执行了。

**指令的编码格式**

| 31–28 | 27 26 | 25 | 24–21 | 20 | 19–16 | 15–12 | 11–0 |
|---|---|---|---|---|---|---|---|
| cond | 0 0 | I | 1 0 1 1 | S | Rn | Rd | shifter_operand |

**指令的语法格式**

```
CMN{<cond>} <Rn>, <shifter_operand>
```

其中，各参数与 CMP 比较指令中的用法相同。

**指令操作的伪代码**

```
if ConditionPassed(cond) then
    alu_out = Rn + shifter_operand
    N Flag = alu_out[31]
    Z Flag = if alu_out == 0 then 1 else 0
    C Flag = CarryFrom(Rn + shifter_operand)
    V Flag = OverflowFrom(Rn + shifter_operand)
```

**指令的使用**

CMN 指令将寄存器<Rn>中的值加上<shifter_operand>表示的数值，根据加法操作的结果设置 CPSR 中相应的条件标志位。寄存器<Rn>中的值加上<shifter_operand>表示的数值对 CPSR 中条件标志位的影响，与寄存器<Rn>中的值减去<shifter_operand>表示的数值的

相反数对 CPSR 中条件标志位的影响有细微的差别。当第 2 个操作数为 0 或者 0x80000000 时，二者结果不同，例如：

```
CMP Rn, #0      ; C=1
CMN Rn, #0      ; C=0
```

### 15. TST 位测试指令

TST 指令将<shifter_operand>表示的数值与寄存器<Rn>的值按位做逻辑与操作，根据操作的结果更新 CPSR 中相应的条件标志位。

**指令的编码格式**

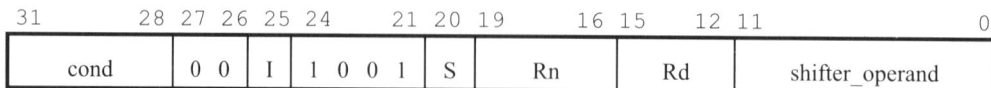

| 31 28 | 27 26 | 25 | 24 21 | 20 | 19 16 | 15 12 | 11 0 |
|---|---|---|---|---|---|---|---|
| cond | 0 0 | I | 0 0 1 0 | S | Rn | Rd | shifter_operand |

**指令的语法格式**

```
TST{<cond>} <Rn>, <shifter_operand>
```

其中，各参数的用法与 CMP 比较指令中的用法相同。

**指令操作的伪代码**

```
if ConditionPassed(cond) then
    alu_out = Rn AND shifter_operand
    N Flag = alu_out[31]
    Z Flag = if alu_out == 0 then 1 else 0
    C Flag = shifter_carry_out
    V Flag = unaffected
```

**指令的使用**

TST 指令通常用于测试寄存器中某个(些)位是 1 还是 0。

### 16. TEQ 相等测试指令

TEQ 指令将<shifter_operand>表示的数值与寄存器<Rn>的值按位做逻辑异或操作，根据操作的结果更新 CPSR 中相应的条件标志位。

**指令的编码格式**

| 31 28 | 27 26 | 25 | 24 21 | 20 | 19 16 | 15 12 | 11 0 |
|---|---|---|---|---|---|---|---|
| cond | 0 0 | I | 1 0 0 1 | S | Rn | Rd | shifter_operand |

**指令的语法格式**

```
TEQ{<cond>} <Rn>, <shifter_operand>
```

其中，各参数的用法与 CMP 比较指令中的用法相同。

**指令操作的伪代码**

```
if ConditionPassed(cond) then
    alu_out = Rn EOR shifter_operand
    N Flag = alu_out[31]
    Z Flag = if alu_out == 0 then 1 else 0
    C Flag = shifter_carry_out
    V Flag = unaffected
```

**指令的使用**

TEQ 指令通常用于比较两个数是否相等，这种比较操作通常不影响 CPSR 寄存器中的 V 位和 C 位。

TEQ 指令也可用于比较两个操作数符号是否相同，该指令执行后，CPSR 寄存器中的 N 位为两个操作数符号位做异或操作的结果。

## 3.1.3　乘法指令

ARM 有两类乘法指令：一类为 32 位的乘法指令，即乘法操作的结果为 32 位；另一类为 64 位的乘法指令，即乘法操作的结果为 64 位。两类指令共有以下 6 条指令。

- MUL：32 位乘法指令。
- MLA：32 位带加数的乘法指令。
- SMULL：64 位有符号数乘法指令。
- SMLAL：64 位带加数的有符号数乘法指令。
- UMULL：64 位无符号数乘法指令。
- UMLAL：64 位带加数的无符号数乘法指令。

### 1. MUL

MUL 指令实现两个 32 位的数(可以为无符号数，也可为有符号数)的乘积，并将结果存放到一个 32 位的寄存器中，同时可以根据运算结果设置 CPSR 寄存器中相应的条件标志位。考虑指令执行的效率，指令中所有操作数都放在寄存器中。

**指令的编码格式**

| 31　　28 | 27　　　　　　21 | 20 | 19　　16 | 15　　12 | 11　　8 | 7　　　4 | 3　　0 |
|---|---|---|---|---|---|---|---|
| cond | 0 0 0 0 0 0 0 | S | Rd | 应为 0 | Rd | 1 0 0 1 | Rm |

**指令的语法格式**

```
MUL{<cond>}{S} <Rd>, <Rm>, <Rs>
```

其中：

- <cond>为指令执行的条件码。当忽略<cond>时，指令为无条件执行。
- S 决定指令的操作是否影响 CPSR 中的条件标志位 N 和 Z 的值。当有 S 时，指令更新 CPSR 中的条件标志位的值；当没有 S 时，指令不更新 CPSR 中的条件标志

位的值。

- <Rd>寄存器为目标寄存器。
- <Rm>寄存器为第 1 个乘数所在的寄存器。
- <Rs>寄存器为第 2 个乘数所在的寄存器。

### 指令操作的伪代码

```
if ConditionPassed(cond) then
    Rd = (Rm * Rs)[31:0]
    if S == 1 then
        N Flag = Rd[31]
        Z Flag = if Rd == 0 then 1 else 0
        C Flag = unaffected /* See "C flag" note */
        V Flag = unaffected
```

### 指令的使用

由于两个 32 位的数相乘，结果为 64 位，而 MUL 指令仅仅保存了 64 位结果的低 32 位，所以对于带符号的和无符号的操作数来说，MUL 指令执行的结果相同。

对于 ARMv5 及以上的版本，MULS 指令不影响 CPSR 寄存器中的 C 条件标志位。对于以前的版本，MULS 指令执行后，CPSR 寄存器中的 C 条件标志位数值是不确定的。

寄存器<Rm>、<Rn>及<Rd>为 R15 时，指令执行的结果不可预测。

### 示例

```
MUL R0,R1,R2   ; R0=R1*R2
MULS R0,R1,R2  ; R0=R1*R2，同时设置 CPSR 中 N 位和 Z 位
```

## 2. MLA

MLA 指令实现两个 32 位的数(可以为无符号数，也可为有符号数)的乘积，再将乘积加上第 3 个操作数，并将结果存放到一个 32 位的寄存器中，同时可以根据运算结果设置 CPSR 寄存器中相应的条件标志位。考虑指令执行的效率，指令中所有操作数都放在寄存器中。

### 指令的编码格式

| 31–28 | 27–21 | 20 | 19–16 | 15–12 | 11–8 | 7–4 | 3–0 |
|---|---|---|---|---|---|---|---|
| cond | 0 0 0 0 0 0 1 | S | Rd | 应为 0 | Rd | 1 0 0 1 | Rm |

### 指令的语法格式

```
MLA{<cond>}{S} <Rd>, <Rm>, <Rs>, <Rn>
```

其中：

- <cond>为指令执行的条件码。当<cond>忽略时，指令为无条件执行。
- S 决定指令的操作是否影响 CPSR 中的条件标志位 N 和 Z 的值。当有 S 时，指令更新 CPSR 中条件标志位的值；没有 S 时，指令不更新 CPSR 中条件标志位的值。

- <Rd>寄存器为目标寄存器。
- <Rm>寄存器为第 1 个乘数所在的寄存器。
- <Rs>寄存器为第 2 个乘数所在的寄存器。
- <Rn>寄存器为第 3 个操作数所在的寄存器，该操作数是一个加数。

**指令操作的伪代码**

```
if ConditionPassed(cond) then
   Rd = (Rm * Rs + Rn)[31:0]
   if S == 1 then
      N Flag = Rd[31]
      Z Flag = if Rd == 0 then 1 else 0
      C Flag = unaffected
      V Flag = unaffected
```

**指令的使用**

由于两个 32 位的数相乘，结果为 64 位，而 MLA 指令仅仅保存了 64 位结果的低 32 位，所以对于带符号的和无符号的操作数来说，MLA 指令执行的结果相同。

对于 ARMv5 及以上的版本，MLAS 指令不影响 CPSR 寄存器中的 C 条件标志位。对于以前的版本，MLAS 指令执行后，CPSR 寄存器中的 C 条件标志位数值是不确定的。

寄存器<Rm>、<Rn>及<Rd>为 R15 时，指令执行的结果不可预测。

**示例**

```
MLA R0,R1,R2,R3    ; R0=R1*R2+R3
```

### 3. SMULL

SMULL 指令实现两个 32 位的有符号数的乘积，乘积结果的高 32 位存放到一个 32 位的寄存器的<RdHi>中，乘积结果的低 32 位存放到另一个 32 位的寄存器<RdLo>中，同时，可以根据运算结果设置 CPSR 寄存器中相应的条件标志位。考虑指令执行的效率，指令中的所有操作数都放在寄存器中。

**指令的编码格式**

| 31　28 | 27　21 | 20 | 19　16 | 15　12 | 11　8 | 7　4 | 3　0 |
|---|---|---|---|---|---|---|---|
| cond | 0 0 0 0 1 1 0 | S | RdHi | RdLo | Rd | 1 0 0 1 | Rm |

**指令的语法格式**

```
SMULL{<cond>}{S} <RdLo>, <RdHi>, <Rm>, <Rs>
```

其中：

- <RdHi>寄存器存放乘积结果的高 32 位数据。
- <RdLo>寄存器存放乘积结果的低 32 位数据。
- 其他参数的用法参见 MUL 指令。

**指令操作的伪代码**

```
if ConditionPassed(cond) then
   RdHi = (Rm * Rs)[63:32] /* Signed multiplication */
   RdLo = (Rm * Rs)[31:0]
   if S == 1 then
      N Flag = RdHi[31]
      Z Flag = if (RdHi == 0) and (RdLo == 0) then 1 else 0
      C Flag = unaffected
      V Flag = unaffected
```

**指令的使用**

对于 ARMv5 及以上的版本，SMULL 指令不影响 CPSR 寄存器中的 C 条件标志位和 V 条件标志位。对于以前的版本，SMULL 指令执行后，CPSR 寄存器中的 C 条件标志位数值是不确定的。

寄存器<Rm>、<Rs>、<RdLo>及<RdHi>为 R15 时，指令执行的结果不可预测。

**示例**

```
SMULL R1,R2,R3,R4         ; R1=(R3*R4)的低 32 位
                          ; R2=(R3*R4)的高 32 位
```

### 4. SMLAL

SMLAL 指令将两个 32 位的有符号数的 64 位乘积结果与<RdHi>和<RdLo>中的 64 位数相加，加法结果的高 32 位存放在一个 32 位的寄存器<RdHi>中，乘积结果的低 32 位存放在另一个 32 位的寄存器<RdLo>中，同时，可以根据运算结果设置 CPSR 寄存器中相应的条件标志位。

**指令的编码格式**

| 31　28 | 27　21 | 20 | 19　16 | 15　12 | 11　8 | 7　4 | 3　0 |
|---|---|---|---|---|---|---|---|
| cond | 0 0 0 0 1 1 1 | S | RdHi | RdLo | Rd | 1 0 0 1 | Rm |

**指令的语法格式**

```
SMLAL{<cond>}{S} <RdLo>, <RdHi>, <Rm>, <Rs>
```

其中：

- <RdHi>寄存器在指令执行前存放 64 位加数的高 32 位，指令执行后存放结果的高 32 位数据。
- <RdLo>寄存器在指令执行前存放 64 位加数的低 32 位，指令执行后存放结果的低 32 位数据。
- 其他参数用法参见 MUL 指令。

**指令操作的伪代码**

```
if ConditionPassed(cond) then
   RdLo = (Rm * Rs)[31:0] + RdLo /* Signed multiplication */
```

```
    RdHi = (Rm * Rs)[63:32] + RdHi + CarryFrom((Rm * Rs)[31:0] + RdLo)
    if S == 1 then
       N Flag = RdHi[31]
       Z Flag = if (RdHi == 0) and (RdLo == 0) then 1 else 0
       C Flag = unaffected
       V Flag = unaffected
```

**指令的使用**

对于 ARMv5 及以上的版本，SMLAL 指令不影响 CPSR 寄存器中的 C 条件标志位和 V 条件标志位。对于以前的版本，SMLAL 指令执行后，CPSR 寄存器中的 C 条件标志位数值是不确定的。

寄存器<Rm>、<Rs>、<RdLo>及<RdHi>为 R15 时，指令执行的结果不可预测。

### 5. UMULL

UMULL 指令实现两个 32 位的有符号数的乘积，乘积结果的高 32 位存放在一个 32 位的寄存器<RdHi>中，乘积结果的低 32 位存放在另一个 32 位的寄存器<RdLo>中，同时，可以根据运算结果设置 CPSR 寄存器中相应的条件标志位。考虑指令执行的效率，指令中的所有操作数都放在寄存器中。

**指令的编码格式**

| 31　28 | 27　21 | 20 | 19　16 | 15　12 | 11　8 | 7　4 | 3　0 |
|---|---|---|---|---|---|---|---|
| cond | 0 0 0 0 1 0 0 | S | RdHi | RdLo | Rd | 1 0 0 1 | Rm |

**指令的语法格式**

```
UMULL{<cond>}{S} <RdLo>, <RdHi>, <Rm>, <Rs>
```

其中，各参数的用法参见 SMULL 指令。

**指令操作的伪代码**

```
if ConditionPassed(cond) then
    RdHi = (Rm * Rs)[63:32] /* Unsigned multiplication */
    RdLo = (Rm * Rs)[31:0]
    if S == 1 then
       N Flag = RdHi[31]
       Z Flag = if (RdHi == 0) and (RdLo == 0) then 1 else 0
       C Flag = unaffected
       V Flag = unaffected
```

**指令的使用**

对于 ARMv5 及以上的版本，UMULLS 指令不影响 CPSR 寄存器中的 C 条件标志位和 V 条件标志位。对于以前的版本，UMULLS 指令执行后，CPSR 寄存器中的 C 条件标志位数值是不确定的。

寄存器<Rm>、<Rs>、<RdLo>及<RdHi>为 R15 时，指令执行的结果不可预测。

**示例**

```
UMULL R1,R2,R3,R4   ; [R2 R1]=R3*R4
```

### 6. UMLAL

UMLAL 指令将两个 32 位的无符号数的 64 位乘积结果与<RdHi>和<RdLo>中的 64 位无符号数相加，加法结果的高 32 位存放到一个 32 位的寄存器<RdHi>中，乘积结果的低 32 位存放到另一个 32 位的寄存器<RdLo>中，同时，可以根据运算结果设置 CPSR 寄存器中相应的条件标志位。

**指令的编码格式**

| 31　　28 | 27　　　21 | 20 | 19　16 | 15　　12 | 11　　8 | 7　　4 | 3　　0 |
|---|---|---|---|---|---|---|---|
| cond | 0 0 0 0 1 1 1 | S | RdHi | RdLo | Rd | 1 0 0 1 | Rm |

**指令的语法格式**

```
UMLAL{<cond>}{S} <RdLo>, <RdHi>, <Rm>, <Rs>
```

其中：

- <RdHi>寄存器在指令执行前存放 64 位加数的高 32 位，指令执行后存放结果的高 32 位数据。
- <RdLo>寄存器在指令执行前存放 64 位加数的低 32 位，指令执行后存放结果的低 32 位数据。
- 其他参数的用法参见 MUL 指令。

**指令操作的伪代码**

```
if ConditionPassed(cond) then
    RdLo = (Rm * Rs)[31:0] + RdLo   /* Unsigned multiplication */
    RdHi = (Rm * Rs)[63:32] + RdHi + CarryFrom((Rm * Rs)[31:0] + RdLo)
    if S == 1 then
       N Flag = RdHi[31]
       Z Flag = if (RdHi == 0) and (RdLo == 0) then 1 else 0
       C Flag = unaffected
       V Flag = unaffected
```

**指令的使用**

对于 ARMv5 及以上的版本，UMLAL 指令不影响 CPSR 寄存器中的 C 条件标志位和 V 条件标志位。对于以前的版本，UMLAL 指令执行后，CPSR 寄存器中的 C 条件标志位数值是不确定的。

寄存器<Rm>、<Rs>、<RdLo>及<RdHi>为 R15 时，指令执行的结果不可预测。

示例

```
UMLAL R1,R2,R3,R4  ;  R1= R3*R4 的低 32 位， R2 =R3*R4 的高 32 位
```

## 3.1.4 杂类的算术指令

在 ARMv5 及以上的版本中，包含一条特别的指令——CLZ，用于计算操作数最高端 0 的个数。这条指令主要用于以下两种场合。

- 计算操作数规范化(使其最高位为 1)时需要左移的位数。
- 确定一个优先级掩码中的最高优先级(最高位的优先级)。

**CLZ 前导 0 个数计数指令**

CLZ 指令用于计算寄存器中操作数最高端 0 的个数。如果操作数的 bit[31]为 1，则指令返回 0；如果操作数的 bit[31]为 0，则指令返回 32。

**指令的编码格式**

| 31　　28 | 27　　　　　　　20 | 19　　16 | 15　　12 | 11　　　8 | 7　　　4 | 3　　0 |
|---|---|---|---|---|---|---|
| cond | 0 0 0 1 0 1 1 0 | 应为 0 | Rd | 应为 0 | 0 0 0 1 | Rm |

**指令的语法格式**

```
CLZ{<cond>} <Rd>, <Rm>
```

其中：

- <cond>为指令执行的条件码。当<cond>忽略时，指令为无条件执行。
- <Rd>为目标寄存器。
- <Rm>为第 1 个乘数所在的寄存器。
- <Rs>为源操作数寄存器。当<Rd>为 R15 时，指令执行结果不可预知。

**指令操作的伪代码**

```
if Rm == 0
   Rd = 32
else
   Rd = 31 - (bit position of most significant '1' in Rm)
```

**指令的使用**

下面的指令序列可以实现将寄存器<Rm>中的数规范化：

```
CLZ Rd, Rm
MOVS Rm, Rm, LSL Rd
```

## 3.1.5 状态寄存器访问指令

ARM 中有两条指令用于在状态寄存器和通用寄存器之间传送数据。

关于状态寄存器，这里仅强调以下几点。

(1) 状态寄存器中，有些位是当前没有使用的，但在 ARM 将来的版本中有可能会使用这些位，因此用户程序不要使用这些位。

(2) 程序不能通过直接修改 CPSR 中的 T 控制位直接将程序状态切换到 Thumb 状态，必须通过 BX 等指令完成程序状态的切换。

(3) 通常修改状态寄存器是通过“读取—修改—写回”的操作序列来实现的。

(4) 状态寄存器访问指令包括以下两条。

- MRS：状态寄存器到通用寄存器的传送指令。
- MSR：通用寄存器到状态寄存器的传送指令。

### 1. MRS

MRS 指令用于将状态寄存器的内容传送到通用寄存器中。

**指令的编码格式**

| 31 28 | 27 | 26 | 25 | 24 | 23 | 22 | 21 | 20 | 19 16 | 15 12 | 11 0 |
|---|---|---|---|---|---|---|---|---|---|---|---|
| Cond | 0 | 0 | 0 | 1 | 0 | R | 0 | 0 | SBO | Rd | SBZ |

**指令的语法格式**

```
MRS{<cond>} <Rd>, CPSR
MRS{<cond>} <Rd>, SPSR
```

其中：

- <cond>为指令执行的条件码。当<cond>忽略时，指令为无条件执行。其他指令中<cond>的用法与此相同。
- <Rd>为目标寄存器。

**指令操作的伪代码**

```
if ConditionPassed(cond) then
    if R == 1 then
        Rd = SPSR
    else
        Rd = CPSR
```

**指令的使用**

MRS 指令主要用于以下 3 种场合。

- 通常通过“读取—修改—写回”操作序列修改状态寄存器的内容。MRS 指令用于将状态寄存器的内容读到通用寄存器中。
- 当异常中断允许嵌套时，需要在进入异常中断之后，嵌套中断发生之前保存当前处理器模式对应的 SPSR。这时需要先通过 MRS 指令读出 SPSR 的值，再通过其他指令将 SPSR 的值保存起来。
- 在进程切换时也需要保存当前状态寄存器的值。

## 2. MSR

MSR 指令用于将通用寄存器的内容或一个立即数传送到状态寄存器中。

**指令的编码格式**

指令的源操作数为通用寄存器时，指令的编码格式如下。

| 31　28 | 27 | 26 | 25 | 24 | 23 | 22 | 21 | 20 | 19　16 | 15　12 | 11　8 | 7　4 | 3　0 |
|---|---|---|---|---|---|---|---|---|---|---|---|---|---|
| cond | 0 | 0 | 0 | 1 | 0 | R | 1 | 0 | field_mask | SBO | SBZ | 0 0 0 0 | Rm |

指令的源操作数为立即数时，指令的编码格式如下：

| 31　28 | 27 | 26 | 25 | 24 | 23 | 22 | 21 | 20 | 19　16 | 15　12 | 11　8 | 7　0 |
|---|---|---|---|---|---|---|---|---|---|---|---|---|
| cond | 0 | 0 | 1 | 1 | 0 | R | 1 | 0 | field_mask | SBO | Rotate_imm | 8_bit_immediate |

**指令的语法格式**

```
MSR{<cond>} CPSR_<fields>, #<immediate>
MSR{<cond>} CPSR_<fields>, <Rm>
MSR{<cond>} SPSR_<fields>, #<immediate>
MSR{<cond>} SPSR_<fields>, <Rm>
```

其中：

- <fields>设置状态寄存器中需要操作的位。状态寄存器的 32 位可以分为 4 个 8 位的域：bits[31:24]为条件标志位域，用 f 表示；bits[23:16]为状态位域，用 s 表示；bits[15:8]为扩展位域，用 x 表示；bits[7:0]为控制位域，用 c 表示。
- <immediate>为将要传送到状态寄存器中的立即数，该立即数的计算方法在 2.2 节中已有详细的介绍。
- <Rm>寄存器包含将要传送到状态寄存器中的数据。

**指令操作的伪代码**

```
if ConditionPassed(cond) then
   if opcode[25] == 1
      operand = 8_bit_immediate Rotate_Right (rotate_imm * 2)
   else     /* opcode[25] == 0 */
      operand = Rm
   if R == 0 then
      if field_mask[0] == 1 and InAPrivilegedMode() then
         CPSR[7:0] = operand[7:0]
      if field_mask[1] == 1 and InAPrivilegedMode() then
         CPSR[15:8] = operand[15:8]
      if field_mask[2] == 1 and InAPrivilegedMode() then
         CPSR[23:16] = operand[23:16]
      if field_mask[3] == 1 then
         CPSR[31:24] = operand[31:24]
   else     /* R == 1 */
```

```
    if field_mask[0] == 1 and CurrentModeHasSPSR() then
        SPSR[7:0] = operand[7:0]
    if field_mask[1] == 1 and CurrentModeHasSPSR() then
        SPSR[15:8] = operand[15:8]
    if field_mask[2] == 1 and CurrentModeHasSPSR() then
        SPSR[23:16] = operand[23:16]
    if field_mask[3] == 1 and CurrentModeHasSPSR() then
        SPSR[31:24] = operand[31:24]
```

**指令的使用**

MSR 指令通常用于恢复状态寄存器的内容或者改变状态寄存器的内容。

当退出异常中断处理程序时，如果事先保存了状态寄存器的内容(如在嵌套的异常中断处理中)，通常通过 MSR 指令将事先保存的状态寄存器内容恢复到状态寄存器中。

当需要修改状态寄存器的内容时，通过"读出—修改—写回"指令序列完成。写回操作也是通过 MSR 指令完成的。

考虑到指令执行的效率，通常在 MSR 指令中指定指令将要修改的位域。例如，下面的指令序列将处理器模式切换到特权模式，这里只修改状态寄存器的控制位域，所以在指令中指定该位域。

```
MRS R0,CPSR          ; 读取 CPSR
BIC R0,R0,#0x1F      ; 修改，去除当前处理器模式
ORR R0,R0,#0x13      ; 修改，设置特权模式
MSR CPSR_c,R0        ; 写回，仅仅修改 CPSR 中的控制位域
```

但是，当进程切换到应用场合时，应指定 SPSR_fsxc，这样，将来 ARM 扩展了当前未用的一些位后，程序还可以正常运行。

当欲修改的状态寄存器位域中包含未分配的位时，最好不要使用立即数方式的 MSR 指令。一个例外的情况是，可以使用立即数方式的 MSR 指令修改状态寄存器中的条件标志位位域。

## 3.1.6 Load/Store 内存访问指令

Load 指令用于从内存中读取数据放入寄存器中；Store 指令用于将寄存器中的数据保存到内存。ARM 有两大类 Load/Store 指令：一类用于操作 32 位的字类型数据以及 8 位无符号的字节类型数据；另一类用于操作 16 位半字类型的数据以及 8 位的有符号字节类型数据。

Load/Store 内存访问指令的一个操作数放在寄存器中，另一个操作数的寻址方式参见 2.2 节。

用于操作 32 位的字类型数据以及 8 位无符号的字节类型数据的 Load/Store 指令有以下几个。

- LDR：字数据读取指令。
- LDRB：字节数据读取指令。
- LDRBT：用户模式的字节数据读取指令。

- LDRH：半字数据读取指令。
- LDRSB：有符号的字节数据读取指令。
- LDRSH：有符号的半字数据读取指令。
- LDRT：用户模式的字数据读取指令。
- STR：字数据写入指令。
- STRB：字节数据写入指令。
- STRH：半字数据写入指令。
- STRT：用户模式字数据写入指令。
- STRBT：用户模式字节数据写入指令。

#### 1. LDR(字数据读取指令)

LDR 指令用于从内存中将一个 32 位的字读取到指令的目标寄存器中。如果指令中寻址方式确定的地址不是字对齐的，则从内存中读出的数值需进行循环右移操作，移位的位数为寻址方式确定的地址的 bits[1:0]的 8 倍。这样对于 Little-endian 的内存模式，指令想要读取的字节数据存放在目标寄存器的低 8 位；对于 Big-endian 的内存模式，指令想要读取的字节数据存放在目标寄存器的 bits[31:24](寻址方式确定的地址 bit[0]为 0 或者 bits[15:8]寻址方式确定的地址 bit[0]为 1)。

**指令的编码格式**

| 31　28 | 27　26 | 25 | 24 | 23 | 22 | 21 | 20 | 19　16 | 15　12 | 11　10　0 |
|---|---|---|---|---|---|---|---|---|---|---|
| cond | 0　1 | I | P | U | 0 | W | 1 | Rn | Rd | addr_mode |

**指令的语法格式**

```
LDR{<cond>} <Rd>, <addressing_mode>
```

其中：

- <cond>为指令执行的条件码。当<cond>忽略时，指令为无条件执行。本小节其他指令中<cond>用法与此相同。
- <Rd>为目标寄存器。
- <addr_mode>为指令的寻址方式，参见 2.2 节。

**指令操作的伪代码**

```
if ConditionPassed(cond) then
if address[1:0] == 0b00 then
   value = Memory[address,4]
else if address[1:0] == 0b01 then
   value = Memory[address,4] Rotate_Right 8
else if address[1:0] == 0b10 then
   value = Memory[address,4] Rotate_Right 16
else    /* address[1:0] == 0b11 */
   value = Memory[address,4] Rotate_Right 24
if (Rd is R15) then
```

```
    if (architecture version 5 or above) then
        PC = value AND 0xFFFFFFFE
        T Bit = value[0]
    else
        PC = value AND 0xFFFFFFFC
    else
Rd = value
```

指令的使用

LDR 指令通常有以下两种用法。

- 用于从内存中读取 32 位字数据到通用寄存器中，然后可在该寄存器中对数据进行一定的操作。
- 当 PC 作为指令中的目标寄存器时，指令可以实现程序跳转的功能。

当 PC 被作为 LDR 指令的目标寄存器时，指令从内存中读取的字数据将被当作目标地址值，指令执行后，程序将从目标地址处开始执行，即实现了跳转操作。在 ARMv5 及以上的版本中，地址值的 bit[0]用来确定目标地址处的程序状态，当 bit[0]为 1 时，目标地址处的指令为 Thumb 指令；当 bit[0]为 0 时，目标地址处的指令为 ARM 指令。在 ARMv5 及以前的版本中，地址值的 bits[1:0]被忽略，程序继续执行在 ARM 状态。

示例

```
LDR R0,[R1,#4]          ; 将内存单元 R1+4 中的字读取到 R0 寄存器中
LDR R0,[R1,#-4]         ; 将内存单元 R1-4 中的字读取到 R0 寄存器中
LDR R0,[R1,R2]          ; 将内存单元 R1+R2 中的字读取到 R0 寄存器中
LDR R0,[R1,-R2]         ; 将内存单元 R1-R2 中的字读取到 R0 寄存器中
LDR R0,[R1,R2,LSL #2]   ; 将地址单元(R1+R2*4)中的数据读取到 R0 中
LDR R0,[R1,#4]!         ; 将内存单元(R1+4)中的数据读取到 R0 中，同时 R1=R1+4
LDR R0,[R1,R2]!         ; 将内存单元(R1+R2)中的数据读取到 R0 中，同时 R1=R1+R2
LDR R0,[R1,R2,LSL#2]!   ; 将内存单元(R1+R2*4)中的数据读取到 R0 中，同时
                        ; R1=R1+R2*4
LDR R0,[R1],#4          ; 将地址为 R1 的内存单元数据读取到 R0 中，然后 R1=R1+4
LDR R0,[R1],R2          ; 将地址为 R1 的内存单元数据读取到 R0 中，然后 R1=R1+R2
LDR R0,[R1],R2,LSL #2   ; 将地址为 R1 的内存单元数据读取到 R0 中，然后 R1=R1+R2*4
```

2. LDRB(字节数据读取指令)

LDRB 指令用于从内存中将一个 8 位的字节数据读取到指令的目标寄存器中，并将寄存器的高 24 位清零。

指令的编码格式

| 31–28 | 27 | 26 | 25 | 24 | 23 | 22 | 21 | 20 | 19–16 | 15–12 | 11–0 |
|---|---|---|---|---|---|---|---|---|---|---|---|
| cond | 0 | 1 | I | P | U | 1 | W | 1 | Rn | Rd | addr_mode |

指令的语法格式

```
LDR{<cond>}B <Rd>, <addressing_mode>
```

各参数用法参见 LDR 指令。

**指令操作的伪代码**

```
if ConditionPassed(cond) then
    Rd = Memory[address,1]
```

**指令的使用**

LDRB 指令通常有以下两种用法。

- 用于从内存中读取 8 位字节数据到通用寄存器中，然后可在该寄存器中对数据进行一定的操作。
- 当 PC 作为指令中的目标寄存器时，指令可以实现程序跳转的功能。

**示例**

```
LDRB R0,[R2,#3] ; 将内存单元(R2+3)中的字节数据读取到 R0 中，R0 中高 24 位设置成 0
LDRB R0,[R1]    ; 将内存单元(R1)中的字节数据读取到 R0 中，R0 中高 24 位设置成 0
```

### 3. LDRBT(用户模式的字节数据读取指令)

LDRBT 指令用于从内存中将一个 8 位的字节数据读取到指令的目标寄存器中，并将寄存器的高 24 位清零。当在特权级的处理器模式下使用本指令时，内存系统将该操作当作一般用户模式下的内存访问操作。

**指令的编码格式**

| 31–28 | 27 26 | 25 | 24 | 23 | 22 | 21 | 20 | 19–16 | 15–12 | 11–0 |
|---|---|---|---|---|---|---|---|---|---|---|
| cond | 0 1 | I | 0 | U | 1 | 1 | 1 | Rn | Rd | addr_mode |

**指令的语法格式**

```
LDR{<cond>}BT <Rd>, <post_indexed_addressing_mode>
```

其中，各参数的用法参见 LDR 指令。

**指令操作的伪代码**

```
if ConditionPassed(cond) then
    Rd = Memory[address,1]
```

**指令的使用**

异常中断程序是在特权级的处理器模式下执行的，这时，如果需要按照用户模式的权限访问内存，可以使用 LDRBT 指令。

### 4. LDRH(半字数据读取指令)

LDRH 指令用于从内存中将一个 16 位的半字数据读取到指令的目标寄存器中，并将寄存器的高 16 位清零。

如果指令中的内存地址不是半字对齐的，指令会产生不可预知的结果。

**指令的编码格式**

| 31 28 | 27 26 25 | 24 | 23 | 22 | 21 | 20 | 19 16 | 15 12 | 11 8 | 7 4 | 3 0 |
|---|---|---|---|---|---|---|---|---|---|---|---|
| cond | 0 0 0 | P | U | I | W | 1 | Rn | Rd | addr_mode | 1 0 1 1 | addr_mode |

**指令的语法格式**

```
LDR{<cond>}H <Rd>, <addressing_mode>
```

其中，各参数的用法参见 LDR 指令。

**指令操作的伪代码**

```
if ConditionPassed(cond) then
   if address[0] == 0
      data = Memory[address,2]
   else      /* address[0] == 1 */
      data = UNPREDICTABLE
      Rd = data
```

**指令的使用**

LDRH 指令通常有以下两种用法。

- 用于从内存中读取 16 位半字数据到通用寄存器中，然后可在该寄存器中对数据进行一定的操作。
- 当 PC 作为指令中的目标寄存器时，指令可以实现程序跳转的功能。

**示例**

```
LDRH R0,[R1]     ; 将内存单元(R1)中的半字数据读取到 R0 中，R0 中高 16 位设置成 0
LDRH R0,[R1,#2]  ; 将内存单元(R1+2)中的半字数据读取到 R0 中，R0 中高 16 位设置成 0
LDRH R0,[R1,R2]  ; 将内存单元(R1+R2)中的半字数据读取到 R0 中，R0 中高 16 位设置成 0
LDRH R0,[R1],#2  ; 将内存单元(R1)中的半字数据读取到 R0 中，R0 中高 16 位设置成 0;
                 ; R1=R1+2
```

#### 5. LDRSB(有符号的字节数据读取指令)

LDRSB 指令用于从内存中将一个 8 位的字节数据读取到指令的目标寄存器中，并将寄存器的高 24 位设置成该字节数据的符号位的值(即将该 8 位字节数据进行符号位扩展，生成 32 位字数据)。

**指令的编码格式**

| 31 28 | 27 25 | 24 | 23 | 22 | 21 | 20 | 19 16 | 15 12 | 11 8 | 7 4 | 3 0 |
|---|---|---|---|---|---|---|---|---|---|---|---|
| cond | 0 0 0 | P | U | I | W | 1 | Rn | Rd | addr_mode | 1 1 0 1 | addr_mode |

**指令的语法格式**

```
LDR{<cond>}SB <Rd>, <addressing_mode>
```

其中，各参数的用法参见 LDR 指令。

**指令操作的伪代码**

```
if ConditionPassed(cond) then
    data = Memory[address,1]
    Rd = SignExtend(data)
```

**指令的使用**

LDRSB 指令通常有以下两种用法。

- 用于从内存中读取 8 位有符号字节数据到通用寄存器中，然后可在该寄存器中对数据进行一定的操作。
- 当 PC 作为指令中的目标寄存器时，指令可以实现程序跳转的功能。

**示例**

```
LDRSB R0,[R1,#3]      ; 将内存单元(R1+3)中的有符号字节数据读取到 R0 中，R0 中高 24 位
                      ; 设置成该字节数据的符号位
LDRSB R7,[R6,#-1]!    ; 将内存单元(R6-1)中的有符号字节数据读取到 R7 中，R7 中高 24 位
                      ; 设置成该字节数据的符号位；R6=R6-1
```

### 6. LDRSH(有符号的半字数据读取指令)

LDRSH 指令用于从内存中将一个 16 位的半字数据读取到指令的目标寄存器中，并将寄存器的高 12 位设置成该半字数据的符号位的值(即把该 16 位半字数据进行符号位扩展，生成 32 位字数据)。

如果指令中的内存地址不是半字对齐的，指令会产生不可预知的结果。

**指令的编码格式**

| 31 28 | 27 25 | 24 | 23 | 22 | 21 | 20 | 19 16 | 15 12 | 11 8 | 7 4 | 3 0 |
|---|---|---|---|---|---|---|---|---|---|---|---|
| cond | 0 0 0 | P | U | I | W | 1 | Rn | Rd | addr_mode | 1 1 1 1 | addr_mode |

**指令的语法格式**

```
LDR{<cond>}SH <Rd>, <addressing_mode>
```

其中，各参数的用法参见 LDR 指令。

**指令操作的伪代码**

```
if ConditionPassed(cond) then
    if address[0] == 0
        data = Memory[address,2]
    else     /* address[0] == 1 */
        data = UNPREDICTABLE
        Rd = SignExtend(data)
```

指令的使用

LDRSH 指令通常有以下两种用法。

- 用于从内存中读取 16 位的有符号半字数据到通用寄存器中，然后可在该寄存器中对数据进行一定的操作。
- 当 PC 作为指令中的目标寄存器时，指令可以实现程序跳转的功能。

示例

```
LDRSH R0,[R1,#3]     ; 将内存单元(R1+3)中有符号的半字数据读取到R0中，R0中的高16位
                     ; 设置成该半字的符号位
LDRSH R7,[R6,#2]!    ; 将内存单元(R6+2)中的字节数据读取到R7中，R0中的高16位设置成
                     ; 该半字的符号位；R6=R6+2
```

### 7. LDRT(用户模式的字数据读取指令)

LDRT 指令用于从内存中将一个 32 位的字数据读取到指令的目标寄存器中。如果指令中寻址方式确定的地址不是字对齐的，则从内存中读出的数值要进行循环右移操作，移位的位数为寻址方式确定的地址的 bits[1:0]的 8 倍。这样对于 Little-endian 的内存模式，指令想要读取的字节数据存放在目标寄存器的低 8 位；对于 Big-endian 的内存模式，指令想要读取的字节数据存放在目标寄存器的 bits[31:24](寻址方式确定的地址 bit[0]为 0)或者 bits[15:8](寻址方式确定的地址 bit[0]为 1)。

当在特权级的处理器模式下使用本指令时，内存系统将该操作当作一般用户模式下的内存访问操作。

指令的编码格式

| 31–28 | 27 26 | 25 | 24 | 23 | 22 | 21 | 20 | 19–16 | 15–12 | 11–0 |
|---|---|---|---|---|---|---|---|---|---|---|
| cond | 0 1 | I | 0 | U | 0 | 1 | 1 | Rn | Rd | addr_mode |

指令的语法格式

```
LDR{<cond>}T <Rd>, <post_indexed_addressing_mode>
```

其中，各参数用法参见 LDR 指令。

指令操作的伪代码

```
if ConditionPassed(cond) then
   if address[1:0] == 0b00
      Rd = Memory[address,4]
   else if address[1:0] == 0b01
      Rd = Memory[address,4] Rotate_Right 8
   else if address[1:0] == 0b10
      Rd = Memory[address,4] Rotate_Right 16
   else     /* address[1:0] == 0b11 */
      Rd = Memory[address,4] Rotate_Right 24
```

**指令的使用**

异常中断程序是在特权级的处理器模式下执行的，这时，如果需要按照用户模式的权限访问内存，可以使用 LDRT 指令。

### 8. STR(字数据写入指令)

STR 指令用于将一个 32 位的字数据写入到指令指定的内存单元。

**指令的编码格式**

| 31–28 | 27 | 26 | 25 | 24 | 23 | 22 | 21 | 20 | 19–16 | 15–12 | 11–0 |
|---|---|---|---|---|---|---|---|---|---|---|---|
| cond | 0 | 1 | I | P | U | 0 | W | 0 | Rn | Rd | addr_mode |

**指令的语法格式**

```
STR{<cond>} <Rd>, <addressing_mode>
```

其中：

- <cond>为指令执行的条件码。当<cond>忽略时，指令为无条件执行。
- <Rd>为目标寄存器。
- <addressing_mode>为指令的寻址方式。

**指令操作的伪代码**

```
if ConditionPassed(cond) then
    Memory[address,4] = Rd
```

**指令的使用**

STR 指令用于将一个 32 位的字数据写入到指令指定的内存单元。

**示例**

```
STR R0,[R1,#0x100]        ; 将 R0 中的字数据保存到内存单元(R1+0x100)中
STR R0,[R1],#8            ; 将 R0 中的字数据保存到内存单元(R1)中，R1=R1+8
```

### 9. STRB(字节数据写入指令)

STRB 指令用于将一个 8 位的字节数据写入到指令指定的内存单元，该字节数据为指令中存放源操作数的寄存器的低 8 位。

**指令的编码格式**

| 31–28 | 27 | 26 | 25 | 24 | 23 | 22 | 21 | 20 | 19–16 | 15–12 | 11–0 |
|---|---|---|---|---|---|---|---|---|---|---|---|
| cond | 0 | 1 | I | P | U | 1 | W | 0 | Rn | Rd | addr_mode |

**指令的语法格式**

```
STR{<cond>}B <Rd>, <addressing_mode>
```

其中，各参数的用法参见 LDR 指令。

**指令操作的伪代码**

```
if ConditionPassed(cond) then
    Memory[address,1] = Rd[7:0]
```

**指令的使用**

STRB 指令用于将寄存器中低 8 位的字节数据写入到指令指定的内存单元。

**示例**

```
STRB R3,[R5,#0x200]      ; 将 R3 中的低 8 位数据保存到内存单元(R5+0x200)中
STRB R3,[R5,#0x200]!     ; 将 R3 中的低 8 位数据保存到内存单元(R5+0x200)中,
                         ; R5=R5+0x200
```

### 10. STRH(半字数据写入指令)

STRH 指令用于将一个 16 位的半字数据写入到指令指定的内存单元，该半字数据为指令中存放源操作数的寄存器的低 16 位。

如果指令中的内存地址不是半字对齐的，指令会产生不可预知的结果。

**指令的编码格式**

| 31 28 | 27 25 | 24 | 23 | 22 | 21 | 20 | 19 16 | 15 12 | 11 8 | 7 4 | 3 0 |
|---|---|---|---|---|---|---|---|---|---|---|---|
| cond | 0 0 0 | P | U | I | W | 0 | Rn | Rd | Addr_mode | 1 0 1 1 | Addr_mode |

**指令的语法格式**

```
STR{<cond>}H <Rd>, <addressing_mode>
```

其中，各参数的用法参见 LDR 指令。

**指令操作的伪代码**

```
if ConditionPassed(cond) then
    if address[0] == 0
        data = Rd[15:0]
    else     /* address[0] == 1 */
        data = UNPREDICTABLE
        Memory[address,2] = data
```

**指令的使用**

STRH 指令用于将寄存器中低 16 位的半字数据写入到指令指定的内存单元。

示例

```
STRH  R0,[R1,R2]      ; 将 R0 中的低 16 位数据保存到内存单元(R1+R2)中
STRH  R0,[R1],#8      ; 将 R0 中的低 16 位数据保存到内存单元(R1)中，同时 R1=R1+8
```

### 11. STRT(用户模式的字数据写入指令)

STRT 指令用于将一个 32 位的字数据写入到指令指定的内存单元。

当在特权级的处理器模式下使用本指令时，内存系统将该操作当作一般用户模式下的内存访问操作。

**指令的编码格式**

| 31–28 | 27 26 | 25 | 24 | 23 | 22 | 21 | 20 | 19–16 | 15–12 | 11–0 |
|---|---|---|---|---|---|---|---|---|---|---|
| cond | 0 1 | I | 0 | U | 0 | 1 | 0 | Rn | Rd | addr_mode |

**指令的语法格式**

```
STR{<cond>}T <Rd>, <post_indexed_addressing_mode>
```

其中，各参数的用法参见 LDR 指令。

**指令操作的伪代码**

```
if ConditionPassed(cond) then
    Memory[address,4] = Rd
```

**指令的使用**

异常中断程序是在特权级的处理器模式下执行的，这时，如果需要按照用户模式的权限访问内存，可以使用 STRT 指令。

### 12. STRBT(用户模式的字节数据写入指令)

STRBT 指令用于将一个 8 位的字节数据写入到指令指定的内存单元。

当在特权级的处理器模式下使用本指令时，内存系统将该操作当作一般用户模式下的内存访问操作。

**指令的编码格式**

| 31–28 | 27 26 | 25 | 24 | 23 | 22 | 21 | 20 | 19–16 | 15–12 | 11–0 |
|---|---|---|---|---|---|---|---|---|---|---|
| cond | 0 1 | I | 0 | U | 1 | 1 | 0 | Rn | Rd | addr_mode |

**指令的语法格式**

```
STR{<cond>}BT <Rd>, <post_indexed_addressing_mode>
```

其中，各参数的用法参见 LDR 指令。

**指令操作的伪代码**

```
if ConditionPassed(cond) then
    Memory[address,1] = Rd[7:0]
```

**指令的使用**

异常中断程序是在特权级的处理器模式下执行的，这时，如果需要按照用户模式的权限访问内存，可以使用 STRBT 指令。

## 3.1.7 批量 Load/Store 内存访问指令

批量 Load 内存访问指令可以从连续的内存单元中一次读取数据，传送到指令内存列表的各个寄存器中。

批量 Store 内存访问指令可以将指令寄存器列表中各个寄存器的值写入到内存中，内存的地址由指令的寻址模式确定。

批量 Load/Store 内存访问指令的语法格式如下：

```
LDM|STM{<cond>}<addressing_mode> Rn{!}, <registers>{^}
```

其中，操作数的寻址方式参见 2.2 节。

批量 Load/Store 内存访问指令主要有以下几条。

- LDM(1)：批量内存字数据读取指令。
- LDM(2)：用户模式的批量内存字数据读取指令。
- LDM(3)：带状态寄存器的批量内存字数据读取指令。
- STM(1)：批量内存字数据写入指令。
- STM(2)：用户模式的批量内存字数据写入指令。

### 1. LDM(1) (批量内存字数据读取指令)

LDM(1)指令将数据从连续的内存单元中读取到指令寄存器列表的各寄存器中。它主要用于块数据的读取、数据栈操作以及从子程序中返回的操作。

当 PC 包含在 LDM 指令的寄存器列表中时，指令从内存中读取的字数据将被当作目标地址值，指令执行后，程序将从目标地址处开始执行，即实现了跳转操作。在 ARMv5 及以上版本中，地址值的 bit[0]用来确定目标地址处的程序状态，当 bit[0]为 1 时，目标地址处的指令为 Thumb 指令；当 bit[0]为 0 时，目标地址处的指令为 ARM 指令。在 ARMv5 及以前的版本中，地址值的 bits[1:0]被忽略，程序继续执行在 ARM 状态。

**指令的编码格式**

| 31–28 | 27–25 | 24 | 23 | 22 | 21 | 20 | 19–16 | 15–0 |
|---|---|---|---|---|---|---|---|---|
| cond | 1 0 0 | P | U | 0 | W | 1 | Rn | register list |

**指令的语法格式**

```
LDM{<cond>}<addressing_mode> <Rn>{!}, <registers>
```

其中：

- <cond>为指令执行的条件码。当忽略<cond>时，指令为无条件执行。
- <Rn>为指令寻址模式中的基址寄存器，存放地址块的最低地址值。
- ! 设置指令中的 W 位，使指令执行后将操作数的内存地址写入基址寄存器<Rn>中。
- <addressing_mode>为指令的寻址方式。
- <registers>为寄存器列表。其中寄存器和内存单元的对应关系满足这样的规则，即编号低的寄存器对应于内存中的低地址单元，编号高的寄存器对应于内存中的高地址单元。

**指令操作的伪代码**

```
if ConditionPassed(cond) then
    address = start_address
    for i = 0 to 14
        if register_list[i] == 1 then
            Ri = Memory[address,4]
            address = address + 4
    if register_list[15] == 1 then
        value = Memory[address,4]
        if (architecture version 5 or above) then
            pc = value AND 0xFFFFFFFE
            T Bit = value[0]
        else
            pc = value AND 0xFFFFFFFC
        address = address + 4
    assert end_address = address - 4
```

**指令的使用**

如果指令中的基址寄存器<Rn>在寄存器列表<registers>中，而且指令中寻址方式指定指令执行后更新基址寄存器<Rn>的值，则指令执行会产生不可预知的结果。

### 2. LDM(2)(用户模式的批量内存字数据读取指令)

LDM(2)指令将数据从连续的内存单元中读取到指令寄存器列表的各寄存器中。它主要用于块数据的读取、数据栈操作以及从子程序中返回的操作。

PC 寄存器不能包含在 LDM 指令的寄存器列表中。

当在特权级的处理器模式下使用本指令时，内存系统将该操作当作一般用户模式下的内存访问操作。

**指令的编码格式**

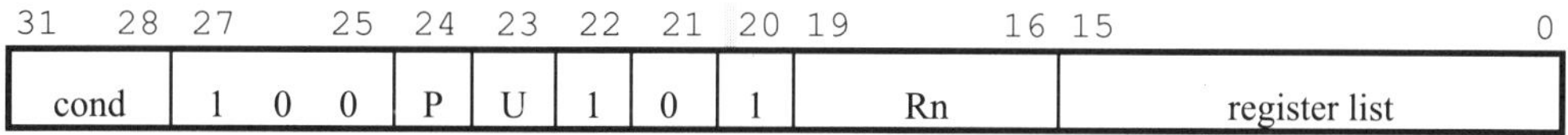

| 31–28 | 27–25 | 24 | 23 | 22 | 21 | 20 | 19–16 | 15–0 |
|---|---|---|---|---|---|---|---|---|
| cond | 1 0 0 | P | U | 1 | 0 | 1 | Rn | register list |

**指令的语法格式**

```
LDM{<cond>}<addressing_mode> <Rn>, <registers_without_pc>^
```

其中：

- <registers_without_pc>为寄存器列表，本列表不能包含 PC 寄存器。其中寄存器和内存单元的对应关系满足这样的规则，即编号低的寄存器对应于内存中的低地址单元，编号高的寄存器对应于内存中的高地址单元。<Rn>中存放地址块的最低地址值。
- ^在寄存器列表中不含 PC 寄存器时，指示指令中所用的寄存器为用户模式下的寄存器。
- 其他参数的用法参见 LDM(1)指令。

**指令操作的伪代码**

```
if ConditionPassed(cond) then
   address = start_address
   for i = 0 to 14
      if register_list[i] == 1
         Ri_usr = Memory[address,4]
         address = address + 4
   assert end_address == address - 4
```

**指令的使用**

在本指令的后面不能紧跟访问备份寄存器(banked registers)的指令，最好跟一条 NOP 指令。

在用户模式和系统模式下使用本指令会产生不可预知的结果。

指令中的基址寄存器是指令执行时的当前处理器模式对应的物理寄存器，而不是用户模式对应的寄存器。

本指令忽略指令中内存地址的低 2 位，而不像 LDM(1)指令那样进行数据的循环右移操作。

异常中断程序是在特权级的处理器模式下执行的，这时，如果需要按照用户模式的权限访问内存，可以使用 LDM(2)指令。

#### 3. LDM(3) (带状态寄存器的批量内存字数据读取指令)

LDM(3)指令将数据从连续的内存单元中读取到指令寄存器列表的各寄存器中。它同时将当前处理器模式对应的 SPSR 寄存器内容复制到 CPSR 寄存器中。

当 PC 包含在 LDM 指令的寄存器列表中时，指令从内存中读取的字数据将被当作目标地址值，指令执行后，程序将从目标地址处开始执行，即实现了跳转操作。在 ARMv5 及以上的版本和 T 系列的 ARMv4 版本中，SPSR 寄存器的 T 位将复制到 CPSR 寄存器的 T 位，该位决定目标地址处的程序状态。在以前的版本中，程序继续执行在 ARM 状态。

**指令的编码格式**

| 31 28 | 27 25 | 24 | 23 | 22 | 21 | 20 | 19 16 | 15 0 |
|---|---|---|---|---|---|---|---|---|
| cond | 1 0 0 | P | U | 1 | W | 1 | Rn | register list |

### 指令的语法格式

```
LDM{<cond>}<addressing_mode> <Rn>{!}, <registers_and_pc>^
```

其中：

- <registers_and_pc>为寄存器列表，在本格式的指令中，寄存器列表中必须包含 PC 寄存器。其中寄存器和内存单元的对应关系满足这样的规则，即编号低的寄存器对应于内存中的低地址单元，编号高的寄存器对应于内存中的高地址单元。<Rn>中存放地址块的最低地址值。
- ^指示指令执行时将当前处理器模式下的 SPSR 值复制到 CPSR 中。若指令的寄存器列表中不包含 PC 寄存器，则该指令为一条 LDM(2)格式的指令。
- 其他参数的用法参见 LDM(1)指令。

### 指令操作的伪代码

```
if ConditionPassed(cond) then
    address = start_address
    for i = 0 to 14
        if register_list[i] == 1 then
            Ri = Memory[address,4]
            address = address + 4
    CPSR = SPSR
    value = Memory[address,4]
    if (architecture version 4T, 5 or above) and (T Bit == 1) then
        pc = value AND 0xFFFFFFFE
    else
        pc = value AND 0xFFFFFFFC
    address = address + 4
assert end_address = address - 4
```

### 指令的使用

如果指令中基址寄存器<Rn>在寄存器列表<registers>中，而且指令的寻址方式指定指令执行后更新基址寄存器<Rn>的值，则指令执行会产生不可预知的结果。

本指令主要用于从异常中断模式下返回，如果在用户模式或系统模式下使用该指令，会产生不可预知的结果。

## 4. STM(1) (批量内存字数据写入指令)

STM(1)指令将指令寄存器列表中各寄存器的数值写入到连续的内存单元中。它主要用于块数据的写入、数据栈操作，以及进入子程序时保存相关的寄存器的操作。

### 指令的编码格式

| 31–28 | 27–25 | 24 | 23 | 22 | 21 | 20 | 19–16 | 15–0 |
|---|---|---|---|---|---|---|---|---|
| cond | 1 0 0 | P | U | 0 | W | 0 | Rn | register list |

**指令的语法格式**

```
STM{<cond>}<addressing_mode> <Rn>{!}, <registers>
```

其中：

- <Rn>为指令寻址模式中的基址寄存器，用于存放地址块的最低地址，如果 R15 被作为<Rn>，指令会产生不可预知的结果。
- 其他参数的用法参见 LDM(1)指令。

**指令操作的伪代码**

```
if ConditionPassed(cond) then
    address = start_address
    for i = 0 to 15
        if register_list[i] == 1
            Memory[address,4] = Ri
            address = address + 4
    assert end_address == address - 4
```

**指令的使用**

如果指令中基址寄存器<Rn>在寄存器列表<registers>中，而且指令的寻址方式指定指令执行后更新基址寄存器<Rn>的值，则当<Rn>是<register>中编号最小的寄存器时，指令将<Rn>的初始值保存到内存中；否则，指令执行会产生不可预知的结果。

### 5. STM(2) (用户模式的批量内存字数据写入指令)

STM(2)指令将指令寄存器列表中各寄存器(用户模式对应的寄存器)的数值写入到连续的内存单元中。它主要用于块数据的写入、数据栈操作以及进入子程序时保存相关的寄存器的操作。

**指令的编码格式**

| 31 28 | 27 25 | 24 | 23 | 22 | 21 | 20 | 19 16 | 15 0 |
|---|---|---|---|---|---|---|---|---|
| cond | 1 0 0 | P | U | 1 | 0 | 0 | Rn | register list |

**指令的语法格式**

```
STM{<cond>}<addressing_mode> <Rn>, <registers>^
```

其中：

- <Rn>为指令寻址模式中的基址寄存器，存放地址块的最低地址值，如果 R15 被作为<Rn>，指令会产生不可预知的结果。
- ^指示指令中所用的寄存器为用户模式对应的寄存器。
- 其他参数参见 LDM(1)指令。

**指令操作的伪代码**

```
if ConditionPassed(cond) then
    address = start_address
```

```
for i = 0 to 15
    if register_list[i] == 1
        Memory[address,4] = Ri_usr
        address = address + 4
assert end_address == address - 4
```

**指令的使用**

本指令主要用于从异常中断模式下返回，如果在用户模式或系统模式下使用该指令，会产生不可预知的结果。

在本指令的后面不能紧跟访问备份寄存器(Banked Registers)的指令，最好跟一条NOP指令。

指令中的基址寄存器是指令执行时的当前处理器模式对应的物理寄存器，而不是用户模式对应的寄存器。

## 3.1.8 信号量操作指令

信号量用于进程间的同步和互斥。对信号量的操作通常要求是一个原子操作，即在一条指令中完成信号量的读取和修改操作。ARM 提供了以下两条指令来完成信号量的操作。

- SWP：交换指令。
- SWPB：字节交换指令。

### 1. SWP (交换指令)

SWP 指令用于将一个内存字单元(该单元地址放在寄存器<Rn>中)的内容读取到一个寄存器<Rd>中，同时将另一个寄存器<Rm>的内容写入到该内存单元中。当<Rd>和<Rm>为同一个寄存器时，指令交换该寄存器和内存单元的内容。

**指令的编码格式**

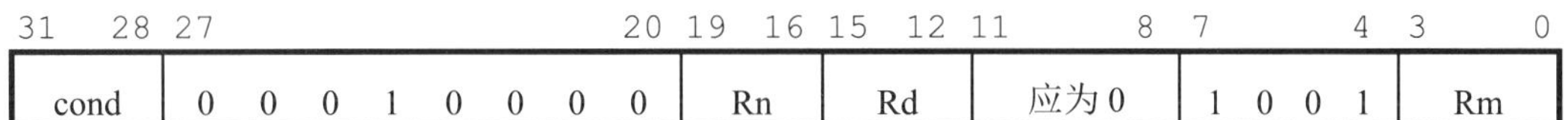

| 31–28 | 27–20 | 19–16 | 15–12 | 11–8 | 7–4 | 3–0 |
|---|---|---|---|---|---|---|
| cond | 0 0 0 1 0 0 0 0 | Rn | Rd | 应为0 | 1 0 0 1 | Rm |

**指令的语法格式**

```
SWP{<cond>} <Rd>, <Rm>, [<Rn>]
```

其中：

- <cond>为指令执行的条件码。当忽略<cond>时，指令为无条件执行。
- <Rd>为目标寄存器。
- <Rm>寄存器包含将要保存到内存中的数值。
- <Rn>寄存器中包含将要访问的内存地址。

**指令操作的伪代码**

```
if ConditionPassed(cond) then
    if Rn[1:0] == 0b00 then
```

```
    temp = Memory[Rn,4]
else if Rn[1:0] == 0b01 then
    temp = Memory[Rn,4] Rotate_Right 8
else if Rn[1:0] == 0b10 then
    temp = Memory[Rn,4] Rotate_Right 16
else     /* Rn[1:0] == 0b11 */
    temp = Memory[Rn,4] Rotate_Right 24
Memory[Rn,4] = Rm
Rd = temp
```

#### 指令的使用

本指令主要用于实现信号量操作。

#### 示例

```
SWP R1,R2,[R3]   ; 将内存单元(R3)中的字数据读取到 R1 寄存器中，同时将 R2 寄存器的数据
                 ; 写入到内存单元(R3)中
SWP R1,R1,[R2]   ; 将 R1 寄存器的内容与内存单元(R2)的内容互换
```

### 2. SWPB(字节交换指令)

SWPB 指令用于将一个内存字节单元(该单元地址存放在寄存器<Rn>中)的内容读取到一个寄存器<Rd>中，寄存器<Rd>的高 24 位设置为 0，同时将另一个寄存器<Rm>的低 8 位数值写入到该内存单元中。当<Rd>和<Rm>为同一个寄存器时，指令交换该寄存器的低 8 位和内存字节单元的内容。

#### 指令的编码格式

| 31　28 | 27 | | | | | | | 20 | 19　16 | 15　12 | 11　8 | 7 | | | 4 | 3　0 |
|---|---|---|---|---|---|---|---|---|---|---|---|---|---|---|---|---|
| Cond | 0 | 0 | 0 | 1 | 0 | 1 | 0 | 0 | Rn | Rd | 应为 0 | 1 | 0 | 0 | 1 | Rm |

#### 指令的语法格式

```
SWPB{<cond>} <Rd>, <Rm>, [<Rn>]
```

其中，各参数的用法参见 SWP 指令。

#### 指令操作的伪代码

```
if ConditionPassed(cond) then
    temp = Memory[Rn,1]
    Memory[Rn,1] = Rm[7:0]
    Rd = temp
```

#### 指令的使用

本指令主要用于实现信号量操作。

示例

```
SWPB R1,R2,[R3]     ; 将内存单元(R3)中字节数据读取到 R1 寄存器中，R1 的高 24 位为 0，
                    ; 同时，将 R2 寄存器的低 8 位写入到内存单元(R3)中
```

### 3.1.9 异常中断产生指令

ARM 有两条异常中断产生指令。

- SWI：软中断指令。SWI 用于产生 SWI 异常中断，ARM 正是通过这种机制实现在用户模式中对操作系统中特权模式的程序调用。
- BKPT：断点中断指令。BKPT 在 ARMv5 及以上版本中引入，主要用于产生软件断点，供调试程序使用。

#### 1. SWI (软中断指令)

SWI 指令用于产生软中断。

**指令的编码格式**

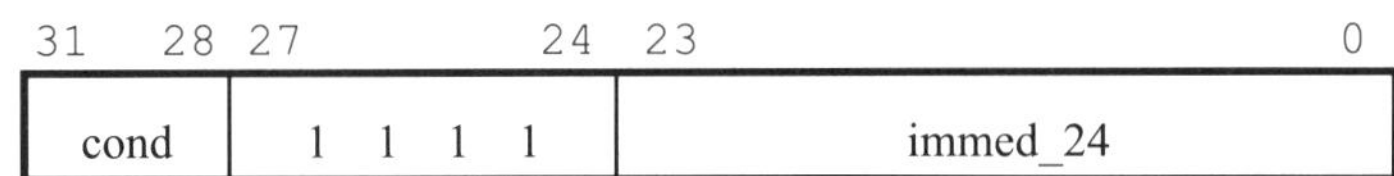


**指令的语法格式**

```
SWI{<cond>} <immed_24>
```

其中：

- <cond>为指令执行的条件码。当忽略<cond>时，指令为无条件执行。
- <immed_24>为 24 位的立即数。该立即数被操作系统用来判断用户程序请求的服务类型。

**指令操作的伪代码**

```
if ConditionPassed(cond) then
R14_svc = address of next instruction after the SWI instruction
SPSR_svc = CPSR
CPSR[4:0] = 0b10011     /* Enter Supervisor mode */
CPSR[5] = 0             /* Execute in ARM state */
/* CPSR[6] is unchanged */
CPSR[7] = 1             /* Disable normal interrupts */
if high vectors configured then
   PC = 0xFFFF0008
else
   PC = 0x00000008
```

**指令的使用**

本指令主要用于用户程序调用操作系统的系统服务。操作系统在 SWI 的异常中断处理

程序中提供相关的系统服务，并定义了参数传递的方法。通常有以下两种方法。

- 指令中的 24 位立即数指定了用户请求的服务类型，参数通过通用寄存器传递。
- 指令中的 24 位立即数被忽略，用户请求的服务类型由寄存器 R0 的数值决定，参数通过其他通用寄存器传递。

2. BKPT(断点中断指令)

BKPT 指令用于产生软件断点中断。软件调试程序可以使用该中断。当系统使用硬件调试部件时，可忽略该中断。

**指令的编码格式**

| 31 28 | 27 20 | 19 8 | 7 4 | 3 0 |
|---|---|---|---|---|
| 1 1 1 0 | 0 0 0 1 0 0 1 0 | immed | 0 1 1 1 | immed |

**指令的语法格式**

```
BKPT <immediate>
```

其中：<immediate>为 16 位的立即数。这个立即数被调试软件用来保存额外的断点信息。

**指令操作的伪代码**

```
if (not overridden by debug hardware)
    R14_abt = address of BKPT instruction + 4
    SPSR_abt = CPSR
    CPSR[4:0] = 0b10111
    CPSR[5] = 0        /* 使程序处于 ARM 状态 */
    /* CPSR[6] is unchanged */
    CPSR[7] = 1        /* 禁止正常中断 */
    if high vectors configured then
        PC = 0xFFFF000C
    else
        PC = 0x0000000C
```

**指令的使用**

本指令主要供软件调试程序使用。

### 3.1.10 ARM 协处理器指令

ARM 支持 16 个协处理器。在程序执行的过程中，每个协处理器忽略属于 ARM 处理器和其他协处理器的指令。当一个协处理器硬件不能执行属于它的协处理器指令时，将产生未定义指令异常中断，在该异常中断处理程序中，可以通过软件模拟该硬件操作。比如，如果系统中不包含向量浮点运算器，则可以选择浮点运算软件模拟包来支持向量的浮点运算。

ARM 协处理器可以部分地执行一条指令，然后产生异常中断，如像除法运算中除数为 0 的情况。所有这些操作均由 ARM 协处理器决定，ARM 处理器并不参与这些操作。同样，ARM 协处理器指令中的协处理器的寄存器标识符以及操作类型助记符也有各种不同的实现定义，程序员可以通过宏来定义这些指令的语法格式。

ARM 协处理器指令包括以下 3 类。

- 用于 ARM 处理器初始化 ARM 协处理器的数据处理操作。
- 用于 ARM 处理器的寄存器和 ARM 协处理器的寄存器间的数据传送操作。
- 用于在 ARM 协处理器的寄存器和内存单元之间传送数据。

这些指令包括以下 5 条。

- CDP：协处理器数据操作指令。
- LDC：协处理器数据读取指令。
- STC：协处理器数据写入指令。
- MCR：ARM 寄存器到协处理器寄存器的数据传送指令。
- MRC：协处理器寄存器到 ARM 寄存器的数据传送指令。

### 1. CDP(协处理器数据操作指令)

CDP 指令让 ARM 处理器能够通知 ARM 协处理器执行特定的操作。该操作由协处理器完成。如果协处理器不能成功地执行该操作，将产生未定义的指令异常中断。

**指令的编码格式**

| 31　28 | 27　24 | 23　20 | 19　16 | 15　12 | 11　8 | 7　5 | 4 | 3　0 |
|---|---|---|---|---|---|---|---|---|
| 1 1 1 0 | 0 0 0 1 | opcode_1 | CRn | CRd | cp_num | opcode_2 | 0 | CRm |

**指令的语法格式**

```
CDP{<cond>} <coproc>, <opcode_1>, <CRd>, <CRn>, <CRm>, <opcode_2>
CDP2 <coproc>, <opcode_1>, <CRd>, <CRn>, <CRm>, <opcode_2>
```

其中：

- <cond>为指令执行的条件码。当忽略<cond>时，指令为无条件执行。
- CDP2 格式中，指令的条件码为 0b1111，代表的是无条件执行指令。
- <coproc>为协处理器的编码。
- <opcode_1>为协处理器将执行的操作的操作码。
- <CRd>作为目标寄存器的协处理器寄存器。
- <CRn>为存放第 1 个操作数的协处理器寄存器。
- <CRm>为存放第 2 个操作数的协处理器寄存器。
- <opcode_2>为协处理器将执行的操作的操作码。

**指令操作的伪代码**

```
if ConditionPassed(cond) then
    Coprocessor[cp_num]-dependent operation
```

### 指令的使用

本指令让 ARM 处理器能够通知 ARM 协处理器执行特定的操作。该操作中不涉及 ARM 寄存器和内存单元。

### 示例

```
CDP p5, 2, c12, c10, c3, 4        ; 协处理器 p5 的操作初始化。其中，操作码 1 为 2，
                                  ; 操作码 2 为 4，
                                  ; 目标寄存器为 C12，源操作数寄存器为 C10 和 C3
```

## 2. LDC (协处理器数据读取指令)

LDC 指令从一系列连续的内存单元将数据读取到协处理器的寄存器中。如果协处理器不能成功地执行该操作，将产生未定义的指令异常中断。

### 指令的编码格式

| 31 28 | 27 24 | 23 | 22 | 21 | 20 | 19 | 16 15 | 12 11 | 8 7 | 0 |
|---|---|---|---|---|---|---|---|---|---|---|
| cond | 1 1 0 | P | U | N | W | 1 | Rn | CRd | cp_num | 8_bit_word_offset |

### 指令的语法格式

```
LDC{<cond>}{L} <coproc>, <CRd>, <addressing_mode>
LDC2{L} <coproc>, <CRd>, <addressing_mode>
```

其中：

- LDC2 格式中，指令的条件码为 0b1111，代表的是无条件执行指令。
- L 指示指令为长读取操作，比如用于双精度的数据传送。
- <addressing_mode>为指令的寻址方式。
- 其他参数参见 CDP 指令。

### 指令操作的伪代码

```
if ConditionPassed(cond) then
    address = start_address
    load Memory[address,4] for Coprocessor[cp_num]
    while (NotFinished(Coprocessor[cp_num]))
        address = address + 4
        load Memory[address,4] for Coprocessor[cp_num]
    assert address == end_address
```

### 指令的使用

LDC 指令从一系列连续的内存单元将数据读取到协处理器的寄存器中。

### 示例

```
LDC p6, CR4, [R2, #4]    ; R2 为 ARM 寄存器，指令读取内存单元(R2+4)的字数据，
                         ; 传送到协处理器 p6 的 CR4 寄存器中
```

### 3. STC (协处理器数据写入指令)

STC 指令将协处理器的寄存器中的数据写入到一系列连续的内存单元中。如果协处理器不能成功地执行该操作，将产生未定义的指令异常中断。

**指令的编码格式**

| 31 28 | 27 25 | 24 | 23 | 22 | 21 | 20 | 19 16 | 15 12 | 11 8 | 7 0 |
|---|---|---|---|---|---|---|---|---|---|---|
| cond | 1 1 0 | P | U | N | W | 0 | Rn | CRd | cp_num | 8_bit_word_offset |

**指令的语法格式**

```
STC{<cond>}{L} <coproc>, <CRd>, <addressing_mode>
STC2{L} <coproc>, <CRd>, <addressing_mode>
```

其中：

- L 指示指令为长写入操作，比如用于双精度的数据传送。
- 其他参数的用法参见 LDC 指令和 CDP 指令。

**指令操作的伪代码**

```
if ConditionPassed(cond) then
    address = start_address
    Memory[address,4] = value from Coprocessor[cp_num]
    while (NotFinished(coprocessor[cp_num]))
        address = address + 4
        Memory[address,4] = value from Coprocessor[cp_num]
    assert address == end_address
```

**指令的使用**

STC 指令将协处理器的寄存器中的数据写入到一系列连续的内存单元中。

**示例**

```
STC p8, CR8, [R2, #4]!  ; R2 为 ARM 寄存器。指令将协处理器 p8 的 CR8 寄存器中的
                        ; 字数据写入到内存单元(R2+4)中，指令执行后 R2=R2+4
```

### 4. MCR(ARM 寄存器到协处理器寄存器的数据传送指令)

MCR 指令将 ARM 处理器的寄存器中的数据传送到协处理器的寄存器中。如果协处理器不能成功地执行该操作，将产生未定义的指令异常中断。

**指令的编码格式**

| 31 28 | 27 24 | 23 21 | 20 | 19 16 | 15 12 | 11 8 | 7 5 | 4 | 3 0 |
|---|---|---|---|---|---|---|---|---|---|
| cond | 1 1 1 0 | Opcode_1 | 0 | CRn | Rd | cp_num | Opcode_2 | 1 | CRm |

#### 指令的语法格式

```
MCR{<cond>} <coproc>, <opcode_1>, <Rd>, <CRn>, <CRm>{, <opcode_2>}
MCR2 <coproc>, <opcode_1>, <Rd>, <CRn>, <CRm>{, <opcode_2>}
```

其中：

- MCR2 格式中，指令的条件码为 0b1111，代表的是无条件执行指令。
- <Rd>为 ARM 寄存器，其值将被传送到协处理器的寄存器中。
- <CRn>为目标寄存器的协处理器寄存器。
- <CRm>为附加的目标寄存器或者源操作数寄存器。
- 其他参数的用法参见 CDP 指令。

#### 指令操作的伪代码

```
if ConditionPassed(cond) then
    send Rd value to Coprocessor[cp_num]
```

#### 指令的使用

MCR 指令将 ARM 处理器的寄存器中的数据传送到协处理器的寄存器中。

#### 示例

```
MCR p14, 3, R7, c7, c11, 6 ; 指令从 ARM 寄存器中将数据传送到协处理器 p14 的寄存器
                           ; 中，其中 R7 为 ARM 寄存器，存放源操作数；C7 和 C11 为
                           ; 协处理器的寄存器，是目标寄存器；操作码 1 为 3；
                           ; 操作码 2 为 6
```

### 5. MRC (协处理器寄存器到 ARM 寄存器的数据传送指令)

MRC 指令将协处理器寄存器中的数据传送到 ARM 处理器的寄存器中。如果协处理器不能成功地执行该操作，将产生未定义的指令异常中断。

#### 指令的编码格式

| 31–28 | 27–24 | 23–21 | 20 | 19–16 | 15–12 | 11–8 | 7–5 | 4 | 3–0 |
|---|---|---|---|---|---|---|---|---|---|
| cond | 1 1 1 0 | Opcode_1 | 1 | CRn | Rd | cp_num | opcode_2 | 1 | CRm |

#### 指令的语法格式

```
MRC{<cond>} <coproc>, <opcode_1>, <Rd>, <CRn>, <CRm>{, <opcode_2>}
MRC2 <coproc>, <opcode_1>, <Rd>, <CRn>, <CRm>{, <opcode_2>}
```

其中：

- MRC2 格式中，指令的条件码为 0b1111，代表的是无条件执行指令。
- <Rd>为目标寄存器的 ARM 寄存器。
- <CRn>为协处理器的寄存器，存放第 1 个源操作数。
- <CRm>为附加的目标寄存器或者源操作数寄存器。
- 其他参数的用法参见 CDP 指令。

**指令操作的伪代码**

```
if ConditionPassed(cond) then
    data = value from Coprocessor[cp_num]
    if Rd is R15 then
        N flag = data[31]
        Z flag = data[30]
        C flag = data[29]
        V flag = data[28]
    else     /* Rd is not R15 */
        Rd = data
```

**指令的使用**

MRC 指令将协处理器寄存器中的数据传送到 ARM 处理器的寄存器中。

**示例**

```
MRC p15,2,R5,c0,c2,4     ; 指令将协处理器 p15 寄存器中的数据传送到 ARM 寄存器中。其
                         ; 中，R5 为 ARM 寄存器，是目标寄存器；C0 和 C2 为协处理器的
                         ; 寄存器，存放源操作数；操作码 1 为 2；操作码 2 为 4
```

# 3.2 一些基本的 ARM 指令代码段

本节介绍一些基本的 ARM 指令代码段。通过对这些代码段的分析，进一步理解相关的 ARM 指令的用法，逐步学习如何使用 ARM 指令编写高效率的程序。本节主要包括以下内容。

- 算术逻辑运算指令的应用。
- 跳转指令的应用。
- Load/Store 指令的应用。
- 批量 Load/Store 指令的应用。
- 信号量指令的应用。
- 与系统相关的一些指令的应用。

## 3.2.1 算术逻辑运算指令的应用

### 1. 位操作指令应用举例

下面的代码将 R2 中的高 8 位数据传送到 R3 的低 8 位中：

```
MOV R0, R2, LSR #24      ; 将 R2 的高 8 位数据传送到 R0 中，R0 的高 24 位设置成 0
ORR R3, R0, R3, LSL #8   ; 将 R3 中数据逻辑左移 8 位，这时 R3 的低 8 位为 0
                         ; ORR 操作将 R0(高 24 位为 0)中的低 8 位数据传送到寄存器 R3
```

### 2. 实现乘法的指令举例

下面的代码实现相应的乘法运算：

```
MOV R0, R0, LSL #n          ; R0 = R0 << n ; R0=R0*(2**n)
ADD R0, R0, R0, LSL #n      ; R0 = R0+R0*(2**n)=R0*(2**n+1)
RSB R0, R0, R0, LSL #n      ; R0 = R0*(2**n)-R0=R0*(2**n-1)
ADD R0, R0, R0, LSL #2      ; R0 = R0+R0*(2**2)= R0 * 5
ADD R0, R1, R0, LSL #1      ; R0 = R1 + R0 * (2**1)
```

### 3. 64 位数据运算举例

假设 R0 和 R1 存放了一个 64 位数据，R0 中存放数据的低 32 位；R2 和 R3 中存放了另一个 64 位数据，R2 中存放低 32 位数据。下面的指令实现两个 64 位数据的加法运算，结果仍然保存在 R0 和 R1 中：

```
ADDS R0, R0, R2           ; 低 32 位相加，同时设置 CPSR 中的 C 标志位
ADC R1, R1, R3            ; 高 32 位的带位相加
```

下面的指令实现两个 64 位数据的减法运算，结果仍然保存在 R0 和 R1 中：

```
SUBS R0, R0, R2           ; 低 32 位相减，同时设置 CPSR 中的 C 标志位
SBC R1, R1, R3            ; 高 32 位的带位相减
```

下面的指令实现两个 64 位数据的比较操作，并正确设置 CPSR 中的 N、Z 及 C 条件标志位，而 V 标志位的设置可能有错误：

```
CMP R1, R3                ; 比较高 32 位
CMPEQ R0, R2              ; 如果高 32 位相等，比较低 32 位
```

### 4. 转换内存中数据存储方式的指令

数据在内存中有两种存储方式：一种是字数据中的高位数据存放在高地址处，低位数据存放在低地址处，如果数据的 bits[7:0]存放在地址 A 处，数据的 bits[15:8]存放在地址 A+1 处，数据的 bits[23:16]存放在地址 A+2 处，数据的 bits[31:24]存放在地址 A+3 处，则这种存储方式称为 Little-endian 方式；另一种是字中高位数据存放在低地址处，低位数据存放在高地址处，如果数据的 bits[7:0]存放在地址 A+3 处，数据的 bits[15:8]存放在地址 A+2 处，数据的 bits[23:16]存放在地址 A+1 处，数据的 bits[31:24]存放在地址 A 处，则这种存储方式称为 Big-endian 方式。下面的代码段可以实现两种存储方式的转换。

(1) 下面的代码段将寄存器 R0 中的数据存储方式转换成另外一种存储方式。指令执行前，R0 中数据存储方式为 R0 = A, B, C, D；指令执行后，R0 中数据存储方式为 R0 = D, C, B, A。

```
EOR R1, R0, R0, ROR #16     ; R1 = A^C, B^D, C^A, D^B
BIC R1, R1, #0xFF0000       ; R1 = A^C, 0, C^A, D^B
MOV R0, R0, ROR #8          ; R0 = D, A, B, C
EOR R0, R0, R1, LSR #8      ; R0 = D, C, B, A
```

(2) 下面的代码段用于转换大量的字数据的存储方式。指令执行前，R0 存放需要转换的数据，其存储方式为 R0 = A, B, C, D；指令执行后 R0 中存放转换后的数据，其存储方式为 R0 = D, C, B, A。

```
MOV R2, #0xFF                  ; R2 = 0xFF
ORR R2, R2, #0xFF0000          ; R2 = 0x00FF00FF
;重复下面的指令段，实现数据存放方式的转换
AND R1, R2, R0                 ; R1 = 0 B 0 D
AND R0, R2, R0, ROR #24        ; R0 = 0 C 0 A
ORR R0, R0, R1, ROR #8         ; R0 = D C B A
```

## 3.2.2　跳转指令的应用

本节介绍在 ARM 中如何实现程序流程的改变。

### 1. 子程序调用

BL 指令在执行跳转操作的同时保存当前 PC 寄存器值，用于从被调用的子程序中返回。下面的代码段说明了子程序的调用和返回方法：

```
...
BL function            ; 调用子程序 function
...                    ; 子程序结束后，程序将返回到这里执行
...
function               ; 子程序的程序体
...
...
MOV PC, LR             ; 子程序中的返回语句
```

### 2. 条件执行

下面介绍如何实现类似于 C 语言中的 if-then-else 功能的 ARM 代码段。程序功能为求最大公约数，相应的 C 语言代码如下：

```
int gcd(int a, int b)
{ while (a != b)
    if (a > b )
       a = a - b;
    else
       b = b - a;
  return a;
}
```

对应的 ARM 代码段如下。代码执行前，R0 中存放 a，R1 中存放 b；代码执行后，R0 中存放 a 和 b 的最大公约数。

```
gcd
CMP R0, R1             ; 比较 a 和 b 的大小
SUBGT R0, R0, R1       ; if (a>b) a=a-b (if a==b do nothing)
SUBLT R1, R1, R0       ; if (b>a) b=b-a (if a==b do nothing)
BNE gcd                ; if (a!=b) then 跳转到 gcd 处继续执行
MOV PC, LR             ; 子程序执行结束，返回
```

### 3. 条件判断语句

下面介绍如何实现类似于 C 语言中条件判断语句功能的 ARM 代码段。相应的 C 语言代码如下：

```
if (a==0 || b==1)
   c = d + e;
```

对应的 ARM 代码段如下。代码执行前，R0 中存放 a，R1 中存放 b。代码执行后，R2 中存放 d 和 e 的和。

```
CMP R0, #0           ; 判断 R0 是否等于 0
CMPNE R1, #1         ; 如果 R0 不等于 0，判断 R1 是否等于 1
ADDEQ R2, R3, R4     ; R0=0 或 R1=1 时，R2=R3+R4
```

### 4. 循环语句

下面的代码段实现了程序的循环执行：

```
MOV R0, #loopcount        ; 初始化循环次数
loop                      ; loop body
...
SUBS R0, R0, #1           ; 循环计数器减 1，同时设置条件标志位
BNE loop                  ; 如果循环计数器值不为 0，跳转到 loop 处继续执行
...                       ; 如果循环计数器值为 0，程序顺序执行
```

### 5. 多路分支程序语句

下面的代码段实现多路分支功能。代码根据 maxindex 的不同值跳转到不同的代码段。这里，要求各目标代码段的大小都为($2^{RoutineSizeLog2}$)。程序入口处 R0 中保存了跳转的索引值。

```
CMP R0, #maxindex                     ; 判断跳转索引值是否在合法的范围内
ADDLO PC,PC,R0,LSL #RoutineSizeLog2   ; 跳转到相应的代码段 B IndexOutOfRange;
                                      ; 如果跳转索引值不在合法范围内，跳转到错误
                                      ; 处理代码段
Index0Handler                         ; 索引值为 0 时对应的代码段
...
...
Index1Handler                         ; 索引值为 1 时对应的代码段
...
...
Index2Handler                         ; 索引值为 2 时对应的代码段
...
```

## 3.2.3 Load/Store 指令的应用

### 1. 链表操作

下面的代码段在链表中搜索与某一数据相等的元素。链表的每个元素包括两个字，第

1 个字中包含一个字节数据；第 2 个字中包含指向下一个链表元素的指针，当这个指针为 0 时，表示链表结束。代码执行前，R0 指向链表的头元素，R1 中存放将要搜索的数据；代码执行后，R0 指向第 1 个匹配的元素，或者当没有匹配元素时，R0 为 0。

```
llsearch
    CMP R0, #0              ; R0 指针是否为空
    LDRNEB R2, [R0]         ; 读取当前元素中的字节数据
    CMPNE R1, R2            ; 判断当前元素中的数据是否为搜索的数据
    LDRNE R0, [R0, #4]      ; 如果不是，指针 R0 指向下一个元素
    BNE llsearch            ; 如果下一个元素存在，跳转到 llsearch 处执行
    MOV PC, LR              ; 搜索完成，程序返回
```

### 2. 简单的串比较

下面的代码段实现比较两个串的大小。代码执行前，R0 指向第 1 个串，R1 指向第 2 个串。代码执行后，R0 中保存比较结果，如果两个串相同，R0 为 0；如果第 1 个串大于第 2 个串，R0 > 0；如果第 1 个串小于第 2 个串，R0 < 1。

```
strcmp
LDRB R2, [R0], #1       ; 从第 1 个串中读取字节数据到 R2 中
LDRB R3, [R1], #1       ; 从第 2 个串中读取字节数据到 R3 中
CMP R2, #0              ; 判断第 1 个串是否已经搜索完了
CMPNE R3, #0            ; 判断第 2 个串是否已经搜索完了
BEQ return              ; 如果任一个串搜索完了，跳转到 return 处
CMP R2, R3              ; 如果两个串均未搜索完，比较两个串中的对应元素
BEQ strcmp              ; 如果两个元素相等，继续比较后面的元素
return
SUB R0, R2, R3          ; 如果两个元素不相等，判断二者的大小关系
MOV PC, LR              ; 程序返回
```

### 3. 长跳转

通过直接向 PC 寄存器中读取字数据，程序可以实现在 4GB 的地址空间的任意跳转，这种跳转叫作长跳转。在下面的代码段中，程序将跳转到子程序 function 处开始执行。子程序执行完毕后，将返回到 return_here 处。

```
ADD LR, PC, #4          ; 将子程序 function 的返回地址设置为当前指令地址后 12 字节处，
                        ; 即 return_here 处
LDR PC, [PC, #-4]       ; 从下一条指令(即 DCD function)中读取跳转的目标地址，这里为
                        ; function
DCD function            ; DCD 伪操作保存跳转的目标地址
return_here             ; 这里是子程序 function 的返回地址
```

### 4. 多路跳转

下面的代码段通过函数地址表实现多路转移。其中，maxindex 为跳转的最大索引号，R0 中为跳转的索引号。

```
CMP R0, #maxindex                  ; 判断索引号是否超出了最大索引号
LDRLO PC, [PC, R0, LSL #2]         ; 如果没有超过，跳转到相应的程序处
B IndexOutOfRange                  ; 如果超过，跳转到错误处理程序处
DCD Handler0                       ; 子程序 0 的地址
DCD Handler1                       ; 子程序 1 的地址
DCD Handler2                       ; 子程序 2 的地址
DCD Handler3                       ; 子程序 3 的地址
...
```

## 3.2.4 批量 Load/Store 指令的应用

### 1. 简单的块复制

下面的代码段实现简单的数据块复制。程序一次将 48 个字数据从 R12 作为首地址的一段连续的内存单元复制到以 R13 作为首地址的一段连续的内存单元中。代码执行前，R12 为源数据区的首地址，R13 为目标数据区的首地址，R14 为源数据区的末地址。

```
loop
LDMIA R12!, {R0-R11}          ; 从源数据区读取 48 个字
STMIA R13!, {R0-R11}          ; 将 48 个字保存到目标数据区
CMP R12, R14                  ; 判断是否到达源数据结尾
BLO loop                      ; 如果没有到达源数据结尾，则循环
```

### 2. 子程序进入和退出时数据的保存和恢复

在调用子程序时，通常利用寄存器 R0～R3 传递参数和返回结果，这几个参数由子程序的调用者来保存，其他的子程序将要用到的寄存器在子程序入口处保存起来，在子程序返回前恢复这些寄存器。下面的代码段是这个过程的示例：

```
function
STMFD R13!, {R4 - R12, R14}      ; 保存所有的本地寄存器、返回地址，并更新栈指针
...
Insert the function body here
...
LDMFD R13!, {R4 - R12, PC}       ; 恢复本地寄存器、PC 寄存器，并更新栈指针
```

## 3.2.5 信号量指令的应用

信号量用于实现对临界区数据访问的同步。下面的代码说明了在 ARM 中如何实现这一过程。代码中用进程标识符来表示各信号量的所有者，代码执行前，进程的标识符保存在 R1 中，信号量的地址保存在 R0 中。当信号量值为 0 时，表示与该信号量相关的临界区可用；当信号量值为–1 时，表示当前有进程正在查看该信号量的值。如果当前进程查看的信号量正忙，当前进程将一直等待该信号量。为了避免当前进程的查询操作阻塞操作系统的进程调度，可以在下一次查询之前完成操作系统中的系统调用，使当前进程休眠一段时间。

```
MVN R2, #0              ; 将(-1)保存到 R2 中
spinin
SWP R3, R2, [R0]        ; 将信号量值读取到 R3 中，同时将其值设置成-1
CMN R3, #1              ; 判断读取到的信号量值是否为-1，即是否有其他进程正在访问该信号量
...
; 如果有其他进程正在访问该信号量，则使当前进程休眠一段时间，以保证操作系统能够进行任务调度
...
BEQ spinin              ; 如果有其他进程正在访问该信号量，跳转到 spinin 处执行，
CMP R3, #0              ; 判断当前信号量是否可用，即内存单元 R0 的值是否为 0，当不为 0
                        ; 时，表示其他的进程正拥有该信号量
STRNE R3, [R0]          ; 这时恢复该信号量的值，即该信号量拥有者的进程标识符
...
; 如果该信号量正被其他进程占用，则使当前进程休眠一段时间，以保证操作系统能够完成任务调度
...
BNE spinin              ; 进程重新尝试获取该信号量
STR R1, [R0]            ; 当前进程得到该信号量，将自己的进程标识符写入内存单元 R0 处
...
; 这里是该信号量所保护的临界区数据
...
spinout
SWP R3, R2, [R0]        ; 将信号量值读取到 R3 中，同时将其值设置成-1
CMN R3, #1              ; 判断读取到的信号量值是否为-1，即是否有其他进程正在访问该信号量
...
; 如果有其他进程正在访问该信号量，则使当前进程休眠一段时间，以保证操作系统能够完成任务调度
...
BEQ spinout             ; 如果有其他进程正在访问该信号量，跳转到 spinin 处执行，
CMP R3, R1              ; 判断是否当前进程拥有该信号量
BNE CorruptSemaphore    ; 如果不是，则系统出现错误
MOV R2, #0              ; 如果系统正常，重新将该信号量设置为可用，即 0
STR R2, [R0]
```

### 3.2.6　与系统相关的一些指令代码段

#### 1. SWI 中断处理程序示例

SWI 指令使处理器切换到特权模式，在特权模式下请求特定的系统服务(这些系统服务通常由操作系统提供)。当 SWI 指令执行时，通常完成以下工作：

```
R14_svc = SWI 指令的下面一条指令的地址(即 SWI 中断处理程序的返回地址)
SPSR_svc = CPSR                       ; 保存当前 CPSR
CPSR[4:0] = 0b10011                   ; 使处理器切换到特权模式
CPSR[5] = 0                           ; 使程序进入 ARM 状态
CPSR[7] = 1                           ; 禁止正常中断响应
if high vectors configured then       ; 程序跳转到相应的中断向量处
   PC = 0xFFFF0008
else
   PC = 0x00000008
```

下面的代码段是 SWI 中断处理程序的基本框架。SWI 中断向量存放在内存单元 0x00000008 处。通常在该地址处放一条跳转指令，其目标地址为下面代码段的首地址。SWI 指令中包含 24 位的立即数，用于指定指令请求的具体 SWI 的服务。对于 Thumb 指令，指令中包含 8 位立即数来指定指令请求的具体 SWI 服务。

SWI 中断处理过程的介绍如下所示。当程序执行到 SWI 指令时，程序跳转到 0x00000008 处执行，由于该处是一条跳转指令，程序接着跳转到下面介绍的代码段的首指令处开始执行。在下面的代码段中，程序保存相关的寄存器，接着提取 SWI 指令中的立即数，以确定 SWI 指令请求的具体服务。对于 ARM 状态和 Thumb 状态，分别得到 24 位和 8 位的立即数。根据得到的立即数，程序跳转到相应的代码处执行。

在下面的代码段中，仅仅保存了寄存器 R0～R3、R12 和 LR(R14)。如果实际代码还用到了其他的寄存器，可以修改代码中的保存和恢复指令中的寄存器列表；也可以在各个具体服务程序中保存各自用到的寄存器。

```
SWIHandler
STMFD sp!, {r0-r3,r12,lr}   ; 保存相关的寄存器
MRS r0, spsr                ; 将 SPSR 内容传送到 R0 中
TST r0, #0x20               ; 判断程序状态是否为 ARM 状态
LDRNEH r0, [lr, #-2]        ; 如果是 Thumb 状态，提取 SWI 指令中相应的 BICNE r0,
r0, #0xff00                 ; 8 位立即数
LDREQ r0, [lr, #-4]         ; 如果是 ARM 状态，提取 SWI 指令中相应的
BICEQ r0, r0, #0xff000000   ; 24 位立即数
CMP r0, #MaxSWI             ; 判断指令请求的服务的序号是否超过合法范围
LDRLS pc, [pc, r0, LSL #2]  ; 如果没有超出合法范围，跳转到相应的服务程序执行
B SWIOutOfRange             ; 如果超出了合法范围，跳转到错误处理程序
Switable                    ; 下面是各服务程序的函数地址表
DCD do_swi_0                ; 该服务对应的 SWI 指令中立即数为 0
DCD do_swi_1                ; 服务程序 do_swi_1 的首地址，该服务对应的 SWI 指令中
                            ; 立即数为 1

...
do_swi_0                    ; 服务程序 do_swi_0 的代码
...
Insert code to handle SWI 0 here
...
LDMFD sp!, {r0-r3,r12,pc}^  ; 从服务程序 do_swi_0 返回
do_swi_1                    ; 服务程序 do_swi_1 的代码
...
```

### 2. IRQ 中断处理程序示例

在 ARM 中，外部中断管理器或外设通过使能 ARM 处理器中的 IRQ 输入管脚产生 IRQ 异常中断。CPSR 寄存器中的 I 控制位设置为 1 时，禁止 ARM 处理器响应 IRQ 中断请求；CPSR 寄存器中的 I 控制位设置为 0 时，ARM 处理器在指令边界处检查是否有 IRQ 中断请求。

ARM 处理器响应 IRQ 中断请求时，完成以下工作：

```
R14_irq = 当前指令地址+8                   ; 保存当前 PC 值
SPSR_irq = CPSR                            ; 保存 CPSR
CPSR[4:0] = 0b10010                        ; 将处理器模式切换到 IRQ 模式
CPSR[5] = 0                                ; 进入 ARM 状态
CPSR[7] = 1                                ; 禁止常规中断
if high vectors configured then            ; 跳转到 IRQ 异常中断的中断向量
    PC = 0xFFFF0018
else
    PC = 0x00000018
```

下面的代码段是 IRQ 中断处理程序的基本框架。通常，IRQ 中断向量存放在内存单元 0x00000018 处。在该地址处放一条跳转指令，其目标地址为下面代码段的首地址。外围中断管理硬件将所有的 IRQ 异常中断请求按优先级排队，并把优先级最高的 IRQ 异常中断的相关信息保存到寄存器中。IRQ 中断处理程序读取这些信息，并跳转到相应的代码处执行。

```
; 保存工作寄存器数据、返回地址和当前程序现场
SUB R14, R14, #4                ; 调整 R14 值，使其指向发生 IRQ 中断的指令的下一条指令
STMFD R13!, {R12, R14}          ; 保存返回地址和相关的寄存器数据，R13 为这里所用的栈的
                                ; 栈指针
MRS R12, SPSR                   ; 保存 SPSR
STMFD R13!, {R12}               ; 读取当前优先级最高的 IRQ 请求的相关信息
MOV R12, #IntBase               ; 读取中断控制器的基地址
LDR R12, [R12, #IntLevel]       ; 读取优先级最高的 IRQ 的中断号(level)IntLevel，为
                                ; 存放优先级最高的 IRQ 的中断号的寄存器的偏移地址修改
                                ; CPSR 中的控制位，重新允许 IRQ 中断
MRS R14, CPSR                   ; 读取 CPSR
BIC R14, R14, #0x80             ; 清除中断禁止位
MSR CPSR_c, R14                 ; 将 R14 的值写入 CPSR
                                ; 跳转到当前 IRQ 对应的中断处理程序
LDR PC, [PC, R12, LSL #2]       ; 跳转到当前 IRQ 对应的中断处理程序
NOP                             ; 插入本指令以保证上面跳转的正确
                                ; 中断处理程序地址表
DCD Priority0Handler            ; Priority0Handler 的地址
DCD Priority1Handler            ; Priority1Handler 的地址
...
Priority0Handler                ; Priority0Handler 程序体
STMFD R13!, {R0 - R11}          ; 保存工作寄存器组
;
; 这里为中断处理程序主体
;
...
MRS R12, CPSR                   ; 修改 CPSR 的相关位，禁止响应中断
ORR R12, R12, #0x80
MSR CPSR_c, R12                 ; 注意这里不要使用 R14，否则发生中断时，R14 的内容会
                                ; 被破坏
LDMFD R13!, {R0-R12}            ; 恢复工作寄存器和 SPSR
```

```
MSR SPSR_cxsf, R12
LDMFD R13!, {R12, PC}^          ; 恢复所有寄存器，并返回
Priority1Handler                ; Priority0Handler 程序体
...
```

### 3. 进程切换

进程是操作系统中任务调度的基本单位。每个进程由一个进程控制块 PCB 来表示，进程控制块 PCB 中包含了进程相关的一些信息。进程间切换就是通过某种方式保存当前进程的 PCB，恢复新进程的 PCB 内容到处理器中。这里介绍的仅仅是一个简单的演示性的例子，通过以下约定会使这个例子简单并且清晰一些。

这里讨论用户模式的进程间切换。切换过程是通过 IRQ 中断处理程序完成的。比如在进程 1 执行到特定时机时，希望切换到进程 2。这时系统产生 IRQ 中断，首先执行常规的中断处理操作，然后判断是返回到被中断的进程 1，还是切换到新的进程 2 执行。这里仅仅讨论用户模式的进程间切换。如果在特权模式下发生了 IRQ 中断，中断处理程序一定返回到被中断的进程。

这里假设 IRQ 中断处理程序仅仅保存寄存器 R0～R3、R12 及 R14；使用 R13 作为栈指针；栈的类型为 FD(Full Descending)；其他寄存器保持不变。在中断处理程序中始终禁止中断，也不进行处理器模式切换。

这里假设进程控制块格式从低地址到高地址依次为下列寄存器：CPSR、返回地址、R0～R14。

下面介绍进程间切换的过程。

(1) 在进入 IRQ 中断处理程序时，首先计算返回地址，并保存相关的寄存器：

```
SUB R14, R14, #4                ;使 R14 指向发生 IRQ 中断的指令的下面一条指令
STMFD R13!, {R0-R3, R12, R14}   ;保存 R0～R3, R12, R14
```

(2) 如果 IRQ 中断处理程序返回到被中断的进程，则执行下面的指令。该指令从数据栈中恢复寄存器 R0～R3 及 R12 的值，将返回地址传送到 PC 中，并将 SPSR_irq 值复制到 CPSR 中。

```
LDMFD R13!, {R0-R3, R12, PC}^
```

(3) 如果 IRQ 切换到新的进程，则要保存被中断的进程的 PCB，然后恢复新进程的 PCB 到处理器中。

```
; 保存被中断的进程的 PCB，该 PCB 存放在 R0 所指向的连续的内存单元中
MRS R12, SPSR                   ; 读取被中断进程的 CPSR
STR R12, [R0], #8               ; 将其保存到 R0 指向的内存单元，并更新 R0 的值
                                ; R0=R0+8
LDMFD R13!, {R2, R3}            ; 读取被中断进程的 R2 和 R3
STMIA R0!, {R2, R3}             ; 将其保存到 R0 指向的内存单元，并更新 R0 值
LDMFD R13!, {R2, R3, R12, R14}  ; 读取栈中其他数据
STR R14, [R0, #-12]             ; 将返回地址值 R14 保存在 PCB 中第 2 个字单元，即
                                ; CPSR 之后
STMIA R0, {R2-R14}^             ; 保存其他所有的寄存器
```

```
; 将新进程的 PCB 中的内容恢复到处理器中，其中 R1 指向进程的 PCB
LDMIA R1!, {R12, R14}          ; 恢复 CPSR 及 R14
MSR SPSR_fsxc, R12
LDMIA R1, {R0-R14}^            ; 恢复 R0～R14
NOP                            ; 因为在用户模式的 LDM 指令后不能立即操作备份
                               ; 寄存器，故插入本指令
MOVS PC, R14                   ; 切换到新进程执行，同时恢复 CPSR
```

## 3.3　Thumb 指令概述

在 ARM 体系结构中，ARM 指令集中的指令是 32 位的，其执行效率极高。对于存储系统数据总线为 16 位的应用系统，ARM 体系提供了 Thumb 指令集。Thumb 指令集是对 ARM 指令集的一个子集进行重新编码而得到的，其指令长度为 16 位。在 ARM 体系的 T 变种(T Variant)的版本中，同时支持 ARM 指令集和 Thumb 指令集，而且遵守一定的调用规则时，Thumb 子程序和 ARM 子程序可以相互调用。

通常在处理器执行 ARM 程序时，称处理器处于 ARM 状态；在处理器执行 Thumb 程序时，称处理器处于 Thumb 状态。注意处理器状态和处理器模式是两个不同的概念。

Thumb 指令集并没有改变 ARM 体系底层的程序设计模型，只是在该模型上增加了一些限制条件。Thumb 指令集中数据处理指令的操作数仍然是 32 位的，指令寻址地址也是 32 位的。

处理器执行 Thumb 指令时，可以使用的整数寄存器通常为 R0～R7，有些指令还用到了程序计数寄存器 PC(R15)、程序返回寄存器 LR(R14)以及栈指针寄存器 SP(R13)。在 Thumb 状态下，读取 R15 寄存器时，位[0]值为 0，位[31:1]包含了程序计数器的值；在向 R15 寄存器写入数据时，位[0]被忽略，位[31:1]被设置成当前程序计数器的值。

Thumb 指令集没有提供访问 CPSR/SPSR 寄存器的指令。处理器根据 CPSR 寄存器中的 T 位来确定指令类型。

- 当 T 位为 0 时，指令为 ARM 指令。
- 当 T 位为 1 时，指令为 Thumb 指令。

关于 ARM 状态和 Thumb 状态的切换以及 ARM 程序与 Thumb 程序的相互调用的方法，将在第 7 章中详细介绍。

在本书中没有详细介绍 Thumb 指令集。这并不是因为 Thumb 指令集不重要，而是因为从功能上来讲，它是 ARM 指令集的子集，在了解 ARM 指令集的基础上很容易理解 Thumb 指令。对于各指令，仅介绍其编码格式、语法格式、执行的操作以及应用方法。

# 第 4 章　ARM 汇编语言程序设计

本章介绍如何编写 ARM 和 Thumb 汇编语言程序，同时介绍 ARM 汇编编译器 armasm 的使用方法。

## 4.1　伪　操　作

ARM 汇编语言源程序中，语句由指令、伪操作和宏指令组成。这里为保持与国内在 IBM PC 汇编语言中对名词翻译的一致性，directive 称为伪操作；同样，在 ARM 中宏指令被称为 pseudo-instruction，宏指令也是通过伪操作定义的。本节介绍伪操作和宏指令。伪操作不像机器指令那样在计算机运行期间由机器执行，它是在汇编程序对源程序汇编期间由汇编程序处理的。宏是一段独立的程序代码。在程序中通过宏指令调用该宏。当程序被汇编时，汇编程序将对每个宏调用进行展开，用宏定义体取代源程序中的宏指令。本节介绍以下类型的 ARM 伪操作和宏指令。

- 符号定义(Symbol Definition)伪操作。
- 数据定义(Data Definition)伪操作。
- 汇编控制(Assembly Control)伪操作。
- 数据帧描述(Frame Description)伪操作。
- 信息报告(Reporting)伪操作。
- 其他(Miscellaneous)伪操作。

### 4.1.1　符号定义伪操作

符号定义(Symbol Definition)伪操作用于定义 ARM 汇编程序中的变量，对变量进行赋值以及定义寄存器名称。主要包括以下几种伪操作。

- GBLA、GBLL 和 GBLS：声明全局变量。
- LCLA、LCLL 和 LCLS：声明局部变量。
- SETA、SETL 和 SETS：给变量赋值。
- RLIST：为通用寄存器列表定义名称。
- CN：为协处理器的寄存器定义名称。
- CP：为协处理器定义名称。
- DN 和 SN：为 VFP 的寄存器定义名称。
- FN：为 FPA 的浮点寄存器定义名称。

#### 1. GBLA、GBLL 和 GBLS

GBLA、GBLL 及 GBLS 伪操作用于声明一个 ARM 程序中的全局变量，并且对其进行初始化。

- GBLA 伪操作声明一个全局的算术变量，并将其初始化为 0。
- GBLL 伪操作声明一个全局的逻辑变量，并将其初始化为{FALSE}。
- GBLS 伪操作声明一个全局的串变量，并将其初始化成空串""。

**语法格式**

```
<gblx> variable
```

其中：

- <gblx> 是 3 种伪操作——GBLA、GBLL 或者 GBLS 之一。
- variable 是所说明的全局变量的名称，在其作用范围内必须唯一。

**使用说明**

如果用这些伪操作重新声明已经声明过的变量，则变量的值将被初始化成后一次声明语句中的值。

全局变量的作用范围为包含该变量的源程序。

**示例**

```
GBLA objectsize            ; 声明一个全局的算术变量
objectsize SETA 0xff       ; 向该变量赋值
SPACE objectsize           ; 引用该变量

GBLL statusB               ; 声明一个全局的逻辑变量 statusB
statusB SETL {TRUE}        ; 向该变量赋值
```

### 2. LCLA、LCLL 和 LCLS

LCLA、LCLL 和 LCLS 伪操作用于声明一个 ARM 程序中的局部变量，并且对其进行初始化。

- LCLA 伪操作声明一个局部的算术变量，并将其初始化成 0。
- LCLL 伪操作声明一个局部的逻辑变量，并将其初始化成{FALSE}。
- LCLS 伪操作声明一个局部的串变量，并将其初始化成空串""。

**语法格式**

```
<lclx> variable
```

其中：

- <lclx>是 3 种伪操作——LCLA、LCLL 或者 LCLS 之一。
- variable 是所说明的局部变量的名称。在其作用范围内必须唯一。

**使用说明**

如果用这些伪操作重新声明已经声明过的变量，则变量的值将被初始化成后一次声明语句中的值。

局部变量的作用范围为包含该局部变量的宏代码的一个实例。

示例

```
MACRO                               ; 声明一个宏
$label  message $a                  ; 宏的原型
LCLS err                            ; 声明一个局部串变量 err
err SETS "error no: "               ; 向该变量赋值
$label                              ; 代码
INFO 0, "err":CC::STR:$a            ; 使用该串变量
MEND                                ; 宏定义结束
```

### 3. SETA、SETL 和 SETS

SETA、SETL 和 SETS 伪操作用于给一个 ARM 程序中的变量赋值。

- SETA 伪操作给一个算术变量赋值。
- SETL 伪操作给一个逻辑变量赋值。
- SETS 伪操作给一个串变量赋值。

**语法格式**

```
<setx> variable expr
```

其中：

- <setx>是 3 种伪操作——SETA、SETL 或者 SETS 之一。
- variable 是使用 GBLA、GBLL、GBLS、LCLA、LCLL 或 LCLS 说明的变量的名称，在其作用范围内必须唯一。
- expr 为表达式，即赋予变量的值。

**使用说明**

在向变量赋值前，必须先声明该变量。

**示例**

```
GBLA objectsize               ; 声明一个全局的算术变量
objectsize SETA 0xff          ; 向该变量赋值
SPACE objectsize              ; 引用该变量
GBLL statusB                  ; 声明一个全局的逻辑变量 statusB
statusB SETL {TRUE}           ; 向该变量赋值
```

### 4. RLIST

RLIST 伪操作用于为一个通用寄存器列表定义名称。

**语法格式**

```
name RLIST {list-of-registers}
```

其中：

- name 是寄存器列表的名称。
- {list-of-registers}为通用寄存器列表。

**使用说明**

RLIST 伪操作用于给一个通用寄存器列表定义名称。定义的名称可以在 LDM/STM 指令中使用。

在 LDM/STM 指令中，寄存器列表中的寄存器的访问次序总是先访问编号较低的寄存器，再访问编号较高的寄存器，而不管寄存器列表中各寄存器的排列顺序。

**示例**

```
Context RLIST {r0-r6,r8,r10-r12,r15}  ; 将寄存器列表名称定义为Context
```

### 5. CN

CN 伪操作用来为一个协处理器的寄存器定义名称。

**语法格式**

```
name CN expr
```

其中：

- name 是该寄存器的名称。
- expr 为协处理器的寄存器编号，其数值范围为 0～15。

**使用说明**

CN 伪操作用于给一个协处理器的寄存器定义名称。该操作方便程序员记忆该寄存器的功能。

**示例**

```
Power CN 6          ; 将协处理器的寄存器 6 的名称定义为 Power
```

### 6. CP

CP 伪操作用来为一个协处理器定义名称。

**语法格式**

```
name CP expr
```

其中：

- name 是该协处理器的名称。
- expr 为协处理器的编号，其数值范围为 0～15。

**使用说明**

CP 伪操作用于给一个协处理器定义名称，方便程序员记忆该协处理器的功能。

**示例**

```
Dmu CP 6  ; 将协处理器 6 的名称定义为 Dmu
```

7. DN 和 SN

- DN 伪操作用来为一个双精度的 VFP 寄存器定义名称。
- SN 伪操作用来为一个单精度的 VFP 寄存器定义名称。

**语法格式**

```
name DN expr
name SN expr
```

其中：

- name 是该 VFP 寄存器的名称。
- expr 为 VFP 双精度寄存器编号(0～15)或者 VFP 单精度寄存器编号(0～31)。

**使用说明**

DN 和 SN 伪操作用于给一个 VFP 寄存器定义名称，这样可方便程序员记忆该寄存器的功能。

**示例**

```
height DN 6  ; 将 VFP 双精度寄存器 6 的名称定义为 height
width SN 16  ; 将 VFP 单精度寄存器 16 的名称定义为 width
```

8. FN

FN 伪操作用来为一个 FPA 浮点寄存器定义名称。

**语法格式**

```
name FN expr
```

其中：

- name 是该浮点寄存器的名称。
- expr 为浮点寄存器的编号，其数值范围为 0～7。

**使用说明**

FN 伪操作用于给一个浮点寄存器定义名称，方便程序员记忆该浮点寄存器的功能。

**示例**

```
Height FN 6  ; 将浮点寄存器 6 的名称定义为 Height
```

### 4.1.2 数据定义伪操作

数据定义(Data Definition)伪操作包括以下几个具体的伪操作。

- LTORG：声明一个数据缓冲池(Literal Pool)的开始。
- MAP：定义一个结构化的内存表(Storage Map)的首地址。
- FIELD：定义结构化的内存表中的一个数据域(Field)。
- SPACE：分配一块内存单元，并用 0 初始化。

- DCB：分配一段字节内存单元，并用指定的数据初始化。
- DCD 和 DCDU：分配一段字内存单元，并用指定的数据初始化。
- DCDO：分配一段字内存单元，并将各单元的内容初始化成该单元相对于静态基值寄存器的偏移量。
- DCFD 和 DCFDU：分配一段双字内存单元，并用双精度的浮点数据初始化。
- DCFS 和 DCFSU：分配一段字内存单元，并用单精度的浮点数据初始化。
- DCI：分配一段字节的内存单元，用指定的数据初始化，指定内存单元中存放的是代码，而不是数据。
- DCQ 和 DCQU：分配一段双字内存单元，并用 64 位的整数数据初始化。
- DCW 和 DCWU：分配一段半字内存单元，并用指定的数据初始化。
- DATA：在代码段中使用数据。现已不再使用，仅用于保持向前兼容。

### 1. LTORG

LTORG 用于声明一个数据缓冲池(Literal Pool)的开始。

**语法格式**

```
LTORG
```

**使用说明**

通常，ARM 汇编编译器把数据缓冲池放在代码段的最后面，即下一个代码段开始之前，或者 END 伪操作之前。

当程序中使用 LDFD 之类的指令时，数据缓冲池的使用可能会越界。这时可以使用 LTORG 伪操作定义数据缓冲池，以防止越界发生。通常，长的代码段可以使用多个数据缓冲池。

LTORG 伪操作通常放在无条件跳转指令之后，或者子程序返回指令之后，这样处理器就不会错误地将数据缓冲池中的数据当作指令来执行了。

**示例**

```
AREA Example, CODE, READONLY
start BL func1
func1                    ; 子程序
; code
LDR r1,=0x55555555       ; => LDR R1, [pc, #offset to Literal Pool 1]
; code
MOV pc,lr                ; 子程序结束
LTORG                    ; 定义数据缓冲池 &55555555
data    SPACE 4200       ; 从当前位置开始分配 4200 字节的内存单元
END                      ; 默认的数据缓冲池为空
```

### 2. MAP

MAP 用于定义一个结构化的内存表(Storage Map)的首地址。此时，内存表的位置计数器{VAR}设置成该地址值。“^”是 MAP 的同义词。

语法格式

```
MAP expr{,base-register}
```

其中的符号及参数说明如下。

- expr 为数字表达式或者是程序中的标号。当指令中没有 base-register 时，expr 即为结构化内存表的首地址。此时，内存表的位置计数器{VAR}设置成该地址值。当 expr 为程序中的标号时，该标号必须是已经定义过的。
- base-register 为一个寄存器。当指令中包含这一项时，结构化内存表的首地址为 expr 和 base-register 寄存器值的和。

使用说明

MAP 伪操作和 FIELD 伪操作配合使用，来定义结构化的内存表结构。具体使用方法在 FIELD 中将有详细介绍。

示例

```
MAP 0x80,R9                  ；内存表的首地址为 R9+0x80
```

### 3. FIELD

FIELD 用于定义一个结构化内存表中的数据域。“#”是 FIELD 的同义词。

语法格式

```
{label} FIELD expr
```

其中的符号及参数说明如下。

- {label}为可选项。当指令中包含这一项时，label 的值为当前内存表的位置计数器{VAR}的值。汇编编译器处理了这条 FIELD 伪操作后，内存表计数器的值将加上 expr。
- expr 表示本数据域在内存表中所占的字节数。

使用说明

MAP 伪操作和 FIELD 伪操作配合使用，来定义结构化的内存表结构。MAP 伪操作定义内存表的首地址；FIELD 伪操作定义内存表中各数据域的字节长度，并可以为每一个数据域指定一个标号，其他指令可以引用该标号。

MAP 伪操作中的 base-register 寄存器值对于其后所有的 FIELD 伪操作定义的数据域是默认使用的，直至遇到新的包含 base-register 项的 MAP 伪操作。

MAP 伪操作和 FIELD 伪操作仅仅是定义数据结构，它们并不实际分配内存单元。

示例

**【例 1】** 下面的伪操作序列定义一个内存表，其首地址为固定地址 4096(0x1000)，该内存表中包含 5 个数据域：consta 的长度为 4 个字节；constb 的长度为 4 个字节；x 的长度为 8 个字节；y 的长度为 8 个字节；string 的长度为 256 个字节。这种内存表称为基于绝对地址的内存表。

```
MAP 4096                        ; 内存表的首地址为 4096(0x1000)
consta   FIELD   4              ; consta 的长度为 4 个字节，相对位置为 0
constb   FIELD   4              ; constb 的长度为 4 个字节，相对位置为 5000
x        FIELD   8              ; x 的长度为 8 个字节，相对位置为 5004
y        FIELD   8              ; y 的长度为 8 个字节，相对位置为 5012
string   FIELD   256            ; string 的长度为 256 个字节，相对位置为 5020
```

在指令中可以这样引用内存表中的数据域：

```
LDR   R6,consta
```

上面的指令仅仅可以访问 LDR 指令前面(或后面)4KB 地址范围的数据域。

**【例 2】** 下面的伪操作序列定义一个内存表，其首地址为 0，该内存表中包含 5 个数据域：consta 的长度为 4 个字节；constb 的长度为 4 个字节；x 的长度为 8 个字节；y 的长度为 8 个字节；string 的长度为 256 个字节。这种内存表称为基于相对地址的内存表。

```
MAP 0                           ; 内存表的首地址为 0
consta   FIELD   4              ; consta 的长度为 4 个字节，相对位置为 0
constb   FIELD   4              ; constb 的长度为 4 个字节，相对位置为 4
x        FIELD   8              ; x 的长度为 8 个字节，相对位置为 8
y        FIELD   8              ; y 的长度为 8 个字节，相对位置为 16
string   FIELD   256            ; string 的长度为 256 个字节，相对位置为 24
```

可以通过下面的指令方便地访问地址范围超过 4KB 的数据：

```
MOV R9,#4096
LDR R5,[R9,constb]              ; 将内存表中的数据域 constb 读取到 R5 中
```

在这里，内存表中各数据域的实际内存地址不是基于一个固定的地址，而是基于 LDR 指令执行时 R9 寄存器中的内容。这样，通过上面方法定义的内存表结构可以在程序中有多个实例(通过在 LDR 指令中指定不同的基址寄存器值来实现)。

在 ARM-Thumb 的过程调用标准中，通常用 R9 作为静态基址寄存器。

**【例 3】** 下面的伪操作序列定义一个内存表，其首地址为 0 与 R9 寄存器值的和，该内存表中包含 5 个数据域：consta 的长度为 4 个字节；constb 的长度为 4 个字节；x 的长度为 8 个字节；y 的长度为 8 个字节；string 的长度为 256 个字节。这种内存表称为基于相对地址的内存表。

```
MAP 0, R9                       ; 内存表的首地址为 0 与 R9 寄存器值的和
consta        FIELD   4         ; consta 的长度为 4 个字节，相对位置为 0
constb        FIELD   4         ; constb 的长度为 4 个字节，相对位置为 4
x             FIELD   8         ; x 的长度为 8 个字节，相对位置为 8
y             FIELD   8         ; y 的长度为 8 个字节，相对位置为 16
string        FIELD   256       ; string 的长度为 256 个字节，相对位置为 24
```

可以通过下面的指令方便地访问地址范围超过 4KB 的数据：

```
ADR R9,DATASTART
LDR R5, constb                  ; 相当于 LDR R5,[R9,#4]
```

在这里，内存表中各数据域的实际内存地址不是基于一个固定的地址，而是基于 LDR 指令执行时 R9 寄存器中的内容。这样，通过上面方法定义的内存表结构可以在程序中有多个实例(通过在 LDR 指令前指定不同的基址寄存器 R9 值来实现)。

**【例 4】** 下面的伪操作序列定义一个内存表，其首地址为 PC 寄存器的值，该内存表中包含 5 个数据域：consta 的长度为 4 个字节；constb 的长度为 4 个字节；x 的长度为 8 个字节；y 的长度为 8 个字节；string 的长度为 256 个字节。这种内存表称为基于 PC 的内存表。

```
Datastruc   SPACE   280         ; 分配 280 字节的内存单元
MAP Datastruc                   ; 内存表的首地址为 Datastruc 内存单元
consta      FIELD   4           ; consta 的长度为 4 个字节，相对位置为 0
constb      FIELD   4           ; constb 的长度为 4 个字节，相对位置为 4
x           FIELD   8           ; x 的长度为 8 个字节，相对位置为 8
y           FIELD   8           ; y 的长度为 8 个字节，相对位置为 16
string      FIELD   256         ; string 的长度为 256 个字节，相对位置为 24
```

可以通过下面的指令方便地访问地址范围不超过 4KB 的数据：

```
LDR R5, constb                  ; 相当于 LDR R5, [PC, offset]
```

在这里，内存表中各数据域的实际内存地址不是基于一个固定的地址，而是基于 PC 寄存器的值。这样，在使用 LDR 指令访问内存表中的数据域时，不必使用基址寄存器。

**【例 5】** 当 FIELD 伪操作中的操作数为 0 时，其中的标号即为当前内存单元的地址，由于其中操作数为 0，汇编编译器处理该条伪操作后，内存表的位置计数器的值并不改变。可以利用这种技术来判断当前内存的使用没有超过程序分配的可用内存。

下面的伪操作序列定义一个内存表，其首地址为 PC 寄存器的值，该内存表中包含 5 个数据域：consta 的长度为 4 个字节；constb 的长度为 4 个字节；x 的长度为 8 个字节；y 的长度为 8 个字节；string 的长度为 maxlen 个字节，为防止 maxlen 的取值使得内存使用越界，可以利用 endofstru 监视内存的使用情况，保证其不超过 endofmem。

```
startofmem  EQU     0x1000      ; 分配的内存首地址
endofmem    EQU     0x2000      ; 分配的内存末地址
MAP startofmem                  ; 内存表的首地址为 startofmem 内存单元
consta      FIELD   4           ; consta 的长度为 4 个字节，相对位置为 0
constb      FIELD   4           ; constb 的长度为 4 个字节，相对位置为 4
x           FIELD   8           ; x 的长度为 8 个字节，相对位置为 8
y           FIELD   8           ; y 的长度为 8 个字节，相对位置为 16
string      FIELD   maxlen      ; string 的长度为 maxlen 字节，相对位置为 24
endofstru   FIELD   0
ASSERT  endofstru<=endofmem
```

### 4. SPACE

SPACE 伪操作用于分配一块内存单元，并用 0 初始化。“%”是 SPACE 的同义词。

**语法格式**

```
{label} SPACE expr
```

其中：

- {label}为可选项。
- expr 表示本伪操作分配的内存字节数。

**示例**

```
Datastruc   SPACE   280        ; 分配 280 字节的内存单元，并将内存单元内容初始化成 0
```

### 5. DCB

DCB 伪操作用于分配一段字节内存单元，并用语法格式中的 expr 初始化之。“=”是 DCB 的同义词。

**语法格式**

```
{label} DCB expr{,expr} …
```

其中：

- {label}为可选项。
- expr 可以为–128～255 的数值或者字符串。

**示例**

```
Nullstring   DCB   "Null string",0        ; 构造一个以 NULL 结尾的字符串
```

### 6. DCD 和 DCDU

DCD 伪操作用于分配一段字内存单元(分配的内存都是字对齐的)，并用伪操作中的 expr 来初始化。“&”是 DCD 的同义词。

DCDU 与 DCD 的不同之处在于 DCDU 分配的内存单元并不严格字对齐。

**语法格式**

```
{label} DCD expr{,expr} …
```

其中：

- {label}为可选项。
- expr 可以为数字表达式或者程序中的标号。

**使用说明**

DCD 伪操作可以在分配的第一个内存单元前插入填补字节(Padding)以保证分配的内存是字对齐的。

DCDU 分配的内存单元则不需要字对齐。

**示例**

```
data1 DCD 1,5,20          ; 其值分别为 1、5 和 20
data2 DCD memaddr + 4     ; 分配一个字单元，其值为程序中的标号 memaddr 加 4 个字节
```

### 7. DCDO

DCDO 伪操作用于分配一段字内存单元(分配的内存都是字对齐的)，并将各字单元的内容初始化为 expr 标号基于静态基址寄存器 R9 的偏移量。

**语法格式**

```
{label} DCDO expr{,expr} …
```

其中：

- {label}为可选项。
- expr 可以为数字表达式或者程序中的标号。

**使用说明**

DCDO 伪操作用来为基于静态基址寄存器 R9 的偏移量分配内存单元。

**示例**

```
IMPORT  externsym
DCDO    externsym    ; 32 位的字单元，其值为标号 externsym 基于 R9 的偏移量
```

### 8. DCFD 和 DCFDU

DCFD 用于为双精度的浮点数分配字对齐的内存单元，并将字单元的内容初始化为 fpliteral 表示的双精度浮点数。每个双精度的浮点数占据两个字单元。

DCFD 与 DCFDU 的不同之处在于 DCFDU 分配的内存单元并不严格字对齐。

**语法格式**

```
{label} DCFD{U} fpliteral{,fpliteral} …
```

其中：

- {label}为可选项。
- fpliteral 为双精度的浮点数。

**使用说明**

DCFD 伪操作可能在分配的第一个内存单元前插入填补字节，以保证分配的内存是字对齐的。

DCFDU 分配的内存单元则不需要字对齐。

如何将 fpliteral 转换成内存单元的内部表示形式是由浮点运算单元控制的。

**示例**

```
DCFD        1E308,-4E-100
DCFDU       10000,-.1,3.1E26
```

### 9. DCFS 和 DCFSU

DCFS 伪操作用来为单精度的浮点数分配字内存单元，并将字单元的内容初始化成 fpliteral 表示的单精度浮点数。每个单精度的浮点数占据 1 个字单元。

DCFS 与 DCFSU 的不同之处在于 DCFSU 分配的内存单元并不严格字对齐。

**语法格式**

```
{label} DCFS{U} fpliteral{,fpliteral} …
```

其中：

- {label}为可选项。
- fpliteral 为单精度的浮点数。

**使用说明**

DCFS 伪操作可能在分配的第一个内存单元前插入填补字节，以保证分配的内存是字对齐的。

DCFSU 分配的内存单元则不需要字对齐。

**示例**

```
DCFS        1E3,-4E-9
DCFSU       1.0,-.1,3.1E6
```

### 10. DCI

在 ARM 代码中，DCI 用于分配一段字内存单元(分配的内存都是字对齐的)，并用伪操作中的 expr 将其初始化。

在 Thumb 代码中，DCI 用于分配一段半字内存单元(分配的内存都是半字对齐的)，并用伪操作中的 expr 将其初始化。

**语法格式**

```
{label} DCI expr{,expr} …
```

其中：

- {label}为可选项。
- expr 可以为数字表达式。

**使用说明**

DCI 伪操作和 DCD 伪操作非常类似，不同之处在于 DCI 分配的内存中数据被标识为指令，可用于通过宏指令来定义处理器指令系统不支持的指令。

在 ARM 代码中，DCI 可能在分配的第一个内存单元前插入最多 3 个字节的填补字节以保证分配的内存是字对齐的。在 Thumb 代码中，DCI 可能在分配的第一个内存单元前插入 1 个字节的填补字节以保证分配的内存是半字对齐的。

**示例**

```
MACRO                          ; 这个宏指令将指令 newinst Rd, Rm 定义为相应的机器指令
newinst  $Rd,$Rm
DCI  0xe16f0f10 :OR: ($Rd:SHL:12) :OR: $Rm  ; 这里存放的是指令 MEND
```

### 11. DCQ 及 DCQU

DCQ 伪操作用于分配一段以 8 个字节为单位的内存单元(分配的内存都是字对齐的)，并用语法格式中的 literal 初始化。

DCQU 与 DCQ 的不同之处在于 DCQU 分配的内存单元并不严格字对齐。

**语法格式**

```
{label} DCQ{U} {-}literal{,{-}literal} …
```

其中：

- {label}为可选项。
- literal 为 64 位的数字表达式。其取值范围为 $0 \sim 2^{64}-1$。当在 literal 前加上“-”符号时，literal 的取值范围为 $-2^{63} \sim -1$。在内存中，$2^{64}-n$ 与 $-n$ 具有相同的表达形式。

**使用说明**

DCQ 伪操作可能在分配的第一个内存单元前插入多达 3 个字节的填补字节以保证分配的内存是字对齐的。

DCQU 分配的内存单元则不需要字对齐。

**示例**

```
AREA MiscData, DATA, READWRITE
data DCQ -225,2_101          ; 2_101 指的是二进制的 101
DCQU number+4                ; number 必须是已经定义过的数字表达式
```

### 12. DCW 和 DCWU

DCW 伪操作用于分配一段半字内存单元(分配的内存都是半字对齐的)，并用语法格式中的 expr 初始化。

DCWU 与 DCW 的不同之处在于 DCWU 分配的内存单元并不严格半字对齐。

**语法格式**

```
{label} DCW expr{,expr} …
```

其中：

- {label}为可选项。
- expr 为数字表达式，其取值范围为–32768～65535。

**使用说明**

DCW 伪操作可能在分配的第一个内存单元前插入 1 字节的填补字节以保证分配的内存是半字对齐的。

DCWU 分配的内存单元则不需要半字对齐。

**示例**

```
data1  DCW -235,num1+8
```

### 4.1.3　汇编控制伪操作

汇编控制(Assembly Control)伪操作包括以下几个伪操作。

- IF、ELSE 和 ENDIF
- WHILE 和 WEND
- MACRO 和 MEND
- MEXIT

#### 1. IF、ELSE 和 ENDIF

IF、ELSE 和 ENDIF 伪操作能够根据条件把一段源代码包括在汇编语言程序内或者将其排除在程序之外。“[”是 IF 伪操作的同义词，“|”是 ELSE 伪操作的同义词，“]”是 ENDIF 伪操作的同义词。

**语法格式**

```
IF logical expression
   instructions or directives
ELSE
{
   instructions or directives
}
ENDIF
```

其中，ELSE 伪操作为可选项。

**使用说明**

IF、ELSE 和 ENDIF 伪操作可以嵌套使用。

**示例**

```
IF Version = "1.0"
; 指令
; 伪指令
ELSE
; 指令
; 伪指令
ENDIF
```

#### 2. WHILE 和 WEND

WHILE 和 WEND 伪操作能够根据条件重复汇编相同的或者几乎相同的一段源代码。

**语法格式**

```
WHILE logical expression
   instructions or directives
WEND
```

**使用说明**

WHILE 和 WEND 伪操作可以嵌套使用。

**示例**

```
Count SETA 1                ; 设置循环计数变量 count 初始值为 1
WHILE count <= 4            ; 由 count 控制循环执行的次数
count   SETA count+1        ; 将循环计数变量加 1
; code                      ; 代码
WEND
```

### 3. MACRO 和 MEND

MACRO 伪操作标识宏定义的开始，MEND 标识宏定义的结束。用 MACRO 与 MEND 定义的一段代码，称为宏定义体，这样，在程序中就可以通过宏指令多次调用该代码段了。

**语法格式**

```
MACRO
{$label} macroname {$parameter{,$parameter}…}
; code
...
; code
MEND
```

其中的符号及参数说明如下。

- $label 在宏指令被展开时，label 可被替换成相应的符号，通常是一个标号。在一个符号前使用“$”表示程序被汇编时将使用相应的值来替代“$”后的符号。
- macroname 为所定义的宏的名称。
- $parameter 为宏指令的参数。当宏指令被展开时，将被替换成相应的值，类似于函数中的形式参数。可以在宏定义时为参数指定相应的默认值。

**使用说明**

使用子程序可以节省存储空间及设计程序所花费的时间，可以提供模块化的程序设计，可以使程序的调试和维护简单。但是，使用子程序也有一些缺点，例如，使用子程序时要保存和恢复相关的寄存器及子程序现场，这些增加了额外的开销。在子程序比较短，而需要传递的参数比较多的情况下，可以使用宏汇编技术。

首先使用 MACRO 和 MEND 等伪操作定义宏。包含在 MACRO…MEND 之间的代码段称为宏定义体。在 MACRO 伪操作之后的一行声明宏的原型，其中包含了该宏定义的名称，以及需要的参数。在汇编程序中，可以通过该宏定义的名称来调用它。当源程序被汇编时，汇编编译器将展开每个宏调用，用宏定义体代替源程序中的宏定义的名称，并用实际的参数值代替宏定义时的形式参数。

宏定义中的$label 是一个可选参数。当宏定义体中用到多个标号时，可以使用类似$label.$internallabel 的标号命名规则使程序易读。下面的例 1 说明了这种用法。

对于 ARM 程序中的局部变量来说，如果该变量在宏定义中被定义，在其作用范围即为该宏定义体。

宏定义可以嵌套。

示例

**【例 1】** 在下面的例子中，宏定义体包括两个循环操作和一个子程序调用。

```
MACRO                           ; 宏定义开始
$label xmac $p1,$p2             ; 宏的名称为 xmac，有两个参数：$p1、$p2
                                ; 宏的标号$label 可用于构造宏定义体内的其他标号名称
; code
$label.loop1    ; code          ; $label.loop1 为宏定义体的内部标号
; code
BGE $label.loop1
$label.loop2    ; code          ; $label.loop2 为宏定义体的内部标号
BL $p1                          ; 参数$p1 为一个子程序的名称
BGT $label.loop2
; code
ADR $p2
; code
MEND                            ; 宏定义结束

; 在程序中调用该宏
abc xmac subr1,de               ; 通过宏的名称 xmac 调用宏，其中宏的标号为 abc，
                                ; 参数 1 为 subr1，参数 2 为 de

; 程序被汇编后，宏展开的结果
; code
abcloop1 ; code                 ; 用标号$label 实际值 abc 代替$label 构成标号 abcloop1
; code
BGE abcloop1
abcloop2 ; code
BL subr1                        ; 参数 1 的实际值为 subr1
BGT abcloop2
; code
ADR de                          ; 参数 2 的实际值为 de
```

**【例 2】** 在 ARM 中完成测试-跳转操作需要两条指令，下面定义一条宏指令完成测试-跳转操作。

```
MACRO                                      ; 宏定义开始
$label  TestAndBranch $dest, $reg, $cc     ; 宏的名称为 TestAndBranch ，有 3 个参
                                           ; 数：$dest、$reg、$cc。$dest 为跳转
                                           ; 的目标地址，$reg 为测试的寄存器，$cc
                                           ; 为测试的条件。宏的标号$label 可用于
                                           ; 构造宏定义体内的其他标号名称
$label  CMP $reg, #0
B$cc $dest
```

```
MEND

; 在程序中调用该宏
test    TestAndBranch NonZero, r0, NE     ; 通过宏的名称 TestAndBranch 调用宏，
                                          ; 其中宏的标号为test，参数1为NonZero，
                                          ; 参数2为r0，参数3为NE

…
NonZero

; 程序被汇编后，宏展开的结果
test    CMP r0, #0
BNE NonZero
…
NonZero
```

4. MEXIT

MEXIT 用于从宏中跳转出去。

语法格式

```
MEXIT
```

示例

```
MACRO
$abc macroabc $param1,$param2
; code
WHILE condition1
; code
IF condition2
; code
MEXIT                    ; 从宏中跳转出去
ELSE
; code
ENDIF
WEND
; code
MEND
```

### 4.1.4 数据帧描述伪操作

栈中数据帧描述(Frame Description)伪操作主要用于调试，这里不介绍这部分内容，感兴趣的读者可以参考 ARM 的相关资料。

### 4.1.5 信息报告伪操作

信息报告(Reporting)伪操作包括以下几个伪操作。

- ASSERT
- INFO
- OPT
- TTL 及 SUBT

### 1. ASSERT

在汇编编译器对汇编程序的第二遍扫描中，如果其中的条件不成立，ASSERT 伪操作将报告该错误信息。

**语法格式**

```
ASSERT logical expression
```

其中，logical expression 为一个逻辑表达式。

**使用说明**

ASSERT 伪操作用于保证源程序被汇编时满足相关的条件，如果条件不满足，ASSERT 伪操作报告错误类型，并终止汇编。

**示例**

```
ASSERT a>0x10          ; 测试 a>0x10 条件是否满足
```

### 2. INFO

INFO 伪操作支持在汇编处理过程的第一遍扫描或者第二遍扫描时报告诊断信息。

**语法格式**

```
INFO numeric-expression,string-expression
```

其中：

- numeric-expression 为一个数字表达式。
- string-expression 为一个串表达式。

如果 numeric-expression 的值为 0，则在汇编处理中，第二遍扫描时，伪操作打印 string-expression；如果 numeric-expression 的值不为 0，则在汇编处理中，第一遍扫描时，伪操作打印 string-expression，并终止汇编。

**使用说明**

INFO 伪操作用于用户自定义的错误信息。

**示例**

```
INFO     0, "Version 1.0"            ; 在第二遍扫描时，报告版本信息
IF endofdata <= label1
INFO 4, "Data overrun at label1"     ; 如果 endofdata <= label1 成立，在第一遍
                                     ; 扫描时报告错误信息，并终止汇编
ENDIF
```

### 3. OPT

通过 OPT 伪操作，可以在源程序中设置列表选项。

**语法格式**

```
OPT  n
```

其中，*n* 为所设置的选项编码。具体含义如表 4.1 所示。

表 4.1 OPT 伪操作选项编码

| 选项编码 | 含　义 |
|---|---|
| 1 | 设置常规列表选项 |
| 2 | 关闭常规列表选项 |
| 4 | 设置分页符，在新的一页开始显示 |
| 8 | 将行号重新设置为 0 |
| 16 | 设置选项，显示 SET、GBL、LCL 伪操作 |
| 32 | 设置选项，不显示 SET、GBL、LCL 伪操作 |
| 64 | 设置选项，显示宏展开 |
| 128 | 设置选项，不显示宏展开 |
| 256 | 设置选项，显示宏调用 |
| 512 | 设置选项，不显示宏调用 |
| 1024 | 设置选项，显示第一遍扫描列表 |
| 2048 | 设置选项，不显示第一遍扫描列表 |
| 4096 | 设置选项，显示条件汇编伪操作 |
| 8192 | 设置选项，不显示条件汇编伪操作 |
| 16384 | 设置选项，显示 MEND 伪操作 |
| 32768 | 设置选项，不显示 MEND 伪操作 |

**使用说明**

使用编译选项-list 将使编译器产生列表文件。

默认情况下，-list 选项生成常规的列表文件，包括变量声明、宏展开、条件汇编伪操作以及 MEND 伪操作，而且列表文件只是在第二遍扫描时给出。通过 OPT 伪操作，可以在源程序中改变默认的选项。

**示例**

在 func1 前插入“OPT 4”伪操作，func1 将在新的一页中显示：

```
AREA Example, CODE, READONLY
start   ; code
; code
BL func1
```

```
; code
OPT 4          ; places a page break before func1
func1          ; code
```

4. TTL 及 SUBT

TTL 伪操作在列表文件的每一页开头插入一个标题。该 TTL 伪操作将作用在其后的每一页，直到遇到新的 TTL 伪操作。

SUBT 伪操作在列表文件的每一页开头插入一个子标题。该 SUBT 伪操作将作用在其后的每一页，直到遇到新的 SUBT 伪操作。

**语法格式**

```
TTL title
SUBT subtitle
```

其中，title 为标题，subtitle 为子标题。

**使用说明**

TTL 伪操作在列表文件的页顶部显示一个标题。如果要在列表文件的第一页显示标题，TTL 伪操作要放在源程序的第一行。

当使用 TTL 伪操作改变页标题时，新的标题将在下一页开始起作用。

SUBT 伪操作在列表文件的页标题的下面显示一个子标题。如果要在列表文件的第一页显示子标题，SUBT 伪操作要放在源程序的第一行。

当使用 SUBT 伪操作改变页标题时，新的标题将在下一页开始起作用。

**示例**

```
TTL First Title           ; 在列表文件的第一页及后面的各页显示标题
SUBT First Subtitle       ; 在列表文件的第二页及后面的各页显示标题
```

### 4.1.6　其他的伪操作

一些杂类的伪操作如下：

- CODE16 及 CODE32
- EQU
- AREA
- ENTRY
- END
- ALIGN
- EXPORT 及 GLOBAL
- IMPORT
- EXTERN
- GET 及 INCLUDE
- INCBIN

- KEEP
- NOFP
- REQUIRE
- REQUIRE8 及 PRESERVE8
- RN
- ROUT

### 1. CODE16 及 CODE32

CODE16 伪操作告诉汇编编译器后面的指令序列为 16 位的 Thumb 指令。

CODE32 伪操作告诉汇编编译器后面的指令序列为 32 位的 ARM 指令。

**语法格式**

```
CODE16
CODE32
```

**使用说明**

当汇编源程序中同时包含 ARM 指令和 Thumb 指令时，使用 CODE16 伪操作告诉汇编编译器后面的指令序列为 16 位的 Thumb 指令；使用 CODE32 伪操作告诉汇编编译器后面的指令序列为 32 位的 ARM 指令。但是，CODE16 伪操作和 CODE32 伪操作只是告诉编译器后面指令的类型，该伪操作本身并不进行程序状态的切换。

**示例**

在下面的例子中，程序先在 ARM 状态下执行，然后通过 BX 指令切换到 Thumb 状态，并跳转到相应的 Thumb 指令处执行。在 Thumb 程序入口处用 CODE16 伪操作标识下面的指令为 Thumb 指令。

```
AREA ChangeState, CODE, READONLY
CODE32                         ; 指示下面的指令为 ARM 指令
LDR r0,=start+1
BX r0                          ; 切换到 Thumb 状态，并跳转到 start 处执行

CODE16                         ; 指示下面的指令为 Thumb 指令
start MOV r1,#10
```

### 2. EQU

EQU 伪操作为数字常量、基于寄存器的值和程序中的标号(基于 PC 的值)定义一个字符名称。“*”是 EQU 的同义词。

**语法格式**

```
name EQU expr{, type}
```

其中：

- expr 为基于寄存器的地址值、程序中的标号、32 位的地址常量或者 32 位的常量。
- name 为 EQU 伪操作给 expr 定义的字符名称。

- 当 expr 为 32 位常量时，可以使用 type 指示 expr 表示的数据的类型。type 有下面 3 种取值。
  - CODE16
  - CODE32
  - DATA

**使用说明**

EQU 伪操作的作用类似于 C 语言中的#define，用于为一个常量定义字符名称。

**示例**

```
abcd EQU 2                ; 定义 abcd 符号的值为 2
abcd EQU label+16         ; 定义 abcd 符号的值(label+16)
addr1 EQU 0x1C, CODE32    ; 定义 addr1 符号的值为绝对地址 0x1C，而且该处为 ARM 指令
```

### 3. AREA

AREA 伪操作用于定义一个代码段或者数据段。

**语法格式**

```
AREA sectionname{,attr}{,attr}...
```

其中的符号及参数说明如下。

- sectionname 为所定义的代码段或者数据段的名称。如果该名称是以数字开头的，则该名称必须用“|”括起来，如|1_datasec|。还有一些代码段具有约定的名称，例如，|.text|表示 C 语言编译器产生的代码段或者是与 C 语言库相关的代码段。
- attr 是该代码段(或者程序段)的属性。在 AREA 伪操作中，各属性间用逗号隔开。下面列举所有可能的属性。
  - ALIGN=expression：默认情况下，ELF 的代码段和数据段是 4 字节对齐的。expression 可以取 0～31 的数值，相应的对齐方式为 $2^{expression}$ 字节对齐。如 expression=3 时为 8 字节对齐。
  - ASSOC=section：指定与本段相关的 ELF 段。任何时候连接 section 段也必须包括 sectionname 段。
  - CODE：定义代码段　默认属性为 READONLY。
  - COMDEF：定义一个通用的段。该段可以包含代码或者数据。在各源文件中，同名的 COMDEF 段必须相同。
  - COMMON：定义一个通用的段。该段不包含任何用户代码和数据，连接器将其初始化为 0。各源文件中同名的 COMMON 段公用同样的内存单元，连接器为其分配合适的尺寸。
  - DATA：定义数据段。默认属性为 READWRITE。
  - NOINIT：指定本数据段仅仅保留了内存单元，而没有将各初始值写入内存单元，或者将各内存单元值初始化为 0。
  - READONLY：指定本段为只读，代码段的默认属性为 READONLY。

◆ READWRITE：指定本段为可读可写，是数据段的默认属性。

**使用说明**

通常可以用 AREA 伪操作将程序分为多个 ELF 格式的段。段名称可以相同，这时这些同名的段被放在同一个 ELF 段中。

一个长的程序可以包括多个代码段和数据段。一个汇编程序至少包含一个段。

**示例**

下面的伪操作定义了一个代码段，代码段的名称为 Example，属性为 READONLY。

```
AREA Example,CODE,READONLY
; code
```

### 4. ENTRY

ENTRY 伪操作指定程序的入口点。

**语法格式**

```
ENTRY
```

**使用说明**

一个程序(可以包含多个源文件)中至少要有一个 ENTRY(可以有多个 ENTRY)，但一个源文件中最多只能有一个 ENTRY(可以没有 ENTRY)。

**示例**

```
AREA example CODE, READONLY
ENTRY                                  ; 应用程序的入口点
```

### 5. END

END 伪操作告诉编译器已经到了源程序结尾。

**语法格式**

```
END
```

**使用说明**

每一个汇编源程序都包含 END 伪操作，以告诉本源程序的结束。

**示例**

```
AREA example CODE, READONLY
…
END
```

### 6. ALIGN

ALIGN 伪操作通过添加补丁字节使当前位置满足一定的对齐方式。

### 语法格式

```
ALIGN {expr{,offset}}
```

其中：

- expr 为数字表达式，用于指定对齐方式，可能的取值为 2 的 *n* 次幂，如 1、2、4、8 等。如果伪操作中没有指定 expr，则当前位置对齐到下一个字边界处。
- offset 为数字表达式。

### 使用说明

下面的情况中，需要特定的地址对齐方式。

- Thumb 的宏指令 ADR 要求地址是字对齐的，而 Thumb 代码中地址标号可能不是字对齐的。这时，就要使用伪操作 ALIGN 4 使 Thumb 代码中的地址标号字对齐。
- 由于有些 ARM 处理器的 Cache 采用了其他对齐方式，如 16 字节的对齐方式，这时，使用 ALIGN 伪操作指定合适的对齐方式可以充分发挥该 Cache 的性能优势。
- LDRD 及 STRD 指令要求内存单元是 8 字节对齐的。这样在为 LDRD/STRD 指令分配内存单元前，要使用 ALIGN 8 实现 8 字节对齐方式。
- 通常地址标号自身没有对齐要求。而在 ARM 代码中要求地址标号是字对齐的，在 Thumb 代码中则要求字节对齐。这样，就需要使用合适的 ALIGN 伪操作来调整对齐方式。

### 示例

**【例 1】** 在 AREA 伪操作中的 ALIGN 与 ALIGN 伪操作中的 expr 含义是不同的。

```
AREA cacheable, CODE, ALIGN=3   ; 指定下面的指令是 3 字节对齐的
rout1       ; code
; code
MOV pc,lr                       ; 程序跳转后变成 4 字节对齐的
ALIGN 8                         ; 指定下面的指令是 8 字节对齐的
rout2       ; code
```

**【例 2】** 将两个字节数据放在同一个字的第一个字节和第 4 个字节中。

```
AREA    OffsetExample, CODE
DCB     1
ALIGN   4,3
DCB     1
```

**【例 3】** 在下面的例子中，通过 ALIGN 伪操作使程序中的地址标号字对齐。

```
AREA Example, CODE, READONLY
start   LDR r6,=label1
; code
MOV pc,lr
label1  DCB 1           ; 本伪操作使字对齐被破坏
ALIGN                   ; 重新使数据字对齐
subroutine1
MOV r5,#0x5
```

### 7. EXPORT 及 GLOBAL

EXPRORT 声明一个符号可以被其他文件引用。相当于声明了一个全局变量。GLOBAL 是 EXPORT 的同义词。

**语法格式**

```
EXPORT symbol{[WEAK]}
```

其中：

- symbol 为声明的符号的名称，它是区分大小写的。
- [WEAK]选项声明其他的同名符号优先于本符号被引用。

**使用说明**

使用 EXPORT 伪操作，可以声明一个源文件中的符号，使得该符号能够被其他源文件引用。

**示例**

```
AREA  Example,CODE,READONLY
EXPORT  DoAdd                    ; 下面的函数名称 DoAdd 可以被其他源文件引用
DoAdd  ADD r0,r0,r1
```

### 8. IMPORT

IMPORT 伪操作告诉编译器当前的符号不是在本源文件中定义的，而是在其他源文件中定义的，在本源文件中可能引用该符号，而且不论本源文件是否实际引用该符号，该符号都将被加入本源文件的符号表中。

**语法格式**

```
IMPORT symbol{[WEAK]}
```

其中：

- symbol 为声明的符号的名称，它是区分大小写的。
- 指定[WEAK]选项后，如果 symbol 在所有的源文件中都没有被定义，编译器也不会产生任何错误信息，同时编译器也不会到当前没有被包含进来的库中去查找该符号。

**使用说明**

使用 IMPORT 伪操作声明一个符号是在其他源文件中定义的。如果连接器在连接处理时不能解析该符号，而 IMPORT 伪操作中没有指定[WEAK]选项，则连接器将会报告错误。如果连接器在连接处理时不能解析该符号，而 IMPORT 伪操作中指定了[WEAK]选项，则连接器将不会报告错误，而是进行下面的操作。

- 如果该符号被 B 或者 BL 指令引用，则该符号被设置成下一条指令的地址，该 B 或者 BL 指令相当于一条 NOP 指令。
- 其他情况下，该符号被设置为 0。

### 9. EXTERN

EXTERN 伪操作告诉编译器当前的符号不是在本源文件中定义的，而是在其他源文件中定义的，在本源文件中可能引用该符号。如果本源文件实际没有引用该符号，则该符号将不会被加入本源文件的符号表中。

**语法格式**

```
EXTERN symbol{[WEAK]}
```

其中：

- symbol 为声明的符号的名称，它是区分大小写的。
- 指定[WEAK]选项后，如果 symbol 在所有的源文件中都没有被定义，编译器也不会产生任何错误信息，同时，编译器也不会到当前没有被包含进来的库中去查找该符号。

**使用说明**

使用 EXTERN 伪操作可以声明一个符号是在其他源文件中定义的。如果连接器在连接处理时不能解析该符号，而 EXTERN 伪操作中没有指定[WEAK]选项，则连接器将会报告错误。如果连接器在连接处理时不能解析该符号，而 EXTERN 伪操作中指定了[WEAK]选项，则连接器将不会报告错误，而是进行下面的操作。

- 如果该符号被 B 或者 BL 指令引用，则该符号被设置成下一条指令的地址，该 B 或者 BL 指令相当于一条 NOP 指令。
- 其他情况下，该符号被设置为 0。

**示例**

下面的代码测试是否连接了 C++库，并根据结果执行不同的代码：

```
AREA Example, CODE, READONLY
EXTERN  __CPP_INITIALIZE[WEAK]    ; 如果连接了 C++库，则读取函数__CPP_INITIALIZE
                                  ; 的地址
LDR  r0,__CPP_INITIALIZE
CMP  r0,#0 ; Test if zero.
BEQ  nocplusplus                  ; 如果没有连接 C++库，则跳转到 nocplusplus
```

### 10. GET 及 INCLUDE

GET 伪操作将一个源文件包含到当前源文件中，并将被包含的文件在其当前位置进行汇编处理。INCLUDE 是 GET 的同义词。

**语法格式**

```
GET filename
```

其中，filename 为被包含的源文件的名称，这里可以使用路径信息。

**使用说明**

通常可以在一个源文件中定义宏，用 EQU 定义常量的符号名称，用 MAP 和 FIELD

定义结构化的数据类型，这样的源文件类似于 C 语言中的.H 文件。然后用 GET 伪操作将这个源文件包含到它们的源文件中，类似于在 C 源程序中的“include *.h”。

编译器通常在当前目录中查找被包含的源文件。可以使用编译选项-I 添加其他的查找目录。同时，被包含的源文件中也可以使用 GET 伪操作，即 GET 伪操作可以嵌套使用。如在源文件 A 中包含了源文件 B，而在源文件 B 中包含了源文件 C。编译器在查找 C 源文件时将把源文件 B 所在的目录作为当前目录。

GET 伪操作不能用来包含目标文件。包含目标文件需要使用 INCBIN 伪操作。

示例

```
AREA Example, CODE, READONLY
GET file1.s                        ; 包含源文件 file1.s
GET c:\project\file2.s             ; 包含源文件 file2.s，可以包含路径信息
GET c:\Program files\file3.s       ; 包含源文件 file3.s，路径信息中可以包含空格
```

### 11. INCBIN

INCBIN 伪操作将一个文件包含到(INCLUDE)当前源文件中，被包含的文件不进行汇编处理。

语法格式

```
INCBIN filename
```

其中，filename 为被包含的文件的名称，这里可以使用路径信息。

使用说明

通常可以使用 INCBIN 将一个执行文件或者任意的数据包含到当前文件中。被包含的执行文件或数据将被原封不动地放到当前文件中。编译器从 INCBIN 伪操作后面开始继续处理。

编译器通常在当前目录中查找被包含的源文件。可以使用编译选项-I 添加其他的查找目录。同时，被包含的源文件中也可以使用 GET 伪操作，即 GET 伪操作可以嵌套使用。如在源文件 A 中包含了源文件 B，而在源文件 B 中包含了源文件 C。编译器在查找 C 源文件时，将把源文件 B 所在的目录作为当前目录。

这里所包含的文件名称及其路径信息中都不能有空格。

示例

```
AREA Example, CODE, READONLY
INCBIN file1.dat                   ; 包含文件 file1.dat
INCBIN c:\project\file2.txt        ; 包含文件 file2.txt
```

### 12. KEEP

KEEP 伪操作告诉编译器将局部符号包含在目标文件的符号表中。

语法格式

```
KEEP {symbol}
```

其中，symbol 为被包含在目标文件的符号表中的符号。如果没有指定 symbol，则除了基于寄存器外的所有符号将被包含在目标文件的符号表中。

**使用说明**

默认情况下，编译器仅将下面的符号包含到目标文件的符号表中。

- 被输出的符号。
- 将会被重定位的符号。

使用 KEEP 伪操作可以将局部符号也包含到目标文件的符号表中，从而使得调试工作更加方便。

**示例**

```
label1  ADC r2,r3,r4
KEEP label1           ; 将标号 label1 包含到目标文件的符号表中
ADD r2,r2,r5
```

### 13. NOFP

使用 NOFP 伪操作可禁止源程序中包含浮点运算指令。

**语法格式**

```
NOFP
```

**使用说明**

当系统中没有硬件或软件仿真代码支持浮点运算指令时，使用 NOFP 伪操作可禁止在源程序中使用浮点运算指令。这时，如果源程序中包含浮点运算指令，编译器将会报告错误。同样，如果在浮点运算指令的后面使用 NOFP 伪操作，编译器也将会报告错误。

### 14. REQUIRE

REQUIRE 伪操作指定段之间的相互依赖关系。

**语法格式**

```
REQUIRE label
```

其中，label 为所需要的标号的名称。

**使用说明**

当进行连接处理时，若遇到包含有 REQUIRE label 伪操作的源文件，则定义 label 的源文件也将被包含。

### 15. REQUIRE8 及 PRESERVE8

REQUIRE8 伪操作指示当前代码中要求数据栈 8 字节对齐。

PRESERVE8 伪操作指示当前代码中数据栈是 8 字节对齐的。

**语法格式**

```
REQUIRE8
PRESERVE8
```

**使用说明**

LDRD 及 STRD 指令要求内存单元地址是 8 字节对齐的。当在程序中使用这些指令在数据栈中传送数据时，要求该数据栈是 8 字节对齐的。

连接器要保证 8 字节对齐的数据栈代码只能被数据栈是 8 字节对齐的代码调用。

### 16. RN

RN 伪操作为一个特定的寄存器定义名称。

**语法格式**

```
name  RN expr
```

其中：

- expr 为某个寄存器的编码。
- name 为本伪操作给寄存器 expr 定义的名称。

**使用说明**

RN 伪操作用于给一个寄存器定义名称，方便程序员记忆该寄存器的功能。

### 17. ROUT

ROUT 伪操作用于定义局部变量的有效范围。

**语法格式**

```
{name}ROUT
```

其中，name 为所定义的作用范围的名称。

**使用说明**

当没有使用 ROUT 伪操作定义局部变量的作用范围时，局部变量的作用范围为其所在的段(AREA)。ROUT 伪操作作用的范围为本 ROUT 伪操作和下一个 ROUT 伪操作(指同一个段中的 ROUT 伪操作)之间。

## 4.2　ARM 汇编语言伪指令

ARM 中伪指令不是真正的 ARM 指令或者 Thumb 指令，这些伪指令在汇编编译器对源程序进行汇编处理时被替换成对应的 ARM 或者 Thumb 指令(序列)。ARM 伪指令包括 ADR、ADRL、LDR 和 NOP。

### 1. ADR(小范围的地址读取伪指令)

该指令将基于 PC 或寄存器的地址值读取到寄存器中。

**语法格式**

```
ADR{cond} register,expr
```

其中：

- cond 为可选的指令执行的条件。
- register 为目标寄存器。
- expr 为基于 PC 或者寄存器的地址表达式，其取值范围如下。
    - ◆ 当地址值不是字对齐时，其取值范围为–255～255。
    - ◆ 当地址值是字对齐时，其取值范围为–1020～1020。
    - ◆ 当地址值是 16 字节对齐时，其取值范围将更大。

**使用说明**

在汇编编译器处理源程序时，ADR 伪指令被编译器替换成一条合适的指令。通常，编译器用一条 ADD 指令或 SUB 指令来实现该 ADR 伪指令的功能。如果不能用一条指令来实现 ADR 伪指令的功能，编译器将报告错误。

因为 ADR 伪指令中的地址是基于 PC 或者寄存器的，所以 ADR 读取到的地址是与位置无关的地址。当 ADR 伪指令中的地址是基于 PC 时，该地址与 ADR 伪指令必须在同一个代码段中。

**示例**

```
start MOV r0,#10         ; 因为 PC 值为当前指令地址值加 8 字节
ADR r4,start             ; 本 ADR 伪指令将被编译器替换成 SUB r4,pc,#0xc
```

### 2. ADRL(中等范围的地址读取伪指令)

该指令将基于 PC 或寄存器的地址值读取到寄存器中。ADRL 伪指令比 ADR 伪指令可以读取更大范围的地址。ADRL 伪指令在汇编时将被编译器替换成两条指令。

**语法格式**

```
ADRL{cond} register,expr
```

其中：

- cond 为可选的指令执行的条件。
- register 为目标寄存器。
- expr 为基于 PC 或者寄存器的地址表达式，其取值范围如下。
    - ◆ 当地址值不是字对齐时，其取值范围为–64～64。
    - ◆ 当地址值是字对齐时，其取值范围为–256～256。
    - ◆ 当地址值是 16 字节对齐时，其取值范围将更大。

**使用说明**

在汇编编译器处理源程序时，ADRL 伪指令被编译器替换成两条合适的指令，即使一条指令可以完成该伪指令的功能，编译器也将用两条指令来替换该 ADRL 伪指令。如果不能用两条指令来实现 ADRL 伪指令的功能，编译器将报告错误。

示例

```
start    MOV r0,#10         ; 因为 PC 值为当前指令地址值加 8 字节
ADRL r4,start+60000        ; 本 ADRL 伪指令将被编译器替换成下面两条指令
ADD r4,pc,#0xe800
ADD r4,r4,#0x254
```

3. LDR(大范围的地址读取伪指令)

该指令将一个 32 位的常数或者一个地址值读取到寄存器中。

语法格式

```
LDR{cond} register,=[expr|label-expr]
```

其中的符号及参数说明如下。

- cond 为可选的指令执行的条件。
- register 为目标寄存器。
- expr 为 32 位的常量。编译器将根据 expr 的取值情况处理 LDR 伪指令。
  - ◆ 当 expr 表示的地址值没有超过 MOV 或 MVN 指令中地址的取值范围时，编译器用合适的 MOV 或者 MVN 指令代替该 LDR 伪指令。
  - ◆ 当 expr 表示的地址值超过了 MOV 或 MVN 指令中地址的取值范围时，编译器将该常数放在数据缓冲区中，同时用一条基于 PC 的 LDR 指令读取该常数。
- label-expr 为基于 PC 的地址表达式或者是外部表达式。当 label-expr 为基于 PC 的地址表达式时，编译器将 label-expr 表示的数值放在数据缓冲区中，同时用一条基于 PC 的 LDR 指令读取该数值。当 label-expr 为外部表达式，或者非当前段的表达式时，汇编编译器将在目标文件中插入连接重定位伪操作，这样连接器将在连接时生成该地址。

使用说明

LDR 伪指令主要有以下两种用途。

- 当需要读取到寄存器中的数据超过了 MOV 及 MVN 指令可以操作的范围时，可以使用 LDR 伪指令将该数据读取到寄存器中。
- 将一个基于 PC 的地址值或者外部的地址值读取到寄存器中。由于这种地址值是在连接时确定的，所以这种代码不是与位置无关的。同时，LDR 伪指令处的 PC 值到数据缓冲区中的目标数据所在的地址的偏移量要小于 4 KB。

示例

**【例 1】** 将 0xff0 读取到 R1 中。

```
LDR R1,=0XFF0
```

汇编后将得到：

```
MOV R1,0XFF0
```

【例 2】 将 0xfff 读取到 R1 中。

```
LDR R1,=0XFFF
```

汇编后将得到：

```
LDR R1,[PC,OFFSET_TO_LPOOL]
…
LPOOL  DCD 0XFFF
```

【例 3】 将外部地址 ADDR1 读取到 R1 中。

```
LDR R1,=ADDR1
```

汇编后将得到：

```
LDR R1,[PC,OFFSET_TO_LPOOL]
…
LPOOL  DCD ADDR1
```

### 4. NOP(空操作伪指令)

NOP 伪指令在汇编时，将被替换成 ARM 中的空操作，比如，可能为 MOV R0 或 R0 等。

**语法格式**

```
NOP
```

**使用说明**

NOP 伪指令不影响 CPSR 中的条件标志位。

## 4.3 ARM 汇编语言语句的格式

ARM 汇编语言语句的格式如下：

```
{symbol} {instruction|directive|pseudo-instruction} {; comment}
```

其中的符号及参数说明如下。

- instruction 为指令。在 ARM 汇编语言中，指令不能从一行的行头开始。在一行语句中，指令的前面必须要有空格或者符号。
- directive 为伪操作。
- pseudo-instruction 为伪指令。
- symbol 为符号。在 ARM 汇编语言中，符号必须从一行的行头开始，并且符号中不能包含空格。在指令和伪指令中，符号用作地址标号(label)；在有些伪操作中，符号用作变量或者常量。
- comment 为语句的注释。在 ARM 汇编语言中，注释以分号(;)开头。注释的结尾即为一行的结尾。注释也可以单独占用一行。

在 ARM 汇编语言中，各个指令、伪指令及伪操作的助记符必须全部用大写字母，或者全部用小写字母，不能在一个伪操作助记符中既有大写字母又有小写字母。

源程序中，语句之间可以插入空行，让源代码的可读性更好。

如果一条语句很长，为了提高可读性，可以将该长语句分成若干行来写。这时，在一行的末尾用“\”表示下一行将续在本行之后。注意，在“\”之后不能再有其他字符，空格和制表符也不能有。

## 4.3.1 ARM 汇编语言中的符号

在 ARM 汇编语言中，符号(Symbols)可以代表地址(Addresses)、变量(Variables)和数字常量(Numeric Constants)。当符号代表地址时，又称为标号(Label)。当标号以数字开头时，其作用范围为当前段(没有使用 ROUT 伪操作时)，这种标号又称为局部标号(Local Label)。符号包括变量、数字常量、标号和局部标号。

符号的命名规则如下。

- 符号由大小写字母、数字以及下划线组成。
- 局部标号以数字开头，其他的符号都不能以数字开头。
- 符号是区分大小写的。
- 符号中的所有字符都是有意义的。
- 符号在其作用范围内必须唯一，即在其作用范围内不可有同名的符号。
- 程序中的符号不能与系统内部变量或者系统预定义的符号同名。
- 程序中的符号通常不要与指令助记符或者伪操作同名。当程序中的符号与指令助记符或者伪操作同名时，可用双竖线将符号括起来，如||require||，这时双竖线并不是符号的组成部分。

### 1. 变量

程序中变量的值在汇编处理过程中可能会发生变化。在 ARM 汇编语言中，变量有数字变量、逻辑变量和串变量 3 种类型。变量的类型在程序中是不能改变的。

数字变量的取值范围为数字常量和数字表达式所能表示的数值的范围。关于数字常量和数字表达式，在后面将有介绍。

逻辑变量的取值范围为{true}及{false}。

串变量的取值范围为串表达式可以表示的范围。

在 ARM 汇编语言中，使用 GBLA、GBLL 及 GBLS 声明全局变量；使用 LCLA、LCLL 及 LCLS 声明局部变量；使用 SETA、SETL 及 SETS 为这些变量赋值。

### 2. 数字常量

数字常量是 32 位的整数。当作为无符号整数时，其取值范围为 $0\sim2^{32}-1$；当作为有符号整数时，其取值范围为 $-2^{31}\sim2^{31}-1$。汇编编译器并不区分一个数是无符号的还是有符号的，事实上，$-n$ 与 $2^{32}-n$ 在内存中是同一个数。

进行大小比较时，认为数字常量都是无符号数。按照这种规则，有 $0 < -1$。

在 ARM 汇编语言中，使用 EQU 来定义数字常量。数字常量一旦定义，其数值就不能再修改。

### 3. 汇编时的变量替换

如果在串变量前面有一个$字符，且这种串变量包含在另一个串中，则汇编时，编译器将用该串变量的数值取代该串变量。

【例 1】 如果 STR1 的值为“pen”，则汇编后 STR2 的值为“This is a pen”。

```
GBLS STR1
GBLS STR2
STR1   SETS  "pen"
STR2   SETS  "This is a $STR1"
```

对于数字变量来说，如果该变量前面有一个 $ 字符，在汇编时，编译器将该数字变量的数值转换成十六进制的串，然后用该十六进制的串取代 $ 字符后的数字变量。

对于逻辑变量来说，如果该逻辑变量前面有一个 $ 字符，在汇编时编译器将该逻辑变量替换成它的取值(T 或者 F)。

如果程序中需要字符 $，则用 $$ 来表示，这样，编译器将不进行变量替换，而是将 $$ 当作$。

【例 2】 本例说明数字变量的替换和$$的用法。汇编后得到 STR1，值为 abcB0000000E。

```
        GBLS  STR1
        GBLS  B
        GBLA  NUM1
NUM1    SETA   14
B       SETS   "CHANGED"
STR1    SETS    "abc$$B$NUM1"
```

通常情况下，包含在两个竖线“|”之间的$并不表示进行变量替换。但是如果竖线是在双引号内，则将进行变量替换。

使用“.”来表示变量名称的结束。

【例 3】 本例说明使用“.”来分割出变量名的用法。汇编后 STR2 的值为 bbbAAACCC。

```
            GBLS STR1
            GBLS STR2
    STR1    SETS  "AAA"
    STR2    SETS  "bbb$STR1.CCC"
```

### 4. 标号

标号是表示程序中的指令或者数据地址的符号。根据标号的生成方式，可以有以下 3 种。

1) 基于 PC 的标号

基于 PC 的标号是位于目标指令前或者程序中数据定义伪操作前的标号。这种标号在汇编时将被处理成 PC 值加上(或减去)一个数字常量。它常用于表示跳转指令的目标地址，或者代码段中所嵌入的少量数据。

2) 基于寄存器的标号

基于寄存器的标号通常用 MAP 和 FILED 伪操作定义，也可以用 EQU 伪操作定义。

这种标号在汇编时将被处理成寄存器的值加上(或减去)一个数字常量。它常用于访问位于数据段中的数据。

3) 绝对地址

绝对地址是一个 32 位的数字量。它可以寻址的范围为 $0\sim2^{32}-1$，即直接可以寻址整个内存空间。

#### 5. 局部标号

局部标号主要用于在局部范围使用。它由两部分组成：开头是一个 0～99 之间的数字；后面通常紧跟一个表示该局部标号作用范围的符号。

局部标号的作用范围通常为当前段，也可以使用伪操作 ROUT 来定义局部标号的作用范围。

局部标号定义的语法格式如下：

```
N{routname}
```

其中：

- N 为 0～99 之间的数值。
- routname 为符号，通常为该标号作用范围的名称(是用 ROUT 伪操作定义的)。

局部标号引用的语法格式如下：

```
%{F|B}{A|T} N{routname}
```

其中：

- N 为局部标号的数字号。
- routname 为当前作用范围的名称(是用 ROUT 伪操作定义的)。
- %表示引用操作。
- F 指示编译器只向前搜索。
- B 指示编译器只向后搜索。
- A 指示编译器搜索宏的所有嵌套层次。
- T 指示编译器搜索宏的当前层次。

如果 F 和 B 都没有指定，编译器先向前搜索，再向后搜索。

如果 A 和 T 都没有指定，编译器搜索所有从当前层次到宏的最高层次，比当前层次低的层次不再搜索。

如果指定了 routname，编译器向前搜索最近的 ROUT 伪操作，若 routname 与该 ROUT 伪操作定义的名称不匹配，编译器报告错误，汇编失败。

### 4.3.2 ARM 汇编语言中的表达式

表达式是由符号、数值、单目或多目操作符以及括号组成的。在一个表达式中，各种元素的优先级如下。

- 括号内的表达式优先级最高。
- 各种操作符有一定的优先级。
- 相邻的单目操作符的执行顺序由右到左，单目操作符优先级高于其他操作符。

● 优先级相同的双目操作符执行顺序为从左到右。

下面分别介绍表达式中的各元素。

### 1. 字符串表达式

字符串表达式由字符串、字符串变量、操作符以及括号组成。字符串的最大长度为 512 字节，最小长度为 0。下面介绍字符串表达式的组成元素。

1) 字符串

字符串由包含在双引号内的一系列字符组成。字符串的长度受 ARM 汇编语言语句长度的限制。

当字符串中包含美元符号或者引号时，用$$表示一个$，用""表示一个"。

字符串中包含$及"的用法举例：

```
abc SETS "this string contains only one "" double quote"
def SETS "this string contains only one $$ dollar symbol"
```

2) 字符串变量

字符串变量用伪操作 GBLS 或者 LCLS 声明，用 SETS 赋值。取值范围与字符表达式相同。

3) 操作符

与字符串表达式相关的操作符如下。

(1) LEN

LEN 操作符返回字符串的长度。其语法格式如下：

```
:LEN:A
```

其中，A 为字符串变量。

(2) CHR

CHR 可以将 0～255 之间的整数作为含一个 ASCII 字符的字符串。当有些 ASCII 字符不方便放在字符串中时，可以使用 CHR 将其放在字符串表达式中。其语法格式如下：

```
:CHR:A
```

其中，A 为某一字符的 ASCII 值。

(3) STR

STR 将一个数字量或者逻辑表达式转换成串。对于 32 位的数字量而言，STR 将其转换成 8 个十六进制数组成的串；对于逻辑表达式而言，STR 将其转换成字符串 T 或者 F。其语法格式如下：

```
:STR:A
```

其中，A 为数字量或者逻辑表达式。

(4) LEFT

LEFT 返回一个字符串最左端一定长度的子串。其语法格式如下：

```
A:LEFT:B
```

其中：

- A 为源字符串。
- B 为数字量，表示 LEFT 将返回的字符个数。

(5) RIGHT

RIGHT 返回一个字符串最右端一定长度的子串。其语法格式如下：

```
A:RIGHT:B
```

其中：

- A 为源字符串。
- B 为数字量，表示 RIGHT 将返回的字符个数。

(6) CC

CC 用于连接两个字符串。其语法格式如下：

```
A:CC:B
```

其中：

- A 为第 1 个源字符串。
- B 为第 2 个源字符串。

CC 操作符将字符串 B 连接在字符串 A 的后面。

4) 字符变量的声明和赋值

字符变量的声明使用 GBLS 或者 LCLS 伪操作。

字符变量的赋值使用 SETS 伪操作。

5) 字符串表达式应用举例

```
GBLS  STRING1                              ; 声明字符串变量 STRING1
GBLS  STRING2                              ; 声明字符串变量 STRING2
STRING1 SETS "AAACCC"                      ; 变量 STRING1 赋值为"AAACCC"
STRING2 SETS "BB":CC:(STRING2:LEFT:3)      ; 变量 STRING2 赋值为"BBAAA"
```

### 2. 数字表达式

数字表达式由数字常量、数字变量、操作符和括号组成。

数字表达式表示的是一个 32 位的整数。当作为无符号整数时，取值范围为 $0\sim2^{32}-1$；当作为有符号整数时，其取值范围为$-2^{31}\sim2^{31}-1$。汇编编译器并不区分一个数是无符号的还是有符号的，事实上$-n$ 与 $2^{32}-n$ 在内存中是同一个数。

进行大小比较时，数字表达式表示的都是无符号数。按照这种规则，$0<-1$。

1) 整数数字量

在 ARM 汇编语言中，整数数字量有以下几种格式。

- decimal-digits：十进制数。
- 0xhexadecimal-digits：十六进制数。
- &hexadecimal-digits：十六进制数。
- n_base-n-digits：*n* 进制数。

当使用 DCQ 或者 DCQU 伪操作声明时，该数字量表示的数的范围为 $0\sim2^{64}-1$。其他情况下，数字量表示的数的范围为 $0\sim2^{32}-1$。

【例】 下面列举一些数字量。

```
a  SETA 34906
addr DCD 0xA10E
LDR r4,&1000000F
DCD 2_11001010
c3 SETA 8_74007
DCQ 0x0123456789abcdef
```

2)　浮点数字量

浮点数字量有以下几种格式。

- {-}digits E{-}digits
- {-}{digits}.digits{E{-}digits}
- 0xhexdigits
- &hexdigits

其中，digits 为十进制的数，hexdigits 为十六进制的数。

单精度的浮点数表示范围如下。

- 最大值为 3.40282347e+38。
- 最小值为 1.17549435e–38。

双精度的浮点数表示范围如下。

- 最大值为 1.79769313486231571e+308。
- 最小值为 2.22507385850720138e–308。

【例】 下面列举一些浮点数。

- DCFD 1E308,-4E-100
- DCFS 1.0
- DCFD 3.725e15
- LDFS 0x7FC00000
- LDFD &FFF0000000000000

3)　数字变量

数字变量用伪操作 GBLA 或者 LCLA 声明，用 SETA 赋值，它代表一个 32 位的数字量。

4)　操作符

与数字表达式相关的操作符如下。

(1)　NOT 按位取反

NOT 将一个数字量按位取反。其语法格式如下：

```
:NOT:A
```

其中，A 为一个 32 位数字量。

(2)　+、–、×、/及 MOD 算术操作符

+、–、×、/及 MOD 这些算术操作符的语法格式及含义如下。其中，A 和 B 均为数字表达式。

- A+B：表示 A、B 的和。

- A−B：表示 A、B 的差。
- A×B：表示 A、B 的积。
- A/B：表示 A 除以 B 的商。
- A:MOD:B：表示 A 除以 B 的余数。

(3) ROL、ROR、SHL 及 SHR 移位(循环移位操作)

ROL、ROR、SHL 及 SHR 操作符的语法格式及含义如下。其中，A 和 B 为数字表达式。

- A:ROL:B：将整数 A 循环左移 B 位。
- A:ROR:B：将整数 A 循环右移 B 位。
- A:SHL:B：将整数 A 左移 B 位。
- A:SHR:B：将整数 A 右移 B 位，这里为逻辑右移，不会影响符号位。

(4) AND、OR 及 EOR 按位逻辑操作符

AND、OR 及 EOR 逻辑操作符都是按位操作的，其语法格式及含义如下。其中，A 和 B 为数字表达式。

- A:AND:B：将数字表达式 A 和 B 按位作逻辑与操作。
- A:OR:B：将数字表达式 A 和 B 按位作逻辑或操作。
- A:EOR:B：将数字表达式 A 和 B 按位作逻辑异或操作。

### 3. 基于寄存器和 PC 的表达式

基于寄存器的表达式表示了某个寄存器的值加上(或减去)一个数字表达式。

基于 PC 的表达式表示了 PC 寄存器的值加上(或减去)一个数字表达式。基于 PC 的表达式通常由程序中的标号与一个数字表达式组成。相关的操作符有以下几种。

1) BASE

BASE 操作符返回基于寄存器的表达式中的寄存器编号。其语法格式如下。其中，A 为基于寄存器的表达式。

```
:BASE:A
```

2) INDEX

INDEX 操作符返回基于寄存器的表达式相对于其基址寄存器的偏移量。其语法格式如下。其中，A 为基于寄存器的表达式。

```
:INDEX:A
```

3) +、−

+、−为正负号。它们可以放在数字表达式或者基于 PC 的表达式前面。其语法格式如下。其中，A 为基于 PC 的表达式或者数字表达式。

```
+A
-A
```

### 4. 逻辑表达式

逻辑表达式由逻辑量、逻辑操作符、关系操作符以及括号组成(此处的操作符也称运算

符)。取值范围为{FALSE}和{TRUE}。

1)　关系操作符

关系操作符用于表示两个同类表达式之间的关系。关系操作符和它的两个操作数组成一个逻辑表达式，其取值为{FALSE}或{TRUE}。

关系操作符的操作数可以是以下类型。

- 数字表达式：这里数字表达式均视为无符号数。
- 字符串表达式：字符串比较时，依据串中对应字符的 ASCII 顺序比较。
- 基于寄存器的表达式。
- 基于 PC 的表达式。

A 和 B 是上述的 4 类表达式之一。下面列出 A 和 B 比较的关系操作符。

- A=B：表示 A 等于 B。
- A>B：表示 A 大于 B。
- A>=B：表示 A 大于或者等于 B。
- A<B：表示 A 小于 B。
- A<=B：表示 A 小于或者等于 B。
- A/=B：表示 A 不等于 B。
- A<>B：表示 A 不等于 B。

2)　逻辑操作符

逻辑操作符用来表示两个逻辑表达式之间的基本逻辑操作。操作的结果为{FALSE}或{TRUE}。

A 和 B 是两个逻辑表达式。下面列出各逻辑操作符语法格式及其含义。

- :LNOT:A：逻辑表达式 A 的值取反。
- A:LAND:B：逻辑表达式 A 和 B 的逻辑与。
- A:LOR:B：逻辑表达式 A 和 B 的逻辑或。
- A:LEOR:B：逻辑表达式 A 和 B 的逻辑异或。

### 5. 其他的一些操作符

ARM 汇编语言中的操作符还有下面一些。

1)　?

? 操作符的语法格式如下。其中 A 为一个符号。

```
?A
```

返回定义符号 A 的代码行所生成的可执行代码的字节数。

2)　DEF

DEF 操作符判断某个符号是否已定义。其语法格式如下。其中 A 为一个符号。

```
:DEF:A
```

如果符号 A 已经定义，上述结果为{TRUE}，否则上述结果为{FALSE}。

3)　SB_OFFSET_19_12

SB_OFFSET_19_12 语法格式如下。其中 label 为一个标号。

```
:SB_OFFSET_19_12:label
```

返回(label−SB)的 bits[19:12]。

4) SB_OFFSET_11_0

SB_OFFSET_11_0 语法格式如下。其中 label 为一个标号。

```
:SB_OFFSET_11_0:label
```

返回(label−SB)的 bits[11:0]。

## 4.4 ARM 汇编语言程序及子程序调用的格式

下面介绍 ARM 汇编语言程序的基本格式以及子程序调用的格式。

### 4.4.1 汇编语言程序的格式

ARM 汇编语言以段(Section)为单位组织源文件。段是相对独立的、具有特定名称的、不可分割的指令或者数据序列。段又可以分为代码段和数据段两种，代码段存放执行代码，数据段存放代码运行时需要用到的数据。一个 ARM 源程序至少需要一个代码段，大的程序则包含多个代码段和数据段。

ARM 汇编语言源程序经过汇编处理后，生成一个可执行的映像文件(类似于 Windows 系统下的 EXE 文件)。该可执行的映像文件通常包括以下 3 部分。

- 一个或多个代码段。代码段通常是只读的。
- 零个或多个包含初始值的数据段。这些数据段通常是可读写的。
- 零个或多个不包含初始值的数据段。这些数据段被初始化为 0，它们通常是可读写的。

连接器根据一定的规则将各个段安排到内存中的相应位置。源程序中段之间的相邻关系与执行的映像文件中段之间的相邻关系并不一定相同。

下面通过一个简单的例子，说明 ARM 汇编语言源程序的基本结构：

```
AREA EXAMPLE1, CODE, READONLY
ENTRY
start
MOV r0, #10
MOV r1, #3
ADD r0, r0, r1

END
```

在 ARM 汇编语言源程序中，使用伪操作 AREA 定义一个段。AREA 伪操作表示一个段的开始，同时定义了这个段的名称及相关属性。在本例中，定义了一个只读的代码段，其名称为 EXAMPLE1。

ENTRY 伪操作标识了程序执行的第一条指令。一个 ARM 程序中可以有多个

ENTRY，但至少要有一个 ENTRY。初始化部分的代码以及异常中断处理程序中都包含了 ENTRY。如果程序包含了 C 代码，C 语言库文件的初始化部分也包含了 ENTRY。

本程序的程序体部分实现了一个简单的加法运算。

END 伪操作告诉汇编编译器源文件的结束。每一个汇编模块必须包含一个 END 伪操作，以指示本模块的结束。

### 4.4.2　汇编语言子程序调用的格式

在 ARM 汇编语言中，子程序调用是通过 BL 指令完成的。BL 指令的语法格式如下：

```
BL subname
```

其中，subname 是调用的子程序的名称。

BL 指令完成两个操作：将子程序的返回地址放在 LR 寄存器中，同时将 PC 寄存器值设置成目标子程序的第一条指令地址。

在子程序返回时，可以通过将 LR 寄存器的值传送到 PC 寄存器中来实现。

子程序调用时，通常使用寄存器 R0～R3 来传递参数和返回结果，这些在后面的编程模型中还会有详细的介绍。

下面是一个子程序调用的例子。子程序 doadd 完成加法运算，操作数放在 R0 和 R1 寄存器中，结构放在 R0 中。

```
AREA EXAMPLE2, CODE, READONLY
ENTRY
start   MOV r0, #10           ; 设置输入参数 R0
MOV r1, #3                    ; 设置输入参数 R1
BL doadd                      ; 调用子程序 doadd
doadd   ADD r0, r0, r1        ; 子程序
MOV pc, lr                    ; 从子程序中返回
END
```

## 4.5　ARM 汇编编译器的使用

下面介绍 ARM 汇编编译器 ARMASM。内嵌的 ARM 汇编编译器是 ARM 中 C/C++编译器的一部分，它没有自己的命令行格式。在 ARMASM 命令中，除了文件名区分大小写之外，其他的参数都不区分大小写。

ARMASM 的语法格式如下：

```
armasm [-16|-32] [-apcs [none|[/qualifier[/qualifier[...]]]]]
[-bigend|-littleend] [-checkreglist] [-cpu cpu] [-depend dependfile|-m|-md]
[-errors errorfile] [-fpu name] [-g] [-help] [-i dir [,dir]…] [-keep] [-list
[listingfile] [options]] [-maxcache n] [-memaccess attributes] [-nocache]
[-noesc] [-noregs] [-nowarn] [-o filename] [-predefine "directive"] [-split_ldm]
[-unsafe] [-via file] inputfile
```

下面详细介绍 ARMASM 的各参数。

- -16：告诉汇编编译器所处理的源程序是 Thumb 指令的程序。其功能与在源程序开头使用伪操作 CODE16 相同。
- -32：告诉汇编编译器所处理的源程序是 ARM 指令的程序。这是 ARMASM 的默认选项。
- -apcs [none|[/qualifier[/qualifier[...]]]]：用于指定源程序所使用的 ATPCS。使用何种 ATPCS 并不影响 ARMASM 所产生的目标文件。ARMASM 只是根据 ATPCS 选项在其产生的目标文件中设置相应的属性，连接器将会根据这些属性检查程序中的调用关系等是否合适，并且连接到适当类型的库文件。ATPCS 选项可能的取值如下。
  - /none：指定源程序不使用任何 ATPCS。
  - /interwork：指定源程序中有 ARM 指令和 Thumb 指令混合使用。
  - /nointerwork：指定源程序中没有 ARM 指令和 Thumb 指令混合使用。这是 ARMASM 默认的选项。
  - /ropi：指定源程序是 ROPI(只读位置无关)。ARMASM 默认的选项是 /noropi。
  - /pic：是/ropi 的同义词。
  - /nopic：是/noropi 的同义词。
  - /rwpi：指定源程序是 RWPI(读写位置无关)。ARMASM 默认的选项是 /norwpi。
  - /pid：是/rwpi 的同义词。
  - /nopid：是/norwpi 的同义词。
  - /swstackcheck：指定源程序进行软件数据栈限制检查。
  - /noswstackcheck：指定源程序不进行软件数据栈限制检查，这是 ARMASM 默认的选项。
  - /swstna：指定源程序既与进行软件数据栈限制检查的程序兼容，也与不进行软件数据栈限制检查的程序兼容。
- -bigend：告诉 ARMASM 将源程序汇编成适合于 Big Endian 的模式。
- -littleend：告诉 ARMASM 将源程序汇编成适合于 Little Endian 的模式。这是 ARMASM 的默认选项。
- -checkreglist：告诉 ARMASM 检查指令 RLIST、LDM、STM 中的寄存器列表，保证寄存器列表中的寄存器是按照寄存器编号由小到大的顺序排列的，否则将产生警告信息。
- -cpu cpu：告诉 ARMASM 目标 CPU 的类型。合法的取值为 ARM 体系名称，如 3、4T、5TE，或者也可以为 CPU 的类型编号，如 ARM7TDMI 等。
- -depend dependfile：告诉 ARMASM 将源程序的依赖列表(Dependency Lists)保存到文件 dependfile 中。
- -m：告诉 ARMASM 将源程序的依赖列表输出到标准输出。
- -md：告诉 ARMASM 将源程序的依赖列表输出到文件 inputfile.d。
- -errors errorfile：告诉 ARMASM 将错误信息输出到文件 errorfile 中。

- -fpu name：本选项指定目标系统中的浮点运算单元的体系。其可能的取值如下。
  - ◆ none：指定没有浮点选项。这样目标程序与所有其他目标程序都是兼容的。
  - ◆ vfpv1：指定系统中使用符合 VFPv1 的硬件向量浮点运算单元。
  - ◆ vfpv2：指定系统中使用符合 VFPv2 的硬件向量浮点运算单元。
  - ◆ fpa：指定系统使用硬件的浮点加速器(Float Point Accelerator)。
  - ◆ softvfp+vfp：指定系统中使用硬件向量浮点运算单元。
  - ◆ softvfp：指定系统使用软件的浮点运算库，这时使用单一的内存模式(endianess 格式)。这是 ARMASM 默认的选型。
  - ◆ softfpa：指定系统使用软件的浮点运算库，这时使用混合的内存模式(endianess 格式)。
- -g：指示 ARMASM 产生 DRAWF2 格式的调试信息表。
- -help：指示 ARMASM 显示本汇编编译器的选项。
- -i dir[,dir]…：添加搜索路径。指定搜索伪操作 GET/INCLUDE 中变量的范围。
- -keep：指示 ARMASM 将局部符号保留在目标文件的符号表中，供调试器进行调试时使用。
- -list [listingfile] [option]：指示 ARMASM 将其产生的汇编程序列表保存到列表文件 listingfile 中。如果没有指定 listingfile，则保存到文件 inputfile.lst 中。一些选项控制列表文件的格式如下。
  - ◆ -noterse：源程序中由于条件汇编被排除的代码也将包含在列表文件中。
  - ◆ -width：指定列表文件中每行的宽度，默认为 79 个字符。
  - ◆ -length：指定列表文件中每页的行数，默认为 66 行，0 表示不分页。
  - ◆ -xref：指示 ARMASM 列出各符号的定义和引用情况。
- -maxcache n：指定最大的源程序 Cache(源程序 Cache 是指 ARMASM 在第一遍扫描时将源程序缓存到内存中，在第二遍扫描时，从内存中读取该源程序)大小，默认为 8MB。
- -memaccess attributes：指定目标系统的存储访问模式。默认的情况是允许字节对齐、半字对齐、字对齐的读写访问。可以指定下面的访问属性。
  - ◆ +L41：允许非对齐的 LDR 访问。
  - ◆ -L22：禁止半字的 LOAD 访问。
  - ◆ -S22：禁止半字的 STORE 访问。
  - ◆ -L22-S22：禁止半字的 LOAD 访问和 STORE 访问。
- -nocache：禁止源程序 Cache。通常情况下，ARMASM 在第一遍扫描时将源程序保存在内存中(称为源程序 Cache)，第二遍扫描时从内存中读取该源程序。
- -noesc：指示 ARMASM 忽略 C 语言风格的退出类的特殊字符。
- -noregs：指示 ARMASM 不要预定义寄存器名称。
- -nowarn：指示 ARMASM 不产生警告信息。
- -o filename：指定输出的目标文件名称。
- -predefine "directive"：指示 ARMASM 预先执行某个 SET 伪操作。可能的 SET 伪操作包括 SETA、SETL 和 SETS。

- -split_ldm：使用该选项时，如果指令 LDM/STM 中的寄存器个数超标，ARMASM 将认为该指令错误。
- -unsafe：允许源程序中包含目标 ARM 体系或者处理器不支持的指令，这时 ARMASM 对于该类错误报告警告信息。
- -via file：指示 ARMASM 从文件 file 中读取各选项信息。
- inputfile：为输入的源程序，必须为 ARM 汇编程序或者 Thumb 汇编程序。

## 4.6 汇编程序设计举例

下面将通过一些例子来说明 ARM 中伪操作以及指令的用法。4.6.1 小节中给出了一些伪操作的实例，4.6.2 小节中是一些 ARM 汇编程序的实例。

### 4.6.1 ARM 中伪操作的实例

**【程序 4.1】** ARM 中伪操作的使用实例：

```
; 声明两个字符变量，用以存放两个函数参数
   GBLS    _arg0
   GBLS    _arg1

; 宏_spaces_remove
; 删除全局变量 wstring 开头和结尾的空格
      MACRO
      _spaces_remove $wstring
      WHILE (("*" :CC: $wstring) :RIGHT: 1 = " ")
         $wstring SETS ($wstring :LEFT: (:LEN: $wstring - 1))
      WEND
      WHILE (($wstring :CC: "*") :LEFT: 1 = " ")
         $wstring SETS ($wstring :RIGHT: (:LEN: $wstring - 1))
      WEND
      MEND

; 宏_lbracket_remove
; 删除一起左括号 - 如果不存在左括号则报错
   MACRO
   _lbracket_remove $s
   ASSERT  $s:LEFT:1 = "("
       $s  SETS  $s:RIGHT:(:LEN:$s-1)
   _spaces_remove $s
   MEND

; 宏_rbracket_remove
; 删除一起右括号 - 如果不存在右括号则报错
; 然后删除多余的空格
   MACRO
```

```
    _rbracket_remove $s
    ASSERT  $s:RIGHT:1 = ")"
        $s  SETS    $s:LEFT:(:LEN:$s-1)
    _spaces_remove $s
    MEND

; 宏_comment_remove
; 删除行末的所有注释及空格
    MACRO
    _comment_remove $s
    _spaces_remove $s
    IF (("**":CC:$s):RIGHT:2) = "*/"
      WHILE ($s:RIGHT:2) <> "/*"
        $s  SETS $s:LEFT:(:LEN:$s-1)
      WEND
        $s  SETS $s:LEFT:(:LEN:$s-2)
    _spaces_remove $s
    ENDIF
    MEND

; 宏_arg_remove
; 从一个用空格分隔的串中获取一个变量
    MACRO
    _arg_remove $s,$arg
    LCLA    _arglen
    LCLL    _ok
_arglen SETA 0
_ok SETL {TRUE}
    WHILE _ok
      IF _arglen>=:LEN:$s
        _ok SETL {FALSE}    ; break if used up input string
      ELSE
        $arg SETS ($s:LEFT:(_arglen+1)):RIGHT:1    ; 下一个字符
       IF $arg=" "
        _ok SETL {FALSE}
       ELSE
        _arglen  SETA _arglen+1
       ENDIF
      ENDIF
    WEND
        $arg SETS $s:LEFT:_arglen
        $s SETS $s:RIGHT:(:LEN:$s-_arglen)
    _spaces_remove $s
    MEND

; 宏 define
; 作用：使用 #defines 定义 C/Assembler 变量
```

```
; 语法格式:#<space/tab>define<spaces><symbol><spaces><value></*comment*/>

    MACRO
$la define $a
_arg0 SETS "$a"
    ASSERT  "$la"="#"
    _comment_remove _arg0
    _arg_remove _arg0,_arg1
 IF "$_arg0" /= ""
    $_arg1  EQU $_arg0
 ELSE
    $_arg1 EQU 1
 ENDIF
    MEND

; ifndef and endif 宏
    MACRO
    $la  ifndef  $a
    MEND

    MACRO
    $la  endif $a
    MEND

; COMMENT
; 作用: 用于注释
; 语法格式: COMMENT <anything you like!>
    MACRO
    COMMENT $a,$b,$c,$d,$e,$f,$g,$h
    MEND
```

## 4.6.2 ARM 汇编程序的实例

下面列举一些 ARM 汇编程序的实例。

### 1. 数据块复制

本程序将数据从源数据区 src 复制到目标数据区 dst。复制时，以 8 个字为单位进行。对于最后所剩不足 8 个字的数据，以字为单位进行复制，这时程序跳转到 copywords 处执行。在进行以 8 个字为单位的数据复制时，保存了所用的 8 个工作寄存器。程序清单如程序 4.2 所示。

**【程序 4.2】** 数据块复制。

```
; 设置本段程序的名称(Block)及属性
AREA Block, CODE, READONLY
; 设置将要复制的字数
num  EQU  20
```

```
; 标识程序入口点
        ENTRY

Start
; r0 寄存器指向源数据区 src
        LDR r0, =src
; r1 寄存器指向目标数据区 dst
        LDR r1, =dst
; r2 指定将要复制的字数
        MOV r2, #num


; 设置数据栈指针(r13)，用于保存工作寄存器的数值
        MOV sp, #0x400
; 进行以 8 个字为单位的数据复制
blockcopy
; 需要进行的以 8 个字为单位的复制次数
        MOVS r3,r2, LSR #3
; 对于剩下不足 8 个字的数据，跳转到 copywords，以字为单位复制
        BEQ copywords

; 保存工作寄存器
        STMFD sp!, {r4-r11}
octcopy
; 从源数据区读取 8 个字的数据，放到 8 个寄存器中，并更新目标数据区指针 r0
        LDMIA r0!, {r4-r11}
; 将这 8 个字数据写入到目标数据区中，并更新目标数据区指针 r1
        STMIA r1!, {r4-r11}
; 将块复制次数减 1
        SUBS r3, r3, #1
; 循环，直到完成以 8 个字为单位的块复制
        BNE octcopy
; 恢复工作寄存器的值
        LDMFD sp!, {r4-r11}

copywords
; 剩下不足 8 个字的数据的字数
        ANDS r2, r2, #7
; 数据复制完成
        BEQ stop
wordcopy
; 从源数据区读取 18 个字的数据，放到 r3 寄存器中，并更新目标数据区指针 r0
        LDR r3, [r0], #4
; 将 r3 中数据写入到目标数据区中，并更新目标数据区指针 r1
        STR r3, [r1], #4
; 将字数减 1
        SUBS r2, r2, #1
```

```
; 循环，直到完成以字为单位的数据复制
        BNE wordcopy

stop
; 调用 angel_SWIreason_ReportException
; ADP_Stopped_ApplicationExit
; ARM semihosting SWI
; 从应用程序中退出
        MOV r0, #0x18
        LDR r1, =0x20026
        SWI 0x123456
; 定义数据区 BlockData
        AREA BlockData, DATA, READWRITE
; 定义源数据区 src 及目标数据区 dst
src DCD     1,2,3,4,5,6,7,8,1,2,3,4,5,6,7,8,1,2,3,4
dst DCD     0,0,0,0,0,0,0,0,0,0,0,0,0,0,0,0,0,0,0,0
; 结束汇编
        END
```

### 2. ADR 伪操作的使用实例

在 ARM 中，地址标号的引用对于不同的地址标号有所不同，伪操作 ADR/ADRL 用来引用地址标号，本实例说明其用法。具体程序清单如程序 4.3 所示。

**【程序 4.3】** 伪指令 ADR/ADRL 的使用：

```
; 设置本段程序的名称(adrlabel)及属性
AREA adrlabel, CODE, READONLY
; 标识程序入口点
        ENTRY
Start
; 跳转到子程序 func 执行
        BL func
; 调用 angel_SWIreason_ReportException
; ADP_Stopped_ApplicationExit
; ARM semihosting SWI
; 从应用程序中退出
stop
        MOV r0, #0x18
        LDR r1, =0x20026
        SWI 0x123456

; 定义一个数据缓冲区，用于生成地址标号相对于 PC 的偏移量
        LTORG

func
; 下面的伪指令 ADR 被汇编成： SUB r0, PC, #offset to Start
        ADR r0, Start
```

```
; 下面的伪指令 ADR 被汇编成： ADD r1, PC, #offset to DataArea
        ADR r1, DataArea
; 下面的伪指令 ADR 是错误的，因为第二个操作数不能用 DataArea+4300 表示
        ; ADR r2, DataArea+4300
; 下面的伪指令 ADRL 被汇编成两条指令：
; ADD r2, PC, #offset1
; ADD r2, r2, #offset2
ADRL r3, DataArea+4300

; 从子程序 func 返回
        MOV pc, lr

; 从当前位置起保存 8000 字节存储单元
; 并将其清 0
DataArea SPACE  8000

; 结束汇编
END
```

3. 利用跳转表实现程序跳转

在程序中，常常需要根据一定的参数选择执行不同的子程序。本实例演示通过跳转表实现程序跳转。跳转表中存放的是各子函数的地址，选择不同子程序的参数，是该子程序在跳转表中的偏移量。在本实例中，r3 寄存器中存放的是跳转表的基地址(首地址，其中存放的是第一个子程序的地址)，r0 寄存器的值用于选择不同的子程序，当 r0 为 0 时，选择的是子程序 DoAdd，当 r0 为 1 时，选择的是子程序 DoSub。子程序清单如程序 4.4 所示。

**【程序 4.4】** 利用跳转表实现程序跳转。

```
; 设置本段程序的名称(Jump)及属性
AREA Jump, CODE, READONLY
; 跳转表中的子程序个数
num EQU 2

; 程序执行的入口点
        ENTRY
Start
; 设置 3 个参数，然后调用子程序 arithfunc，进行算术运算
        MOV r0, #0
        MOV r1, #3
        MOV r2, #2
; 调用子程序 arithfunc
        BL arithfunc


stop
; 调用 angel_SWIreason_ReportException
; ADP_Stopped_ApplicationExit
; ARM semihosting SWI
```

```
; 从应用程序中退出
        MOV r0, #0x18
        LDR r1, =0x20026
        SWI 0x123456

; 子程序 arithfunc 的入口点
arithfunc
; 判断选择子程序的参数是否在有效范围之内
        CMP r0, #num
        MOVHS pc, lr
; 读取跳转表的基地址
        ADR r3, JumpTable
; 根据参数 r0 的值跳转到相应的子程序
        LDR pc, [r3,r0,LSL#2]

; 跳转表 JumpTable 中保存了各个子程序的地址
; 在这里有两个子程序 DoAdd 和 DoSub
; 当参数 r0 为 0 时，上面的代码将选择 DoAdd
; 当参数 r0 为 1 时，上面的代码将选择 DoSub
JumpTable
        DCD DoAdd
        DCD DoSub

; 子程序 DoAdd 执行加法操作
DoAdd
        ADD r0, r1, r2
        MOV pc, lr

; 子程序 DoSub 执行减法操作
DoSub
        SUB r0, r1, r2
        MOV pc, lr

; 结束汇编
        END
```

### 4. 伪指令 LDR 的使用实例

通过伪指令 LDR，可以将基于 PC 的地址标号值或者外部地址值读取到寄存器中。利用这种方式读取的地址值在连接时已经被固定，因而这种代码不是位置无关的代码。当遇到 LDR 伪指令时，汇编编译器将该地址值保存到一个数据缓冲区(Literal Pool)中，然后将该 LDR 伪指令处理成一条基于 PC 到该数据缓冲区单元的 LDR 指令，从而将该地址值读取到寄存器中。这时，要求该数据缓冲区单元到 PC 的距离小于 4KB。如果该目标地址值为一个外部地址值或者不在本数据段内，则汇编编译器在目标文件中插入一个地址重定位伪操作，当连接器进行连接时，生成该地址值。

程序 4.5 中演示了伪指令 LDR 的用法，并给出了该伪指令汇编后的结果。

【程序 4.5】 伪指令 LDR 的用法。

```
; 设置本段程序的名称(Jump)及属性
AREA LDRlabel, CODE, READONLY
; 程序执行的入口点
      ENTRY

start
; 跳转到子程序 func1 及 func2 执行
       BL func1
       BL func2

; 跳转表 JumpTable 中保存了各个子程序的地址
; 在这里，有两个子程序 DoAdd 和 DoSub
; 当参数 r0 为 0 时，上面的代码将选择 DoAdd
; 当参数 r0 为 1 时，上面的代码将选择 DoSub
stop
       MOV r0, #0x18
       LDR r1, =0x20026
       SWI 0x123456

func1
; 下面伪指令被汇编成：LDR R0,[PC, #offset to Litpool1]
       LDR r0, =start
; 下面伪指令被汇编成：LDR R1,[PC, #offset to Litpool 1]
       LDR r1, =Darea +12
; 下面伪指令被汇编成：LDR R2, [PC, #offset to Litpool1]
       LDR r2, =Darea + 6000
; 程序返回
       MOV pc,lr
; 字符串缓冲区：Literal Pool 1
       LTORG

func2
; 下面伪指令被汇编成：LDR r3, [PC, #offset to Litpool 1]
; 共用前面的字符串缓冲区
       LDR r3, =Darea +6000
; 下面的伪指令如果不注释掉，汇编器将会产生错误信息
; 因为字符串缓冲区 Litpool 2 超出了伪指令可以达到的范围
       ; LDR r4, =Darea +6004
; 程序返回
       MOV pc, lr

; 从当前地址开始，保留 8000 字节的存储单元，
; 并将其内容清除成 0
Darea   SPACE  8000
; 字符串缓冲区 Litpool 2 应该从这里开始，
; 它超出了前面被注释掉的伪指令所能够到达的范围
       END
```

# 第 5 章　ARM 的存储系统

与其他中低档单片机不同，ARM 处理器中可以包含一个存储管理部件。本章介绍 ARM 体系中两种典型的存储管理实现机制，并在最后给出一个实例。

## 5.1　ARM 存储系统概述

ARM 存储系统的体系结构可以适应多种不同的嵌入式应用系统。最简单的存储系统使用普通的地址映射机制，就像在一些简单的单片机系统中一样，地址空间的分配方式是固定的，系统中各部分都使用物理地址。而一些复杂的系统可能包括一种或者多种以下技术，从而可以提供功能更为强大的存储系统。

- 系统中可能包含多种类型的存储器件，如 Flash、ROM、SRAM 和 SDRAM 等。不同类型的存储器件的速度和宽度(位数)等各不相同。比如，在这里介绍的 LinkUp 公司的 L7205 芯片包含有 2KB 的片内 ROM，5KB 的片内 SRAM，片外均可以支持 Flash/SRAM，也可以支持 SDRAM。
- 通过使用 Cache 及 Write Buffer 技术，可以缩小处理器和存储系统的速度差别，从而提高系统的整体性能。
- 内存管理部件使用内存映射技术实现虚拟空间到物理空间的映射。这种映射机制对于嵌入式系统非常重要。通常，嵌入式系统的程序存放在 ROM/Flash 中，这样，系统断电后，程序能够得到保存。但是，ROM/Flash 与 SDRAM 相比，速度通常要慢很多，而且嵌入系统中通常把异常中断向量表存放在 RAM 中。利用内存映射机制可以解决这种需求。在系统加电时，将 ROM/Flash 映射为地址 0，这样可以进行一些初始化处理；当这些初始化处理完成后，将 SDRAM 映射为地址 0，并把系统程序加载到 SDRAM 中运行，这样，就能很好地解决嵌入式系统的需求问题了。
- 引入存储保护机制，增强系统的安全性。
- 引入一些机制，保证将 I/O 操作映射成内存操作后，各种 I/O 操作能够得到正确的结果。在简单的存储系统中，这不存在问题。而当系统引入了 Cache 及 Write Buffer 后，就需要一些特别的措施。

本章中主要介绍以下内容。在介绍相关内容时，将以 LinkUp 公司的通用 ARM 芯片 L7205 作为例子。

- ARM 中用于存储管理的系统控制协处理器 CP15。
- ARM 中的存储管理部件 MMU(Memory Management Unit)。
- ARM 中的 Cache 及 Write Buffer 技术。
- 快速进程上下文切换技术。

在 ARM 中还规定了一种比 MMU 结构更简单的且功能更弱的存储管理机制，称为保护部件 PU(Protect Unit)，这里对其不做详细介绍，用户如果需要，可以自己查看 ARM 相关的技术文档。

## 5.2　ARM 中用于存储管理的系统控制协处理器 CP15

在基于 ARM 的嵌入式应用系统中，存储系统通常是通过系统控制协处理器 CP15 完成的。除了 CP15 外，在具体的各种存储管理机制中，可能还会用到其他的一些技术，如在 MMU(存储管理部件)中，除了 CP15 外，还将使用页表等。

CP15 可以包含 16 个 32 位的寄存器，其编号为 0～15。实际上，对于某些编号的寄存器，可能对应有多个物理寄存器，在指令中可指定特定的标志位来区分这些物理寄存器。这种机制有些类似于 ARM 中的寄存器，当处于不同的处理器模式时，某些 ARM 寄存器可能是不同的物理寄存器，比如对于寄存器 SPSR，每一种处理器模式下都对应一个独立的物理寄存器(用户模式和系统模式对应同样的物理寄存器，这是一个例外)。

CP15 中的寄存器可能是只读的，也可能是只写的，还有一些是可以读写的。对于每一种寄存器，将会进行详细介绍。

- 寄存器的访问类型(只读/只写/读写)。
- 各种访问操作对于寄存器的作用。
- 寄存器是否对应有多个物理寄存器。
- 寄存器的具体作用。

本节将主要介绍系统控制协处理器 CP15 的寄存器，包括访问 CP15 寄存器的指令和 CP15 中的寄存器。

### 5.2.1　访问 CP15 寄存器的指令

访问 CP15 寄存器的指令有以下两种。

- MCR：ARM 寄存器到协处理器寄存器的数据传送指令。
- MRC：协处理器寄存器到 ARM 寄存器的数据传送指令。

MCR 指令和 MRC 指令只能在处理器模式是系统模式时执行，在用户模式下执行 MCR 指令和 MRC 指令将会触发未定义指令的异常中断。

如果需要在用户模式下访问 CP15 中的寄存器，需要采用其他的方法。一种常用的做法是由操作系统定义一些 SWI 调用，这些 SWI 调用完成相应的功能。在用户模式下可以进行这些 SWI 调用。

#### 1. MCR

MCR 指令将 ARM 处理器的寄存器中的数据传送到协处理器的寄存器中。如果协处理器不能成功地执行该操作，将产生未定义的指令异常中断。

**指令的编码格式**

| 31　28 | 27　　24 | 23　　21 | 20 | 19　　16 | 15　12 | 11　　8 | 7　　5 | 4 | 3　　0 |
|---|---|---|---|---|---|---|---|---|---|
| cond | 1　1　1　0 | 0　0　0 | 0 | CRn | Rd | cp_num | opcode_2 | 1 | CRm |

**指令的语法格式**

```
MCR{<cond>} p15, 0, <Rd>, <CRn>, <CRm>{, <opcode_1>}
MCR2 p15, 0, <Rd>, <CRn>, <CRm>{, <opcode_2>}
```

其中：

- <cond>为指令执行的条件码。当<cond>忽略时，指令为无条件执行。MCR2 格式中，<cond>为 0b1111，指令为无条件执行。
- <opcode_1>为协处理器将执行的操作的操作码。对于 CP15 协处理器来说，<opcode_1>永远为 0b000，当<opcode_1>不为 0b000 时，该指令操作结果不可预知。
- <Rd>为源寄存器的 ARM 寄存器，其值将被传送到协处理器的寄存器中。<Rd>不能为 PC，当其为 PC 时，指令操作结果不可预知。
- <CRn>作为目标寄存器的协处理器寄存器，其编号可能为 C0, C1…C15。
- <CRm>作为附加的目标寄存器或者源操作数寄存器，用于区分同一个编号的不同物理寄存器。当指令中不需要提供附加信息时，将 C0 指定为<CRm>，否则指令操作结果不可预知。
- <opcode_2>提供附加信息，用于区别同一个编号的不同物理寄存器。当指令中没有指定附加信息时，省略<opcode_2>或者将其指定为 0，否则指令操作结果不可预知。

**指令操作的伪代码**

```
if ConditionPassed(cond) then
send Rd value to Coprocessor[cp_num]
```

**指令的使用**

MCR 指令将 ARM 处理器的寄存器中的数据传送到协处理器的寄存器中。

**示例**

下面的指令从 ARM 寄存器 R4 中将数据传送到协处理器 CP15 的寄存器 C1 中。其中 R4 为 ARM 寄存器，存放源操作数；C1、C0 为协处理器寄存器，为目标寄存器；操作码 1 为 0；操作码 2 为 0。

```
MCR p15, 0, R4, C1, C0, 0;
```

### 2. MRC

MRC 指令将协处理器的寄存器中的数值传送到 ARM 处理器的寄存器中。如果协处理器不能成功地执行该操作，将产生未定义的指令异常中断。

**指令的编码格式**

| 31 28 | 27 24 | 23 21 | 20 | 19 16 | 15 12 | 11 8 | 7 5 | 4 | 3 0 |
|---|---|---|---|---|---|---|---|---|---|
| cond | 1 1 1 0 | 0 0 0 | 1 | CRn | Rd | cp_num | opcode_2 | 1 | CRm |

**指令的语法格式**

```
MRC{<cond>} p15, 0, <Rd>, <CRn>, <CRm>{, <opcode_1>}
MRC2 p15, 0, <Rd>, <CRn>, <CRm>{, <opcode_2>}
```

其中：

- <CRn>为协处理器寄存器，存放第 1 个源操作数。
- 其他参数的用法参见 MCR 指令。

**指令操作的伪代码**

```
if ConditionPassed(cond) then
rd = value from Coprocessor[cp_num]
```

**指令的使用**

MRC 指令将协处理器的寄存器中的数值传送到 ARM 处理器的寄存器中。

## 5.2.2　CP15 中的寄存器

CP15 可以有 16 个 32 位的寄存器。表 5.1 介绍了这些寄存器的一般作用以及在特定的内存管理体系中的作用，这里介绍各寄存器在存储管理单元(MMU)与保护单元(PU)中的作用。本小节主要介绍寄存器 C0 和寄存器 C1，其他的寄存器将在介绍各不同的内存管理体系时介绍。

表 5.1　CP15 中的寄存器

| 寄存器编号 | 基本作用 | 在 MMU 中的作用 | 在 PU 中的作用 |
|---|---|---|---|
| 0 | ID 编码(只读的) | ID 编码和 Cache 类型 | |
| 1 | 控制位(可读可写) | 各种控制位 | |
| 2 | 存储保护和控制 | 地址转换表基地址 | Cacheability 控制位 |
| 3 | 存储保护和控制 | 域访问控制位 | Bufferability 控制位 |
| 4 | 存储保护和控制 | 保留 | 保留 |
| 5 | 存储保护和控制 | 内存失效状态 | 访问权限控制位 |
| 6 | 存储保护和控制 | 内存失效地址 | 保护区域控制 |
| 7 | 高速缓存和写缓存 | 高速缓存和写缓存控制 | |
| 8 | 存储保护和控制 | TLB 控制 | 保留 |
| 9 | 高速缓存和写缓存 | 高速缓存锁定 | |
| 10 | 存储保护和控制 | TLB 锁定 | 保留 |
| 11 | 保留 | | |
| 12 | 保留 | | |
| 13 | 进程标识符 | 进程标识符 | |
| 14 | 保留 | | |
| 15 | 因不同设计而异 | 因不同设计而异 | 因不同设计而异 |

### 1. CP15 中的寄存器 C0

寄存器 C0 中存放的是 ARM 相关的一些标识符。这个寄存器是只读的，当在 MRC 指令中指定不同的第 2 个操作码 epcode2 时，读取到的是不同的标识符。操作码 epcode2 对应的标识符如表 5.2 所示。

表 5.2　操作码 epcode2 对应的标识符

| epcode2 编码 | 对应的标识符寄存器 |
|---|---|
| 0b000 | 主标识符寄存器 |
| 0b001 | Cache 类型标识符寄存器 |
| 其他 | 保留 |

在这些 epcode2 可能的取值中，主标识符是必须定义的，其他的标识符规范推荐定义。如果在使用指令 MRC 读取寄存器 C0 时，操作码 epcode2 指定的值是未定义的，指令将返回主标识符。因而其他标识符定义的值应该与主标识符不同，这样在读取其他标识符时应同时读取主标识符。如果两个标识符的值相同，说明未定义该标识符；如果两个标识符的值不相同，说明定义了该标识符，并且得到该标识符的值。

1)　标识符寄存器

读取 CP15 的主标识寄存器的指令示例如下，该指令将主标识符寄存器的内容读取到 ARM 寄存器 R0 中：

```
MRC P15,0,R0,C0,C0,0
```

主标识符的编码格式对于不同的 ARM 处理器版本有所不同，其位[15:12]标识了不同的处理器版本。具体对应关系如表 5.3 所示。

表 5.3　主标识符中位[15:12]的含义

| 位[15:12]的取值 | 表示的处理器版本 |
|---|---|
| 0x0 | ARM7 之前的处理器 |
| 0x7 | ARM7 处理器 |
| 其他 | ARM7 之后的处理器 |

下面分别介绍对应不同处理器的主标识符的编码格式。

(1)　ARM7 之后的处理器

对于 ARM7 之后的处理器，其主标识符的编码格式如下：

| 30　　24 | 23　　20 | 19　　16 | 15　　4 | 3　　0 |
|---|---|---|---|---|
| 由生产商确定 | 产品子编号 | ARM 体系版本号 | 产品主编号 | 处理器版本号 |

其中，各部分的编码含义如表 5.4 所示。

表 5.4　ARM7 之后的处理器的主标识符中各位的含义

| 编码中的位 | 含　义 |
|---|---|
| 位[3:0] | 生产商定义的处理器版本号 |
| 位[15:4] | 生产商定义的产品主编号。<br>可能的取值为 0x0～0x7 |
| 位[19:16] | ARM 体系的版本号，可能的取值如下。其他值由 ARM 公司保留将来使用。<br>0x1：ARM 体系版本 4。<br>0x2：ARM 体系版本 4T。<br>0x3：ARM 体系版本 5。<br>0x4：ARM 体系版本 5T。<br>0x5：ARM 体系版本 5TE |
| 位[23:20] | 生产商定义的产品子编号。当产品主编号相同时，使用子编号区分不同的产品子类，如产品中不同的高速缓存的大小等 |
| 位[31:24] | 生产商的编号现已定义的有以下值。其他值由 ARM 公司保留将来使用。<br>0x41：=A，ARM 公司。<br>0x44：=D，Digital Equipment 公司。<br>0x69：=I，Intel 公司 |

(2)　ARM7 处理器

对于 ARM7 处理器，其主标识符的编码格式如下。其中编码中位[15:12]的值为 0x7。

| 31　　　　24 | 23 | 22　　　　16 | 15　　　　4 | 3　　　　0 |
|---|---|---|---|---|
| 由生产商确定 | A | 产品子编号 | 产品主编号 | 处理器版本号 |

其中，各部分的编码含义如表 5.5 所示。

表 5.5　ARM7 处理器的主标识符中各位的含义

| 编码中的位 | 含　义 |
|---|---|
| 位[3:0] | 生产商定义的处理器版本号 |
| 位[15:4] | 生产商定义的产品主编号。<br>其最高 4 位的值为 0x7 |
| 位[22:16] | 生产商定义的产品子编号。当产品主编号相同时，使用子编号区分不同的产品子类，如产品中不同的高速缓存的大小等 |
| 位[23:20] | ARM7 处理器支持以下两种 ARM 体系的版本号。<br>0x0：ARM 体系版本 3。<br>0x1：ARM 体系版本 4T |
| 位[31:24] | 生产商的编号现已定义的有以下值。其他值由 ARM 公司保留将来使用。<br>0x41：=A，ARM 公司。<br>0x44：=D，Digital Equipment 公司。<br>0x69：=I，Intel 公司 |

(3) ARM7 之前的处理器

对于 ARM7 之前的处理器，其主标识符的编码格式如下。其中，编码中位[15:12]的值为 0x0。

其中，各部分的编码含义如表 5.6 所示。

表 5.6 ARM7 之前处理器的主标识符中各位的含义

| 编码中的位 | 含 义 |
| --- | --- |
| 位[3:0] | 生产商定义的处理器版本号 |
| 位[31:4] | 处理器标识符及其含义如下。<br>0x4156030：ARM3(ARM 体系版本 2)<br>0x4156060：ARM600(ARM 体系版本 4)<br>0x4156061：ARM610(ARM 体系版本 4)<br>0x4156062：ARM620(ARM 体系版本 4) |

2) Cache 类型标识符寄存器

读取 CP15 的 Cache 类型标识符寄存器的指令示例如下，指令将 Cache 类型标识符寄存器的内容读取到 ARM 寄存器 R0 中：

```
MRC P15,0,R0,C0,C0,1
```

Cache 类型标识符定义了关于 Cache 的信息，具体包括以下部分。

- 系统中的数据 Cache 和指令 Cache 是分开的还是统一的。
- Cache 的容量、块大小以及关联特性。
- Cache 类型是写通的(Write-through)还是写回的(Write-back)。
- 对于写回(Write-back)类型的 Cache 如何有效清除 Cache 内容。
- Cache 是否支持内容锁定。

关于 Cache 的基本概念和原理，在后面将有具体介绍，这里主要介绍 Cache 类型标识符寄存器各控制字段的含义，其编码格式如下。

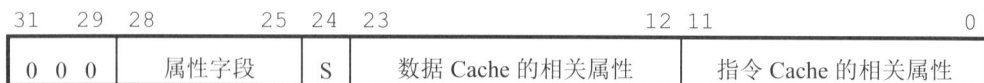

| 31 29 | 28 25 | 24 | 23 12 | 11 0 |
| --- | --- | --- | --- | --- |
| 0 0 0 | 属性字段 | S | 数据 Cache 的相关属性 | 指令 Cache 的相关属性 |

其中，各部分控制位的含义如表 5.7 所示。

下面详细介绍 Cache 类型标识符寄存器各控制字段的含义。

(1) 控制字段位[28:25]的含义

Cache 类型标识符寄存器控制字段位[28:25]主要用于定义写回(Write-back)类型的 Cache 的一些属性，包括 Cache 内容的清除方法及内容锁定方法。这个字段含义的编码及含义如表 5.8 所示。

表 5.7　Cache 类型标识符寄存器各字段的含义

| 寄存器中的控制字段 | 含　义 |
| --- | --- |
| 位[28:25] | 指定除了控制字段位[24:0]指定的属性之外的 Cache 的其他属性 |
| 位[24] | 定义系统中的数据 Cache 和指令 Cache 是分开的还是统一的，取值及其含义如下。<br>0：系统使用统一的数据 Cache 和指令 Cache；<br>1：系统使用分开的数据 Cache 和指令 Cache |
| 位[23:12] | 定义数据 Cache 的相关属性。<br>当位[24]为 0 时，本字段定义了整个 Cache 的属性 |
| 位[11:0] | 定义指令 Cache 的相关属性。<br>当位[24]为 0 时，本字段定义了整个 Cache 的属性 |

表 5.8　类型标识符寄存器控制字段位[28:25]的含义

| 编　码 | Cache 类型 | Cache 内容的清除方法 | Cache 内容的锁定方法 |
| --- | --- | --- | --- |
| 0b0000 | 写通类型 | 不需要内容清除 | 不支持内容锁定 |
| 0b0001 | 写回类型 | 数据块读取 | 不支持内容锁定 |
| 0b0010 | 写回类型 | 由寄存器 7 定义 | 不支持内容锁定 |
| 0b0110 | 写回类型 | 由寄存器 7 定义 | 支持格式 A，详细信息在后面介绍 |
| 0b0111 | 写回类型 | 由寄存器 7 定义 | 支持格式 B，详细信息在后面介绍 |

(2)　控制字段位[23:12]及[11:0]的含义

控制字段位[23:12]用于定义数据 Cache 的属性，控制字段位[11:0]用于定义指令 Cache 的属性。控制字段位[23:12]和控制字段位[11:0]的结构相同。其中主要定义了 Cache 的容量、块大小以及相关特性。具体编码及含义如下。

| 11　　9 | 8　　6 | 5　　3 | 2 | 1　　0 |
| --- | --- | --- | --- | --- |
| 0　0　0 | Cache 容量 | Cache 相关特性 | M | 块大小 |

其中：

- 位[11:9]保留，用于将来扩展。
- 位[8:6]定义 Cache 的容量，其编码格式及含义如表 5.9 所示。
- 位[1:0]定义 Cache 的块大小，其编码格式及含义如表 5.10 所示。
- 位[5:3]定义 Cache 的相关特性，其编码格式及含义如表 5.11 所示。

### 2. CP15 中的寄存器 C1

CP15 中的寄存器 C1 是一个控制寄存器，它包括以下控制功能。

- 禁止/使能 MMU 以及其他的与存储系统相关的功能。
- 配置存储系统以及 ARM 处理器中相关部分的工作方式。

表 5.9　类型标识符寄存器控制字段位[8:6]的含义

| 编　码 | M=0 时的含义 | M=1 时的含义 |
| --- | --- | --- |
| 0b000 | 0.5KB | 0.75KB |
| 0b001 | 1KB | 1.5KB |
| 0b010 | 2KB | 3KB |
| 0b011 | 4KB | 6KB |
| 0b100 | 8KB | 12KB |
| 0b101 | 16KB | 24KB |
| 0b110 | 32KB | 48KB |
| 0b111 | 64KB | 96KB |

表 5.10　类型标识符寄存器控制字段位[1:0]的含义

| 编　码 | Cache 块的大小 |
| --- | --- |
| 0b00 | 2 个字(8 字节) |
| 0b01 | 4 个字(16 字节) |
| 0b10 | 8 个字(32 字节) |
| 0b11 | 16 个字(64 字节) |

表 5.11　类型标识符寄存器控制字段位[5:3]的含义

| 编　码 | M=0 时的含义 | M=1 时的含义 |
| --- | --- | --- |
| 0b000 | 1 路相关(直接映射) | 没有 Cache |
| 0b001 | 2 路相关 | 3 路相关 |
| 0b010 | 4 路相关 | 6 路相关 |
| 0b011 | 8 路相关 | 12 路相关 |
| 0b100 | 16 路相关 | 24 路相关 |
| 0b101 | 32 路相关 | 48 路相关 |
| 0b110 | 64 路相关 | 96 路相关 |
| 0b111 | 128 路相关 | 192 路相关 |

通过 MRC 指令可以将寄存器 C1 中的值读取到 ARM 寄存器 R0 中，这时 CRm 及 opcode2 的值应为 0。例如，下面的指令可以将寄存器 C1 的值读取到 ARM 寄存器 R0 中：

```
MRC P15,0,R0,C1,0,0
```

通过 MCR 指令，可以将 ARM 寄存器 R0 中的值写入寄存器 C1 中，这时 CRm 及 opcode2 的值应为 0。例如，下面的指令可以将寄存器 C1 的值读取到 ARM 寄存器 R0 中：

```
MCR P15,0,R0,C1,0,0
```

在寄存器 C1 中包含一些现在没有使用的位，这些位将来可能在扩展其他功能时使用。因此，为了使编写的代码在将来不造成麻烦，在修改寄存器 C1 中的位时，应使用“读取—修改特定位—写入”的操作序列。例如，下面的代码序列使能 MMU：

```
MRC P15,0,R0,C1,0, 0
ORR R0,#01
MCR P15,0,R0,C1,0,0
```

寄存器 C1 的编码格式如下。

| 31　　16 | 15 | 14 | 13 | 12 | 11 | 10 | 9 | 8 | 7 | 6 | 5 | 4 | 3 | 2 | 1 | 0 |
|---|---|---|---|---|---|---|---|---|---|---|---|---|---|---|---|---|
| SBZP/UNP | L4 | RR | V | I | Z | F | R | S | B | L | D | P | W | C | A | M |

寄存器 C1 中，各控制字段的含义如表 5.12 所示。

表 5.12　寄存器 C1 中各控制字段的含义

| C1 中的控制字段 | 含　义 |
|---|---|
| M(bit[0]) | 禁止/使能 MMU 或者 PU。<br>0：禁止 MMU 或者 PU。<br>1：使能 MMU 或者 PU。<br>如果系统中没有 MMU 及 PU，读取时该位返回 0，写入时忽略该位 |
| A(bit[1]) | 对于可以选择是否支持内存访问时地址对齐检查的系统，本位禁止/使能地址对齐检查功能。<br>0：禁止地址对齐检查功能。<br>1：使能地址对齐检查功能。<br>对于内存访问时地址对齐检查功能不可选择的那些系统，即系统或者支持内存访问时的地址对齐检查功能，或者不支持内存访问时的地址对齐检查功能。读取时，该位根据系统是否支持地址对齐检查功能返回 0 或者 1，写入时忽略该位 |
| C(bit[2]) | 当数据 Cache 和指令 Cache 分开时，本控制位禁止/使能数据 Cache；当数据 Cache 和指令 Cache 统一时，该控制位禁止/使能整个 Cache。<br>0：禁止 Cache。<br>1：使能 Cache。<br>如果系统中不含 Cache，读取时该位返回 0，写入时忽略该位。<br>当系统中的 Cache 不能禁止时，读取时该位返回 1，写入时忽略该位 |
| W(bit[3]) | 禁止/使能写入缓冲。<br>0：禁止写入缓冲。<br>1：使能写入缓冲。<br>如果系统中不含写入缓冲，读取时该位返回 0，写入时忽略该位。<br>当系统中的写入缓冲不能禁止时，读取时该位返回 1，写入时忽略该位 |

续表

| C1 中的控制字段 | 含 义 |
| --- | --- |
| P(bit[4]) | 对于向前兼容 26 位地址的 ARM 处理器，本控制位控制 PROG32 控制信号。<br>0：异常中断处理程序进入 32 位地址的模式。<br>1：异常中断处理程序进入 26 位地址的模式。<br>如果系统中不支持向前兼容 26 位地址，读取时该位返回 1，写入时忽略该位 |
| D(bit[5]) | 对于向前兼容 26 位地址的 ARM 处理器，本控制位控制 DATA32 控制信号。<br>0：禁止 26 位地址异常检查。<br>1：使能 26 位地址异常检查。<br>如果系统中不支持向前兼容 26 位地址，读取时该位返回 1，写入时忽略该位 |
| L(bit[6]) | 对于 ARMv3 及以前的版本，本控制位可以控制处理器的中止模型。<br>0：选择早期中止模型。<br>1：选择后期中止模型。<br>对于以后的处理器，读取时该位返回 1，写入时忽略该位 |
| B(bit[7]) | 对于存储系统同时支持 Big-endian 和 Little-endian 的 ARM 系统，本控制位配置系统选用哪种内存模式。<br>0：选择 Little-endian。<br>1：选择 Big-endian。<br>对于只支持 Little-endian 的系统，读取时该位返回 0，写入时忽略该位。<br>对于只支持 Big-endian 的系统，读取时该位返回 1，写入时忽略该位 |
| S(bit[8]) | 在基于 MMU 的存储系统中，本控制位用作系统保护，详细的信息在后面 MMU 部分中将介绍 |
| R(bit[9]) | 在基于 MMU 的存储系统中，本控制位用作 ROM 保护，详细的信息在后面 MMU 部分中将介绍 |
| F(bit[10]) | 本控制位由生产商定义 |
| Z(bit[11]) | 对于支持跳转预测的 ARM 系统，本控制位禁止/使能跳转预测功能。<br>0：禁止跳转预测功能。<br>1：使能跳转预测功能。<br>对于不支持跳转预测的 ARM 系统，读取时该位返回 0，写入时忽略该位 |
| I(bit[12]) | 当数据 Cache 和指令 Cache 是分开的时，本控制位禁止/使能指令 Cache。<br>0：禁止指令 Cache。<br>1：使能指令 Cache。<br>如果系统中使用统一的指令 Cache 和数据 Cache 或者系统中不含 Cache，读取时该位返回 0，写入时忽略该位。当系统中的指令 Cache 不能禁止时，读取时该位返回 1，写入时忽略该位 |
| V(bit[13]) | 对于支持高端异常中断向量表的系统，本控制位控制向量表的位置。<br>0：选择 0x00000000～0x0000001c。<br>1：选择 0xFFFF0000～0xFFFF001c。<br>对于不支持高端异常中断向量表的系统，读取时该位返回 0，写入时忽略该位 |

续表

| C1 中的控制字段 | 含　义 |
|---|---|
| RR(bit[14]) | 如果系统中 Cache 的淘汰算法可以选择的话，本控制位选择淘汰算法。<br>0：选择常规的淘汰算法，如随机淘汰算法。<br>1：选择预测性的淘汰算法，如 round-robin 淘汰算法。<br>如果系统中 Cache 的淘汰算法不可选择，写入该位时将被忽略；读取该位时，根据其淘汰算法是否可以比较，简单地预测最坏情况，返回 0 或者 1 |
| L4(bit[15]) | 对于 ARM 版本 5 及以上的版本，本控制位可以提供兼容以前的 ARM 版本的功能。<br>0：保持当前 ARM 版本正常的功能。<br>1：对于一些根据跳转地址的位[0]进行状态切换的指令，忽略位[0]，不进行状态切换，保持与以前的 ARM 版本兼容。<br>这个控制位可以影响以下指令：LDM(1)、LDR 和 POP。<br>对于 ARM 版本 5 以前的处理器，该位没有使用，应作为 UNP/SBZP。<br>对于 ARM 版本 5 及以后的处理器，如果不支持向前兼容的属性，读取时该位返回 0，写入时忽略该位 |
| Bits[31:16] | 这些位保留将来使用，应为 UNP/SBZP |

# 5.3　存储器管理单元 MMU

## 5.3.1　存储器管理单元 MMU 概述

在 ARM 系统中，存储器管理单元 MMU 主要完成以下工作。

- 虚拟存储空间到物理存储空间的映射。在 ARM 中采用了页式虚拟存储管理。它把虚拟地址空间分成一个个固定大小的块，每一块称为一页，把物理内存的地址空间也分成同样大小的页。页的大小可以分为粗粒度和细粒度两种。MMU 就要实现从虚拟地址到物理地址的转换。
- 存储器访问权限的控制。
- 设置虚拟存储空间的缓冲特性。

页表(Translate Table)是实现上述这些功能的重要手段，它是一个位于内存中的表。表的每一行对应于虚拟存储空间的一页，该行包含了该虚拟内存页(称为虚页)对应的物理内存页(称为实页)的地址、该页的访问权限和该页的缓冲特性等。这里将页表中这样的一行称为一个地址变换条目(Entry)。

页表存放在内存中，系统通常用一个寄存器来保存页表的基地址。在 ARM 中，系统控制协处理器 CP15 的寄存器 C2 用来保存页表的基地址。

从虚拟地址到物理地址的变换过程其实就是查询页表的过程，由于页表存放在内存中，这个查询过程通常代价很大。而程序在执行过程中具有局部性，因此，对页表中各存储器的访问并不是完全随机的。也就是说，在一段时间内，对页表的访问只是局限在少数几个单元中。根据这一特点，采用一个容量更小(通常为 8～16 个字)、访问速度和 CPU 中通用寄存器相当的存储器件来存放当前访问需要的地址变换条目。这个小容量的页表称为

快表。快表在英文资料中被称为 TLB(Translation Lookaside Buffer)。

当 CPU 需要访问内存时，先在 TLB 中查找需要的地址变换条目。如果该条目不存在，CPU 从位于内存中的页表中查询，并把相应的结果添加到 TLB 中。这样，当 CPU 下一次又需要该地址变换条目时，就可以从 TLB 中直接得到了，从而使地址变换的速度大大加快。

当内存中的页表内容改变，或者通过修改系统控制协处理器 CP15 的寄存器 C2 使用新的页表时，TLB 中的内容需要全部清除。MMU 提供了相关的硬件支持这种操作。系统控制协处理器 CP15 的寄存器 C8 用来控制清除 TLB 内容的相关操作。

MMU 可以将某些地址变换条目锁定(Locked Down)在 TLB 中，从而使得进行与该地址变换条目相关的地址变换速度保持很快。在 MMU 中，寄存器 C10 用于控制 TLB 内容的锁定。

MMU 可以将整个存储空间分为最多 16 个域(Domain)。每个域对应一定的内存区域，该区域具有相同的访问控制属性。MMU 中，寄存器 C3 用于控制与域相关的属性的配置。

当存储访问失效时，MMU 提供了相应的机制用于处理这种情况。在 MMU 中，寄存器 C5 和寄存器 C6 用于支持这些机制。

与 MMU 操作相关的寄存器如表 5.13 所示。

表 5.13　与 MMU 操作相关的寄存器

| 寄 存 器 | 作　用 |
|---|---|
| 寄存器 C1 中的某些位 | 用于配置 MMU 中的一些操作 |
| 寄存器 C2 | 保存内存中页表的基地址 |
| 寄存器 C3 | 设置域(Domain)的访问控制属性 |
| 寄存器 C4 | 保留 |
| 寄存器 C5 | 内存访问失效状态指示 |
| 寄存器 C6 | 内存访问失效时失效的地址 |
| 寄存器 C8 | 控制与清除 TLB 内容相关的操作 |
| 寄存器 C10 | 控制与锁定 TLB 内容相关的操作 |

## 5.3.2　禁止/使能 MMU

CP15 的寄存器 C1 的位[0]用于控制禁止/使能 MMU。当 CP15 的寄存器 C1 的位[0]设置成 0 时，禁止 MMU；当 CP15 的寄存器 C1 的位[0]设置成 1 时，使能 MMU。下面的指令使能 MMU：

```
MRC P15,0,R0,C1,0, 0
ORR R0,#01
MCR P15,0,R0,C1,0,0
```

### 1. 使能 MMU 时存储访问过程

当 ARM 处理器请求存储访问时，首先在 TLB 中查找虚拟地址。如果系统中数据 TLB

和指令 TLB 是分开的，在取指令时，从指令 TLB 查找相应的虚拟地址，对于其他的内存访问操作，从数据 TLB 中查找相应的虚拟地址。

如果该虚拟地址对应的地址变换条目不在 TLB 中，CPU 从位于内存中的页表中查询对应于该虚拟地址的地址变换条目，并把相应的结果添加到 TLB 中。如果 TLB 已经满了，还需要根据一定的淘汰算法进行替换。这样，当 CPU 下一次又需要该地址变换条目时，可以从 TLB 中直接得到，从而使地址变换的速度大大增加。

当得到了需要的地址变换条目后，将进行以下操作。

(1) 得到该虚拟地址对应的物理地址。

(2) 根据条目中的 C(Cacheable)控制位和 B(Bufferable)控制位决定是否缓存该内存访问的结果。

(3) 根据存取权限控制位和域访问控制位确定该内存访问是否被允许。如果该内存访问不被允许，CP15 向 ARM 处理器报告存储访问中止。

(4) 对于不允许缓存(Uncached)的存储访问，使用步骤(1)中得到的物理地址访问内存。对于允许缓存(Cached)的存储访问，如果 Cache 命中，则忽略物理地址；如果 Cache 没有命中，则使用步骤(1)中得到的物理地址访问内存，并把该块数据读取到 Cache 中。

图 5.1 是允许缓存(Cached)的 MMU 存储访问示意图。

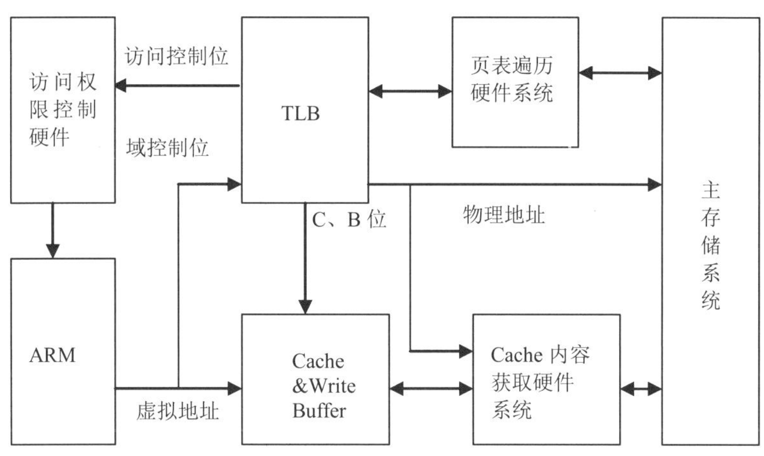


图 5.1　允许缓存的 MMU 存储访问

### 2. 禁止 MMU 时存储访问过程

当禁止 MMU 时，存储访问规则如下。

- 当禁止 MMU 时，是否支持 Cache 和 Write Buffer 由各个具体芯片的设计确定。如果芯片规定当禁止 MMU 时禁止 Cache 和 Write Buffer，则存储访问将不考虑 C、B 控制位。如果芯片规定当禁止 MMU 时可以使能 Cache 和 Write Buffer，则数据访问时，C=0，B=0；指令读取时，如果使用分开的 TLB，则 C=1，如果使用统一的 TLB，则 C=0。
- 存储访问不进行权限控制，MMU 也不会产生存储访问中止信号。
- 所有的物理地址和虚拟地址相等，即使用普通存储模式。

### 3. 禁止/使能 MMU 时应注意的问题

禁止/使能 MMU 时，应注意以下几点。

- 在使能 MMU 之前，要在内存中建立页号表，同时 CP15 中的各相关寄存器必须完成初始化。
- 如果使用的不是普通存储模式(物理地址和对应的虚拟地址相等)，在禁止/使能 MMU 时，虚拟地址和物理地址的对应关系会发生改变，这时应清除 Cache 中的当前地址变换条目。
- 如果完成禁止/使能 MMU 代码的物理地址和虚拟地址不相同，则禁止/使能 MMU 时将会带来很大的麻烦，因此强烈建议完成禁止/使能 MMU 的代码的物理地址和虚拟地址最好相同。

## 5.3.3 MMU 中的地址变换过程

前面已经介绍过，虚拟存储空间到物理存储空间的映射是以内存块为单位进行的。即虚拟存储空间中一块连续的存储空间被映射成物理存储空间中同样大小的一块连续存储空间。在页表中(TLB 中也是一样的)，每一个地址变换条目实际上记录了一个虚拟存储空间的存储块的基地址与物理存储空间相应的一个存储块的基地址的对应关系。根据存储块大小，可以有多种地址变换。

ARM 支持的存储块大小有以下几种。

- 段(section)：是大小为 1MB 的存储块。
- 大页(Large Pages)：是大小为 64KB 的存储块。
- 小页(Small Pages)：是大小为 4KB 的存储块。
- 极小页(Tiny Pages)：是大小为 1KB 的存储块。

通过采用另外的访问控制机制，还可以将大页分成大小为 16KB 的子页；将小页分成大小为 1KB 的子页；极小页不能再细分，只能以 1KB 大小的整页为单位。

在 MMU 中采用以下两级页表实现上述地址映射。

- 一级页表中包含有以段为单位的地址变换条目以及指向二级页表的指针。一级页表实现的地址映射粒度较大。
- 二级页表中包含以大页和小页为单位的地址变换条目。其中，一种类型的二级页表还包含有以极小页为单位的地址变换条目。

通常，以段为单位的地址变换过程只需要一级页表。而以页为单位的地址变换过程还需要二级页表。下面介绍这些地址变换过程。

### 1. 基于一级页表的地址变换过程

1) 一级地址变换过程

这里将只涉及一级页表的地址变换过程称为一级地址变换过程。

一级地址变换过程如图 5.2 所示。CP15 的寄存器 C2 中存放的是内存中页表的基地址。其中位[31:14]为内存中页表的基地址，位[13:0]为 0。因此一级页表的基地址必须是 16KB 对齐的。CP15 的寄存器 C2 的位[31:14]和虚拟地址的位[31:20]结合，作为一个 32 位数的高 30 位，再将该 32 位数的低两位置为 00，从而形成一个 32 位的索引值。使用该 32

位的索引值从页表中可以查到一个 4 字节的地址变换条目。该条目中或者包含了一个一级描述符(First-level Descriptor)，或者包含了一个指向二级页表的指针。

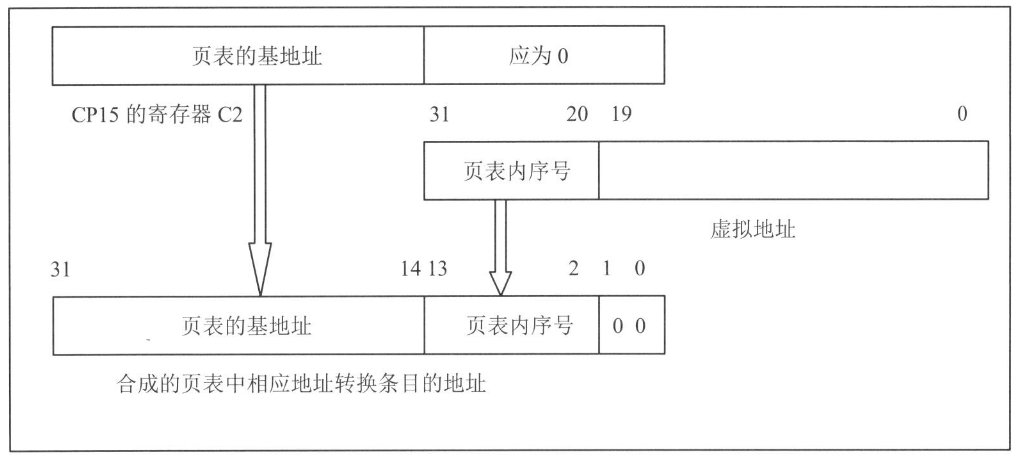


图 5.2　一级地址变换过程

根据以上地址变换过程，可以得到页表中相应的地址变换条目。该条目称为一级描述符。一级描述符定义了与之相应的 1MB 存储空间是如何映射的。一级描述符的位[1:0]定义了该一级描述符的类型，共有以下 4 种格式的一级描述符。

- 如果位[1:0]为 0b00，相应的 1MB 虚拟存储空间没用被映射到物理存储空间，因而访问该存储空间将产生地址变换失效信号。MMU 硬件没有使用位[31:2]，软件可以使用它。
- 如果位[1:0]为 0b10，该一级描述符为段描述符(Section Descriptor)，段描述符定义了对应的 1MB 的虚拟存储空间的地址映射关系。
- 如果位[1:0]为 0b01，该一级描述符中包含了粗粒度的二级页表的物理地址。该粗粒度的二级页表定义了对应的 1MB 的虚拟存储空间的地址映射关系。它可以实现以大页和小页为单位的地址映射。
- 如果位[1:0]为 0b11，该一级描述符中包含了细粒度的二级页表的物理地址。该细粒度的二级页表定义了对应的 1MB 的虚拟存储空间的地址映射关系。它可以实现以大页、小页和极小页为单位的地址映射。

一级描述符可能的格式如图 5.3 所示。

| | 31　20 | 19　12 | 11 10 | 9 | 8　5 | 4 | 3 | 2 | 1 | 0 |
|---|---|---|---|---|---|---|---|---|---|---|
| 无效 | | | | | | | | | 0 | 0 |
| 粗表 | 粗粒度二级页表的基地址 | | | 0 | 域 | 用户定义 | | | 0 | 1 |
| 段 | 段基地址 | 应为 0 | AP | 0 | 域 | | C | B | 1 | 0 |
| 细页 | 细粒度二级页表的基地址 | | 应为 0 | | 域 | 用户定义 | | | 1 | 1 |

图 5.3　一级描述符可能的格式

2) 段描述符及其地址变换过程

当一级描述符的位[1:0]为 0b10 时，该一级描述符为段描述符(Section Descriptor)，其格式如下。

| 31–20 | 19–12 | 11–10 | 9 | 8–5 | 4 | 3 | 2 | 1 | 0 |
|---|---|---|---|---|---|---|---|---|---|
| 段基地址 | 应为 0 | A P | 0 | 域 | | C | B | 1 | 0 |

其中，各字段的含义如表 5.14 所示。

**表 5.14 段描述符中各字段含义**

| 字 段 | 含 义 |
|---|---|
| 位[1:0] | 一级描述符的类型标识 |
| 位[3:2] | C、B 控制位 |
| 位[4] | 由用户定义 |
| 位[8:5] | 本段所在的域的标识符 |
| 位[9] | 当前未使用，应为 0 |
| 位[11:10] | 访问权限控制位，在前面已经有详细介绍 |
| 位[19:12] | 当前未使用，应为 0 |
| 位[31:20] | 该段对应的物理空间的基地址的高 12 位 |

基于段的地址变换过程如图 5.4 所示。

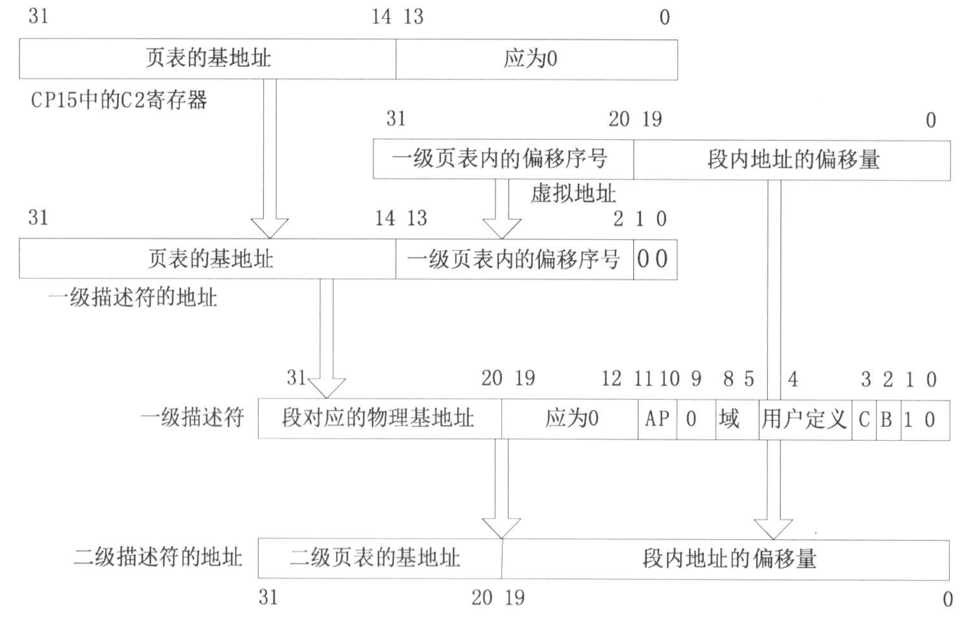


图 5.4 基于段的地址变换过程

3) 粗粒度页表描述符

当一级描述符的位[1:0]为 0b01 时，该一级描述符中包含了粗粒度的二级页表的物理地址，这种一级描述符称为粗粒度页表描述符。其格式如下。

| 31　　　　　　　　　　　10 | 9 | 8　　5 | 4　　2 | 1 | 0 |
|---|---|---|---|---|---|
| 粗粒度二级页表的基地址 | 0 | 域 | 用户定义 | 0 | 1 |

其中，各字段的含义如表 5.15 所示。

表 5.15　粗粒度页表描述符中各字段的含义

| 字　段 | 含　义 |
|---|---|
| 位[1:0] | 一级描述符的类型标识 |
| 位[4:2] | 由用户定义 |
| 位[8:5] | 本段所在的域的标识符 |
| 位[9] | 当前未使用，应为 0 |
| 位[31:10] | 粗粒度二级页表的基地址，该地址是 1KB 对齐的 |

由粗粒度页表描述符获取二级描述符(Second-level Descriptor)的过程如图 5.5 所示。

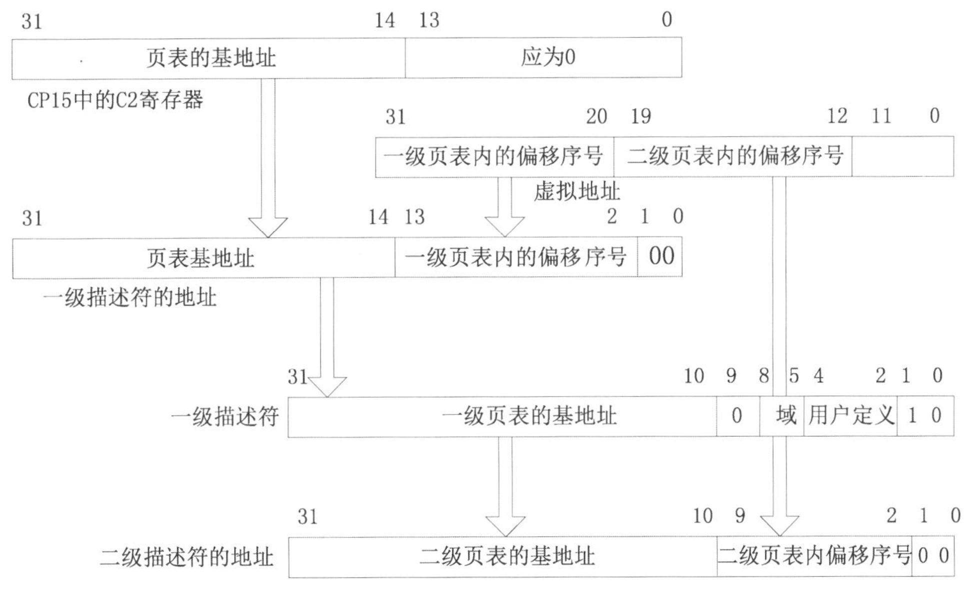


图 5.5　由粗粒度页表描述符获取二级描述符的过程

4)　细粒度页表描述符

当一级描述符的位[1:0]为 0b11 时，该一级描述符中包含了细粒度的二级页表的物理地址，称为细粒度页表描述符。其格式如下。

| 31　　　　　　　　　　　12 | 11　　9 | 8　　5 | 4　　2 | 1 | 0 |
|---|---|---|---|---|---|
| 细粒度二级页表的基地址 | 0 | 域 | 用户定义 | 0 | 1 |

其中，各字段的含义如表 5.16 所示。

表 5.16　细粒度页表描述符中各字段的含义

| 字　段 | 含　义 |
|---|---|
| 位[1:0] | 一级描述符的类型标识 |
| 位[4:2] | 由用户定义 |
| 位[8:5] | 本段所在的域的标识符 |
| 位[11:9] | 当前未使用，应为 0 |
| 位[31:10] | 细粒度二级页表的基地址，该地址是 4KB 对齐的 |

由细粒度页表描述符获取二级描述符的过程如图 5.6 所示。

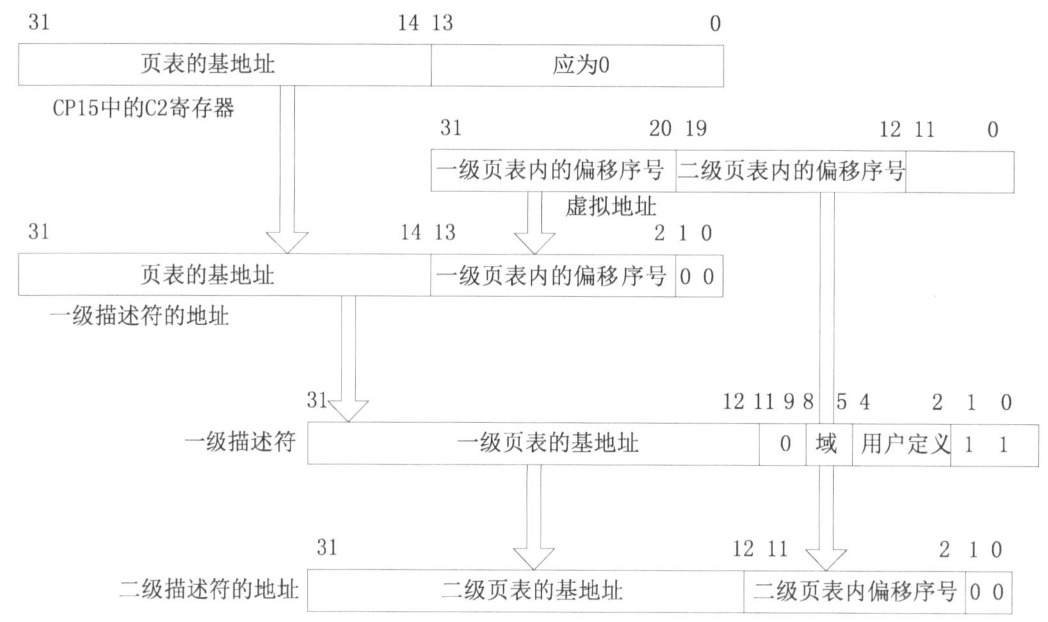


图 5.6　由细粒度页表描述符获取二级描述符的过程

### 2. 基于二级页表的地址变换过程

二级页表有两种：粗粒度的二级页表和细粒度的二级页表。

粗粒度的二级页表以 4KB 为单位进行地址映射，即粗粒度二级页表中每个地址变换条目定义了如何将一个 4KB 大小的虚拟空间映射到同样大小的物理空间，同时定义了该空间的访问权限以及域控制属性等。由于每个粗粒度的二级页表定义了 1MB 大小的虚拟空间的映射关系，而每个条目定义了 4KB 大小的虚拟空间的映射关系，每个条目的大小为 4 字节，因而每个粗粒度的二级页表的大小为 1KB。

细粒度的二级页表以 1KB 为单位进行地址映射，即细粒度的二级页表中每个地址变换条目定义了如何将一个 1KB 大小的虚拟空间映射到同样大小的物理空间，同时定义了该空间的访问权限一级域控制属性等。由于每个细粒度的二级页表定义了 1MB 大小的虚拟空间的映射关系，而每个条目定义了 1KB 大小的虚拟空间的映射关系，每个条目的大小为 4 字节，因而每个细粒度的二级页表的大小为 4KB。

ARM 中基于页的地址映射有以下 3 种方式。

- 大页：大小为 64KB 的存储块。
- 小页：大小为 4KB 的存储块。
- 极小页：大小为 1KB 的存储块。

页表中，用于描述一个虚拟存储页(虚页)地址映射关系的条目称为页描述符(Page Descriptor)。对于大页来说，其大小为 64KB，因而在粗粒度的二级页表中，对应有 16 个页描述符，在细粒度的二级页表中对应有 64 个页描述符。对于小页来说，其大小为 4KB，因而在粗粒度的二级页表中对应有 1 个页描述符，在细粒度的二级页表中对应有 4 个页描述符。

综上所述，页描述符有以下 4 种格式(见图 5.7)，其位[1:0]用于标识页描述符的格式。

- 如果位[1:0]为 0b00，相应的虚拟存储空间没使用，被映射到物理存储空间，因而访问该存储空间将产生地址变换失效信号。MMU 硬件没有使用位[31:2]，软件可以使用它。
- 如果位[1:0]为 0b10，该二级页描述符是一个小页的页描述符。该描述符定义了 4KB 的虚拟存储空间的地址映射关系。一个小页所对应的页描述符在细粒度的二级页表中重复 4 次。
- 如果位[1:0]为 0b01，该二级页描述符是一个大页的页描述符。该描述符定义了 64KB 的虚拟存储空间的地址映射关系。一个大页所对应的页描述符在粗粒度的二级页表中重复 16 次，它对应的页描述符在细粒度的二级页表中重复 64 次。
- 如果位[1:0]为 0b11，该二级页描述符是一个极小页的页描述符。该描述符定义了 1KB 的虚拟存储空间的地址映射关系。

| 31 … 16 | 15 … 12 | 11 10 | 9 8 | 7 6 | 5 4 | 3 | 2 | 1 0 |
|---|---|---|---|---|---|---|---|---|
| | | | | | | | | 0 0 |
| 大页基地址 | 应为 0 | AP3 | AP2 | AP1 | AP0 | C | B | 0 1 |
| 小页基地址 | | AP3 | AP2 | AP1 | AP0 | C | B | 1 0 |
| 极小页基地址 | | | 应为 0 | | AP | C | B | 1 1 |

图 5.7　4 种页描述符的格式

1) 大页描述符以及相关的地址变换

当页描述符的位[1:0]为 0b01 时，该二级描述符为大页描述符。其格式如下。

| 31 … 16 | 15 … 12 | 11 10 | 9 8 | 7 6 | 5 4 | 3 | 2 | 1 0 |
|---|---|---|---|---|---|---|---|---|
| 大页基地址 | 应为 0 | AP3 | AP2 | AP1 | AP0 | C | B | 0 1 |

其中各字段的含义如表 5.17 所示。

表 5.17　大页描述符各字段的含义

| 字　段 | 含　义 |
|---|---|
| 位[1:0] | 页描述符的类型标识 |
| 位[3:2] | C、B 控制位 |
| 位[11:4] | 访问权限控制位。一个大页分为 4 个子页。<br>AP0：子页 1 的访问权限控制位。<br>AP1：子页 2 的访问权限控制位。<br>AP2：子页 3 的访问权限控制位。<br>AP3：子页 4 的访问权限控制位 |
| 位[15:12] | 当前未使用，应为 0 |
| 位[31:16] | 该虚拟大页对应的物理页的基地址的高 16 位 |

大页地址变换过程如图 5.8 所示。

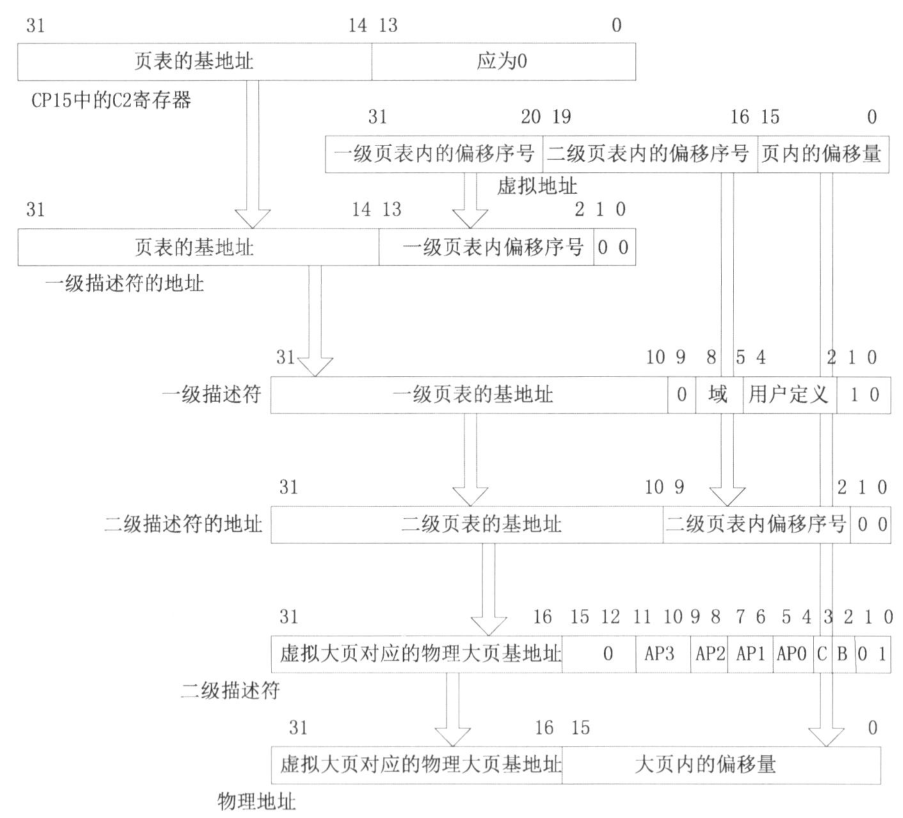


图 5.8　大页地址变换过程

2)　小页描述符以及相关的地址变换

当页描述符的位[1:0]为 0b10 时，该二级描述符为小页描述符。其格式如下。

| 31　　　　　　　　　　　12 | 11 10 | 9 8 | 7 6 | 5 4 | 3 | 2 | 1 0 |
|---|---|---|---|---|---|---|---|
| 小页的基地址 | AP3 | AP2 | AP1 | AP0 | C | B | 1 0 |

其中各字段的含义如表 5.18 所示。

表 5.18　小页描述符各字段的含义

| 字　段 | 含　义 |
|---|---|
| 位[1:0] | 页描述符的类型标识 |
| 位[3:2] | C、B 控制位 |
| 位[11:4] | 访问权限控制位。一个小页分为 4 个子页。<br>AP0：子页 1 的访问权限控制位。<br>AP1：子页 2 的访问权限控制位。<br>AP2：子页 3 的访问权限控制位。<br>AP3：子页 4 的访问权限控制位 |
| 位[31:12] | 该虚拟小页对应的物理页的基地址的高 20 位 |

小页地址变换过程如图 5.9 所示。

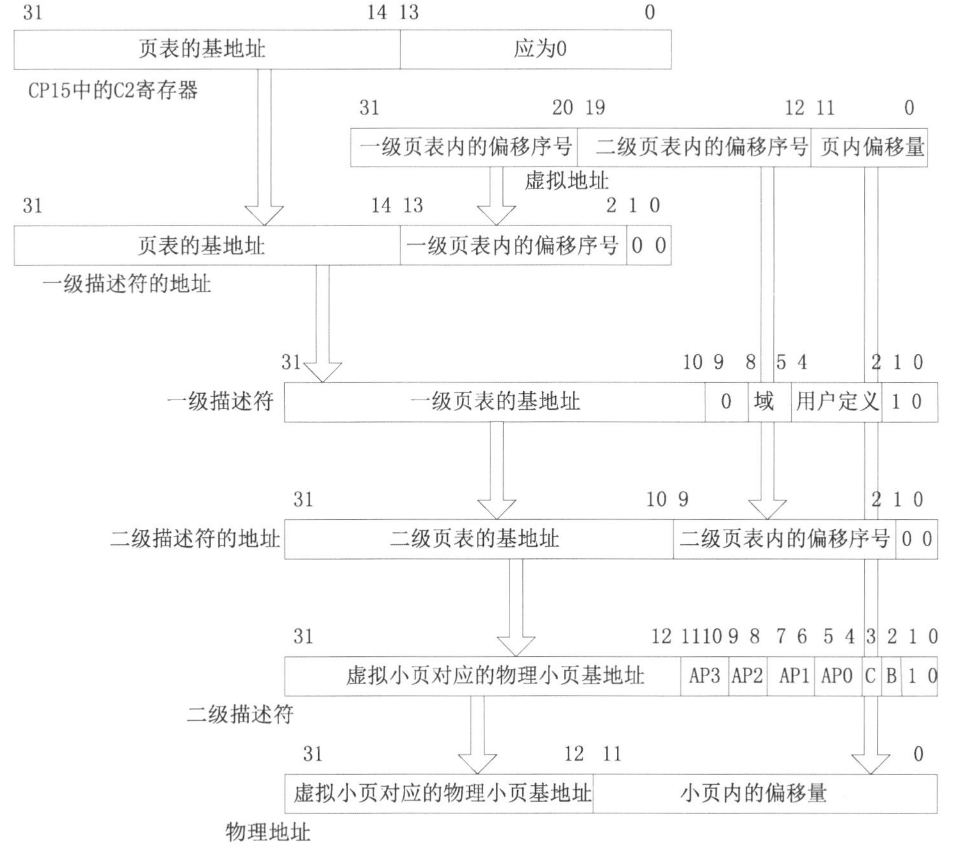


图 5.9　小页地址变换过程

3) 极小页描述符以及相关的地址变换

当页描述符的位[1:0]为 0b11 时，该二级描述符为极小页描述符。其格式如下。

其中各字段的含义如表 5.19 所示。

表 5.19 极小页描述符中各字段的含义

| 字 段 | 含 义 |
|---|---|
| 位[1:0] | 页描述符的类型标识 |
| 位[3:2] | C、B 控制位 |
| 位[5:4] | 访问权限控制位 |
| 位[9:6] | 当前未使用，应为 0 |
| 位[31:10] | 该虚拟极小页对应的物理页的基地址的高 22 位 |

极小页地址变换的过程如图 5.10 所示。

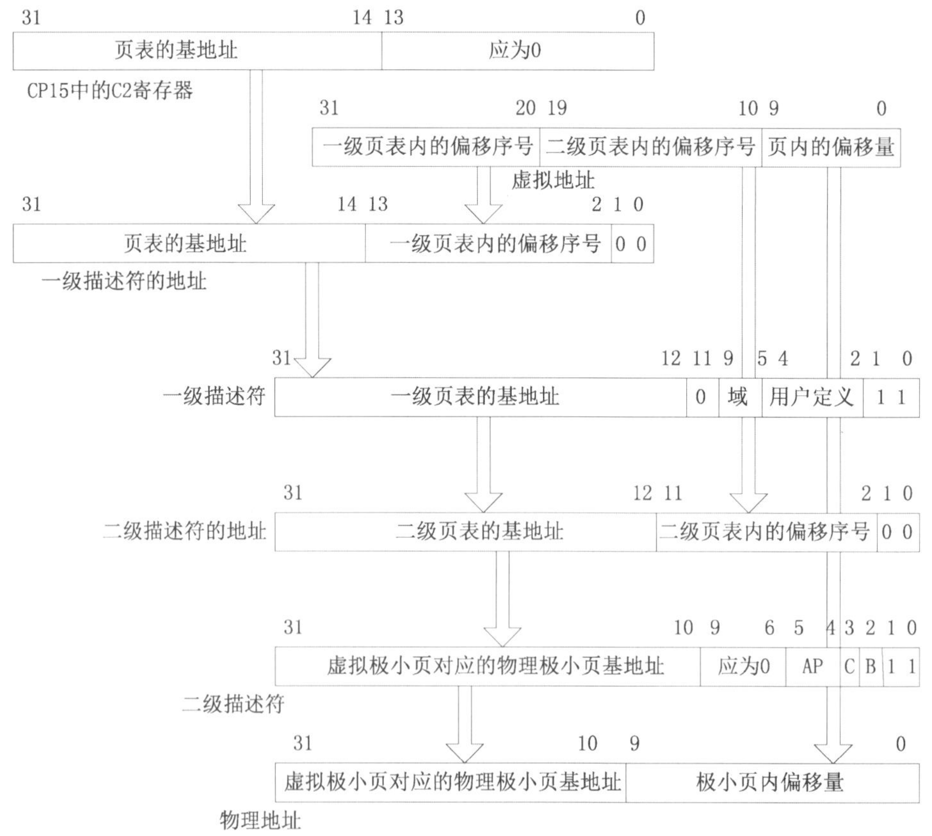


图 5.10 极小页地址变换过程

## 5.3.4　MMU 中的存储访问权限控制

在 MMU 中，寄存器 C1 的 R、S 控制位和页表中地址变换条目中的访问权限控制位联合作用，控制存储访问的权限。具体规则如表 5.20 所示。

表 5.20　MMU 中的存储访问权限控制

| AP | S　R | 特权级的访问权限 | 用户级的访问权限 |
|---|---|---|---|
| 0b00 | 0　0 | 没有访问权限 | 没有访问权限 |
| 0b00 | 1　0 | 只读 | 没有访问权限 |
| 0b00 | 0　1 | 只读 | 只读 |
| 0b00 | 1　1 | 不可预知 | 不可预知 |
| 0b01 | X　X | 读/写 | 没有访问权限 |
| 0b10 | X　X | 读/写 | 只读 |
| 0b11 | X　X | 读/写 | 读/写 |

## 5.3.5　MMU 中的域

MMU 中的域指的是一些段、大页或者小页的集合。ARM 支持最多 16 个域，每个域的访问控制特性由 CP15 中的寄存器 C3 中的两位来控制。这样就能很方便地将某个域的地址空间包含在虚拟存储空间中，或者排除在虚拟存储空间之外。

CP15 中的寄存器 C3 的格式如下。

| D15 | D14 | D13 | D12 | D11 | D10 | D9 | D8 | D7 | D6 | D5 | D4 | D3 | D2 | D1 | D0 |
|---|---|---|---|---|---|---|---|---|---|---|---|---|---|---|---|

其中，每两位控制一个域的访问控制特性，其编码及对应的含义如表 5.21 所示。

表 5.21　域的访问控制字段编码及含义

| 控制位编码 | 访问类型 | 含　义 |
|---|---|---|
| 0b00 | 没有访问权限 | 这时访问该域将产生访问失效 |
| 0b01 | 客户类型 | 根据页表中地址变换条目中的访问权限控制位决定是否允许特定的存储访问 |
| 0b10 | 保留 | 使用该值会产生不可预知的结果 |
| 0b11 | 管理者权限 | 不考虑页表中地址变换条目中的访问权限控制位。这种情况下不会产生访问失效 |

## 5.3.6　关于快表的操作

### 1. 使无效(Invalidate)快表的内容

当内存中的页表内容改变，或者通过修改系统控制协处理器 CP15 的寄存器 C2 来使用

新的页表时，TLB 中的内容需要全部或者部分使无效(Invalidate)。所谓“使无效”，是指将 TLB 中的某个地址变换条目标识成无效，从而在 TLB 中找不到该地址变换条目，而需要到内存页表中查找该地址变换条目。如果不进行 TLB 内容的使无效操作，可能造成同一虚拟地址对应于不同的物理地址(TLB 中保存了旧的地址映射关系，而内存中的页表中保存了新的地址映射关系)。MMU 提供了相关的硬件支持这种操作。

有时候可能页表只是部分内容改变了，只影响了很少的地址映射关系。这种情况下，只使无效 TLB 中对应的单个地址变换条目可能会提高系统的性能。MMU 中提供了这样的操作。

系统控制协处理器 CP15 的寄存器 C8 就是用来控制清除 TLB 内容的相关操作的。它是一个只写的寄存器。使用 MRC 指令读取该寄存器，将产生不可预知的结果。使用 MCR 指令来写该寄存器，具体格式如下：

```
MCR p15, 0, <Rd>, <c8>, <CRm>, <opcode_2>
```

其中，<Rd>为将写入 C8 中的数据；<CRm>, <opcode_2>的不同组合决定指令执行不同的操作，具体含义如表 5.22 所示。

表 5.22　使无效快表内容的指令格式

| 指　令 | <opcode_2> | <CRm> | <Rd> | 含　义 |
|---|---|---|---|---|
| MCR p15, 0, Rd, c8, c7,0 | 0b000 | 0b0111 | 0 | 使无效整个统一 Cache 或者使无效整个数据 Cache 和指令 Cache |
| MCR p15, 0, Rd, c8, c7,1 | 0b001 | 0b0111 | 虚拟地址 | 使无效统一 Cache 中的单个地址变换条目 |
| MCR p15, 0, Rd, c8, c5,0 | 0b000 | 0b0101 | 0 | 使无效整个指令 Cache |
| MCR p15, 0, Rd, c8, c5,1 | 0b001 | 0b0101 | 虚拟地址 | 使无效指令 Cache 中的单个地址变换条目 |
| MCR p15, 0, Rd, c8, c6,0 | 0b000 | 0b0110 | 0 | 使无效整个数据 Cache |
| MCR p15, 0, Rd, c8, c6,1 | 0b001 | 0b0110 | 虚拟地址 | 使无效数据 Cache 中的单个地址变换条目 |

实际上，当系统中采用了统一的数据 Cache 和指令 Cache 时，表 5.22 中的第 2 行、第 4 行、第 6 行中指令的功能是相同的；同样地，表 5.22 中第 1 行、第 3 行、第 5 行中指令的功能也是相同的。

### 2. 锁定快表的内容

MMU 可以将某些地址变换条目锁定(Locked Down)在 TLB 中，从而使得进行与该地址变换条目相关的地址变换的速度保持很快。在 MMU 中，寄存器 C10 用于控制 TLB 内容的锁定。

1)　寄存器 C10

寄存器 C10 的格式如下。

| 31 30 … 32-W | 31-W … 32-2W | 31-2W … 1 | 0 |
|---|---|---|---|
| 可被替换的条目起始地址 base | 下一个将被替换的条目地址 victim | 0 | P |

其中，字段 victim 指定下一次 TLB 没有命中(所需的地址变换条目没有包含在 TLB 中)时，从内存页表中读取所需的地址变换条目，并把该地址变换条目保存在 TLB 中地址 victim 处。

字段 base 指定 TLB 替换时，所使用的地址范围，从 base 到 TLB 中条目数减 1。字段 victim 的值应该包含在该范围内。

当字段 P=1 时，写入 TLB 的地址变换条目不会受使无效整个 TLB 的操作所影响。当字段 P=0 时，写入 TLB 的地址变换条目将会受到使无效整个 TLB 的操作的影响。使无效整个 TLB 的操作是通过操作寄存器 C8 实现的。

访问寄存器 C10 的指令格式如下：

```
MCR P15, 0, <Rd>, <C10>, C0, <opcode_2>
MRC P15, 0, <Rd>, <C10>, C0, <opcode_2>
```

当系统中包含独立的数据 TLB 和指令 TLB 时，对应于数据 TLB 和指令 TLB 分别有一个独立的 TLB 内容锁定寄存器。上面指令中的操作数<opcode_2>用于选择其中的某个寄存器。

- <opcode_2>=1：选择指令 TLB 的内容锁定寄存器。
- <opcode_2>=0：选择数据 TLB 的内容锁定寄存器。

当系统中使用统一的数据 Cache 和指令 Cache 时，操作数<opcode_2>的值应为 0。

2) 锁定 TLB

锁定 TLB 中 *N* 条地址变换条目的操作序列如下。

(1) 确保在整个锁定过程中不会发生异常中断，可以通过禁止中断等方法实现。

(2) 如果锁定的是指令 TLB 或者统一的 TLB，将 base=N、victim=N、P=0 写入寄存器 C10 中。

(3) 使无效整个将要锁定的 TLB。

(4) 如果想要锁定的是指令 TLB，确保与锁定过程所涉及的指令相关的地址变换条目已经加载到指令 TLB 中；如果想要锁定的是数据 TLB，确保与锁定过程所涉及的数据相关的地址变换条目已经加载到指令 TLB 中；如果系统使用的是统一的数据 TLB 和指令 TLB，上述两条都要得到保证。

(5) 对于 I=0 到 *N*−1，重复执行下面的操作。

- 将 base=I、victim=I、P=1 写入寄存器 C10 中。
- 将每一条想要锁定到快表中的地址变换条目读取到快表中。对于数据 TLB 和统一 TLB 可以使用 LDR 指令读取一个涉及该地址变换条目的数据，将该地址变换条目读取到 TLB 中；对于指令 TLB，通过操作寄存器 C7，将相应的地址变换条目读取到指令 TLB 中。

(6) 将 base=*N*、victim=*N*、P=0 写入寄存器 C10 中。

解除 TLB 中被锁定的地址变换条目，可以使用下面的操作序列。

通过操作寄存器 C8，使无效 TLB 中各被锁定的地址变换条目。

将 base=0、victim=0、P=0 写入寄存器 C10 中。

## 5.3.7 ARM 中的存储访问失效

在 ARM 中有以下两种机制可以检测存储访问失效，并进而中止 CPU 的执行。

- 当 MMU 检测到存储访问失效时，它可以向 CPU 报告该情况，并将存储访问失效的相关信息保存到寄存器中。这种机制称为 MMU 失效(MMU Fault)。
- 外部存储系统也可以向 CPU 报告存储访问失效。这种机制称为外部存储访问中止(External Abort)。

上述两种情况统称为存储访问中止(Abort)。这时称造成存储访问中止的存储访问被中止(Aborted)。如果存储访问中止发生在数据访问周期，CPU 将产生数据访问中止异常中断。如果存储访问中止发生在指令预取周期，当该指令执行时，CPU 产生指令预取异常中断。

### 1. MMU 失效

MMU 可以产生 4 种类型的存储访问失效，即地址对齐失效、地址变换失效、域控制失效和访问权限控制失效。

当发生存储访问失效时，存储系统可以中止 3 种存储访问，即 Cache 内容预取、非缓冲的存储器访问操作和页表访问。

1) MMU 中与存储访问失效相关的寄存器

MMU 中与存储访问失效相关的寄存器有两个：寄存器 C5 为失效状态寄存器，寄存器 C6 为失效地址寄存器。

失效状态寄存器 C5 的编码格式如下。

| 31 … 9 | 8 | 7 … 4 | 3 … 0 |
|---|---|---|---|
| UNP/SBZP | 0 | 域标识 | 状态标识 |

其中，域标识字段(位[7:4])中存放了引起存储访问失效的存储访问所属的域；状态标识字段(位[3:0])中存放了引起存储访问失效的存储访问的类型。

失效地址寄存器 C6 中保存了引起存储访问失效的存储访问的地址，其编码格式如下。

2) MMU 存储访问失效的类型

在数据访问周期发生存储访问失效时，失效状态寄存器 C5 中的字段被更新，以反映所发生的存储访问失效的相关信息，包括存储访问所属的域以及存储访问的类型。同时，存储访问失效的虚拟地址被保存到地址寄存器 C6 中。

在指令预取周期发生存储访问失效时，该指令被标识成有问题的指令，但是如果由于程序跳转等原因，该指令没有被执行，则系统不会有任何特别的动作。当该指令被执行时，系统进入指令预取异常中断模式，这时的寄存器 R14_abt 的值将被保存到地址寄存器 C6 中。这时系统是否更新失效状态寄存器，是由具体芯片的设计决定的。

在数据访问周期发生存储访问失效更新了失效状态寄存器后，如果系统尚未进入存储中断模式，这时发生了指令预取引起的存储失效，则该指令预取引起的存储失效将不会更新失效状态寄存器的值。这样就保证了数据访问周期发生的存储访问失效的状态信息不会被指令预取周期发生的存储访问失效破坏。

失效状态寄存器的状态标识字段(位[3:0])标识了引起存储访问失效的存储访问类型，其可能的取值及含义如表 5.23 所示。当不同的存储访问类型同时引起存储访问失效时，按照优先级由高到低的次序，先保存优先级高的存储访问的相关信息，在表 5.23 中，各存储访问优先级由上到下依次递减。

表 5.23 失效状态寄存器的状态标识字段(位[3:0])的含义

| 引起存储访问失效的原因 | 失效状态字段 | 域 字 段 | 地址寄存器 C6 |
|---|---|---|---|
| 极端异常(Terminal Exception) | 0b0010 | 无效 | 由生产商定义 |
| 中断向量访问异常(Vector Exception) | 0b0000 | 无效 | 有效 |
| 地址对齐 | 0b00x1 | 无效 | 有效 |
| 一级页表访问失效 | 0b1100 | 无效 | 有效 |
| 二级页表访问失效 | 0b1110 | 有效 | 有效 |
| 基于段的地址变换失效 | 0b0101 | 无效 | 有效 |
| 基于页的地址变换失效 | 0b0111 | 有效 | 有效 |
| 基于段的存储访问中域控制失效 | 0b1001 | 有效 | 有效 |
| 基于页的存储访问中域控制失效 | 0b1011 | 有效 | 有效 |
| 基于段的存储访问中访问权限控制失效 | 0b1101 | 有效 | 有效 |
| 基于页的存储访问中访问权限控制失效 | 0b1111 | 有效 | 有效 |
| 基于段的 Cache 预取时外部存储系统失效 | 0b0100 | 有效 | 有效 |
| 基于页的 Cache 预取时外部存储系统失效 | 0b0110 | 有效 | 有效 |
| 基于段的非 Cache 预取时外部存储系统失效 | 0b1000 | 有效 | 有效 |
| 基于页的非 Cache 预取时外部存储系统失效 | 0b1010 | 有效 | 有效 |

下面依次介绍各种类型的存储访问失效方式。

(1) 极端异常(Terminal Exception)

极端异常指的是发生了不可恢复的存储访问失效。具体哪些情况属于极端异常是由各生产商定义的。

(2) 中断向量访问异常(Vector Exception)

在数据访问周期，如果访问异常中断向量表(地址为 0x0～0x1f)时发生存储访问失效，这种存储访问失效称为中断向量访问异常。当 MMU 被禁止时，是否产生中断向量访问异常是由生产商定义的。

(3) 地址对齐失效

在数据访问周期，如果访问字单元时地址的位[1:0]不是 0b00，或者访问半字单元时地址的位[0]不是 0b0，则产生的存储访问失效称为地址对齐失效。

在指令预取周期不会产生地址对齐失效。在数据访问周期，如果访问字节单元，不会产生地址对齐失效。

(4) 地址变化失效

地址变换失效有以下两种类型。

- 基于段的地址变换失效。当一级描述符的位[1:0]为 0b00 时，标识该一级描述符为无效，这时产生基于段的地址变换失效。
- 基于页的地址变换失效。当二级描述符的位[1:0]为 0b00 时，标识该二级描述符为无效，这时产生基于页的地址变换失效。

(5) 域控制位失效

域控制位失效包括以下两种类型。

- 基于段的存储访问中域控制位失效。在一级描述符中包含有 4 位的域标识符。该标识符指定了本段所属的域，在 MMU 读取一级描述符时，它检查域访问控制寄存器 C3 中对应于该域的控制位，如果相应的 2 位控制位为 0b00，说明该域不允许存储访问。这时就会导致基于段的存储访问中域控制位失效。
- 基于页的存储访问中域控制位失效。在一级描述符中包含有 4 位的域标识符。该标识符指定了本页所属的域，在 MMU 读取二级描述符时，它检查域访问控制寄存器 C3 中对应于该域的控制位，如果相应的 2 位控制位为 0b00，说明该域不允许存储访问。这时就会导致基于页的存储访问中域控制位失效。

(6) 访问权限失效

访问权限失效的检查是在进行域控制位失效检查时进行的。这时如果域访问控制器中对应于该域的控制位为 0b01，则要进行相应的访问权限检查。访问权限失效有以下两种类型。

- 基于段的存储访问中访问权限控制失效。对于基于段的存储访问，在一级描述符中包含一个 2 位的访问权限控制位 AP。如果字段 AP 标识了不允许进行相关的存储访问，这时就会产生基于段的存储访问中访问权限控制失效。
- 基于子页的存储访问中访问权限控制失效。对于基于页的存储访问，在二级描述符中定义的可能为大页、小页或者极小页。当二级描述符中定义的为极小页时，该二级描述符中包含一个对应于该极小页的访问控制字段 AP(2 位的)，如果字段 AP 标识了不允许进行相关的存储访问，这时就会导致基于子页的存储访问中访问权限控制失效。当二级描述符中定义的为小页/大页时，该二级描述符中包含 4 个访问控制字段 AP1(2 位的)、AP2、AP3、AP4，这 4 个访问控制字段分别对应于该小页/大页的 4 个子页。如果其中某个(些)字段 Apn(s)标识了不允许进行相关的存储访问，这时就会导致基于子页的存储访问中访问权限控制失效。

### 2. 外部存储访问失效

除了 MMU 失效外，ARM 体系还定义了一个外部存储访问失效引脚。通过该引脚可以向 CPU 报告外部存储系统的访问失效。下面这些存储访问操作可以通过这种机制终止和重启动。

- 读操作。

- 非缓冲的写操作。
- 一级描述符的获取。
- 二级描述符的获取。
- 非缓冲的存储区域中的信号量操作。

在 Cache 预取时，可以在任意字时终止存储访问过程。如果存储访问失效发生在处理器想要获取的数据中，这时该存储访问将被终止。如果存储访问失效发生在处理器顺便读取的数据(Remainder of the Cache Line)中，直到这些数据被处理器访问时，该存储访问才会被终止。

缓冲的写操作不能使用这种机制来中止和重启动。因此，在系统中标记为可外部终止的存储区域不要进行可缓存的写操作。

## 5.4　高速缓冲存储器和写缓冲区

通常 ARM 处理器的主频为几十 MHz，有的已经达到 200MHz。而一般的主存储器使用动态存储器(DRAM)，其存储周期仅为 100ns～200ns。这样，如果指令和数据都存放在主存储器中，主存储器的速度将会严重制约整个系统的性能。高速缓冲存储器(Cache)和写缓冲区(Write Buffers)位于主存储器和 CPU 之间，主要用来提高存储系统的性能。本节主要介绍与这两种技术相关的基本概念。

### 5.4.1　基本概念

高速缓冲存储器是全部用硬件来实现的，因此，它不仅对应用程序员是透明的，而且对系统程序员也是透明的。Cache 与主存储器之间以块(Cache Line)为单位进行数据交换。当 CPU 读取数据或者指令时，它同时将读取到的数据或者指令保存到一个 Cache 块中。这样，当 CPU 第二次需要读取相同的数据时，它可以从相应的 Cache 块中得到相应的数据。因为 Cache 的速度远远大于主存储器的速度，系统的整体性能也就得到很大的提高。实际上，在程序中，通常相邻的一段时间内 CPU 访问相同数据的概率是很大的，这种规律称为时间局部性。时间局部性保证了系统采用 Cache 后，其性能都可得到很大的提高。

不同系统中，Cache 的块大小也是不同的。通常 Cache 的块大小为几个字。这样，当 CPU 从主存储器中读取一个字的数据时，它将会把主存储器中与 Cache 块同样大小的数据读取到 Cache 的一个块中。比如，如果 Cache 的块大小为 4 个字，当 CPU 从主存储器中读取地址为 $n$ 的字数据时，它同时将地址为 $n$、$n$+1、$n$+2、$n$+3 的 4 个字的数据读取到 Cache 中的一个块中。这样，当 CPU 需要读取地址为 $n$+1、$n$+2 或者 $n$+3 的数据时，它就可以从 Cache 中得到该数据，系统的性能将得到很大的提高。

写缓冲区是由一些高速的存储器构成的。它主要用来优化向主存储器中的写入操作。当 CPU 向主存储器进行写入操作时，它先将数据写入到写缓冲区中，由于写缓冲区的访问速度很高，这种写入操作的速度将很高。然后 CPU 就可以进行下面的操作。写缓冲区在适当的时候以较低的速度将数据写入到主存储器中相应的位置。

通过引入 Cache 和写缓冲区，存储系统的性能得到了很大的提高，但同时也带来了一些问题。比如，由于数据将存在于系统中不同的物理位置，可能造成数据的不一致性；由于写缓冲区的优化作用，可能有些写操作的执行顺序不是用户期望的顺序，从而造成操作错误。

## 5.4.2 Cache 的工作原理和地址映像方法

下面介绍 Cache 的基本工作原理以及 Cache 中常用的 3 种地址映射方法。

### 1. Cache 的工作原理

在 Cache 存储系统中，把 Cache 和主存储器都划分成相同大小的块。因此，主存地址可以由块号 B 和块内地址 W 两部分组成。同样，Cache 的地址也可以由块号 b 和块内地址 w 组成。Cache 的工作原理如图 5.11 所示。

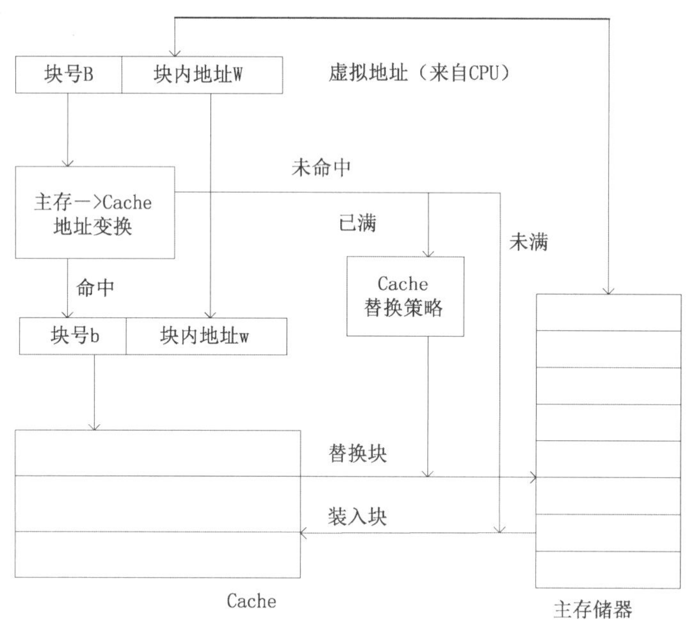


图 5.11 Cache 的工作原理

当 CPU 要访问 Cache 时，CPU 送来主存地址，放到主存地址寄存器中。通过地址变换部件把主存地址中的块号 B 变换成 Cache 的块号 b，并放到 Cache 地址寄存器中。同时将主存地址中的块内地址 W 直接作为 Cache 的块内地址 w 装入到 Cache 地址寄存器中。如果变换成功(称为 Cache 命中)，就用得到的 Cache 地址去访问 Cache，从 Cache 中取出数据送到 CPU 中。如果变换不成功，则产生 Cache 失效信息，并且用主存地址访问主存储器。从主存储器中读出一个字送往 CPU，同时，把包含被访问字在内的一整块都从主存储器读出来，装入到 Cache 中去。这时，如果 Cache 已经满了，则要采用某种 Cache 替换策略把不常用的块先调出到主存储中相应的块中，以便腾出空间来存放新调入的块。由于程序具有局部性特点，每次块失效时都把一块(由多个字组成)调入到 Cache 中，能够提高 Cache 的命中率。

通常，Cache 的容量比较小，主存储器的容量要比它大得多。那么，Cache 中的块与主存储器中的块是按照什么样的规则建立对应关系的呢？在这种对应关系下，主存地址又是如何变换成 Cache 地址的呢？

### 2. Cache 地址映像和变换方法

在 Cache 中，地址映像是指把主存地址空间映像到 Cache 地址空间，具体来说，就是把存放在主存中的程序按照某种规则装入 Cache 中，并建立主存地址到 Cache 地址之间的对应关系。而地址变换是指当程序已经装入 Cache 后，在实际运行过程中，把主存地址如何变换成 Cache 地址。

地址的映像和变换是密切相关的。采用什么样的地址映像方法，就必然有与这种映像方法相对应的地址变换方法。

无论采用什么样的地址映像方式和地址变换方式，都要把主存和 Cache 划分成同样大小的存储单位，每个存储单位称为“块”。在进行地址映像和变换时，都是以块为单位进行调度。

常用的地址映像方式和变换方式包括全相联映像方式、直接映像方式及组相联映像方式三种。

(1)　全相联映像方式

在全相联映像方式中，主存中任意一块可以映射到 Cache 中的任意一块的位置上。如果 Cache 的块容量为 Cb，主存的块容量为 Mb，则主存和 Cache 之间的映像关系共有 Cb*Mb 种。如果采用目录表来存放这些映像关系，则目录表的容量为 Cb。

(2)　直接映像方式

直接映像是一种最简单，也是最直接的方法。主存中的一块只能映像到 Cache 中的一个特定的块中。假设主存的块号为 $B$，Cache 的块号为 $b$，则它们之间的映像关系可以用下面的公式标识：

```
b=B mode Cb
```

其中，Cb 为 Cache 的块容量。

(3)　组相联映像方式

在组相联的地址映像和变换方式中，把主存和 Cache 按同样大小划分成组(Set)，每一个组都由相同的块数组成。

由于主存储器的容量比 Cache 的容量大得多，因此，主存的组数要比 Cache 的组数多。从主存的组到 Cache 的组之间采用直接映像方式。在主存中的一组与 Cache 中的一组之间建立了直接映像关系之后，在两个对应的组内部采用全相联映像方式。

在 ARM 中，采用的是组相联的地址映像和变换方式。如果 Cache 的块大小为 $2^L$，则同一块中的各地址中的位[31:$L$]是相同的。如果 Cache 中组的大小(每组中包含的块数)为 $2^S$，则虚拟地址的位[$L$+$S$–1:$L$]用于选择 Cache 中的某个组。虚拟地址中其他位[31:$L$+$S$]包含了一些标志位。

这里将 Cache 每组中的块数称为组容量(Set-associativity)。上述 3 种映像方式即对应了不同的组容量。当组容量为 Cache 中的块数时，对应的映像方式即为全相联映像方式；当组容量为 1 时，对应的映像方式即为直接映像方式；组容量为其他值时，通常称为组相联映像方式。

在组相联映像方式中，Cache 的大小 CACHE_SIZE(字节数)可以通过如下公式来计算：

```
CACHE_SIZE=LINELEN*ASSOCIATIVITY*NSETS
```

其中：

- LINELEN 为 Cache 块的大小。
- ASSOCIATIVITY 为组容量。
- NSETS 为 Cache 的组数。

## 5.4.3 Cache 的分类

Cache 种类繁多，可以按照多种标准对其进行分类。如按 Cache 的大小和按 Cache 中内容写回主存中的方式等。下面主要介绍不同种类 Cache 的一些特点。

### 1. 统一/独立的数据 Cache 和指令 Cache

如果一个存储系统中指令预取时使用的 Cache 和数据读写时使用的 Cache 是同一 Cache，这时，称系统使用了统一的 Cache。

如果一个存储系统中指令预取时使用的 Cache 和数据读写时使用的 Cache 是各自独立的，这时，称系统使用了独立的 Cache。其中，用于指令预取的 Cache 称为指令 Cache，用于数据读写的 Cache 称为数据 Cache。

系统可能只包含有指令 Cache，或者只包含有数据 Cache。在这种情况下，系统配置时，可以作为使用了独立的 Cache。

使用独立的数据 Cache 和指令 Cache，可以在同一个时钟周期中读取指令和数据，而无须双端口的 Cache。但这时候，要注意保证指令和数据的一致性。

### 2. 写通(Write-through)Cache 和写回(Write-back)Cache

当 CPU 更新了 Cache 的内容时，要将结果写回到主存中，通常有两种方法：写通法(Write-through)和写回法(Write-back)。

写回法是指 CPU 在执行写操作时，被写的数据只写入 Cache，不写入主存。仅当需要替换时，才把已经修改的 Cache 块写回到主存中。在采用这种更新算法的 Cache 块表中，一般有一个修改位。当一块中的任何一个单元被修改时，这一块的修改位被设置为 1，否则这一块的修改位仍保持为 0。在需要替换这一块时，如果对应的修改位为 1，则必须先把这一块写到主存中之后，才能再调入新的块。如果对应的修改位为 0，则不必把这一块写到主存中，只要用新调入的块覆盖该块即可。

采用写回法进行数据更新的 Cache 称为写回 Cache。

写通法是指 CPU 在执行写操作时，必须把数据同时写入 Cache 和主存。这样，在 Cache 的块表中就不需要“修改位”。当某一块需要替换时，也不必把这一块写回到主存中去，新调入的块可以立即把这一块覆盖掉。

采用写通法进行数据更新的 Cache 称为写通 Cache。

可以从以下几个方面来比较写回法和写通法的优缺点。

1) 可靠性

写通法要优于写回法。因为写通法能够始终保持 Cache 是主存的正确副本。当 Cache 发生错误时，可以从主存纠正。

2) 与主存的通信量

一般情况下，写回法少于写通法。可以从两个方面来理解这个问题。一方面，由于 Cache 的命中率很高，对于写回法，CPU 的绝大多数写操作只需要写 Cache，不必写主存。另一方面，当 Cache 块发生失效时，可能要写一个块到主存，而写通法每次只写一个字到主存。而且即使读操作，当 Cache 未命中时，写回法也可能因为发生块替换而要写一个块到主存。

总的来说，由于写通法在每次写 Cache 时，同时写主存，从而增加了写操作的开销。而写回法是把写主存的开销集中在当发生 Cache 失效时，可能要一次性地写一个块到主存。

3) 控制的复杂性

写通法比写回法简单。写通法在块表中不需要修改位。同时，写通法的纠错技术相对较简单。

4) 硬件实现的代价

写回法比写通法好。因为写通法中，每次写操作都要写主存，因此为了节省写主存所花费的时间，通常要采用一个高速小容量的缓冲存储器，把要写的数据和地址写到这个缓冲器中。在每次读主存时，也要首先判断所读的数据是否在这个缓冲器中。而写回法的硬件实现代价相对较低。

### 3. 读操作分配 Cache 和写操作分配 Cache

当进行数据写操作时，可能 Cache 未命中，这时根据 Cache 执行的操作的不同，可以将 Cache 分为两类：读操作分配(Read-allocate)Cache 和写操作分配(Write-allocate)Cache。

对于读操作分配 Cache，当进行数据写操作时，如果 Cache 未命中，只是简单地将数据写入主存中。主要在数据读取时，才进行 Cache 内容预取。

对于写操作分配 Cache，当进行数据写操作时，如果 Cache 未命中，系统将会进行 Cache 内容预取，从主存中将相应的块读取到 Cache 中相应的位置，并执行写操作，把数据写入 Cache 中。对于写通类型的 Cache，数据将会同时被写入主存中，对于写回类型的 Cache，数据将在合适的时候写回到主存中。

由于写操作分配 Cache 增加了 Cache 内容预取的次数，它增加了写操作的开销，但同时可能提高了 Cache 的命中率，因此，这种技术对于系统整体性能的影响与程序中读操作和写操作数量有关。

## 5.4.4 Cache 的替换算法

在把主存地址变换成 Cache 地址的过程中，如果发现 Cache 块失效，则需要从主存中调入一个新块到 Cache 中。而来自主存中的这个新块往往可以装入 Cache 的多个块中。当可以装入这个新块的几个 Cache 块都已经满时，就要使用 Cache 替换算法，从那些块中找出一个不常用的块，把它调回到主存中原来存放它的那个地方，腾出一个块存放从主存中调来的新块。在 ARM 中常用的替换算法有两种：随机替换算法和轮转法。

(1) 随机替换算法通过一个伪随机数发生器产生一个伪随机数，用新块将编号为该伪随机数的 Cache 块替换掉。这种算法很简单，易于实现。但是它没有考虑程序的局部性特点，也没有利用历史上的块地址流的分布情况，因而效果较差。同时这种算法不易预测最坏情况下 Cache 的性能。

(2) 轮转法维护一个逻辑的计数器，利用该计数器依次选择将要被替换出去的 Cache 块。这种算法容易预测最坏情况下 Cache 的性能。但它有一个明显的缺点，在程序发生很小的变化时，可能造成 Cache 平均性能急剧的变化。

## 5.4.5 缓冲技术的使用注意事项

通常使用 Cache 和写缓冲可以提高系统的性能，但是由于 Cache 和写缓冲区的使用可能改变访问主存的数量、类型和时间，这些技术对于有些类型的存储访问是不适合的。下面介绍使用这些技术时的一些限制。

Cache 通常需要存储器件具有以下特性。

- 读取操作将返回最后一次写入的内容，而且没有其他的副作用。
- 写操作除了影响目标单元的内容外，没有其他的副作用。
- 对同一目标单元的两次连续读取操作将得到相同的结果。
- 对同一目标单元的两次连续写操作将会把第 2 次写操作的值写入目标单元，第 1 次写操作将没有意义。

在 ARM 中，I/O 操作通常被映射成存储器操作。I/O 的输出操作可以通过存储器写入操作实现；I/O 的输入操作可以通过存储器读取操作实现。这样 I/O 空间就被映射成了存储空间。这些存储器映射的 I/O 空间就不满足 Cache 所要求的上述特性。例如，从一个普通的存储单元连续读取两次，将会返回同样的结果。对于存储器映射的 I/O 空间，连续读取两次，返回的结果可能不同。这可能是由于第 1 次读操作有副作用或者其他的操作可能影响了该存储器映射的 I/O 单元的内容。因而对于存储器映射的 I/O 空间的操作就不能使用 Cache 技术。

由于写缓冲技术可能推迟写操作，它同样不适合对于存储器映射的 I/O 空间的操作。比如当 CPU 向中断控制器的 I/O 端口写 ACK，清除当前中断请求标志位，并重新使能中断请求。如果使用了写缓冲技术，CPU 的写操作将被先写入高速的缓冲区。高速的缓冲区可能在以后某个时间再将结果写到 I/O 端口，这样就造成一种假象，似乎外设又发出了中断请求。

由于上述原因，通常 MMU 和 PU 都允许将某些地址空间设置成非缓冲的(uncachable 及 unbufferable)。MMU 页表中，地址转换条目的 B 位和 C 位就是用于控制相应的存储空间的缓冲特性的，其具体的编码含义如表 5.24 所示。

表 5.24 存储空间缓冲特性的控制位

| 位 C | 位 B | 写通类型 Cache | 写回类型 Cache | 可选择写通属性的写回类型 Cache |
|---|---|---|---|---|
| 0 | 0 | uncached/unbuffered | uncached/unbuffered | uncached/unbuffered |
| 0 | 1 | uncached/buffered | uncached/buffered | uncached/buffered |
| 1 | 0 | cached/unbuffered | 不可预测 | 写通 cached/buffered |
| 1 | 1 | cached/buffered | cached/buffered | 写回 cached/buffered |

将存储区域设置成 unbuffered 是为了防止延迟存储访问操作的执行时间。对于写回 Cache，如果设置 cached，必然造成存储访问操作执行的延迟，因而写回类型的 Cache 不能设置成 cached/buffered。

将存储器映射的 I/O 空间设置成 uncached 是为了有效地防止硬件系统优化时删掉有用的存储访问操作。如果在高级语言中访问存储器映射的 I/O 空间时，仅仅将存储器映射的 I/O 空间设置成 uncached，是不够的。还必须告诉编译器不要在优化时删掉有用的存储访问操作。在 C 语言中，是通过使用关键词 volatile 声明存储器映射的 I/O 空间，来防止编译器在优化时删掉有用的存储访问操作的。

有时候，为了提高系统的性能，可能也需要将相应的存储区域设置成非缓冲的。比如，如果程序中频繁地访问一个大数组的内容，而这些访问的局部性又很差，这时该存储区域设置成非缓冲的，以避免每次访问单个数据单元时将对应的整个存储块都预取到 Cache 中，从而提高了系统的性能。

## 5.4.6　存储系统的一致性问题

当存储系统中引入了 Cache 和写缓冲区时，同一地址单元的数据可能在系统中有多个副本，分别保存在 Cache 中、写缓冲区中及主存中。如果系统采用了独立的数据 Cache 和指令 Cache，同一地址单元的数据还可能在数据 Cache 和指令 Cache 中有不同的版本。位于不同物理位置的同一地址单元的数据可能会不同，使得数据读操作可能得到的不是系统中“最新的”数值，这样就带来了存储系统中数据的一致性问题。

在 ARM 存储系统中，数据不一致的问题有一些是通过存储系统自动保证的，另外一些数据不一致的问题则需要通过程序设计时遵守一定的规则来保证。下面介绍这些应该遵守的规则。

### 1. 地址映射关系变化造成的数据不一致

当系统中使用了 MMU 时，就建立了虚拟地址到物理地址的映射关系。如果查询 Cache 时进行的关联比较使用的是虚拟地址，则当系统中虚拟地址到物理地址的映射关系发生变化时，可能造成 Cache 中的数据和主存中的数据不一致的情况。

在虚拟地址到物理地址的映射关系发生变化前，如果虚拟地址 A1 所在的数据块已经预取到 Cache 中，当虚拟地址到物理地址的映射关系发生变化后，如果虚拟地址 A1 对应的物理地址发生了改变，这时当 CPU 访问 A1 时，再使用 Cache 中的数据块，将得到错误的结果。

同样，当系统中采用了写缓冲区时，如果 CPU 写入写缓冲区的地址是虚拟地址，也会发生数据不一致的情况。在虚拟地址到物理地址的映射关系发生变化前，如果 CPU 向虚拟地址为 A1 的单元执行写操作，该写操作已经将 A1 以及对应的数据写入到写缓冲区中，当虚拟地址到物理地址的映射关系发生变化后，如果虚拟地址 A1 对应的物理地址发生了改变，当写缓冲区将上面被延迟的写操作写到主存中时，使用的是变化后的物理地址，从而使写操作失败。

为了避免发生这种数据不一致的情况，在系统中虚拟地址到物理地址的映射关系发生变化前，根据系统的具体情况，执行下面的操作序列中的一种或几种。

- 如果数据 Cache 为写回类型的 Cache，清空该数据 Cache。
- 使数据 Cache 中相应的块无效。
- 使指令 Cache 中相应的块无效。
- 将写缓冲区中被延迟的写操作全部执行。
- 有些情况可能还要求相关的存储区域被设置成非缓冲的。

#### 2. 指令 Cache 的数据一致性问题

当系统中采用独立的数据 Cache 和指令 Cache 时，下面的操作序列可能造成指令不一致的情况。

(1) 读取地址为 A1 的指令，从而包含该指令的数据块被预取到指令 Cache 中。

(2) 与 A1 在同一个数据块中的地址为 A2 的存储单元的数据被修改。这个数据写操作可能影响数据 Cache 中、写缓冲区中和主存中地址为 A2 的存储单元的内容，但是不影响指令 Cache 中地址为 A2 的存储单元的内容。

(3) 如果地址 A2 存放的是指令，当该指令执行时，就可能发生指令不一致的问题。如果地址 A2 所在的块还在指令 Cache 中，系统将执行修改前的指令；如果地址 A2 所在的块不在指令 Cache 中，系统将执行修改后的指令。

为了避免这种指令不一致情况的发生，在上面第(1)步和第(2)步之间插入下面的操作序列。

① 对于使用统一的数据 Cache 和指令 Cache 的系统，不需要任何操作。

② 对于使用独立的数据 Cache 和指令 Cache 的系统，使指令 Cache 的内容无效。

③ 对于使用独立的数据 Cache 和指令 Cache 的系统，如果数据 Cache 是写回类型的，清空数据 Cache。

当数据操作修改了指令时，最好执行上述操作序列，保证指令的一致性。作为上述操作序列的一个典型应用场合，当可执行文件加载到主存中后，在程序跳转到入口点处开始执行之前，先执行上述操作序列，以保证下面的指令都是新加载的可执行代码，而不是指令中原来的旧代码。

#### 3. DMA 造成的数据不一致问题

DMA 操作直接访问主存，而不会更新 Cache 和写缓冲区中相应的内容，这样就可能造成数据的不一致。

如果 DMA 从主存中读取的数据已经包含在 Cache 中，而且 Cache 中对应的数据已经被更新，这样 DMA 读到的将不是系统中最新的数据。同样，DMA 写操作直接更新主存中的数据，如果该数据已经包含在 Cache 中，则 Cache 中的数据将会比主存中对应的数据“老”，也将造成数据不一致的情况。

为了避免这种数据不一致情况的发生，根据系统的具体情况，执行下面的操作序列中的一种或几种。

- 将 DMA 访问的存储区域设置成非缓冲的(uncacheable 及 unbufferable)。
- 将 DMA 访问的存储区域所涉及的数据 Cache 块设置成无效，或者清空数据 Cache。

- 清空写缓冲区(执行写缓冲区中延迟的所有写操作)。
- 在 DMA 操作期间限制处理器访问 DMA 所访问的存储区域。

### 5.4.7　Cache 内容锁定

在存储系统中引入 Cache 可以提高系统的平均性能。但是当 Cache 未命中时，Cache 内容预取操作、写回类型的 Cache 对写操作的延迟处理等都会在很大程度上影响系统在最坏情况下的性能。这一点对实时系统来说，影响更为明显。

在 ARM 体系中引入 Cache 内容锁定技术，可以减少这种不利的影响。Cache 内容锁定就是将一些关键代码和数据预取到 Cache 后，设置一定的属性，使发生 Cache 块替换时，这些关键代码和数据所在的块不会被替换。这样，就从一定程度上保证了 CPU 访问这些关键代码和数据时性能较高。应该注意的是，这些被“锁定”在 Cache 中的块在常规的 Cache 替换操作中不会被替换，但当通过寄存器 C7 控制 Cache 中特定的块时，比如将某特定的块“使无效”时，这些被“锁定”在 Cache 中的块也将受到相应的影响。

这里使用 LINELEN 标识 Cache 的块大小，用 ASSOCIATIVITY 标识每个 Cache 组中的块数，用 NSETS 标识 Cache 中的组数。Cache 的“锁定”操作是以锁定块(Lockdown Blocks)为单位进行的。每个锁定块中包含 Cache 中每个组的各一个块。这样，Cache 中共有 ASSOCIATIVITY 个锁定块，其编号为 0～ASSOCIATIVITY-1。其中编号为 0 的锁定块中包含 Cache 组 0 中的 0 号块、组 1 中的 0 号块，一直到组 ASSOCIATIVITY-1 中的 0 号块。编号为 1 的锁定块中包含 Cache 组 0 中的 1 号块和组 1 中的 1 号块，一直到组 ASSOCIATIVITY-1 中的 1 号块。其他的依此类推。这样，每个锁定块中包含了 NSETS 个 Cache 块。

这里所说的 *N* 锁定块被锁定，是指编号为 0～*N*-1 的锁定块被锁定在 Cache 中，编号为 *N*～ASSOCIATIVITY-1 的锁定块可用于正常的 Cache 替换操作。

实现 *N* 锁定块被锁定的操作序列如下。

(1)　确保在整个锁定过程中不会发生异常中断。否则，必须保证与该异常中断相关的代码和数据必须位于非缓冲(uncacheable)的存储区域。

(2)　如果锁定的是指令 Cache 或者统一的 Cache，必须保证锁定过程所执行的代码位于非缓冲的存储区域。

(3)　如果锁定的是数据 Cache 或者统一的 Cache，必须保证锁定过程所涉及的数据位于非缓冲的存储区域。

(4)　确保将要被锁定的代码和数据位于缓冲(cacheable)的存储区域。

(5)　确保将要被锁定的代码和数据尚未在 Cache 中，可以通过使无效相应的 Cache 中的块达到这一目的。

(6)　对于 I=0 到 *N*-1，重复执行下面的操作。

- index=I 写入寄存器 C9，当使用 B 格式的锁定寄存器时，令 L=1。
- 对于锁定块 I 中的各 Cache 块内容从主存中预取到 Cache 中。对于数据 Cache 和统一 Cache 可以使用 LDR 指令读取一个位于该块中的数据，将该块预取到 Cache 中；对于指令 Cache，通过操作寄存器 C7，将相应的块预取到指令 Cache 中。

(7)　将 index=*N* 写入寄存器 C9，当使用 B 格式的锁定寄存器时，令 L=0。

解除 $N$ 锁定块的锁定只需执行下面的操作：将 index=0 写入寄存器 C9。当使用 B 格式的锁定寄存器时，令 L=0。

本小节用到了寄存器 C7 和寄存器 C9，关于这两个寄存器的详细情况，将在 5.4.8 小节介绍。

## 5.4.8　与 Cache 和写缓冲区相关的编程接口

与 Cache 和写缓冲区相关的寄存器包括 CP15 中的寄存器 C7、寄存器 C9 以及寄存器 C1 中的某些位。

### 1. 寄存器 C1 中的相关位

寄存器 C1 中与 Cache 和写缓冲区操作相关的位有 C(bit[2])、W(bit[3])、I(bit[12])和 RR(bit[14])。其具体含义如表 5.25 所示。

表 5.25　寄存器 C1 中与 Cache 和写缓冲区操作相关的位

| 寄存器 CI 中的相关位 | 含　义 |
|---|---|
| C(bit[2]) | 当数据 Cache 和指令 Cache 是分开的时，本控制位禁止/使能数据 Cache；当数据 Cache 和指令 Cache 是统一的时，该控制位禁止/使能整个 Cache。<br>0：禁止 Cache。<br>1：使能 Cache。<br>如果系统中不含 Cache，读取时该位返回 0，写入时忽略该位。<br>当系统中的 Cache 不能禁止时，读取时该位返回 1，写入时忽略该位 |
| W(bit[3]) | 禁止/使能写入缓冲。<br>0：禁止写入缓冲。<br>1：使能写入缓冲。<br>如果系统中不含写入缓冲，读取时该位返回 0，写入时忽略该位。<br>当系统中的写入缓冲不能禁止时，读取时该位返回 1，写入时忽略该位 |
| I(bit[12]) | 当数据 Cache 和指令 Cache 是分开的时，本控制位禁止/使能指令 Cache。<br>0：禁止指令 Cache。<br>1：使能指令 Cache。<br>如果系统中使用统一的指令 Cache 和数据 Cache 或者系统中不含 Cache，读取时该位返回 0，写入时忽略该位。当系统中的指令 Cache 不能禁止时，读取时该位返回 1，写入时忽略该位 |
| RR(bit[14]) | 如果系统中 Cache 的淘汰算法可以选择的话，本控制位选择淘汰算法。<br>0：选择常规的淘汰算法，比如随机淘汰算法。<br>1：选择预测性的淘汰算法，比如 Round-robin 淘汰算法。<br>如果系统中 Cache 的淘汰算法不可以选择的话，写入该位时将被忽略；读取该位时，根据其淘汰算法是否可以比较简单地预测最坏情况，返回 0 或者 1 |

### 2. 寄存器 C7

CP15 中的寄存器 C7 用于控制 Cache 和写缓冲区。它是一个只写的寄存器。使用

MRC 指令读取该寄存器将产生不可预知的结果。使用 MCR 指令来写该寄存器，具体格式如下：

```
MCR p15, 0, <Rd>, <c7>, <CRm>, <opcode_2>
```

其中，<Rd>为将写入<c7>中的数据；<CRm>、<opcode_2>的不同组合决定指令执行不同的操作，具体含义在后面介绍。

为了便于描述，这里先说明以下将要用到的一些名词术语。

- 清空(Clean)：是指对于写回类型的数据 Cache，如果包含有尚未写到主存中的数据，则将该数据写到主存中。
- 使无效(Invalidate)：是指将 Cache 中的某个块(或所有的块)标识成无效，从而使所有访问这个(些)块的操作都不命中。对于写回类型的数据 Cache 来说，使无效，并不使数据写到主存中。
- Cache 内容预取(Prefetch)：是指在 CPU 访问某个虚拟单元时，将包含该虚拟单元的存储块读取到 Cache 中。
- 清空写缓冲区(Drain Write Buffer)：是指中止当前代码的执行，将写缓冲区中所有被延迟的写操作执行完，也就是将写缓冲区中的数据全部写到主存中。
- 等待中断激活(Wait For Interrupt)：使 ARM 进入节能状态，停止执行，等待被异常中断激活。当异常中断 IRQ 或 FIQ 发生后，该 MCR 指令完成，程序进入 IRQ/FIQ 异常中断处理程序执行。
- 预取缓冲区(Prefetch Buffer)：由芯片生产商定义。
- 跳转目标 Cache(Branch Target Cache)：由芯片生产商定义。
- 数据(Data)：是指<Rd>中的数据，将被写入到寄存器 C7 中。它可能的取值类型为 0(SBZ)、虚拟地址(Virtual Address)、Cache 中组号以及组内序号(Set/Index)确定的某个块。

MCR 指令中<CRm>及<opcode_2>的不同组合决定指令执行不同的操作，具体含义如表 5.26 所示。

表 5.26　MCR 指令中<CRm>及<opcode_2>的不同组合决定指令执行不同的操作

| <CRm> | <opcode_2> | 含　义 | 数　据 |
|---|---|---|---|
| C0 | 4 | 等待中断激活 | 0 |
| C5 | 0 | 使无效整个指令 Cache | 0 |
| C5 | 1 | 使无效指令 Cache 中的某块 | 虚拟地址 |
| C5 | 2 | 使无效指令 Cache 中的某块 | 组号/组内序号 |
| C5 | 4 | 清空预取缓冲区 | 0 |
| C5 | 6 | 清空整个跳转目标 Cache | 0 |
| C5 | 7 | 清空跳转目标 Cache 中的某块 | 生产商定义 |
| C6 | 0 | 使无效整个数据 Cache | 0 |
| C6 | 1 | 使无效数据 Cache 中的某块 | 虚拟地址 |

续表

| <CRm> | <opcode_2> | 含　义 | 数　据 |
|---|---|---|---|
| C6 | 2 | 使无效数据 Cache 中的某块 | 组号/组内序号 |
| C7 | 0 | 使无效整个统一 Cache 或者使无效整个数据 Cache 和指令 Cache | 0 |
| C7 | 1 | 使无效统一 Cache 中的某块 | 虚拟地址 |
| C7 | 2 | 使无效统一 Cache 中的某块 | 组号/组内序号 |
| C8 | 2 | 等待中断激活 | 0 |
| C10 | 1 | 清空数据 Cache 中的某块 | 虚拟地址 |
| C10 | 2 | 清空数据 Cache 中的某块 | 组号/组内序号 |
| C10 | 4 | 清空写缓冲区 | 0 |
| C11 | 1 | 清空统一 Cache 中的某块 | 虚拟地址 |
| C11 | 2 | 清空统一 Cache 中的某块 | 组号/组内序号 |
| C13 | 1 | 预取指令 Cache 中的某块 | 虚拟地址 |
| C14 | 1 | 清空并使无效数据 Cache 中的某块 | 虚拟地址 |
| C14 | 2 | 清空并使无效数据 Cache 中的某块 | 组号/组内序号 |
| C15 | 1 | 清空并使无效统一 Cache 中的某块 | 虚拟地址 |
| C15 | 2 | 清空并使无效统一 Cache 中的某块 | 组号/组内序号 |

### 3. 寄存器 C9

1)　寄存器 C9 的格式

寄存器 C9 是 Cache 内容锁定寄存器。关于 Cache 内容锁定，在 5.4.7 小节中已有详细的介绍。下面主要介绍寄存器 C9 的格式及含义。

寄存器 C9 有两种格式：格式 A 和格式 B。

格式 A 的寄存器 C9 编码格式如下。

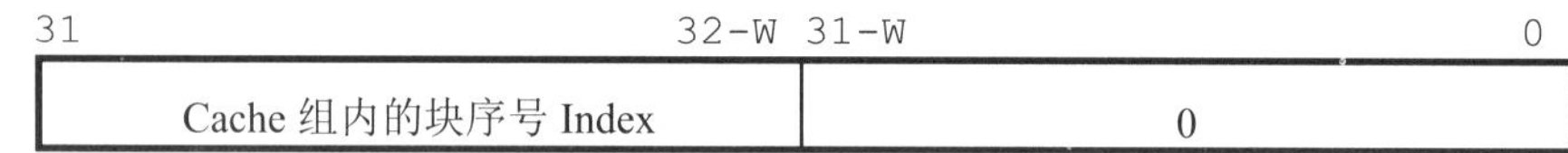


读取格式 A 的寄存器 C9 将返回最后一次写入寄存器 C9 中的值。

将数值 Index 写入寄存器 C9，执行下面的操作。

(1)　当下一次发生 Cache 未命中时，将预取的存储块存入 Cache 中该块对应的组中序号为 Index 的 Cache 块。

(2)　这时被锁定的 Cache 块包括序号为 0～Index–1 的块。当发生 Cache 替换时，从序号为 Index 到 ASSOCIATIVITY 的块中选择被替换的块。

格式 B 的寄存器 C9 编码格式如下。

| 31 | 30　　　　　　　　　　W | W-1　　　　　　　0 |
|---|---|---|
| L | 0 | Cache 组内的块序号 Index |

读取格式 B 的寄存器 C9 将返回最后一次写入寄存器 C9 中的值。

写入寄存器 C9 执行下面的操作。

- 若 L=0：当发生 Cache 未命中时，将预取的存储块存入 Cache 中该块对应的组中序号为 Index 的 Cache 块。
- 若 L=1：如果本次写操作之前 L=0，并且 Index 值小于本次写入的 Index，本次写操作执行的结果不可预知；否则，这时被锁定的 Cache 块包括序号为 0～Index–1 的块。当发生 Cache 替换时，从序号为 Index 到 ASSOCIATIVITY 的块中选择被替换的块。

2)　访问寄存器 C9 的指令

访问寄存器 C9 的指令格式如下：

```
MCR p15, 0, <Rd>, <c9>, c0, <opcode_2>
MRC p15, 0, <Rd>, <c9>, c0, <opcode_2>
```

当系统中包含独立的数据 Cache 和指令 Cache 时，对应于数据 Cache 和指令 Cache 分别有一个独立的 Cache 内容锁定寄存器。上面指令中的操作数<opcode_2>用于选择其中的某个寄存器。

- <opcode_2>=1：选择指令 Cache 的内容锁定寄存器。
- <opcode_2>=0：选择数据 Cache 的内容锁定寄存器。

当系统中使用统一的数据 Cache 和指令 Cache 时，操作数<opcode_2>的值应为 0。

# 5.5　快速上下文切换技术

快速上下文切换技术(Fast Context Switch Extension，FCSE)通过修改系统中不同进程的虚拟地址，避免在进行进程间切换时造成的虚拟地址到物理地址的重映射，从而提高系统的性能。本节介绍快速上下文切换技术的原理及其编程接口。

## 5.5.1　快速上下文切换技术原理

通常情况下，如果两个进程占用的虚拟地址空间有重叠，系统在这两个进程之间进行切换时，必须进行虚拟地址到物理地址的重映射。而虚拟地址到物理地址重映射涉及重建 MMU 中的页表，而且 Cache 及 TLB 中的内容都必须“使无效”。这些操作将带来巨大的系统开销，一方面重建 MMU 和使无效 Cache 及 TLB 的内容需要很大的开销，另一方面，重建 Cache 和 TLB 内容也需要很大的开销。

快速上下文切换技术(FCSE)的引入避免了这种开销。它位于 CPU 和 MMU 之间，如果两个进程使用了同样的虚拟地址空间，则对 CPU 而言，两个进程使用了同样的虚拟地址空间；快速上下文切换机构对各进程的虚拟地址进行变换，这样，系统中除了 CPU 之外的部分看到的是经过快速上下文切换机制变换的虚拟地址。快速上下文切换机制将各进程的虚拟空间变换成不同的虚拟空间。这样，在进行进程间切换时，就不需要进行虚拟地址到物理地址的重映射了。

在 ARM 系统中，4GB 的虚拟空间被分成了 128 个进程空间块，每个进程空间块大小

为 32MB。每个进程空间块中可以包含一个进程，该进程可以使用虚拟地址空间 0x00000000～0x01FFFFFF，这个地址范围也就是 CPU 看到的进程的虚拟空间。系统的 128 个进程空间块的编号为 0～127，编号为 *I* 的进程空间块中的进程实际使用的虚拟地址空间为(*I*×0x02000000)～(*I*×0x02000000+0x01FFFFFF)，这个地址空间是系统中除了 CPU 之外的其他部分看到的该进程所占用的虚拟地址空间。

快速上下文切换机构将 CPU 发出的每个虚拟地址按照上述的规则进行变换，然后发送到系统中的其他部分。变换过程如图 5.12 所示。

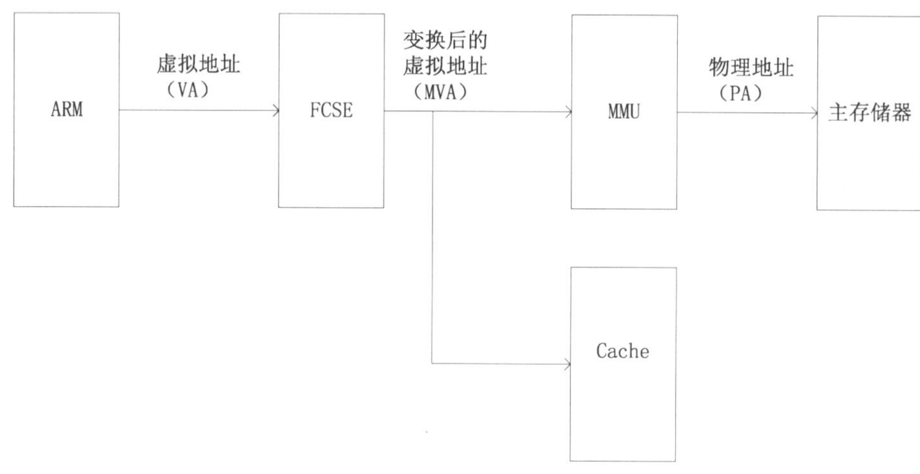


图 5.12　FCSE 变换过程

由地址 VA 到 MVA 的变换算法如下：

```
if (VA[31:25] == 0b0000000) then
    MVA = VA | (PID << 25)
else
    MVA = VA
```

其中，PID 为当前进程所在的进程空间块的编号，即当前进程的进程标识符。其取值为 0～127。

系统中，每个进程都使用虚拟地址空间 0x00000000～0x01FFFFFF，当进程访问本进程的指令和数据时，它产生的虚拟地址 VA 的高 7 位为 0；快速上下文切换机构用该进程的进程标识符代替 VA 的高 7 位，从而得到变换后的虚拟地址 MVA，这个 MVA 在该进程对应的进程空间块内。

当 VA 的高 7 位不是全 0 时，MVA=VA。这种 VA 是本进程用于访问别的进程中的数据和指令的虚拟地址。注意，这时被访问的进程标识符不能为 0。

## 5.5.2　快速上下文切换技术编程接口

CP15 中的寄存器 C13 用于快速上下文切换。其编码格式如下。

访问寄存器 C13 的指令格式如下：

```
MCR p15, 0, <Rd>, <c13>, c0, 0
MRC p15, 0, <Rd>, <c13>, c0, 0
```

其中，在读操作时，结果中位[31:25]返回 PID，其他位的数值是不可以预知的。写操作将设置 PID 的值。

当 PID 的值为 0 时，MVA=VA，相当于禁止了 FCSE。系统复位后 PID 即为 0。

当 PID 的值不为 0 时，相当于使能了 FCSE。

# 5.6　与存储系统相关的程序设计指南

本节主要介绍与 ARM 存储系统相关的程序设计用到的一些概念。如果说前面的几章介绍了 ARM 存储系统内部的结构，本节是从外部来看 ARM 的存储系统，即 ARM 存储系统提供的对外接口。当用户通过这些接口来访问 ARM 存储系统时，需要遵守一定的规则，本节将介绍这些规则。

## 5.6.1　地址空间

ARM 体系使用单一的普通地址空间。该地址空间的大小为 $2^{32}$ 个 8 位字节。这些字节单元的地址是一个无符号的 32 位数值，其取值范围为 0～$2^{32}-1$。

ARM 的地址空间也可以看作是 $2^{30}$ 个 32 位的字单元。这些字单元的地址可以被 4 整除，也就是说，该地址的低两位为 0b00。地址为 A 的字数据包括地址为 A、A+1、A+2、A+3 四个字节单元的内容。

在 ARM 版本 4 及以上的版本中，ARM 的地址空间也可以看作是 $2^{31}$ 个 16 位的半字单元。这些半字单元的地址可以被 2 整除，也就是说，该地址的最低位为 0b0。地址为 A 的半字数据包括地址为 A、A+1 两个字节单元的内容。

各存储单元的地址作为 32 位的无符号数，可以进行常规的整数运算。这些运算的结果进行 $2^{32}$ 取模。即运算结果发生上溢出和下溢出时，地址将会发生卷绕。比如，如果运算结果为(0xffffffff+0x80)，实际上地址值为 0x80。为了使程序便于和将来版本兼容，在程序中尽量使地址运算的结果在 0～0xffffffff 之间。如果程序中跳转指令的目标地址依赖于地址卷绕，则指令执行的结果将不可预知。所以在程序中应该保证向前跳转不超过 0xffffffff，向后跳转不超过 0x0。

在程序的正常执行中，每执行一条 ARM 指令，当前指令计数器值加 4 个字节；每执行一条 Thumb 指令，当前指令计数器值加 2 个字节。但是，当发生地址值上溢出时，执行的结果将是不可预知的。

LDC、LDM、STC 及 STM 指令可能访问一段连续的存储单元。每执行一次读取/写入操作，目标单元的地址值加 4 个字节。如果这种地址更新造成地址值上溢出，则指令执行的结果将是不可预知的。

## 5.6.2 存储器的格式

在 ARM 中，如果地址 A 是字对齐的，有下面几种情况。

- 地址为 A 的字单元包括字节单元 A、A+1、A+2 及 A+3。
- 地址为 A 的半字单元包括字节单元 A、A+1。
- 地址为 A+2 的半字单元包括字节单元 A+2、A+3。
- 地址为 A 的字单元包括半字单元 A、A+2。

这样，每个字单元中包含 4 个字节单元或者两个半字单元；一个半字单元中包含两个字节单元。但是在字单元中，4 个字节中哪一个是高位字节，哪一个是低位字节则有两种不同的格式：Big-endian 格式和 Little-endian 格式。

在 Big-endian 格式中，对于地址为 A 的字单元包括字节单元 A、A+1、A+2 及 A+3，其中字节单元由高位到低位字节顺序为 A、A+1、A+2、A+3；地址为 A 的字单元包括半字单元 A、A+2，其中半字单元由高位到低位字节顺序为 A、A+2；地址为 A 的半字单元包括字节单元 A、A+1，其中字节单元由高位到低位字节顺序为 A、A+1。这种存储器的格式如图 5.13 所示。

<table>
<tr><td>31 … 24</td><td>23 … 16</td><td>15 … 8</td><td>7 … 0</td></tr>
<tr><td colspan="4">字单元 A</td></tr>
<tr><td colspan="2">半字单元 A</td><td colspan="2">半字单元 A+2</td></tr>
<tr><td>字节单元 A</td><td>字节单元 A+1</td><td>字节单元 A+2</td><td>字节单元 A+3</td></tr>
</table>

图 5.13　Big-endian 格式的存储系统

在 Little-endian 格式中，对于地址为 A 的字单元，包括字节单元 A、A+1、A+2 及 A+3，其中，字节单元由高位到低位字节顺序为 A+3、A+2、A+1、A；地址为 A 的字单元包括半字单元 A、A+2，其中，半字单元由高位到低位字节顺序为 A+2、A；地址为 A 的半字单元包括字节单元 A、A+1，其中，字节单元由高位到低位字节顺序为 A+1、A。这种存储器的格式如图 5.14 所示。

<table>
<tr><td>31 … 24</td><td>23 … 16</td><td>15 … 8</td><td>7 … 0</td></tr>
<tr><td colspan="4">字单元 A</td></tr>
<tr><td colspan="2">半字单元 A+2</td><td colspan="2">半字单元 A</td></tr>
<tr><td>字节单元 A+1</td><td>字节单元 A+2</td><td>字节单元 A+1</td><td>字节单元 A</td></tr>
</table>

图 5.14　Little-endian 格式的存储系统

在 ARM 系统中，没有提供指令用来选择存储器的格式。如果系统中包含标准的 ARM 控制协处理器 CP15，则 CP15 的寄存器 C1 的位[7]决定系统中存储器的格式。当系统复位时，寄存器 C1 的位[7]值为 0，这时系统中存储器的格式为 Little-endian。如果系统中采用的是 Big-endian 格式的存储器，则在复位异常中断处理程序中必须设置寄存器 C1 的位[7]，使系统中存储器的格式为 Big-endian。可以通过下面的指令序列实现这种功能。而且这个指令序列必须在出现字节或者半字数据访问或者是执行 Thumb 指令之前完成。

```
MRC p15, 0, r0, c1, c0
ORR r0, r0, #0x80
MCR p15, 0, r0, c1, c0
```

从上面的分析中可以看出，对于字数据访问以及字指令的读取来说，系统中存储器的格式无关紧要。而且，不能通过将一个字写入存储器，然后修改存储器格式，再读出该字的操作序列来改变一个字数据中各字节的顺序。下面介绍一些改变字单元中字节顺序的代码段。

以下代码段将寄存器 R0 中的数据存储方式转换成另外一种。指令执行前，R0 中的数据存储方式为 R0 = A, B, C, D；指令执行后，R0 中数据存储方式为 R0 = D, C, B, A。

```
EOR R1, R0, R0, ROR #16      ; R1 = A^C, B^D, C^A, D^B
BIC R1, R1, #0xFF0000        ; R1 = A^C, 0, C^A, D^B
MOV R0, R0, ROR #8           ; R0 = D, A, B, C
EOR R0, R0, R1, LSR #8       ; R0 = D, C, B, A
```

以下代码段用于转换大量的字数据的存储方式。指令执行前，R0 中存放需要转换的数据，其存储方式为 R0 = A, B, C, D；指令执行后，R0 中存放转换后的数据，其存储方式为 R0 = D, C, B, A。

```
MOV R2, #0xFF                ; R2 = 0xFF
ORR R2, R2, #0xFF0000        ; R2 = 0x00FF00FF
; 重复下面的指令段，实现数据存放方式的转换
AND R1, R2, R0 ; R1 = 0 B 0 D
AND R0, R2, R0, ROR #24      ; R0 = 0 C 0 A
ORR R0, R0, R1, ROR #8       ; R0 = D C B A
```

## 5.6.3　非对齐的存储访问操作

在 ARM 中，通常希望字单元的地址是字对齐的(地址的低二位为 0b00)，半字单元的地址是半字对齐的(地址的最低位为 0b0)。在存储访问操作中，如果存储单元的地址没有遵守上述对齐规则，则称为非对齐(Unaligned)的存储访问操作。

### 1. 非对齐的指令预取操作

当处理器处于 ARM 状态期间，如果写入寄存器 PC 中的值是非字对齐的(低二位不为 0b00)，要么指令执行的结果不可预知，要么地址值中最低两位被忽略；当处理器处于 Thumb 状态期间，如果写入寄存器 PC 中的值是非半字对齐的(最低位不为 0b0)，要么指令执行的结果不可预知，要么地址值中最低位被忽略。

如果系统中指定，当发生非对齐的指令预取操作时，忽略地址值中相应的位，则由存储系统实现这种“忽略”，即这时该地址值原封不动地送到存储系统。

### 2. 非对齐的数据访问操作

对于 LOAD/STORE 操作，如果是非对齐的数据访问操作，系统定义了以下 3 种可能的结果。

- 执行的结果不可预知。
- 忽略字单元地址的低两位的值，即访问地址为“Address AND 0XFFFFFFFC”的字单元；忽略半字单元地址的最低位的值，即访问地址为“Address AND 0XFFFFFFFE”的半字单元。
- 忽略字单元地址值中的低两位的值；忽略半字单元地址的最低位的值。由存储系统实现这种“忽略”。也就是说，这时该地址值原封不动地送到存储系统。

当发生非对齐的数据访问时，到底采用上述 3 种处理方法中的哪一种，是由各指令指定的。

## 5.6.4 指令预取和自修改代码

在 ARM 中允许指令预取。在 CPU 执行当前指令的同时，可以从存储器中预取其后的若干条指令，具体预取多少条指令，不同的 ARM 实现中有不同的数值。

当用户读取 PC 寄存器的值时，返回的是当前指令后面第 2 条指令的地址。比如当前执行的是第 *N* 条指令，当用户读取 PC 寄存器的值时，返回的是指令 *N*+2 的地址。对于 ARM 指令来说，读取 PC 寄存器的值时，返回当前指令地址值加 8 个字节；对于 Thumb 指令来说，读取 PC 寄存器的值时，返回当前指令地址值加 4 个字节。

预取的指令并不一定能够得到执行。比如当前指令完成后，如果发生了异常中断，程序将会跳转到异常中断处理程序处执行，当前预取的指令将被抛弃。或者如果执行了跳转指令，则当前预取的指令也将被抛弃。

正如在不同的 ARM 实现中，预取的指令条数可能不同，当发生程序跳转时，不同的 ARM 实现中采用的跳转预测算法也可能不同。

自修改代码指的是代码在执行过程中可能修改自身。对于支持指令预取的 ARM 系统，自修改代码可能带来潜在的问题。当指令被预取后，在该指令被执行前，如果有数据访问指令修改了位于主存中的该指令，这时被预取的指令和主存中对应的指令不同，从而可能使执行的结果发生错误。下面举例说明这种情况。

以下是一段自修改代码。STR 指令修改了紧跟它后面的指令。在 STR 指令执行前，STR 指令后面紧跟的是“SUB r1, r1, #1”指令，在 STR 指令执行后，STR 指令后面紧跟的变成了“ADD r1, r1, #1”指令。

```
LDR r0, AddInstr
STR r0, NextInstr
NextInstr
SUB r1, r1, #1
:
:
AddInstr
ADD r1, r1, #1
```

当这段代码第 1 次执行时，STR 指令后执行的是“SUB r1, r1, #1”指令，因为主存中指令被修改之前，“SUB r1, r1, #1”指令已经被预取。当这段代码再一次执行时，STR 指令后执行的是“ADD r1, r1, #1”指令。

即使上述的执行特点也不能得到保证。下面从两方面加以分析。

- 如果在 STR 指令后，程序跳转到异常中断处理程序执行。这时预取的“SUB r1, r1, #1”指令将被抛弃。当程序从异常中断处理程序中返回时，重新进行指令预取，这时得到的是修改过的指令，即指令“ADD r1, r1, #1”。这样，指令“SUB r1, r1, #1”即使在代码第一遍执行时，也不一定能得到执行。
- 如果在 STR 指令后，程序跳转到异常中断处理程序执行。对于有些系统将会保存预取的指令，这样，当程序从异常中断处理程序中返回时，预取的指令“SUB r1, r1, #1”将被执行，这样，指令“ADD r1, r1, #1”将不会被执行。

之所以发生上述情况，是因为系统中存在独立的指令 Cache 和数据 Cache，也可能是因为系统中跳转预测指令保存了预取的指令。这种不可靠的代码执行不能被 ARM 自动纠正，需要通过引入一定的编程规则来保证这类代码可以在 ARM 体系中得到可靠的执行。下面介绍的 IMB(Instruction Memory Barrier)技术可以实现这一目标。

### 5.6.5　IMB 技术

IMB 是一段特定的代码序列，对于每种不同的 ARM 实现，对应有不同的 IMB。IMB 在新的指令被保存到主存中后，在该指令被实际执行之前执行，使得可自修改代码在 ARM 体系中能够可靠地执行。比如，在当代码被加载到主存中之后和程序跳转到该段代码入口处执行之前，就应该运行 IMB，从而保证自修改代码在 ARM 体系中的可靠执行。

对于不同的 ARM 实现及不同的存储系统来说，IMB 的具体操作是不同的。为了便于移植，一般推荐把 IMB 作为一个子程序，供程序在适当的时候进行调用。这样做比直接将 IMB 嵌入在程序中更便于移植。

在很多 ARM 系统中，IMB 中需要的很多指令(如使无效 Cache 等操作)只能运行在系统模式下。而很多用户模式下运行的代码都需要运行 IMB。这时，最好的实现办法就是将 IMB 实现成一个 SWI 功能调用。对于包含 24 位立即数的 SWI 指令，通常使用下面的 SWI 功能调用提供 IMB 功能：

```
SWI 0XF00000
```

这种调用中不包含参数，也不输出结果，相当于以下 C 语言子程序调用。二者的区别在于 IMB 通过 SWI 指令来调用，而子程序通过 BL 调用。

```
void IMB(void);
```

有些 ARM 系统的实现中，需要知道当前被修改的指令所在的地址范围。利用该地址范围缩小 IMB 中相关操作(如使无效 Cache 中相关的内容等)的范围，从而提高系统的性能。这时候使用下面的系统功能调用：

```
SWI 0XF00001
```

这种系统功能调用相当于以下 C 语言子程序。其中，start_addr 及 end_addr 分别是相应地址范围的起始地址和结束地址。

```
void IMB_Range(unsigned long start_addr, unsigned long end_addr);
```

IMB 的执行代价通常是很大的。即使是在很小的地址范围使用 IMB，其执行代价也很大。因此在程序中要尽量避免使用自修改代码。只在必须使用自修改代码的场合才使用。

同样，在其他的一些场合也需要在适当的时候运行适当的 IMB。下面介绍应用这些 IMB 的场合。

(1) 对于采用了虚拟地址到物理地址映射的系统，如果在指令预取之后和该指令得到实际执行之前，虚拟地址到物理地址的映射关系发生了改变，这时也需要运行适当的 IMB。

(2) 如果在指令预取之后和该指令得到实际执行之前，该指令所涉及的存储区域的访问权限发生了改变(由允许访问变成了不允许访问，或者由不允许访问变成了允许访问)，这时也需要运行适当的 IMB。这种情况下的 IMB 中，一般不需要使无效 Cache 中相关的内容，运行代价相对较低。

## 5.6.6 存储器映射的 I/O 空间

在 ARM 中，I/O 操作通常被映射成存储器操作。I/O 的输出操作可以通过存储器写入操作实现；I/O 的输入操作可以通过存储器读取操作实现。这样 I/O 空间就被映射成了存储空间。这些存储器映射的 I/O 空间不满足 Cache 所要求的上述特性。例如，从一个普通的存储单元连续读取两次，将会返回同样的结果。对于存储器映射的 I/O 空间，连续读取两次，返回的结果可能不同。这可能是由于第 1 次读取操作有副作用或者其他的操作可能影响了该存储器映射的 I/O 单元的内容。因而，对于存储器映射的 I/O 空间的操作，就不能使用 Cache 技术。

由于写缓冲技术可能推迟写操作，它同样不适合对于存储器映射的 I/O 空间的操作。比如当 CPU 向中断控制器的 I/O 端口写 ACK，清除当前中断请求标志位，并重新使能中断请求。如果使用了写缓冲技术，CPU 的写操作将被先写入高速的缓冲区。高速的缓冲区可能在以后某个时间再将结果写到 I/O 端口，这样就造成一种假象，似乎外设又发出了中断请求。

综上所述，通常，需要将存储器映射的 I/O 空间设置成非缓冲的(uncacheable 及 bufferable)。

将存储区域设置成 unbuffered 是为了防止延迟存储访问操作的执行时间。对于写回 Cache，如果设置 cached 必然造成存储访问操作执行的延迟，因而写回类型的 Cache 不能设置成 cached/buffered。

将存储器映射的 I/O 空间设置成 uncached 是为了有效地防止硬件系统优化时删掉有用的存储访问操作。如果在高级语言中访问存储器映射的 I/O 空间时，仅仅将存储器映射的 I/O 空间设置成 uncached，是不够的。还必须告诉编译器不要在优化时删掉有用的存储访问操作。在 C 语言中是通过使用关键词 volatile 声明存储器映射的 I/O 空间来防止编译器在优化时删掉有用的存储访问操作。

# 5.7　ARM 存储系统的实例

LinkUp 公司生产的 L7205 芯片是一款 ARM720T 微处理器。其内部包含了功能强大的 MMU。可以连接多种存储设备，包括 512 字节的芯片内 ROM，5KB 的芯片内 SRAM，可以在芯片外扩充 SRAM/Flash，也可以在芯片外扩充 SDRAM。其存储器可以被 CPU、DMA 以及 LCD 部分访问。L7205SDB 是 LinkUp 设计的基于 L7205 芯片的评价板，该评价板包含一个 L7205 芯片、32MB 的 SDRAM、两个 SRAM/Flash 扩展槽。系统有两种启动方式，可以通过控制面板上的跳线进行设置。

下面将详细地介绍 L7205SDB 存储系统及其配置方法，也可以作为设计其他基于 ARM 的嵌入系统存储系统的参考。

## 5.7.1　L7205 的存储系统概述

L7205 芯片是一款 ARM720T 的微处理器。ARM720T 微处理器中集成了 ARM7TDMI 微处理器内核、8KB 的 Cache、写缓冲区以及存储器管理单元 MMU。ARM7TDMI 微处理器内核是 ARM7 处理器系列成员之一。它与 ARM 体系的指令系统是兼容的。

L7205 的存储系统包含了 512 字节的芯片内 ROM、5KB 的芯片内 SRAM，存储器映射的 I/O 空间，可以在芯片外扩充 SRAM/Flash，也可以在芯片外扩充 SDRAM。其地址空间映射如图 5.15 所示。

|  |  |
|---|---|
| 0xFFFF FFFF<br>0xF000 0000 | SDRAM 存储空间 |
| 0xEFFF FFFF<br>0xE000 0000 | SDRAM 模式寄存器<br>（在SDRAM内） |
| 0xDFFF FFFF<br>0xD000 0000 | SDRAM 接口寄存器 |
| 0xCFFF FFFF<br>0xA000 0000 | 保留 |
| 0x9FFF FFFF<br>0x9000 0000 | APB 外围接口 |
| 0x8FFF FFFF<br>0x8000 0000 | 外围接口 |
| 0x7FFF FFFF<br>0x6000 0000 | 片内SRAM |
| 0x5FFF FFFF<br>0x4001 0000 | 保留 |
| 0x4000 FFFF<br>0x4000 0000 | 片内ROM |
| 0x3FFF FFFF<br>0x1000 0000 | 静态存储器及PC卡空间 |
| 0x0FFF FFFF<br>0x0000 0000 | 静态存储器CS0或者片内SRAM |

图 5.15　L7205 中的存储空间映射

其中地址空间 0x00000000～0x40000000 为静态存储器的存储空间，其相关的配置由 L7205 内静态存储器管理接口完成；其中地址空间 0xD0000000～0xFFFFFFFF 为动态存储器的存储空间，其相关的配置由 L7205 内动态存储器管理接口完成。

L7205 有两种启动方式。这两种启动方式可以通过系统状态(SYS_STATUS)寄存器中的位[0]进行选择。当系统状态(SYS_STATUS)寄存器中的位[0]为 1 时，系统从片内的 ROM 中启动，这时片内的 ROM 被映射到地址 0x0 开始的存储空间；当系统状态(SYS_STATUS)寄存器中的位[0]为 0 时，系统从 nIOCS0 片选信号选择的片外的 SRAM/Flash 中启动，这时相应的 SRAM/Flash 被映射到地址 0x0 开始的存储空间。系统状态(SYS_STATUS)寄存器中的位[0]是一个只读的位，它是 CPU 在复位后采样管脚 PE[0]得到的，记作 BOOTEN。另外，系统状态(SYS_STATUS)寄存器中的位[13]是地址重映射控制位(REMAP)。当系统在加电过程中时，地址重映射控制位被设置成 1。当地址重映射控制位被清除成 0 时，系统进行地址重映射，nIOCS0 片选信号选择的片外的 SRAM/Flash 被映射到地址为 0 的地址空间中。

表 5.27 说明了不同启动方式时内存的映射方法。

表 5.27　不同启动方式时内存的映射方法

| BOOTEN | 片内 ROM | 片外 CS0 选取的静态存储器 |
|---|---|---|
| 1 | 0x0000 0000<br>0x4000 0000 | 0x2400 0000 |
| 0 | 0x4000 0000 | 0x0000 0000<br>0x2400 0000 |

## 5.7.2　L7205 中的 SDRAM

L7205 中可以扩展两个 SDRAM 槽。SDRAM 的存储空间为 0XF000 0000 ～ 0XFFFF FFFF。为能使 SDRAM 占据连续的存储空间，将两个槽的 SDRAM 都向地址 0XF0FF FFFF 靠拢，即槽 1 中的最高地址为 0XF0FF FFFF，槽 2 中的最低地址为 0XF100 0000。比如，当每个槽中 SDRAM 大小为 8MB 时，SDRAM 的地址空间如图 5.16 所示。

| | |
|---|---|
| 0xF17F FFFF<br>0xF100 0000 | 扩展槽2中的SDRAM存储空间 |
| 0xF0FF FFFF<br>0xF080 0000 | 扩展槽1中的SDRAM存储空间 |

图 5.16　SDRAM 大小为 2×8MB 时 SDRAM 的地址空间

当每个槽中 SDRAM 大小为 16 MB 时，SDRAM 的地址空间如图 5.17 所示。

### 1. L7205 中 SDRAM 的编程接口

L7205 中与 SDRAM 配置相关的寄存器有 4 个：配置寄存器(Configuration Register)、刷新定时器寄存器(Refresh Timer Register)、写缓冲写回定时器寄存器(Write Buffer Flush

Timer Register)及模式寄存器(Mode Register)。其中，配置寄存器、刷新定时器寄存器和写缓冲写回定时器寄存器位于 L7205 中 SDRAM 控制器的内部。其基地址为 0Xd0000000，偏移地址分别为 0X000、0X004、0X008。配置寄存器用于指定系统中 SDRAM 存储器件的类型和数目等；刷新定时器寄存器用于指定存储器件自动刷新的周期；写缓冲写回定时器寄存器用于指定写缓冲区将其中数据写回到主存的周期。模式寄存器位于 SDRAM 器件的内部，用于指定 SDRAM 的工作模式。

| 地址 | 存储空间 |
|---|---|
| 0xF1FF FFFF<br>0xF100 0000 | 扩展槽2中的SDRAM存储空间 |
| 0xF0FF FFFF<br>0xF000 0000 | 扩展槽1中的SDRAM存储空间 |

图 5.17　SDRAM 大小为 2×16MB 时 SDRAM 的地址空间

配置寄存器是一个 32 位的可读/可写寄存器。其中位[24:0]由用户写入，位[31:25]为只读的，用于表示系统状态，对这些位的写操作将会被忽略。该寄存器的内容被信号 nSTPOR 复位，信号 Nstres 对本寄存器内容没有影响。配置寄存器中各字段的功能如表 5.28 所示。

表 5.28　SDRAM 配置寄存器中各字段功能

| 字　段 | 字段名称 | 功　能 |
|---|---|---|
| 位[31:30] | S[1:0] | SDRAM 控制器的状态，为只读位。<br>00：空闲状态。<br>01：忙状态。<br>10：自刷新状态。<br>11：保留 |
| 位[29:25] | 保留 | |
| 位[24] | LPM | 低功耗模式使能。<br>0：正常模式。<br>1：低功耗模式。<br>设置低功耗模式是通过下述步骤实现的。<br>①将所有 SDRAM 扩展槽设置成 auto-precharge 模式(设置 AM、AL、AD 位)。<br>②等待一个刷新周期。<br>③设置 LPM 位 |
| 位[23] | R | 自动刷新使能位。<br>0：禁止自动刷新。<br>1：使能自动刷新 |
| 位[22] | AL | LCD 访问后 auto-precharge。<br>0：LCD 访问后保持扩展槽打开，不做 auto-precharge。<br>1：LCD 访问后关闭扩展槽，auto-precharge |

续表

| 字　段 | 字段名称 | 功　能 |
|---|---|---|
| 位[21:20] | C[1:0] | CAS 延迟，指定以 MCLK 为单位的 CAS 延迟，对于所有的扩展槽，使用统一的 CAS 延迟值。<br>00：1 个 MCLK。<br>01：1 个 MCLK。<br>10：2 个 MCLK。<br>11：3 个 MCLK |
| 位[19] | AD | DMA ASB 访问后 auto-precharge。<br>0：DMA ASB 访问后保持扩展槽打开，不做 auto-precharge。<br>1：DMA ASB 访问后关闭扩展槽，auto-precharge |
| 位[18] | AM | Main ASB 访问后 auto-precharge。<br>0：Main ASB 访问后保持扩展槽打开，不做 auto-precharge。<br>1：Main ASB 访问后关闭扩展槽，auto-precharge |
| 位[17] | WD | DMA ASB 的写缓冲区使能。<br>0：禁止 DMA ASB 的写缓冲区。<br>1：使能 DMA ASB 的写缓冲区 |
| 位[16] | WM | Main ASB 的写缓冲区使能。<br>0：禁止 Main ASB 的写缓冲区。<br>1：使能 Main ASB 的写缓冲区 |
| 位[15:8] | 保留 | |
| 位[7] | E1 | 扩展槽 1 使能，指示扩展槽 1 中是否有 SDRAM 器件存在，以决定是否对该槽进行刷新操作。<br>0：扩展槽 1 是空的。<br>1：扩展槽 1 中有 SDRAM 器件 |
| 位[6] | B1 | 扩展槽 1 中 SDRAM 器件的数目。<br>0：2 片。<br>1：4 片 |
| 位[5] | D | 总线三态控制。<br>0：每次存储访问操作后，将最后一个数据驱动到 SDRAM 的总线上。<br>1：数据总线不用时，处于高阻态 |
| 位[4] | T1 | 扩展槽 1 中器件的类型。<br>0：宽度为 16 位的各种器件及宽度为 8 位的 64MB 器件。<br>1：宽度为 8 位的 16MB 大小的器件 |
| 位[3] | E0 | 扩展槽 0 使能，指示扩展槽 0 中是否有 SDRAM 器件存在，以决定是否对该槽进行刷新操作。<br>0：扩展槽 0 是空的。<br>1：扩展槽 0 中有 SDRAM 器件 |

续表

| 字　段 | 字段名称 | 功　能 |
| --- | --- | --- |
| 位[2] | B0 | 扩展槽 0 中 SDRAM 器件的数目。<br>0：2 片。<br>1：4 片 |
| 位[1] | L | 低功耗时钟使能控制。<br>0：器件的使能时钟在没有被访问时无效。<br>1：器件的使能时钟总有效 |
| 位[0] | T0 | 扩展槽 0 中器件的类型。<br>0：宽度为 16 位的各种容量的器件以及宽度为 8 位的 64MB 器件。<br>1：宽度为 8 位的 16MB 的器件 |

刷新定时器寄存器是一个 16 位的可读/可写寄存器，它用于指定 SDRAM 的刷新频率。该寄存器的内容被信号 nSTPOR 复位，信号 Nstres 对本寄存器内容没有影响。典型的 SDRAM 器件每一行每隔 64ms 需要刷新一次，对于处于低功耗模式的器件，刷新周期会更长一些。

写缓冲写回定时器寄存器编码格式如下。其中包含两个 3 位的字段，分别用于指定 DMA ASB 和 Main ASB 对应的写缓冲区将数据写回(Flush)的周期。

| 7　　6 | 5　　4 | 3　　2 | 1　　0 |
| --- | --- | --- | --- |
| 保留 | DAT | 保留 | MAT |

其中，DAT 指定 DMA ASB 对应的写缓冲区将数据写回的周期，MAT 指定 Main ASB 对应的写缓冲区将数据写回的周期。DAT 和 MAT 的编码格式如表 5.29 所示。

表 5.29　定时器值对应的写缓冲区写回周期

| 定时器值(即 DAT/MAT 值) | 以 BCLK 为单位的写缓冲区写回周期 |
| --- | --- |
| 0 | 禁止写回 |
| 1 | 2 |
| 2 | 4 |
| 3 | 8 |
| 4 | 16 |
| 5 | 32 |
| 6 | 64 |
| 7 | 128 |

模式寄存器位于 SDRAM 器件内部，用于指定 SDRAM 的工作模式。它通过 SDRAM 的地址线 A[13:0]来写入。模式寄存器的写入操作是通过软件读取特定位置的值，该位置地址值的二进制模式包含了要写入模式寄存器的数值。读操作将该值写到 SDRAM 的地址线 A[13:0]上。

系统加电时，SDRAM 的初始化过程如下。

(1) 加电。

(2) 延迟指定的时间。从第 1 个 SDRAM 的 clk 开始，通常为 100μs。对于具体的 SDRAM 器件，该值可能不同。

(3) 延迟一些自动刷新周期，通常为两个。

(4) CPU 设置 SDRAMCFG 寄存器中的 R 位，使能自动刷新。这时 SDRAM 控制器根据 BCLK 频率和刷新定时器寄存器的值，开始自动刷新。

(5) 等待一定的自动刷新周期后，开始写模式寄存器。

**【程序 5.1】** L7205SDB 中 SDRAM 初始化的代码：

```
AREA Startup,CODE,READONLY
    ENTRY
start
    ; 关中断
    ldr r4,=0x90001000
    mvn r5,#0
    str r5,[r4,#0x0c]
    str r5,[r4,#0x10c]

    ; 延时
    ldr r4,=0xff
01  subs r4,r4,#0x01
    bne %b01

    ; 1)next 寄存器
    ldr r4,=0x80050004
    ldr r5,=0x05fd4717
    str r5,[r4]

    ; 2)运行寄存器
    ldr r4,=0x8005000c
    ldr r5,=0x014717
    str r5,[r4]

    ; 3)命令寄存器
    ldr r4,=0x80050010
    ldr r5,=0x01
    str r5,[r4]

    ; 4)设置 enable 位
    ldr r4,=0x80050030
    ldr r5,[r4]
    orr r5,r5,#0x4
    str r5,[r4]

    ; 5)延时 200us
    mov r4,#0x1000
```

```
15  subs r4,r4,#1
    bne %b15

    ; 6)使能 slot1,slot2 7,3 位
    ldr r4,=0xd0000000
    ldr r5,[r4]
    add r5,r5,#0x88
    str r5,[r4]

    ; 7)refresh timer
    ldr r4,=0xd0000004
    ldr r5,=0x8
    str r5,[r4]

    ; 8)auto refresh enable  23 位
    ldr r4,=0xd0000000
    ldr r5,[r4]
    add r5,r5,#(1<<23)
    str r5,[r4]

    ; 9)延时 1μs
    mov r4,#0x16
15  subs r4,r4,#1
    bne %b15

    ; 10)设置模式寄存器
    ldr r4, =0xe0000000+    (3<<11)+(2<<15)
    ldr r5, [r4]
   ; ; and repeat with bit 24 set to set second device
    add r4, r4, #(1<<24)
    ldr r5, [r4]

    ; 11)WD、WM 位
    ldr r4,=0xd0000000
    ldr r5,=0x00ef00ce
    orr r5,r5,#0x30000
    str r5,[r4]

    ; 12)refresh timer
    ldr r4,=0xd0000000
    ldr r5,=0x200
    str r5,[r4,#0x4]

    ; 13)timer buffer register
    ldr r4,=0xd0000000
    ldr r5,=0x55
    str r5,[r4,#0x8]

    ; 14)禁止 mmu
```

```
    mov r4,#0x0
    mcr p15, 0, r4, c1, c0 ,0

    ; 15)halt
    mov r4,#0x0

    ; 16)设置 MMU
    SETUPMMU  r4,r5,r2,r3,r9,r7

    ; 17)halt
    mov r4,#0x0

    ; 18)重映射
    UNMAPROM r4,r5
halthere
    ; 19)halt
    mov r4,#0x0

    END
```

### 2. 自动识别 L7205SDB 上 SDRAM 器件的大小

在 L7205SDB 上，有两个 SDRAM 扩展槽。下面定义的两个宏可以自动识别该扩展槽中 SDRAM 的大小。程序 5.2 中的宏 SizeBank 计算一个扩展槽中器件的大小，宏 AutosizeSDRAM 计算系统中 SDRAM 的大小。

**【程序 5.2】** 自动识别扩展槽中 SDRAM 大小的宏：

```
; ----------------------------------------------
; 本宏被程序 5.4 中的宏 AutosizeSDRAM 调用
; 本宏通过寄存器$addr 读入一个 SDRAM 扩展槽的基地址
; 本宏在寄存器$tmp1 中返回该扩展槽中的 SDRAM 大小，
; 其可能的值为 0、2、8、16
; 单位为 MB

   MACRO
   SizeBank $oldval, $mask1, $mask2, $tmp1, $addr

  ; 判断该扩展槽中是否存在 SDRAM 器件
   LDR   $oldval, [$addr]
   LDR   $mask1, =0xDEADBEEF
   LDR   $mask2, =0xF0F0F0F0
   LDR   $tmp1, [$addr, #4]

   STR   $mask1, [$addr]
   STR   $mask2, [$addr, #4]
   LDR   $mask2, [$addr]
   CMP   $mask2, $mask1
   STRNE $tmp1, [$addr, #4]
   MOVNE $tmp1, #0
```

```
   BNE   %F90

   LDR   $mask2, =0xE1E15C5C
   STR   $mask2, [$addr]
   STR   $mask1, [$addr, #4]
   LDR   $mask1, [$addr]

   STR   $tmp1, [$addr, #4]

   CMP   $mask2, $mask1
   MOVNE $tmp1, #0
   BNE   %F90

   LDR   $mask1, =0xDEADBEEF
   LDR   $mask2, =0xF0F0F0F0


   STR   $mask1, [$addr]
   ADD   $addr, $addr, #8*0x100000
   LDR   $tmp1,  [$addr]
   SUB   $addr, $addr, #8*0x100000
   CMP   $tmp1, $mask1
   MOVNE $tmp1, #16
   BNE   %F90

   STR   $mask2, [$addr]
   ADD   $addr, $addr, #8*0x100000
   LDR   $tmp1,  [$addr]
   SUB   $addr, $addr, #8*0x100000
   CMP   $tmp1, $mask2
   MOVNE $tmp1, #16
   BNE   %F90


   STR   $mask1, [$addr]
   ADD   $addr, $addr, #4*0x100000
   LDR   $tmp1,  [$addr]
   SUB   $addr, $addr, #4*0x100000
   CMP   $tmp1, $mask1
   MOVNE $tmp1, #8
   BNE   %F90

   STR   $mask2, [$addr]
   ADD   $addr, $addr, #4*0x100000
   LDR   $tmp1,  [$addr]
   SUB   $addr, $addr, #4*0x100000
   CMP   $tmp1, $mask2
   MOVNE $tmp1, #8
BNE   %F90
```

```
  MOV   $tmp1, #2
90
  STR   $oldval, [$addr]

  MEND

; --------------------------------------------------
; 宏 AutosizeSDRAM
; 功能：在寄存器$ret 的低 16 位中返回系统中 SDRAM 扩展槽 1 的大小；
;       在寄存器$ret 的高 16 位中返回系统中 SDRAM 扩展槽 2 的大小

  MACRO
  AutosizeSDRAM  $ret, $oldval, $mask1, $mask2, $tmp1, $addr

  LDR   $addr, =SDRAM_Bank1_Low
; 调用宏 SizeBank，计算扩展槽 1 的大小
  SizeBank $oldval, $mask1, $mask2, $tmp1, $addr
; 将扩展槽 1 的大小保存到$ret 的低 16 位中
  MOV   $ret, $tmp1

  LDR   $addr, =SDRAM_Bank2_Low
; 调用宏 SizeBank，计算扩展槽 2 的大小
  SizeBank $oldval, $mask1, $mask2, $tmp1, $addr
; 将扩展槽 1 的大小保存到$ret 的低 16 位中
  ORR   $ret, $ret, $tmp1, LSL #16
  MEND
```

L7205 将通过上面的宏识别出来的 SDRAM 的大小保存在 SDRAM 中特定的位置。存储单元 0XF1FF BFFC 用于保存以 MB 为单位的扩展槽 2 的大小；存储单元 0XF1FF BFF8 用于保存以 MB 为单位的扩展槽 1 的大小。

## 5.7.3 L7205 中的 MMU

L7205 的 MMU 中包括两级的页表。在程序 5.3 中实现了一级页表，这里的讨论也主要集中在一级页表。一级页表的粒度为 1MB，页表的大小为 16KB。L7205 中将一级页表放置在 SDRAM 地址空间最高端的 16KB 区域。在 L7205SDB 中，每个 SDRAM 扩展槽中的存储器大小为 16MB，这样，一级页表就放置在 0xf2000000-16KB=0xf1ffc000 开始的 16KB 的区域内。由于一级页表粒度为 1MB，实际上一级页表放置在基地址为 0xf1f0 0000 的存储页中。存储单元 0Xf1ffbff4 中保存了一级页表的物理地址，任何时候都可以通过该指针访问一级页表。

**【程序 5.3】** 设置 MMU 的代码用到的常数：

```
Config32            EQU      0x0
MMUOn               EQU      0x01
CacheOn             EQU      0x04
WriteBufferOn       EQU      0x08
```

```
PageTableSize              EQU          (1<<14)
SDRAM_Bank1_High           EQU          (0xf1000000)
SDRAM_Bank2_High           EQU          (0xf2000000)
SDRAM_Bank1_Low            EQU          (0xf0000000)
SDRAM_Bank2_Low            EQU          (0xf1000000)

PageTableBase2  EQU   SDRAM_Bank2_High-PageTableSize
PageTableBase1  EQU  (SDRAM_Bank1_High-PageTableSize)
PageTableEntryCount        EQU       (0x1000)
VirtualPageTableBase       EQU       PageTableBase2
IOCS0Base                  EQU       (0x24000000)
IOCS0Size                  EQU       (0x4000000)
IOCS1Base                  EQU       (0x10000000)
IOCS1Size                  EQU       (0x4000000)
SRAMBase                   EQU       (0x60000000)

DisableMMU                 EQU       (Config32 :OR: 0x40)
EnableMMU32                EQU       (Config32 :OR: 0x40 :OR: MMUOn)
EnableMMUCW32              EQU       (Config32 :OR: 0x40 :OR: MMUOn
                                     :OR: CacheOn :OR: WriteBufferOn)
```

程序 5.4 中的宏 SETUPMMU 生成一级页表，建立了 4GB 虚拟存储空间以 1MB 为单位的地址映射关系。

宏 SETUPMMU 执行后，L7205SDB 中的各存储部分的映射关系如下。这里只写出了各物理空间区域到虚拟空间区域映射时相应区域的首地址对应关系。

- CS0 选择的静态存储器槽 1 的地址空间 0x2400 0000 映射到虚拟地址空间 0x0，该存储区域被设置成 cacheable 和 bufferable，所属的访问控制域为域 0，拥有全部访问权限。
- CS1 选择的静态存储器槽 2 的地址空间 0x1000 0000 映射到虚拟地址空间 0x1000 0000，该存储区域被设置成 cacheable 和 bufferable，所属的访问控制域为域 0，拥有全部访问权限。
- 片内 SRAM 存储器地址空间 0x6000 0000 被映射到虚拟地址空间 0x6000 0000，该存储区域被设置成 cacheable 和 bufferable，所属的访问控制域为域 0，拥有全部访问权限。
- 其他的存储区域物理空间和虚拟空间都相同，各存储区域被设置成 uncacheable 和 unbufferable，所属的访问控制域为域 0，拥有全部访问权限。

**【程序 5.4】** 宏 SETUPMMU：

```
MACRO
$label  SETUPMMU   $base, $desc, $tmp,$tmp2,$cnt,$indx
        ROUT

      ; 用于调试时增加可读性
        [ 0=0
        nop
```

```
    nop
    ]

  ; 禁止 MMU
    MOV $tmp, #DisableMMU
    WriteCP15_Control  $tmp

  ; 自动识别系统中 SDRAM 的大小，并把结果保存到系统中的特定位置
    AutosizeSDRAM $tmp,$tmp2,$base,$desc,$cnt,$indx

    MOVS   $tmp2, $tmp,  LSR #16
    EOR    $cnt, $tmp,  $tmp2, LSL #16
    LDRNE  $base, =PageTableBase2
    LDREQ  $base, =PageTableBase1
    STR    $tmp2, [$base, #-4]
    STR    $cnt,  [$base, #-8]
   ; 保存一级页表的物理地址
   STR    $base, [$base, #-12]

  ; 计算扩展槽 1 中 SDRAM 的起始地址，目的是为了使扩展槽 1 和扩展槽 2 中的
  ; SDRAM 占用一片连续的空间
  ; address = Bank 1 base address +
  ; Total possible size of bank 1 - Actual size of bank 1
  ; address = 0xF0000000 + 16MB - Size
    LDR   $indx,  =SDRAM_Bank1_High
    SUB   $indx, $indx, $cnt, LSL #20
  ; 保存该起始地址
    STR   $indx,  [$base, #-16]

  ; 建立 4GB 的虚拟空间到物理空间的映射关系
  ; 各块的存储访问属性设置成 uncached, unbuffered
  ; 各块的域标识设置成 domain 0 (客户类型)
  ; 各块的存储访问权限设置成允许所有权限
    LDR     $desc,  =MMU_STD_ACCESS
    MOV     $indx,  $base
    LDR     $cnt,   =PageTableEntryCount

01      STR     $desc,  [$indx], #4
        ADD     $desc,  $desc,    #(1<<20)
        SUBS    $cnt,   $cnt,     #1
        BNE     %B01

    ; 建立包含页表的存储页的地址映射关系
    ; 该页默认的虚拟空间在扩展槽 2 的高端 16KB 的区域
    ; 如果系统扩展槽 2 中有 SDRAM 存在，则该存储页的地址映射关系不变
    ; 如果系统扩展槽 2 中没有 SDRAM 存在，则将该存储页映射到扩展槽 1 的高端
    LDR     $desc,  =MMU_STD_ACCESS
     ; 读取页表的地址，并计算它所在的存储页
    LDR     $indx,  =VirtualPageTableBase
```

```
        LDR     $tmp,    =0xFFF00000
        AND     $indx,   $tmp, $indx
        ORR     $desc,   $desc, $indx
        ADD     $indx,   $base, $base, LSR #(20-2)
02      STR     $desc,   [$indx]
        ; 建立 CS0 选择的静态存储器的虚拟空间到物理空间的映射关系
        ; CS0 选择的静态存储器的物理地址为 0x2400 0000，
        ; 现在将虚拟空间 0x0 映射到 0x2400 0000
        ; 各块的存储访问属性设置成 cacheable, bufferable
        ; 各块的域标识设置成 domain 0 (客户类型)
        ; 各块的存储访问权限设置成允许所有权限

        LDR     $desc,   =(MMU_STD_ACCESS+MMU_C_BIT+MMU_B_BIT)
        LDR     $indx,   =IOCS0Base
        LDR     $tmp,    =0xFFF00000
        AND     $indx,   $tmp, $indx
        ADD     $indx,   $base, $indx, LSR #(20-2)
        LDR     $cnt,    =(IOCS0Size >> 20)

03      STR     $desc,   [$indx], #4
        ADD     $desc,   $desc,  #(1<<20)
        SUBS    $cnt,    $cnt,   #1
        BNE     %B03


        ; 建立 CS1 选择的静态存储器的虚拟空间到物理空间的映射关系
        ; CS1 选择的静态存储器的物理地址为 0x2400 0000，
        ; 现在将虚拟空间 0x1000 0000 映射到 CS1 选择的静态存储器的物理空间
        ; 各块的存储访问属性设置成 cacheable, bufferable
        ; 各块的域标识设置成 domain 0 (客户类型)
        ; 各块的存储访问权限设置成允许所有权限

        LDR     $desc,   =(MMU_STD_ACCESS+MMU_C_BIT+MMU_B_BIT)
        LDR     $indx,   =IOCS1Base
        LDR     $tmp,    =0xFFF00000
        AND     $indx,   $tmp, $indx
        ORR     $desc,   $desc, $indx
        ADD     $indx,   $base, $indx, LSR #(20-2)
        LDR     $cnt,    =(IOCS1Size >> 20)

04      STR     $desc,   [$indx], #4
        ADD     $desc,   $desc,  #(1<<20)
        SUBS    $cnt,    $cnt,   #1
        BNE     %B04

        ; 建立片内 SRAM 的虚拟空间到物理空间的映射关系
        ; 片内 SRAM 的物理地址为 0x6000 0000，
        ; 现在将虚拟空间 0x6000 0000 映射到片内 SRAM 的物理空间
        ; 各块的存储访问属性设置成 cacheable, bufferable
```

```
; 各块的域标识设置成 domain 0 （客户类型）
; 各块的存储访问权限设置成允许所有权限
LDR     $desc,  =(MMU_STD_ACCESS+MMU_C_BIT+MMU_B_BIT)
LDR     $indx,  =SRAMBase
LDR     $tmp,   =0xFFF00000
AND     $indx,  $tmp,  $indx
ORR     $desc,  $desc, $indx
ADD     $indx,  $base, $indx, LSR #(20-2)
STR     $desc,  [$indx], #4

; 清空 Cache 及写缓冲区
; 重新使能 MMU
; 设置域访问控制寄存器，使域 0 的访问权限为客户类型，
; 其他域没有任何访问权限
LDR                   $tmp, =0x55555555
WriteCP15_DAControl   $tmp
WriteCP15_TTBase      $base
MOV                   $tmp, #0
; 清空 Cache
CP15_FlushIDC         $tmp
; 清空 TLB
CP15_FlushTLB         $tmp
; 重新使能 Cache 和写缓冲区
MOV                   $tmp, #EnableMMUCW32
WriteCP15_Control     $tmp

; 等待流水线上的指令执行完成
nop
nop
nop
nop
nop
MEND
```

在系统完成 SDRAM 初始化后，通常需要将 SDRAM 的存储空间映射到地址 0x0。这是因为将 SDRAM 的存储空间映射到地址 0x0，使异常中断向量位于 RAM 中，就能允许用户根据系统的实际情况修改异常中断向量。

程序 5.5 中的宏 UNMAPROM 将 CS0 选择的静态存储器的存储空间从虚拟空间 0x0 “搬开”，将系统中的 SDRAM 映射到虚拟空间 0x0 开始的区域。

宏 UNMAPROM 执行后，L7205SDB 中的各存储部分的映射关系如下。这里只写出了各物理空间区域到虚拟空间区域映射时相应区域的首地址对应关系。

- CS0 选择的静态存储器槽 1 的地址空间 0x2400 0000 映射到虚拟地址空间 0x2400 0000，该存储区域被设置成 cacheable 和 bufferable，所属的访问控制域为域 0，拥有全部访问权限。
- CS1 选择的静态存储器槽 2 的地址空间 0x1000 0000 映射到虚拟地址空间 0x1000 0000，该存储区域被设置成 cacheable 和 bufferable，所属的访问控制域为域 0，

拥有全部访问权限。

- 片内 SRAM 存储器地址空间 0x6000 0000 被映射到虚拟地址空间 0x6000 0000，该存储区域被设置成 cacheable 和 bufferable，所属的访问控制域为域 0，拥有全部访问权限。
- SDRAM 被映射到虚拟空间 0x0，该存储区域被设置成 cacheable 和 bufferable，所属的访问控制域为域 0，拥有全部访问权限。
- SDRAM 被映射到虚拟空间 0xf000 0000，该存储区域被设置成 uncacheable 和 unbufferable，所属的访问控制域为域 0，拥有全部访问权限，这一区域可以供 DMA 访问来使用。
- 其他的存储区域物理空间和虚拟空间都相同，各存储区域被设置成 uncacheable 和 unbufferable，所属的访问控制域为域 0，拥有全部访问权限。

**【程序 5.5】** 宏 UNMAPROM：

```
MACRO
$label  UNMAPROM        $w1,$w2

; 如果系统从串口启动，测试串口是否工作
      [ 0=1

      DEBUG_UART_INIT   $w1, $w2
10
      mov       r7, #'A'
      DEBUG_UART_SEND   r7, $w1, $w2
      B     %B10
      ]


        ; 清除页表中与 CS0 静态存储器相关的地址变换条目
        ; 即清除页表中以虚拟地址 0x0 开始的整个 64MB 虚拟地址空间的地址变换条目
        ldr     $w2, =VirtualPageTableBase
        mov     $w1, #0
        mov     r7,  #64
25      str     $w1, [$w2], #4
        subs    r7, r7, #1
        bne     %b25
        ; 将系统中的 SDRAM 映射到虚拟地址空间 0x0
        ; 并将该空间的访问属性设置成 cacheable 和 bufferable
        LDR     $w2, =VirtualPageTableBase  ;
        LDR     r1, [$w2, #-4]
        LDR     r7, [$w2, #-8]
        ADD     r1, r1, r7
        LDR     $w2, [$w2, #-16]

        ldr     $w1, =(MMU_STD_ACCESS+MMU_C_BIT+MMU_B_BIT)
        ldr     r7,  =0xFFF00000
        and     r7,  r7, $w2
        orr     $w1, $w1, r7
```

```
        LDR     $w2, =VirtualPageTableBase
        CMP     r1,  #32
        MOVGT   r1,  #32

27      STR     $w1, [$w2], #4
        ADD     $w1, $w1, #(1<<20)
        SUBS    r1, r1, #1
        BNE     %b27

        ; 将系统中的 SDRAM 映射到虚拟地址空间 0Xf000 0000
        ; 并将该空间的访问属性设置成 uncacheable 和 unbufferable

        LDR     $w2, =VirtualPageTableBase
        LDR     r1, [$w2, #-4]
        LDR     r7, [$w2, #-8]
        ADD     r1, r1, r7
        LDR     $w2, [$w2, #-16]

        ldr     $w1, =(MMU_STD_ACCESS)
        ldr     r7,  =0xFFF00000
        and     r7,  r7, $w2
        orr     $w1, $w1, r7

        LDR     $w2, =VirtualPageTableBase
        ADD     $w2, $w2, #(0xF0000000 >> (20-2))
        CMP     r1,  #32
        MOVGT   r1,  #32

27      STR     $w1, [$w2], #4
        ADD     $w1, $w1, #(1<<20)
        SUBS    r1, r1, #1
        BNE     %b27

        ; 调用宏 CP15_FlushTLB，清空 TLB
        CP15_FlushTLB       $w1
        MEND
```

# 第 6 章　ATPCS 规则

为了使单独编译的 C 语言程序和汇编程序之间能够相互调用，必须为子程序间的调用制定一定的规则。ATPCS 就是 ARM 程序和 Thumb 程序中子程序调用的基本规则。

## 6.1　ATPCS 概述

ATPCS 规定了一些子程序间调用的基本规则。这些基本规则包括子程序调用过程中寄存器的使用规则、数据栈的使用规则、参数的传递规则。为适应一些特定的需要，对这些基本的调用规则进行一些修改，得到几种不同的子程序调用规则。这些特定的调用规则如下。

- 支持数据栈限制检查的 ATPCS。
- 支持只读段位置无关(ROPI)的 ATPCS。
- 支持可读写段位置无关(RWPI)的 ATPCS。
- 支持 ARM 程序和 Thumb 程序混合使用的 ATPCS。
- 处理浮点运算的 ATPCS。

有调用关系的所有子程序必须遵守同一种 ATPCS。编译器或者汇编器在 ELF 格式的目标文件中设置相应的属性，标识用户选定的 ATPCS 类型。对应于不同类型的 ATPCS 规则，有相应的 C 语言库，连接器根据用户指定的 ATPCS 类型连接相应的 C 语言库。

使用 ADS 的 C 语言编译器编译的 C 语言子程序满足用户指定的 ATPCS 类型。而对于汇编语言程序来说，完全要依赖用户来保证各子程序满足选定的 ATPCS 类型。具体来说，汇编语言子程序必须满足以下 3 个条件。

- 在子程序编写时必须遵守相应的 ATPCS 规则。
- 数据栈的使用要遵守相应的 ATPCS 规则。
- 在汇编编译器中使用-apcs 选项。

## 6.2　基本 ATPCS

基本 ATPCS 规定了在子程序调用时的一些基本规则，包括以下 3 方面的内容。

- 各寄存器的使用规则及其相应的名称。
- 数据栈的使用规则。
- 参数传递的规则。

相对于其他类型的 ATPCS，满足基本 ATPCS 的程序的执行速度更快，所占用的内存更少。但是它不能提供以下支持。

- ARM 程序和 Thumb 程序相互调用。
- 数据以及代码的位置无关的支持。

- 子程序的可重入性。
- 数据栈检查的支持。

而派生的其他几种特定的 ATPCS 就是在基本 ATPCS 的基础上再添加其他规则而形成的。其目的就是提供上述功能。

### 6.2.1 寄存器的使用规则

寄存器的使用必须满足以下规则。

- 子程序间通过寄存器 R0～R3 来传递参数。这时，寄存器 R0～R3 可以记作 A0～A3。被调用的子程序在返回前无须恢复寄存器 R0～R3 的内容。
- 在子程序中，使用寄存器 R4～R11 来保存局部变量。这时，寄存器 R4～R11 可以记作 V1～V8。如果在子程序中使用到了寄存器 V1～V8 中的某些寄存器，子程序进入时必须保存这些寄存器的值，在返回前必须恢复这些寄存器的值；对于子程序中没有用到的寄存器则不必进行这些操作。在 Thumb 程序中，通常只能使用寄存器 R4～R7 来保存局部变量。
- 寄存器 R12 用作子程序间的 scratch 寄存器，记作 ip。在子程序间的连接代码段中常有这种使用规则。
- 寄存器 R13 用作数据栈指针，记作 sp。在子程序中，寄存器 R13 不能用作其他用途。寄存器 sp 在进入子程序时的值和退出子程序时的值必须相等。
- 寄存器 R14 称为连接寄存器，记作 lr。它用于保存子程序的返回地址。如果在子程序中保存了返回地址，寄存器 R14 则可以用作其他用途。
- 寄存器 R15 是程序计数器，记作 pc。它不能用作其他用途。

表 6.1 总结了在 ATPCS 中各寄存器的使用规则及其名称。这些名称在 ARM 编译器和汇编器中都是预定义的。

表 6.1　ATPCS 中各寄存器的使用规则及其名称

| 寄存器 | 别名 | 特殊名称 | 使用规则 |
|---|---|---|---|
| R15 | | pc | 程序计数器 |
| R14 | | lr | 连接寄存器 |
| R13 | | sp | 数据栈指针 |
| R12 | | ip | 子程序内部调用的 scratch 寄存器 |
| R11 | V8 | | ARM 状态局部变量寄存器 8 |
| R10 | V7 | sl | ARM 状态局部变量寄存器 7。<br>在支持数据栈检查的 ATPCS 中为数据栈限制指针 |
| R9 | V6 | sb | ARM 状态局部变量寄存器 6。<br>在支持 RWPI 的 ATPCS 中为静态基址寄存器 |
| R8 | V5 | | ARM 状态局部变量寄存器 5 |
| R7 | V4 | wr | 局部变量寄存器 4。<br>Thumb 状态工作寄存器 |

续表

| 寄存器 | 别名 | 特殊名称 | 使用规则 |
|---|---|---|---|
| R6 | V3 | | 局部变量寄存器 3 |
| R5 | V2 | | 局部变量寄存器 2 |
| R4 | V1 | | 局部变量寄存器 1 |
| R3 | A4 | | 参数/结果/scratch 寄存器 4 |
| R2 | A3 | | 参数/结果/scratch 寄存器 3 |
| R1 | A2 | | 参数/结果/scratch 寄存器 2 |
| R0 | A1 | | 参数/结果/scratch 寄存器 1 |

### 6.2.2　数据栈的使用规则

栈指针通常可以指向不同的位置。当栈指针指向栈顶元素(即最后一个入栈的数据元素)时，称为 FULL 栈；当栈指针指向与栈顶元素相邻的一个可用数据单元时，称为 EMPTY 栈。

数据栈的增长方向也可以不同。当数据栈向内存地址减小的方向增长时，称为 DESCENDING 栈；当数据栈向内存地址增加的方向增长时，称为 ASCENDING 栈。

综合这两种特点，可以有以下 4 种数据栈。

- FD：Full Descending。
- ED：Empty Descending。
- FA：Full Ascending。
- EA：Empty Ascending。

ATPCS 规定数据栈为 FD 类型，并且对数据栈的操作是 8 字节对齐的。下面是一个数据栈的示例(见图 6.1)及其相关的名词。

- 数据栈的栈指针(Stack Pointer)：是指最后一个写入栈的数据的内存地址。
- 数据栈的基地址(Stack Base)：是指数据栈的最高地址。由于 ATPCS 中数据栈是 FD 类型的，实际上数据栈中最早入栈的数据占据的内存单元是基地址的下一个内存单元。
- 数据栈界限(Stack Limit)：是指数据栈中可以使用的最低的内存单元的地址。
- 已占用的数据栈(Used Stack)：是指数据栈的基地址和数据栈栈指针之间的区域。其中包括数据栈栈指针对应的内存单元，但不包括数据栈的基地址对应的内存单元。
- 未占用的数据栈(Unused Stack)：是指数据栈栈指针和数据栈界限之间的区域。其中包括数据栈界限对应的内存单元，但不包括数据栈栈指针对应的内存单元。
- 数据栈中的数据帧(Stack Frames)：是指在数据栈中，为子程序分配的用来保存寄存器和局部变量的区域。

异常中断的处理程序可以使用被中断程序的数据栈，这时用户要保证中断的程序的数据栈足够大。

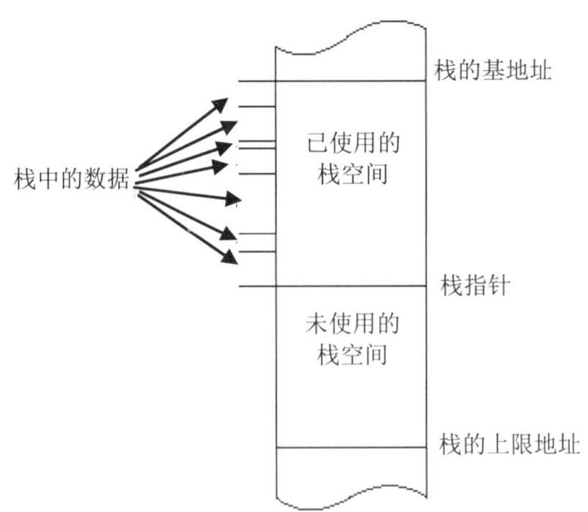


图 6.1　一个数据栈的示意

使用 ADS 中的编译器产生的目标代码中，包含了 DRAFT2 格式的数据帧。在调试过程中，调试器可以使用这些数据帧来查看数据栈中的相关信息。而对于汇编语言来说，用户必须使用 FRAME 伪操作来描述数据栈中的数据帧。ARM 汇编器根据这些伪操作，在目标文件中产生相应的 DRAFT2 格式的数据帧。

在 ARMv5TE 中，批量传送指令 LDRD/STRD 要求数据栈是 8 字节对齐的，以提高数据传送的速度。用 ADS 编译器产生的目标文件中，外部接口的数据栈都是 8 字节对齐的，并且编译器将告诉连接器：本目标文件中的数据栈是 8 字节对齐的。而对于汇编程序来说，如果目标文件中包含了外部调用，则必须满足以下条件。

- 外部接口的数据栈必须是 8 字节对齐的。也就是要保证在进入该汇编代码后，直到该汇编代码调用外部程序之间，数据栈的栈指针变化偶数个字(如栈指针加 2 个字，而不能是加 3 个字)。
- 在汇编程序中使用 PRESERVE8 伪操作告诉连接器，本汇编程序数据栈是 8 字节对齐的。

### 6.2.3　参数的传递规则

根据参数个数是否固定可以将子程序分为参数个数固定的(Nonvariadic)子程序和参数个数可变的(Variadic)子程序。这两种子程序的参数传递规则是不同的。

#### 1. 参数个数可变的子程序的参数传递规则

对于参数个数可变的子程序，当参数不超过 4 个时，可以使用寄存器 R0～R3 来传递参数；当参数超过 4 个时，还可以使用数据栈来传递参数。

在参数传递时，将所有参数看作是存放在连续的内存字单元中的字数据。然后依次将各字数据传送到寄存器 R0～R3 中，如果参数多于 4 个，将剩余的字数据传送到数据栈中，入栈的顺序与参数顺序相反，即最后一个字数据先入栈。

按照上面的规则，一个浮点数参数可以通过寄存器传递，也可以通过数据栈传递，也可能一半通过寄存器传递，另一半通过数据栈传递。

### 2. 参数个数固定的子程序的参数传递规则

对于参数个数固定的子程序，参数传递与参数个数可变的子程序的参数传递规则不同。如果系统包含浮点运算的硬件部件，浮点参数将按照以下规则传递。

- 各个浮点参数按顺序处理。
- 为每个浮点参数分配 FP 寄存器。分配的方法是，满足该浮点参数需要的且编号最小的一组连续的 FP 寄存器。
- 第一个整数参数通过寄存器 R0～R3 来传递。其他参数通过数据栈传递。

### 3. 子程序结果返回规则

子程序中，结果返回的规则如下。

- 结果为一个 32 位的整数时，可以通过寄存器 R0 返回。
- 结果为一个 64 位整数时，可以通过寄存器 R0 和 R1 返回，依次类推。
- 结果为一个浮点数时，可以通过浮点运算部件的寄存器 f0、d0 或者 s0 来返回。
- 结果为复合型的浮点数(如复数)时，可以通过寄存器 f0～fN 或者 d0～dN 来返回。
- 对于位数更多的结果，需要通过内存来传递。

# 6.3　几种特定的 ATPCS

几种特定的 ATPCS 是在遵守基本 ATPCS 的同时，增加一些规则以支持特定的功能。

## 6.3.1　支持数据栈限制检查的 ATPCS

### 1. 支持数据栈限制检查的 ATPCS 的基本原理

如果在程序设计期间能够准确地计算出程序所需要的内存总量，就不需要进行数据栈的检查。但是，通常情况下这是很难做到的，这时，就需要进行数据栈的检查。

在进行数据栈的检查时，使用寄存器 R10 作为数据栈限制指针，这时，寄存器 R10 又记作 sl。用户在程序中不能控制该寄存器。具体来说，支持数据栈限制检查的 ATPCS 要满足以下规则。

- 在已经占用的栈的最低地址和 sl 之间必须有 256 字节的空间，也就是说，sl 所指的内存地址必须比已经占用的栈的最低地址低 256 个字节。当中断处理程序可以使用用户的数据栈时，在已经占用的栈的最低地址和 sl 之间除了必须保留的 256 字节的内存单元外，还必须为中断处理预留足够的内存空间。
- 用户在程序中不能修改 sl 的值。
- 数据栈栈指针 sp 的值必须不小于 sl 的值。

与支持数据栈限制检查的 ATPCS 相关的编译/汇编选项有以下几种。

- 选项/swst(Software Stack Limit Checking)：指示编译器生成的代码遵守支持数据栈限制检查的 ATPCS。用户在程序设计期间不能准确计算出程序所需的所有数据栈大小时，需要指定该选项。
- 选项/noswst(No Software Stack Limit Checking)：指示编译器生成的代码不支持数

据栈限制检查功能。用户在程序设计期间能准确计算出程序所需的所有数据栈大小时，可以指定该选项。这个选项是默认的。

- 选项/swstna(Software Stack Limit Checking Not Applicable)：如果汇编程序对于是否进行数据栈检查无所谓，而与该汇编程序连接的其他程序指定了选项/swst 或选项/noswst，这时，该汇编程序使用选项/swstna。

### 2. 编写遵守支持数据栈限制检查的 ATPCS 的汇编语言程序

对于 C 程序和 C++程序来说，如果在编译时指定选项/swst，生成的目标代码将遵守支持数据栈限制检查的 ATPCS。

对于汇编程序来说，如果要遵守支持数据栈限制检查的 ATPCS，用户在编写程序时必须满足支持数据栈限制检查的 ATPCS 所要求的规则，然后在汇编时指定选项/swst。下面介绍用户编写程序时的一些要求。

下面分 3 种情况讨论如何编写遵守支持数据栈限制检查的 ATPCS 的汇编语言程序(叶子子程序是指不调用其他程序的子程序)。

1) 数据栈小于 256 字节的叶子子程序

数据栈小于 256 字节的叶子子程序不需要进行数据栈检查。如果几个子程序组合起来构成一个叶子子程序，该叶子子程序的数据栈仍然小于 256 字节时，这个结论也适合。

2) 数据栈小于 256 字节的非叶子子程序

对于数据栈小于 256 字节的非叶子子程序，可以使用以下代码段来进行数据栈检查。

(1) ARM 程序可以使用以下代码段：

```
SUB sp, sp, #size            ; #size 为 sp 和 sl 之间必须保留的空间大小
CMP sp, sl
BLLO __ARM_stack_overflow
```

(2) Thumb 程序可以使用以下代码段：

```
ADD sp, #-size               ; #size 为 sp 和 sl 之间必须保留的空间大小
CMP sp, sl
BLO __Thumb_stack_overflow
```

3) 数据栈大于 256 字节的子程序

对于数据栈大于 256 字节的子程序，为了保证 sp 的值不小于数据栈可用的内存单元最小的地址值，需要引入相应的寄存器。

(1) ARM 程序可以使用以下代码段：

```
SUB ip, sp, #size
CMP ip, sl
BLLO __ARM_stack_overflow
```

(2) Thumb 程序可以使用以下代码段：

```
LDR wr, #-size
ADD wr, sp
CMP wr, sl
BLO __Thumb_stack_overflow
```

## 6.3.2 支持只读段位置无关(ROPI)的 ATPCS

### 1. 支持只读段位置无关的 ATPCS 的应用场合

位置无关的只读段可能为位置无关的代码段，也可能为位置无关的只读数据段。使用支持只读段位置无关的 ATPCS 可以避免必须将程序存放到特定的位置。它经常应用于以下场合。

- 程序在运行期间动态加载到内存中。
- 程序在不同的场合，与不同的程序组合后加载到内存中。
- 在运行期间映射到不同的地址。在一些嵌入式系统中，将程序放在 ROM 中，运行时再加载到 RAM 中不同的地址。

### 2. 遵守支持只读段位置无关的 ATPCS 的程序设计

如果程序遵守支持只读段位置无关的 ATPCS，程序设计时需满足以下规则。

- 当 ROPI 段中的代码引用同一个 ROPI 段中的符号时，必须是基于 pc 的。
- 当 ROPI 段中的代码引用另一个 ROPI 段中的符号时，必须是基于 pc 的，并且两个 ROPI 段的位置关系必须固定。
- 其他被 ROPI 段中的代码引用的必须是绝对地址，或是基于 sb 的可写数据。
- ROPI 段移动后，对 ROPI 中符号的引用要做相应的调整。

## 6.3.3 支持可读写段位置无关(RWPI)的 ATPCS

如果一个程序中所有的可读写段都是位置无关，则称该程序遵守支持可读写段位置无关(RWPI)的 ATPCS。使用支持可读写段位置无关(RWPI)的 ATPCS 可以避免必须将程序存放到特定的位置。这时寄存器 R9 通常用作静态基址寄存器，记作 sb。可重入的子程序可以在内存中同时有多个实例，各个实例拥有独立的可读写段。在生成一个新的实例时，sb 指向该实例的可读写段。RWPI 段中的符号的计算方法为：连接器首先计算出该符号相对于 RWPI 段中某一特定位置的偏移量，通常该特定位置选为 RWPI 段的第一个字节处；在程序运行时，将该偏移量加到 sb 上，即可生成该符号的地址。

## 6.3.4 支持 ARM 程序和 Thumb 程序混合使用的 ATPCS

在编译或者汇编时，使用/INTERWORK 告诉编译器(或汇编器)生成的目标代码遵守支持 ARM 程序和 Thumb 程序混合使用的 ATPCS。/INTERWORK 用在以下场合。

- 程序中存在 ARM 程序调用 Thumb 程序的情况。
- 程序中存在 Thumb 程序调用 ARM 程序的情况。
- 需要连接器来进行 ARM 状态和 Thumb 状态切换的情况。

在下述情况，使用选项/NOINTERWORK。

- 程序中不包含 Thumb 程序。
- 用户自己进行 ARM 状态和 Thumb 状态切换。

其中，选项/NOINTERWORK 是默认选项。

需要注意的是，在同一个 C/C++源程序中不能同时包含 ARM 指令和 Thumb 指令。

## 6.3.5 处理浮点运算的 ATPCS

ATPCS 支持 VFP 体系和 FPA 体系两种不同的浮点硬件体系和指令集。两种体系对应的代码不兼容。

相应地，ADS 的编译器和汇编器有以下 6 种与浮点数相关的选项。

- -fpu VFP
- -fpu FPA
- -fpu softVFP
- -fpu softVFP+VFP
- -fpu softFPA
- -fpu none

当系统中包含有浮点运算部件时，可以选择-fpu VFP、-fpu softVFP+VFP 或-fpu FPA 选项。

当系统中包含有浮点运算部件，并且想在 Thumb 程序中使用浮点数子程序时，可以选择-fpu softVFP+VFP 选项。

当系统中没有浮点运算部件时，分以下 3 种情况考虑。

- 如果程序要与 FPA 体系兼容，应选择-fpu softFPA 选项。
- 如果程序中没有浮点算术运算，并且程序要和 FPA 体系和 VFP 体系都兼容，应选择-fpu none 选项。
- 其他情况下选择-fpu softVFP 选项。

# 第 7 章　ARM 程序和 Thumb 程序混合使用

ARM 体系结构支持 ARM 程序和 Thumb 程序混合使用。本章介绍 ARM 程序和 Thumb 程序混合使用时需要掌握的相关技术。

## 7.1 概　　述

如果程序遵守支持 ARM 程序和 Thumb 程序混合使用的 ATPCS，则程序中的 ARM 子程序和 Thumb 子程序可以相互调用。对于 C/C++源程序而言，只需在编译时指定-apcs /interwork 选项，编译器生成的代码会自动遵守支持 ARM 程序和 Thumb 程序混合使用的 ATPCS。而对于汇编源程序而言，必须保证编写的代码遵守支持 ARM 程序和 Thumb 程序混合使用的 ATPCS。

连接器当发现有 ARM 子程序调用 Thumb 子程序，或者 Thumb 子程序调用 ARM 子程序时，将修改相应的调用和返回代码，或者添加一段代码(称为 veneers)，从而实现程序状态的切换。

ARM 版本 5 提供的 BX 指令在调用子程序的同时，实现程序的状态切换，从而使程序状态的切换不需要额外的开销。

### 1. ARM 程序和 Thumb 程序混合使用的场合

通常，Thumb 程序比 ARM 程序更加紧凑，而且对于内存为 8 位或者 16 位的系统，使用 Thumb 程序效率更高。但是，在下面一些场合下，程序必须运行在 ARM 状态，这时就需要混合使用 ARM 程序和 Thumb 程序。

- 强调速度的场合。在有些系统中需要某些代码段运行速度尽可能地快，这时应该使用 ARM 程序。系统可以采用少量的 32 位内存，将这段 ARM 程序在 32 位的内存中运行，从而尽可能地提高运行速度。
- 有一些功能只有 ARM 程序能够完成。例如，使用或者禁止异常中断就只能在 ARM 状态下完成。
- 当处理器进入异常中断处理程序时，程序状态自动切换到 ARM 状态。即在异常中断处理程序入口的一些指令是 ARM 指令，然后根据需要，程序可以切换到 Thumb 状态，在异常中断处理程序返回前，程序再切换到 ARM 状态。
- ARM 处理器总是从 ARM 状态开始执行。因而，如果要在调试器中运行 Thumb 程序，必须为该 Thumb 程序添加一个 ARM 程序头，然后再切换到 Thumb 状态，调用该 Thumb 程序。

### 2. 在编译或者汇编时使用–apcs/interwork 选项

如果目标代码中包含以下内容，应该在编译和汇编时使用-apcs/interwork 选项。

- 需要返回到 ARM 状态的 Thumb 子程序。
- 需要返回到 Thumb 状态的 ARM 子程序。
- 间接地调用 ARM 子程序的 Thumb 子程序。
- 间接地调用 Thumb 子程序的 ARM 子程序。

当在编译或者汇编时使用了-apcs/interwork 选项时：

- 编译器或者汇编器将 interwork 的属性写入到目标文件中；
- 连接器在子程序入口处提供用于状态切换的小程序(称为 veneers)；
- 在汇编语言子程序中，用户必须编写相应的返回代码，使得程序返回到与调用者相同的状态；
- 在 C/C++子程序中，编译器生成合适的返回代码，使得程序返回到与调用者相同的状态。

在下列情况下，不必指定 interwork 选项。

- 在 Thumb 状态下发生异常中断时，处理器自动切换到 ARM 状态，这时不需要添加状态切换代码。
- 在 Thumb 状态下发生异常中断时，异常中断处理程序返回不需要添加状态切换代码。
- Thumb 程序调用其他文件中的 ARM 子程序时，在该 Thumb 程序中不需要状态切换的代码。被调用的 ARM 子程序返回时，需要相应的状态切换代码，调用者 Thumb 程序则不需要。
- ARM 程序调用其他文件中的 Thumb 子程序时，在该 ARM 程序中不需要状态切换的代码。被调用的 Thumb 子程序返回时需要相应的状态切换代码，调用者 ARM 程序则不需要。

## 7.2　在汇编语言程序中通过用户代码支持 interwork

对于 C/C++源程序而言，只要在编译时指定-apcs/interwork 选项，连接器生成的代码就遵守支持 ARM 程序和 Thumb 程序混合使用的 ATPCS。而对于汇编源程序而言，用户必须保证编写的代码遵守支持 ARM 程序和 Thumb 程序混合使用的 ATPCS。

对于汇编程序来说，可以通过两种方法来实现程序状态的切换。第一种方法是利用连接器提供的小程序(veneers)来实现程序状态的切换，这时用户可以使用指令 BL 来调用子程序；另一种方法是用户自己编写状态切换的程序，这种方法编写的程序需要的代码更少，运行的速度更快。本节主要介绍第二种方法。

这里介绍 ARM 中与这个问题相关的指令、伪操作以及程序设计。

### 7.2.1　可以实现程序状态切换的指令

在 ARM 版本 4 中，可以实现程序状态切换的指令是 BX。

从 ARM 版本 5 开始，以下指令也可以实现程序状态的切换：

- BLX
- LDR、LDM 及 POP

### 1. BX 指令

BX 指令跳转到指令中指定的目标地址，目标地址处的指令可以是 ARM 指令，也可以是 Thumb 指令，如果目标地址处程序的状态与 BX 指令处程序的状态不同，指令将进行程序状态切换。目标地址值为指令的值和 0xFFFFFFFE 做与操作的结果，目标地址处的指令类型由寄存器<Rm>的 bit[0]决定。

**指令的编码格式**

| 31　　28 | 27　　　　　20 | 19　　　8 | 7　6　5　4 | 3　　0 |
|---|---|---|---|---|
| cond | 0 0 0 1 0 0 1 0 | 应为 0 | 0 0 0 1 | Rm |

**指令的语法格式**

```
BX{<cond>} <Rm>
```

其中：

- <cond>为指令执行的条件码。当<cond>忽略时，指令为无条件执行。
- <Rm>寄存器中为跳转的目标地址。当<Rm>寄存器的 bit[0]为 0 时，目标地址处的指令为 ARM 指令；当<Rm>寄存器的 bit[0]为 1 时，目标地址处的指令为 Thumb 指令。

**指令操作的伪代码**

```
if ConditionPassed(cond) then
T Flag = Rm[0]
PC = Rm AND 0xFFFFFFFE
```

**指令的使用**

当 Rm[1:0]=0b10 时，由于 ARM 指令是字对齐的，会产生不可预料的结果。

当<Rm>为 PC 寄存器时，即指令 BX PC 使程序跳转到当前指令后面第 2 条指令处执行。虽然可以这样使用，但推荐使用更简单的指令实现与这条指令相同的功能。如指令“MOV PC, PC”及指令“ADD PC, PC, #0”。

### 2. 第 1 种格式的 BLX 指令 BLX(1)

第 1 种格式的 BLX 指令记作 BLX(1)。BLX(1)指令从 ARM 指令跳转到指令中指定的目标地址，并将程序状态切换为 Thumb 状态，该指令同时将 PC 寄存器的内容复制到 LR 寄存器中。

本指令属于无条件执行的指令(即条件码为 AL)。

**指令的编码格式**

| 31　　28 | 27　25 | 24 | 23　　　　　　0 |
|---|---|---|---|
| 1 1 1 1 | 1 0 1 | H | signed_immed_24 |

**指令的语法格式**

```
BLX <target_addr>
```

其中：

<target_addr>为指令跳转的目标地址。目标地址的计算方法为：将指令中 24 位的带符号补码立即数扩展为 32 位(扩展其符号位)；将此 32 位数左移两位；将得到的地址值的 bit[1]位设置成 H 位；将得到的值加到 PC 寄存器中，即得到跳转的目标地址。由计算方法可知，跳转的范围大致为–32MB ～ +32MB。

**指令操作的伪代码**

```
LR = address of the instruction after the BLX instruction
T Flag = 1
PC = PC + (SignExtend(signed_immed_24) << 2) + (H << 1)
```

**指令的使用**

当子程序为 Thumb 指令集，而调用者为 ARM 指令集时，可以通过 BLX 指令实现子程序调用和程序状态的切换。子程序的返回可以通过将 LR 寄存器(R14)的值复制到 PC 寄存器中来实现。通常有以下两种方法实现这种复制。

- BX R14。
- 当子程序入口中使用 PUSH{<registers>,R14}时，可以用指令 POP{<registers>, PC}。

ARM 汇编器计算指令编码中 Signed_immed_24 的步骤如下。

(1) 将 PC 寄存器的值作为本跳转指令的基地址值。

(2) 从跳转的目标地址中减去上面所说的跳转的基地址值，生成字节偏移量。由于 ARM 指令是字对齐的，Thumb 指令是半字对齐的，该字节偏移量为偶数。

(3) 当步骤(2)生成的字节偏移量超过 33554432～33554430 时，程序需要做相应的处理。

(4) 否则，将指令编码字中的 Signed_immed_24 设置成上述字节偏移量的 bits[25:2]，同时将指令编码字中的 H 位设置成上述字节偏移量的 bit[1]。

本指令是无条件执行的。指令中的 bit[24]被作为目标地址的 bit[1]。

### 3. 第 2 种格式的 BLX 指令 BLX(2)

第 2 种格式的 BLX 指令记作 BLX(2)。BLX(2)指令从 ARM 指令集跳转到指令中指定的目标地址，目标地址的指令可以是 ARM 指令，也可以是 Thumb 指令。目标地址放在指令的寄存器<Rm>中，该值的 bit[0]为 0，目标地址处的指令类型由 CPSR 中的 T 位决定。该指令同时将 PC 寄存器的内容复制到 LR 寄存器中。

**指令的编码格式**

| 31　　28 | 27　　　　　　20 | 19　　　　8 | 7　6　5　4 | 3　　　0 |
|---|---|---|---|---|
| cond | 0 0 0 1 0 0 1 0 | 应为 0 | 0 0 1 1 | Rm |

**指令的语法格式**

```
BLX{<cond>} <Rm>
```

其中：

- <cond>为指令执行的条件码。当<cond>忽略时，指令为无条件执行。
- <Rm>寄存器中为跳转的目标地址。当<Rm>寄存器的 bit[0]为 0 时，目标地址处的指令为 ARM 指令；当<Rm>寄存器的 bit[0]为 1 时，目标地址处的指令为 Thumb 指令。当<Rm>寄存器为 R15 时，会产生不可预知的结果。

**指令操作的伪代码**

```
if ConditionPassed(cond) then
LR = address of instruction after the BLX instruction
T Flag = Rm[0]
PC = Rm AND 0xFFFFFFFE
```

**指令的使用**

当 Rm[1:0]=0b10 时，由于 ARM 指令是字对齐的，这时会产生不可预料的结果。

#### 4. LDR、LDM 及 POP 指令用于程序状态的切换

当使用 LDR、LDM 及 POP 指令向 PC 寄存器中赋值时，寄存器 CPSR 中的 Thumb 位将被设置成 PC 寄存器的 bit[0]，这时就实现了程序状态的切换。这种方法在子程序返回时非常有效，同样的指令可以根据需要返回到 ARM 状态或者 Thumb 状态。

### 7.2.2　与程序状态切换相关的伪操作

ARM 汇编器既可以处理 ARM 指令，也可以处理 Thumb 指令。这时，通过以下两个伪操作告诉 ARM 汇编器将要处理的是哪一种指令。

- CODE16 伪操作：告诉汇编编译器后面的指令序列为 16 位的 Thumb 指令。
- CODE32 伪操作：告诉汇编编译器后面的指令序列为 32 位的 ARM 指令。

**语法格式**

```
CODE16
CODE32
```

**使用说明**

当汇编源程序中同时包含 ARM 指令和 Thumb 指令时，使用 CODE16 伪操作告诉汇编编译器后面的指令序列为 16 位的 Thumb 指令；使用 CODE32 伪操作告诉汇编编译器后面的指令序列为 32 位的 ARM 指令。但是，CODE16 伪操作和 CODE32 伪操作只是告诉编译器后面指令的类型，该伪操作本身并不进行程序状态的切换。

**示例**

在下面的例子中，程序先在 ARM 状态下执行，然后通过 BX 指令切换到 Thumb 状态，并跳转到相应的 Thumb 指令处执行。在 Thumb 程序入口处用 CODE16 伪操作标识下

面的指令为 Thumb 指令。

```
AREA ChangeState, CODE, READONLY
CODE32                      ; 指示下面的指令为 ARM 指令
LDR r0,=start+1
BX r0                       ; 切换到 Thumb 状态，并跳转到 start 处执行

CODE16                      ; 指示下面的指令为 Thumb 指令
start MOV r1,#10
```

### 7.2.3 进行状态切换的汇编程序实例

下面给出一个状态切换汇编程序的例子：

```
AREA AddReg,CODE,READONLY
ENTRY
main
ADR r0, ThumbProg + 1
BX r0               ; 跳转到 ThumbProg，并且程序切换到 Thumb 状态

CODE16              ; CODE16 指示后面的为 Thumb 指令
ThumbProg
MOV r2, #2
MOV r3, #3
ADD r2, r2, r3
ADR r0, ARMProg
BX r0               ; 跳转到 ARMProg，并且程序切换到 ARM 状态

CODE32              ; CODE32 指示后面的为 ARM 指令
ARMProg
MOV r4, #4
MOV r5, #5
ADD r4, r4, r5

stop
MOV r0, #0x18
LDR r1, =0x20026
SWI 0x123456
END
```

上面的例子分为 4 部分。

第一部分为一段 ARM 代码，包括两条 ARM 指令。在第一部分结尾，程序使用指令 BX 跳转到第二部分，并且程序状态切换到 Thumb 状态。

```
main
ADR r0, ThumbProg + 1
BX r0               ; 跳转到 ThumbProg，并且程序切换到 Thumb 状态
```

第二部分为一段 Thumb 代码，这是通过 CODE16 伪操作指示的。这部分 Thumb 代码

实现两个寄存器内容相加。在第二部分结尾，程序使用 BX 指令跳转到第三部分，并且程序状态切换到 ARM 状态。

```
CODE16              ; CODE16 指示后面的为 Thumb 指令
ThumbProg
MOV r2, #2
MOV r3, #3
ADD r2, r2, r3
ADR r0, ARMProg
BX r0               ; 跳转到 ARMProg，并且程序切换到 ARM 状态
```

第三部分为一段 ARM 代码，这是通过 CODE32 伪操作指示的。这部分 Thumb 代码实现两个寄存器内容相加。

```
CODE32              ; CODE32 指示后面的为 ARM 指令
ARMProg
MOV r4, #4
MOV r5, #5
ADD r4, r4, r5
```

第四部分通过 SWI 功能调用，报告程序运行结束。关于 SWI 功能调用，后面将有详细的介绍。

```
stop
MOV r0, #0x18
LDR r1, =0x20026
SWI 0x123456
```

可以通过以下步骤来编译和运行上面的例子。

(1) 用文本编辑器将上述代码输入，并保存成文件 addreg.s。

(2) 用 asm -g addreg.s 命令行汇编该程序。

(3) 用 armlink addreg.o -o addreg 命令行连接生成映像文件。

(4) 用 armsd addreg 加载该映像文件。

(5) 通过 step 单步跟踪该程序。

## 7.3　在 C/C++程序中实现 interwork

在同一个 C/C++源程序中只能包含 ARM 指令或者 Thumb 指令，不能同时包含 ARM 指令和 Thumb 指令。对于不同的 C/C++源程序，可能有些程序中包含 ARM 指令，有些程序中包含 Thumb 指令，这些程序可以相互调用。这时，就需要在编译这些程序时指定-apcs /interwork 选项。

对于 C/C++源程序而言，只要在编译时指定-apcs /interwork 选项，编译器就会进行一些相应的处理；连接器在检测到程序中存在 interwork 时，会自动生成一些用于程序状态切换的代码。在本节中，主要讨论哪些情况下需要在编译时指定-apcs /interwork 选项，以及编译器和连接器为实现程序状态切换做了哪些工作。

### 1. 需要考虑 interwork 的场合

关于 C/C++程序中的 interwork，需要遵守以下规则。

- 如果 C/C++程序中包含需要返回到另一种程序状态的子程序，需要在编译该 C/C++程序时指定选项-apcs /interwork。
- 如果 C/C++程序间接地调用另一种指令系统的子程序，或者 C/C++程序中的虚函数调用另一种指令系统的子程序时，需要在编译该 C/C++程序时指定-apcs /interwork 选项。
- 如果调用者程序和被调用的程序是不同指令集的，而被调用者是 non-interwork 代码，这时，不要使用函数指针来调用该被调用程序。总的来说，当程序中包含了 Thumb 指令和 ARM 指令，在使用函数指针时，要特别注意。
- 如果在连接时目标文件中包含了 Thumb 程序，这时，连接器会选择 Thumb C/C++库进行连接。
- 通常情况下，如果不能肯定程序中不进行程序状态切换，使用编译选项-apcs /interwork 来编译程序。

### 2. 编译选项-apcs /interwork 的作用

当 C/C++程序中包含了程序状态切换时，可以在编译时指定编译选项-apcs/interwork，其格式如下。

- tcc -apcs /interwork
- armcc -apcs /interwork
- tcpp -apcs /interwork
- armcpp -apcs /interwork

指定编译选项-apcs /interwork 后，编译器将会进行以下处理。

- 编译生成的目标程序可能会稍微大一些。对于 Thumb 程序而言，可能目标程序会大 2%，对于 ARM 程序而言，可能会大 1%。
- 对于叶子子程序(前面介绍过，叶子子程序指的是不调用其他子程序的子程序)来说，编译器会将程序中的“MOV PC, LR”指令替换成“BX LR”指令。这是因为“MOV PC, LR”指令不进行程序的状态切换。
- 对于非叶子子程序，Thumb 编译器将进行一些指令替换。例如：

  ```
  POP{R4,R5,PC}
  ```

  将被替换成以下指令序列：

  ```
  POP{R4,R5}
  POP{R3}
  BX R3
  ```

- 编译器在目标程序的代码段中写入 interwork 属性，连接器根据该属性插入相应的用于程序状态切换的代码段。

### 3. C 语言的 interwork 实例

在以下程序中，主程序为 Thumb 程序，子程序 arm_function(void)为 ARM 程序。

```
/**********************
* thumbmain.c *
**********************/
#include <stdio.h>
extern void arm_function(void);
int main(void)
{
    printf("Hello from Thumb World\n");
    arm_function();
    printf("And goodbye from Thumb World\n");
    return (0);
}
/**********************
* armsub.c *
**********************/
#include <stdio.h>
void arm_function(void)
{
    printf("Hello and Goodbye from ARM world\n");
}
```

通过下面的操作编译，连接该例子：

- 使用命令 tcc -c -apcs /interwork -o thumbmain.o thumbmain.c 编译该 Thumb 代码。
- 使用命令 armcc -c -apcs /interwork -o armsub.o armsub.c 编译该 ARM 代码。
- 使用命令 armlink -o hello armsub.o thumbmain.o 连接目标代码。

通过 armlink -info veneers armsub.o thumbmain.o 可以显示连接器添加的用于程序状态切换的代码段情况。例如：

```
Adding veneers to the image

Adding AT veneer (12 bytes) for call to '_printf' from armsub.o(.text).
Adding TA veneer (12 bytes) for call to 'arm_function' from thumbmain.o(.text).
Adding AT veneer (12 bytes) for call to '__rt_lib_init' from kernel.o(x$codeseg).
Adding AT veneer (12 bytes) for call to '__rt_lib_shutdown' from kernel.o(x$codeseg).
Adding AT veneer (12 bytes) for call to '_sys_exit' from kernel.o(x$codeseg).
Adding AT veneer (12 bytes) for call to '__raise' from rt_raise.o(x$codeseg).
Adding AT veneer (12 bytes) for call to '_no_fp_display' from printf2.o(x$codeseg).

7 Veneer(s) (total 84 bytes) added to the image.
```

## 7.4　在汇编语言程序中通过连接器支持 interwork

在 7.2 节中，介绍了用户在汇编程序中如何编写实现程序状态切换的代码。本节将介绍利用连接器生成的代码段实现在汇编程序之间以及汇编程序和 C/C++程序之间程序状态的切换。

通常，将连接器生成的用于程序状态切换的代码段称为 veneers。

### 7.4.1 利用 veneers 实现汇编程序间的程序状态切换

利用 veneers 实现汇编程序间的程序状态切换时，可以按照以下方式来编写汇编程序。由于利用了连接器生成的 veneers，汇编程序的编写方法与 7.2 节中有所不同。

- 调用者程序(Caller)可以不用考虑程序状态切换的问题。它使用 BL 指令来调用子程序，在编译时可以指定编译选项-apcs/interwork，也可以指定编译选项-apcs /nointerwork。
- 被调用的子程序(Callee)使用 BX 指令返回，在编译时，要指定编译选项-apcs /interwork。

对于 ARM 版本 4，当调用者程序和被调用的子程序位于两个相距很远的不同段(Area)中时，连接器将会产生用于程序状态切换的代码段。在 ARM 版本 5 中，当调用者程序和被调用的子程序相距足够近时，连接器不需要产生用于程序状态切换的代码段。

下面是一个利用 veneers 实现汇编程序间的程序状态切换的例子。在该例子中，有两个汇编源程序：arm.s 和 thumb.s。在 arm.s 源程序中有 ARM 程序 ARMProg，在 thumb.s 源程序中有 Thumb 程序 ThumbProg。在 ARM 程序 ARMProg 中，为寄存器 R0 赋值；然后用 BL ThumbProg 指令调用 Thumb 程序 ThumbProg；在 ThumbProg 程序返回后，再为 R2 寄存器赋值。在 Thumb 程序 ThumbProg 中，为寄存器 R1 赋值，然后用 BX 指令返回到 RM 程序 ARMProg 中。在用 BL ThumbProg 指令调用 Thumb 程序 ThumbProg 时，连接器将会插入相应的 veneer。

源程序如下：

```
; *****
; arm.s
; *****
AREA Arm,CODE,READONLY         ; 定义段名称、属性
IMPORT ThumbProg               ; 引入外部符号
ENTRY                          ; 程序入口
ARMProg
MOV r0,#1
BL ThumbProg                   ; 调用 Thumb 程序
MOV r2,#3

MOV r0, #0x18                  ; 进行 SWI 功能调用，结束程序
LDR r1, =0x20026
SWI 0x123456
END
; *******
; thumb.s
; *******
AREA Thumb,CODE,READONLY       ; 定义段名称、属性
CODE16                         ; 指定下面的代码为 Thumb 程序
EXPORT ThumbProg               ; 对外部说明该符号
```

```
ThumbProg
MOV r1, #2
BX lr                           ; 返回，并进行状态切换
END
```

这个例子可以通过以下操作进行编译和连接。

- 使用 armasm arm.s 命令编译 ARM 程序。
- 使用命令 armasm -16 -apcs /interwork thumb.s 编译 Thumb 程序。
- 使用命令 armlink arm.o thumb.o -o count 连接目标程序。
- 使用命令 armsd count 将映像文件 count 加载到调试器中。
- 使用命令 list 0x8000 查看最终生成的映像文件的反汇编代码，可以看到连接器所插入的 veneer。这个 veneer 位于 0x8020～0x8028 的内存单元中，其中 0x8028 中保存了跳转的目标地址，该地址的 bit[0]为 1，使程序状态切换到 Thumb 状态。

```
armsd: list 0x8000
ArmProg
0x00008000: 0xe3a00001 .... : >    mov r0,#1
0x00008004: 0xeb000005 .... :  bl $Ven$AT$$ThumbProg
0x00008008: 0xe3a02003 . .. :  mov r2,#3
0x0000800c: 0xe3a00018 .... :  mov r0,#0x18
0x00008010: 0xe59f1000 .... :  ldr r1,0x00008018 ; = #0x00020026
0x00008014: 0xef123456 V4.. :  swi 0x123456
0x00008018: 0x00020026 &... :  dcd 0x00020026 &...
ThumbProg
+0000 0x0000801c: 0x2102 .! :      mov r1,#2
+0002 0x0000801e: 0x4770 pG :      bx r14
$Ven$AT$$ThumbProg
+0000 0x00008020: 0xe59fc000 .... :    ldr r12,0x00008028 ; = #0x0000801d
+0004 0x00008024: 0xe12fff1c ../. :    bx r12
+0008 0x00008028: 0x0000801d .... :    dcd 0x0000801d ....
+000c 0x0000802c: 0xe800e800 .... :    dcd 0xe800e800 ....
+0010 0x00008030: 0xe7ff0010 .... :    dcd 0xe7ff0010 ....
+0014 0x00008034: 0xe800e800 .... :    dcd 0xe800e800 ....
+0018 0x00008038: 0xe7ff0010 .... :    dcd 0xe7ff0010 ....
```

## 7.4.2　利用 veneers 实现汇编程序与 C/C++程序间的程序状态切换

处于一种程序状态(ARM 状态或者 Thumb 状态)的 C/C++程序可以调用处于另一种程序状态(Thumb 状态或者 ARM 状态)的汇编语言程序。这时，程序的编写应符合以下规则。

- C/C++程序可以不必关心程序状态的切换，编译时可以指定编译选项-apcs /interwork，也可以指定编译选项-apcs/nointerwork。
- 被调用的汇编程序使用 BX 指令返回，并且编译时必须指定编译选项-apcs /interwork。

处于一种程序状态(ARM 状态或者 Thumb 状态)的汇编语言程序可以调用处于另一种程序状态(Thumb 状态或者 ARM 状态)的 C/C++程序。这时程序的编写应符合以下规则。

- 汇编程序可以不必关心程序状态的切换，使用 BL 指令调用子程序，编译时可以指定编译选项-apcs /interwork，也可以指定编译选项-apcs/nointerwork。
- 被调用的 C/C++程序编译时必须指定编译选项-apcs/interwork。

下面是一个利用 veneers 实现汇编程序与 C/C++程序之间的程序状态切换的例子。调用者为 Thumb 程序 thumb.c；被调用者是 ARM 程序 arm.s。

```
/**********************
* thumb.c *
**********************/
#include <stdio.h>
extern int arm_function(int);
int main(void)
{
    int i = 1;
    printf("i = %d\n", i);
    printf("And now i = %d\n", arm_function(i));
    return (0);
}
; *****
; arm.s
; *****
AREA Arm,CODE,READONLY
EXPORT arm_function
arm_function
ADD r0,r0,#4
BX LR                           ; 使用 BX 返回
END
```

这个例子可通过以下操作进行编译和连接。

- 使用命令 tcc -c -apcs/interwork thumb.c 编译 Thumb 程序。
- 使用命令 armasm -apcs/interwork arm.s 编译 ARM 程序。
- 使用命令 armlink arm.o thumb.o -o add 连接目标程序。
- 使用命令 armsd add 将映像文件 add 加载到调试器中。
- 使用命令 go 运行该程序。
- 使用命令 list main 查看生成的 main 代码。
- 使用命令 list arm_function 查看生成的 list arm_function 代码。

# 第 8 章　C/C++以及汇编语言的混合编程

ARM 体系结构支持 C、C++以及汇编语言的混合使用，本章将介绍这些相关的技术。

## 8.1　内嵌汇编器的使用

内嵌汇编器指的是包含在 C/C++编译器中的汇编器。使用内嵌汇编器后，可以在 C/C++源程序中直接使用大部分 ARM 指令和 Thumb 指令。使用内嵌汇编器可以在 C/C++程序中实现 C/C++语言不能够完成的一些操作；同时程序的代码效率也比较高。

### 8.1.1　内嵌的汇编指令用法

内嵌的汇编指令包括大部分的 ARM 指令和 Thumb 指令，但由于它嵌入在 C/C++程序中使用，在用法上有以下一些特点。

#### 1. 操作数

内嵌的汇编指令中，作为操作数的寄存器和常量可以是 C/C++表达式。这些表达式可以是 char、short 或者 int 类型，而且这些表达式都是作为无符号数进行操作的。如果需要带符号数，用户需要自己处理与符号有关的操作。编译器将会计算这些表达式的值，并为其分配寄存器。

当汇编指令中同时用到了物理寄存器和 C/C++的表达式时，要注意使用的表达式不要过于复杂。因为当表达式过于复杂时，将会需要较多的物理寄存器，这些寄存器可能与指令中的物理寄存器的使用冲突。当编译器发现了寄存器的分配冲突时，会产生相应的错误信息，报告寄存器分配冲突。

#### 2. 物理寄存器

在内嵌的汇编指令中，使用物理寄存器有以下一些限制。

- 不能直接向 PC 寄存器中赋值，程序的跳转只能通过 B 指令和 BL 指令来实现。
- 在使用物理寄存器的内嵌汇编指令中，不要使用过于复杂的 C/C++表达式，因为当表达式过于复杂时，将会需要较多的物理寄存器，这些寄存器可能与指令中的物理寄存器的使用冲突。
- 编译器可能会使用 R12 寄存器或者 R13 寄存器存放编译的中间结果，在计算表达式的值时，可能会将寄存器 R0～R3、R12 以及 R14 用于子程序调用。因此在内嵌的汇编指令中，不要将这些寄存器同时指定为指令中的物理寄存器。
- 在内嵌的汇编指令中使用物理寄存器时，如果有 C/C++变量使用了该物理寄存器，编译器将在合适的时候保存并恢复该变量的值。需要注意的是，当寄存器 sp、sl、fp 以及 sb 用作特定的用途时，编译器不能恢复这些寄存器的值。

- 通常推荐在内嵌的汇编指令中不要指定物理寄存器，因为这可能会影响编译器分配寄存器，进而可能影响代码的效率。

### 3. 常量

在内嵌的汇编指令中，常量前的符号“#”可以省略。如果在一个表达式前使用“#”，该表达式必须是一个常量。

### 4. 指令展开

内嵌的汇编指令中如果包含常量操作数，该指令可能会被汇编器展开成几条指令。例如：

```
ADD R0,R0,#1023
```

可能会被展开成以下指令序列：

```
ADD R0,R0,#1024
SUB R0,R0,#01
```

乘法指令 MUL 可能会被展开成一系列的加法操作和移位操作。

事实上，除了与协处理器相关的指令外，大部分包含常量操作数的 ARM 指令和 Thumb 指令都可能被展开成多条指令。

展开的指令对于 CPSR 寄存器中的条件标志位的影响如下。

- 算术指令可以正确地设置 CPSR 寄存器中的 N、Z、C、V 条件标志位。
- 逻辑指令可以正确地设置 CPSR 寄存器中的 N、Z 条件标志位；不影响 V 条件标志位；会破坏 C 条件标志位。

### 5. 标号

C/C++程序中的标号可以被内嵌的汇编指令使用。但是只有指令 B 可以使用 C/C++程序中的标号，指令 BL 不能使用 C/C++程序中的标号。指令 B 使用 C/C++程序中的标号时，语法格式如下：

```
B{cond} label
```

### 6. 内存单元的分配

所有的内存单元的分配都是通过 C/C++程序完成的，分配的内存单元通过变量供内嵌的汇编器使用。

内嵌汇编器不支持汇编语言中用于内存分配的伪操作。

### 7. SWI 和 BL 指令的使用

在内嵌的 SWI 和 BL 指令中，除了正常的操作数域外，还必须增加以下 3 个可选的寄存器列表。

- 第 1 个寄存器列表中的寄存器用于存放输入的参数。
- 第 2 个寄存器列表中的寄存器用于存放返回的结果。
- 第 3 个寄存器列表中的寄存器的内容可能会被调用的子程序破坏，即这些寄存器是供被调用的子程序作为工作寄存器使用的。

## 8.1.2 内嵌的汇编器和 armasm 的区别

与 armasm 相比，内嵌的汇编器在功能和使用方法主要有以下特点。

- 使用内嵌的汇编器，不能通过寄存器 PC 返回当前指令的地址。
- 内嵌的汇编器不支持伪指令“LDR Rn,=expression”，这条伪指令可以使用指令“MOV Rn,expression”来代替。
- 不支持标号表达式。
- 不支持 ADR、ADRL 伪指令。
- 十六进制数前要使用前缀 0x，不能使用&。
- 编译器可能使用寄存器 R0～R3、ip 及 lr 存放中间结果，因此在使用这些寄存器时要非常小心。
- CPSR 寄存器中的 N、Z、C、V 条件标志位可能会被编译器破坏，因此在指令中使用这些标志位时要非常小心。
- 指令中使用的 C 变量不要与任何物理寄存器同名，否则会造成混乱。
- LDM 与 STM 指令的寄存器列表中只能使用物理寄存器，不能使用 C 表达式。
- 指令不能写寄存器 PC。
- 不支持指令 BX 及 BLX。
- 用户不要维护数据栈。通常编译器会根据需要自动保存和恢复工作寄存器的值，用户不需要去保护和恢复这些工作寄存器的值。
- 用户可以改变处理器模式，但是编译器并不了解处理器模式的改变。这样，如果用户改变了处理器模式，将不能使用原来的 C/C++表达式，重新恢复到原来的处理器模式后，才能再使用这些 C/C++表达式。

## 8.1.3 在 C/C++程序中使用内嵌的汇编指令

### 1. 在 C/C++程序中使用内嵌的汇编指令的语法格式

在 ARM C 语言程序中，使用关键词__asm 来标识一段汇编指令程序，其格式如下：

```
__asm
{
    instruction [; instruction]
   ...
   [instruction]
}
```

其中：

- 如果一行中有多个汇编指令，指令之间使用分号(;)隔开。
- 如果一条指令占多行，要使用续行符号(\)。
- 在汇编指令段中可以使用 C 语言的注释语句。

ARM C++程序中，除了可以使用关键词__asm 来标识一段汇编指令程序外，还可以使用关键词 asm 来标识一段汇编指令程序，其格式如下：

```
asm("instruction[; instruction]");
```

其中：

- asm 后面的括号中必须是一个单独的字符串。
- 该字符串中不能包含注释语句。

2. 在 C/C++程序中使用内嵌汇编指令时的注意事项

在 C/C++程序中，使用内嵌的汇编指令时，应注意以下事项。

(1) 在汇编指令中，逗号(,)用作分隔符。因此如果指令中的 C/C++表达式中包含有逗号(,)，则该表达式应该被包含在括号中。例如：

```
__asm {ADD x, y, (f(), z)}
```

其中，(f(), z)为 C/C++表达式。

(2) 如果在指令中使用的是物理寄存器，应保证该寄存器不会被编译器在计算表达式值时破坏。例如，在下面的代码段中，编译器通过程序调用来计算表达式 x/y 的值。在这个过程中，编译器破坏了寄存器 R2、R3、ip、lr 的值；更新了 CPSR 寄存器的 N、Z、C、V 条件标志位；并在寄存器 R0 中返回表达式的商，在寄存器 R1 中返回表达式的余数。这时，程序中寄存器 R0 的数据就丢掉了。

```
__asm
{
    MOV r0, x
    ADD y, r0, x / y
}
```

这种情况下，可以用 C 变量来代替第 1 条指令中的物理寄存器 R0，如下所示：

```
__asm
{
    MOV cvar, x
    ADD y, r0, x / y
}
```

这时，编译器将会为变量 cvar 分配合适的寄存器，从而避免冲突的发生。如果编译器不能分配合适的寄存器，它将会报告错误。例如在下面的代码段中，由于编译器将会展开 ADD 指令，在展开时会用到 ip 寄存器，从而破坏了第 1 条指令为 ip 寄存器赋的值，这时编译器将会报告错误。

```
__asm
{
    MOV ip, #3
    ADDS x, x, #0x12345678
    ORR x, x, ip
}
```

(3) 不要使用物理寄存器去引用一个 C 变量。比如，在下面的例子中，用户可能认为进入子程序 example1 中后，参数 x 的值保存在寄存器 R0 中，因而在内嵌的汇编指令中直接使用寄存器 R0，最后返回结果。实际上，编译器认为子程序中没有做任何有意义的操作，于是将该段汇编代码优化掉了，从而返回的结果与输入的参数值相同，并没有做加 1 操作。

```
int example1(int x)
{
    __asm
    {
        ADD r0, r0, #1     // 用户可能错误地认为R0寄存器中存放的是变量x
    }
    return x;
}
```

这段代码正确的写法如下：

```
int example1(int x)
{
    __asm
    {
        ADD x, x, #1
    }
    return x;
}
```

(4) 对于内嵌汇编器可能会用到的寄存器，编译器自己会保存和恢复这些寄存器，用户不用保存和恢复这些寄存器。除常量寄存器 CPSR 和寄存器 SPSR 外，其他寄存器必须先赋值，然后再读取，否则编译器将会报错。例如下面的例子中，第 1 条指令在没有给寄存器 R0 赋值前读取其值，这是错误的；而最后一条指令恢复寄存器 R0 的值，也是没有必要的。

```
int f(int x)
{
    __asm
    {
        STMFD sp!, {r0}        // 没有给寄存器R0赋值前读取其值
        ADD r0, x, 1
        EOR x, r0, x
        LDMFD sp!, {r0}        //没有必要恢复寄存器R0的值
    }
    return x;
}
```

## 8.1.4　内嵌汇编指令应用举例

本小节通过几个例子帮助用户理解内嵌汇编指令的用法。

### 1. 字符串复制

在本例中，主要介绍如何使用指令 BL 调用子程序。前面介绍过，在内嵌的 SWI 和

BL 指令中，除了正常的操作数域外，还必须增加以下 3 个可选的寄存器列表。

- 第 1 个寄存器列表中的寄存器用于存放输入的参数。
- 第 2 个寄存器列表中的寄存器用于存放返回的结果。
- 第 3 个寄存器列表中的寄存器内容可能被调用的子程序破坏，即这些寄存器是供被调用的子程序作为工作寄存器的。

本例主函数 main()中的“BL my_strcpy, {R0, R1}”指令的输入寄存器列表为{R0, R1}；它没有输出寄存器列表；被子程序使用的工作寄存器为 ATPCS 的默认工作寄存器 R0～R3、R12、lr 以及 CPSR。本例的程序如下。

**【程序 8.1】** 字符串复制：

```
#include <stdio.h>
void my_strcpy(char *src, const char *dst)
{
    int ch;
    __asm
    {
        loop:
        LDRB ch, [src], #1
        STRB ch, [dst], #1
        CMP ch, #0
        BNE loop
    }
}
int main(void)
{
    const char *a = "Hello world!";
    char b[20];
    __asm
    {
        MOV R0, a
        MOV R1, b
        BL my_strcpy, {R0, R1}
    }
    printf("Original string: %s\n", a);
    printf("Copied string: %s\n", b);
    return 0;
}
```

### 2. 使能和禁止中断

本例介绍如何利用内嵌的汇编程序实现使能和禁止中断。

使能和禁止中断是通过修改 CPSR 寄存器中的 bit7 完成的。这些操作必须在特权模式下进行，因为在用户模式下不能修改寄存器 CPSR 中的控制位。本例的程序如下。

**【程序 8.2】** 使能和禁止异常中断：

```
__inline void enable_IRQ(void)
{
```

```
    int tmp;
    __asm
    {
        MRS tmp, CPSR
        BIC tmp, tmp, #0x80
        MSR CPSR_c, tmp
    }
}
__inline void disable_IRQ(void)
{
    int tmp;
    __asm
    {
        MRS tmp, CPSR
        ORR tmp, tmp, #0x80
        MSR CPSR_c, tmp
    }
}
int main(void)
{
    disable_IRQ();
    enable_IRQ();
}
```

### 3. 点积

本例计算两个向量的点积。这里主要介绍如何在内嵌的汇编指令中使用 C 的表达式。这里假设系统支持指令 SMLAL，通过使用 SMLAL 指令使得代码效率大为提高。本例的程序如下。

**【程序 8.3】** 点积操作：

```
#include <stdio.h>
/* change word order if big-endian
#define lo64(a) (((unsigned*) &a)[0])    /* 取 64 位数的低 32 位 */
#define hi64(a) (((int*) &a)[1])         /* 取 64 位数的高 32 位*/
__inline __int64 mlal(__int64 sum, int a, int b)
{
    __asm
    {
        SMLAL lo64(sum), hi64(sum), a, b
    }
    return sum;
}
__int64 dotprod(int *a, int *b, unsigned n)
{
    __int64 sum = 0;
    do
```

```
    sum = mlal(sum, *a++, *b++);
    while (--n != 0);
    return sum;
}
int a[10] = { 1, 2, 3, 4, 5, 6, 7, 8, 9, 10 };
int b[10] = { 10, 9, 8, 7, 6, 5, 4, 3, 2, 1 };
int main(void)
{
    printf("Dotproduct %lld (should be %d)\n", dotprod(a, b, 10), 220);
    return 0;
}
```

## 8.2 从汇编程序中访问 C 程序变量

在 C 程序中声明的全局变量可以被汇编程序通过地址间接地访问。具体访问方法如下。

- 使用 IMPORT 伪操作声明该全局变量。
- 使用 LDR 指令读取该全局变量的内存地址，通常该全局变量的内存地址值存放在程序的数据缓冲池(Literal Pool)中。
- 根据该数据的类型，使用相应的 LDR 指令读取该全局变量的值；使用相应的 STR 指令修改该全局变量的值。

各数据类型及其对应的 LDR/STR 指令如下。

- 对于无符号的 char 类型的变量，通过指令 LDRB/STRB 来读/写。
- 对于无符号的 short 类型的变量，通过指令 LDRH/STRH 来读/写。
- 对于 int 类型的变量，通过指令 LDR/STR 来读/写。
- 对于有符号的 char 类型的变量，通过指令 LDRSB 来读取。
- 对于有符号的 char 类型的变量，通过指令 STRB 来写入。
- 对于有符号的 short 类型的变量，通过指令 LDRSH 来读取。
- 对于有符号的 short 类型的变量，通过指令 STRH 来写入。
- 对于小于 8 个字的结构型的变量，可以通过一条 LDM/STM 指令来读/写整个变量。
- 对于结构型变量的数据成员，可以使用相应的 LDR/STR 指令来访问，这时必须知道该数据成员相对于结构型变量开始地址的偏移量。

下面是一个在汇编程序中访问 C 程序全局变量的例子。程序中，变量 globv1 是在 C 程序中声明的全局变量。在汇编程序中首先用 IMPORT 伪操作声明该变量；再将其内存地址读入到寄存器 R1 中；接着将其值读入到寄存器 R0 中；修改后，再将寄存器 R0 的值赋予变量 globv1。本例的程序如下。

**【程序 8.4】** 从汇编程序中访问 C 程序全局变量：

```
AREA globals,CODE,READONLY
EXPORT asmsub
IMPORT globv1                   ; 用 IMPORT 伪操作声明该变量
asmsub
LDR r1, =globv1                 ; 将其内存地址读入到寄存器 R1 中
```

```
LDR r0, [r1]                    ; 再将其值读入到寄存器 R0 中
ADD r0, r0, #2
STR r0, [r1]                    ; 修改后再将寄存器 R0 的值赋予变量 globv1
MOV pc, lr
END
```

## 8.3 汇编程序、C 程序以及 C++程序的相互调用

本节介绍汇编程序、C 程序以及 C++程序的相互调用技术。

### 8.3.1 在 C++程序中使用 C 程序头文件

可以在 C++程序中使用 C 程序的头文件，这时 C 程序的头文件要包含在伪操作 extern "C"{}中，例如 extern "C"{include "cheader.h"}。具体规则分为以下两种情况。

- 在 C++程序中使用 C 程序的系统头文件。
- 在 C++程序中使用 C 程序的用户定义头文件。

#### 1. 在 C++程序中使用 C 程序的系统头文件

C 程序的标准系统头文件中已经包含了 extern "C"{}伪操作，因而在 C++程序中使用这些头文件时，不需要任何特别的操作。比如，stdio.h 文件是一个 C 程序的标准系统头文件，当在 C++程序中使用该头文件时，不需要做任何特别操作，程序如下：

```
// C++ 程序
#include <stdio.h>          //使用头文件 stdio.h 时不需要做任何特别操作
int main()
{
    //...
    return 0;
}
```

C++标准中规定，所有的 C 头文件都有对应的 C++头文件，该 C++头文件实现了与对应的 C 头文件相同的功能。在 ARM C++中，这些 C++头文件只是简单地包含(include)了对应的 C 头文件。例如，对应于 C 头文件 stdio.h 有相应的 C++头文件 cstdio，其使用方法如下：

```
// C++ 程序
#include <cstdio>          //cstdio 为相应的 C++头文件
int main()
{
    // ...
    return 0;
}
```

#### 2. 在 C++程序中使用 C 程序的用户定义头文件

在 C++程序中使用 C 程序的用户定义头文件时，必须将用户定义的头文件包含在伪操

作 extern "C"{}中。以下两种方法可以完成这种操作。

(1) 在 C++程序中包含该头文件时，将其放在伪操作 extern "C"{}中。范例程序如下：

```
// C++ 程序
extern "C" {
   #include "my-cheader1.h"       //在 C++程序中使用伪操作 extern  "C"{}
   #include "my-cheader2.h"
}
int main()
{
   // ...
   return 0;
}
```

(2) 在该头文件中使用伪操作 extern "C"{}，使得其被 C++程序包含时，自动加上伪操作 extern "C"{}。范例程序如下：

```
/* C header file */
#ifdef __cplusplus     //如果头文件被 C++程序引用，
extern "C" {           //在头文件中使用伪操作 extern  "C"{}
#endif

   /头文件的实际内容/

#ifdef __cplusplus
}
#endif
```

## 8.3.2 汇编程序、C 程序以及 C++程序的相互调用举例

汇编程序、C 程序以及 C++程序在相互调用时，需特别注意，应遵守相应的 ATPCS。下面举一些例子具体说明在这些混合调用中应注意遵守的 ATPCS 规则。

### 1. C 程序调用汇编程序

汇编程序的设计要遵守 ATPCS，保证程序调用时参数的正确传递。在汇编程序中使用 EXPORT 伪操作声明本程序，使得本程序可以被其他程序调用。在 C 语言程序中使用 extern 关键词声明该汇编程序。下面是一个 C 程序调用汇编程序的例子。其中汇编程序 strcopy 实现字符串复制功能，C 程序调用 strcopy 完成字符串复制的工作。本例的程序如下。

**【程序 8.5】** C 语言调用汇编程序：

```
//C 程序
#include <stdio.h>
extern void strcopy(char *d, const char *s);  //用关键词 extern 声明 strcopy

int main()
{
```

```
    const char *srcstr = "First string - source ";
    char dststr[] = "Second string - destination ";
    printf("Before copying:\n");
    printf(" %s\n %s\n",srcstr,dststr);
    strcopy(dststr,srcstr);       //将源串和目标串地址传递给 strcopy
    printf("After copying:\n");
    printf(" %s\n %s\n",srcstr,dststr);
    return (0);
}

; 汇编程序
AREA SCopy, CODE, READONLY
EXPORT strcopy              //使用 EXPORT 伪操作声明本汇编程序
strcopy                     //寄存器 R0 中存放第 1 个参数，即 dststr
                            //寄存器 R1 中存放第 2 个参数，即 srcstr
LDRB r2, [r1],#1
STRB r2, [r0],#1
CMP r2, #0
BNE strcopy
MOV pc,lr
END
```

## 2. 汇编程序调用 C 程序

汇编程序的设计要遵守 ATPCS，保证程序调用时参数的正确传递。在汇编程序中使用 IMPORT 伪操作声明将要调用 C 程序。下面是一个汇编程序调用 C 程序的例子。其中在汇编程序中设置好各参数的值，本例中有 5 个参数，分别使用寄存器 R0 存放第 1 个参数，R1 存放第 2 个参数，R2 存放第 3 个参数，R3 存放第 4 个参数，第 5 个参数利用数据栈传送。由于利用数据栈传递参数，在程序调用结束后要调整数据栈指针。本例的程序如下。

**【程序 8.6】** 汇编程序调用 C 程序：

```
//C 程序 g()返回 5 个整数的和
int g(int a, int b, int c, int d, int e)
{
    return a + b + c + d + e;
}
; 汇编程序调用 C 程序 g()，计算 5 个整数 i, 2*i, 3*i, 4*i, 5*i 的和
EXPORT f
AREA f, CODE, READONLY
IMPORT g                 ; 使用伪操作 IMPORT 声明 C 程序 g()
STR lr, [sp, #-4]!       ; 保存返回地址
ADD r1, r0, r0           ; 假设进入程序 f 时，r0 中值为 i，r1 值设为 2*i
ADD r2, r1, r0           ; r2 值设为 3*i
ADD r3, r1, r2           ; r3 值设为 5*i
STR r3, [sp, #-4]!       ; 第 5 个参数 5*i 通过数据栈传递
ADD r3, r1, r1           ; r4 值设为 4*i
BL g                     ; 调用 C 程序 g()
```

```
ADD sp, sp, #4            ; 调整数据栈指针，准备返回
LDR pc, [sp], #4          ; 返回
END
```

### 3. C++程序调用 C 程序

C++程序调用 C 程序时，在 C++程序中使用关键词 extern "C"声明被调用的 C 程序。对于 C++中的类(class)或者结构(struct)，如果它没有基类和虚函数，则相应的对象的存储结构与 ARM C 相同。下面的例子说明了这一点。

本例的程序如下。

**【程序 8.7】** C++程序调用 C 程序：

```
//C++程序
struct S {                              //本结构没有基类和虚函数
   S(int s) : i(s) { }
   int i;
};
extern "C" void cfunc(S *);       //使用关键词 extern 声明被调用的 C 程序
int f(){
   S s(2);                              //初始化该结构对象
   cfunc(&s);                           //调用 C 程序
   return s.i * 3;
}
//被 C++程序调用的 C 程序
struct S {
   int i;
};
void cfunc(struct S *p)
{
   p->i += 5;
}
```

### 4. 汇编程序调用 C++程序

汇编程序调用 C++程序时，在 C++程序中使用关键词 extern "C"声明被调用的 C++程序。对于 C++中的类或者结构，如果它没有基类和虚函数，则相应的对象的存储结构与 ARM C 相同。在汇编程序中使用伪操作 IMPORT 声明被调用的 C++程序。在汇编程序中将参数存放在数据栈中，而存放参数的数据栈的单元地址放在 R0 寄存器中，这样，被调用的 C++程序就能访问相应的参数。下面的例子说明了这一点。

本例中的程序如下。

**【程序 8.8】** 汇编程序调用 C++程序：

```
//被汇编程序调用的 C++程序
struct S {                                  //本结构没有基类和虚函数
   S(int s) : i(s) { }
   int i;
};
```

```
extern "C" void cppfunc(S * p) {    //被调用的 C++程序使用关键词 extern
    //"C"声明
    p->i += 5;                       //C++程序修改结构对象的数据成员值
}
; 调用 C++程序的汇编程序
AREA Asm, CODE
IMPORT cppfunc                ; 用伪操作 IMPORT 声明被调用的 C++程序
EXPORT f
f
STMFD sp!,{lr}                ; 保存返回地址
MOV r0,#2
STR r0,[sp,#-4]!              ; 将实际参数存放在数据栈中
MOV r0,sp                     ; 将实际参数在数据栈中的地址放到 R0 寄存器中
BL cppfunc                    ; 调用 C++程序
LDR r0, [sp], #4              ; 从数据栈中将结构读取到寄存器 R0 中
ADD r0, r0, r0,LSL #1         ; r0=r0×3
LDMFD sp!,{pc}                ; 返回
END
```

# 第 9 章　异常中断处理

程序在运行的过程中，难免会出现一些异常问题，为此，ARM 体系提供了异常中断机制。本章主要学习各种类型的异常中断处理程序。

## 9.1　ARM 中的异常中断处理概述

在 ARM 体系中，通常用以下 3 种方式来控制程序的执行流程。

- 在正常程序执行过程中，每执行一条 ARM 指令，程序计数器(PC)的值加 4 个字节；每执行一条 Thumb 指令，程序计数器(PC)的值加两个字节。整个过程是顺序执行的。
- 通过跳转指令，程序可以跳转到特定的地址标号处执行，或者跳转到特定的子程序处执行。其中，B 指令用于执行跳转操作；BL 指令在执行跳转操作的同时，保存子程序的返回地址；BX 指令在执行跳转操作的同时，根据目标地址的最低位，可以将程序状态切换到 Thumb 状态；BLX 指令执行 3 个操作：跳转到目标地址处执行，保存子程序的返回地址，根据目标地址的最低位，可以将程序状态切换到 Thumb 状态。
- 当异常中断发生时，系统执行完当前指令后，将跳转到相应的异常中断处理程序处执行。当异常中断处理程序执行完成后，程序将返回到发生中断的指令的下一条指令处执行。在进入异常中断处理程序时，要保存被中断的程序的执行现场，在从异常中断处理程序退出时，要恢复被中断的程序的执行现场。

### 9.1.1　ARM 体系中的异常中断种类

ARM 体系中的异常中断如表 9.1 所示。

表 9.1　ARM 体系中的异常中断

| 异常中断名称 | 含　义 |
| --- | --- |
| 复位(Reset) | 当处理器的复位引脚有效时，系统产生复位异常中断，程序跳转到复位异常中断处理程序处执行。复位异常中断通常用在以下两种情况。<br>①系统加电时。<br>②系统复位时。<br>跳转到复位中断向量处执行，称为软复位 |
| 未定义的指令<br>(Undefined Instruction) | 当 ARM 处理器或者是系统中的协处理器认为当前指令未定义时，产生未定义的指令异常中断。可以通过该异常中断机制仿真浮点向量运算 |
| 软件中断<br>(Software Interrupt，SWI) | 这是一个由用户定义的中断指令。可用于用户模式下的程序调用特权操作指令。在实时操作系统(RTOS)中可以通过该机制实现系统功能调用 |

续表

| 异常中断名称 | 含　义 |
| --- | --- |
| 指令预取中止<br>(Prefetch Abort) | 如果处理器预取的指令的地址不存在，或者该地址不允许当前指令访问，当该被预取的指令执行时，处理器会产生指令预取中止异常中断 |
| 数据访问中止<br>(Data Abort) | 如果数据访问指令的目标地址不存在，或者该地址不允许当前指令访问，处理器会产生数据访问中止异常中断 |
| 外部中断请求(IRQ) | 当处理器的外部中断请求引脚有效，而且 CPSR 寄存器的 I 控制位被清除时，处理器产生外部中断请求(IRQ)异常中断。系统中各外设常常通过该异常中断请求处理器服务 |
| 快速中断请求(FIQ) | 当处理器的外部快速中断请求引脚有效，而且 CPSR 寄存器的 F 控制位被清除时，处理器产生快速中断请求(FIQ)异常中断 |

## 9.1.2　异常中断向量表及异常中断优先级

异常中断向量表中指定了各异常中断及其处理程序的对应关系。它通常存放在存储地址的低端。在 ARM 体系中，异常中断向量表的大小为 32 字节。其中，每个异常中断占据 4 个字节大小，保留了 4 个字节空间。

每个异常中断对应的中断向量表中的 4 个字节的空间中存放了一个跳转指令或者一个向程序计数器(PC)中赋值的数据访问指令。通过这两个指令，程序将跳转到相应的异常中断处理程序处执行。

当几个异常中断同时发生时，就必须按照一定的次序来处理这些异常中断。在 ARM 中通过给各异常中断赋予一定的优先级来实现这种处理次序。当然，有些异常中断是不可能同时发生的，如指令预取中止异常中断和软件中断(SWI)是由同一条指令的执行触发的，它们是不可能同时发生的。处理器执行某个特定的异常中断的过程，称为处理器处于特定的中断模式。

各异常中断的中断向量地址以及中断的处理优先级如表 9.2 所示。

表 9.2　各异常中断的中断向量地址以及中断的处理优先级

| 中断向量地址 | 异常中断类型 | 异常中断模式 | 优先级(6 最低) |
| --- | --- | --- | --- |
| 0x0 | 复位 | 特权模式(SVC) | 1 |
| 0x4 | 未定义的指令 | 未定义指令中止模式(Undef) | 6 |
| 0x8 | 软件中断(SWI) | 特权模式(SVC) | 6 |
| 0x0c | 指令预取中止 | 中止模式 | 5 |
| 0x10 | 数据访问中止 | 中止模式 | 2 |
| 0x14 | 保留 | 未使用 | 未使用 |
| 0x18 | 外部中断请求(IRQ) | 外部中断(IRQ)模式 | 4 |
| 0x1c | 快速中断请求(FIQ) | 快速中断(FIQ)模式 | 3 |

## 9.1.3 异常中断使用的寄存器

各异常中断对应着一定的处理器模式。应用程序通常运行在用户模式下。ARM 中的处理器模式如表 9.3 所示。

表 9.3 ARM 中的处理器模式

| 处理器模式 | 描 述 |
|---|---|
| 用户模式(User, usr) | 正常程序执行的模式 |
| 快速中断模式(FIQ, fiq) | 用于高速数据传输和通道处理 |
| 外部中断模式(IRQ, irq) | 用于通常的中断处理 |
| 特权模式(Supervisor, sve) | 供操作系统使用的一种保护模式 |
| 中止模式(Abort, abt) | 用于虚拟存储及存储保护 |
| 未定义指令模式(Undefined, und) | 用于支持通过软件仿真硬件的协处理器 |
| 系统模式(System, sys) | 用于运行特权级的操作系统任务 |

各种不同的处理器模式可能有对应于该处理器模式的物理寄存器组，如表 9.4 所示。其中，R13_svc 表示特权模式下的 R13 寄存器，R13_abt 表示中止模式下的 R13 寄存器，其余的各寄存器名称含义以此类推。

表 9.4 各处理器模式的物理寄存器组

| 用户模式 | 系统模式 | 特权模式 | 中止模式 | 未定义指令模式 | 外部中断模式 | 快速中断模式 |
|---|---|---|---|---|---|---|
| R0 | R0 | R0 | R0 | R0 | R0 | R0 |
| R1 | R1 | R1 | R1 | R1 | R1 | R1 |
| R2 | R2 | R2 | R2 | R2 | R2 | R2 |
| R3 | R3 | R3 | R3 | R3 | R3 | R3 |
| R4 | R4 | R4 | R4 | R4 | R4 | R4 |
| R5 | R5 | R5 | R5 | R5 | R5 | R5 |
| R6 | R6 | R6 | R6 | R6 | R6 | R6 |
| R7 | R7 | R7 | R7 | R7 | R7 | R7 |
| R8 | R8 | R8 | R8 | R8 | R8 | R8_fiq |
| R9 | R9 | R9 | R9 | R9 | R9 | R9_fiq |
| R10 | R10 | R10 | R10 | R10 | R10 | R10_fiq |
| R11 | R11 | R11 | R11 | R11 | R11 | R11_fiq |
| R12 | R12 | R12 | R12 | R12 | R12 | R12_fiq |
| R13 | R13 | R13_svc | R13_abt | R13_und | R13_irq | R13_fiq |
| R14 | R14 | R14_svc | R14_abt | R14_und | R14_irq | R14_fiq |
| PC | PC | PC | PC | PC | PC | PC |

如果异常中断处理程序中使用自己的物理寄存器之外的其他寄存器，异常中断处理程序必须保存和恢复这些寄存器。

在表 9.4 中，各物理寄存器的名称(如 R13_svc 等)在 ARM 汇编语言中并没有被预定义。用户使用这些寄存器时，必须使用伪操作 RN 来定义这些名称。例如，可以通过以下操作定义寄存器名称 R13_svc：

```
R13_svc  RN  R13
```

# 9.2　进入和退出异常中断的过程

本节主要介绍处理器对于各种异常中断的响应过程以及从异常中断处理程序中返回的方法。对于不同的异常中断处理程序，返回地址以及使用的指令是不同的。

## 9.2.1　ARM 处理器对异常中断的响应过程

ARM 处理器对异常中断的响应过程如下。

(1)　保存处理器当前状态、中断屏蔽位以及各条件标志位。这是通过将当前程序状态寄存器 CPSR 的内容保存到将要执行的异常中断对应的 SPSR 寄存器中实现的。各异常中断有自己的物理 SPSR 寄存器。

(2)　设置当前程序状态寄存器 CPSR 中相应的位。包括设置 CPSR 中的位，使处理器进入相应的执行模式；设置 CPSR 中的位，禁止 IRQ 中断，当进入 FIQ 模式时，禁止 FIQ 中断。

(3)　将寄存器 lr_mode 设置成返回地址。

(4)　将程序计数器(PC)值设置成该异常中断的中断向量地址，从而跳转到相应的异常中断处理程序处执行。

上述处理器对异常中断的响应过程可以用以下伪代码描述：

```
R14_<exception_mode> = return link
SPSR_<exception_mode> = CPSR
CPSR[4:0] = exception mode number
/*当运行于 ARM 状态时 */
CPSR[5] = 0
/*当相应 FIQ 异常中断时，禁止新的 FIQ 中断 */
if <exception_mode> == Reset or FIQ then
CPSR[6] = 1
/*禁止新的 FIQ 中断*/
CPSR[7] = 1
PC = exception vector address
```

### 1. 响应复位异常中断

当处理器的复位引脚有效时，处理器终止当前指令。当处理器的复位引脚无效时，处理器开始执行下面的操作：

```
R14_svc = UNPREDICTABLE value
SPSR_svc = UNPREDICTABLE value
/* 进入特权模式 */
CPSR[4:0] = 0b10011
/* 切换到 ARM 状态 */
CPSR[5] = 0
/*禁止 FIQ 异常中断*/
CPSR[6] = 1
/* 禁止 IRQ 中断*/
CPSR[7] = 1
if high vectors configured then
    PC = 0xFFFF0000
else
    PC = 0x00000000
```

### 2. 响应未定义指令异常中断

处理器响应未定义指令异常中断时的处理过程如下面的伪代码所示：

```
R14_und = address of next instruction after the undefined instruction
SPSR_und = CPSR
/* 进入未定义指令异常中断 */
CPSR[4:0] = 0b11011
/* 切换到 ARM 状态*/
CPSR[5] = 0
/* CPSR[6]不变*/
/*禁止 IRQ 异常中断 */
CPSR[7] = 1
if high vectors configured then
    PC = 0xFFFF0004
else
    PC = 0x00000004
```

### 3. 响应 SWI 异常中断

处理器响应 SWI 异常中断时的处理过程如下面的伪代码所示：

```
R14_svc = address of next instruction after the SWI instruction
SPSR_svc = CPSR
/* 进入特权模式 */
CPSR[4:0] = 0b10011
/* 切换到 ARM 状态 */
CPSR[5] = 0
/* CPSR[6]不变 */
/* 禁止 IRQ 异常中断 */
CPSR[7] = 1
if high vectors configured then
    PC = 0xFFFF0008
else
    PC = 0x00000008
```

### 4. 响应指令预取中止异常中断

处理器响应指令预取中止异常中断时的处理过程如下面的伪代码所示：

```
R14_abt = address of the aborted instruction + 4
SPSR_abt = CPSR
/*进入指令预取中止模式*/
CPSR[4:0] = 0b10111
/* 切换到 ARM 状态*/
CPSR[5] = 0
/* CPSR[6] 不变 */
/* 禁止 IRQ 异常中断 */
CPSR[7] = 1
if high vectors configured then
    PC = 0xFFFF000C
else
    PC = 0x0000000C
```

### 5. 响应数据访问中止异常中断

处理器响应数据访问中止异常中断时的处理过程如下面的伪代码所示：

```
R14_abt = address of the aborted instruction + 8
SPSR_abt = CPSR
/* 进入数据访问中止 */
CPSR[4:0] = 0b10111
/*切换到 ARM 状态 */
CPSR[5] = 0
/* CPSR[6]不变 */
/* 禁止 IRQ 异常中断*/
CPSR[7] = 1
if high vectors configured then
    PC = 0xFFFF0010
else
    PC = 0x00000010
```

### 6. 响应 IRQ 异常中断

处理器响应 IRQ 异常中断时的处理过程如下面的伪代码所示：

```
R14_irq = address of next instruction to be executed + 4
SPSR_irq = CPSR
/*进入 IRQ 异常中断模式 */
CPSR[4:0] = 0b10010
/* 切换到 ARM 状态 */
CPSR[5] = 0
/* CPSR[6] is unchanged */
/* 禁止 IRQ 异常中断 */
CPSR[7] = 1
```

```
if high vectors configured then
    PC = 0xFFFF0018
else
    PC = 0x00000018
```

7. 响应 FIQ 异常中断

处理器响应 FIQ 异常中断时的处理过程如下面的伪代码所示：

```
R14_fiq = address of next instruction to be executed + 4
SPSR_fiq = CPSR
/* 进入 FIQ 异常中断模式*/
CPSR[4:0] = 0b10001
/* 切换到 ARM 状态 */
CPSR[5] = 0
/* 禁止 FIQ 异常中断 */
CPSR[6] = 1
/* 禁止 IRQ 异常中断 */
CPSR[7] = 1
if high vectors configured then
    PC = 0xFFFF001C
else
    PC = 0x0000001C
```

## 9.2.2 从异常中断处理程序中返回

从异常中断处理程序中返回包括以下两个基本操作。

- 恢复被中断的程序的处理器状态，即把 SPSR_mode 寄存器内容复制到当前程序状态寄存器 CPSR 中。
- 返回到发生异常中断的指令的下一条指令处执行，即把 lr_mode 寄存器的内容复制到程序计数器 PC 中。

复位异常中断处理程序不需要返回。整个应用系统是从复位异常中断处理程序开始执行的，因而它不需要返回。

实际上，当异常中断发生时，程序计数器 PC 所指的位置对于各种不同的异常中断是不同的。同样，返回地址对于各种不同的异常中断也是不同的。下面详细介绍各种异常中断处理程序的返回方法。

1. SWI 和未定义指令异常中断处理程序的返回

SWI 和未定义指令异常中断是由当前执行的指令自身产生的，当 SWI 和未定义指令异常中断产生时，程序计数器 PC 的值还未更新，它指向当前指令后面第 2 条指令(对于 ARM 指令来说，它指向当前指令地址加 8 个字节的位置；对于 Thumb 指令来说，它指向当前指令地址加 4 个字节的位置)。当 SWI 和未定义指令异常中断发生时，处理器将值(PC-4)保存到异常模式下的寄存器 lr_mode 中。这时(PC-4)即指向当前指令的下一条指令。因此返回操作可以通过下面的指令来实现：

```
MOV  PC, LR
```

该指令将寄存器 LR 中的值复制到程序计数器 PC 中，实现程序返回，同时将 SPSR_mode 寄存器的内容复制到当前程序状态寄存器 CPSR 中。

当异常中断处理程序中使用了数据栈时，可以通过以下指令在进入异常中断处理程序时保存被中断程序的执行现场，在退出异常中断处理程序时恢复被中断程序的执行现场。异常中断处理程序中使用的数据栈由用户提供。

```
STMFD sp!,{reglist,lr}
; ...
LDMFD sp!,{reglist,pc}^
```

在上述指令中，reglist 是异常中断处理程序中使用的寄存器列表。标识符“^”指示将 SPSR_mode 寄存器的内容复制到当前程序状态寄存器 CPSR 中。该指令只能在特权模式下使用。

### 2. IRQ 和 FIQ 异常中断处理程序的返回

通常，处理器执行完当前指令后，查询 IRQ 中断引脚及 FIQ 中断引脚，并且查看系统是否允许 IRQ 中断及 FIQ 中断。如果有中断引脚有效，并且系统允许该中断产生，处理器将产生 IRQ 异常中断或 FIQ 异常中断。当 IRQ 和 FIQ 异常中断产生时，程序计数器 PC 的值已经更新，它指向当前指令后面第 3 条指令(对于 ARM 指令来说，它指向当前指令地址加 12 个字节的位置；对于 Thumb 指令来说，它指向当前指令地址加 6 个字节的位置)。当 IRQ 和 FIQ 异常中断发生时，处理器将值(PC−4)保存到异常模式下的寄存器 lr_mode 中。这时(PC−4)即指向当前指令后的第 2 条指令。因此返回操作可以通过以下指令来实现：

```
SUBS  PC, LR,#4
```

该指令将寄存器 LR 中的值减 4 后，复制到程序计数器 PC 中，实现程序返回，同时将 SPSR_mode 寄存器的内容复制到当前程序状态寄存器 CPSR 中。

当异常中断处理程序中使用了数据栈时，可以通过以下指令在进入异常中断处理程序时保存被中断程序的执行现场，在退出异常中断处理程序时恢复被中断程序的执行现场。异常中断处理程序中使用的数据栈由用户提供。

```
SUBS LR,LR,#4
STMFD sp!,{reglist,lr}
; ...
LDMFD sp!,{reglist,pc}^
```

在上述指令中，reglist 是异常中断处理程序中使用的寄存器列表。标识符“^”指示将 SPSR_mode 寄存器的内容复制到当前程序状态寄存器 CPSR 中。该指令只能在特权模式下使用。

### 3. 指令预取中止异常中断处理程序的返回

在指令预取时，如果目标地址是非法的，该指令将被标记成有问题的指令。这时，流水线上该指令之前的指令继续执行。当执行到该被标记成有问题的指令时，处理器产生指令预取中止异常中断。

当发生指令预取中止异常中断时，程序要返回到该有问题的指令处，重新读取并执行该指令。因此指令预取中止异常中断程序应该返回到产生该指令预取中止异常中断的指令处，而不是像前面两种情况返回到发生中断的指令的下一条指令。

指令预取中止异常中断是由当前执行的指令自身产生的，当指令预取中止异常中断产生时，程序计数器 PC 的值还未更新，它指向当前指令后面的第 2 条指令(对于 ARM 指令来说，它指向当前指令地址加 8 个字节的位置；对于 Thumb 指令来说，它指向当前指令地址加 4 个字节的位置)。当指令预取中止异常中断发生时，处理器将值(PC-4)保存到异常模式下的寄存器 lr_mode 中。这时(PC-4)即指向当前指令的下一条指令。因此返回操作可以通过以下指令来实现：

```
SUBS  PC, LR,#4
```

该指令将寄存器 LR 中的值减 4 后，复制到程序计数器 PC 中，实现程序返回，同时将 SPSR_mode 寄存器的内容复制到当前程序状态寄存器 CPSR 中。

当异常中断处理程序中使用了数据栈时，可以通过以下指令在进入异常中断处理程序时保存被中断程序的执行现场，在退出异常中断处理程序时恢复被中断程序的执行现场。异常中断处理程序中使用的数据栈由用户提供。

```
SUBS LR,LR,#4
STMFD sp!,{reglist,lr}
; ...
LDMFD sp!,{reglist,pc}^
```

在上述指令中，reglist 是异常中断处理程序中使用的寄存器列表。标识符“^”指示将 SPSR_mode 寄存器的内容复制到当前程序状态寄存器 CPSR 中。该指令只能在特权模式下使用。

### 4. 数据访问中止异常中断处理程序的返回

当发生数据访问中止异常中断时，程序要返回到该有问题的数据访问处，重新访问该数据。因此数据访问中止异常中断程序应该返回到产生该数据访问中止异常中断的指令处，而不是像前面两种情况，返回到当前指令的下一条指令。

数据访问中止异常中断是由数据访问指令产生的，当数据访问中止异常中断产生时，程序计数器 PC 的值已经更新，它指向当前指令后面的第 2 条指令(对于 ARM 指令来说，它指向当前指令地址加 8 个字节的位置；对于 Thumb 指令来说，它指向当前指令地址加 4 个字节的位置)。当数据访问中止异常中断发生时，处理器将值(PC-4)保存到异常模式下的寄存器 lr_mode 中。这时(PC-4)即指向当前指令后的第 2 条指令。因此返回操作可以通过以下指令来实现：

```
SUBS  PC, LR,#8
```

该指令将寄存器 LR 中的值减 8 后，复制到程序计数器 PC 中，实现程序返回，同时将 SPSR_mode 寄存器的内容复制到当前程序状态寄存器 CPSR 中。

当异常中断处理程序中使用了数据栈时，可以通过以下指令在进入异常中断处理程序时保存被中断程序的执行现场，在退出异常中断处理程序时恢复被中断程序的执行现场。

异常中断处理程序中使用的数据栈由用户提供。

```
SUBS LR,LR,#8
STMFD sp!,{reglist,lr}
; ...
LDMFD sp!,{reglist,pc}^
```

在上述指令中，reglist 是异常中断处理程序中使用的寄存器列表。标识符“^”指示将 SPSR_mode 寄存器的内容复制到当前程序状态寄存器 CPSR 中。该指令只能在特权模式下使用。

## 9.3　在应用程序中安排异常中断处理程序

有两种方法可以将异常中断处理程序注册到异常中断向量表中。一种是使用跳转指令，另一种是使用数据读取指令 LDR。

(1) 使用跳转指令的方法比较简单，可以在异常中断对应的向量表的特定位置放一条跳转指令，直接跳转到该异常中断的处理程序。这种方法有一个缺点，即跳转指令只能在 32MB 的空间范围内跳转。

(2) 使用数据读取指令 LDR 向程序计数器 PC 中直接赋值。这种方法分为两步：先将异常中断处理程序的绝对地址存放在距离向量表 4KB 范围之内的一个存储单元中；再使用数据读取指令 LDR 将该单元的内容读取到程序计数器 PC 中。

下面讨论在不同的情况下安排异常中断处理程序的方法。

### 9.3.1　在系统复位时安排异常中断处理程序

可以在系统的启动代码中安排异常中断处理程序。分两种情况：一种是地址 0x0 处为 ROM；另一种是地址 0x0 处为 RAM。

#### 1. 地址 0x0 处为 ROM 的情况

当地址 0x0 处为 ROM 时，在异常中断向量表中，可以使用数据读取指令 LDR 直接向程序计数器 PC 赋值，也可以直接使用跳转指令跳转到异常中断处理程序。

(1) 使用数据读取指令 LDR 的示例如下：

```
Vector_Init_Block
LDR PC, Reset_Addr
LDR PC, Undefined_Addr
LDR PC, SWI_Addr
LDR PC, Prefetch_Addr
LDR PC, Abort_Addr
NOP
LDR PC, IRQ_Addr
LDR PC, FIQ_Addr
Reset_Addr      DCD Start_Boot
Undefined_Addr  DCD Undefined_Handler
```

```
SWI_Addr        DCD SWI_Handler
Prefetch_Addr   DCD Prefetch_Handler
Abort_Addr      DCD Abort_Handler
DCD 0
IRQ_Addr        DCD IRQ_Handler
FIQ_Addr        DCD FIQ_Handler
```

(2) 使用跳转指令的示例如下：

```
Vector_Init_Block
BL Reset_Handler
BL Undefined_Handler
BL SWI_Handler
BL Prefetch_Handler
BL Abort_Handler
NOP
BL IRQ_Handler
BL FIQ_Handler
```

#### 2. 地址 0x0 处为 RAM 的情况

当地址 0x0 处为 RAM 时，中断向量表必须使用数据读取指令直接向 PC 中赋值。而且必须使用以下代码把中断向量表从 ROM 中复制到 RAM 的地址 0x0 开始处的存储空间中。以下操作序列实现了将中断向量表从 ROM 中复制到 RAM：

```
MOV r8, #0
ADR r9, Vector_Init_Block
; 复制中断向量表(8 words)
LDMIA r9!,{r0-r7}
STMIA r8!,{r0-r7}
; 复制保存各中断处理函数地址的表(8 words)
LDMIA r9!,{r0-r7}
STMIA r8!,{r0-r7}
```

### 9.3.2 在 C 程序中安排异常中断处理程序

在程序运行过程中，也可以在 C 程序中安排异常中断处理程序。这时需要把相应的跳转指令或者数据读取指令的编码写到中断向量表中的相应位置。下面分别讨论这两种情况下安排异常中断处理程序的方法。

#### 1. 中断向量表中使用跳转指令的情况

当中断向量表中使用跳转指令时，在 C 程序中安排异常中断处理程序的操作如下。

(1) 读取中断处理程序的地址。

(2) 从上一步得到的地址中减去该异常中断对应的中断向量的地址。

(3) 从上一步得到的地址中减去 8，以允许指令预取。

(4) 将上一步得到的地址右移 2 位，得到以字(32 位)为单位的偏移量。

(5) 确保上一步得到的地址值高 8 位为 0，因为跳转指令只允许 24 位的偏移量。

(6) 将上一步得到的地址与数据 0xea00 0000 作逻辑或，从而得到将要写到中断向量表中的跳转指令的编码。

程序 9.1 中的 C 程序实现了上面的操作序列。其中，参数 routine 是中断处理程序的地址，vector 为中断向量的地址。

**【程序 9.1】** 使用跳转指令的中断向量表：

```
unsigned Install_Handler(unsigned routine, unsigned *vector)
/*在中断向量表的 vector 处，添加合适的跳转指令 */
/*该跳转指令跳转到中断处理程序 routine 处*/
/* 程序返回原来的中断向量*/
{   unsigned vec, oldvec;
    vec = ((routine - (unsigned)vector - 0x8)>>2);
    if (vec & 0xff000000)
    {
        printf ("Installation of Handler failed");
        exit (1);
    }
    vec = 0xea000000 | vec;
    oldvec = *vector;
    *vector = vec;
    return (oldvec);
}
```

下面的语句调用程序 9.1 中的代码，在 C 程序中安排中断处理程序：

```
unsigned *irqvec = (unsigned*)0x18;
Install_Handler((unsigned)IRQHandler, irqvec);
```

### 2. 中断向量表中使用数据读取指令的情况

当中断向量表中使用数据读取指令时，在 C 程序中安排异常中断处理程序的操作序列如下。

(1) 读取中断处理程序的地址。

(2) 从上一步得到的地址中减去该异常中断对应的中断向量的地址。

(3) 从上一步得到的地址中减去 8，以允许指令预取。

(4) 将上一步得到的地址与数据 0xe59f f000 做逻辑或，从而得到将要写到中断向量表中的数据读取指令的编码。

(5) 将中断处理程序的地址放到相应的存储单元中。

程序 9.2 中的 C 程序实现了上面的操作序列。其中，参数 location 是一个存储单元，其中保存了中断处理程序的地址；vector 为中断向量的地址。

**【程序 9.2】** 使用数据读取指令的中断向量表：

```
unsigned Install_Handler(unsigned location, unsigned *vector)
/*在中断向量表的 vector 处，添加合适的指令 LDR pc, [pc, #offset] */
/* 该指令跳转的目标地址存放在存储单元 location 中 */
```

```
/* 函数返回原来的中断向量 */
{   unsigned vec, oldvec;
    vec = ((unsigned)location - (unsigned)vector - 0x8) | 0xe59ff000
    oldvec = *vector;
    *vector = vec;
    return (oldvec);
}
```

下面的语句调用上面的代码，在 C 程序中安排中断处理程序：

```
unsigned *irqvec = (unsigned*)0x18;
Install_Handler((unsigned)IRQHandler, irqvec);
```

# 9.4　SWI 异常中断处理程序

通过 SWI 异常中断，用户模式的应用程序可以调用系统模式下的代码。在实时操作系统中，通常使用 SWI 异常中断为用户应用程序提供系统功能调用。

## 9.4.1　SWI 异常中断处理程序的实现

在 SWI 指令中包括一个 24 位立即数，该立即数指示了用户请求的特定的 SWI 功能。在 SWI 异常中断处理程序中要读取该 24 位立即数，涉及 SWI 异常模式下对寄存器 LR 的读取，并且要从存储器读取该 SWI 指令。就需要使用汇编程序来实现。通常 SWI 异常中断处理程序分为两级：第 1 级 SWI 异常中断处理程序为汇编程序，用于确定 SWI 指令中的 24 位立即数；第 2 级 SWI 异常中断处理程序具体实现 SWI 的各个功能，它可以是汇编程序，也可以是 C 程序。

### 1. 第 1 级 SWI 异常中断处理程序

第 1 级 SWI 异常中断处理程序从存储器中读取该 SWI 指令。在进入 SWI 异常中断处理程序时，LR 寄存器中保存的是该 SWI 指令的下一条指令。

```
LDR R0,[LR,#-4]
```

下面的指令，从该 SWI 指令中读取其中的 24 位立即数：

```
BIC R0,R0,#0XFF000000
```

综合上面的叙述，程序 9.3 是一个第 1 级 SWI 异常中断处理程序的模板。

**【程序 9.3】** 第 1 级 SWI 异常中断处理程序的模板：

```
; 定义该段代码的名称和属性
AREA TopLevelSwi, CODE, READONLY
EXPORT SWI_Handler
SWI_Handler
; 保存用到的寄存器 STMFD
sp!,{r0-r12,lr}
```

```
; 计算该 SWI 指令的地址，并把它读取到寄存器 R0 中
LDR r0,[lr,#-4]
; 将 SWI 指令中的 24 位立即数存放到 R0 寄存器中
BIC r0,r0,#0xff000000
;
; 使用 R0 寄存器中的值，调用相应的 SWI 异常中断的第 2 级处理程序
;
; 恢复使用到的寄存器，并返回
LDMFD sp!, {r0-r12,pc}^
END
```

### 2. 使用汇编程序的第 2 级 SWI 异常中断处理程序

可以使用跳转指令，根据由第 1 级中断处理程序得到的 SWI 指令中的立即数的值，直接跳转到实现相应 SWI 功能的处理程序。程序 9.4 中的代码实现了这种跳转功能。这种第 2 级的 SWI 异常中断处理程序为汇编语言程序。

**【程序 9.4】** 汇编程序类型的 SWI 异常中断第 2 级中断处理程序：

```
; 判断 R0 寄存器中的立即数值是否超过允许的最大值
CMP r0,#MaxSWI
LDRLS pc, [pc,r0,LSL #2]
B SWIOutOfRange
SWIJumpTable
DCD SWInum0
DCD SWInum1
;
; 其他的 DCD
;

; 立即数为 0 对应的 SWI 中断处理程序
SWInum0
B EndofSWI
; 立即数为 1 对应的 SWI 中断处理程序
SWInum1
B EndofSWI
;
; 其他的 SWI 中断处理程序
;
; 结束 SWI 中断处理程序
EndofSWI
```

将程序 9.4 这段代码嵌入在程序 9.3 中，组成一个完整的 SWI 异常中断处理程序。具体如程序 9.5 所示。

**【程序 9.5】** 第 2 级中断处理程序为汇编程序的 SWI 异常中断处理程序：

```
; 定义该段代码的名称和属性
AREA TopLevelSwi, CODE, READONLY
```

```
EXPORT SWI_Handler
SWI_Handler
; 保存用到的寄存器 STMFD
sp!,{r0-r12,lr}
; 计算该 SWI 指令的地址，并把它读取到寄存器 R0 中
LDR r0,[lr,#-4]
; 将 SWI 指令中的 24 位立即数存放到 R0 寄存器中
BIC r0,r0,#0xff000000
;
; 判断 R0 寄存器中的立即数值是否超过允许的最大值
CMP r0,#MaxSWI
LDRLS pc, [pc,r0,LSL #2]
B SWIOutOfRange
SWIJumpTable
DCD SWInum0
DCD SWInum1
;
; 其他的 DCD
;

; 立即数为 0 对应的 SWI 中断处理程序
SWInum0
B EndofSWI
; 立即数为 1 对应的 SWI 中断处理程序
SWInum1
B EndofSWI
;
; 其他的 SWI 中断处理程序
;
; 结束 SWI 中断处理程序
EndofSWI
;
; 恢复使用到的寄存器，并返回
LDMFD sp!, {r0-r12,pc}^
END
```

### 3. 使用 C 程序的第 2 级 SWI 异常中断处理程序

第 2 级 SWI 异常中断处理程序也可以为 C 程序。这时，利用从第 1 级 SWI 异常中断处理程序得到的 SWI 指令中的 24 位立即数来跳转到相应的处理程序。程序 9.6 是一个 C 程序的第 2 级 SWI 异常中断处理程序模板。其中，参数 number 是从第 1 级 SWI 异常中断处理程序得到的 SWI 指令中的 24 位立即数。

**【程序 9.6】** C 程序类型的 SWI 异常中断第 2 级中断处理程序：

```
void C_SWI_handler(unsigned number)
{ switch (number)
   {
```

```
    /* SWI 号为 0 时执行的代码 */
    case 0 :
    break;
    /* SWI 号为 1 时执行的代码 */
    case 1 :
    break;
    /*各种 SWI 号时执行的代码 */
    :
    :
    /*无效的 SWI 号时执行的代码 */
    default :
    }
}
```

在程序 9.3 中，将得到的 SWI 指令中的 24 位立即数(称为 SWI 功能号)保存在寄存器 R0 中。根据 ATPCS，可以通过指令 BL C_SWI_Handler 来调用程序 9.6 中的代码，从而组成一个完整的 SWI 异常中断处理程序，如程序 9.7 所示。

**【程序 9.7】** 第 2 级中断处理程序为 C 程序的 SWI 异常中断处理程序：

```
; 定义该段代码的名称和属性
AREA TopLevelSwi, CODE, READONLY
EXPORT SWI_Handler
IMPORT  C_SWI_Handler
SWI_Handler
; 保存用到的寄存器 STMFD
sp!,{r0-r12,lr}
; 计算该 SWI 指令的地址，并把它读取到寄存器 R0 中
LDR r0,[lr,#-4]
; 将 SWI 指令中的 24 位立即数存放到 R0 寄存器中
BIC r0,r0,#0xff000000
BL C_SWI_Handler
; 恢复使用到的寄存器，并返回
LDMFD sp!, {r0-r12,pc}^
END
```

如果第 1 级的 SWI 异常中断处理程序将其栈指针作为第二参数传递给 C 程序类型的第 2 级中断处理程序，就可以实现在两级中断处理程序之间传递参数。这时，C 程序类型的第 2 级中断处理程序函数原型如下，其中，参数 reg 是 SWI 异常中断第 1 级中断处理程序传递来的数据栈指针。

```
void C_SWI_handler(unsigned number, unsigned *reg)
```

在第 1 级的 SWI 异常中断处理程序中调用第 2 级中断处理程序的操作如下：

```
; 设置 C 程序将使用的第 2 个参数，根据 ATPCS 第 2 个参数保存在寄存器 R1 中
MOV r1, sp
; 调用 C 程序
BL C_SWI_Handler
```

在第 2 级中断处理程序中，可以通过以下操作读取参数，这些参数是在 SWI 异常中断产生时各寄存器的值，这些寄存器值可以保存在 SWI 异常中断对应的数据栈中。

```
value_in_reg_0 = reg [0];
value_in_reg_1 = reg [1];
value_in_reg_2 = reg [2];
value_in_reg_3 = reg [3];
```

在第 2 级中断处理程序中可以通过以下操作返回结果：

```
reg [0] = updated_value_0;
reg [1] = updated_value_1;
reg [2] = updated_value_2;
reg [3] = updated_value_3;
```

## 9.4.2 SWI 异常中断调用

### 1. 在特权模式下调用 SWI

执行 SWI 指令后，系统将会把 CPSR 寄存器的内容保存到寄存器 SPSR_svc 中，将返回地址保存到寄存器 LR_svc 中。这样，如果在执行 SWI 指令时，系统已经处于特权模式下，这时寄存器 SPSR_svc 和寄存器 LR_svc 中的内容就会被破坏。因此，如果在特权模式下调用 SWI 功能(即执行 SWI 指令)，比如在一个 SWI 异常中断处理程序中执行 SWI 指令，就必须将原始的寄存器 SPSR_svc 和寄存器 LR_svc 值保存在数据栈中。程序 9.8 说明了在 SWI 中断处理程序中如何保存寄存器 SPSR_svc 和 LR_svc 的值。

**【程序 9.8】** 在 SWI 中断处理程序中保存寄存器 SPSR_svc 和 LR_svc 的值：

```
; 保存寄存器，包括寄存器 LR_svc
STMFD sp!,{r0-r3,r12,lr}
; 保存 SPSR_svc
MOV r1, sp
MRS r0, spsr
STMFD sp!, {r0}

; 读取 SWI 指令
LDR r0,[lr,#-4]
; 计算其中的 24 位立即数，并将其放入寄存器 R0 中
BIC r0,r0,#0xFF000000

; 调用 C_SWI_Handler 完成相应的 SWI 功能
BL C_SWI_Handler

; 恢复 SPSR_svc 的值
LDMFD sp!, {r0}
MSR spsr_cf, r0
; 恢复其他寄存器，包括寄存器 LR_svc
LDMFD sp!, {r0-r3,r12,pc}^
```

### 2. 从应用程序中调用 SWI

这里分两种情况考虑从应用程序中调用特定的 SWI 功能：一种考虑使用汇编指令调用特定的 SWI 功能；另一种考虑从 C 程序中调用特定的 SWI 功能。

使用汇编指令调用特定的 SWI 功能比较简单，将需要的参数按照 ATPCS 的要求放在相应的寄存器中，然后在指令 SWI 中指定相应的 24 位立即数(指定要调用的 SWI 功能号)即可。下面的例子中，SWI 中断处理程序需要的参数放在寄存器 R0 中，这里，该参数值为 100，然后调用功能号为 0x0 的 SWI 功能。

```
MOV R0,#100
SWI 0x0
```

从 C 程序中调用特定的 SWI 功能比较复杂，因为这时需要将一个 C 程序的子程序调用映射到一个 SWI 异常中断处理程序。这些被映射的 C 语言子程序需要使用编译器伪操作__swi 来声明。如果该子程序需要的参数和返回的结果只使用寄存器 R0～R3，则该 SWI 可以被编译成 inline 的，不需要使用子程序调用过程。否则必须告诉编译器通过结构数据类型来返回参数，这时需要使用编译器伪操作__value_in_regs 声明该 C 语言子程序。

下面通过一个完整的例子来说明如何从 C 程序中调用特定的 SWI 功能，该例子是 ARM 公司的 ADS 1.1 中所带的。该例子提供了 4 个 SWI 功能调用，功能号分别为 0x0、0x1、0x2 及 0x3。其中，SWI 0x0 及 SWI 0x1 使用两个整型的输入参数，并返回 1 个结果值；SWI 0x2 使用 4 个输入参数，并返回 1 个结果值；SWI 0x3 使用 4 个输入参数，并返回 4 个结果值。

整个 SWI 异常中断处理程序分为两级结构。第 1 级的 SWI 异常中断处理程序是汇编程序 SWI_HANDLER，它读取 SWI 指令中的 24 位立即数(即 SWI 功能号)，然后调用第 2 级 SWI 异常中断处理程序 C_SWI_HANDLER 来实现具体的 SWI 功能。第 2 级 SWI 异常中断处理程序 C_SWI_HANDLER 为 C 语言程序，其中实现了功能号分别为 0x0、0x1、0x2 及 0x3 的 SWI 功能调用(即实现了 SWI 0x0、SWI 0x1、SWI 0x2 及 SWI 0x3)。

主程序中的子程序 multiply_two()对应着 SWI 0x0；add_two()对应着 SWI 0x1；add_multiply_two()对应着 SWI 0x2；many_operations()对应着 SWI 0x3。many_operations()返回 4 个结果值，使用编译器伪操作__value_in_regs 声明。4 个子程序都使用编译器伪操作__swi 来声明。主程序使用 Install_Handler()来安装该 SWI 异常中断处理程序，Install_Handler()在前面已经有详细的介绍。整个代码如程序 9.9 所示。

**【程序 9.9】** 从 C 程序中调用特定的 SWI 功能：

```
/*
* 头文件 SWI.H
*/
__swi(0) int multiply_two(int, int);
__swi(1) int add_two(int, int);
__swi(2) int add_multiply_two(int, int, int, int);

struct four_results
{
   int a;
```

```
    int b;
    int c;
    int d;
};

__swi(3) __value_in_regs struct four_results
many_operations(int, int, int, int);

/*
*主程序 main()
*/
#include <stdio.h>
#include "swi.h"

unsigned *swi_vec = (unsigned *)0x08;
extern void SWI_Handler(void);
/*
*使用 Install_Handler()安排 SWI 异常中断处理程序
*该程序在前面已有详细的介绍
*/
unsigned Install_Handler(unsigned routine, unsigned *vector)
{
    unsigned vec, old_vec;

    vec = (routine - (unsigned)vector - 8) >> 2;
    if (vec & 0xff000000)
    {
        printf("Handler greater than 32MBytes from vector");
    }
    vec = 0xea000000 | vec;     /* OR in 'branch always' code */

    old_vec = *vector;
    *vector = vec;
    return (old_vec);
}

int main(void)
{
    int result1, result2;
    struct four_results res_3;

    Install_Handler((unsigned)SWI_Handler, swi_vec);

    printf("result1 = multiply_two(2, 4) = %d\n", result1 = multiply_two(2, 4));
    printf("result2 = multiply_two(3, 6) = %d\n", result2 = multiply_two(3, 6));
    printf("add_two(result1, result2) = %d\n", add_two(result1, result2));
    printf("add_multiply_two(2, 4, 3, 6) = %d\n", add_multiply_two(2, 4, 3, 6));
    res_3 = many_operations(12, 4, 3, 1);
```

```
    printf("res_3.a = %d\n", res_3.a);
    printf("res_3.b = %d\n", res_3.b);
    printf("res_3.c = %d\n", res_3.c);
    printf("res_3.d = %d\n", res_3.d);

    return 0;
}

; 第 1 级 SWI 异常中断处理程序 SWI_Handler
; SWI_Handler 在前面已有详细介绍
    AREA SWI_Area, CODE, READONLY
    EXPORT SWI_Handler
    IMPORT C_SWI_Handler
    T_bit EQU 0x20
  SWI_Handler

    STMFD   sp!, {r0-r3, r12, lr}
    MOV     r1, sp
    MRS     r0, spsr
    STMFD   sp!, {r0}
    TST      r0, #T_bit
    LDRNEH  r0, [lr,#-2]
    BICNE   r0, r0, #0xFF00
    LDREQ   r0, [lr,#-4]
    BICEQ   r0, r0, #0xFF000000

    BL      C_SWI_Handler
    LDMFD   sp!, {r0}
    MSR     spsr_cf, r0
    LDMFD   sp!, {r0-r3, r12, pc}^
    END

/*
* 第 2 级 SWI 异常中断处理程序 void C_SWI_Handler()
* void C_SWI_Handler()在前面已有详细介绍
*/

void C_SWI_Handler(int swi_num, int *regs)
{
    switch(swi_num)
    {
    //对应于 SWI 0x0
    case 0:
        regs[0] = regs[0] * regs[1];
    break;
    //对应于 SWI 0x1
    case 1:
        regs[0] = regs[0] + regs[1];
    break;
```

```
    //对应于 SWI 0x2
    case 2:
        regs[0] = (regs[0] * regs[1]) + (regs[2] * regs[3]);
    break;
    //对应于 SWI 0x3
    case 3:
    {
        int w, x, y, z;

        w = regs[0];
        x = regs[1];
        y = regs[2];
        z = regs[3];

        regs[0] = w + x + y + z;
        regs[1] = w - x - y - z;
        regs[2] = w * x * y * z;
        regs[3] =(w + x) * (y - z);
    }
    break;
    }
}
```

3. 从应用程序中动态调用 SWI

在有些情况下，直到运行时才能够确定需要调用的 SWI 功能号。这时，有两种方法处理这种情况。

第一种方法是在运行时得到 SWI 功能号，然后构造出相应的 SWI 指令的编码，把这个指令的编码保存在某个存储单元中，执行该指令即可。

第二种方法是使用一个通用的 SWI 异常中断处理程序，将运行时需要调用的 SWI 功能号作为参数传递给该通用的 SWI 异常中断处理程序，通用的 SWI 异常中断处理程序根据参数值调用相应的 SWI 处理程序，完成需要的操作。

在汇编程序中很容易实现第二种方法。在执行 SWI 指令之前，先将需要调用的 SWI 功能号放在某个寄存器(R0～R12 都可以使用)中，在通用的 SWI 异常中断处理程序中读取该寄存器值，决定需要执行的操作。但有些 SWI 处理程序需要 SWI 指令中的 24 位立即数，因而上述两种方法常常组合使用。

在操作系统中，通常使用一个 SWI 功能号和一个寄存器来提供更多的 SWI 功能调用。这样，可以将其他的 SWI 功能号留给用户使用。在 DOS 系统中，DOS 提供的功能调用是 INT 21H，这时，通过指定寄存器 AX 的值，可以实现更多不同的功能调用。ARM 体系中，semihosting 的实现也是一个例子。ARM 程序使用 SWI 0x123456 来实现 semihosting 功能调用；Thumb 程序使用 SWI 0xAB 来实现 semihosting 功能调用。在下面的例子中，将子程序 WRITEC(char *c)映射到 semihosting 功能调用，具体 semihosting SWI 的子功能号通过参数 op 传递。

**【程序 9.10】** 从应用程序中动态调用 SWI 功能：

```
#ifdef __thumb
/* Thumb 的 Semihosting SWI 号为 0xAB */
#define SemiSWI 0xAB
#else
/* ARM 的 Semihosting SWI 号为 0x123456 */
#define SemiSWI 0x123456
#endif

/* 使用 Semihosting SWI 输出一个字符 */
__swi(SemiSWI) void Semihosting(unsigned op, char *c);
#define WriteC(c) Semihosting (0x3,c)
void write_a_character(int ch)
{
    char tempch = ch;
    WriteC(&tempch);
}
```

# 9.5 FIQ 和 IRQ 异常中断处理程序

ARM 提供的 FIQ 和 IRQ 异常中断用于外部设备向 CPU 请求中断服务。这两个异常中断的引脚都是低电平有效的。当前程序状态寄存器 CPSR 的 I 控制位可以屏蔽这两个异常中断请求：当程序状态寄存器 CPSR 中的 I 控制位为 1 时，FIQ 和 IRQ 异常中断被屏蔽；当程序状态寄存器 CPSR 中的 I 控制位为 0 时，CPU 正常响应 FIQ 和 IRQ 异常中断请求。

FIQ 异常中断为快速异常中断，它比 IRQ 异常中断优先级高，这主要表现在以下两个方面。

- 当 FIQ 和 IRQ 异常中断同时产生时，CPU 优先处理 FIQ 异常中断。
- 在 FIQ 异常中断处理程序中，IRQ 异常中断被禁止。

由于 FIQ 异常中断通常用于系统中对于响应时间要求比较苛刻的任务，ARM 体系在设计上有一些特别的安排，以尽量减少 FIQ 异常中断的响应时间。FIQ 异常中断的中断向量为 0x1c，位于中断向量表的最后。这样 FIQ 异常中断处理程序可以直接放在地址 0x1c 开始的存储单元，这种安排省掉了中断向量表中的跳转指令，从而节省了中断响应时间。当系统中存在 Cache 时，可以把 FIQ 异常中断向量以及处理程序一起锁定在 Cache 中，从而大大缩短了 FIQ 异常中断的响应时间。除此之外，与其他的异常模式相比，FIQ 异常模式还有额外的 5 个物理寄存器，这样，在进入 FIQ 处理程序时，可以不用保存这 5 个寄存器，从而也提高了 FIQ 异常中断的执行速度。

## 9.5.1 IRQ/FIQ 异常中断处理程序

在有些 IRQ/FIQ 异常中断处理程序中，允许新的 IRQ/FIQ 异常中断，这时将需要一些特别的操作保证“老的”异常中断的寄存器不会被“新的”异常中断破坏，这种 IRQ/FIQ 异常中断处理程序称为可重入的异常中断处理程序(Reentrant Interrupt Handler)。

### 1. 不可重入的 IRQ/FIQ 异常中断处理程序

对于 C 语言，不可重入的 IRQ/FIQ 异常中断处理程序可以使用关键词_irq 来说明。关键词_irq 可以实现以下操作。

- 保存 ATPCS 规定的被破坏的寄存器。
- 保存其他中断处理程序中用到的寄存器。
- 同时将(LR-4)赋予程序计数器 PC，实现中断处理程序的返回，并且恢复 CPSR 寄存器的内容。

当 IRQ/FIQ 异常中断处理程序调用了子程序时，关键词_irq 可以使 IRQ/FIQ 异常中断处理程序返回时从其数据栈中读取 LR_irq 值，并通过“SUBS PC,LR,#4”实现返回。程序 9.11 说明了关键词_irq 的作用，其中列出了 C 语言程序及其对应的汇编程序，在两个 C 语言程序中，第一个使用关键词_irq 声明，第二个没有使用关键词_irq 声明。

**【程序 9.11】** 关键词_irq 的作用：

```
; 第一个程序使用关键词_irq 声明
__irq void IRQHandler(void)
{
    volatile unsigned int *base = (unsigned int*)0x80000000;
    if (*base == 1)
    {
        //调用相应的 C 语言处理程序
        C_int_handler();
    }
    //清除中断标志
    *(base+1) = 0;
}

; 第一个 C 语言程序对应的汇编程序
IRQHandler PROC
STMFD sp!,{r0-r4,r12,lr}
MOV r4,#0x80000000
LDR r0,[r4,#0]
SUB sp,sp,#4
CMP r0,#1
BLEQ C_int_handler
MOV r0,#0
STR r0,[r4,#4]
ADD sp,sp,#4
LDMFD sp!,{r0-r4,r12,lr}
SUBS pc,lr,#4
ENDP
EXPORT IRQHandler

//第二个程序没有使用关键词_irq 声明
irq void IRQHandler(void)
{
    volatile unsigned int *base = (unsigned int*)0x80000000;
```

```
    if (*base == 1)
    {
        //调用相应的 C 语言处理程序
        C_int_handler();
    }
    //清除中断标志
    *(base+1) = 0;
}

; 第二个 C 语言程序对应的汇编程序
IRQHandler PROC
STMFD sp!,{r4,lr}
MOV r4,#0x80000000
LDR r0,[r4,#0]
CMP r0,#1
BLEQ C_int_handler
MOV r0,#0
STR r0,[r4,#4]
LDMFD sp!,{r4,pc}
ENDP
```

### 2. 可重入的 IRQ/FIQ 异常中断处理程序

如果在可重入的 IRQ/FIQ 异常中断处理程序中调用了子程序，子程序的返回地址将被保存到寄存器 LR_irq 中，这时，如果发生了 IRQ/FIQ 异常中断，这个 LR_irq 寄存器的值将会被破坏，那么被调用的子程序将不能正确返回。因此，对于可重入的 IRQ/FIQ 异常，中断处理程序需要一些特别的操作。下面列出了在可重入的 IRQ/FIQ 异常中断处理程序中需要的操作。这时，第 1 级中断处理程序(对应于 IRQ/FIQ 异常中断的程序)不能使用 C 语言，因为其中一些操作不能通过 C 语言实现。

(1) 将返回地址保存到 IRQ 的数据栈中。

(2) 保存工作寄存器和 SPSR_irq。

(3) 清除中断标志位。

(4) 将处理器切换到系统模式，重新使能中断(IRQ/FIQ)。

(5) 保存用户模式的 LR 寄存器和被调用者不保存的寄存器。

(6) 调用 C 语言的 IRQ/FIQ 异常中断处理程序。

(7) 当 C 语言的 IRQ/FIQ 异常中断处理程序返回后，恢复用户模式的寄存器，并禁止中断(IRQ/FIQ)。

(8) 切换到 IRQ 模式，禁止中断。

(9) 恢复工作寄存器和寄存器 LR_irq。

(10) 从 IRQ 异常中断处理程序中返回。

程序 9.12 演示了这些操作过程。

**【程序 9.12】** 可重入的 IRQ/FIQ 异常中断处理程序：

```
AREA INTERRUPT, CODE, READONLY
; 引入 C 语言的 IRQ 中断处理程序 C_irq_handler
```

```
IMPORT C_irq_handler
IRQ
; 保存返回的 IRQ 处理程序地址
SUB lr, lr, #4
STMFD sp!, {lr}
保存 SPSR_irq 及其他工作寄存器
MRS r14, SPSR
STMFD sp!, {r12, r14}
;
; 在这里添加指令，清除中断标志位
; 添加指令重新使能中断
;
; 切换到系统模式，并使能中断
MSR CPSR_c, #0x1F
; 保存用户模式的 LR_usr 及被调用者不保存的寄存器
STMFD sp!, {r0-r3, lr}
; 跳转到 C 语言的中断处理程序
BL C_irq_handler
; 恢复用户模式的寄存器
LDMFD sp!, {r0-r3, lr}
; 切换到 IRQ 模式，禁止 IRQ 中断，FIQ 中断仍允许
MSR CPSR_c, #0x92
; 恢复工作寄存器和 SPSR_irq
LDMFD sp!, {r12, r14}
MSR SPSR_cf, r14
; 从 IRQ 处理程序返回
LDMFD sp!, {pc}^
END
```

## 9.5.2 IRQ 异常中断处理程序举例

本例中有多达 32 个中断源，每个中断源对应一个单独的优先级值，优先级的取值范围为 0～31。假设系统中的中断控制器的基地址为 IntBase，存放中断优先级值的寄存器的偏移地址为 IntLevel。寄存器 R13 指向一个 FD 类型的数据栈。本例的源代码如程序 9.13 所示。

**【程序 9.13】** 多中断源的 IRQ 异常中断处理程序：

```
; 保存返回地址
SUB lr, lr, #4
STMFD sp!, {lr}
; 保存 SPSR 及工作寄存器 R12
MRS r14, SPSR
STMFD sp!, {r12, r14}
; 读取中断控制器的基地址
MOV r12, #IntBase
; 读取优先级最高的中断源的优先级值
LDR r12, [r12, #IntLevel]
; 使能中断
```

```
MRS r14, CPSR
BIC r14, r14, #0x80
MSR CPSR_c, r14
; 跳转到优先级最高的中断对应的处理程序
LDR PC, [PC, r12, LSL #2]
; 加入一条 nop 指令，实现跳转表的地址计算方法
NOP

; 中断处理程序地址表
; 优先级为 0 的中断对应的处理程序地址
DCD Priority0Handler
; 优先级为 1 的中断对应的处理程序地址
DCD Priority1Handler
; 优先级为 2 的中断对应的处理程序地址
DCD Priority2Handler

; 优先级为 0 的中断对应的处理程序
Priority0Handler
; 保存工作寄存器
STMFD sp!, {r0 - r11}
;
; 这里为中断程序的程序体
; ...
; 恢复工作寄存器
LDMFD sp!, {r0 - r11}
; 禁止中断
MRS r12, CPSR
ORR r12, r12,
MSR CPSR_c, r12
; 恢复 SPSR 及寄存器 R12
LDMFD sp!, {r12, r14}
MSR SPSR_csxf, r14
; 从优先级为 0 的中断处理程序返回
LDMFD sp!, {pc}^

; 优先级为 1 的中断对应的处理程序
Priority1Handler
; ...
```

## 9.6　复位异常中断处理程序

复位异常中断处理程序在系统加电或复位时执行，它将进行一些初始化工作，具体内容与系统相关，然后程序控制权交给应用程序，因而复位异常中断处理程序不需要返回。下面是通常在复位异常中断处理程序中进行的一些处理。

- 设置异常中断向量表。
- 初始化数据栈和寄存器。
- 初始化存储系统，如系统中的 MMU 等(如果系统中包含这些部件的话)。
- 初始化一些关键的 I/O 设备。
- 使用中断。
- 将处理器切换到合适的模式。
- 初始化 C 语言环境变量，跳转到应用程序执行。

## 9.7 未定义指令异常中断

当 CPU 不认识当前指令时，它将该指令发送到协处理器。如果所有的协处理器都不认识该指令，这时将产生未定义指令异常中断。在未定义指令异常中断进行相应的处理。可以看出，这种机制可以通过软件仿真系统中某些部件的功能。比如，如果系统中不包含浮点运算部件，CPU 遇到浮点运算指令时，将发生未定义指令异常中断，在该未定义指令异常中断的处理程序中可以通过其他指令序列仿真该浮点运算指令。

这种仿真的处理过程类似于 SWI 异常中断的功能调用。在 SWI 异常中断的功能调用中通过读取 SWI 指令中的 24 位(位[23:0])立即数，判断具体请求的 SWI 功能。这种仿真机制的操作过程如下。

(1) 将仿真程序设置成未定义指令异常中断的处理程序(链接到未定义指令异常中断的处理程序链中)，并保存原来的中断处理程序。这是通过修改中断向量表中未定义指令异常中断对应的中断向量来实现的(同时保存旧的中断向量)。

(2) 读取该未定义指令的位[27:24]，判断该未定义指令是否为一个协处理器指令。当位[27:24]为 0b1110 或 0b110x 时，该未定义指令是一个协处理器指令。接着读取该未定义指令的位[11:8]，如果位[11:8]指定通过仿真程序实现该未定义指令，则相应地调用仿真程序实现该指令的功能，然后返回到用户程序。

(3) 如果不仿真该未定义指令，则程序跳转到原来的未定义指令异常中断的处理程序中执行。

Thumb 指令集中不包含协处理器指令，因而不需要这种指令仿真机制。

## 9.8 指令预取中止异常中断处理程序

如果系统中不包含 MMU，指令预取中止异常中断处理程序只是简单地报告错误，然后退出。如果系统中包含 MMU，则发生错误的指令触发虚拟地址失效，在该失效处理程序中重新读取该指令。指令预取中止异常中断是由错误的指令执行时被触发的，这时 LR_abt 寄存器还没有被更新，它指向该指令的下面一条指令。因为该有问题的指令要被重新读取，因而应该返回到该有问题的指令，即返回到(LR_abt−4)处。

## 9.9　数据访问中止异常中断处理程序

如果系统中不包含 MMU，数据访问中止异常中断处理程序只是简单地报告错误，然后退出。如果系统中包含 MMU，数据访问中止异常中断处理程序要处理该数据访问中止。当发生数据访问中止异常中断时，LR_abt 寄存器已经被更新，它指向引起数据访问中止异常中断的指令后面的第 2 条指令，此时要返回到引起数据访问中止异常中断的指令，即(LR_abt-8)处。

以下 3 种情况可能会引起数据访问中止异常中断。

### 1. LDR/STR 指令

对于 ARM7 处理器，数据访问中止异常中断发生时，LR_abt 寄存器已经被更新，它指向引起数据访问中止异常中断的指令后面的第 2 条指令，此时要返回到引起数据访问中止异常中断的指令，即(LR_abt-8)处。

对于 ARM9、ARM10、StrongARM 处理器，数据访问中止异常中断发生后，处理器将程序计数器设置成引起数据访问中止异常中断的指令的地址，不需要用户来完成这种程序计数器的设置操作。

### 2. SWAP 指令

SWAP 指令执行时，未更新寄存器 LR_abt。

### 3. LDM/STM 指令

对于 ARM6 及 ARM7 处理器，如果写回机制(Write Back)使能的话，基址寄存器将被更新。对于 ARM9、ARM10 及 StrongARM 处理器，如果写回机制使能的话，数据访问中止异常中断发生时，处理器将恢复基址寄存器的值。

# 第 10 章　ARM C/C++编译器

本章主要介绍 ARM C/C++编译器的命令行格式、特定关键字、数据类型和 C/C++库。

## 10.1　ARM C/C++编译器概述

本节介绍编译 ARM 程序时的一些基本概念。

### 10.1.1　ARM C/C++编译器及语言库介绍

ARM 集成开发环境中包含的 C/C++编译器如表 10.1 所示。

表 10.1　ARM 集成开发环境中的 C/C++编译器

| 编译器名称 | 编译器种类 | 源文件类型 | 源文件后缀 | 输出的目标文件类型 |
|---|---|---|---|---|
| armcc | C | C | .C | 32 位 ARM 代码 |
| tcc | C | C | .C | 16 位 Thumb 代码 |
| armcpp | C++ | C/C++ | .C/.CPP | 32 位 ARM 代码 |
| tcpp | C++ | C/C++ | .C/.CPP | 16 位 Thumb 代码 |

其中，armcc 用于将遵循 ANSI C 标准的 C 语言源程序编译成 32 位的 ARM 指令代码，它通过了 Plum Hall C Validation Suite 测试。armcpp 用于将遵循 ANSI C++或者 EC++标准的 C++语言源程序编译成 32 位的 ARM 指令代码。tcc 用于将遵循 ANSI C 标准的 C 语言源程序编译成 16 位的 Thumb 指令代码，它通过了 Plum Hall C Validation Suite 测试。tcpp 用于将遵循 ANSI C++或者 EC++标准的 C++语言源程序编译成 16 位的 Thumb 指令代码。

这些编译器输出的是 ELF 格式的目标文件，其中包含 DRAWF2 格式的调试信息。除此之外，编译器可以输出所生成的汇编语言列表文件。相关的文件及其命名格式如下所示，这里假设源文件名称为 filename。

- filename.c：ARM C 编译器将*.C 格式的文件作为源文件。ARM C++编译器将*.C、*.CPP、*.CP、*.C++、*.CC 格式的文件都作为源文件。
- filename.h：头文件。
- filename.o：编译器输出的 ELF 格式的目标文件。
- filename.s：ARM 或者 Thumb 格式的汇编代码文件。
- filename.lst：错误以及警告信息的列表文件。

ARM 集成开发环境中 C/C++语言的库包括以下几种。

- ARM C 语言库：ARM C 语言库包括标准的 C 语言函数集、C/C++语言库需要的支持函数以及面向 semihosting 环境的目标相关的函数。ARM C 语言库的结构使用户很容易重新定义这些目标相关的函数，以适应特定的目标环境。

- Rogue Wave C++库：Rogue Wave C++库包含标准 C++函数以及基本 C++对象。Rogue Wave C++库中不包含与目标环境相关的内容，它通过相关的 C 语言库提供与目标环境相关的功能。
- 支持库：支持库提供了对不同种类的体系及处理器的支持。

ARM 中 C/C++语言库是以二进制的形式提供的。对应于不同的 ATPCS 格式，有相应格式的 C/C++语言库，这是通过不同的编译器选项指定的。

我们将在 10.2 节和 10.7 节详细介绍 ARM C/C++编译器的命令行参数和 ARM C/C++语言库。

## 10.1.2　ARM 编译器中与搜索路径相关的一些基本概念

以下因素会影响 ARM 编译器如何去搜索头文件和源文件。

- 编译时指定的-I 选项和-J 选项。
- 编译时指定的-fk 选项和-fd 选项。
- 环境变量 ARMINC 的值。
- 文件名称是基于绝对路径的还是基于相对路径的。
- 文件名是用双引号包括的还是用尖括号包括的。

下面介绍这些影响编译器如何搜索头文件和源文件的因素。

### 1. 内存中的文件系统

ARM 编译器将 ANSI C 语言库的头文件组织成一个特殊的、压缩的、基于内存的文件系统。在使用命令行编译应用程序时，默认的情况就是使用该内存文件系统。

ARM C++语言库中与 ARM C 语言库对应的部分头文件也包含在该内存文件系统中，ARM C++语言库特有的部分的头文件则不包含在该内存文件系统中。

使用#include <headfile.h>格式包含头文件 headfile.h 时，编译器认为头文件 headfile.h 是一个系统头文件，它将首先从该内存文件系统中搜索 headfile.h。

使用#include "headfile.h"格式包含头文件 headfile.h 时，编译器认为头文件 headfile.h 不是一个系统头文件，它将在搜索路径(Search Path)中搜索 headfile.h。

### 2. 当前位置

默认情况下，ARM 编译器使用 Berkeley Unix 的搜索规则。在该规则中，当前位置指的是包含当前被编译器处理的源文件或头文件的目录；编译器搜索源文件或头文件时是相对于当前位置进行搜索的。

按照 Berkeley Unix 的搜索规则，当目标文件在某个目录中被找到后，该目录成为新的当前位置。当编译器处理完该目标文件后，当前位置将被设置成原来的目录。比如，当前位置为\CP，编译器正在搜索文件\sys\global.h，如果\CP\sys\global.h 存在，当编译器处理头文件 global.h 时，当前位置被设置成\CP\sys，这时头文件 global.h 中所包含的未使用绝对路径的文件将相对于路径\CP\sys 进行搜索。当编译器处理完文件 global.h 后，当前位置被重新设置成\CP。

使用编译选项-fk，编译器在搜索非绝对路径的头文件或者源文件时，所有搜索是基于包含当前被处理的文件的路径进行的。

### 3. ARMINC 环境变量

可以将环境变量 ARMINC 的值设置成用逗号分隔的一些路径列表。比如：set ARMINC = C:\PATH1,C:\PATH2。

当从命令行使用编译器时，在搜索完选项-I 指定的路径后，立即搜索 ARMINC 指定的路径。如果在编译时指定了选项-J，环境变量 ARMINC 将被忽略。

### 4. 编译时的搜索路径

表 10.2 列出了各种编译选项对于编译器搜索文件时的影响。其中，各个符号的含义如下所示。

- :mem：表示包含 ARM C/C++库的内存文件系统。
- ARMINC：表示使用环境变量 ARMINC 指定的路径列表。
- CP：表示当前位置。
- Idirs：表示编译选项-I 指定的路径。
- Jdirs：表示编译选项-J 指定的路径。

表 10.2　各种编译选项对于编译器搜索文件时的影响

| 编译选项 | Include <headfile.h>格式 | Include "headfile.h"格式 |
|---|---|---|
| 没有选项-I 和-J | :mem、ARMINC | CP、ARMINC、:mem |
| 选项-J | Jdirs | CP、Jdirs |
| 选项-I | :mem、ARMINC、Idirs | CP、Idirs、ARMINC、:mem |
| 同时有选项-I 和-J | Idirs、Jdirs | CP、Idirs、Jdirs |
| 选项-fd | 不受影响 | 从搜索路径中删除 CP |
| 选项-fk | 不受影响 | 使用 K&R 搜索规则 |

## 10.2　ARM 编译器命令行格式

本节描述的编译器的选项适用于 ARM 集成开发环境中所有的编译器。对于特定的编译器有效的编译器选项，在介绍时会特别指出。

ARM 编译器命令行格式如下：

```
compiler [PCS-options] [source-language] [search-paths] [preprocessor-options]
[output-format] [target-options] [debug-options] [code-generation-options]
[warning-options] [additional-checks] [error-options] [source]
```

其中，各选项的说明如下。

- compiler：可以是 armcc、tcc、armcpp 及 tcpp。
- PCS-options：指定所使用的过程调用标准(ATPCS)。
- source-language：指定编译器接受的源程序的类型。默认情况下，C 编译器处理

ANSI C 标准源程序，C++编译器处理 ISO 标准 C++源程序。

- search-paths：指定编译器搜索的头文件和源文件的路径。
- preprocessor-options：指定 preprocessor 特性，包括 preprocessor 的输出以及宏定义的特性。
- output-format：指定输出文件的类型。可以指定输出生成的汇编代码的列表文件或者是目标文件。
- target-options：指定目标处理器或者 ARM 体系。
- debug-options：指定是否生成调试信息表，并可指定调试信息表的格式。
- code-generation-options：指定编译器进行的优化，以及生成的目标文件的字节顺序、数据对齐格式等。
- warning-options：指定特定的报警信息是否产生。
- additional-checks：指定对程序进行一些附加的检查，比如检查未使用的变量声明等。
- error-options：用于关闭一些不可恢复的错误信息，或者将一些错误类型降级作为报警类型。
- source：进行编译处理的源程序。

当操作系统限制了一个命令行的长度时，可以将各种编译选项保存到一个文件中(该文件称为 via 文件)，然后通过-via 参数告诉编译器，从该文件读取各选项。例如，如果文件 parfile.txt 中包含了编译源程序 source.c 时用到的各编译选项，可以通过以下命令编译源程序 source.c：

```
armcpp -via parfile.txt source.c
```

via 文件中可以包含另一个 via 文件。比如，在 via 文件 parfile.txt 中使用-via parfile2.txt 可以将 via 文件 parfile2.txt 中的内容包含到文件 parfile.txt 中。

另外，通过-help 选项，可以查看编译器的一些主要选项的帮助文档；通过选项-vsn 可以显示编译器的版本信息；通过选项-errors errorfile 可以将编译时产生的错误信息输出到文件 errorfile。

本节将详细介绍各编译选项。

## 10.2.1　过程调用标准

可以通过编译选项-apcs 来指定使用的过程调用标准。其格式如下：

```
-apcs  qualifiers
```

其中，qualifiers 指定使用的过程调用标准。这里必须满足两个条件：至少必须指定一个 qualifier；如果指定多个 qualifier，各 qualifier 之间不能有空格。

当没有使用-apcs 选项时，编译器默认的过程调用标准如下：

```
-apcs /noswst/nointer/noropi/norwpi -fpu softvfp
```

当使用选项-cpu 时，指定的值可能会使默认的-fpu 选项失效。

各种 qualifiers 的含义及用法如下。

### 1. 与 interwork 相关的 qualifiers

与 interwork 相关的 qualifiers 有以下两个。

- /interwork：本选项使编译器产生的目标文件支持 ARM 和 Thumb 代码的混合使用。对于 ARM 版本 5，该选项是默认选项。
- /nointerwork：本选项使编译器产生的目标文件不支持 ARM 和 Thumb 代码的混合使用。对于 ARM 版本 5 以前的各版本，该选项是默认选项。

### 2. 与位置无关特性相关的 qualifiers

与位置无关特性相关的 qualifiers 有以下 4 个。

- /ropi：本选项使编译器产生的代码是只读的位置无关代码。这时，程序中的只读代码和数据使用基于 PC 的寻址方式；同时，编译器设置目标文件中只读段的位置无关属性(PI)。实际上，只有连接器完成所有的输入段(Input Section)的处理后，才能判断目标文件是否为位置无关的，因此，即使在编译时指定了位置无关的选项，连接器仍然可能报告 ROPI 错误信息。
- /noropi：本选项使编译器产生的代码不是只读的位置无关(Read Only Position Independent，ROPI)代码。这是编译器默认的选项。
- /rwpi：本选项使编译器产生的代码是读写的位置无关(Read Write Position Independent，RWPI)代码。这时，对于程序中的可写数据，使用基于静态基址寄存器 sb 的寻址方式，这意味着数据地址可以在运行时确定，可以有多个实例，可以是位置无关的；同时，编译器设置目标文件中读写段的位置无关属性(PI)。
- /norwpi：本选项使编译器产生的代码不是读写的位置无关代码。这是编译器默认的选项。

### 3. 与数据栈检查相关的 qualifiers

与数据栈检查相关的 qualifiers 有以下两个。

- /swstackcheck：本选项使用基于软件的数据栈检查类型的 ATPCS。
- /noswstackcheck：本选项不使用基于软件的数据栈检查类型的 ATPCS。

## 10.2.2 设置源程序语言类型

下面的这些编译选项用于指定编译器可以处理的语言类型。默认情况下，ARM C 编译器处理 ANSI C 标准的源程序，ARM C++编译器处理 ISO/IEC C++源程序。使用这些选项可以指定源程序应在多大程度上符合各种标准。

- -ansi：本选项指定源程序应遵循 ANSI C 标准。这是 armcc 以及 tcc 编译器的默认选项。这时，编译器放弃了 ANSI 中一些不太方便的特性，同时扩展了一小部分的功能。
- -ansic：本选项与选项–ansi 是同义词。
- -cpp：本选项指定源程序应遵循 ISO/IEC C++标准。这是 C++编译器的默认选项。C 编译器不支持该选项。
- -embeddedcplusplus：本选项指定源程序应该遵循 EC++标准。C 编译器不支持该选项。

- -strict：本选项指定源程序应该更加严格地遵循 ANSI C 标准或者 ISO/IEC C++ 标准。

下面是这些选项的一些应用实例。

- armcc -ansi：编译 ANSI 标准 C 语言源程序，这是默认的选项。
- armcc -strict：编译严格遵循 ANSI 标准的 C 语言源程序。
- armcpp：编译标准 C++源程序。
- armcpp -ansi：编译 ANSI 标准 C 语言源程序。
- armcpp -ansi -strict：编译严格遵循 ANSI 标准的 C 语言源程序。
- armcpp -strict：编译严格遵循 C++标准的源程序。

### 10.2.3　指定搜索路径

下面的一些选项用于指定编译器搜索头文件和源文件时的路径。这里介绍各选项的含义，它们组合使用时的规则在表 10.2 中已经做过说明。

- -Idir-name：本选项增加搜索被包含文件(Included Files)的路径。如果选项中指定了多个搜索路径，编译器将按照各路径在选项中出现的先后顺序来搜索目标文件。编译器使用的内存文件系统可以加快编译器的搜索速度，内存文件系统使用选项-I-来指定。
- -fk：本选项指定编译器按照 K&R 规则搜索被包含的文件。按照该规则，编译器在搜索非绝对路径的头文件或源文件时，所有搜索是基于包含当前被处理的文件的路径进行的。如果不指定本选项，编译器将使用 Berkeley 风格的搜索规则搜索被包含的文件。
- -fd：指定本选项后，编译器将会以与处理 include <headfile.h>同样的方式处理 include "headfile.h"，即搜索路径中将不包含当前位置 CP。
- -Jdir-name：本选项添加一个用逗号分隔的路径列表。编译器使用的内存文件系统可以加快编译器的搜索速度，内存文件系统使用选项-J-来指定。

### 10.2.4　设置预处理选项

下面的一些选项用于设置预处理选项。

- -E：使用本选项时，编译器仅仅进行预处理操作。这时，通常会去掉源程序中的注释部分。默认情况下，处理结果输出到标准输出流中。可以使用选项-o 指定一个结果文件，将处理结果保存到该文件中；也可以使用重定向功能将结果输出到相应的文件中，使用方法如下：

```
compiler-name -E source.c > raw.c
```

- -C：本选项与-E 选项结合使用，在进行预处理的同时，将会保留源程序中的注释部分。
- -Dsymbol=value：本选项用于定义一个预处理宏。其作用与在源程序开头使用 #define symbol value 相同。

- -Dsymbol：本选项用于定义一个预处理宏。其作用与在源程序开头使用 #define symbol 相同，symbol 的默认值为 1。
- -Usymbol：本选项用于取消一个预处理宏。其作用与在源程序开头使用 #undef symbol 相同。
- -M：使用本选项时，编译器仅仅进行预处理操作。它用于生成 make 工具使用的一些信息。默认情况下，处理结果输出到标准输出流中。可以使用选项-o 指定一个结果文件，将处理结果保存到该文件中；也可以使用重定向功能，将结果输出到相应的文件中，使用方法如下：

```
compiler-name -M source.c >makefile
```

## 10.2.5 设置输出文件的类型

下面的一些选项可以控制编译器输出的文件类型，它们可以是生成的汇编程序列表文件，也可以是未进行连接的目标文件等。

- -c(小写)：使用本选项后，只对源程序进行编译，不进行连接。生成的目标文件存放在当前位置或选项-o 指定的位置。
- -list：使用本选项生成包含错误信息和警告信息的源程序的列表文件。可以使用选项-fi、-fj 及-fu 来控制该列表文件的内容。-list 选项中不能包含路径信息。因此要注意防止覆盖掉有用的文件。
- -fi：本选项与-list 选项结合使用，在列表文件中包含被包含的头文件(使用格式为 #include "headfile.h")的代码。
- -fj：本选项与-list 选项结合使用，在列表文件中包含被包含的头文件(使用格式为 #include <headfile.h>)的代码。
- -fu：本选项与-list 选项结合使用，在列表文件中包含的是未经处理的代码。例如，如果源文件中包含#define NULL 0，对于语句 p=NULL，在没有使用–fu 选项时，列表文件中为 p=0, 在使用-fu 选项时，列表文件中为 p=NULL。
- -o file：本选项用于指定存放输出结果的文件。其可能的类型如下。
  - ◆ 如果与选项-c 结合使用，本选项指定输出的目标文件的名称。当没有使用选项-o 指定输出文件的名称时，假设输入的源文件名称为 inputfile.c，则输出文件的名称为 inputfile.o。
  - ◆ 如果与选项-S 结合使用，本选项指定输出的汇编代码列表文件的名称。当没有使用选项-o 指定输出文件名称时，假设输入的源文件名称为 inputfile.c，则输出的文件名称为 inputfile.s。
  - ◆ 如果与选项-E 结合使用，本选项指定输出的预处理文件的名称。
  - ◆ 如果没有使用选项-o、-S 及-E，输出的结果文件为经过连接处理的映像文件。没有使用选项-o 指定输出文件名称时，假设输入的源文件名称为 inputfile.c，则输出文件的名称为 inputfile.axf。
  - ◆ 如果 file 指定为“-”，则结果文件输出到标准输出流中。
- -MD：使用本选项，产生的结果文件中包含 make 时需要的文件间的依赖关系。假设输入的源文件名称为 inputfile.c，则输出文件名称为 inputfilc.d。

- -depend filename：本选项的含义与选项-MD 相同。区别在于它将输出文件指定为 filename，而不是 inputfile.d。
- -S：本选项指定输出编译器生成的汇编代码的列表文件。可以用选项-o 来指定输出文件的名称。
- -fs：本选项与选项-S 结合使用，在输出的汇编代码的列表文件中包含相应的 C/C++源代码，这些 C/C++源代码被当作注释语句。

## 10.2.6　指定目标处理器和 ARM 体系版本

在编译源程序时，可以指定特定的 CPU 型号或者 ARM 体系的版本号，这样，编译器就可以利用特定的处理器或 ARM 体系的特性，生成性能更好的代码。但是，这种做法可能会造成程序在其他 ARM 处理器上不兼容。

ARM 编译器包含下面两个选项，用于指定目标处理器或者 ARM 体系的版本。

- 选项-cpu name：用于指定目标处理器和 ARM 体系的版本。
- 选项-fpu name：用于指定系统中浮点运算部件的体系。

### 1. -cpu name 的用法

下面详细介绍选项-cpu name 的用法。

- 如果 name 指定的是 CPU 的型号，例如-cpu ARM940T，这时，编译器将会根据 ARM940T 处理器的特性进行优化。当 name 指定的是 CPU 的型号时，必须指定的是准确的 ARM 处理器编号。
- 当指定了特定的 ARM 处理器型号后，可能隐含地指定了系统中浮点运算部件的体系。例如，使用-cpu ARM10200E 则隐含地指定了浮点运算部件为-fpu vfpv2。如果使用选项-fpu name，则这种隐含的指定值失效。
- 对于选项-cpu name，如果 name 指定的是 ARM 体系版本号，编译器将源程序编译成适合支持该版本的 ARM 体系处理器的目标文件，例如，如果使用-cpu 4T 编译选项，则生成的目标代码可以在 ARM7TDMI 处理器上运行，也可以在使用了 4T 体系的处理器上运行。一些基础性的 ARM 体系编号如表 10.3 所示。

表 10.3　ARM 体系编号

| ARM 体系编号 | 含　义 |
|---|---|
| 3 | 不支持长乘法的 ARMv3 |
| 3M | 支持长乘法的 ARMv3 |
| 4 | 支持长乘法但不支持 Thumb 指令的 ARMv4 |
| 4Xm | 不支持长乘法和 Thumb 指令的 ARMv4 |
| 4T | 支持长乘法和 Thumb 指令的 ARMv4 |
| 4TxM | 不支持长乘法但支持 Thumb 指令的 ARMv4 |
| 5T | 支持长乘法和 Thumb 指令的 ARMv5 |
| 5TE | 支持长乘法、Thumb 指令、DSP 乘法指令和双字指令的 ARMv5 |
| 5TExM | 支持长乘法、Thumb 指令和 DSP 乘法指令的 ARMv5 |

- 使用选项-cpu name，可以指定处理器型号或 ARM 体系版本号，不能同时指定两种参数。
- 在没有使用选项-cpu name 时，默认的选项是-cpu ARM7TDMI。

2. -fpu name 的用法

选项-fpu name 用于指定系统中浮点运算部件的体系。如果使用选项-fpu name，则选项-cpu name 隐含的浮点运算部件体系失效。有效的 name 取值如表 10.4 所示。

表 10.4　有效的 name 取值

| name 取值 | 含　义 |
|---|---|
| none | 不支持浮点运算指令 |
| vfp | 系统中包含硬件的向量浮点运算部件(VFP)，该部件符合 vfpv1 标准。本选项和选项 vfpv1 同义。Thumb 编译器不支持该选项，因为 Thumb 指令集中不包含浮点运算指令 |
| vfpv1 | 系统中包含硬件的向量浮点运算部件，如 ARM 10v0，该部件符合 vfpv1 标准。Thumb 编译器不支持该选项，因为 Thumb 指令集中不包含浮点运算指令 |
| vfpv2 | 系统中包含硬件的向量浮点运算部件，如 ARM 10200E，该部件符合 vfpv2 标准。Thumb 编译器不支持该选项，因为 Thumb 指令集中不包含浮点运算指令 |
| fpa | 系统中包含硬件的浮点运算加速器(FPA)。Thumb 编译器不支持该选项，因为 Thumb 指令集中不包含浮点运算指令 |
| softvpa+fpa | 使用该选项可以支持软件浮点运算库，也支持到硬件 VFP 的连接。这适合在系统中存在 Thumb 指令，同时也包含硬件 VFP 的场合 |
| softvpa | 使用软件的浮点运算库，该浮点运算库支持单一的内存模式，要么为 Big-endian，要么为 Little-endian |
| softfpa | 使用软件的浮点运算库，该浮点运算库支持混合的内存模式，可以同时包含 Big-endian 和 Little-endian |

## 10.2.7　生成调试信息

以下选项指定编译器是否产生调试信息，如果产生调试信息，则可以指定调试信息的格式。

- -g[option]：该选项指定是否在目标文件中包含调试信息表。当使用选项-g 时，产生的目标代码与不使用选项-g 时相同，不同之处在于：使用选项-g 时，目标文件中包含调试信息表。
- -g+：该选项的含义与选项-g 相同。
- -g-：该选项指示编译器在目标文件中不包含调试信息表。这是默认的选项。
- -gt[p]：该选项与选项-g 结合使用时，控制是否在目标文件中包含有关宏定义的信息。对于包含了较多宏定义的源文件，使用选项-gtp 可以有效地减小目标文件的大小。
    - -gt：该选项指示编译器在目标文件中包含所有的调试信息。这是调试器默认的选项。

◆ -gtp：该选项指示编译器在目标文件中不包含关于宏定义的信息。

- -dwarf2：该选项指定编译器生成的目标文件中包含的调试信息的格式，这是默认的选项，也是目前 ARM 支持的唯一的调试信息格式。

## 10.2.8　代码生成的控制

下面介绍控制代码生成的编译选项。这些选项主要包括以下几类。

- 控制代码优化的编译选项。
- 设置非受限浮点常量的默认类型的编译选项。
- 控制代码段和数据段的编译选项。
- 设置内存模式(字节顺序)的编译选项。
- 设置内存对齐模式的编译选项。
- 其他一些编译选项。

### 1. 控制代码优化的编译选项

以下这些编译选项控制代码的优化方式。

(1) -Onumber：该选项指定代码优化的级别。它主要包括以下 3 种级别。

- -O0：该优化级别关闭除了一些简单的代码变换之外的所有优化功能。当编译器使用了选项-g 时，该优化级别是默认的优化级别，这时可以提供最为直接的调试信息。
- -O1：该优化级别关闭那些严重影响调试效果的优化功能。当编译器使用了选项-g 时，该优化级别在保证目标文件相对紧凑的情况下，提供了比较丰富的调试功能。
- -O2：该优化级别提供了所有的优化功能。当目标文件中不包含调试信息表时，该优化级别是默认的优化级别。

(2) -Ospace：该选项牺牲代码的执行性能，追求尽量紧凑的目标代码。该选项适合于对目标代码尺寸要求苛刻的应用场合，这是编译器的默认选项。

(3) -Otime：该选项追求目标代码的执行性能，可能会使目标代码的相对尺寸较大。该选项适合于对目标代码执行时间要求苛刻的应用场合。例如，编译器将：

```
while(express) body;
```

编译成：

```
if (expression) {
   do body;
   while (expression);
}
```

(4) -Oinline：该选项指示编译器将嵌入函数(Inline Function)在其被调用的位置展开，这是编译器的默认选项。

(5) -Ono_inline：该选项指示编译器将嵌入函数当作一般函数处理，并不在其被调用的位置展开。该选项可以用于调试代码。

(6) -Oautoinline：该选项指示编译器根据优化选项将一些函数当作嵌入函数，在其被调用的位置展开。当优化级别为-O2 时，该选项为编译器的默认选项。

(7) -Ono_autoinline：该选项指示编译器在优化级别为-O2 时，不自动将函数作为嵌入函数处理。

(8) -Oknown_library：该选项指示编译器根据 ARM 库的实现特点进行特定的优化处理。如果自己重新实现 ARM 库，则不要使用该选项。

(9) -Ono_known_library：该选项指示编译器不要根据 ARM 库的实现特点进行特定的优化处理，这是编译器的默认选项。如果自己重新实现 ARM 库，则需使用该选项。

(10) -Oldrd：该选项用来指示编译器针对 ARM 体系 v5TE 类型的处理器进行特定的优化。

(11) -Ono_ldrd：该选项指示编译器不要针对 ARM 体系 v5TE 类型的处理器进行特定的优化，这是编译器的默认选项。

(12) -spit_ldm：该选项指示编译器将 LDM/STM 指令分成几个 LDM/STM 指令，从而减少每个 LDM/STM 指令中所需要的寄存器数量。

### 2. 设置非受限浮点常量的默认类型的编译选项

选项-auto_float_constants 将没有后缀的浮点常量由双精度设置成不确定的类型(unspecified)。这里所说的 unspecified，是指 unconst 的双精度常量和双精度表达式在与非双精度的数据一起使用时被作为浮点数看待。这种处理有时能提高程序的运行速度。

### 3. 控制代码段和数据段的编译选项

选项-ZO 使编译器为源程序中的每一个函数产生一个相应的 ELF 格式的段。该段的名称和生成该段的函数名称相同。比如函数：

```
int f(int x) { return x+1; }
```

使用选项-ZO 进行编译，将得到下面的段：

```
AREA ||i.f||, CODE, READONLY
f PROC
ADD r0,r0,#1
MOV pc,lr
```

当连接器指定了连接选项-remove 时，该选项可以使连接器删除不用的函数。对于一些函数来说，该选项增加了其代码量。但是，由于使用该选项可以使连接器删除不用的函数，总体来说，使用该选项可减小目标文件。

### 4. 设置内存模式(字节顺序)的编译选项

以下两条编译选项用于指定内存模式。

- -littleend：指示编译器生成基于 Little-endian 内存模式的目标代码。在 Little endian 模式下，高位字节数据存放在内存中的高地址处。该选项是编译器的默认选项。
- -bigend：指示编译器生成基于 Big-endian 内存模式的目标代码。在 Big-endian 模式下，高位字节数据存放在内存中的低地址处。

### 5. 设置内存对齐模式的编译选项

以下编译选项用于设置内存的对齐模式。

- -zasNumber：该选项指定结构型数据最小的字节对齐要求。这里 Number 合法的取值为 1、2、4、8。其中，1 为默认取值。
- -memaccess option：该选项用于告诉编译器存储系统支持的数据访问类型。默认情况下，编译器认为存储系统支持字节访问、两字节对齐的半字访问以及 4 字节对齐的字访问。通过指定以下选项，告诉编译器存储系统支持的访问类型。
    - +L41：该选项指示存储系统可以返回字对齐的字，该字中包含可寻址的字节数据。它主要用于 ARMv3 类型的处理器，在这类处理器中，不支持半字数据的访问。
    - -S22：该选项指示存储系统不能写入(store)半字数据。当为 ARMv4 类型的处理器生成目标程序时，使用该选项可以防止生成 STRH 指令。
    - -L22：该选项指示存储系统不能读取(load)半字数据。当为 ARMv4 类型的处理器生成目标程序时，使用该选项可以防止生成 LDRH 指令。

### 6. 其他一些编译选项

以下这些编译选项控制编译器的一些具体的处理方式。

- -fy：该选项指示编译器使用整型数据来保存枚举型数据。默认情况下，编译器使用能够容纳枚举型变量所有可能取值的最小数据类型。
- -zc：该选项指示编译器将 char 类型数据作为有符号数据。在 C++和 ANSI C 标准中，char 类型数据为无符号数据。

## 10.2.9　控制警告信息的产生

编译器在检测到可能的错误时，会产生警告信息，可以同时指定特定的编译选项让编译器不产生特定的警告信息。但是，通常情况下应该检查程序，而不是关闭这些警告信息。

关闭特定警告信息的编译选项的格式如下：

```
-W[options][+][options]
```

其中，“+”前的选项是将要被关闭的警告信息；“+”后的选项是被打开的警告信息。下面举例说明该编译选项的使用方法：

```
-Wad+fg
```

该编译选项关闭由 a 和 d 指定的警告信息，打开由 f 和 g 指定的警告信息。

下面详细介绍该编译选项各种可能的取值。

- -W：该选项关闭所有的警告信息。当 W 后跟随一些值时，仅仅关闭这些值对应的警告信息。
- -Wa：该选项关闭警告信息“C2961W: Use of the assignment operator in a condition context”。该警告信息通常在赋值语句作为条件表达式时产生。例如：

    ```
    if (a=b){…
    ```

这时，通常可能是以下两种情况：

```
if((a=b)!=0){…
if(a==b){…
```

- -Wb：该选项关闭由于扩展 ANSI C 标准而产生的警告信息。
- -Wd：该选项关闭警告信息“C2215W: Deprecated declaration foo() - give arg types”。该警告信息在声明函数时，其参数列表为空时产生。
- -We：该选项关闭在指针初始化成 static int 时产生的警告信息。
- -Wf：该选项关闭警告信息“Inventing extern int foo()”。
- -Wg：当未采用预防措施(unguarded)的头文件被包含时，编译器将产生警告信息。该选项关闭该警告信息。该选项默认情况下被关闭。所谓未采用预防措施(unguarded)的头文件，是指未使用以下格式定义的头文件：

```
#ifndef foo_h
#define foo_h
/* body of include file */
#endif
```

- -Wi：该选项对 C++编译器有效，它关闭由于隐式构造函数造成的警告信息。该选项在默认情况下被关闭。
- -Wk：该选项关闭警告信息“C2621W: double constant automatically converted to float”。该警告信息是在编译器将未限定的双精度数据转换成浮点数时产生的。该选项在默认情况下是打开的。
- -Wl：该选项产生警告信息“C2951W: lower precision in wider context”，该警告信息在类似以下情况时产生。

```
long x; int y, z; x = y*z;
```

这时，乘法结果产生一个整型数据，该数据被扩展成一个 long 型数据，在这种情况下产生该警告信息。

- -Wm：该选项关闭包含多种字符的字符常量引起的警告信息。
- -Wn：该选项关闭警告信息“C2921W: implicit narrowing cast”。该选项在默认情况下是关闭的。
- -Wo：该选项用于关闭在隐式地将数据转换成 signed long long 类型时产生的警告信息。
- -Wp：该选项关闭警告信息“C2812W: Non-ANSI #include <…>”。ANSI C 要求使用格式#include<>来包含系统头文件，否则将产生该警告信息。该警告信息默认情况下被关闭。
- -Wq：该选项关闭与 C++中构造器初始化顺序相关的警告信息。
- -Wr：该选项关闭警告信息“C2997W: ‘Derived::f()’ inherits implicit virtual from ‘Base::f()’”。
- -Ws：该选项关闭警告信息“C2221W: padding inserted in struct ‘s’”。该警告信息在编译器向结构数据中插入“补丁”时产生。

- -Wt：该选项用于关闭警告信息“C2924W: ‘this’ unused in non-static member function”。
- -Wu：该选项用于关闭 C 程序中由于将来可能与 C++不兼容而产生的警告信息。例如：

```
int *new(void *p) { return p; }
```

将使编译器产生如下警告信息：

```
C2204W: C++ keyword used as identifier: 'new'
C2920W: implicit cast from (void *), C++ forbids
```

- -Wv：该选项关闭警告信息“C2218W: implicit ‘int’ return type for ‘f’ - ‘void’ intended?”。在 C 语言中，当没有指定函数返回值的类型时，默认其返回 int 类型，如果该函数被作为 VOID 类型使用，将产生该警告信息。
- -Wx：该选项关闭警告信息“C2870W: variable ‘y’ declared but not used”。
- -Wy：该选项关闭过时的警告信息。

## 10.2.10　编译时进行的一些额外检查

通过指定以下选项，可以要求编译器在编译时进行一些额外的检查，这样做有利于保持程序有良好的移植性。

- -fa：该选项检查特定的数据操作流程异常情况。如果一个自动变量在赋值以前被使用，编译器将报告数据处理流程异常。该检查使用了比较悲观的估计算法，即有时候编译器虽然报告了数据操作流程异常，但实际上可能并没有发生数据操作流程异常。
- -fh：该选项检查以下规则。
  - 外部对象在使用前是否声明了。
  - 一个文件内的静态对象是否被使用了。
  - 预先声明的静态函数在声明和定义之间是否被使用了。例如：

    ```
    static int f(void);
    static int f(void){return 1;}
    line 2: Warning: unused earlier static declaration of 'f'
    ```

- -fp：该选项在将整型数据显式地声明成指针变量，或者将一个变量显式地声明成与原来相同的数据类型时，将产生警告信息。例如：

```
char *cp = (char*)anInteger;
```

这里将一个变量显式地声明成与原来相同的数据类型：

```
int f(int i) {return (int)i;}
// Warning: explicit cast to same type.
```

- -fv：该选项对于所有声明了却没有使用的对象产生警告信息。
- -fx：该选项关闭除了额外警告之外的所有警告信息。

### 10.2.11 控制错误信息

ARM 编译器允许用户关闭某些可以恢复的错误，或者将某些错误类型“降级”，作为警告类型处理。这种做法在将一些程序从其他环境移植到 ARM 环境时，会有一些帮助。但是，这种做法将使程序不符合 ANSI C、ISO C++标准，而且可能使程序不能正确地执行。因此，一般情况下，还是通过改正程序，而不是关闭错误信息来完成程序。

控制错误信息的选项格式如下：

```
-E[options][+][options]
```

其中，“+”前的选项是将要被关闭的错误信息；“+”后是被打开的错误信息。下面举例说明该编译选项的使用方法：

```
-Eac+fi
```

该编译选项关闭由 a 和 c 指定的错误信息，打开由 f 和 i 指定的错误信息。

下面详细介绍该编译选项各种可能的取值。

- -Ea：该选项适用于 C++程序。它关闭由于访问控制错误而引起的错误信息。发生错误的原因举例如下：

```
class A { void f() {}; };   // private member
A a;
void g() { a.f(); }         // erroneous access
```

- -Ec：该选项关闭由于隐式的数据类型转换而引起的错误信息。例如，隐式地将非零的整型数转换成指针型数据时的错误信息。
- -Ef：该选项关闭由于 unclean 的数据类型转换而引起的错误信息。例如，将 short 型数转换成指针型数据时的错误信息。
- -Ei：在 C++语言中，隐式地使用 int 数据类型时，将产生错误信息。该选项将该错误信息转换成警告信息。这种错误信息的一个示例如下：

```
const i;
Error: declaration lacks type/storage-class (assuming 'int'): 'i'
```

- -El：如果先将一个变量声明成 extern 类型，然后又将其声明成 static 类型，在连接时将会产生错误信息。该选项关闭这种错误信息。
- -Ep：该选项关闭由于在预处理行有多余字符而产生的错误信息。
- -Ez：该选项关闭由于数组大小为 0 而产生的错误信息。

## 10.3 ARM 编译器中的 pragmas

在 ARM 编译器中，pragmas 的格式如下：

```
#pragma [no_]feature-name
```

其中，#pragma feature-name 设置 feature-name，而#pragma no_featurc-namc 则取消

feature-name。

ARM 编译器支持的各种 pragmas 如表 10.5 所示。

表 10.5 ARM 编译器支持的各种 pragmas

| pragmas 名称 | 默认状态 | 含 义 |
| --- | --- | --- |
| check_printf_format | off | 检查 printf 类函数中字符串的格式 |
| check_scanf_format | off | 检查 scanf 类函数中字符串的格式 |
| check_stack | on | 检查数据栈是否溢出 |
| debug | on | 是否产生调试信息表 |
| import | — | 引入外部符号 |
| ospace | — | 编译器对代码大小进行优化 |
| otime | — | 编译器对代码运行速度进行优化 |
| onum | — | 指定编译器的优化级别 |
| softfp_linkage | off | 是否使用软件浮点连接 |

### 1. check_printf_format

使用 check_printf_format 对 printf 类函数中的字符串变量进行格式检查。check_printf_format 并不对 printf 类函数中的非字符串变量进行格式检查。下面是一个使用 check_printf_format 的例子：

```
#pragma check_printf_format
extern void myprintf(const char *format,...);
//printf format
#pragma no_check_printf_format
```

### 2. check_scanf_format

使用 check_scanf_format 对 scanf 类函数中的字符串变量进行格式检查。check_scanf_format 并不对 scanf 类函数中的非字符串变量进行格式检查。下面是一个使用 check_scanf_format 的例子：

```
#pragma check_scanf_format
extern void myscanf(const char *format,...);
//scanf format
#pragma no_check_scanf_format
```

### 3. check_stack

使用#pragma check_stack 告诉编译器生成的代码检查数据栈是否溢出。使用#pragma no_check_stack 告诉编译器生成的代码不检查数据栈是否溢出。

### 4. debug

使用 debug 可以控制编译器是否生成调试信息表。

在程序中使用#pragma no_debug 之后，直到下一个#pragma debug 出现之前，编译器将不为其间的代码生成调试信息表。因此，如果想为程序中的部分代码生成调试信息表或者不为程序中的部分代码生成调试信息表，则可以使用#pragma debug 和#pragma no_debug 将该段程序包围起来。

#### 5. import

使用#pragma import(symbol_name)引入外部符号 symbol_name。其功能与下面的汇编伪操作相同：

```
IMPORT symbol_name
```

#### 6. ospace

使用#pragma ospace 告诉编译器对生成的代码大小进行优化，这时可能会牺牲代码的运行速度。这适合对代码尺寸要求苛刻的应用环境。

#### 7. otime

使用#pragma otime 告诉编译器对生成的代码运行速度进行优化，这时可能会使生成的代码比较大。这适合于对代码运行速度要求苛刻的应用环境。

#### 8. onum

使用#pragma onum 告诉编译器进行优化的级别。Num 的取值范围为 0、1、2。具体含义如下。

- Num=0：本优化级别关闭除一些简单代码变换之外的所有优化功能。当编译器使用选项-g 时，本优化级别是默认的优化级别，这时，可以提供最为直接的调试信息。
- Num=1：本优化级别关闭那些严重影响调试效果的优化功能。当编译器使用了选项-g 时，本优化级别在保证目标文件相对紧凑的情况下，提供了比较丰富的调试功能支持。
- Num=2：本优化级别提供了所有的优化功能。当目标文件中不包含调试信息表时，本优化级别是默认的优化级别。

#### 9. softfp_linkage

使用#pragma softfp_linkage 告诉编译器使用软件浮点连接。它与关键词_softsp 功能相同。如果在头文件中使用#pragma softfp_linkage，可以不用修改相关的函数代码，这是使用#pragma softfp_linkage 的优点。

## 10.4 ARM 编译器特定的关键词

ARM 编译器支持一些对 ANSI C 进行扩展的关键词。这些关键词用于声明函数、变量及对特定的数据类型进行一定的限制。

### 10.4.1　用于声明函数的关键词

以下关键词告诉编译器对被声明的函数给予特别的处理。这是 ARM 特定的一些功能，是对 ANSI C 的扩展。

1. __asm

关键词__asm 用于告诉编译器下面的代码是用汇编语言写的。这样就可以在 C 语言程序中直接使用汇编语句了。这时，参数传递要满足相应的 ATPCS 标准。

在程序 10.1 中，主程序调用子程序 my_strcpy()将源数据串复制到目标数据串中。参数通过寄存器 R0 和 R1 传递。其中，R0 寄存器中存放源数据串的指针，R1 寄存器中存放目标数据串的指针。

**【程序 10.1】** 关键词__asm 的使用：

```
#include <stdio.h>

void my_strcpy(char *src, char *dst)
{
    int ch;
    __asm
    {
    loop:
        #ifndef __thumb
            // ARM version
            LDRB    ch, [src], #1
            STRB    ch, [dst], #1
        #else
            // Thumb version
            LDRB    ch, [src]
            ADD     src, #1
            STRB    ch, [dst]
            ADD     dst, #1
        #endif
            CMP     ch, #0
            BNE     loop
    }
}

int main(void)
{
    const char *a = "Hello world!";
        char b[20];

        __asm
    {
        MOV     R0, a
        MOV     R1, b
```

```
        BL      my_strcpy, {R0, R1}
    }
    printf("Original string: '%s'\n", a);
    printf("Copied   string: '%s'\n", b);
    return 0;
}
```

### 2. __inline

编译器在合适的场合下将使用关键词声明的函数在其被调用的地方展开。所谓在合适的场合下，是指编译器认为这种处理是合适的。比如，如果函数展开后很大，可能影响代码的紧凑性和性能，这时，编译器可能会将该函数当作一般函数处理。

程序 10.2 中，代码说明了关键词__inline 的用法。其中，函数 dotprod()调用函数 mlal()实现点乘运算。

**【程序 10.2】** 关键词__inline 的使用：

```
#include <stdio.h>

// 获取 64 位长整数的低 32 位数据
#define lo64(a) (((unsigned*) &a)[0])
// 获取 64 位长整数的高 32 位数据
#define hi64(a) (((int*) &a)[1])

__inline __int64 mlal(__int64 sum, int a, int b)
{
#if !defined(__thumb) && defined(__TARGET_FEATURE_MULTIPLY)
    __asm
    {
        SMLAL lo64(sum), hi64(sum), a, b
    }
#else
    sum += (__int64) a * (__int64) b;
#endif
    return sum;
}

__int64 dotprod(int *a, int *b, unsigned n)

{
    __int64 sum = 0;
    do
        sum = mlal(sum, *a++, *b++);
    while (--n != 0);
    return sum;
}

int a[10] = { 1, 2, 3, 4, 5, 6, 7, 8, 9, 10 };
int b[10] = { 10, 9, 8, 7, 6, 5, 4, 3, 2, 1 };
```

```
int main(void)
{
   printf("Dotproduct %lld (should be %d)\n", dotprod(a, b, 10), 220);
   return 0;
}
```

在程序 10.2 中，函数 mlal()用关键词__inline 声明，编译器将在其被调用的地方展开该函数。程序 10.3 列出了这时编译器生成的代码。

**【程序 10.3】** 函数 mlal()使用关键词__inline 声明时的编译结果：

```
; generated by ARM C Compiler, ADS1.1 [Build 709]
       CODE32

       AREA ||.text||, CODE, READONLY

dotprod PROC
       STMFD    sp!,{r4,lr}
       ADR      r12,|L1.44|
       LDMIA    r12,{r3,r12}
|L1.12|
       LDR      lr,[r0],#4
       LDR      r4,[r1],#4
       SUBS     r2,r2,#1
       SMLAL    r3,r12,lr,r4
       BNE      |L1.12|
       MOV      r0,r3
       MOV      r1,r12
       LDMFD    sp!,{r4,pc}
|L1.44|
       DCQ      0x0000000000000000
       ENDP

main PROC
       STMFD    sp!,{r3,lr}
       MOV      r2,#0xa
       LDR      r1,|L1.100|
       LDR      r0,|L1.104|
       BL       dotprod
       MOV      r2,r1
       MOV      r1,r0
       ADR      r0,|L1.108|
       MOV      r3,#0xdc
       BL       _printf
       MOV      r0,#0
       LDMFD    sp!,{r3,pc}
|L1.100|
       DCD      b
|L1.104|
       DCD      a
```

```
|L1.108|
        DCB      "Dotp"
        DCB      "rodu"
        DCB      "ct %"
        DCB      "lld "
        DCB      "(sho"
        DCB      "uld "
        DCB      "be %"
        DCB      "d)\n\0"
        ENDP


        AREA ||.data||, DATA

a
        DCD      0x00000001
        DCD      0x00000002
        DCD      0x00000003
        DCD      0x00000004
        DCD      0x00000005
        DCD      0x00000006
        DCD      0x00000007
        DCD      0x00000008
        DCD      0x00000009
        DCD      0x0000000a
b
        DCD      0x0000000a
        DCD      0x00000009
        DCD      0x00000008
        DCD      0x00000007
        DCD      0x00000006
        DCD      0x00000005
        DCD      0x00000004
        DCD      0x00000003
        DCD      0x00000002
        DCD      0x00000001


        EXPORT main
        EXPORT dotprod
        EXPORT b
        EXPORT a

        IMPORT _main
        IMPORT __main
        IMPORT _printf
        IMPORT ||Lib$$Request$$armlib||, WEAK

        KEEP
```

```
||BuildAttributes$$ARM_ISAv4$M$PE$A:L22$X:L11$S22$~IW$USESV6$~STKCKD$USE
SV7$~SHL$OSPACE$PRES8||
||BuildAttributes$$ARM_ISAv4$M$PE$A:L22$X:L11$S22$~IW$USESV6$~STKCKD$USE
SV7$~SHL$OSPACE$PRES8|| EQU 0

        ASSERT {ENDIAN} = "little"
        ASSERT {SWST} = {FALSE}
        ASSERT {NOSWST} = {TRUE}
        ASSERT {INTER} = {FALSE}
        ASSERT {ROPI} = {FALSE}
        ASSERT {RWPI} = {FALSE}
        ASSERT {NOT_SHL} = {TRUE}
        ASSERT {FULL_IEEE} = {FALSE}
        ASSERT {SHL1} = {FALSE}
        ASSERT {SHL2} = {FALSE}
        END
```

如果函数 mlal()不用关键词__inline 声明，编译器将生成子程序调用指令。程序 10.4 列出了这时编译器生成的代码。

**【程序 10.4】** 函数 mlal()不使用关键词__inline 声明时的编译结果：

```
; generated by ARM C Compiler, ADS1.1 [Build 709]
        CODE32

        AREA ||.text||, CODE, READONLY

mlal PROC
        SMLAL    r0,r1,r2,r3
        MOV      pc,lr
        ENDP

dotprod PROC
        STMFD    sp!,{r4-r6,lr}
        MOV      r5,r1
        ADR      r1,|L1.56|
        MOV      r4,r0
        LDMIA    r1,{r0,r1}
        MOV      r6,r2
|L1.32|
        LDR      r3,[r5],#4
        LDR      r2,[r4],#4
        BL       mlal
        SUBS     r6,r6,#1
        BNE      |L1.32|
        LDMFD    sp!,{r4-r6,pc}
|L1.56|
        DCQ      0x0000000000000000
        ENDP
```

```
main PROC
        STMFD    sp!,{r3,lr}
        MOV      r2,#0xa
        LDR      r1,|L1.112|
        LDR      r0,|L1.116|
        BL       dotprod
        MOV      r2,r1
        MOV      r1,r0
        ADR      r0,|L1.120|
        MOV      r3,#0xdc
        BL       _printf
        MOV      r0,#0
        LDMFD    sp!,{r3,pc}
|L1.112|
        DCD      b
|L1.116|
        DCD      a
|L1.120|
        DCB      "Dotp"
        DCB      "rodu"
        DCB      "ct %"
        DCB      "lld "
        DCB      "(sho"
        DCB      "uld "
        DCB      "be %"
        DCB      "d)\n\0"
        ENDP

        AREA ||.data||, DATA

a
        DCD      0x00000001
        DCD      0x00000002
        DCD      0x00000003
        DCD      0x00000004
        DCD      0x00000005
        DCD      0x00000006
        DCD      0x00000007
        DCD      0x00000008
        DCD      0x00000009
        DCD      0x0000000a
b
        DCD      0x0000000a
        DCD      0x00000009
        DCD      0x00000008
        DCD      0x00000007
        DCD      0x00000006
        DCD      0x00000005
        DCD      0x00000004
```

```
        DCD      0x00000003
        DCD      0x00000002
        DCD      0x00000001


        EXPORT main
        EXPORT dotprod
        EXPORT mlal
        EXPORT b
        EXPORT a

        IMPORT _main
        IMPORT __main
        IMPORT _printf
        IMPORT ||Lib$$Request$$armlib||, WEAK

        KEEP
||BuildAttributes$$ARM_ISAv4$M$PE$A:L22$X:L11$S22$~IW$USESV6$~STKCKD$USE
SV7$~SHL$OSPACE$PRES8||
||BuildAttributes$$ARM_ISAv4$M$PE$A:L22$X:L11$S22$~IW$USESV6$~STKCKD$USE
SV7$~SHL$OSPACE$PRES8|| EQU 0

        ASSERT {ENDIAN} = "little"
        ASSERT {SWST} = {FALSE}
        ASSERT {NOSWST} = {TRUE}
        ASSERT {INTER} = {FALSE}
        ASSERT {ROPI} = {FALSE}
        ASSERT {RWPI} = {FALSE}
        ASSERT {NOT_SHL} = {TRUE}
        ASSERT {FULL_IEEE} = {FALSE}
        ASSERT {SHL1} = {FALSE}
        ASSERT {SHL2} = {FALSE}
        END
```

### 3. __irq

使用关键词__irq 声明一个函数，使该函数可以被用作 irq 或者 fiq 异常中断的中断处理程序。这时，该函数不仅保存默认的 ATPCS 标准要求的寄存器，而且保存除了浮点寄存器外的被该函数破坏的寄存器。该函数通过将 lr-4 的值赋予 PC 寄存器，并将 SPSR 的值赋予 CPSR 实现函数返回。使用关键词__irq 声明的函数不能返回参数或者数值。

在程序 10.5 中，中断处理程序 IRQ_Handler()由系统中的定时器 Timer1 和 Timer2 触发，在 IRQ_Handler()中，仅仅只识别中断是由定时器 Timer1 触发的，还是由 Timer2 触发的，然后清除该中断位，并设置相应的中断发生标志供主程序查询。

**【程序 10.5】** 关键词__irq 的用法：

```
#include "stand.h"
void __irq IRQ_Handler(void)
{
```

```
    unsigned status;

    status = *IRQStatus;
    /* 识别中断源*/

    if (status & IRQTimer1)
    {
        /* 清除中断标志位 */
        *Timer1Clear = 0;
         /* 设置中断发生标志，供主程序查询 */
        IntCT1++;
    }
    else
    if (status & IRQTimer2)
    {
        /* 清除中断标志位 */
        *Timer2Clear = 0;
        /* 设置中断发生标志，供主程序查询 */
        IntCT2++;
    }
}
```

当 IRG_Handler()使用关键词__irq 声明时，该函数编译后得到的结果如程序 10.6 所示。这时，编译器生成了保存相关寄存器的指令，并且修改了返回方式。

**【程序 10.6】** 当 IRG_Handler()使用关键词__irq 声明时的编译结果：

```
; generated by ARM C Compiler, ADS1.1 [Build 709]
        CODE32

        AREA ||.text||, CODE, READONLY

IRQ_Handler PROC
        ; 编译器添加的保存相应寄存器的指令
        STMFD    sp!,{r0-r3}
        MOV      r0,#0xa000000
        LDR      r0,[r0,#0]
        TST      r0,#0x10
        MOV      r2,#0xa800000
        MOV      r3,#0
        STRNE    r3,[r2,#0xc]
        LDRNE    r0,|L1.72|
        BNE      |L1.52|
        TST      r0,#0x20
        BEQ      |L1.64|
        STR      r3,[r2,#0x2c]
        LDR      r0,|L1.76|
|L1.52|
        LDR      r1,[r0,#0]  ; IntCT2
        ADD      r1,r1,#1
```

```
        STR      r1,[r0,#0]  ; IntCT2
|L1.64|
        ; 编译器添加的恢复相应寄存器的指令
        LDMFD    sp!,{r0-r3}
        ; 通过 lr-4->pc 实现返回
        SUBS     pc,lr,#4
|L1.72|
        DCD      IntCT1
|L1.76|
        DCD      IntCT2
        ENDP


        EXPORT IRQ_Handler

        IMPORT IntCT2
        IMPORT IntCT1
        IMPORT ||Lib$$Request$$armlib||, WEAK

        KEEP
||BuildAttributes$$ARM_ISAv4$M$PE$A:L22$X:L11$S22$~IW$USESV6$~STKCKD$USE
SV7$~SHL$OSPACE$PRES8||
||BuildAttributes$$ARM_ISAv4$M$PE$A:L22$X:L11$S22$~IW$USESV6$~STKCKD$USE
SV7$~SHL$OSPACE$PRES8|| EQU 0

        ASSERT {ENDIAN} = "little"
        ASSERT {SWST} = {FALSE}
        ASSERT {NOSWST} = {TRUE}
        ASSERT {INTER} = {FALSE}
        ASSERT {ROPI} = {FALSE}
        ASSERT {RWPI} = {FALSE}
        ASSERT {NOT_SHL} = {TRUE}
        ASSERT {FULL_IEEE} = {FALSE}
        ASSERT {SHL1} = {FALSE}
        ASSERT {SHL2} = {FALSE}
        END
```

IRG_Handler()不使用关键词__irq 声明时，该函数编译后，得到的结果如程序 10.7 所示。

**【程序 10.7】** IRG_Handler()不使用关键词__irq 声明时的编译结果：

```
; generated by ARM C Compiler, ADS1.1 [Build 709]
        CODE32

        AREA ||.text||, CODE, READONLY


IRQ_Handler PROC
        MOV      r0,#0xa000000
        LDR      r0,[r0,#0]
```

```
        TST      r0,#0x10
        MOV      r2,#0xa800000
        MOV      r3,#0
        STRNE    r3,[r2,#0xc]
        LDRNE    r0,|L1.64|
        BNE      |L1.48|
        TST      r0,#0x20
        MOVEQ    pc,lr
        STR      r3,[r2,#0x2c]
        LDR      r0,|L1.68|
|L1.48|
        LDR      r1,[r0,#0]  ; IntCT2
        ADD      r1,r1,#1
        STR      r1,[r0,#0]  ; IntCT2
        MOV      pc,lr
|L1.64|
        DCD      IntCT1
|L1.68|
        DCD      IntCT2
        ENDP


        EXPORT IRQ_Handler

        IMPORT IntCT2
        IMPORT IntCT1
        IMPORT ||Lib$$Request$$armlib||, WEAK

        KEEP
||BuildAttributes$$ARM_ISAv4$M$PE$A:L22$X:L11$S22$~IW$USESV6$~STKCKD$USE
SV7$~SHL$OSPACE$PRES8||
||BuildAttributes$$ARM_ISAv4$M$PE$A:L22$X:L11$S22$~IW$USESV6$~STKCKD$USE
SV7$~SHL$OSPACE$PRES8|| EQU 0

        ASSERT {ENDIAN} = "little"
        ASSERT {SWST} = {FALSE}
        ASSERT {NOSWST} = {TRUE}
        ASSERT {INTER} = {FALSE}
        ASSERT {ROPI} = {FALSE}
        ASSERT {RWPI} = {FALSE}
        ASSERT {NOT_SHL} = {TRUE}
        ASSERT {FULL_IEEE} = {FALSE}
        ASSERT {SHL1} = {FALSE}
        ASSERT {SHL2} = {FALSE}
        END
```

4. __pure

一个函数，如果其结果仅仅依赖于其输入参数，而且它没有负效应，也就是不修改该函数之外的数据，这时可以用关键词__pure 声明该函数，编译器将假设该函数除了数据栈之外不访问任何其他的存储单元。使用相同的参数调用这样的函数，总会得到相同的结果。

### 5. __softfp

使用关键词__softfp 声明函数，可以使函数使用软件的浮点连接件(Software Floating-point Linkage)。这时，传递给函数的浮点参数是通过整数寄存器传递的。如果返回结果是浮点数，也是通过整数寄存器传递的。

使用关键词__softfp 声明函数后，该函数无论使用硬件的浮点部件，还是使用软件的浮点连接件，都可以使用相同的 C 语言库。

### 6. __swi

使用关键词__swi 声明的函数，最多可以接收 4 个整型类的参数，利用 value_in_regs 最多可以返回 4 个结果。

当函数不返回参数时，可以使用下面的格式：

```
void __swi(swi_num) swi_name(int arg1, …, int argn);
```

函数不返回结果值的一个实例如下：

```
void __swi(42) terminate_proc(int procnum);
```

当函数返回一个结果值时，可以使用下面的格式：

```
int __swi(swi_num) swi_name(int arg1, …, int argn);
```

当函数返回多于一个的结果值时，可以使用下面的格式：

```
typedef struct res_type { int res1,…,resn; } res_type;
res_type __value_in_regs __swi(swi_num) swi_name(int arg1,…,int argn);
```

### 7. __swi_indirect

关键词__swi_indirect 的使用格式如下：

```
int __swi_indirect(swi_num)
swi_name(int real_num,int arg1, …, argn);
```

其中：

- swi_num 为 SWI 指令中使用的 SWI 号。
- real_num 将通过寄存器 R12 传递给 SWI 处理程序。这样就可以利用该参数存放将要进行的操作的编码了。

下面举例说明关键词__swi_indirect 的作用。

首先声明函数：

```
int __swi_indirect(0) ioctl(int swino, int fn, void *argp);
```

使用下面的语句调用该函数：

```
ioctl(IOCTL+4, RESET, NULL);
```

编译后得到指令 SWI 0，并且参数 IOCTL+4 存放在寄存器 R12 中。

### 8. __value_in_regs

使用关键词__value_in_regs 声明一个函数，告诉编译器将通过整型寄存器返回多达 4 个整数结果，或者通过浮点寄存器返回多达 4 个浮点数/双精度结果。

下面是一个使用关键词__value_in_regs 的例子：

```
typedef struct int64_struct {
    unsigned int lo;
    unsigned int hi;
} int64_struct;
__value_in_regs extern
int64_struct mul64(unsigned a, unsigned b);
```

### 9. __weak

关键词__weak 用于声明一个外部函数或者外部对象。这时，如果连接器没有找到该外部函数或者外部对象，连接器将不会报告错误信息。如果连接器不能解析该外部函数或外部对象，它将把该外部函数或者外部对象当作 NULL 处理。

如果对于该外部函数或者外部对象的引用被编译成一条跳转指令(B 或者 BL 之类)，该跳转指令简单地跳转到下一条指令，实际上相当于一个 NOP 操作。

一个函数不能在同一次编译时既作为 weakly，又作为 non_weakly。例如，在下面的代码中，函数 f()将被作为 weakly 使用：

```
void f(void);
void g() {f();}
__weak void f(void);
void h() {f();}
```

## 10.4.2 用于声明变量的关键词

下面这些关键词告诉编译器要给被声明的变量以特别的处理。这些关键词都包含了对 ARM 特性的一些说明。C/C++中与 ARM 特性无关的关键词在这里没有介绍。

### 1. register

使用 register 关键词声明一个变量，告诉编译器尽量将该变量保存到寄存器中。但是，这种声明只是建议编译器这样做，而编译器将根据具体情况处理各变量。这样，不使用关键词 register 声明的变量可以保存在寄存器中，同样，使用关键词 register 声明的变量也可能会保存在存储器中。使用关键词 register 声明了变量后，可能影响编译器进行优化，从而使得生成的代码变长。

对于不同的 ATPCS 标准，可以提供的用于 register 类型变量的寄存器数目是不同的。一般来说，可以提供的整型寄存器有 5～7 个，可以提供的浮点寄存器有 4 个。实际上，声明超过 4 个整型的 register 变量和 2 个浮点型的 register 变量就算是多了。

以下这些数据类型都可以声明成 register 类型。

- 所有的整数类型(long long 类型将占用两个整型寄存器)。
- 各种整数类的结构型数据类型。
- 各种指针型变量。
- 浮点变量。

2. _int64

_int64 关键词是 long long 的同义词。

3. _global_reg(vreg)

关键词_global_reg(vreg)将一个已经声明的变量分配到一个全局的整数寄存器中。

### 10.4.3　用于限定数据类型的关键词

下面这些关键词告诉编译器要给被限定的数据类型以特别的处理。这些关键词都包含了对 ARM 特性的一些说明。C/C++中与 ARM 特性无关的关键词在这里没有介绍。

1. _align(8)

使用关键词_align(8)限定一个对象，可以使该对象是 8 字节对齐的。对于指令 LDM/STM 来说，要求处理的数据是 8 字节对齐的。如果需要使用指令 LDM/STM 访问 C/C++变量，该 C/C++变量应使用关键词_align(8)限定，以保证指令执行的速度。

关键词_align(8)不能用来限定以下对象。

- 数据类型。包括使用 typedef 和 struct 声明的数据类型。
- 函数的参数。

ATPCS 要求数据栈是 8 字节对齐的。数据栈的对齐要求是由 ARM 编译器和 C 语言库保证的。另外，C 语言库的存储模型还保证了堆是 8 字节对齐的。

2. __packed

(1) 关键词__packed 使被其限定的数据是 1 字节对齐的，即：

- __packed 类型的对象不会插入任何“补丁”来实现字节对齐；
- __packed 类型的对象使用非对齐的存储访问进行读写。

(2) 关键词__packed 不能用于限定以下数据类型。

- 浮点类型。
- 包含浮点类型的结构和联合。
- 前面没有用__packed 的结构。

关键词__packed 主要用于将一个结构映射到一个外部的结构，或者用于访问非对齐的数据。由于其极高的访问代价，它并不会被用于节省存储空间。

下面是一个关键词__packed 的用法实例。

```
// 这是一个 5 byte 的结构，是 1 字节对齐的
typedef __packed struct
{
```

```
    // 其中所有的数据域继承了__packed 特性
    char x;
    int y;
}X;
int f(X *p)
{
    // 非对齐的读操作
    return p->y;
}
// 在以下结构中，仅仅数据域 z 是_packed
// 结构共含 8 个字节，是 2 字节对齐的
typedef struct
{
    short x;
    char y;
    __packed int z;
    char a;
}Y;
int g(Y *p)
{
    // 其中仅仅变量 z 是非对齐的访问
    return p->z + p->x;
}
```

### 3. __volatile

使用关键词_volatile 限定一个对象，可以告诉编译器该对象可能在程序之外被修改，这样编译器在编译时将不优化对该对象的操作。对于系统中的 I/O 寄存器，通常使用 volatile 类型的结构来访问。下面是一个实例：

```
/* 将 I/O 寄存器端口映射到存储器*/
volatile unsigned *port = (unsigned int*)0x40000000;
/*访问该寄存器端口 */
/*写该寄存器端口 */
*port = value
/*读该寄存器端口 */
value = *port
```

### 4. __weak

关键词__weak 用于限定一个对象。该对象如果在连接时不存在，连接器不会报告相关的错误信息。

## 10.5 ARM 编译器支持的基本数据类型

ARM 编译器支持的基本数据类型如表 10.6 所示。

表 10.6　ARM 编译器支持的基本数据类型

| 数据类型 | 长　度 | 对齐特性 |
| --- | --- | --- |
| Char | 8 | 1(字节对齐) |
| Short | 16 | 2(半字对齐) |
| Int | 32 | 4(字对齐) |
| Long | 32 | 4(字对齐) |
| Long long | 64 | 4(字对齐) |
| Float | 32 | 4(字对齐) |
| Double | 64 | 4(字对齐) |
| Long double | 64 | 4(字对齐) |
| All pointers | 32 | 4(字对齐) |
| Bool(C++ only) | 32 | 4(字对齐) |

### 1. 整数

在 ARM 体系中，整数是以 2 的补码形式存储的。对于 long long 类型来说，在 Little-endian 内存模式下，其低 32 位保存在低地址的字单元中，高 32 位保存在高地址的字单元中；在 Big-endian 内存模式下，其低 32 位保存在高地址的字单元中，高 32 位保存在低地址的字单元中。

对于整型数的操作，应遵守以下规则。

- 所有带符号的整型数的算术运算是按二进制的补码进行的。
- 带符号的整型数的位运算不进行符号扩展。
- 带符号的整型数的右移操作是算术移位。
- 指定移位位数的数是 8 位的无符号数。
- 进行移位操作的数被作为 32 位数。
- 超过 31 位的逻辑左移的结果为 0。
- 对于无符号数和有符号的正数来说，超过 32 位的右移操作的结果为 0；对于有符号的负数来说，超过 32 位的右移操作的结果为-1。
- 整数除法运算的余数和除数有相同的符号。
- 当把一个整数截断成位数更短的整数类型的数时，并不能保证所得到的结果最高位的符号位的正确性。
- 整型数据之间的类型转换不会产生异常中断。
- 整型数据的溢出不会产生异常中断。
- 整型数据除以 0 将会产生异常中断。

### 2. 浮点数

在 ARM 体系中，浮点数是按照 IEEE 标准存储的。

- Float 类型的数是用 IEEE 的单精度数表示的。

- Double 和 Long double 是用 IEEE 的双精度数表示的。

对于浮点数的操作，遵守以下规则。

- 正常的 IEEE754 规则。
- 默认情况下禁止浮点运算异常中断。
- 当发生“卷绕”(Rounding)时，用最接近的数据来表示。

### 3. 指针类型的数据

以下规则适用于除数据成员指针以外的其他指针。

- NULL 被定义为 0。
- 相邻的两个存储单元地址值相差 1。
- 在指向函数的指针和指向数据的指针之间进行数据转换时，编译器将会产生警告信息。
- 类型 size_t 被定义为 unsigned int。
- 类型 ptrdiff_t 被定义为 signed int。

两个指针类型的数据相减时，结果可以按照以下公式得到：

```
((int)a - (int)b) / (int)sizeof(type pointed to)
```

这时，只要指针所指的对象不是 packed 的，其对齐特性能够满足整除的要求。

## 10.6 ARM 编译器中的预定义宏

ARM 编译器预定义了一些宏，有些预定义宏对应一定的数值，有些预定义宏没有对应的数值。表 10.7 列出了这些预定义宏及其有效的场合。

表 10.7 ARM 编译器预定义宏及其有效的场合

| 预定义宏的名称 | 预定义宏值 | 该预定义宏生效的场合(含义) |
|---|---|---|
| __arm | — | 使用编译器 armcc、tcc、armcpp、tcpp 时 |
| __ARMCC_VERSION | Ver | 代表编译器的版本号，其格式为：PVtbbb，其中：<br>P 为产品编号(1 代表 ADS)<br>V 为副版本号(1 代表 1.1)<br>T 为补丁版本号(0 代表 1.1)<br>Bbb 为 build 号(比如为 650)<br>这样得到的版本号为 110650 |
| __APCS_INTERWORK | — | 使用编译选项-apcs /interwork 时 |
| __APCS_ROPI | — | 使用编译选项-apcs /ropi 时 |
| _RWPI | — | 使用编译选项-apcs /rwpi 时 |
| __APCS_SWST | — | 使用编译选项-apcs /swst 时 |
| __BIG_ENDIAN | — | 编译器针对的目标系统使用 big-endian 内存模式时 |
| __cplusplus | — | 编译器工作与 C++模式时 |

续表

| 预定义宏的名称 | 预定义宏值 | 该预定义宏生效的场合(含义) |
| --- | --- | --- |
| __CC_ARM | — | 返回编译器的名称 |
| __DATE__ | date | 编译源文件的日期 |
| __embedded_cplusplus | | 编译器工作与 EC++模式时 |
| __FEATURE_SIGNED_CHAR | | 使用编译选项-zc 时设置该预定义宏 |
| __FILE__ | Name | 包含全路径的当前被编译的源文件名称 |
| __func__ | Name | 当前被编译的函数名称 |
| __LINE__ | Num | 当前被编译的代码行号名称 |
| __MODULE__ | Mod | 预定义宏__FILE__的文件名称部分 |
| __OPTIMISE_SPACE | — | 使用编译选项-Ospace 时 |
| __OPTIMISE_TIME | — | 使用编译选项-Otime 时 |
| __pretty_func__ | name | Unmangled 的当前函数名称 |
| __sizeof_int | 4 | Sizeof(int)，在预处理表达式中可以使用 |
| __sizeof_long | 4 | Sizeof(long)，在预处理表达式中可以使用 |
| __sizeof_ptr | 4 | Sizeof(void*)，在预处理表达式中可以使用 |
| __SOFTFP__ | — | 编译时使用软件浮点指令 |
| _ | — | 在各种编译器模式下 |
| __STDC_VERSION | — | 标准的版本信息 |
| __STRICT_ANSI__ | — | 使用编译选项-strict 时 |
| __TARGET_ARCH_xx | — | xx 代表目标 ARM 体系编号。比如，如果编译时使用选项-cpu 4T 或者-cpu ARM7TDMI，则__TARGET_ARCH_4T 被设置 |
| __TARGET_CPU_xx | — | xx 代表目标 CPU 编号。比如，如果编译时使用选项-cpu ARM7TM，则设置__TARGET_CPU_ARM7TM。如果指定了 ARM 体系编号，则设置__TARGET_CPU_generic。如果 CPU 编号中包含“-”，则“-”被映射成“_”，例如，-cpu SA-110 被映射成__TARGET_CPU_SA_110 |
| __TARGET_FEATURE_DOUBLEWORD | — | 当目标 ARM 体系支持指令 PLD、LDRD、STRD、MCRR 和 MRRC 时，设置该预定义宏 |
| __TARGET_FEATURE_DSPMUL | — | 当系统中包含 DSP 乘法处理器时，设置该预定义宏 |
| __TARGET_FEATURE_HALFWORD | — | 如果目标 ARM 体系支持半字访问以及有符号的字节数据，设置该预定义宏 |
| __TARGET_FEATURE_MULTIPLY | — | 如果目标 ARM 体系支持长乘法指令 MULL 和 MULAL，设置该预定义宏 |

续表

| 预定义宏的名称 | 预定义宏值 | 该预定义宏生效的场合(含义) |
| --- | --- | --- |
| __TARGET_FEATURE_THUMB | — | 如果目标 ARM 体系支持 Thumb 指令 |
| __TAGET_FPU_xx | — | 表示 FPU 选项，可能的取值如下：<br>__TAGET_FPU_VFP<br>__TAGET_FPU_FPA<br>__TAGET_FPU_SOFTVFP<br>__TAGET_FPU_ SOFTVFP_VFP<br>__TAGET_FPU_SOFTFPA<br>__TAGET_FPU_NONE |
| __thumb | — | 编译器为 tcc 或者 tcpp 时，设置该预定义宏 |
| __TIME__ | | 源文件编译的时间 |

# 10.7　ARM 中的 C/C++库

本节介绍 ARM C/C++运行时库，这些库为运行 C/C++应用程序提供了各种支持。本节主要包括以下 4 部分内容。

- ARM 中 C/C++库的基本概念。
- 建立一个使用 C/C++库的 C/C++应用程序。
- 建立一个不使用 C/C++库的 C/C++应用程序。
- 裁剪 C/C++运行时库，以适应特定的目标运行环境。

## 10.7.1　ARM 中的 C/C++运行时库概述

### 1. ARM 中的 C/C++运行时库类型

ARM C/C++编译器支持 ANSI C 运行时库和 C++运行时库。

ANSI C 运行时库包括以下内容。

- ISO C 语言库标准中定义的函数。
- 运行于 semihosting 环境的、与目标系统相关的函数。用户可以重新定义这部分内容，以适应特定的运行环境。
- C/C++编译器需要的支持函数(Helper Function)。

C++运行时库包括了 ISO C++语言标准定义的函数，它自身不包括与特定的目标环境相关的部分，而是依赖于相应的 C 语言运行时库来实现与特定的目标环境相关的功能。它主要包括以下内容。

- Rogue Wave 标准 C++库。
- C++编译器的支持函数。

Rogue Wave 标准 C++库不支持其他的 C++库。

ARM 提供的 ANSI C 语言库是利用 ARM 提供的 semihosting 运行环境实现输入/输出功能的。所谓 semihosting，是利用主机资源，实现在目标机上运行的程序所需要的输入/输出功能的一些技术。ARM 提供的开发工具 ARMulato、Ange、Multi-ICE 和 EmbeddedICE 都支持 semihosting 技术。本书介绍的调试工具 ADW 也支持 semihosting 技术。

在编译应用程序时，通常需要指定一些选项，这些选项的组合决定了在连接时将使用的 C/C++运行时库的类型。也就是说，ARM 提供了多种类型的 C/C++运行时库，可以根据编译时的选项使用合适类型的 C/C++运行时库。这些选项主要如下。

- 内存模式：可以使用 Big-endian 或 Little-endian。
- 所支持的浮点运算类型：可能为 VFP、FPA、软件浮点处理库，或者不支持浮点运算。
- 是否进行数据栈溢出检查。
- 代码是否为位置无关的。

### 2. ARM 中 C/C++库的存放位置

假设 ARM 开发软件的安装路径为 install_directory，在本书中，其安装路径为 c:\program files\arm\adsv1_1，则 ARM 中各 C/C++库的存放位置分别如下。

- install_directory\lib\armlib：本路径中包含了 ARM C 语言库、软件浮点运算库和数学函数库。对应的头文件存放在路径 install_directory\include 下。
- install_directory\lib\cpplib：本路径中包含了 Rogue Wave 标准 C++库以及支持函数库。对应的头文件存放在路径 install_directory\include 下。

以下两种方法可用于指定 ARM 中 C/C++库的存放位置。

- 将环境变量 ARMLIB 设置成路径 lib。
- 在连接时使用选项-libpath。

### 3. ARM C/C++库的可重入性

ARM C/C++库中使用静态数据的方式有以下两种。

- 使用位置相关的寻址方式的静态数据。使用这种方式的代码是单线程的。
- 使用位置无关的寻址方式的静态数据。该方式使用基于静态寄存器 sb 的偏移量寻址该静态数据。使用这种方式的代码是多线程的和可重入的。

ARM C/C++库与重入性相关的规则如下。

- 浮点算术运算库不使用静态数据，所以都是可重入的。
- C 运行时库中的静态初始化的数据都是只读的。
- 所有可写的静态数据都是未初始化的。
- 无论使用编译选项-apcs /norwpi，还是使用编译选项-apcs /rwpi，大部分 C 运行时库不使用可写的静态数据，都是可重入的。
- 有些函数的定义中包含了静态数据，因此，在可重入的代码中使用这些函数时，要使用编译选项-apcs /rwpi。

### 4. 使用 ARM C/C++库时应注意的事项

使用 ARM C/C++库时应注意以下事项。

- ARM C 运行时，库是以二进制形式提供的。
- 用户不要修改 ARM C 运行时库。如果需要使用自己的 C 运行时库，可以先建立自己的 C 运行时库，然后在编译、连接时指定使用自己的 C 运行时库。
- 通常情况下，在建立基于特定的目标运行环境的应用程序时，只需要重新实现 ARM C 运行时库中的很少一部分函数。
- Rogue Wave 标准 C++库中的源文件不是免费使用的，用户在使用时需要支付一定的费用。

### 10.7.2 建立一个包含 C/C++运行时库的 C/C++应用程序

C/C++应用程序可以使用 C/C++运行时库中的函数，这时，C 运行时库将会完成以下功能。

- 建立 C/C++应用程序运行环境，包括：
  - ◆ 建立数据栈；
  - ◆ 如果需要，建立数据堆；
  - ◆ 初始化需要使用的 C/C++运行时库。
- 运行程序 main()。
- 提供对 ISO C 标准规定的函数的支持。
- 捕捉 C/C++应用程序运行时产生的错误信息，并根据具体的实施规则进行相应的处理。

C/C++应用程序使用 C/C++运行时库的方式有以下 3 种。

(1) 在 semihosting 环境下使用 C/C++运行时库。

(2) 在没有主机支持的环境下，如应用程序位于目标系统的 ROM 中，使用 C/C++运行时库。

(3) C/C++应用程序不使用 main()函数，也不初始化 C/C++运行时库。这时，除非用户自己重新实现一些 C/C++运行时库需要的函数，否则可使用的 C/C++运行时库功能是很有限的。

下面先介绍前两种，10.7.3 小节介绍第 3 种。

#### 1. 在 semihosting 环境下使用 C/C++运行时库

如果 C/C++应用程序在 semihosting 环境下使用 C/C++运行时库，相应的开发环境必须支持 ARM semihosting SWIs，并且必须有足够的内存。这种开发环境可以通过以下两种方式提供。

- 使用 ARM 默认提供的标准 semihosting SWIs，这在 ARM 的开发工具 ARMulator、Angel 和 Multi-ICE 中都提供了。
- 用户自己为 semihosting SWI 提供中断处理程序。

semihosting 需要的函数如表 10.8 所示。如果使用默认的 semihosting 功能，用户不需要编写任何其他代码。用户也可以重新实现部分输入/输出函数，使这些函数和标准 semihosting SWIs 混合使用。

表 10.8　semihosting 需要的函数列表

| 函数名称 | 描　述 |
|---|---|
| __user_initial_stackheap() | 返回初始数据堆的位置 |
| _sys_exit() | 最后调用，用于从 C 运行时库中退出 |
| _ttywrch() | 向控制台输出字符 |
| _sys_command_string() | 获取命令行字符串 |
| _sys_close() | 关闭使用_sys_open()打开的文件 |
| _sys_ensure() | 将一个与文件句柄相关的数据从写缓冲区写回到存储器中 |
| _sys_iserror() | 判断是否产生错误 |
| _sys_istty() | 判断一个文件句柄是否代表一个显示终端 |
| _sys_flen() | 返回文件的长度 |
| _sys_open() | 打开一个文件 |
| _sys_read() | 从文件中将特定的数据读取到缓冲区中 |
| _sys_seek() | 将文件指针定位到文件中的某个位置 |
| _sys_write() | 将一个缓冲区中的内容写入到一个文件中 |
| _sys_tmpnam() | 将一个文件号转换成名称唯一的临时文件 |
| time() | C 运行时库的标准 time()函数 |
| remove() | C 运行时库的标准 remove()函数 |
| rename() | C 运行时库的标准 rename()函数 |
| system() | C 运行时库的标准 system()函数 |
| clock() | C 运行时库的标准 clock()函数 |
| _clock_init() | 可选的 C 运行时库的标准 clock()函数的初始化函数 |

下面介绍各种 ARM 开发工具对 semihosting 的支持。

- ARMulator 利用主机资源仿真 ARM 指令，提供了对 semihosting SWIs 的支持。由于使用主机资源，所需要的存储空间也可以得到保证。
- Angel 调试监视器提供了对 semihosting SWIs 的支持。这时，目标系统应该有足够的存储空间。
- Multi-ICE/EmbeddedICE 提供了对 semihosting SWIs 的支持。这时，目标系统应该有足够的存储空间。

通常，在应用系统开发过程中可能用到 semihosting 功能。应用系统设计完成后，在烧入目标系统的 ROM 中之前，需要去掉其中对 semihosting 的依赖部分。这个工作可以通过以下步骤来完成。

(1) 删除所有对 semihosting 函数的调用。

(2) 重新实现应用程序中用到的 semihosting 函数。

(3) 实现一个 SWI 中断处理程序，用于处理 semihosting SWIs。

2. 在没有 semihosting 支持的环境下使用 C/C++运行时库

当 C/C++应用程序在没有 semihosting 支持的环境中运行时，要么 C/C++应用程序不调用任何用到 semihosting 功能的函数，要么用户必须自己重新实现这些函数，使其不依赖于 semihosting 功能。

总的来说，要建立在没有 semihosting 支持的环境中运行的应用系统，需要以下操作步骤。

(1) 建立源文件实现与目标环境相关的功能。

(2) 通过以下两种方法告诉编译器不要使用 semihosting 功能。

- 在汇编程序中使用 IMPORT __use_no_semihosting_swi。
- 在 C 程序中使用#pragma import(__use_no_semihosting_swi)。

这时，如果程序中用到了 semihosting 功能，连接器将会产生以下错误信息：

```
Error : L6200E: Symbol __semihosting_swi_guard multiply defined
(by use_semi.o and use_no_semi.o).
```

(3) 将新的目标文件与原有的应用程序进行连接。

(4) 使用新的配置建立与特定目标环境相关的应用系统。

根据具体的目标环境，用户必须重新实现一些函数，供 C 运行时库使用。这些函数包括那些使用到 semihosting 功能的函数以及与具体的目标环境相关的函数。如果应用程序中用到了 printf 类的函数，用户就必须重新实现 fputc()函数，以反映目标环境的特性。如果应用程序中没有用到 printf 类的函数，用户就不必重新实现 fputc()函数。通常，用户可能需要重新实现的函数如下。

- 静态数据的访问。
- 关于地域特性和 CTYPE 的。
- 应用程序运行的错误捕获、处理以及程序退出。
- 应用程序运行时的存储系统模型。
- 输入/输出相关的函数。
- 其他的一些 C 运行时库函数。

除了表 10.8 中所列的函数直接依赖于 semihosting 功能外，表 10.9 中所列的函数间接地依赖于表 10.8 中所列的函数。

表 10.9 间接地依赖于表 10.8 中所列函数的函数

| 函数名称 | 应用场合 |
|---|---|
| __raise() | 在没有 C signal 支持的情况下，捕获和处理 C 运行时库的异常 |
| __default_signal_handler() | 在有 C signal 支持的情况下，捕获和处理 C 运行时库的异常 |
| __Heap_Initialize() | 选择或者重新配置存储系统 |
| fputc()、__stdout | 重新实现 printf 类的函数 |
| __backspace()、fgetc()、__stdin | 重新实现 scanf 类的函数 |
| fwrite()、fputs()、puts()、fread()、fgets()、gets()、ferror() | 重新实现流输出类的函数 |

表 10.10 中列举了在建立针对特定的目标环境的应用系统时一些有用的函数和定义。

表 10.10　重新实现 C 运行时库时一些有用的函数和定义

| 函数名称 | 应用场合 |
|---|---|
| __main()、__rt_entry() | 初始化应用程序运行的环境，并执行用户程序 |
| __rt_lib_init()、__rt_exit()、__rt_lib_shutdown() | 初始化 C 运行时库，结束 C 运行时库的使用 |
| locale()、CTYPE | 定义本地字符集特性 |
| rt_sys.h | 定义使用 semihosting 功能的函数的头文件 |
| rt_heap.h | 定义有关存储系统管理的数据结构的头文件 |
| rt_locale.h | 定义与地域相关的数据结构的头文件 |
| rt_misc.h | 定义 C 运行时库使用的一些接口的头文件 |
| rt_memory.s | 一个只包含注释语句的头文件，其中描述了用于存储系统管理的模型 |

## 10.7.3　建立不包含 C 运行时库的应用程序

当应用程序中包含了函数 main()时，将会引起对 C 运行时库的初始化。如果应用程序中不包含函数 main()时，将不会引起对 C 运行时库的初始化。这时，C 运行时库的很多功能在应用程序中是不能使用的。本小节将这种不使用 C 运行时库的 C/C++应用程序称为裸机 C 程序。裸机 C 程序不能使用以下功能。

- 软件的数据栈溢出检查。
- 低级标准输入/输出 stdio。
- signal.h 中定义的函数 signal()及 raise()。
- atexit()函数。
- alloca()函数。

### 1. C 运行时库中的一些支持函数的使用

即使应用程序不使用 C 运行时库提供的函数调用，C 运行时库中的一些支持函数还是可能被使用。比如，ARM 中没有整数除法指令，其整数除法操作是通过 C 运行时库中的支持函数实现的。

整数除法和所有的浮点运算都需要__rt_raise()函数来处理算术运算的异常情况。重新实现__rt_raise()函数可以使应用程序能够使用 C 运行时库中的数学运算支持函数。

事实上，用户只要重新实现很少的函数，应用程序就能使用很多的 C 运行时库中的函数。当 C 运行时库中的任何部分被重新实现后，在编译应用程序时必须指定编译选项__Ono_known_library。

### 2. 裸机 C 程序

使用裸机 C 程序需要进行以下操作。

- 重新实现__rt_raise()函数，该函数被程序中的错误处理代码使用。

- 不要定义函数 main()。
- 在编译选项中不要使用软件的数据栈溢出检查选项。
- 编写一个汇编指令的代码段(veneer)，设置相关的寄存器，为运行 C 程序做好必要的准备。
- 保证自己编写的用于初始化的代码段得到运行。比如，可以将其放置到复位异常中断的中断处理程序中。
- 编译程序时，使用编译选项-fpu none。

#### 3. 支持浮点操作的裸机 C 程序

如果要在裸机 C 程序中支持浮点操作，除了上面介绍的内容外，还必须进行下面的操作。

- 编译程序时，使用合适的-fpu 编译选项。
- 在进行浮点运算操作之前，调用函数_fp_init()初始化浮点状态寄存器。
- 如果使用软件浮点运算库，还需要定义函数_rt_fp_status_addr()，以返回一个可写的内存字单元取代浮点状态寄存器。

#### 4. 使用 C 运行时库中的函数

当应用程序中包含了函数 main()时，将会引起对 C 运行时库的初始化。如果应用程序中不包含函数 main()，而是使用自己定义的启动代码，应用程序仍然可以使用很多 C 运行时库中的功能。这时应用程序要么不使用那些需要初始化的函数，要么自己完成使用这些函数所需要的初始化工作，并提供所需的低级支持函数。

用户需要重新实现的函数根据应用程序的需要而定。以下是一些基本的规则。

- 如果仅仅需要支持除法操作、结构数据复制和浮点数算术运算，用户需要重新实现__rt_raise()函数。
- 如果显式地调用了 set_locale()函数，应用程序就可以使用那些与地域相关的函数。比如，atoi()、sprintf()、sscanf()等函数就可以使用。
- 使用浮点运算操作，用户必须提供_fp_init()函数。如果使用软件的浮点运算库，还必须提供_rt_fp_status_addr()函数。
- 如果应用程序使用 fprintf()和 fputs()等函数，就必须提供高级的输入/输出函数。高级的输出函数依赖于低级输出函数，如 fputc()和 ferror()等函数；高级的输入函数依赖于低级输入函数，如 fgetc()和__backspace()等函数。

### 10.7.4 裁剪 C/C++运行时库以适应特定的目标运行环境

本小节介绍如何裁剪 C/C++运行时库，使之适应特定的目标运行环境，比如与 RTOS 一起运行，或者嵌入到系统的 ROM 中。

在 ARM 提供的 C/C++运行时库中，以下划线或双下划线开头的函数是一些可以被用户重新实现的函数。用户正是通过重新实现这些函数对 C/C++运行时库进行裁剪的。

#### 1. C/C++应用程序初始化 C/C++运行时库的过程

C/C++应用程序的入口点为 C/C++运行时库中的__main()函数。该函数用来完成以下工作。

- 将非固定(Nonroot)的执行代码域(Region)从装载地址空间复制到运行地址空间。
- 将 ZI 域置零。
- 跳转到__rt_entry()运行。

如果应用程序不想按照这种模式运行，可以定义自己的__main()函数，如直接跳转到__rt_entry()运行。所用的汇编代码如下：

```
IMPORT __rt_entry
EXPORT __main
ENTRY
__main
B __rt_entry
END
```

__rt_entry()完成以下工作。

- 调用__rt_stackheap_int()函数建立数据栈和数据堆。
- 调用__rt_lib_init()函数初始化应用程序用到的 C 运行时库。
- 调用 main()函数，这是用户代码的入口点。在 main()函数中，可以调用 C 运行时库中的相应函数。
- 调用 exit()函数，退出应用程序。

main()函数是用户代码的入口点。它运行时要求应用程序的运行环境已经建立，可以调用相应的输入/输出函数。在 main()函数中，可以调用用户重新实现的 C 运行时库中的函数来实现以下功能。

- 扩展数据栈和数据堆。
- 调用需要回调用户定义的函数的函数，如__rt_fp_status_addr()及 clock()等函数。
- 调用使用 LOCALE 和 CTYPE 的 C 运行时库中的函数。
- 完成浮点数运算。
- 调用高级及低级的输入/输出函数。
- 产生运行错误信息。

### 2. C/C++应用程序的退出过程

应用程序可以在正常运行结束后从 main()函数中退出，也可以因为错误原因在程序运行中退出。下面介绍两种应用程序退出的过程。

(1) 从 assert 中退出的过程如下。

① Assert()函数在标准错误流中打印错误信息。

② Assert()函数调用 abort()函数。

③ abort()函数调用__rt_raise()函数。

④ 当从__rt_raise()函数返回后，abort()函数关闭对 C 运行时库的使用。

(2) 应用程序也可能从__rt_entry()函数中退出。如果用户重新实现了__rt_entry()函数，在该函数的末尾为下面的函数之一。

- exit()：关闭 atexit()指针和 C 运行时库。
- __rt_exit()：关闭 C 运行时库。
- __sys_exit()：直接退回到应用程序的运行环境中。

# 第 11 章　ARM 连接器

ARM 开发包中包含了连接器 armlink，它将编译得到的 ELF 格式的目标文件以及相关的 C/C++运行时库进行连接，生成相应的结果文件。本章将重点学习 ARM 连接器的使用方法。

## 11.1　ARM 映像文件

ARM 中的各种源文件(包括汇编程序、C 语言程序以及 C++程序)经过 ARM 编译器编译后，生成 ELF 格式的目标文件。这些目标文件和相应的 C/C++运行时库经过 ARM 连接器处理后，生成 ELF 格式的映像文件(Image)。这种 ELF 格式的映像文件可以被写入嵌入式设备的 ROM 中。

本节介绍这种 ELF 格式的映像文件的结构。

### 11.1.1　ARM 映像文件的组成

下面介绍 ARM 映像文件的组成部分，以及这些组成部分的地址映射方式。

#### 1. ARM 映像文件的组成部分

如图 11.1 所示，ARM 映像文件是一个层次性结构文件，其中包含了域(Region)、输出段(Output Section)和输入段(Input Section)。各部分的关系如下。

- 一个映像文件由一个或多个域组成。
- 每个域包含一个或多个输出段。
- 每个输出段包含一个或多个输入段。
- 各输入段包含了目标文件中的代码和数据。

下面具体介绍各组成部分。

输入段中包含了 4 类内容：代码、已经初始化的数据、未经过初始化的存储区域、内容初始化成 0 的存储区域。每个输入段有相应的属性，可以为只读的(RO)、可读写的(RW)以及初始化成 0 的(ZI)。ARM 连接器根据各输入段的属性，将这些输入段分组，再组成不同的输出段以及域。

一个输出段中包含了一系列的具有相同的 RO、RW 和 ZI 属性的输入段。输出段的属性与其中包含的输入段的属性相同。在一个输出段的内部，各输入段是按照一定的规则排序的，这将在 11.1.3 小节有详细的介绍。

一个域中包含 1～3 个输出段，其中各输出段的属性各不相同。各输出段的排列顺序是由其属性决定的。其中，RO 属性的输出段排在最前面，其次是 RW 属性的输出段，最后是 ZI 属性的输出段。一个域通常映射到一个物理存储器上，如 ROM 和 RAM 等。

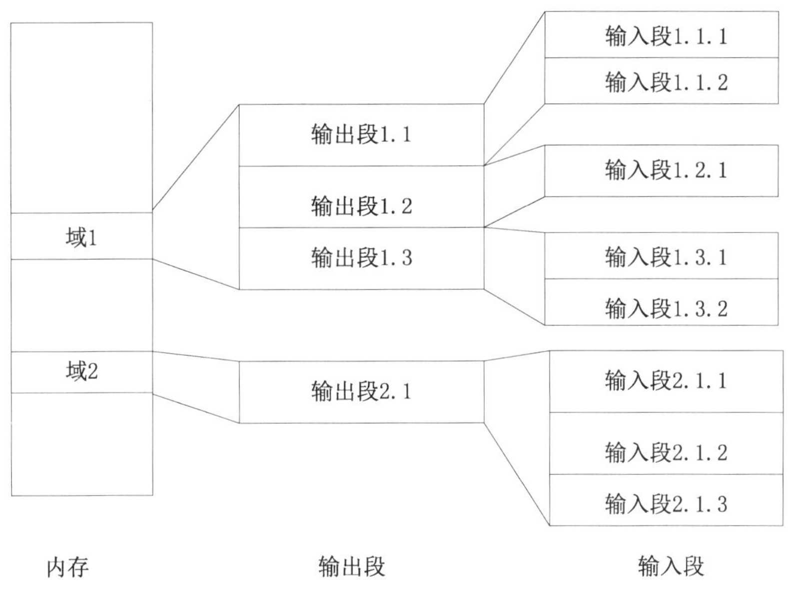


图 11.1　ARM 映像文件的组成

### 2. ARM 映像文件各组成部分的地址映射

ARM 映像文件各组成部分在存储系统中的地址有两种：一种是在映像文件位于存储器中时(也就是该映像文件开始运行之前)的地址，称为加载时地址；另一种是在映像文件运行时的地址，称为运行时地址。之所以有这两种地址，是因为映像文件在运行时，其中有些域是可以移动的新的存储区域。比如，已经初始化的 RW 属性的数据所在的段在运行前可能保存在系统的 ROM 中，在运行时，它被移动到了 RAM 中。

在图 11.2 给出的例子中，RW 段的加载时地址为 0x6000(指该段所占的存储区域的起始地址)，该地址位于 ROM 中；RW 段的运行时地址为 0x8000(指该段所占的存储区域的起始地址)，该地址位于 RAM 中。

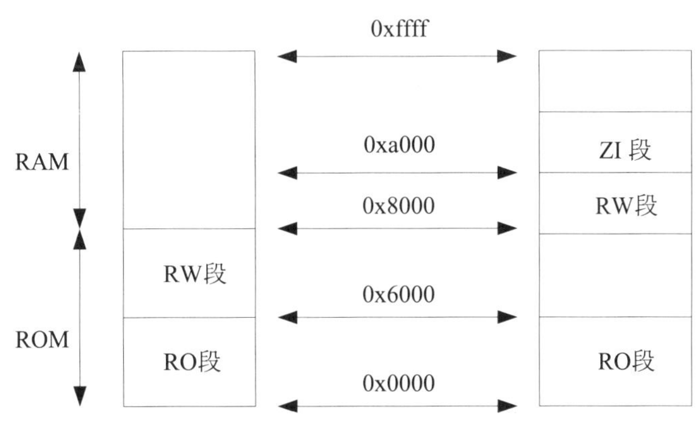


图 11.2　映像文件的地址映射

通常，一个映像文件中包含若干域，各域又可包含若干输出段。ARM 连接器需要知

道以下信息，以决定如何生成相应的映像文件。

- 分组信息：决定如何将各输入段组织成相应的输出段和域。
- 定位信息：决定各域在存储空间中的起始地址。

根据映像文件中地址映射的复杂程度，有两种方法来告诉 ARM 连接器这些相关的信息。对于映像文件中地址映射关系比较简单的情况，可以使用命令行选项；对于映像文件中地址映射关系比较复杂的情况，可以使用一个配置文件。

当映像文件中包含最多两个域，每个域中可以最多有 3 个输出段时，可以使用以下连接器连接选项，告诉连接器相关的地址映射关系。这些选项的具体用法在 11.2 节将有详细的介绍。

- -ropi
- -rwpi
- -ro_base
- _rw_base
- _split

当映像文件中地址映射关系更复杂时，可以使用一个配置文件告诉连接器相关的地址映射关系。这可以通过以下连接选项来实现。关于配置文件格式，后面将有详细的介绍。

```
-scatter filename
```

## 11.1.2 ARM 映像文件的入口点

### 1. ARM 映像文件中的两类入口点

ARM 映像文件的入口点有两种类型：一种是映像文件运行时的入口点，称为初始入口点(Initial Entry Point)，另一种是普通入口点(Entry Point)。

初始入口点是映像文件运行时的入口点，每个映像文件只有一个唯一的初始入口点，它保存在 ELF 头文件中。如果映像文件是被操作系统加载的，操作系统正是通过跳转到该初始入口点处执行来加载该映像文件。

普通入口点是在汇编程序中用 ENTRY 伪操作定义的。它通常用于标识该段代码是通过异常中断处理程序进入的。这样，在连接器删除无用的段时，不会将该段代码删除。一个映像文件中可以定义多个普通入口点。

应该注意，初始入口点可以是普通入口点，但也可以不是普通入口点。

### 2. 定义初始入口点

初始入口点必须满足以下两个条件。

- 初始入口点必须位于映像文件的运行时域内。
- 包含初始入口点的运行时域不能不覆盖，它的加载时地址和运行时地址必须是相同的(这种域称为固定域，Root Region)。

可以使用连接选项-entry address 来指定映像文件的初始入口点。这时，address 指定了映像文件的初始入口点的地址值。

对于地址 0x0 处为 ROM 的嵌入式应用系统，可以使用-entry 0x0 来指定映像文件的初始入口点。这样，当系统复位后，将自动跳转到该入口点处开始执行。

如果映像文件是被一个加载器加载的，如被一个引导程序或者操作系统加载，该映像文件必须包含一个初始入口点。比如，一个操作系统的映像文件是被一个引导程序加载的。这时程序跳转到该映像文件的初始入口点处开始执行，它覆盖了引导程序，成为系统中的操作系统。这种映像文件中通常还包含了其他的普通入口点，这些普通入口点一般为异常中断处理程序的入口地址。

当用户没有指定连接选项-entry address 时，连接器将根据以下规则决定映像文件的初始入口点。

- 如果输入的目标文件中只有一个普通入口点，该普通入口点被连接器当成映像文件的初始入口点。
- 如果输入的目标文件中没有一个普通入口点，或者其中的普通入口点数目多于一个，则连接器生成的映像文件中不含初始入口点，并且产生以下警告信息：

```
L6305W: Image does not have an entry point.(Not specified or not set
due  to multiple choices)
```

3. 普通入口点的用法

普通入口点是在汇编程序中用 ENTRY 伪操作定义的。在嵌入式应用系统中，各种异常中断(包括 IRQ、FIQ、SVC、UNDEF、ABORT)处理程序的入口使用普通入口点标识。这样，在连接器删除无用的段时，不会将该段代码删除。

一个映像文件中可以定义多个普通入口点。

没有指定连接选项-entry address 时，如果输入的目标文件中只有一个普通入口点，该普通入口点被连接器当成映像文件的初始入口点。

## 11.1.3　输入段的排序规则

连接器根据各输入段的属性来组织这些输入段，具有相同属性的输入段被放到域中一段连续的空间中，组成一个输出段。在一个输出段中，各输入段的起始地址和输出段的起始地址与该输出段中各输入段的排列顺序有关。本小节将介绍连接器如何确定一个输出段中各输入段的排列顺序。

通常情况下，一个输出段中，各输入段的排列顺序是由以下几个因素决定的。用户也可以通过连接选项-first 和-last 来改变这些因素。

- 输入段的属性。
- 输入段的名称。
- 各输入段在连接命令行的输入段列表中的排列顺序。

按照输入段的属性，其排列顺序如下。

(1) 只读的代码段。

(2) 只读的数据段。

(3) 可读写的代码段。

(4) 其他已经初始化的数据段。

(5) 未初始化的数据。

对于具有相同属性的输入段，按照其名称来排序。这时，输入段的名称是区分大小写

的，按照其 ASCII 码顺序进行排序。

对于具有相同属性和相同名称的输入段，按照其在输入段列表中的顺序进行排序。也就是说，即使各输入段的属性和名称保持不变，如果其在编译时，各输入段在输入段列表中的排列顺序不同，生成的映像文件也将不同。

可以使用连接选项-first、-last 来改变上述的输入段排序规则。如果连接时使用了配置文件，可以在配置文件中通过伪属性 FIRST、LAST 达到相同的效果。

连接选项-first、-last 不能改变根据输入段属性进行的排序规则，它只能改变根据输入段名称和其在输入段列表中的顺序的排序规则。也就是说，如果使用连接选项-first 指定一个输入段，只有该输入段所在的输出段位于运行时域的开始位置时，该输入段才能位于整个运行时域的开始位置。

在各输入段排好顺序后，在确定各输入段的起始地址之前，可以通过填充“补丁”，使各输入段满足地址对齐要求。

## 11.2　ARM 连接器概述

ARM 连接器可以完成以下操作。

- 连接编译后得到的目标文件和相应的 C/C++运行时库，生成可执行的映像文件。
- 将一些目标文件进行连接，生成一个新的目标文件，供将来进一步连接时使用，这称为部分连接。
- 指定代码和数据在内存中的位置。
- 生成被连接文件的调试信息和相互间的引用信息。

armlink 在进行部分连接和完全连接生成可执行的映像文件时所进行的操作是不同的。下面分别介绍这两种情况。

(1) armlink 在进行完全连接生成可执行的映像文件时执行以下操作。

① 解析输入的目标文件之间的符号引用关系。

② 根据输入目标文件对 C/C++函数的调用关系，从 C/C++运行时库中提取相应的模块。

③ 将各输入段排序，组成相应的输出段。

④ 删除重复的调试信息段。

⑤ 根据用户指定的分组和定位信息，建立映像文件的地址映射关系。

⑥ 重定位需要重定位的值。

⑦ 生成可执行的映像文件。

(2) armlink 在进行部分连接生成新的目标文件时执行以下操作。

① 删除重复的调试信息段。

② 最小化符号表的大小。

③ 保留那些未被解析的符号。

④ 生成新的目标文件。

下面根据 armlink 的命令行选项的功能，分类列举 armlink 的命令行选项，各选项的具体用法在后面有详细的介绍。

- 提供关于 armlink 帮助信息的选项：
  - -help；
  - -vsn。
- 指定输出文件名称和类型的选项：
  - -output；
  - -partial；
  - -elf。
- 使用选项文件，其中可以包含一些连接选项：-via。
- 指定可执行映像文件的内存映射关系的选项：
  - -rwpi；
  - -ropi；
  - -rw_base；
  - -ro_base；
  - -spit；
  - -scatter。
- 控制可执行映像文件内容的选项：
  - -first；
  - -last；
  - -debug/-nodebug；
  - -entry；
  - -keep；
  - -libpath；
  - -edit；
  - -locals/nolocals；
  - -remove/-noremove；
  - -scanlib/-noscanlib。
- 生成与映像文件相关信息的选项：
  - -callgraph；
  - -info；
  - -map；
  - -symbols；
  - -symdefs；
  - -xref；
  - -xreffrom；
  - -xrefto。
- 控制 armlink 生成相关诊断信息的选项：
  - -errors；
  - -list；

- -verbose；
- -strict；
- -unsolved；
- -mangled；
- -unmangled。

# 11.3 ARM 连接器生成的符号

ARM 连接器定义了一些符号，这些符号中都包含字符$$。ARM 连接器在生成映像文件时，用它们来代表映像文件中各域的起始地址以及存储区域界限、各输出段的起始地址以及存储区域界限、各输入段的起始地址以及存储区域界限。

比如，Load$$region_name$$Base 代表域 region_name 加载时的起始地址；而 image$$region_ name$$Base 代表域 region_name 运行时的起始地址。

这些符号可以被汇编程序引用，用于地址重定位。这些符号可以被 C 程序作为外部符号引用。

所有这些符号，只有在其被应用程序引用时，ARM 连接器才会生成该符号。

推荐使用映像文件中与域相关的符号，而不要使用与段相关的符号。

## 11.3.1 连接器生成的与域相关的符号

连接器生成的与域相关的符号如表 11.1 所示。各符号的命名规则是：如果使用了地址映射配置文件(scatter 文件)，该文件规定了映像文件中各域的名称；如果未使用地址映射配置文件(scatter 文件)，连接器按照以下规则确定各符号中的 region_name。

- 对于只读的域，使用名称 ER_RO。
- 对于可读写的域，使用名称 ER_RW。
- 对于使用 0 初始化的域，使用名称 ER_ZI。

表 11.1　连接器生成的与域相关的符号

| 符号名称 | 含　义 |
| --- | --- |
| Load$$region_name$$Base | 域 region_name 的加载时起始地址 |
| Image$$region_name$$Base | 域 region_name 的运行时起始地址 |
| Image$$region_name$$Length | 域 region_name 运行时的长度(为 4 字节的倍数) |
| Image$$region_name$$Limit | 域 region_name 运行时存储区域末尾的下一个字节地址(该地址不属于域 region_name 所占的存储区域) |

对于映像文件的每个域，如果其中包含了 ZI 属性的输出段，连接器将会为该 ZI 输出段生成另外的符号。这些符号如表 11.2 所示。

表 11.2　连接器为 ZI 输出段生成另外的符号

| 符号名称 | 含　义 |
| --- | --- |
| Image$$region_name$$ ZI$$Base | 域 region_name 中 ZI 输出段的运行时起始地址 |
| Image$$region_name$$ ZI$$Length | 域 region_name 中 ZI 输出段运行时的长度(为 4 字节的倍数) |
| Image$$region_name$$ ZI$$Limit | 域 region_name 中 ZI 输出段运行时存储区域末尾的下一个字节地址(该地址不属于域 region_name 所占的存储区域) |

## 11.3.2　连接器生成的与输出段相关的符号

如果未使用地址映射配置文件(scatter 文件)，连接器生成的与输出段相关的符号如表 11.3 所示；如果使用了地址映射配置文件(scatter 文件)，表 11.3 中所列的符号没有意义，如果应用程序使用了这些符号，将可能得到错误的结果，这时应该使用上一小节中介绍的与域相关的符号。

表 11.3　连接器生成的与输出段相关的符号

| 符号名称 | 含　义 |
| --- | --- |
| Image $$RO$$Base | RO 输出段运行时的起始地址 |
| Image$$RO$$Limit | RO 输出段运行时存储区域的界限 |
| Image $$RW$$Base | RW 输出段运行时的起始地址 |
| Image$$RW$$Limit | RW 输出段运行时存储区域的界限 |
| Image $$ZI$$Base | ZI 输出段运行时的起始地址 |
| Image$$ZI$$Limit | ZI 输出段运行时存储区域的界限 |

## 11.3.3　连接器生成的与输入段相关的符号

ARM 连接器为映像文件中的每一个输入段生成两个符号，如表 11.4 所示。

表 11.4　连接器生成的与输入段相关的符号

| 符号名称 | 含　义 |
| --- | --- |
| SectionName$$Base | SectionName 输入段运行时的起始地址 |
| SectionName $$Limit | SectionName 输入段运行时存储区域的界限 |

# 11.4　连接器的优化功能

ARM 连接器的优化功能主要包括删除映像文件中重复的部分以及插入小代码段，实现 ARM 状态到 Thumb 状态的转换以及长距离跳转。

### 1. 删除重复的调试信息段

在 ARM 中，编译器和汇编器为每个源文件生成一个调试信息段。ARM 连接器可以删除重复的调试信息段，仅保留一个版本，从而在很大程度上减小了生成的目标映像文件的大小。

### 2. 删除重复的代码段

ARM 连接器可以删除重复的代码段，有时这些代码段可能来自同一运行时库的不同类型(variant)的文件，ARM 连接器尽力选择最适合的一个版本。

### 3. 删除未使用的段

ARM 连接器默认情况下会删除映像文件中未被使用的代码和数据。有一些连接选项可以控制这个操作。

连接选项-info unused 可以列出被删除的未使用的段。

如果一个段要保留在最终的映像文件中，它必须满足以下条件之一。

- 其中包含了普通入口点或者初始入口点。
- 被包含了普通入口点或者初始入口点的输入段按 nonweak 方式引用的段。
- 使用连接选项-first 或者-last 指定的段。
- 使用连接选项-keep 指定的段。

### 4. 生成小代码段(veneer)

ARM 连接器可以根据需要生成一些小代码段，称为 veneer。这些小代码段用于实现 ARM 状态到 Thumb 状态的转换以及长距离跳转。

当跳转指令涉及处理器在 ARM 状态和 Thumb 状态之间进行转换，或者是跳转指令的目标地址超出了该跳转指令所能到达的范围时，ARM 连接器根据需要将生成一些小代码段，由这些小代码段实现这些功能。

ARM 连接器为每个 veneer 生成一个代码段，称为 Veneer$$Code。如果两个输入段长距离跳转到同一个目标段，生成一个 veneer，使两个输入段都可以到达该 veneer，则 ARM 连接器只会为这两个长距离跳转生成一个 veneer。

ARM 连接器产生的 veneer 按照其功能进行分类，包括：

- ARM 状态到 ARM 状态的长跳转；
- ARM 状态到 Thumb 状态的长跳转；
- Thumb 状态到 ARM 状态的长跳转；
- Thumb 状态到 Thumb 状态的长跳转。

## 11.5 运行时库的使用

在前面已经介绍过，ARM 连接器一个很重要的工作就是要解析目标文件中的各种符号。所谓解析各个符号，就是要得到各符号的数值。比如，如果符号是地址标号，连接器就要在各目标文件以及 C/C++运行时库中找到相应的符号，得到它所代表的地址值。

ARM 连接器使用 C/C++运行时库的基本步骤如下。

(1) ARM 连接器根据一定的规则确定需要使用哪些 C/C++运行时库。具体规则在 11.5.1 小节中介绍。

(2) 从各搜索路径中查找相应的 C/C++运行时库。参见 11.5.2 小节中的介绍。

(3) 选择合适种类的 C/C++运行时库。适应于不同的编译选项和连接选项，各 C/C++运行时库具有不同的种类。参见 11.5.3 小节中的介绍。

(4) 重复扫描各 C/C++运行时库，解析各符号。参见 11.5.4 小节中的介绍。

## 11.5.1　C/C++运行时库与目标文件

ARM 中 C/C++运行时库就是一些 ELF 格式的目标文件的集合，这些目标文件是按照 ar 格式组织在一起的。ARM 连接器在使用一般目标文件和 C/C++运行时库时有所不同。其主要区别如下。

(1) 在 ARM 连接器的输入列表中的所有目标文件将被无条件地包含到输出的映像文件中，而不论该目标文件是否被其他目标文件引用。如果用户在连接时没有指定连接选项-noremove，连接器将会在后面的处理中删除映像文件中没有被使用的段。

(2) ARM 连接器在使用 C/C++运行时库时，有所不同，主要遵守以下规则。

- 如果在连接器的输入列表中显式地指定了 C/C++运行时库的某成员，则该成员将被无条件地包含到输出的映像文件中，而不论该成员是否被其他目标文件引用。
- 如果 C/C++运行时库中某成员被其他目标文件按 nonweak 方式引用，或者被其他已经被包含的 C/C++运行时库中的成员按 nonweak 方式引用，则该 C/C++运行时库中的成员将会被包含到输出的映像文件中。
- 按 weak 方式引用的 C/C++运行时库中的成员不会被包含到输出的映像文件中。

## 11.5.2　查找需要的 C/C++运行时库

可以通过以下 3 种方法来指定 ARM 标准 C/C++运行时库的路径。其中连接选项-libpath 指定的 ARM 标准 C/C++运行时库的路径优先级高于使用环境变量 ARMLIB 指定的 ARM 标准 C/C++运行时库的路径。

- 可以使用连接选项-libpath 来指定 ARM 标准 C/C++运行时库的路径。这时指定的是包含路径 armlib 和 cpplib 的父路径。
- 可以使用 Code Warrior IDE 中关于连接选项的控制面板来指定 ARM 标准 C/C++运行时库的路径。
- 可以使用环境变量 ARMLIB 来指定 ARM 标准 C/C++运行时库的路径。这时 ARMLIB 被设置成包含路径 armlib 和 cpplib 的父路径。

ARM 连接器在搜索相应的 C/C++运行时库时，将上述 3 种方法指定的路径作为父路径，将各目标文件中请求的目标中包含的路径作为子路径，组合起来搜索相应的目标文件。例如，如果 ARMLIB 为 C:\arm\lib，目标文件中请求的目标的路径为\mylib\，则 ARM 连接器从路径 C:\arm\lib\mylib\中搜索相应的目标。

如果在连接命令行中指定了用户库文件，该用户库文件未包含在当前工作路径中时，需要显式地指定该用户库文件的路径。ARM 连接器并不会自动到 ARM 标准 C/C++运行时

库的搜索路径中查找该用户库文件。

### 11.5.3 选择合适种类的 C/C++运行时库

针对不同的编译选项和连接选项，各 C/C++运行时库具有不同的种类。各种不同种类的 C/C++运行时库是依靠其名称来识别的。C/C++运行时库的命名格式如下：

```
root_<arch><fpu><dfmt><stack><entrant>.<endian>
```

其中，各部分可能的取值如下。

(1) root 可能的取值如下。

- c：ANSI C 及 C++基本运行时支持。
- f：C/Java 的浮点算术运算支持。
- g：IEEE 的浮点算术运算支持。
- m：超越类数学函数。
- cpp：无浮点算术运算的高级 C++函数。
- cppfp：有浮点算术运算的高级 C++函数。

(2) arch 可能的取值如下。

- a：ARM 运行时库。
- t：Thumb 运行时库。

(3) fpu 可能的取值如下。

- f：使用 FPA 指令集。
- v：使用 VFP 指令集。
- -：不使用浮点运算指令。

(4) dfmt 可能的取值如下。

- p：单纯内存模式(endian 格式)的双精度格式。
- m：混合内存模式(endian 格式)的双精度格式。
- -：不使用双精度浮点数。

(5) stack 可能的取值如下。

- u：不使用软件的数据栈溢出检查。
- s：使用软件的数据栈溢出检查。
- -：未规定该选项。

(6) entrant 可能的取值如下。

- n：函数是不可重入的。
- e：函数是可重入的。
- -：未规定该选项。

(7) endian 可能的取值如下。

- l：Little-endian 格式。
- b：Big-endian 格式。

C 运行时库的名称为 c_{a,t}__{s,u}{e,n}，可能名称如表 11.5 所示。

表 11.5 C 运行时库的名称

| 名 称 | 含 义 |
|---|---|
| c_a_se | ARM、数据栈溢出检查、可重入 |
| c_a_sn | ARM、数据栈溢出检查、不可重入 |
| c_a_ue | ARM、无数据栈溢出检查、可重入 |
| c_a_un | ARM、无数据栈溢出检查、不可重入 |
| c_t_se | Thumb、数据栈溢出检查、可重入 |
| c_t_sn | Thumb、数据栈溢出检查、不可重入 |
| c_t_ue | Thumb、无数据栈溢出检查、可重入 |
| c_t_un | Thumb、无数据栈溢出检查、不可重入 |

标准 FPLIB 运行时库的名称为 f_{a,t}[fm, vp, _m, _p]，可能的名称如表 11.6 所示。

表 11.6 标准 FPLIB 运行时库的名称

| 名 称 | 含 义 |
|---|---|
| f_afm | ARM、FPA、混合内存模式的双精度格式 |
| f_avp | ARM、FPA、单纯内存模式的双精度格式 |
| f_a_m | ARM、软件 FPA |
| f_a_p | ARM、软件 VFP |
| f_a | ARM、-fpu none |
| f_tfm | Thumb、FPA、混合内存模式的双精度格式 |
| f_tvp | Thumb、FPA、单纯内存模式的双精度格式 |
| f_t_m | Thumb、软件 FPA |
| f_t_p | Thumb、软件 VFP |
| f_t | Thumb、-fpu none |

标准 MATHLIB 运行时库的名称为 m_{a,t}{fm, vp, _m, _p}{s,u}，可能的名称如表 11.7 所示。

表 11.7 标准 MATHLIB 运行时库的名称

| 名 称 | 含 义 |
|---|---|
| m_afms | ARM、FPA、混合内存模式、数据栈溢出检查 |
| m_afmu | ARM、FPA、混合内存模式、无数据栈溢出检查 |
| m_avps | ARM、VFP、单纯内存模式、数据栈溢出检查 |
| m_avpu | ARM、VFP、单纯内存模式、无数据栈溢出检查 |
| m_a_ms | ARM、混合内存模式、数据栈溢出检查 |

续表

| 名　称 | 含　义 |
| --- | --- |
| m_a_mu | ARM、混合内存模式、无数据栈溢出检查 |
| m_a_ps | ARM、单纯内存模式、数据栈溢出检查 |
| m_a_pu | ARM、单纯内存模式、无数据栈溢出检查 |
| m_tfms | Thumb、FPA、混合内存模式、数据栈溢出检查 |
| m_tfmu | Thumb、FPA、混合内存模式、无数据栈溢出检查 |
| m_tvps | Thumb、VFP、单纯内存模式、数据栈溢出检查 |
| m_tvpu | Thumb、VFP、单纯内存模式、无数据栈溢出检查 |
| m_t_ms | Thumb、混合内存模式、数据栈溢出检查 |
| m_t_mu | Thumb、混合内存模式、无数据栈溢出检查 |
| m_t_ps | Thumb、单纯内存模式、数据栈溢出检查 |
| m_t_pu | Thumb、单纯内存模式、无数据栈溢出检查 |

ARM 连接器收集所有目标文件中的相关编译选项和连接选项，根据这些编译选项和连接选项决定使用哪些 C/C++运行时库。从而得到需要的 C/C++运行时库列表，供下一步操作使用。

### 11.5.4　扫描 C/C++运行时库

从上面的操作中得到需要的 C/C++运行时库后，ARM 连接器扫描这些 C/C++运行时库，加载相应的对象，解析各目标文件中的符号。具体操作步骤如下。

(1) ARM 连接器按顺序扫描各 C/C++运行时库，以完成所有的 nonweak 方式的引用关系。这样，如果有多个目标可以满足引用关系，则排在前面的库被使用。这是一个重要的特点。

(2) 如果某个库的成员满足引用要求，该成员被加载，从而解析了相应的符号。该成员函数的引入也可能实现了 weak 方式的引用。

(3) 引入某个成员后，在解析了一些符号的同时，可能会带来新的需要解析的符号。

(4) 这种解析过程重复进行，直到解析完所有的符号，或者确定某些符号不能被解析为止。

## 11.6　从一个映像文件中使用另一个映像文件中的符号

在 ARM 中，从一个映像文件中访问另一个映像文件中的符号是通过 symdefs 文件实现的。本节介绍这些相关的技术。

### 11.6.1　symdefs 文件

symdefs 文件是一种目标文件。与普通的目标文件不同的是，symdefs 文件中只包含了符号和其对应的数值，没有包含代码和数据。一个 symdefs 文件通常包括 3 部分：一个标识符；可选的注释部分；包含符号和其对应的数值部分。下面是一个 symdefs 文件的简单例子。它包括了一个 symdefs 文件的 3 部分内容。

(1) 标识符。

```
#<SYMDEFS>#
```

(2) 注释。

```
; value        type     name, this is an added comment
```

(3) 包含符号和其对应的数值部分。

```
0x00001000  A        function1
0x00002000  T        function2
0x00003300  A        function3
0x00003340  D        table1
```

### 1. 标识符字符串

如果一个目标文件的前 11 个字符为#<SYMDEFS>#，则连接器将这个目标文件作为一个 symdefs 文件。在标识符字符串后面紧跟的是连接器的版本信息以及该 symdefs 文件最后一次更新的日期。连接器的版本信息以及该 symdefs 文件最后一次更新日期都不属于标识符字符串的一部分。

### 2. 注释

在 symdefs 文件中，如果一行的第 1 个非空的字符为“;”或者“#”，表示该行为一个注释行。一行的第 1 个非空字符之后的字符如果是“;”或者“#”，则该“;”或者“#”并不表示注释行的开始。

在 symdefs 文件中可以插入一些空白行，以提高文件的可读性，这些空白行将被连接器忽略。

用户可以使用文本编辑器在一个 symdefs 文件中插入上述注释行。

在每个 symdefs 文件中，第 1 行为标识符字符串。它是一个特殊的注释行，由连接器插入。用户不要删除该行。

### 3. 符号及其对应的值

在这一部分，每行是与一个符号相关的信息，包括该符号的地址值、符号类型、符号名称。

(1) 符号的地址值：ARM 连接器使用固定的十六进制值来表示符号的地址值。用户在修改该地址值时可以使用十六进制，也可以使用十进制。

(2) 符号类型：有以下 3 类。

- A：ARM 代码符号。
- T：Thumb 代码符号。
- D：数据符号。

(3) 符号名称：满足 ARM 中关于合法符号的定义。

### 11.6.2 建立 symdefs 文件

在完成所有的其他连接操作后，ARM 连接器可以生成一个 symdefs 文件。对于部分连接和失败的连接操作，ARM 连接器将不会产生 symdefs 文件。

使用连接选项-symdefs filename 生成相应的 symdefs 文件时，可以有以下两种情况。

- 如果连接选项中指定的文件 filename 不存在，则 ARM 连接器生成包括所有全局符号的 symdefs 文件。
- 如果连接选项中指定的文件 filename 已存在，则该文件的内容将限制 ARM 连接器生成的 symdefs 文件中包括哪些符号。

下面介绍如何使生成的 symdefs 文件包含部分全局符号。这里按顺序列出了所需要的步骤。

(1) 在生成映像文件 image1 时，使用连接选项-symdefs filename，假设这时 filename 文件尚不存在。ARM 连接器在生成映像文件 image1 的同时，生成了包含全部全局符号的 symdefs 文件 filename。

(2) 使用一个文本编辑器打开文件 filename，删除不需要的符号及其相关的内容，然后保存该文件。

(3) 生成映像文件 image2，使用连接选项-symdefs filename，这时由于文件 filename 已经存在，ARM 连接器的操作与前一次将会有所不同，详细情况如下所述。

(4) ARM 连接器生成一个临时文件。

(5) ARM 连接器将 filename 文件中的所有注释行和空白行复制到该临时文件中。

(6) 对于 filename 文件中的每一个符号，ARM 连接器将其复制到该临时文件中，这时，使用新生成的映像文件 image2 中该符号对应的地址值。

(7) 如果一个符号在 filename 文件中多次出现，则复制其中一个版本到临时文件中。

(8) 如果某个符号在 filename 文件中出现，但在新生成的映像文件 image2 中不存在，则该符号将被忽略。

(9) 如果最终连接操作成功了，则旧的 filename 文件将会被删除，临时文件将会被更名成 filename。

### 11.6.3 symdefs 文件的使用

使用 symdefs 文件的方法与使用普通的目标文件相同，将其作为输入文件。ARM 连接器从 symdefs 文件中提取需要的符号及其相关信息，将这些信息加入输出符号表中，这些符号具有 ABSOLUTE 和 GLOBAL 属性。ARM 连接器像对待从其他目标文件中提取的符号一样对待这些符号。

在从 symdefs 文件中提取符号及其相关信息时，在下列情况下，ARM 连接器认为该符号为非法符号，将产生错误信息。

- 该符号的某一列信息为空时。
- 该符号的某一列具有非法的数值时。

# 11.7 隐藏或者重命名全局符号

本节介绍隐藏或者重命名输出文件中符号的方法。这样可以避免全局符号名称冲突的问题。ARM 提供的 steering 格式的文件就是用于这一目的。

## 11.7.1 steering 文件的格式

steering 文件是一个文本文件，其格式如下。

- 第 1 个非空格字符为“#”或者“;”的行是注释行，注释行是被作为空行来对待的。
- 其中可以包含空行，以提高可读性。空行将被 ARM 连接器忽略。
- 既非空行，也非注释的行，可以是一个完整的命令，也可以是一个命令的一部分，因为一个命令可以跨多个行。
- 一个命令行的最后一个非空格字符如果为字符“,”，表示下面的一行是本命令的续行部分。

## 11.7.2 steering 文件中的命令

steering 文件中的命令由操作码和操作数组成。其中，操作码是大小写无关的，操作数是大小写相关的。这些命令只对全局符号有效，对于局部符号是无效的。

steering 文件中的命令包括：RENAME(重命名)命令、HIDE(隐藏符号)命令和 SHOW (显示符号)命令。

### 1. RENAME

RENAME 命令用于将已经定义的或者没有定义的符号重新命名。其语法格式如下：

```
RENAME pattern AS replacement_pattern [,pattern AS replacement_pattern]*
```

该命令将全局符号 pattern 改名为 replacement_pattern。其中的符号名称可以使用匹配符。例如：

```
RENAME f* my_f*
```

该命令可以将符号 func 更名为 my_func。

### 2. HIDE

HIDE 命令可以将一个全局符号隐藏起来。其语法格式如下：

```
HIDE pattern [,patter]*
```

### 3. SHOW

SHOW 命令可以把前面用 HIDE 命令隐藏起来的符号重新显示出来。其语法格式如下：

```
SHOW pattern [,patter]*
```

## 11.8 ARM 连接器的命令行选项

ARM 连接器的命令行格式如下：

```
armlink [-help] [-vsn] [-partial] [-output file] [-elf] [-ro-base address] [-ropi]
[-rw-base address] [-rwpi] [-split] [-scatter file] [-debug|-nodebug]
[-remove (RO/RW/ZI)|-unremove] [-entry location ] [-keep section-id]
[-first section-id] [-last section-id] [-libpath pathlist] [-scanlib|-noscanlib]
[-locals|-nolocals] [-callgraph] [-info topics] [-map] [-symbols] [-symdefs file]
[-edit file] [-xref] [-xreffrom object(section)] [-xrefto object(section)]
[-errors file] [-list file] [-verbose] [-unmangled |-mangled] [-via file]
[-strict] [-unresolved symbol] [input-file-list]
```

其中选项的含义及用法如下所示。

### 1. -help

选项-help 显示常用的一些 ARM 连接器命令行选项的介绍。

### 2. -vsn

选项-vsn 显示 ARM 连接器的版本信息。

### 3. -partial

选项-partial 指示 ARM 连接器进行部分连接操作，这种操作将生成目标文件，供以后进一步连接使用，而不是生成映像文件。

### 4. -output file

选项-output file 用于指定输出文件。ARM 连接器的输出文件根据进行的连接操作的种类，有不同的类型：当进行部分连接时，输出的文件为目标文件；当进行完全连接时，输出的文件为映像文件。

如果选项-output 没有指定 file，则 ARM 连接器按照以下方式命名输出文件。

- 如果输出的是映像文件，ARM 连接器将其命名为__image.axf。
- 如果输出的是目标文件，ARM 连接器将其命名为__object.o。

如果在连接选项-output 中指定了输出文件的路径，则该路径成为默认的输出路径；如果在连接选项-output 中没有指定输出文件的路径，输出文件将被保存到当前工作路径中。

### 5. -elf

选项-elf 指定输出的映像文件为 ELF 格式的文件。ARM 连接器支持 ELF 格式的映像文件。该选项是默认的选项。

### 6. -ro-base address

选项-ro-base address 将映像文件中包含 RO 属性的输出段的加载时地址和运行时地址设置成 address。地址值 address 必须是字对齐的。如果选项中没有指定 address 值，则使用默认的地址值 0x8000。

### 7. -ropi

选项-ropi 指定映像文件中 RO 属性的加载时域和运行时域是位置无关的(Position Independent，PI)。如果没有指定该选项，相应的域被标记为绝对的。如果指定了该选项，ARM 连接器将保证下面的操作。

- 检查各段之间的重定位关系，保证其是合法的。
- 保证 ARM 连接器自身生成的代码(veneers)是只读位置无关的。

通常情况下，只读属性的输入段应该是只读位置无关的。

在 ARM 开发系统中，只有在 ARM 连接器处理完所有的输入段后，才能够知道生成的映像文件是否为只读位置无关的。也就是说，即使在编译器和汇编器中指定了只读位置无关选项，ARM 连接器还是可能产生只读位置无关信息的。

### 8. -rw-base address

选项-rw-base address 将映像文件中包含 RW 属性的输出段的运行时地址设置成 address。地址值 address 必须是字对齐的。如果该选项与选项-split 一起使用，该选项将映像文件中包含 RW 属性的输出段的加载时地址和运行时地址设置成 address。

### 9. -rwpi

选项-rwpi 指定映像文件中包含 RW 属性和 ZI 属性的输出段的加载时域(Load Region)和运行时域(Excution Region)是位置无关的。如果没有指定该选项，相应的域被标记为绝对的。如果指定了该选项，ARM 连接器将保证下面的操作。

- 检查并确保各 RW 属性的运行时域包含的各输入段设定了 PI 属性。
- 检查各段之间的重定位关系，保证其是合法的。
- 在 Region$$Table 和 ZISection$$Table 中添加基于静态寄存器 sb 的条目。

通常情况下，可写属性的输入段应该是读写位置无关的。

在 ARM 开发系统中，编译器并不能强迫可写数据为读写位置无关的。也就是说，即使在编译器和汇编器中指定了位置无关选项，ARM 连接器还是可能产生读写位置无关信息的。

### 10. -split

-split 选项将包含 RW 属性和 RO 属性的输出段的加载时域分割成两个加载时域。其中：

- 一个加载时域包含所有的 RO 属性的输出段。其默认的加载时地址为 0x8000，可以使用连接选项-ro-base address 来更改其加载时地址。
- 另一个加载时域包含所有的 RW 属性的输出段。该加载时域需要使用连接选项-rw-base address 来指定其加载时地址，如果没有使用选项-rw-base address 来指定其加载时地址，默认使用-rw-base 0。

### 11. -scatter file

选项-scatter file 指定 ARM 连接器使用配置文件来配置映像文件地址映射方式。该配置文件是一个文本文件，其中包含了各域及各段的分组和定位信息。

### 12. -debug

选项-debug 指定在输出文件中包含调试信息，这是默认的选项。这些调试信息包括调试信息输入段、符号表以及字符串表。

### 13. -nodebug

选项-nodebug 指定在输出文件中不包含调试信息。这时调试器就不能提供源代码级的调试功能。指定该选项后，ARM 连接器对加载到调试器中的映像文件(ARM 中为*.axf 文件)进行一些特殊处理，使其不包含调试信息输入段、符号表及字符串表。但对于下载到目标系统中的映像文件(ARM 中为*.bin 文件)，ARM 连接器并没有进行特别处理。

如果 ARM 连接器在进行部分连接，则生成的目标文件中不包含调试信息输入段，但仍然包含了符号表以及字符串表。

如果将来要使用工具 fromELF 来转换映像文件的格式，则在生成该映像文件时不要使用选项-nodebug。

### 14. -remove(RO/RW/ZI)

选项-remove(RO/RW/ZI)指示 ARM 连接器删除映像文件中没有使用的段。

ARM 连接器认为以下输入段是被使用的，其他的段则是可以删除的。

- 其中包含了普通入口点或初始入口点的段。
- 被包含了普通入口点或初始入口点的输入段按 nonweak 方式引用的段。
- 使用连接选项-first 或者-last 指定的段。
- 使用连接选项-keep 指定的段。

可以使用一些限制符来更加细致地控制删除映像文件中那些没有使用的段。本连接选项支持以下限制符。

- RO：-remove(RO)指定删除映像文件中所有未使用的 RO 属性的段。
- RW：-remove(RW)指定删除映像文件中所有未使用的 RW 属性的段。
- ZI：-remove(ZI)指定删除映像文件中所有未使用的 ZI 属性的段。

当未使用限制符时，默认选项为-remove(RO/RW/ZI)。

### 15. -unremove

选项-unremove 指示 ARM 连接器不删除映像文件中没有使用的段。ARM 连接器将在映像文件中保留所有的段。

### 16. -entry location

-entry location 选项用于指定映像文件中的初始入口点的地址值。一个映像文件中可以包括多个普通入口点，但是初始入口点只能有一个。当映像文件被一个加载程序加载时，加载程序将跳转到该初始入口点处执行。

初始入口点必须满足以下条件。

- 初始入口点必须位于映像文件的运行时域内。
- 包含初始入口点的运行时域不能不覆盖，它的加载时地址和运行时地址必须是相同的(这种域称为固定域)。

选项中的 location 参数可能的取值格式如下。

- 入口点的地址值：entry-address。比如-entry 0x0 指定初始入口点是地址为 0x0 的地方。
- 地址符号：symbol。比如-entry int-handler 指定初始入口点是地址为地址标号 int-handler 的地方。如果选项中指定的符号在映像文件中有多个定义时，ARM 连接器将报告错误信息。
- 相对于某个目标中特定的段一定偏移量的位置：offset+section(object)。例如-entry 8+startup(startupreg)。

### 17. -keep section-id

选项-keep section-id 指定目标 section-id 不能被删除。选项中的参数 section-id 的可能取值格式及其含义如下。

- symbol：包含符号 symbol 的输入段将被 ARM 连接器视为将要被使用的段，这样，在删除未被使用的段时，该段将被保留。当映像文件中包含符号 symbol 的多个定义时，所有包含符号 symbol 的段都将被连接器保留。例如，使用连接选项-keep int-handler 后，包含符号 int-handler 的段将会被连接器保留。
- object(section)：在目标文件 object 中的 section 段将被 ARM 连接器保留。目标名称和段名称都是不区分大小写的。例如-keep vectors.o(vect)，可以在 ARM 连接器的命令行中包括多个该格式的-keep 选项。
- object：当目标文件 object 中只有一个输入段时，使用这种格式指示 ARM 连接器在删除未被使用的段时，保留该目标文件中的该输入段。如果目标文件 object 中含有多个输入段，连接器将保存错误信息。可以在 ARM 连接器的命令行中包括多个该格式的-keep 选项。

### 18. -first section-id

选项-first section-id 可以将输入段 section-id 放置到其所在的运行时域的开始位置。通过这个选项，可以将包含复位和中断向量的段放置到映像文件的开头。其中参数 section-id 可能的取值格式及其含义如下。

- symbol：包含符号 symbol 的输入段将被 ARM 连接器放置在其所在的运行时域的开头。当映像文件中包含符号 symbol 的多个定义时，该符号不能作为本连接选项的参数。例如，使用连接选项-first reset 后，连接器将包含符号 reset 的段放置到其所在的运行时域的开头。
- object(section)：在目标文件 object 中的 section 段将被 ARM 连接器放置在其所在的运行时域的开头。例如-first vectors.o(vect)。
- object：当目标文件 object 中只有一个输入段时，使用这种格式指示 ARM 连接器将该目标文件包含的输入段放置到其所在的运行时域的开头。如果目标文件 object 中含有多个输入段，连接器将保存错误信息。

连接选项-first 不能改变根据输入段属性进行排序的规则，它只能改变根据输入段名称和其在输入段列表中的顺序排序的规则。也就是说，如果使用连接选项-first 指定一个输入段，只有该输入段所在的输出段位于运行时域的开始位置时，该输入段才能位于整个运行时域的开始位置。

19. -last section-id

选项-last section-id 可以将输入段 section-id 放置到其所在的运行时域的最后一个位置。通过这个选项，可以将包含校验和数据的段放置到 RW 属性的运行时域的结尾。其中参数 section-id 可能的取值格式及其含义如下。

- symbol：包含符号 symbol 的输入段将被 ARM 连接器放置在其所在的运行时域的结尾。当映像文件中包含符号 symbol 的多个定义时，该符号不能作为该连接选项的参数。例如，使用连接选项-last checksum 后，连接器将包含符号 checksum 的段放置到其所在的运行时域的结尾。
- object(section)：在目标文件 object 中的 section 段将被 ARM 连接器放置在其所在的运行时域的结尾。例如-first checksum.o(checksum)。
- object：当目标文件 object 中只有一个输入段时，使用这种格式指示 ARM 连接器将该目标文件包含的输入段放置到其所在的运行时域的结尾。如果目标文件 object 中含有多个输入段，连接器将保存错误信息。

连接选项-last 不能改变根据输入段属性进行排序的规则，它只能改变根据输入段名称和其在输入段列表中的顺序排序的规则。也就是说，如果使用连接选项-last 指定一个输入段，只有该输入段所在的输出段位于运行时域的最后一个位置时，该输入段才能位于整个运行时域的最后一个位置。

20. -libpath pathlist

使用连接选项-libpath pathlist 来指定 ARM 标准 C/C++运行时库的路径。这时指定的是包含路径 armlib 和 cpplib 的父路径。默认的搜索路径是由环境变量 ARMLIB 指定的，该连接选项-libpath 指定的 ARM 标准 C/C++运行时库的路径优先级高于使用环境变量 ARMLIB 指定的 ARM 标准 C/C++运行时库的路径。

21. -scanlib

选项-scanlib 指示 ARM 连接器扫描默认的 C/C++运行时库，以解析各目标文件中被引用的符号。该选项是默认的选项。

22. -noscanlib

选项-noscanlib 指示 ARM 连接器在进行连接操作时，不扫描索默认的 C/C++运行时库来解析各目标文件中被引用的符号。

23. -locals

选项-locals 指示 ARM 连接器在生成映像文件时，将局部符号也保存到输出符号表中，该选项是默认的选项。

24. -nolocals

选项-nolocals 指示 ARM 连接器在生成映像文件时，不把局部符号保存到输出符号表中。当用户希望减小映像文件的大小时，该选项是一个有效的选项。

### 25. -callgraph

选项-callgraph 指示连接器生成一个 HTLM 格式的静态函数调用图。该图中包含了映像文件中所有函数的定义与引用情况。

(1) 对于函数 func()来说，函数调用图中包含了下述信息。

- 函数 func()编译时的处理器状态：ARM 状态或者 Thumb 状态。
- 调用函数 func()的函数集合。
- 被函数 func()调用的函数集合。
- 函数 func()在映像文件中被寻址的次数。

(2) 函数调用图还表示了函数的下述特性。

- 被 interworking 的小代码段(veneer)调用的函数。
- 在本映像文件之外定义的函数，例如在 C\C++运行时库中定义的函数。
- 允许未被定义的函数，例如被以 weak 方式引用的函数。

(3) 函数调用图还表示与数据栈使用相关的信息。

- 每次调用使用的数据栈的大小。
- 函数调用使用的最大栈大小。

### 26. -info topics

选项-info topics 指示连接器显示特定种类的信息。参数 topics 是用逗号隔开的信息类型标识符列表。信息类型标识符列表中不能包含空格。其中可能的信息标识符如下。

- sizes：显示映像文件中各输入段或者 C\C++运行时库成员的代码和数据大小，其中数据包括 RW 数据、RO 数据、ZI 数据和调试数据。
- totals：显示映像文件中所有输入段或者 C\C++运行时库成员的代码和数据大小的总和。
- veneers：显示 ARM 连接器产生的 veneers 的详细信息。
- unused：显示当使用连接选项-remove 时，删除的未被使用的段的信息。

### 27. -map

选项-map 指示连接器产生一个关于映像文件的信息图(map)。该信息图中包括各运行时域的起始地址和大小、各加载时域的起始地址和大小、映像文件中各输入段(包括调试信息输入段和连接器产生的输入段)的起始地址和大小。

### 28. -symbols

选项-symbols 指示连接器列出连接过程中的局部和全局符号及其数值，包括连接器产生的符号。

### 29. -symdefs file

使用连接选项-symdefs file 后，在完成所有的其他连接操作后，ARM 连接器可以生成一个 symdefs 文件。对于部分连接和失败的连接操作，ARM 连接器不会产生 symdefs 文件。

连接选项-symdefs file 生成相应的 symdefs 文件时可以有以下两种情况。

- 如果连接选项中指定的文件 file 不存在，则 ARM 连接器生成包括所有全局符号的 symdefs 文件。
- 如果连接选项中指定的文件 file 已存在，则该文件的内容将限制 ARM 连接器生成的 symdefs 文件中包括哪些符号。

30. -edit file

选项-edit file 可以指定一个 steering 类型的文件，用于修改输出文件中的输出符号表的内容。steering 类型的文件中的命令可以完成下述操作。

- 隐藏全局符号。
- 重命名全局符号。

31. -xref

选项-xref 指示连接器列出所有输入段间的交叉引用。

32. -xreffrom object(section)

选项-xreffrom object(section)指示连接器列出所有从目标文件 object 中的 section 段到其他输入段的引用。

33. -xrefto object(section)

选项-xrefto object(section)指示连接器列出所有从其他输入段到目标文件 object 中的 section 段的引用。

34. -errors file

选项-errors file 指示连接器将诊断信息从标准输出流重定向到文件 file 中。

35. -list file

选项-list file 将连接选项-info、-map、-symbol、-xref、-xreffrom、-xrefto 的输出重定向到文件 file 中。

如果 file 没有指定路径信息，则该文件将被保存到与输出的映像文件相同的路径中，该路径称为输出路径。

36. -verbose

选项-verbose 指示连接器显示关于本次连接操作的详细信息。其中包括目标文件以及 C\C++运行时库的信息。

37. -unmangled

选项-unmangled 指示连接器在诊断信息和连接选项-xref、-xreffrom、-xrefto、-symbol 产生的列表中显示 unmangled 的 C++符号名称。

当指定了本连接选项后，连接器 unmangled 各 C++符号名，以它们在源文件中的形式显示。该选项是默认的选项。

38. -mangled

选项-mangled 指示连接器在诊断信息和连接选项-xref、-xreffrom、-xrefto、-symbol 产生的列表中显示 mangled 的 C++符号名称。

当指定了本连接选项后，连接器 unmangled 各 C++符号名，以它们在目标文件中的形式显示。

39. -via file

选项-via file 指定 via 格式的文件。via 格式的文件中包含了 ARM 连接器各命令行的选项，ARM 连接器可以从该文件中读取相应的连接器命令行选项。这在限制命令行长度的操作系统中非常有用。

40. -strict

选项-strict 指示连接器将可能造成失效的条件作为错误信息来报告，而不是作为警告信息来报告。

41. -unresolved symbol

在连接选项-unresolved symbol 中，symbol 是一个已经定义的全局符号。ARM 连接器在进行连接操作时，将所有未被解析的符号引用指向符号 symbol。

这种做法在自顶而下的设计中非常有用。在这种情况下使用本连接选项，可以连接部分实现的系统。

42. -input-file-list

选项-input-file-list 是一个用空格分隔的目标文件和库文件的列表。Symdefs 格式的文件也是一种目标文件，可以包含在该选项中。

在该选项中包含库文件可以有以下两种方式。

- 在该选项中指定从某库文件中提取特定的目标文件，如 mystring.lib(strcpy.o)从库文件 mystring.lib 中提取目标文件 strcpy.o。
- 在该选项中指定某库文件，连接器根据需要从其中提取相应的成员。

## 11.9　使用 scatter 文件定义映像文件的地址映射

前面已经介绍过，一个映像文件中可以包含多个域(Region)，每个域在加载时和运行时可以有不同的地址。每个域可以包括多达 3 个输出段，每个输出段是由具有相同属性的若干输入段组成的。这样，在生成映像文件时，ARM 连接器就需要知道以下信息。

- 分组信息：决定如何将各输入段组织成相应的输出段和域。
- 定位信息：决定各域在存储空间中的起始地址。

根据映像文件中地址映射的复杂程度，有两种方法可以告诉 ARM 连接器这些相关的信息。对于映像文件中地址映射关系比较简单的情况，可以使用命令行选项；对于映像文件中地址映射关系比较复杂的情况，可以使用一个配置文件。

当映像文件中包含最多两个域，每个域中可以最多有 3 个输出段时，可以使用以下连接器连接选项告诉连接器相关的地址映射关系。

- -ropi
- -rwpi
- -ro_base
- -rw_base
- -split

当映像文件中地址映射关系更复杂时，可以使用一个配置文件告诉连接器相关的地址映射关系。这可以通过下面的连接选项来实现。关于配置文件格式，在后面将有详细的介绍。

```
-scatter filename
```

本节介绍 scatter 文件的格式及其用法。

## 11.9.1 scatter 文件概述

scatter 文件是一个文本文件，它可以用来描述 ARM 连接器生成映像文件时需要的信息。具体来说，在 scatter 文件中可以指定以下信息。

- 各个加载时域(Load Region)的加载时起始地址(Load Address)和最大尺寸。
- 各个加载时域的属性。
- 从每个加载时域中分割出的运行时域。
- 各个运行时域的运行时起始地址(Excution Address)和最大尺寸。
- 各个运行时域的存储访问特性。
- 各个运行时域的属性。
- 各个运行时域中包含的输入段。

在这里，使用 BNF 语法来描述 scatter 文件的格式。BNF 语法的基本元素如表 11.8 所示。

表 11.8 BNF 语法的基本元素

| 符 号 | 含 义 |
|---|---|
| A::=B | 将 A 定义成 B |
| [A] | A 为可选项 |
| A+ | A 重复 1 次或任意多次 |
| A* | A 重复 0 次或任意多次 |
| A\|B | 或者为 A 或者为 B |
| (AB) | A 与 B 是一起出现的 |

同时，在使用 BNF 语法描述 scatter 文件的格式时，还定义了一些元素。这些元素如表 11.9 所示。

表 11.9　描述 scatter 文件格式时用到的元素

| 元　素 | 含　义 |
| --- | --- |
| 标记及其代表的字符 | LPAREN　(<br>RPAREN　)<br>LBRACE　{<br>RBRACE　}<br>QUOTE　“<br>COMMA　,<br>PLUS　+<br>SEMIC　; |
| 注释行 | 以 SEMIC 开头，延伸到本行结尾 |
| 数值 | 数值 NUMBER 为一个 32 位无符号数，其格式有以下几种：<br>**前缀**　**含义**<br>o　八进制<br>&　十六进制<br>0x　十六进制<br><none>　十进制 |
| 单词 | 单词 WORD 可以是用引号“”括起来的，也可以是未括起来的：<br>未用引号括起来的单词段以字符 LPAREN、RPAREN、LBRACE、RBRACE、COMMA、SEMIC 和空格标识了这种单词段的结束；<br>用引号括起来的单词段以 QUOTE 开始和结束，其中可以包含任意字符。当包含 QUOTE 字符时，使用两个连续的 QUOTE 字符表示一个 QUOTE 字符，如“ab” “c”表示单词 abc |

按照 BNF 语法，scatter 文件的定义如下(在 11.9.2 小节中将详细介绍各部分的含义)。

```
Scatter-description ::= load-region-description+

load-region-description ::= load-region-name
base-designator [attribute-list] [max-size]
LBRACE execution-region-description+ RBRACE

execution-region-description ::= exec-region-name base-designator
[attribute-list] [max-size]
LBRACE input-section-description* RBRACE

base-designator ::= base-address | (PLUS offset)

input-section-description ::=
```

```
module-selector-pattern [ LPAREN input-selectors RPAREN ]

input-selectors ::=
(PLUS input-section-attrs|input-section-pat )
([COMMA] PLUS input-section-attrs|COMMAinput-section-pat)*
```

## 11.9.2 scatter 文件中各部分的介绍

下面介绍 scatter 文件中各组成部分的语法格式。

### 1. 加载时域的描述

加载时域包括名称、起始地址、属性、最大尺寸和一个运行时域的列表。

使用 BNF 语法描述，加载时域的格式如下：

```
load-region-description ::= load-region-name
base-designator [attribute-list] [max-size]
LBRACE execution-region-description+ RBRACE

base-designator ::= base-address | (PLUS offset)
```

其中，各部分的含义如下。

- load-region-name：表示本加载时域的名称。该名称中只有前 31 个字符有意义。它仅仅用来唯一地标识一个加载时域，而不像运行时域的名称除了唯一地标识一个运行时域外，还用来构成连接器生成的连接符号。
- base-designator：用来表示本加载时域的起始地址，它可以有以下两种格式。
  - ◆ base-address：表示本加载时域中的对象在连接时的起始地址值。该值必须是字对齐的。
  - ◆ +offset：表示本加载时域中的对象在连接时的起始地址是在前一个加载时域的结束地址后偏移量 offset(以字节为单位)处。本加载时域是第一个加载时域，则它的起始地址即 offset。
- attribute-list：表示本加载时域的属性，其可能的取值为下面之一。默认取值为 ABSOLUTE。
  - ◆ PI：位置无关属性。
  - ◆ RELOC：重定位。
  - ◆ OVERLAY：ADS 目前没有提供地址空间重叠的管理机制。如果有加载时域地址空间重叠，需要用户自己提供地址空间重叠的管理机制。
  - ◆ ABSOLUTE：为默认取值。
- max-size：指定本加载时域的最大尺寸。如果本加载时域的实际尺寸超过了该值，连接器将报告错误。默认取值为 0xFFFFFFFF。
- execution-region-description：其含义将在下面进行介绍。

### 2. 运行时域的描述

运行时域包括名称、起始地址、属性、最大尺寸和一个输入段的集合。

使用 BNF 语法描述，运行时域的格式如下：

```
execution-region-description ::= exec-region-name base-designator
[attribute-list] [max-size]
LBRACE input-section-description* RBRACE

base-designator ::= base-address | (PLUS offset)
```

其中，各部分的含义如下。

- exec-region-name：表示本运行时域的名称。该名称中只有前 31 个字符有意义。它除了唯一地标识一个运行时域外，还用来构成连接器生成的连接符号。
- base-designator：用来表示本运行时域的起始地址，它可以有以下两种格式。
  - base-address：表示本运行时域中的对象在连接时的起始地址值。该值必须是字对齐的。
  - +offset：表示本运行时域中的对象在连接时的起始地址是在前一个运行时域的结束地址后偏移量 offset(以字节为单位)处。如果前面没有其他的运行时域，本运行时域的起始地址即为包含本运行时域的加载时域的起始地址加上 offset。
- attribute-list：表示本运行时域的属性，其可能的取值如下。
  - PI：位置无关属性。
  - RELOC：重定位。
  - OVERLAY：ADS 目前没有提供地址空间重叠的管理机制。如果有运行时域地址空间重叠，需要用户自己提供地址空间重叠的管理机制。
  - ABSOLUTE：起始地址值由 base-designator 指定。
  - FIXED：固定地址。这时，该域的加载时域地址和运行时域地址是相同的，都是通过 base-designator 指定的，而且 base-designator 必须是绝对地址值或者 offset 为 0。
  - UNINIT：未初始化的数据。
- max-size：指定本运行时域的最大尺寸。如果本运行时域的实际尺寸超过了该值，连接器将报告错误。
- input-section-description：其含义在下面进行介绍。

### 3. 输入段描述

这里描述了一个模式，符合该模式的输入段都将被包含在当前域中。其格式使用 BNF 语法描述：

```
input-section-description ::=
   module-selector-pattern [LPAREN input-selectors RPAREN]
```

其中，各部分含义如下。

- module-selector-pattern 定义了一个文本字符串的模式。其中可以使用匹配符，符号“*”代表零个或者多个字符，符号“?”代表单个字符。进行匹配时，所有字符是大小写无关的。满足以下这些条件之一，认为该输入段是与 module-selector-

pattern 匹配的。

- ◆ 包含输入段的目标文件的名称与 module-selector-pattern 匹配。
- ◆ 包含输入段的库成员的名称(不带前导路径)与 module-selector-pattern 匹配。
- ◆ 包含输入段的库的路径名称与 module-selector-pattern 匹配。

- input-selectors：输入选择器。

### 4. 输入段选择符

输入段选择符定义了一个用逗号分隔的模式列表。该列表中的每个模式定义了输入段名称或者输入段属性的匹配方式。当匹配模式使用输入段名称时，其前面必须使用符号“+”，而符号“+”前面的逗号可以省略。

使用 BNF 语法描述时，输入段选择符的格式如下：

```
input-selectors ::=
(PLUS input-section-attrs|input-section-pat)
([COMMA] PLUS input-section-attrs|COMMAinput-section-pat)*
```

其中，各部分的含义如下。

- input-section-attrs 定义了输入段的属性匹配模式，这些属性匹配模式是大小写无关的，包括以下几个。
  - ◆ RO-CODE。
  - ◆ RO-DATA。
  - ◆ RO：包括了 RO-CODE 和 RO-DATA。
  - ◆ RW-DATA。
  - ◆ RW：包括了 RW-CODE 和 RW-DATA。
  - ◆ ZI。
  - ◆ CODE：是 RO-CODE 的同义词。
  - ◆ CONST：是 RO-DATA 的同义词。
  - ◆ TEXT：是 RO 的同义词。
  - ◆ DATA：是 RW 的同义词。
  - ◆ BSS：是 ZI 的同义词。

  可以使用属性 FIRST、LAST 来指定某输入段处于本运行时域的开头或者结尾。

  使用.ANY 标识一个输入段后，连接器可以根据情况将该输入段安排到任何一个它认为合适的运行时域。
- 定义了输入段名称的匹配模式。其中可以使用匹配符，符号“*”代表零个或者多个字符，符号“?”代表单个字符。进行匹配时，所有字符是大小写无关的。

## 11.9.3 scatter 文件使用举例

下面介绍一些使用 scatter 文件配置映像文件地址映射模式的例子。

### 1. 1 个加载时域和 3 个连续的运行时域

在本例中，映像文件包括 1 个加载时域和 3 个连续的运行时域。这种模式，适合于那些将其他程序加载到 RAM 中的程序，如操作系统的引导程序和 Angel 等。

整个映像文件的地址映射方式如图 11.3 所示。在映像文件运行之前(即加载时)，该映像文件包括一个单一的加载时域，该加载时域中包含所有的 RO 属性的输出段和 RW 属性的输出段，ZI 属性的输出段此时还不存在。在映像文件运行时，生成 3 个运行时域，属性分别为 RO、RW 和 ZI，其中分别包含了 RO 输出段、RW 输出段和 ZI 输出段。RO 属性的运行时域和 RW 属性的运行时域的起始地址与其加载时域的地址相同，因此不需要进行数据移动，ZI 属性的运行时域在映像文件开始执行之前建立。

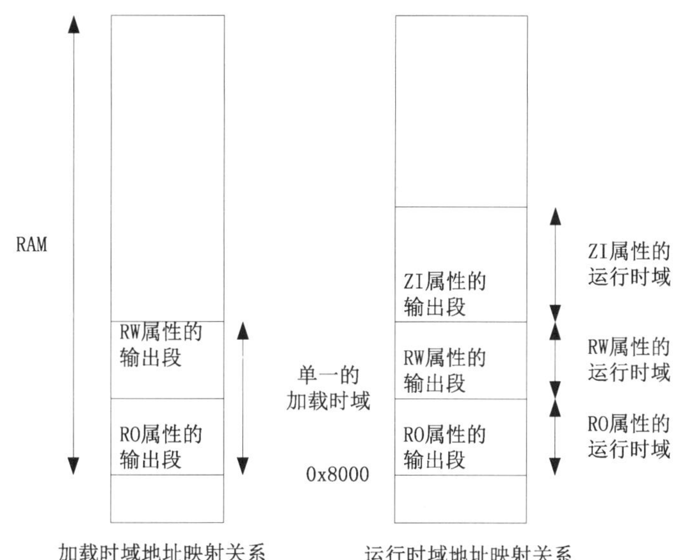


图 11.3　一个加载时域和 3 个连续的运行时域整个映像文件的地址映射方式

可以使用以下连接器命令行选项设置该映像文件的地址映射模式：

```
-ro-base 0x8000
```

也可以使用以下 scatter 文件设置该映像文件的地址映射模式：

```
LR_1 0x8000                ; 定义加载时域的名称为 LR_1，起始地址为 0x8000
{                          ; 开始定义运行时域
ER_RO +0                   ; 第一个运行时域的名称为 ER_RO
                           ; 其起始地址为其前一个运行时域的结束地址的下一个地址
                           ; 这里，运行时域 ER_RO 之前没有其他的域，
                           ; 因此其起始地址为 0x8000
{
*(+RO)                     ; 本域包含了所有的 RO 属性的输出段，它们被连续放置
}
ER_RW +0                   ; 第 2 个运行时域的名称为 ER_RW
                           ; 其起始地址为其前一个运行时域的结束地址的下一个地址
                           ; 这里为 0x8000 + 运行时域 ER_RO 的大小
{
*(+RW)                     ; 本域包含了所有的 RW 属性的输出段，它们被连续放置
}
ER_ZI +0                   ; 第 3 个运行时域的名称为 ER_ZI
```

```
                        ; 其起始地址为其前一个运行时域的结束地址的下一个地址
                        ; 这里为 0x8000 + 运行时域 ER_RO 的大小
                        ; + 运行时域 ER_RW 的大小
{
*(+ZI)                  ; 本域包含了所有的 ZI 属性的输出段，它们被连续放置
}
}
```

### 2. 1 个加载时域和 3 个不连续的运行时域

在本例中，映像文件包括 1 个加载时域和 3 个不连续的运行时域。这种模式，适合于嵌入式应用场合。

整个映像文件的地址映射方式如图 11.4 所示。在映像文件运行之前，即加载时，该映像文件包括一个单一的加载时域，该加载时域中包含所有的 RO 属性的输出段和 RW 属性的输出段，ZI 属性的输出段此时还不存在。在映像文件运行时，生成 3 个运行时域，属性分别为 RO、RW 和 ZI，其中分别包含了 RO 输出段、RW 输出段和 ZI 输出段。RO 属性的运行时域不需要进行数据移动；RW 属性的运行时域的起始地址与其加载时域地址不相同，它加载时处于 ROM 中，运行时处于 RAM 中；ZI 属性的运行时域在映像文件开始执行之前建立。

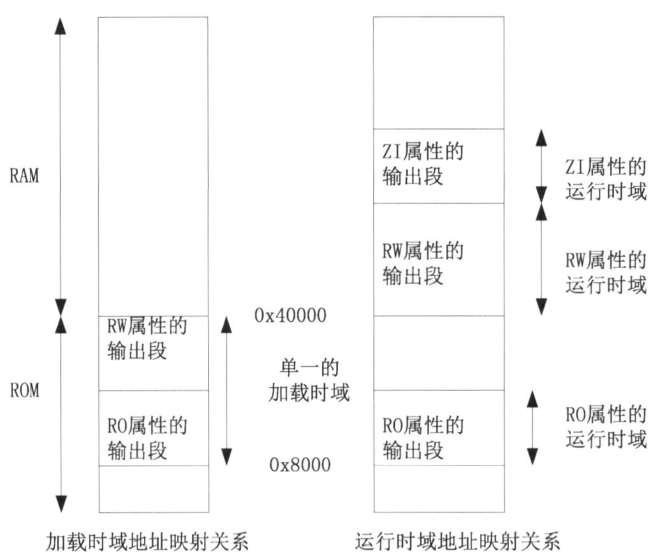


图 11.4　1 个加载时域和 3 个不连续的运行时域整个映像文件的地址映射方式

可以使用以下连接器命令行选项设置该映像文件的地址映射模式：

```
-ro-base 0x8000
-rw-base 0x40000
```

也可以使用以下 scatter 文件设置该映像文件的地址映射模式：

```
LR_1 0x8000             ; 定义加载时域的名称为 LR_1，
                        ; 起始地址为 0x8000，位于 ROM 中
{                       ; 开始定义运行时域
```

```
ER_RO +0                    ; 第 1 个运行时域的名称为 ER_RO
                            ; 其起始地址为其前一个运行时域的结束地址的下一个地址
                            ; 这里运行时域 ER_RO 之前没有其他的域，
                            ; 因此其起始地址为 0x8000
{
*(+RO)                      ; 本域包含了所有的 RO 属性的输出段，它们被连续放置
}
ER_RW 0x40000               ; 第 2 个运行时域的名称为 ER_RW
                            ; 其起始地址为 0x40000，位于 RAM 中
{
*(+RW)                      ; 本域包含了所有的 RW 属性的输出段，它们被连续放置
}
ER_ZI +0                    ; 第 3 个运行时域的名称为 ER_ZI
                            ; 其起始地址为其前一个运行时域的结束地址的下一个地址
                            ; 这里为 0x40000+运行时域 ER_RW 的大小
{
*(+ZI)                      ; 本域包含了所有的 ZI 属性的输出段，它们被连续放置
}
}
```

### 3. 2 个加载时域和 3 个不连续的运行时域

在本例中，映像文件包括 2 个加载时域和 3 个不连续的运行时域。

整个映像文件的地址映射方式如图 11.5 所示。在映像文件运行之前(即加载时)，该映像文件包括 2 个加载时域，其中一个加载时域中包含所有的 RO 属性的输出段，另一个加载时域中包含了所有 RW 属性的输出段，ZI 属性的输出段此时还不存在。在映像文件运行时，生成 3 个运行时域，属性分别为 RO、RW 和 ZI，其中分别包含了 RO 输出段、RW 输出段和 ZI 输出段。RO 属性的运行时域不需要进行数据移动；RW 属性的运行时域的起始地址与其加载时域地址相同，也不需要进行数据移动；ZI 属性的运行时域在映像文件开始执行之前建立。

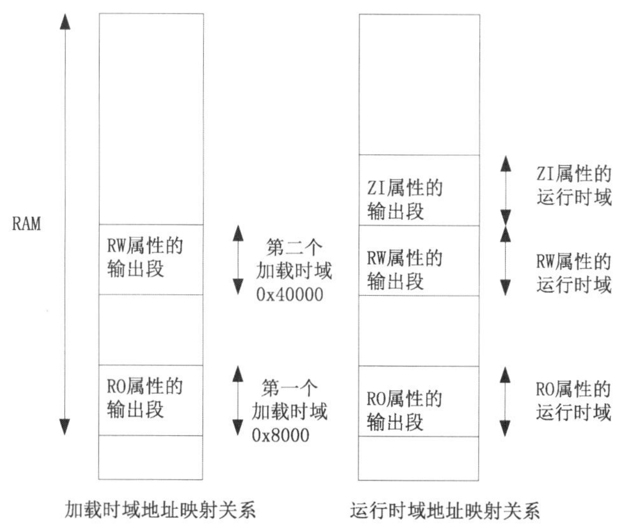


图 11.5　2 个加载时域和 3 个不连续的运行时域整个映像文件的地址映射方式

可以使用以下连接器命令行选项设置该映像文件的地址映射模式：

```
-split
-ro-base 0x8000
-rw-base 0x40000
```

也可以使用以下 scatter 文件设置该映像文件的地址映射模式：

```
LR_1 0x8000                ; 定义第一个加载时域的名称为 LR_1，起始地址为 0x8000
{                          ; 开始定义运行时域
ER_RO +0                   ; 第 1 个运行时域的名称为 ER_RO
                           ; 其起始地址为其前一个运行时域的结束地址的下一个地址
                           ; 这里运行时域 ER_RO 之前没有其他的域，
                           ; 因此其起始地址为 0x8000
{
*(+RO)                     ; 本域包含了所有的 RO 属性的输出段
                           ; 它们被连续放置
}
}
LR_2 0x40000               ; 定义第 2 个加载时域的名称为 LR_2，
                           ; 起始地址为 0x40000
{                          ; 开始定义运行时域
ER_RW +0                   ; 第 2 个运行时域的名称为 ER_RW
                           ; 其起始地址为 0x40000
{
*(+RW)                     ; 本域包含了所有的 RW 属性的输出段
                           ; 它们被连续放置
}
ER_ZI +0                   ; 第 3 个运行时域的名称为 ER_ZI
                           ; 其起始地址为其前一个运行时域的结束地址的下一个地址
                           ; 这里为 0x40000+运行时域 ER_RW 的大小
{
*(+ZI)                     ; 本域包含了所有的 ZI 属性的输出段
                           ; 它们被连续放置
}
}
```

### 4. 固定运行时域

前面已经介绍过，在一个映像文件中需要指定一个初始入口点(Initial Entry Point)，它是影响文件运行时的入口点。初始入口点必须位于一个固定域中。所谓固定域，是指该域的加载时地址和运行时地址是相同的。如果初始入口点不是位于一个固定域中，ARM 连接器在连接时会产生以下错误信息：

```
L6203E: Entry point (0x00000000) lies within non-root region 32bitRAM
```

使用 scatter 文件时，可以通过以下两种方法来设置固定域。

(1) 设定一个加载时域中的第一个运行时域的运行时地址，使其和该加载时域的加载地址相同。这样，该运行时域就是一个固定域。具体操作包括以下步骤。

① 将运行时域的地址指定为与其所在的加载时域地址相同的值，这里的运行时域是该加载时域包含的第 1 个域。

② 在指定运行时域的地址时，设定起始地址值或者设定偏移量 offset 为 0。

③ 设置该运行时域属性为 ABSOLUTE，这也是默认的值。

下面是使用这种方法的一个例子。其中，加载时域 LR_1 的起始地址为 0x080000，它包含的第 1 个运行时域 ER_RO 中包含了所有的 RO 数据，映像文件的初始入口点所在的输入段也在运行时域 ER_RO 中。运行时域 ER_RO 的起始地址指定为 0x080000，与加载时域 LR_1 的起始地址相同，因此运行时域 ER_RO 是一个固定域。

```
LR_1 0x080000          ; 加载时域 LR_1 的起始地址为 0x080000
{                      ; 开始描述运行时域的信息
ER_RO 0x080000         ; 运行时域 ER_RO 的起始地址与加载时域 LR_1 的起始地址相同
{
*(+RO)                 ; 运行时域 ER_RO 中包含了所有的 RO 数据
                       ; 包含初始入口点的输入段也在该域中
}
; 其他部分内容
```

(2) 通过将某个运行时域的属性设置成 FIXED，来保证其加载时地址和运行时地址相同。例如：

```
LR_1 0x080000              ; 加载时域 LR_1 的起始地址为 0x080000
{                          ; 开始描述运行时域的信息
ER_RO 0x080000             ; 运行时域 ER_RO 的起始地址与加载时域 LR_1 的起始地址相同
{
*(+RO)                     ; 除了 init.o 之外的其他 RO 数据
}
ER_INIT 0x090000 FIXED     ; 本运行时域的加载时地址和运行时地址都固定为 0x090000
                           ; 这是一个固定域
{
init.o(+RO)                ; 本域中包含了 init.o，其中有映像文件的初始入口点
}
; 其他部分内容
```

### 5. 使用 FIXED 属性将某个域放置在 ROM 中的固定位置

使用 FIXED 属性还可以将映像文件中的特定内容放置到 ROM 中的特定位置。在本例中，将数据块 data.o 放置到 0x7000 处，这样便于使用指针来访问该数据块。同时，本例说明了属性.ANY 的用法。

```
LOAD_ROM 0x0
{
ER_INIT 0x0                ; 第 1 个运行时域 ER_INIT，起始地址为 0x0
{
init.o(+RO)                ; 本运行时域中包含了初始化代码 init.o
}
ER_ROM +0                  ; 第 2 个运行时域 ER_ROM，它紧接在运行时域 ER_INIT 之后
```

```
{
.ANY(+RO)                ; 使用属性.ANY，表示可以用那些没有被指定特别的
                         ; 定位信息的输入段来填充本运行时域
}
DATABLOCK 0x7000 FIXED   ; 第 3 个运行时域，起始地址规定在 0x7000
{
data.o(+RO)              ; 将数据块 data.o 放置在 0x7000 和 0x8000 之间
}
ER_RAM 0x8000            ; 第 4 个运行时域 ER_RAM，起始地址为 0x8000
{
*(+RW,+ZI)               ; 本运行时域中包含了 RW 和 ZI 数据
}
}
```

6. 一个接近实际系统的例子

在一个嵌入式设备中，为了保持好的性能价格比，通常在系统中存在多种存储器。在本例中，系统中包括 Flash 存储器、16 位的 RAM 以及 32 位的 RAM。在系统运行之前，所有程序和数据保存在 Flash 存储器中。系统启动后，包含异常中断处理和数据栈的 vectors.o 模块被移动到 32 位的片内 RAM 中，在这里可以得到较快的运行速度；RW 数据以及 ZI 数据被移动到 16 位片外 RAM 中；其他大多数的 RO 代码在 Flash 存储器中运行，它们所在的域为固定域。

作为嵌入式系统，在系统复位时，RAM 中不包含任何程序和数据，这时所有的程序和数据都保存在 Flash 存储器中。在 ARM 系统中，通常在系统复位时把 Flash 存储器映射到地址 0x0 处，从而使系统可以开始运行。在 Flash 存储器中的前几条指令实现重新将 RAM 映射到地址 0x0 处。

本例中，地址映射模式如图 11.6 所示。在映像文件运行之前，即加载时，该映像文件包括一个单一的加载时域，该加载时域中包含所有的 RO 属性的输出段和 RW 属性的输出段，ZI 属性的输出段此时还不存在。这时所有的数据和代码都保存在地址 0x4000000 开始的 Flash 存储器中。在系统复位后，Flash 存储器被系统中的存储管理部件映射到地址 0x0 处，程序从其中的 init 段开始执行，在 Flash 存储器中的前几条指令实现重新将 RAM 映射到地址 0x0 处。绝大多数的 RO 代码在 Flash 存储器中运行，它们的加载时地址和运行时地址相同，该域为固定域，不需要进行数据移动。包含异常中断处理和数据栈的 vectors.o 模块被移动到 32 位的片内 RAM 中，其起始地址为 0x0(这时 ARM 存储管理系统已经重新进行了地址映射，具体操作参见第 5 章)，在这里可以得到较快的运行速度；RW 数据以及 ZI 数据被移动到 16 位片外 RAM 中，其起始地址为 0x2000。

下面给出了实现上述地址映射模式的 scatter 文件：

```
FLASH 0x04000000 0x80000           ; 定义第 1 个加载时域的名称为 FLASH，
                                   ; 起始地址为 0x4000000，长度为 0x80000
                                   ; 开始定义运行时域
{
    FLASH 0x4000000 0x80000        ; 第 1 个运行时域的名称为 FLASH
                                   ; 其起始地址为 0x4000000，位于 FLASH 中
```

```
    {
        init.o (Init, +First)              ; 本域中包含绝大多数的 RO 代码,
       * (+RO)                             ; 模块 init.o 位于该域的开头
    }
    32bitRAM 0x0000 0x2000                 ; 第 2 个运行时域的名称为 32bitRAM
                                           ; 其起始地址为 0x0, 位于 32 位 RAM 中

    {
        vectors.o (Vect, +First)           ; 本域包含了模块 vectors.o
                                           ; 其中包含了异常中断处理和数据栈
    }
    16bitRAM 0x2000 0x80000                ; 第 3 个运行时域的名称为 16bitRAM
                                           ; 其起始地址为 0x2000, 长度为 0x80000
    {
        * (+RW,+ZI)                        ; 其中包含了 RW 数据和 ZI 数据
    }
}
```

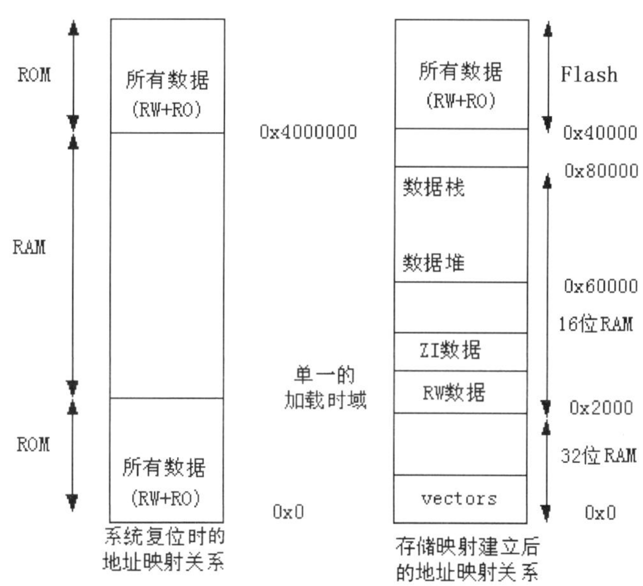


图 11.6　一个比较接近实际的例子的地址映射模式

# 第 12 章　设计嵌入式应用程序案例

本章主要介绍嵌入式应用程序的设计方法。首先介绍嵌入式应用程序设计的基本知识。然后通过几个示例，具体说明嵌入式应用程序的设计方法。对于每个示例，不仅详细介绍程序设计的要点，而且介绍如何使用 ARM 开发工具编译和连接这些程序，生成映像文件。本章是对前面几章知识的综合应用。

12.2～12.4 节中的示例是以 ARM 公司的 PID 为目标系统的。12.5 节中的示例是以 LinkUp 公司的 L7210SDB 评价板为目标系统的。由于各种嵌入式应用环境相差非常大，因此，这里主要是通过这些示例来更直接地介绍嵌入式应用系统的开发方法，具体的代码会因嵌入式环境的不同而有差异。

## 12.1　嵌入式应用程序设计的基本知识

下面介绍嵌入式应用程序设计的基本知识，比较详细地介绍系统初始化时要进行的操作。在后面几节的例子中，还会详细介绍其中的一些技术。

### 12.1.1　嵌入式应用系统中的存储映射

在设计嵌入式应用系统时，为了追求更好的性能价格比，系统中通常包括多种存储器，如 ROM、16 位 RAM、32 位 RAM 和 Flash 等。这样，一个重要的问题是设计其存储系统的布局。

在 ARM 体系结构中，系统复位后将跳转到地址 0x0 处执行，该处存放的是复位异常中断的中断向量。对于嵌入式系统来说，在系统复位时，RAM 中是不存在代码和数据的。因此在系统复位时，地址 0x0 处应该为 ROM，即系统复位后应该首先从 ROM 中开始执行。这时，根据系统在其后运行过程中地址 0x0 处存储器的类型，有以下两种情况。

#### 1. 地址 0x0 处为 ROM

这里所说的地址 0x0 处为 ROM，是指在系统运行过程中，地址 0x0 处为 ROM，对于嵌入式系统来说，在系统复位时，地址 0x0 处总为 ROM。这种情况非常简单，在地址 0x0 处存放着复位异常中断向量，根据此中断向量，程序跳转到相应的位置开始进行系统初始化等操作。

这种情况有一个缺点，通常相对于 RAM 来说，ROM 的数据宽度较小，速度较慢，这会使系统响应异常中断的速度较慢。而且如果异常中断向量表放在 ROM 中，则中断向量表的内容不能修改。

#### 2. 地址 0x0 处为 RAM

这里所说的地址 0x0 处为 RAM，是指在系统运行过程中，地址 0x0 处为 RAM，对于嵌入式系统来说，在系统复位时，地址 0x0 处总为 ROM。因此，对于地址 0x0 处为 RAM

的系统，为了保证系统复位后从 ROM 中开始执行，在系统复位时，系统中的存储映射机构将 ROM 映射到地址 0x0 处，然后在程序运行的最初几条指令中，系统中的存储映射机构进行地址重映射(Remap)，重新将 RAM 映射到地址 0x0 处。

因为相对于 ROM 来说，RAM 的数据宽度较大，速度较快，这会使系统响应异常中断的速度更快。而且如果异常中断向量表放在 RAM 中，程序在运行过程中可以修改中断向量表内容，使得系统更为灵活。

如果在系统正常运行过程中，地址 0x0 处为 RAM，则在系统复位时需要执行以下操作。

(1) 系统复位时，ROM 被映射到地址 0x0 处，程序从这里获取复位异常中断的中断向量。

(2) 执行复位异常中断向量，这里使用的是高位中断向量表。假设系统中 ROM 地址从 0x0f000000 开始，可以通过以下伪指令跳转到存放在 ROM 中的下一条指令处执行：

```
LDR PC,=0x0f000004
```

(3) 设置地址重映射寄存器 REMAP=1，重新将 RAM 映射到地址 0x0 开始的空间。

(4) 完成其他的初始化代码。

对地址空间进行重映射的存储器解码器可以通过以下操作简单地实现：

```
case ADDR(31:24) is
when "0x00"
if REMAP = "0" then
select ROM
else
select SRAM
when "0x0F"
select ROM
when ...
```

## 12.1.2　系统初始化

尽管各种嵌入式应用系统结构以及功能相差很大，但其系统初始化部分完成的操作有很大一部分是相似的。下面介绍基于 ARM 体系的嵌入式应用系统初始化部分的设计。

系统的初始化部分包括以下两个级别的操作。

- 系统运行环境的初始化，包括异常中断向量初始化、数据栈初始化以及 I/O 初始化等。
- 应用程序的初始化，例如 C 语言变量的初始化等。

### 1.　系统运行环境的初始化

对于嵌入式应用系统和具有操作系统支持的应用系统来说，相同运行环境初始化部分的工作是不同的。对于有操作系统支持的应用系统来说，在操作系统启动时，将会初始化系统运行环境。操作系统在加载应用程序后，将控制权转交到应用程序的 main()函数。然后，C 运行时库中的__main()初始化应用程序。而对于嵌入式应用系统来说，由于没有操作系统的支持，存放在 ROM 中的代码必须进行所有的初始化工作。

系统运行环境的初始化主要包括以下内容。

- 标识整个代码的初始入口点。
- 设置异常中断向量表。
- 初始化存储系统。
- 初始化各模式下的数据栈。
- 初始化一些关键的 I/O 接口。
- 初始化异常中断需要使用的 RAM 变量。
- 使能异常中断。
- 如果需要的话，切换处理器模式。
- 如果需要的话，切换处理器状态。

下面比较详细地介绍这些步骤。在后面的具体实例中还会进一步介绍。

1) 设置初始入口点

初始入口点是映像文件运行时的入口点，每个映像文件只有一个唯一的初始入口点，它保存在 ELF 头文件中。如果映像文件是被操作系统加载的，操作系统正是通过跳转到该初始入口点处执行来加载该映像文件的。初始入口点必须满足以下两个条件。

- 初始入口点必须位于映像文件的可执行域内。
- 包含初始入口点的可执行域不能被覆盖，它的加载时地址和运行时地址必须是相同的(这种域称为固定域，即 Root Region)。

可以使用连接选项-entry address 来指定映像文件的初始入口点。这时，address 指定了映像文件的初始入口点的地址值。

当用户没有指定连接选项-entry address 时，连接器将根据以下规则确定映像文件的初始入口点。

- 如果输入的目标文件中只有普通入口点，该普通入口点被连接器当成映像文件的初始入口点。
- 如果输入的目标文件中没有普通入口点，或者其中的普通入口点数目多于一个，则连接器生成的映像文件中不含初始入口点，并且产生以下警告信息：

```
L6305W: Image does not have an entry point. (Not specified or not
set due to multiple choices)
```

2) 设置中断向量表

如果系统在运行过程中，地址 0x0 处为 ROM，则异常中断向量表是固定的，程序在运行过程中不能修改异常中断向量表。

如果系统在运行过程中，地址 0x0 处为 RAM，则在系统初始化时必须重建异常中断向量表。

3) 初始化存储系统

如果系统中存在 MMU 或者 MPU，在进行以下操作时，必须初始化好这些部件。

- 使能 IRQ 中断及 FIQ 中断。
- 涉及 RAM 的操作。

4) 初始化数据栈指针

在 ARM 体系结构中，各种处理器模式都拥有自己的数据栈。根据应用程序中使用异常中断的情况，需要设置表 12.1 中部分或全部数据栈指针。

表 12.1　ARM 体系结构中的数据栈指针

| 名　称 | 用　法 |
| --- | --- |
| sp_SVC | 系统模式下使用的数据栈的指针，该指针必须设置 |
| sp_IRQ | 如果系统中使用了 IRQ 异常中断，必须设置该数据栈指针。<br>在使能 IRQ 异常中断前，必须设置好该数据栈指针 |
| sp_FIQ | 如果系统中使用了 FIQ 异常中断，必须设置该数据栈指针。<br>在使能 FIQ 异常中断前，必须设置好该数据栈指针 |
| sp_ABT | 数据访问中止异常中断模式和指令预取中止模式下使用的数据栈指针 |
| sp_UND | 未定义指令异常中断模式下的数据栈指针 |
| sp_USR | 程序在用户模式下使用的数据栈的指针。<br>通常，在处理器切换到用户模式下，准备开始这些应用程序时，设置该数据栈指针 |

如果应用系统中使用了 C/C++运行时库，用户必须重新实现函数__user_initial_stackheap()。在这个函数中，可以告诉 C/C++运行时库可用于数据栈的存储区域。如果用户没有重新实现函数__user_initial_stackheap()，则 C/C++运行时库将使用调试器的内部变量$top_of_memory，在 ARM 调试器中，该变量的默认值为 0x8000。

5)　初始化关键的 I/O 设备

这里所说的关键的 I/O 设备，是指那些必须在使能 IRQ 和 FIQ 之前进行初始化的 I/O 设备。这些设备如果在使能 IRQ 和 FIQ 之前没有初始化，可能产生假的异常中断信号。

6)　设置中断系统需要的 RAM 变量

在有些异常中断处理程序中，需要使用指向 RAM 中数据缓冲区的指针，这些指针也必须在这里初始化。

7)　使能异常中断

直到初始化进行到这一步，才能使能异常中断。使能异常中断是通过清除 CPSR 寄存器中的中断禁止位实现的。

8)　切换处理器模式

直到目前为止，系统还处于特权模式。如果下面要运行的应用程序是在用户模式下运行，就需要将处理器模式切换到用户模式。处理器切换到用户模式后，可以初始化用户模式下使用的数据栈指针。

9)　切换程序状态

所有的 ARM 内核都是从 ARM 状态开始执行的，包括 T 变种的 ARM 内核。也就是说，系统复位异常中断处理程序都是 ARM 代码。如果应用程序编译成 Thumb 代码，连接器会自动添加由 ARM 状态到 Thumb 状态的小代码段(veneer)，以实现由 ARM 状态切换到 Thumb 状态。当然，用户也可以自己手工添加这种进行程序状态切换的代码。

```
ORR lr, pc, #1
BX lr
```

### 2. 应用程序的初始化

应用程序的初始化主要包括以下内容。

- 将已经初始化的数据搬运到可写的数据区。在嵌入式系统中，已经初始化的数据在映像文件运行之前通常保存在 ROM 中，在程序运行过程中，这些数据可能会被修改。因而，在映像文件运行之前，需要将这些数据搬运到可写的数据区。这部分数据通常就是映像文件中的 RW 属性的数据。
- 在可写存储区建立 ZI 属性的可写数据区。通常在映像文件运行之前，也就是保存在 ROM 中时，映像文件中没有包含 ZI 属性的数据。在运行映像文件时，在系统中可写的存储区域建立 ZI 属性的数据区。

如果应用程序中包含函数 main()，编译器在编译该函数时，将引用符号__main。这样，连接器在连接时将包含 C 运行时库中的相应内容。__main 可以完成这部分应用程序的初始化。

如果应用程序中没有包含函数 main()，应用程序中需要包括进行这部分初始化工作的代码。

上述两种初始化的实现方式在后面的例子中都会有说明。

## 12.2 使用 semihosting 的 C 语言程序示例

semihosting 技术将应用程序中的 I/O 请求通过一定的通道传送到主机(Host)，由主机上的资源响应应用程序的 I/O 请求，而不是由应用程序所在的计算机响应应用程序的 I/O 请求。

SWI 指令可以根据指令中的参数，以及相关寄存器的值选择执行某个特定的子程序。ARM 体系利用 SWI 提供 semihosting 功能。

本示例是一个使用 semihosting 的 C 语言程序示例。程序中包含了函数 main()。这时，C 运行时库中的函数__main()将完成各种初始化操作，应用程序中则不需要进行这些初始化操作。

### 12.2.1 源程序分析

在 main()函数中，调用了一些用户自己定义的子函数，包括 demo_malloc()、demo_sscanf()、demo_printf()、demo_float_print()及 demo_sprintf()。这些子程序使用 semihosting 的 SWIs 实现相应的功能。

本应用程序可以运行在本示例所描述的 semihosting 环境中，也可以运行在嵌入式环境下。程序中的宏变量 EMBEDDED 用来区分这两种运行环境。当定义了 EMBEDDED 时，程序运行于嵌入式环境，当未定义 EMBEDDED 时，程序运行于 semihosting 环境。

当程序运行于嵌入式环境时，该嵌入式系统的存储系统有两种映射方式。在第一种方式中，系统运行期间地址 0x0 处为 RAM，在系统复位时，ROM 被映射到地址 0x0 处，程序的前几条指令将 RAM 重新映射到地址 0x0 处。这种方式通过定义程序中的宏变量 ROM_RAM_REMAP 来标识。在第二种方式中，不进行地址重映射，这是通过不定义程序中的宏变量 ROM_RAM_REMAP 来标识的。

就本示例而言，程序中宏变量 EMBEDDED、ROM_RAM_REMAP 以及 USE_SERIAL_PORT 都没有被定义。程序实际上只运行 main()中最后几个子程序调用。这几个子程序使用 semihosting SWIs 提供的功能，在 Angel、ARMulator 和 MultiICE 中都提供了 semihosting SWIs 功能，用户不需要编写其他代码。

程序 12.1 列出了本示例中的源程序。

**【程序 12.1】** 使用 semihosting 的 C 语言程序：

```
#include <stdio.h>
#include <stdlib.h>
#include <math.h>

void demo_printf(void)
{
   printf("Hello World\n");
}

void demo_sprintf(void)
{
   int x;
   char buf[20];

   for (x=1; x<=5; x++)
   {
      sprintf(buf, "Hello Again %d\n", x);
      printf("%s", buf);
   }
}

float f1=3.1415926535898, f2=1.2345678;
/* 将此变量设为全局，以便在读写区域(RW)中可见 */

void demo_float_print(void)
{
   double f3=3.1415926535898, f4=1.2345678;

   printf("Float: f1 x f2 = %f x %f = %f\n", f1, f2, f1*f2);
   printf("Double: f3 x f4 = %14.14f x %14.14f = %14.14f\n",
          f3, f4, f3*f4);
}

int *p;
char *q;

void demo_malloc(void)
{
   p = (int*)malloc(0x1000);
```

```
    if (p==NULL)
    {
        printf("Out of memory\n");
    }
    else
    {
        printf("Allocated p at %p\n", (void*)p);
    }

    if (p)
    {
        free(p);
        printf("Freed p\n");
    }
}

void demo_sscanf(void)
{
    int i;
    float f;
    double d;
    char str[] = "256";

    sscanf(str, "%d", &i);
    sscanf(str, "%hf", &f);
    sscanf(str, "%lf", &d);

    printf("%s => %x\n", str, i);
    printf("%s => %x = %g\n", str, *(int*)&f, f);
    printf("%s => %x %x = %g\n", str, *(int*)&d, *((int*)&d+1), d);
}

//当程序运行于嵌入式环境时，可以将应用程序中的 I/O 请求重定向到串行端口
//函数在另一个源文件中定义，在本示例中没有使用这个子程序
#ifdef EMBEDDED
  extern void init_serial_A(void);
#endif

int main(void)
{
//程序运行于嵌入式环境时
#ifdef EMBEDDED
    //当程序运行于嵌入式环境时，使用下面的 pragma 保证程序中
    //没有使用 semihosting SWIs 的 C 运行时库函数
  #pragma import(__use_no_semihosting_swi)
    //如果程序使用串行端口实现 I/O 功能，调用下面的函数初始化串行端口
  #ifdef USE_SERIAL_PORT
    init_serial_A();              /* 初始化串行 A 端口 */
  #endif
```

```
#endif

   printf("C Library Example\n");

//程序运行于嵌入式环境时
#ifdef EMBEDDED
   //如果系统中进行 RAM/ROM 地址重映射
   #ifdef ROM_RAM_REMAP
   printf("Embedded (ROM/RAM remap, no SWIs) version\n");
  #else
   printf("Embedded (ROM at 0x0, no SWIs) version\n");
  #endif
#else
   printf("Normal (RAM at 0x8000, semihosting) version\n");
#endif

   //本示例中，main()函数中需要运行的代码就是下面这些
   //它们使用 semihosting SWIs 实现了相关的 I/O 请求
   demo_printf();
   demo_sprintf();
   demo_float_print();
   demo_malloc();
   demo_sscanf();

   return 0;
}
```

## 12.2.2　生成映像文件

### 1. 编译 C 程序源文件

使用以下命令行生成 ARM 代码的目标文件：

```
armcc -g -O1  -c main.c
```

使用以下命令行生成 Thumb 代码的目标文件：

```
tcc -g -O1  -c main.c
```

其中，本示例用到的编译选项含义如下。

- -g：指示编译器在目标文件中包含调试信息表。
- -O1：指示编译器优化级别为 1。
- -c：指示编译器只进行编译，不进行连接。

### 2. 连接源文件

使用以下命令行进行连接：

```
armlink main.o -o main.axf
```

其中，本示例用到的连接选项含义如下。

-o：设置生成的映像文件的名称。

在这里，连接时使用了默认存储映射模式。默认情况下，存储映射模式如图 12.1 所示。其中，代码段的起始地址为 0x8000，RW 数据放在代码段之上，ZI 数据放在 RW 数据之上。ARMulator 默认将数据栈的地址设置为 0x08000000。对于各种目标系统，根据系统的具体情况来设置数据栈指针。

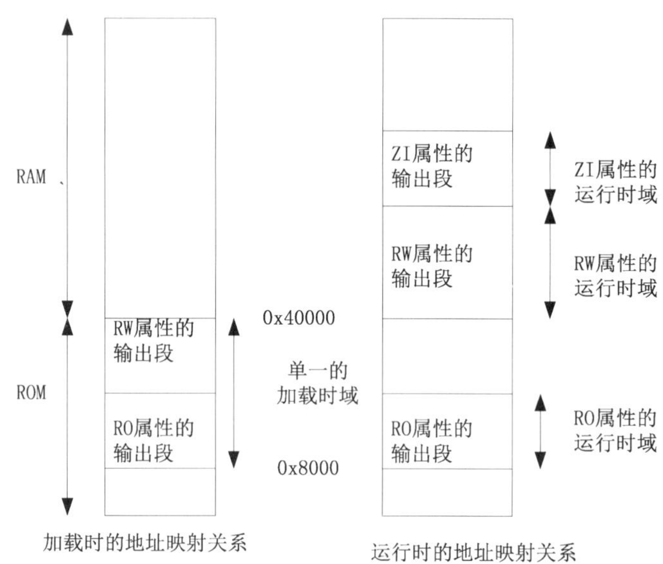


图 12.1　本示例中的地址映射模式

### 3. 运行映像文件

可以使用 ARMulator 来测试映像文件 main.axf，也可以将其下载到目标系统中运行。

## 12.3　一个嵌入式应用系统案例

本案例是在 12.2 中示例的基础上建立的。12.2 中的示例运行环境是 semihosting，其中很多的系统初始化操作是由 C 运行时库完成的，用户并不需要编写相应的代码。本案例提供了系统初始化所需要的操作代码，它可以嵌入目标系统中执行，不需要 semihosting 功能支持。

### 12.3.1　源程序分析

为适应嵌入式应用系统的要求，本案例对 12.2 中的示例做了较大的修改：定义了一些宏变量，标识本案例运行于嵌入环境下；增加了异常中断向量表及异常中断处理程序；重新实现了低级 I/O 功能调用；实现了一个 RS232 串行接口，可以提供另一种 I/O 功能调用。下面具体分析这些代码。

#### 1. main()函数的修改

main()函数的源代码与 12.2 中的示例完全相同，如程序 12.1 所示。这时，为了使应用程序运行于嵌入式环境，定义了宏变量 EMBEDDED，以生成相应的代码。如果 I/O 功能调用使用系统中的 RS232，需要定义宏变量 USE_SERIAL_PORT。

### 2. 异常中断向量表以及异常中断处理程序

为了使应用程序适合于嵌入式应用环境，需要添加异常中断向量表和异常中断处理程序。其中，复位异常中断处理程序中完成系统初始化操作，其源代码存放在源文件 init.s 中。除复位异常中断处理程序外的其他异常中断处理程序以及异常中断向量表的源代码存放在源文件 vector.s 中。

本案例中，存储地址 0x0 处为 ROM。异常中断向量表被固定编码于地址 0x0 开始的区域。在本案例中，除处理复位异常中断的处理程序外，其他的异常中断处理程序中只是简单地循环跳转，没有其他操作。具体的代码如程序 12.2 中所示。

**【程序 12.2】** 源文件 vector.s：

```
;;; Copyright ARM Ltd 1999. All rights reserved.
; 定义本代码段名称为 Vect，属性为 READONLY
AREA Vect, CODE, READONLY
; *****************
; 异常中断向量表
; 在这里使用 LDR 指令，而不使用 B 指令是基于以下两点考虑的
; 其一：B 指令不容易实现被简单复制，因为，这时 B 指令中的地址偏移量常常会出错。
; 而在有些应用场合中，则需要搬运异常中断向量表。
; 其二：B 指令的跳转范围小于 32MB，这样，如果异常中断处理程序的起始地址大于 32MB，
; 就不适合使用 B 指令
LDR PC, Reset_Addr
LDR PC, Undefined_Addr
LDR PC, SWI_Addr
LDR PC, Prefetch_Addr
LDR PC, Abort_Addr
; 下面是一个保留的异常中断向量位置
NOP
LDR PC, IRQ_Addr
LDR PC, FIQ_Addr

; Reset_Handler 是在 init.s 中定义的，这里要引入它
IMPORT Reset_Handler

; 各异常中断处理程序的起始地址表
Reset_Addr          DCD Reset_Handler
Undefined_Addr      DCD Undefined_Handler
SWI_Addr            DCD SWI_Handler
Prefetch_Addr       DCD Prefetch_Handler
Abort_Addr          DCD Abort_Handler
; 对应于保留的异常中断向量的处理程序地址
DCD 0
IRQ_Addr            DCD IRQ_Handler
FIQ_Addr            DCD FIQ_Handler
```

```
; ************************
; 下面是各异常中断处理程序的函数体，复位异常中断的处理程序在 init.s 文件中定义
; 下面这些异常中断处理函数都是空函数，如果用户需要使用其中某些异常中断，则需要添加
; 相应的代码
Undefined_Handler
B Undefined_Handler
SWI_Handler
B SWI_Handler
Prefetch_Handler
B Prefetch_Handler
Abort_Handler
B Abort_Handler
IRQ_Handler
B IRQ_Handler
FIQ_Handler
B FIQ_Handler
END
```

在 12.1 节中已经介绍过系统初始化过程包括的操作步骤。本案例中，系统初始化操作放在了复位异常中断处理程序中。其中很多操作步骤没有实现，但是给出了相应的注释，用户需要时，可以添加相应的代码。具体代码如程序 12.3 所示。

**【程序 12.3】** 源文件 init.s：

```
; ; ; Copyright ARM Ltd 1999. All rights reserved.
; 定义本代码段名称为 Init，属性为 READONLY
AREA Init, CODE, READONLY
; 定义一些符号，对应着各处理器模式以及 CPSR 寄存器中的 I 位和 F 位
; 下面是 CPSR 中各种处理器模式对应的控制位
Mode_USR EQU 0x10
Mode_FIQ EQU 0x11
Mode_IRQ EQU 0x12
Mode_SVC EQU 0x13
Mode_ABT EQU 0x17
Mode_UNDEF EQU 0x1B
Mode_SYS EQU 0x1F
; 下面是 CPSR 中的中断禁止位
; 如果 I 位被设置，则禁止 IRQ 异常中断
; 如果 F 位被设置，则禁止 FIQ 异常中断
I_Bit EQU 0x80
F_Bit EQU 0x40

; 定义系统中的 RAM 最高地址
; 对于 RAM 为 512KB 的 ARM 评价板，该值设为 0x80000
; 对于 RAM 为 2MB 的 ARM 评价板，该值设为 0x200000
RAM_Limit EQU 0x80000
; 定义各种处理器模式下对应的数据栈的指针
; 其中 RAM 中定义了向下 256 字节的 SVC 数据栈
SVC_Stack EQU RAM_Limit
; 下面为 256 字节的 IRQ 数据栈
```

```
IRQ_Stack EQU RAM_Limit-256
; 如果需要，可以在这里设置 FIQ、ABT、UNDEF 数据栈

; 下面为 IRQ 数据栈
USR_Stack EQU IRQ_Stack-256

; 下面 4 条伪操作定义了在需要进行 ROM/RAM 重映射的情况下的一些符号
; 在 12.4 节中将介绍它们
ROM_Start EQU 0x04000000
Instruct_2 EQU ROM_Start + 4
ResetBase EQU 0x0B000000
ClearResetMap EQU ResetBase + 0x20

ENTRY
; 下面的伪操作中包含了在进行 ROM/RAM 重映射的情况下需要的一些代码
; 在 12.4 节中将介绍它们
IF :DEF: ROM_RAM_REMAP
LDR pc, =Instruct_2
MOV r0, #0
LDR r1, =ClearResetMap
STRB r0, [r1]
ENDIF

; 下面是复位异常中断处理程序
; 在其中完成系统初始化操作
EXPORT Reset_Handler
Reset_Handler
; 下面的代码初始化需要的各种数据栈指针
; 进入 SVC 处理器模式，设置 SVC 处理器模式下的数据栈指针
; 注意，这里关闭了中断 IRQ 和 FIQ
MSR CPSR_c, #Mode_SVC:OR:I_Bit:OR:F_Bit
LDR SP, =SVC_Stack
; 进入 SVC 处理器模式，设置 SVC 处理器模式下的数据栈指针
; 注意，这里关闭了中断 IRQ 和 FIQ
MSR CPSR_c, #Mode_IRQ:OR:I_Bit:OR:F_Bit ; No interrupts
LDR SP, =IRQ_Stack
; 根据需要设置其他的数据栈指针
; ...

; 如果需要的话，在这里初始化存储系统，
; 当系统中包含 MMU 或者 MPU 时，需要在此处初始化这些部件
; 12.5 节中的案例说明这一点
; ...

; 根据需要初始化关键的 I/O 部件，这里所说的关键的 I/O 设备是指
; 那些必须在使能 IRQ 和 FIQ 之前进行初始化的 I/O 设备。
; 这些设备如果在使能 IRQ 和 FIQ 之前没有初始化，可能会产生假的异常中断信号
; ...
```

```
; 设置中断系统需要的 RAM 变量
; 在有些异常中断处理程序中需要使用指向 RAM 中数据缓冲区的指针，
; 这些指针也必须在这里初始化
; ...

; 进入 SVC 处理器模式，设置 SVC 处理器模式下的数据栈指针
; 注意，这里关闭了中断 IRQ 和 FIQ
MSR CPSR_c, #Mode_USR:OR:I_Bit:OR:F_Bit
LDR SP, =USR_Stack

; 跳转到__main 执行
; __main 位于 C 运行时库中
; 使用指令 B，而不使用指令 BL，因为这里不需要返回
IMPORT __main
B __main
END
```

3. 重新实现低级 I/O 功能

在嵌入式应用系统中，常常需要重新实现一些低级的 I/O 功能，以适应目标系统的具体情况。在本案例中，重新实现了子程序 fputc()、ferror()、_sys_exit()、_ttywrch()以及__user_initial_stackheap()。重新实现的这些低级 I/O 功能既可以利用 semihosting SWIs 提供 I/O 功能，也可以使用 RS232 串行端口提供 I/O 功能。关于 RS232 串行端口的驱动程序，将在后面介绍。这些源程序位于源文件 retarget.c 中，如程序 12.4 中所示。

**【程序 12.4】** 源文件 retarget.c：

```
/* Copyright (C) ARM Limited, 1999. All rights reserved. */
#include <stdio.h>
/* #define USE_SERIAL_PORT */

//下面定义使用的 SWI 号
//ARM 指令使用 SWI 0x123456
//Thumb 指令使用 SWI 0xAB
#ifdef __thumb
#define SemiSWI 0xAB
#else
#define SemiSWI 0x123456
#endif

//定义 SWI 函数 void _WriteC()输出一个字符
__swi(SemiSWI) void _WriteC(unsigned op, char *c);
#define WriteC(c) _WriteC (0x3,c)

//定义 SWI 函数_Exit()，从应用程序返回
__swi(SemiSWI) void _Exit(unsigned op, unsigned except);
#define Exit() _Exit (0x18,0x20026)

//定义文件结构
```

```
struct __FILE {
//可以在此处添加需要的代码
  int handle;
};
//定义__FILE 类型的标准输出
FILE __stdout;

//声明外部函数,
//该函数在源文件 serial.c 中定义
//该函数通过 RS232 串行端口发送字符 ch
extern void sendchar(char *ch);

//本案例实现的低级 I/O 函数
//这些函数被其他的高级函数，如 printf 类型的函数调用
//在本案例中 fputc()函数可以根据宏变量 USE_SERIAL_PORT 是否定义来决定执行的功能
int fputc(int ch, FILE *f)
{
char tempch = ch;
//可以在这里添加用户需要的代码，以实现特定的功能
//在本案例中，如果定义了宏变量 USE_SERIAL_PORT，则通过串行端口发送字符 ch
//如果没有定义宏变量 USE_SERIAL_PORT，则通过 SWI 在主机上显示字符 ch
#ifdef USE_SERIAL_PORT
sendchar(&tempch);
#else
WriteC(&tempch);
#endif
return ch;
}

//用户可以重新定义的函数 ferror()，本案例中，该函数仅仅返回一个错误信号
int ferror(FILE *f)
{
return EOF;
}

//重实现的_sys_exit 函数
void _sys_exit(int return_code)
{
//用于调试
Exit();
//无限循环
label:
goto label;
}

void _ttywrch(int ch)
{
char tempch = ch;
#ifdef USE_SERIAL_PORT
```

```
sendchar(&tempch);
#else
WriteC(&tempch);
#endif
}

//定义__user_initial_stackheap()用户数据栈和数据堆可以使用的存储空间
__value_in_regs struct R0_R3
{unsigned heap_base, stack_base, heap_limit, stack_limit;}
__user_initial_stackheap(unsigned int R0, unsigned int SP, unsigned int
    R2, unsigned int SL)
{
struct R0_R3 config;
//定义用户数据堆的起始地址为 0x00060000
config.heap_base = 0x00060000;
//定义用户数据栈的起始地址为参数 SP 的数值
config.stack_base = SP;

//可以使用下面的代码将数据堆放置在 ZI 区域之上
/*
extern unsigned int Image$$ZI$$Limit;
config.heap_base = (unsigned int)&Image$$ZI$$Limit;
//当系统重使用 scatter 格式的配置文件时，
//使用&Image$$region_name$$ZI$$Limit 代替&Image$$ZI$$Limit
//指定数据栈和数据堆的可用存储区域限制
config.heap_limit = SL;
config.stack_limit = SL;
*/
return config;
}
```

4. 串行端口的驱动程序

本案例中实现的 RS232 串行端口驱动程序采用查询方式实现了在串行端口上发送一个字符。在调用函数 sendchar()发送字符之前，必须首先调用 init_serial_A()函数来初始化该串行端口。

在本案例中，当定义了宏变量 USE_SERIAL_PORT 后，可以使用串行端口实现低级 I/O 函数 fputc()，进而供高级 I/O 函数，如 printf()函数调用。sendchar()函数以 9600 波特率、8 位数据、无奇偶校验、1 位停止位的格式发送字符。这部分代码位于源文件 serial.c 中，如程序 12.5 所示。

**【程序 12.5】** 源文件 serial.c：

```
/* Copyright (C) ARM Limited, 1999. All rights reserved. */
#include "pid7t.h"
#include "nisa.h"
#include "st16c552.h"
// init_serial_A(void)初始化串行端口
void init_serial_A(void)
```

```
{
// FCR_Fifo_Enable 使能 Tx 和 Rx 的 FIFO 操作
// FCR_Rx_Fifo_Reset 清除 Rx FIFO 以及 FIFO 计数器
// FCR_Tx_Fifo_Reset 清除 Tx FIFO 以及 FIFO 计数器
*SerA_FCR = FCR_Fifo_Enable
|FCR_Rx_Fifo_Reset | FCR_Tx_Fifo_Reset;
//关闭 loopback 模式
*SerA_MCR = 0;
//使能 Baud Divisor Latch
*SerA_LCR = LCR_Divisor_Latch;
//设置波特率为 9600 时的计数值
//先设置该计数值的低位数值 LSB
//再设置该计数值的高位数值 MSB
*SerA_DLL = DLL_9600_Baud;
*SerA_DLM = DLM_9600_Baud;
//设置数据位为 8 位，停止位为 1 位
*SerA_LCR = LCR_8_Bit_Word_1;
}

//通过串行端口发送一个字符
//使用查询方式发送字符
void sendchar(char *ch)
{
while (!(*SerA_LSR & LSR_Tx_Hold_Empty)) {};
*SerA_THR = *ch;
}
```

## 12.3.2　生成映像文件

### 1. 汇编汇编语言源程序

本案例中包含了两个汇编语言源程序，可以使用以下命令行对其进行汇编处理，生成相应的目标文件。

- armasm -g vector.s。
- armasm -g init.s。

其中，选项-g 用于指示汇编器在目标文件中包含调试信息表。

### 2. 编译 C 语言源程序

使用以下命令行编译本案例中的 C 语言源程序：

- armcc -g -c -O1 main.c –DEMBEDDED。
- armcc -g -c -O1 retarget.c。
- armcc -g -c -O1 serial.c -I ..\include。

其中，本案例用到的编译选项含义如下。

- -g：指示编译器在目标文件中包含调试信息表。
- -O1：指示编译器优化级别为 1。
- -c：指示编译器只进行编译，不进行连接。

- -D：指示编译器定义字符 EMBEDDED。
- -I：指示编译器包含头文件的路径。本案例中，用到的一些头文件存放位置相对于当前路径为..\include。

### 3. 连接源文件

使用以下命令行进行连接：

```
armlink vectors.o init.o main.o retarget.o serial.o
-ro-base 0x0
-rw-base 0x040000
-first vectors.o(Vect)
-entry 0x0
-o embed.axf
-info totals
-map
-list list.txt
```

其中，本案例用到的连接选项含义如下。

- -ro-base 0x0：指示连接器将代码段(RO 段)放置在 0x0 开始的存储区域中。本案例中，地址 0x0 处为 ROM。因而其中的异常中断向量表是固定的，不能在运行时被修改。
- -rw-base 0x040000：指示连接器将数据段(RW 段)放置在 0x040000 开始的存储区域中。本案例中，地址 0x040000 处为 RAM。
- -first vectors.o(Vect)：指示连接器将目标文件 vectors.o 中的输入段 Vect 放到本映像文件的开头。输入段 Vect 中包含了异常中断向量表。
- -entry 0x0：将复位异常中断向量设置成初始入口点。
- -o embed.axf：设置生成的映像文件的名称。
- -info totals：指示连接器显示各目标文件中各类输出段的尺寸信息。
- -map：指示连接器显示映像文件中各输入段的地址映射情况。
- -list list.txt：生成列表文件。

### 4. 生成写入 ROM 的映像文件

使用以下命令行生成烧入 ROM 的映像文件。fromelf 是 ARM 提供的一个应用程序，用来将 elf 格式的映像文件转换成其他格式的映像文件：

```
fromelf  embed.axf -bin -o embed.bin
```

其中，选项-bin 指定了生成的目标文件的格式为 bin。

### 5. 运行映像文件

可以使用 ARMulator 来测试映像文件 main.axf，也可以将其下载到目标系统中运行。

## 12.3.3 本案例中的地址映射模式

本案例中，地址 0x0 开始的 ROM 中包含了代码段(RO 段)；地址 0x040000 开始的

RAM 中包含了数据段以及数据栈和数据堆；在 init.s 中将数据栈指针初始化成 0x80000；retarget.c 中的__user_initial_stackheap 将数据堆指针初始化成 0x060000。

在本案例的应用程序中，使用了 main()函数，因此__main()函数将会调用相应的 C 运行时库中的相关功能，将 RW 数据从 ROM 中复制到 RAM 中，并在 RAM 中建立 ZI 数据段。如果在程序中没有使用 main()函数，则应用程序需要自己进行相关的数据复制和初始化工作。

## 12.4　进行 ROM/RAM 地址重映射的嵌入式应用系统

### 12.4.1　地址映射模式

在一个嵌入式设备中，为了保证性能价格比，通常在系统中存在多种存储器。在本案例中，系统中包含 Flash、16 位的 RAM 以及 32 位的 RAM。在系统运行之前，所有程序和数据保存在 Flash 中。系统启动后，包含异常中断处理和数据栈的 vectors.o 模块被移动到 32 位的片内 RAM 中，在这里可以得到较快的运行速度；RW 数据以及 ZI 数据被移动到 16 位片外 RAM 中；其他大多数的 RO 代码在 Flash 中运行，它们所在的域为固定域。

作为嵌入式系统，在系统复位时，RAM 中不包含任何程序和数据，这时所有的程序和数据都保存在 Flash 中。在 ARM 系统中，通常在系统复位时把 Flash 映射到地址 0x0 处，从而使得系统可以开始运行。在 Flash 中的前几条指令实现重新将 RAM 映射到地址 0x0 处。

本案例中，地址映射模式如图 12.2 所示。在映像文件运行之前(即加载时)，该映像文件包括一个单一的加载时域，该加载时域中包含所有 RO 属性的输出段和 RW 属性的输出段，ZI 属性的输出段此时还不存在。这时所有的数据和代码都保存在地址 0x4000000 开始的 Flash 中。在系统复位后，Flash 被系统中的存储管理部件映射到地址 0x0 处，程序从其中的 init 段开始执行，在 Flash 中的前几条指令实现重新将 RAM 映射到地址 0x0 处。绝大多数的 RO 代码在 Flash 中运行，它们的加载时地址与运行时地址相同，该域为固定域，不需要进行数据移动。包含异常中断处理和数据栈的 vectors.o 模块被移动到 32 位的片内 RAM 中，其起始地址为 0x0(这时 ARM 存储管理系统已经重新进行了地址映射，具体操作参见第 5 章)，在这里可以得到较快的运行速度；RW 数据以及 ZI 数据被移动到 16 位片外 RAM 中，其起始地址为 0x2000。

本案例中，地址映射模式是通过 scatter 格式的文件指定的。下面给出了实现上述地址映射模式的 scatter 文件：

```
FLASH 0x4000000 0x80000              ; 定义第 1 个加载时域的名称为 FLASH，
                                     ; 起始地址为 0x4000000，长度为 0x80000
                                     ; 开始定义运行时域
{
   FLASH 0x4000000 0x80000           ; 第 1 个运行时域的名称为 FLASH
                                     ; 其起始地址为 0x4000000，位于 Flash 中
   {
      init.o (Init, +First)          ; 本域中包含绝大多数的 RO 代码，
      * (+RO)                        ; 模块 init.o 位于该域的开头
```

```
    }
    32bitRAM 0x0000 0x2000            ; 第 2 个运行时域的名称为 32bitRAM
                                      ; 其起始地址为 0x0，位于 32 位 RAM 中

    {
        vectors.o (Vect, +First)      ; 本域包含了模块 vectors.o
                                      ; 其中包含了异常中断处理和数据栈
    }
    16bitRAM 0x2000 0x80000           ; 第 3 个运行时域，名称为 16bitRAM
                                      ; 其起始地址为 0x2000，长度为 0x80000
    {
        * (+RW,+ZI)                   ; 其中包含了 RW 数据和 ZI 数据
    }
}
```

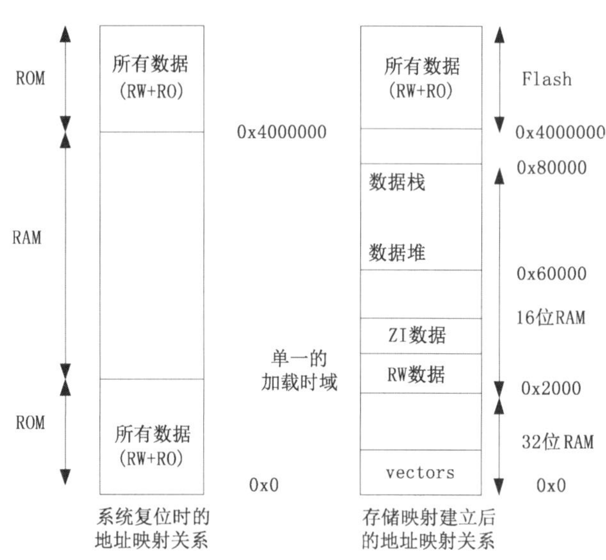


图 12.2　一个比较接近实际的例子

## 12.4.2　源程序分析

本案例的源代码和 12.3 节中案例的源代码完全一样。在 12.3 节的案例中，ROM 固定在地址 0x0 处，系统没有进行 ROM/RAM 地址重映射，这是通过不定义宏变量 ROM_RAM_REMAP 来实现的。当未定义宏变量 ROM_RAM_REMAP 时，源文件 init.s 中的相关部分会被汇编器忽略，因而不进行 ROM/RAM 地址重映射。

在本案例中定义了宏变量 ROM_RAM_REMAP，汇编器将会把相关的代码包含到应用程序中，进行 ROM/RAM 地址重映射。受宏变量 ROM_RAM_REMAP 控制的那些代码在 12.3 节中没有介绍，这些代码如程序 12.6 所示。

**【程序 12.6】** 源文件 init.s 中与地址重映射相关的代码：

```
...
; 下面 4 条伪操作定义了在需要进行 ROM/RAM 重映射的情况下的地址重映射之后 ROM 的起始地址
; 在系统复位时，ROM 起始地址为 0x0，接着在 ROM 中的前几条代码进行地址重映射，
```

```
; 将其地址设为ROM_Start
ROM_Start       EQU 0x4000000
; ROM中的第二条指令
Instruct_2      EQU ROM_Start + 4
; 地址重映射控制器的基地址
ResetBase       EQU 0x0B000000
; 地址重映射控制器的地址
ClearResetMap EQU ResetBase + 0x20
…
ENTRY
; 下面的伪操作中包含了在进行ROM/RAM重映射的情况下需要的一些代码
IF :DEF: ROM_RAM_REMAP
; 在系统复位时，ROM被映射到地址0x0处
; 接着，从代码所在的实际地址(ROM的实际地址)处开始执行下一条指令
LDR pc, =Instruct_2
; 控制地址重映射寄存器，进行地址重映射
MOV r0, #0
LDR r1, =ClearResetMap
STRB r0, [r1]
; 现在，RAM被映射到地址0x0处。
; 这时，异常中断向量表必须从ROM中复制到RAM中。
; 这种复制是由__main中的相关代码完成的。
; 如果应用程序中没有main()函数，
; 则应用程序中必须包含完成这些复制的代码，12.5节中的案例将说明这种用法
ENDIF
```

## 12.4.3 生成映像文件

### 1. 汇编汇编语言源程序

本案例中包含了两个汇编语言源程序，可以使用以下命令行对其进行汇编处理，生成相应的目标文件。

- armasm -g vector.s。
- armasm -g -PD "ROM_RAM_REMAP SETL {TRUE}" init.s。

其中，本案例用到的汇编选项的含义如下。

- 选项-g 用于指示汇编器在目标文件中包含调试信息表。
- 选项-PD 用于定义宏变量。

### 2. 编译 C 语言源程序

使用以下命令行编译本案例中的 C 语言源程序。

- armcc -g -c -O1 main.c -DEMBEDDED -DROM_RAM_REMAP。
- armcc -g -c -O1 retarget.c。
- armcc -g -c -O1 serial.c -I ..\include。

其中，本案例用到的编译选项含义如下。

- -g：指示编译器在目标文件中包含调试信息表。

- -O1：指示编译器优化级别为 1。
- -c：指示编译器只进行编译，不进行连接。
- -D：指示编译器定义字符 EMBEDDED、ROM_RAM_REMAP。
- -I：指示编译器包含头文件的路径。本案例中，用到的一些头文件存放位置相对于当前路径为..\include。

### 3. 连接源文件

使用以下命令行进行连接：

```
armlink vectors.o init.o main.o retarget.o serial.o
-scatter scat_d.scf
-entry 0x04000000
-o embed.axf
-info totals
-info unused
```

其中，本案例用到的连接选项含义如下。

- -scatter scat_d.scf：指示连接器使用 scatter 格式的文件 scat_d.scf 来设置映像文件中的地址映射模式。
- -entry 0x04000000：将复位异常中断向量设置成初始入口点。
- -o embed.axf：设置生成的映像文件的名称。
- -info totals：指示连接器显示各目标文件中各类输出段的尺寸信息。
- -info unused：指示连接器显示未被使用的输入段的信息。

### 4. 生成烧入 ROM 的映像文件

使用以下命令行生成烧入 ROM 的映像文件。fromelf 是 ARM 提供的一个应用程序，用来将 elf 格式的映像文件转换成其他格式的映像文件：

```
fromelf  embed.axf -bin -o embed.bin
```

其中，选项-bin 指定了生成的目标文件格式为 bin。

### 5. 运行映像文件

可以使用 ARMulator 来测试映像文件 main.axf，也可以将其下载到目标系统中运行。

## 12.5 一个嵌入式操作系统案例

在本案例中，介绍了在 LinkUp 公司的 ARM 评价板 L7210SDB 上实现 Nucleus 嵌入式操作系统的一些技术。这里并未给出完整的源代码，但比较详细地介绍了需要的一些关键技术。

### 1. 数据段的搬运

在前面几个例子中，由于应用系统中包含 main()函数，这时__main 函数调用相应的 C 运行时库的功能来实现需要的数据搬运和初始化。但是对于操作系统代码来说，必须包含相关的代码，来完成需要的数据搬运和初始化。具体的代码如程序 12.7 所示。

**【程序 12.7】** RW 数据段的搬运以及 ZI 数据段的建立：

```
;
; 引入连接器产生的符号，
; 根据这些符号，可以判断是否需要进行数据搬运与初始化操作

; 引入 ZI 段的起始地址，保存在 BSS_Start_Ptr 中
BSS_Start_Ptr
    IMPORT  |Image$$ZI$$Base|
    DCD     |Image$$ZI$$Base|
; 引入 ZI 段的结束地址，保存在 BSS_End_Ptr 中
BSS_End_Ptr
    IMPORT  |Image$$ZI$$Limit|
    DCD     |Image$$ZI$$Limit|
; 引入 RO 数据段的起始地址，保存在 ROM_Data_Start_Ptr 中
ROM_Data_Start_Ptr
    IMPORT  |Image$$RO$$Limit|
    DCD     |Image$$RO$$Limit|
; 引入 RW 数据段的起始地址，保存在 RAM _Start_Ptr 中
RAM_Start_Ptr
    IMPORT  |Image$$RW$$Base|
    DCD     |Image$$RW$$Base|

;
;  初始化应用程序中的各种数据
;  将那些已经初始化的数据从 ROM 中复制到 RAM 中，
;  在 RAM 中建立 ZI 数据段，其中包含那些没有初始化的数据
;

; 读取连接器产生的符号值
LDR     a1,=ROM_Data_Start_Ptr
LDR     a1,[a1]                          ; 获取 ROM 数据区域的起始地址
LDR     a2,=RAM_Start_Ptr
LDR     a2,[a2]                          ; 获取 RAM 的起始地址
LDR     a4,=BSS_Start_Ptr
LDR     a4,[a4]                          ; 获取 BSS 区域的起始地址
; 判断是否有已经初始化的数据需要从 ROM 中复制到 RAM 中
CMP     a1,a2
; 如果没有，则处理 ZI 数据段
BEQ     INT_BSS_Clear

; 将已经初始化的数据从 ROM 中复制到 RAM 中
INT_ROM_Vars_Copy
    CMP     a2,a4
   LDRCC   a3, [a1], #4
   STRCC   a3, [a2], #4
BCC     INT_ROM_Vars_Copy
```

```
; 在 RAM 中建立 ZI 数据段
INT_BSS_Clear
    LDR      a2,=BSS_End_Ptr
    LDR     a2,[a2]
    MOV     a3,#0

INT_BSS_Clear_Loop
    CMP     a4,a2
    STRCC   a3,[a4],#4
    BCC     INT_BSS_Clear_Loop
```

2. 异常中断向量表的搬运

当系统运行时，如果地址 0x0 处为 RAM，则需要将异常中断向量表从 ROM 中复制到 RAM 中。在前面几个例子中，由于应用系统中包含 main()函数，这时__main 函数调用相应的 C 运行时库的功能，实现异常中断向量表的复制。但是对于操作系统代码来说，必须包含相关的代码，来完成异常中断向量表的复制。具体的代码如程序 12.8 所示。

【**程序 12.8**】 设置异常中断向量表：

```
; 定义异常中断向量表
; 这里使用函数表存放各异常中断处理程序的入口点
EXPORT  INT_Vectors
INT_Vectors
    LDR pc,INT_Table
    LDR pc,(INT_Table + 4)
    LDR pc,(INT_Table + 8)
    LDR pc,(INT_Table + 12)
    LDR pc,(INT_Table + 16)
    LDR pc,(INT_Table + 20)
    LDR pc,(INT_Table + 24)
    LDR pc,(INT_Table + 28)
; 异常中断处理程序入口点的函数表
    EXPORT  INT_Table
INT_Table
INT_Initialize_Addr     DCD INT_Initialize
Undef_Instr_Addr        DCD Undef_Instr_ISR
SWI_Addr                DCD SWI_ISR
Prefetch_Abort_Addr     DCD Prefetch_Abort_ISR
Data_Abort_Addr         DCD Data_Abort_ISR
; 保留的中断向量对应的处理函数，现在没有使用
Undefined_Addr          DCD 0
IRQ_Handler_Addr        DCD INT_IRQ_Parse
FIQ_Handler_Addr        DCD INT_FIQ_Parse

; IRQ 异常中断中需要处理的各种子程序
; 在系统中很多设备都可能使用 IRQ 异常中断，
; 在 IRQ 异常中断处理程序中根据中断标志位确定具体的中断源，再调用相应的处理程序
IRQ_Table
```

```
External_FIQ_Addr        DCD Default_ISR
Programmed_Int_Addr      DCD Default_ISR
Debug_Rx_Addr            DCD Default_ISR
Debug_Tx_Addr            DCD Default_ISR
Timer_1_Addr             DCD INT_Timer_Interrupt
Timer_2_Addr             DCD Default_ISR
PC_Card_A_Addr           DCD Default_ISR
PC_Card_B_Addr           DCD Default_ISR
Serial_A_Addr            DCD Default_ISR
Serial_B_Addr            DCD Default_ISR
Parallel_Addr            DCD Default_ISR
ASB_Expansion_0_Addr     DCD Default_ISR
ASB_Expansion_1_Addr     DCD Default_ISR
APB_Expansion_0_Addr     DCD Default_ISR
APB_Expansion_1_Addr     DCD Default_ISR
APB_Expansion_2_Addr     DCD Default_ISR

; 下面定义了一些存储空间，在设置新的异常中断向量时，用来保存旧的异常中断向量
OLD_UNDEF_VECT
    DCD &00000000
OLD_UNDEF_ADDR
    DCD &00000000
OLD_SWI_VECT
    DCD &00000000
OLD_SWI_ADDR
    DCD &00000000
OLD_IRQ_VECT
    DCD &00000000
OLD_IRQ_ADDR
    DCD &00000000
OLD_FIQ_VECT
    DCD &00000000
OLD_FIQ_ADDR
    DCD &00000000

; 下面的子程序用于设置异常中断向量表
EXPORT  INT_Install_Vector_Table
INT_Install_Vector_Table

; 保存工作寄存器以及返回地址
   STMDB   sp!,{a1-a4,lr}

;
; 保存原有的异常中断向量表，以备后需。
;  比如在 Angel 下，如果需要使用 printf()函数，就需要恢复原来的 SWI 异常中断向量
;

; 保存 UNDEF 异常中断向量以及相关处理函数的地址
; 保存 UNDEF 异常中断向量
```

```
MOV     a3,#0x04
LDR     a1,[a3,#0]
LDR     a2,=OLD_UNDEF_VECT
STR     a1,[a2,#0]
 ; 保存 UNDEF 异常中断处理函数地址
MOV     a3,#0x24
LDR     a1,[a3,#0]
LDR     a2,=OLD_UNDEF_ADDR
STR     a1,[a2,#0]

; 保存 SWI 异常中断向量以及相关处理函数的地址
; 保存 SWI 异常中断向量
    MOV     a3,#0x08
    LDR     a1,[a3,#0]
    LDR     a2,=OLD_SWI_VECT
    STR     a1,[a2,#0]
; 保存 SWI 异常中断处理函数的地址
    MOV     a3,#0x28
    LDR     a1,[a3,#0]
    LDR     a2,=OLD_SWI_ADDR
    STR     a1,[a2,#0]

; 保存 IRQ 异常中断向量以及相关处理函数的地址
; 保存 IRQ 异常中断向量
    MOV     a3,#0x18
    LDR     a1,[a3,#0]
    LDR     a2,=OLD_IRQ_VECT
    STR     a1,[a2,#0]
; 保存 IRQ 异常中断处理函数的地址
    MOV     a3,#0x38
    LDR     a1,[a3,#0]
    LDR     a2,=OLD_IRQ_ADDR
    STR     a1,[a2,#0]
; 保存 FIQ 异常中断向量以及相关处理函数的地址
; 保存 FIQ 异常中断向量
    MOV     a3,#0x1C
    LDR     a1,[a3,#0]
    LDR     a2,=OLD_FIQ_VECT
    STR     a1,[a2,#0]
; 保存 FIQ 异常中断处理函数的地址
    MOV     a3,#0x3C
    LDR     a1,[a3,#0]
    LDR     a2,=OLD_FIQ_ADDR
    STR     a1,[a2,#0]

; 将异常中断向量表以及异常中断处理函数的地址表从 ROM 中
; 复制到 RAM 中地址从 0x0 开始的区域
    MOV      v5,#0
    ADR      v6,INT_Vectors
```

```
; 复制异常中断向量表
    LDMIA    v6!,{a1-v4}
    STMIA    v5!,{a1-v4}
; 复制异常中断处理函数表
    LDMIA    v6!,{a1-v4}
    STMIA    v5!,{a1-v4}

; 如果使用 ARM 里 C 运行时库中的 PRINTF 之类的函数，需要将 SWI 异常中断向量设置成原来的值
    IF       NU_PRINTF_SUPPORT
    MOV      r0,#0x08
    LDR      r1,OLD_SWI_VECT
    STR      r1,[r0,#0]
    MOV      r0,#0x28
    LDR      r1,OLD_SWI_ADDR
    STR      r1,[r0,#0]
    ENDIF

; 恢复工作寄存器，并从子程序中返回
    LDMIA    sp!,{a1-a4,lr}
    MOV      pc,lr

; 子程序 INT_Install_Vector_Table 结束
```

### 3. 设置各种处理器模式对应的数据栈

各种处理器模式都有自己的数据栈。这里介绍如何使用连接器生成的符号设置这些数据栈的位置与大小。具体的代码如程序 12.9 所示。

**【程序 12.9】** 设置各种处理器模式对应的数据栈：

```
; 下面是 Nucleus 操作系统定义的一些数据栈指针以及相关变量
HISR_Stack_Ptr
    DCD     TMD_HISR_Stack_Ptr
HISR_Stack_Size
    DCD     TMD_HISR_Stack_Size
HISR_Priority
    DCD     TMD_HISR_Priority

System_Stack
    DCD     TCD_System_Stack
System_Limit
    DCD     TCT_System_Limit

; 建立各种数据栈，数据栈紧跟着 BSS 的结尾开始
; 在这之前，应该初始化好 BSS 数据段
; 建立系统模式下的数据栈
    LDR      a1,=BSS_End_Ptr
    LDR      a1,[a1]
    MOV      a2,#SYSTEM_SIZE
    SUB      a2,a2,#4
    ADD      a3,a1,a2
```

```
    BIC     a3,a3,#3
    MOV     v7,a1
    LDR     a4,=System_Limit
    LDR     a4,[a4]
    STR     v7,[a4, #0]
    MOV     sp,a3
    LDR     a4,=System_Stack
    LDR     a4,[a4]
    STR     sp,[a4, #0]
; 建立 IRQ 模式下的数据栈
    MOV     a2,#IRQ_STACK_SIZE
    ADD     a3,a3,a2
    BIC     a3,a3,#3
    MRS     a1,CPSR
    BIC     a1,a1,#MODE_MASK
    ORR     a1,a1,#IRQ_MODE
    MSR     CPSR_cxsf,a1
    MOV     sp,a3
; 建立 FIQ 模式下的数据栈
    MOV     a2,#FIQ_STACK_SIZE
    ADD     a3,a3,a2
    BIC     a3,a3,#3
    MRS     a1,CPSR
    BIC     a1,a1,#MODE_MASK
    ORR     a1,a1,#FIQ_MODE
    MSR     CPSR_cxsf,a1
    MOV     sp,a3
; 返回到特权模式
    MRS     a1,CPSR
    BIC     a1,a1,#MODE_MASK
    ORR     a1,a1,#SUP_MODE
    MSR     CPSR_cxsf,a1
```

# 第 13 章　使用 CodeWarrior 开发工具

在前面已经介绍过 ARM 各开发工具的命令行格式。CodeWarrior for ARM 集成了这些开发工具，使其更直观，使用更方便。

本章简单介绍 CodeWarrior for ARM 的使用方法。主要介绍在 CodeWarrior 中工程文件的组织方法以及生成映像文件时的选项设置方法。

## 13.1　CodeWarrior for ARM 概述

CodeWarrior for ARM 集成开发环境主要提供了以下功能。本章将主要介绍前面的两个功能。本节主要介绍一些基本概念。

- 按照工程项目的方式来组织源代码文件、库文件以及其他文件。
- 设置各种生成选项，以生成不同配置的映像文件。
- 一个源代码编辑器。该编辑器可以根据语言的语法格式使用不同的颜色显示代码中不同的部分。
- 一个源代码浏览器。它保存了代码中定义的各种符号，使得用户可以在源代码中方便地跳转。
- 在文本文件中进行字符串的搜索和替换。
- 文本文件的比较功能。
- 用户还可以根据自己的爱好设置集成环境的特色界面。

本章将会经常提到以下两个概念。

- 目标系统(Target System)：指应用程序运行的环境，可以是基于 ARM 的硬件系统，也可以是 ARM 仿真运行环境。比如，当应用程序运行在 ARM 评价板上时，就称目标系统是该 ARM 评价板。
- 生成目标(Build Target)：指的是用于生成特定的目标文件的生成选项(包括汇编选项、编译选项、连接选项和连接后的处理选项等)以及所用的所有的文件的集合。通常，一个生成目标对应着一个目标文件。比如，ARM 提供的可执行的映像文件的模板包括以下 3 个生成目标。
    - ◆ Debug：使用本生成目标生成的映像文件中包含了所有的调试信息，用于在开发过程中使用。
    - ◆ Release：使用本生成目标生成的映像文件中不包含调试信息，用于生成实际发行的软件版本。
    - ◆ DebugRel：使用本生成目标生成的映像文件中包含了基本的调试信息。

CodeWarrior for ARM 是通过剪裁 Metrowerks CodeWarrior IDE 得到的。早期的 CodeWarrior for ARM 中的很多菜单选项并没有实现。比如，由于 ADS(ARM Developer Suite)的调试器 AxD 是独立于 CodeWarrior for ARM 的，因此 CodeWarrior for ARM 中很多与调试相关的菜单并没有实际意义。用户在使用时可以查阅相关文档，这里不再一一列举。

# 13.2 简单工程项目的使用

在 CodeWarrior 中，通过工程项目来组织用户的源文件、库文件、头文件以及其他的输入文件。这些文件可以按照某种逻辑关系进行分组；一个工程项目中还可以包含其他的子工程项目。一个工程项目中至少包含一个生成目标，每个生成目标定义了一组选项，用于生成特定的目标文件。本节介绍 CodeWarrior 中工程项目的用法。

## 13.2.1 工程项目窗口

工程项目窗口如图 13.1 所示。它包括 Files、Link Order 和 Targets 共 3 种视图。

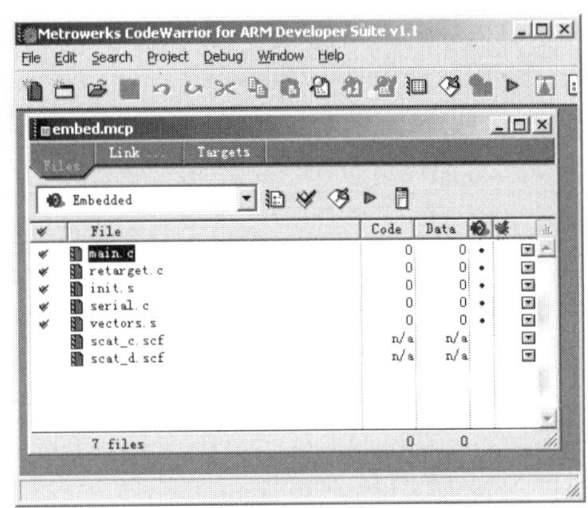

图 13.1 工程项目窗口

### 1. Files 视图

Files 视图如图 13.1 所示，其中包含了该工程项目中所有文件的列表。这些文件可以根据一定的逻辑关系进行分组，也可以包含子工程项目。对于不包含在当前生成目标中的文件，在 Files 视图中也列举出来了。在图 13.1 中，列举了对于生成目标 Embedded 来说各文件的相关信息，这些信息从左到右分为 6 栏，分别说明如下。

- Touch 栏：本栏用于标识对应的文件或子工程项目是否将会被汇编、编译或者引入(对于目标文件和库文件而言)。如果该栏为一个“√”符号，表示对应的文件或子工程项目在下一次执行 Bring Up to Date、Make、Run、Debug 命令时将会被汇编、编译或者引入(对于目标文件和库文件而言)；否则表示对应的文件或者子工程项目不会被汇编、编译或者引入(对于目标文件和库文件而言)。如果符号“√”为灰色，表示对应的子工程项目中只有部分文件将被汇编、编译或者引入(对于目标文件和库文件而言)。
- File 栏：本栏以层次结构显示工程项目中的所有文件以及组，一个组中还可以包含其他的子组。
- Code 栏：本栏显示某个文件生成的可执行目标文件的大小，单位为字节或千字节。

- Data 栏：本栏显示某个文件生成的可执行目标文件中数据的大小，单位为字节、千字节(KB)或者兆字节(MB)。
- Target 栏：本栏表示某个文件是否包含在当前生成目标中。如果该栏为一个“●”符号，表示对应的文件或者组被包含在当前生成目标中；否则表示对应的文件或者组不包含在当前生成目标中。如果符号“●”为灰色，表示对应的子组中只有部分文件被包含在当前生成目标中。
- Debug 栏：对于某个生成目标来说，如果编译器/汇编器没有被配置成对所有文件生成调试信息，则可以使用本栏为单个文件指定是否生成调试信息。如果该栏为选中的，表示编译器/汇编器将为对应的文件或者组生成调试信息；否则表示编译器/汇编器将不为对应的文件或者组生成调试信息。如果符号为灰色，表示编译器/汇编器将为对应的组中的部分文件生成调试信息。

### 2. Link Order 视图

Link Order 视图如图 13.2 所示，其中包含了在当前生成目标中的所有输入文件。默认情况下，Link Order 视图中各输入文件的排列顺序与 Files 视图中各文件的排列顺序是相同的。Link Order 视图为用户提供了修改这种默认连接顺序的方法。通常并不推荐使用这种方式来控制输入文件的连接顺序。

### 3. Targets 视图

Targets 视图如图 13.3 所示。Targets 视图中列举了一个工程项目中的生成目标以及它们之间的相互依存关系。图 13.3 中的 Targets 视图包含了以下 4 个生成目标。

- Semihosted。
- Embedded。
- EmbeddedScatter。
- EmbeddedScatterRemap。

关于生成目标之间的依赖关系，将在后面介绍。

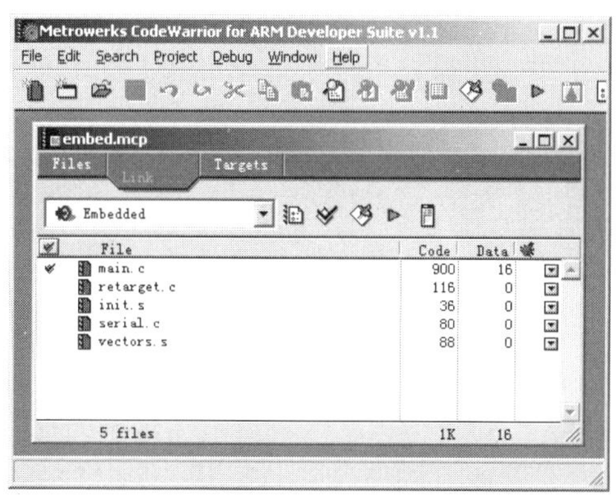

图 13.2　Link Order 视图

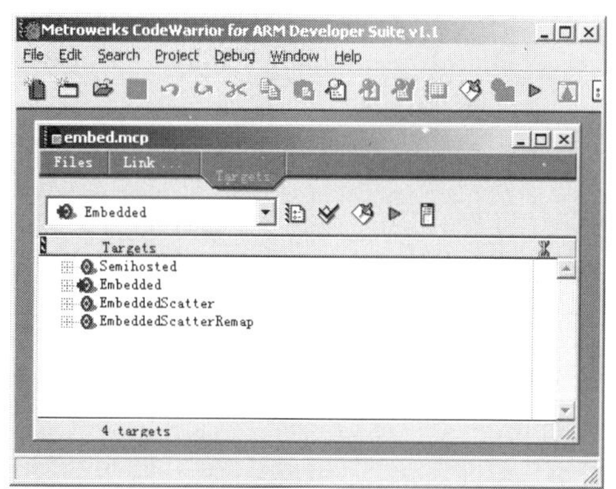


图 13.3　Targets 视图

## 13.2.2　简单工程项目的使用

下面将介绍简单工程项目的使用方法。对于复杂的工程项目，比如包含子工程项目的

工程项目，将在后面介绍。

### 1. 建立一个新的工程项目

建立一个新的工程项目的步骤如下。

(1) 选择 File | New 命令，打开 New 对话框，如图 13.4 所示。该对话框中包含 Project、File 和 Object 共 3 个选项卡。

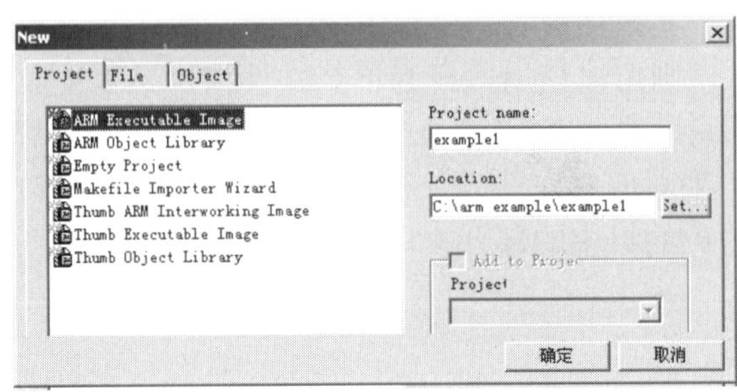



图 13.4 New 对话框

(2) 在 New 对话框中切换到 Project 选项卡。这时 New 对话框中列出了以下可供选择的工程项目模板。

- ARM Executable Image：用于由 ARM 指令的代码生成一个可执行的 ELF 格式的映像文件。
- ARM Object Library：用于由 ARM 指令的代码生成一个 armar 格式的目标文件库。
- Empty Project：用于生成一个不包含任何源文件和库文件的空的工程项目。
- Makefile Importer Wizard：用于将一个 Visual C 的 nmake 文件转换成 CodeWarrior 的工程项目文件。
- Thumb ARM Interworking Image：用于由 ARM 指令和 Thumb 指令的混合代码生成一个可执行的 ELF 格式的映像文件。
- Thumb Executable Image：用于由 Thumb 指令的代码生成一个可执行的 ELF 格式的映像文件。
- Thumb Object Library：用于由 Thumb 指令的代码生成一个 armar 格式的目标文件库。

这里选择 ARM Executable Image 选项，用于由 ARM 指令的代码生成一个可执行的 ELF 格式的映像文件。

(3) 在 Project name 文本框中，输入将要建立的工程项目的名称，这里我们输入“example1”。

(4) 在 Location 文本框中，输入将要建立的工程项目的路径，这里我们输入“C:\arm example\example1”。

(5) 单击【确定】按钮，CodeWarrior IDE 将根据选择的工程项目模板生成一个新的工程项目。所生成的文件及路径如图 13.5 所示。

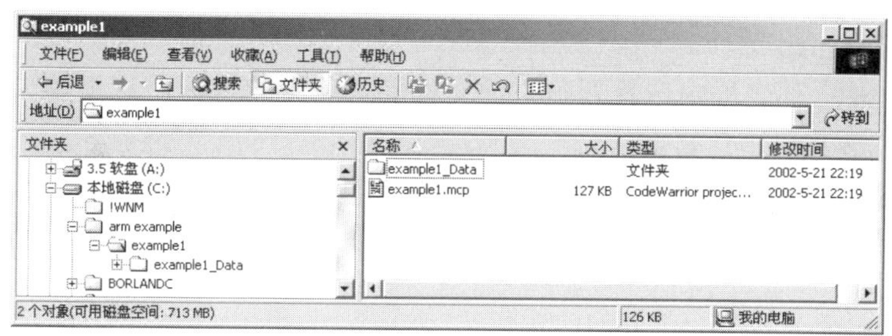

图 13.5　建立一个新工程项目时生成的文件及路径

## 2. 建立一个新的源文件

建立一个新的源文件通常有以下两种方法。

(1) 选择 File | New Text File 命令。

① 选择 File | New Text File 命令，这时将产生一个新的、没有标题的编辑窗口，输入光标位于窗口中的第一行。

② 输入源代码。

③ 保存该文件。

(2) 通过 New 对话框中的 File 选项卡建立一个新的源文件。

① 选择 File | New Text File 命令，打开 New 对话框，切换到 File 选项卡，如图 13.6 所示。

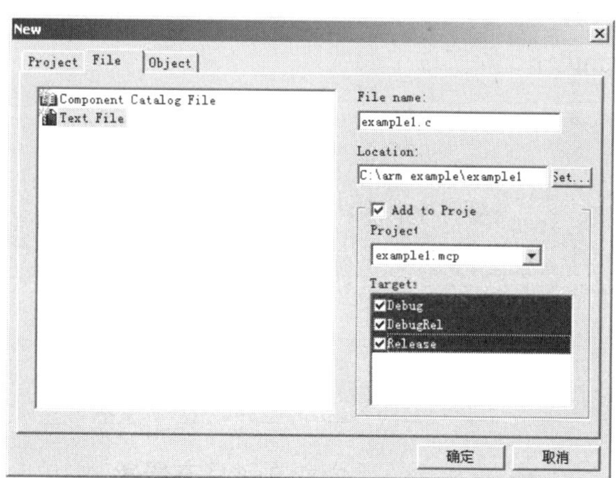

图 13.6　File 选项卡

② 在 File 选项卡中选择 Text File 选项，生成一个文本文件。

③ 在 File name 文本框中输入新建立的文件的名称，这里设置为“example1.c”。

④ 在 Location 文本框中输入将要建立的文件的路径，这里为“C:\arm example\example1”。这时，也可以单击 Set 按钮，从弹出的【标准文件】对话框中选择将要建立的文件的路径。

⑤ 如果想将新建立的文件加入当前工程项目中，则选中 Add to Project 复选框。这时可以进行以下设置。

- 在 Project 下拉列表框中，选择想要加入的工程项目的名称，这里，我们选择

example1.mcp 选项。

- 在 Targets 列表框中选择新建立的文件加入的生成目标，这里的 3 个生成目标中都包含这个新建立的文件。

⑥ 单击【确定】按钮，CodeWarrior IDE 将生成一个新的文件。如果选中 Add to Project 复选框，所生成的文件将被加入相应的工程项目中。这时，该工程项目及其包含的文件如图 13.7 所示。

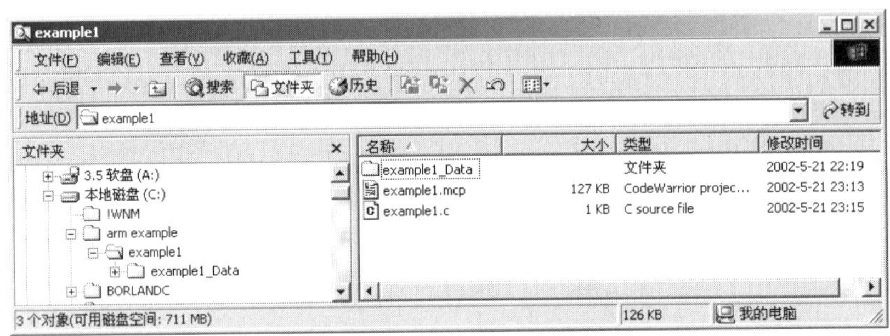

图 13.7 将新建立的文件 example1.c 加入工程项目 example.mcp 中

⑦ 输入源代码。作为一个最简单的示例，example1.c 源文件如程序 13.1 所示。当未定义宏变量 EMBEDDED 时，它运行于 semihosting 环境之下，简单地在主机的显示台显示字符串“Hello World!”。当定义了宏变量 EMBEDDED 时，该程序运行于嵌入式环境下，这时需要添加其他的代码。

**【程序 13.1】** example1.c 源文件中的代码：

```
#include <stdio.h>
#include <stdlib.h>
#include <math.h>

#ifdef EMBEDDED
  extern void init_serial_A(void);
#endif
int main(void)
{
#ifdef EMBEDDED
//保证程序运行于嵌入式环境时，不会调用 semihosting SWIs
  #pragma import(__use_no_semihosting_swi)
  //如果程序中使用 RS232 串行口，则先要初始化
  #ifdef USE_SERIAL_PORT
    init_serial_A();
  #endif
#endif

#ifdef EMBEDDED
  #ifdef ROM_RAM_REMAP
    printf("Embedded (ROM/RAM remap, no SWIs) version\n");
  #else
```

```
    printf("Embedded (ROM at 0x0, no SWIs) version\n");
  #endif
#else
    printf("Hello World!\n");
#endif
    return 0;
}
```

⑧　保存该文件，有以下 5 种方式。

- 保存当前编辑的文件：保证包含目标文件的编辑窗口为当前活动窗口，选择 File | Save 命令，CodeWarrior IDE 将保存该源文件。
- 保存所有打开的文件：选择 File | Save all 命令，CodeWarrior IDE 将保存该源文件。
- 自动保存文件：当在 Project 菜单中选择以下命令时，CodeWarrior IDE 将自动保存所有源文件：Preprocess、Compile、Disassemble、Bring Up To Date、Make、Run/Debug。
- 改变当前文件的名称：保证包含目标文件的编辑窗口为当前活动窗口，选择 File | Save As 命令，CodeWarrior IDE 将弹出标准的 Save As 对话框，用户可以输入新的文件名称，然后单击【保存】按钮。这时，当前编辑窗口中的文件名称应该为新的文件名称，如果该文件包含在当前工程项目中，则 CodeWarrior IDE 会自动将该文件名称更改为新的文件名。
- 将当前文件另存一个版本：保证包含目标文件的编辑窗口为当前活动窗口，选择 File | Save A Copy As 命令，CodeWarrior IDE 将弹出标准的 Save As 对话框，用户可以输入新的文件名称，然后单击【保存】按钮。与选择 File | Save As 命令不同，这时当前编辑窗口中文件名称不变，如果该文件包含在当前工程项目中，CodeWarrior IDE 也不会将该文件名称更改为新的文件名。

⑨　关闭该文件。在 CodeWarrior IDE 中，每个编辑窗口与一个文件对应。当关闭该编辑窗口时，就关闭了对应的文件。可以选择 File | Close 命令，关闭当前编辑窗口中的文件；也可以直接关闭编辑窗口。

### 3. 将已经存在的源文件加入工程项目中

在 CodeWarrior IDE 中，可以将文件加入当前工程项目中。这些被加入工程项目中的文件必须满足以下两个条件。

- 该文件的扩展名必须是文件映射表中所定义的。文件映射表中保存了各种扩展名的文件的具体含义和处理办法，在后面介绍生成目标的选项设置时将进行讲解。
- 对于生成目标文件的输入文件，如 C/C++源程序和汇编源程序等，在工程项目中不能重名；而对于头文件，在一个工程项目中则可以存在同名的文件，CodeWarrior IDE 搜索相关的路径，取得第一个文件即可。

通常有以下 3 种方法可以将一个文件加入工程项目中。

(1) 使用 Project 菜单中的 Add Files 命令，具体操作步骤如下。

①　选择 Project | Add Files 命令，CodeWarrior IDE 将弹出如图 13.8 所示的对话框。

② 从【文件类型】下拉列表框中选择希望显示的文件类型，这里，我们选择 All Files 选项。

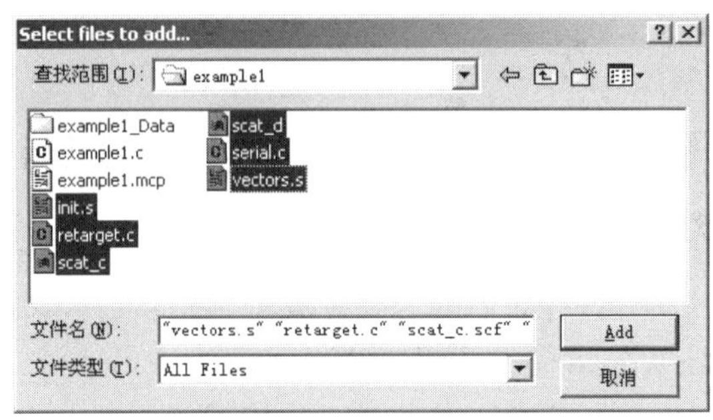

图 13.8 Select files to add 对话框

③ 跳转到目标路径，选择需要的文件。这里选择 init.s、vector.s、serial.c、retarget.c、scat_c.scf 和 scat_d.scf 文件。

④ 单击 Add 按钮，将上一步中选择的文件添加到工程项目中。如果工程项目中存在多个生成目标，则 CodeWarrior IDE 将弹出 Add Files 对话框，如图 13.9 所示，用户选择希望将文件加入的生成目标。这里将各文件加入所有 3 个生成目标中。注意这时所选的文件被加入的位置。它(们)位于工程项目窗口中当前被选文件(反色显示)的下面，如果当前工程项目窗口中没有文件被选(反色显示)，则它(们)位于工程项目窗口中最后一个文件的后面。

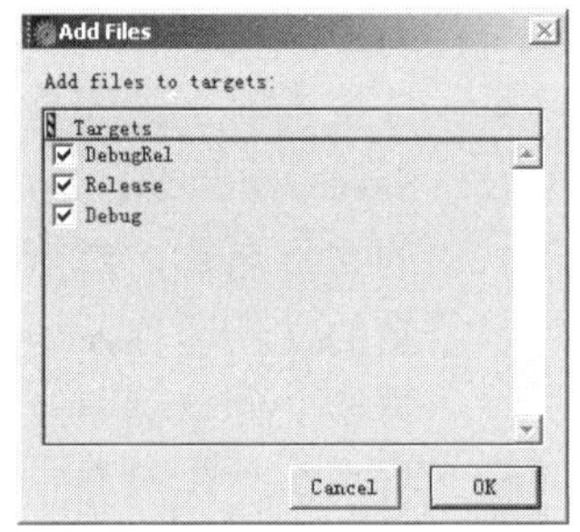

图 13.9 Add Files 对话框

(2) 使用拖放技术，具体操作步骤如下。

① 选择想要添加到工程项目中的文件或者文件夹。

② 将选中的文件或者文件夹拖曳到目标工程项目窗口中。

③ 选择这些文件/文件夹在工程项目窗口中放置的位置。

④ 释放鼠标，将选中的文件/文件夹加入工程项目中的相应位置。

(3) 使用 Add Windows 菜单命令将当前编辑窗口中的文件添加到默认的工程项目中。所谓的默认的工程项目，是指同时打开多个工程项目时，设置为当前操作对象的那个工程项目。这种方法的具体操作步骤如下。

① 在工程项目窗口中选择当前位置。处于当前位置的文件是反色显示的。

② 在编辑窗口中打开想要添加的输入文件。

③ 选择 Project | Add Windows 命令，则 CodeWarrior IDE 将弹出 Add Files 对话框，如图 13.9 所示，选择希望将文件加入的生成目标，然后单击 OK 按钮即可。

### 4. 将工程项目中的文件分组

将工程项目中的文件分组是为了使工程项目中的文件组织更富有层次性。这里的组类似于文件夹。当把一个文件添加到工程项目窗口中时，CodeWarrior IDE 会自动为该文件夹建立一个同名的组。

(1) 建立一个组的操作步骤如下。

① 确保工程项目窗口是当前活动窗口，并且当前为 Files 视图。

② 选择当前位置，CodeWarrior IDE 将把新建的组放置到当前位置的下面。如果没有选择当前位置，CodeWarrior IDE 将把新建的组放置到工程项目窗口的最上面。

③ 选择 Project | Create New Group 命令，CodeWarrior IDE 将弹出 Create Group 对话框，如图 13.10 所示。

④ 输入组名称，单击 OK 按钮，CodeWarrior IDE 将生成新的组。

(2) 将一个组更名的操作步骤如下。

① 在工程项目窗口中双击想要更名的组，CodeWarrior IDE 将弹出 Rename Group 对话框，如图 13.11 所示。

② 在 Rename Group 对话框中输入新的组名称，这里输入 assembly language source，然后单击 OK 按钮即可。

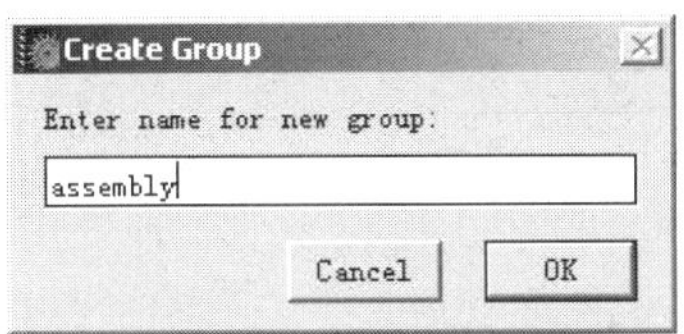

图 13.10　Create Group 对话框

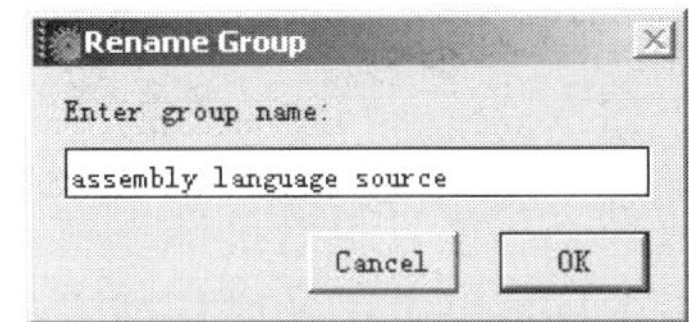


图 13.11　Rename Group 对话框

在工程项目窗口中使用拖放技术，可以将文件加入相应的组中的指定位置，也可以从组中将文件移出。

使用上面介绍的方法，可以将本例中的输入文件分组。结果如图 13.12 所示。

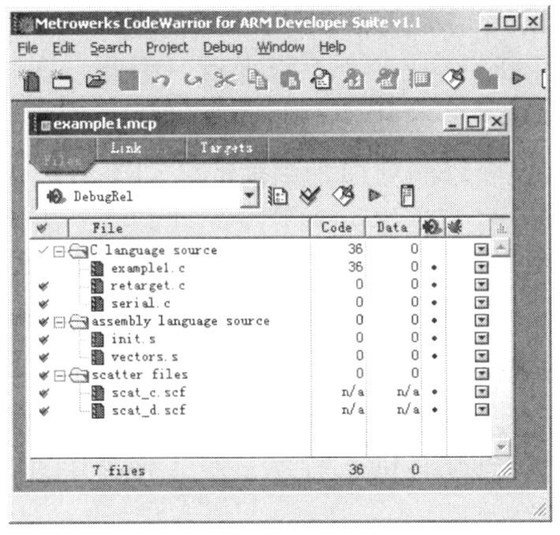


图 13.12　将文件分组

### 5. 删除文件或者组

可以在工程项目窗口的 Files 视图或 Link Order 视图中删除文件。当从 Files 视图删除文件时，这些文件将被从所有的生成目标中删除；当从 Link Order 视图删除某(些)文件时，这些文件将被从当前的生成目标中删除。具体的操作步骤如下。

(1) 在工程项目窗口中切换到 Files 视图或者 Link Order 视图。

(2) 选择想要删除的文件或者组。

(3) 按 Delete 键；或者右击被选的文件(组)，从弹出的快捷菜单中选择 Delete 命令。CodeWarrior IDE 将弹出确认对话框。

(4) 在确认对话框中单击 OK 按钮，即可删除被选的文件或者组。

### 6. 保存工程项目

当工程项目被保存时，CodeWarrior IDE 将保存下列信息。

- 被添加到工程项目中的文件名称及其在工程项目中的位置。
- 所有配置选项。
- 各种依赖信息，比如 Touch 状态以及头文件列表。
- 浏览器信息。
- 对于目标文件的引用关系。

通常情况下，用户并不需要手工保存工程项目。在下列情况下 CodeWarrior IDE 将自动保存工程项目。

- 关闭工程项目。
- 改变工程项目中的目标设置以及用户设置。
- 向工程项目中添加文件或者从工程项目中删除文件。
- 编译工程项目中的任意文件。
- 编辑工程项目中的组。
- 删除工程项目中的目标文件。
- 从 CodeWarrior IDE 中退出。

### 7. 关闭工程项目

CodeWarrior IDE 支持同时打开多个工程项目，因此，在打开一个新的工程项目时，可以不关闭当前工程项目。关闭工程项目的操作步骤如下。

(1) 确保想要关闭的工程项目的窗口为当前的活动窗口。

(2) 选择 File | Close 命令或者直接关闭工程项目窗口，都可以关闭该工程项目。

### 8. 选择默认工程项目

CodeWarrior IDE 支持同时打开多个工程项目。如果某个工程项目窗口被作为当前活动窗口，则这些操作将针对该工程项目。如果没有工程项目窗口被作为当前活动窗口，这时，可以选择一个工程项目作为默认的工程项目，各种操作将针对该默认工程项目。具体操作方法如下。

选择 Project | Set Default Project 命令，然后选择默认的工程项目即可。

当运行 CodeWarrior IDE 时，第一个被打开的工程项目即为默认工程项目；当第一个被打开的工程项目关闭后，原来第二个被打开的工程项目将成为默认工程项目；以此类推。

### 9. 移动工程项目

CodeWarrior IDE 将一个工程项目的所有信息都保存在工程项目文件中，在前面建立工程项目的例子中，该文件为 example1.mcp。工程项目的数据目录包含了一些其他的信息，如窗口位置、目标文件和调试信息等，在前面建立工程项目的例子中，该目录为 \example1\example1_data。CodeWarrior IDE 重建工程项目 example1.mcp 时，并不需要 \example1\example1_data 中的信息。因此移动工程项目时，直接将工程项目文件拖动到目标位置即可，在执行 Bring Up To Date 或者 Make 命令时，CodeWarrior IDE 将重建该工程项目。当然，移动工程项目时，可能需要修改 Access Path 选项。

## 13.3　配置生成目标

一个工程项目中可以包含多个生成目标。各生成目标具有不同的生成选项，这些选项包括编译器选项、汇编器选项和连接器选项等，它们决定了 CodeWarrior IDE 如何处理本工程项目，以生成特定的输出文件。本节介绍在 ADS 中如何配置各生成选项。

### 13.3.1　Debug Settings 对话框

在 ADS 中通过 Debug Settings 对话框可以设置一个工程项目中的各生成目标的生成选项。在 Target Settings 窗口中设置的各生成选项只适用于当前的生成目标。例如，当使用 ADS 中的可执行映像文件工程项目模板生成新的工程项目时，新工程项目中通常包括以下 3 个生成目标。

- Debug：包含了所有调试信息。
- DebugRel：包含了部分调试信息。
- Release：不包含调试信息。

如果当前生成目标是 Debug，通过 Debug Settings 对话框设置的各种生成选项对于生成目标 DebugRel 及 Release 来说，是无效的。

打开 Debug Settings 对话框的操作步骤如下。

(1) 打开一个工程项目。

(2) 在工程项目窗口中打开生成目标，在下拉列表框中选择 Debug 生成目标。

(3) 通过以下任一操作，都可以打开 Debug Settings 对话框，如图 13.13 所示。

- 在工程项目窗口中单击 Debug Settings 按钮。
- 选择 Edit | Debug Settings 命令。

(4) 在 Debug Settings 对话框中包括 6 个选项设置面板，用户可以选择某个选项设置面板，设置相关的生成选项。这些选项作用于工程项目中当前的生成目标。

- 生成目标基本选项设置面板(Target Settings)：用于设置当前生成目标的一些基本信息，包括生成目标的名称、所使用的连接器等。其中所使用的连接器决定了该选项设置面板中的其他内容，需要首先设置。
- 编程语言选项设置面板(Language Settings)：用于设置 ADS 中各语言处理工具的选项，包括汇编器的选项和编译器的选项，这些选项对于工程项目中所有的源文件都适用，不能单独设置某一个源文件的编译选项和汇编选项。
- 连接器选项设置面板(Linker)：用于设置与连接器相关的选项以及与 fromELF 工具相关的选项。

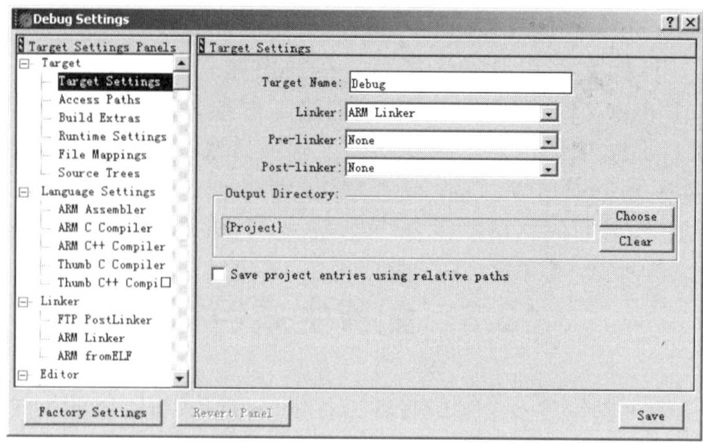


图 13.13　Debug Settings 对话框

- 编辑器选项设置面板(Editor)：用于设置用户个性化的关键词显示方式。
- 调试器选项设置面板(Debugger)：用于设置系统中选用的调试器以及相关的配置选项。
- 其他选项设置面板(Miscellaneous)：用于设置一些杂类选项。

(5) 设置需要的选项(在本节中将详细介绍这些选项)。

(6) 用户还可以使用 Debug Settings 对话框中的下列按钮。

- Factory Settings 按钮：使用 ADS 中的默认选项设置当前面板中的选项，其他面板中的选项值不受影响。
- Revert Panel 按钮：将当前面板中的选项值设置成修改以前的值，用于放弃当前对选项设置的修改。
- Save 按钮：保存所有的选项设置。

(7) 保存或者放弃所做的设置。当用户关闭 Debug Settings 对话框时，CodeWarrior IDE 将弹出一个确认对话框，询问用户是否要保存对选项设置的修改。

## 13.3.2　生成目标基本选项的设置

生成目标基本选项用于设置当前生成目标的基本信息，包括生成目标的名称、所使用的连接器等。它包括以下几组选项。

- Target Settings 组。
- Access Paths 组。
- Build Extras 组。
- File Mappings 组。
- Source Trees 组。

下面分别介绍这些组的含义与设置方法。

### 1. Target Settings 组设置

Target Settings 组中的选项设置如图 13.14 所示。

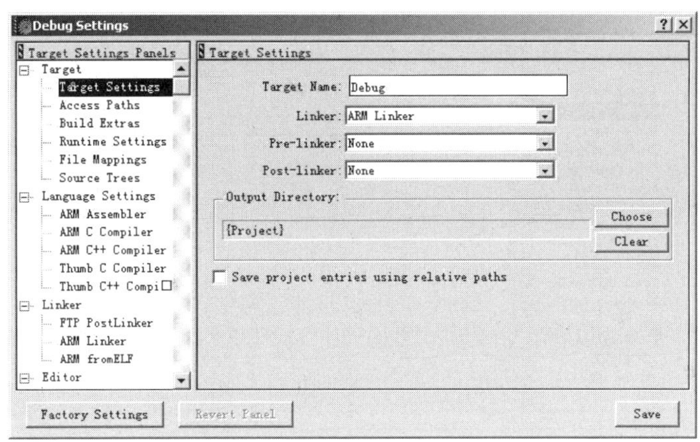


图 13.14　Target Settings 组设置

Target Settings 组中各选项的含义及设置方法如下。

- Target Name：该文本框用于设置当前生成目标的名称。
- Linker：该下拉列表框用于选择使用的连接器。它决定了 Debug Settings 对话框中其他选项的显示，可能的取值如下。
  - ARM Linker：选择该选项将使用 ARM 连接器 armlink 连接编译器和汇编器生成的目标文件。
  - ARM Librarian：选择该选项将使用 ARM 的 Librarian 工具，将编译器和连接器生成的文件转化成 ARM 库文件。
  - None：选择该选项将不使用任何连接器，这时，工程项目中的文件不会被汇编器和编译器处理。该选项适合于使用 CodeWarrior IDE 来维护非源文件类的文件。该选项也可以用来定义连接前(prelink)和连接后(postlink)的操作。
- Pre-Linker：CodeWarrior IDE for ARM 当前对该下拉列表框的设置为 None。
- Post-Linker：该下拉列表框用于设置对连接器输出文件的处理方式，可能的取值如下。
  - None：选择该选项将不进行连接后的处理。
  - ARM fromELF：选择该选项将使用 ARM 工具 fromELF 处理连接器输出的 ELF 格式的文件，它可以将 ELF 格式的文件转换成各种二进制文件。
  - FTP Post-Linker：CodeWarrior IDE for ARM 当前没有使用该选项。
  - Batch File Runner：选择该选项将在连接完成后运行一个 DOS 格式的批处理文件。
- Output Directory：该选项组用于定义本工程项目的数据目录。工程项目的生成文件存放在该目录中。默认取值为{Project}，用户可以通过单击 Choose 按钮来修改该数据目录。
- Save：单击该按钮可保存本组选项的设置。

## 2. Access Paths 组设置

Access Paths 组中的选项设置如图 13.15 所示。

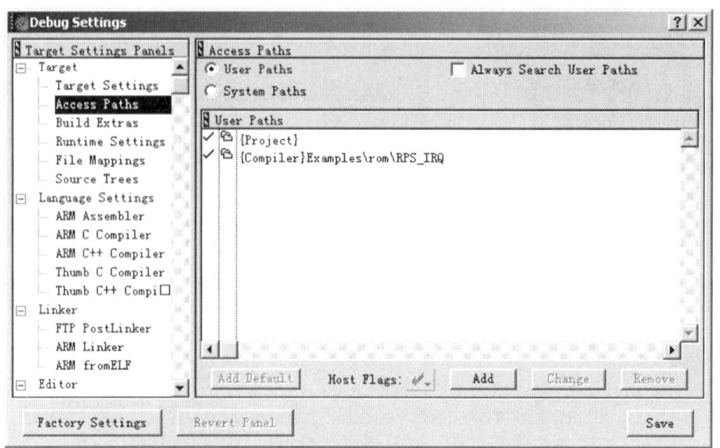


图 13.15　Access Paths 组中的选项设置

Access Paths 组中各选项的含义及设置方法如下。

- User Paths：该单选按钮用于指定用户路径，其默认值为{Project}，它是当前工程项目所在的路径。ADS 中的各种工具在用户路径中搜索以下内容。
  - 用户头文件：这些文件是使用 include ""格式引用的文件。
  - 用户库文件：也就是用户头文件对应的库文件。
  - 用户的源文件：当用户将某个目录中的源文件添加到工程项目中时，该目录将自动被 CodeWarrior IDE 添加到 User Paths 中。
- System Paths：该单选按钮用于指定系统的路径，其默认值为{compiler}lib 及{compiler}include，其中，{compiler}默认为 C:\program files\arm\adsv1_1。ADS 中的各种工具在系统路径中搜索以下内容。
  - C++系统头文件：这些文件是使用 include< >格式使用的头文件。
  - 系统头文件对应的系统库文件。
- Always Search User Paths：该复选框用于指定在用户路径中搜索系统头文件。
- User Paths：该列表框中显示了用户路径/系统路径，其中包含了 3 栏，各栏的含义如下。
  - 第 1 栏为搜索栏：当该栏有一个符号“√”时，本行对应的第 3 栏路径将会被搜索；当该栏为空时，本行对应的第 3 栏路径将不会被搜索。可以单击该位置，在两种模式之间进行切换。
  - 第 2 栏为递归搜索栏：当该栏有一个文件夹符号时，本行对应的第 3 栏中的路径及其子路径将会被搜索；当该栏为空时，只搜索本行对应的第 3 栏中的路径，而不搜索其子路径。可以单击该位置，在两种模式之间进行切换。
- Add Default：该按钮用于将默认的路径添加到路径列表中。这主要用于在用户意外删除了默认路径的情况下，重新添加默认路径。
- Add：该按钮用于向路径列表中添加路径。
- Change：该按钮用于修改路径列表中的路径。
- Remove：该按钮用于删除路径列表中的路径。

### 3. Build Extras 组设置

Build Extras 组中的选项设置如图 13.16 所示。

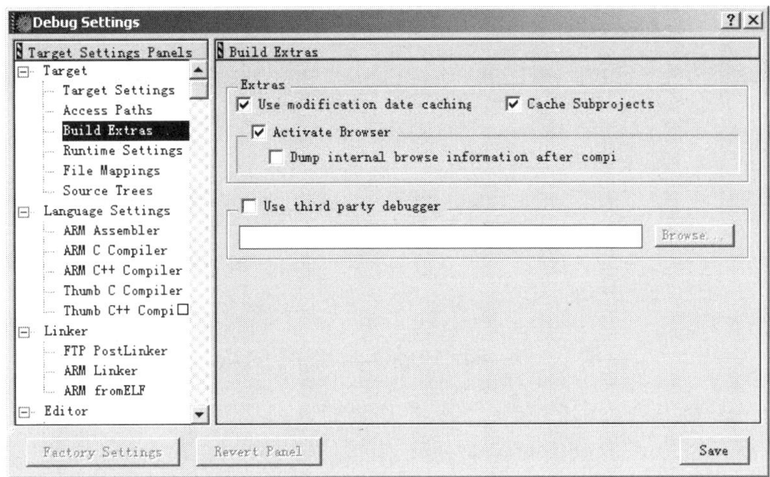


图 13.16　Build Extras 组中的选项设置

Build Extras 组中各选项的含义及设置方法如下。

- Use modification date caching：选中该复选框，将指示 CodeWarrior IDE，如果源文件在 CodeWarrior IDE 之外被修改，CodeWarrior IDE 并不检查该修改日期。当用户只使用 CodeWarrior IDE 编辑源文件，或者处于单用户环境时，选中该复选框。当使用第三方的编辑器或者处于多用户环境时，则取消选中该复选框。
- Cache Subprojects：选中该复选框，可以提高多工程项目时的更新和连接速度；取消选中该复选框可以节省 CodeWarrior IDE 需要的存储空间。
- Activate Browser：选中该复选框，可以产生 CodeWarrior IDE 需要的浏览器信息。这些浏览器信息是在下一次生成工程项目时产生的。这时，如果选中 Dump internal browse information after compile 复选框，则可以显示 CodeWarrior IDE 中编译器和连接器产生的浏览器信息。
- Use third party debugger：选中该复选框，可以使用第三方调试器。

### 4. File Mappings 组设置

File Mappings 组中的选项设置如图 13.17 所示，这些选项用于指定特定的文件扩展名称所对应的 CodeWarrior IDE 中的内嵌工具。比如扩展名.c 对应着 ARM C 语言编译器。File Mappings 组中的选项确定了 CodeWarrior IDE 认识哪些扩展名称的文件。通常，这些选项的默认取值取决于以下两个条件。

- 当前工程项目所使用的工程项目模板类型。
- 当前的生成目标。

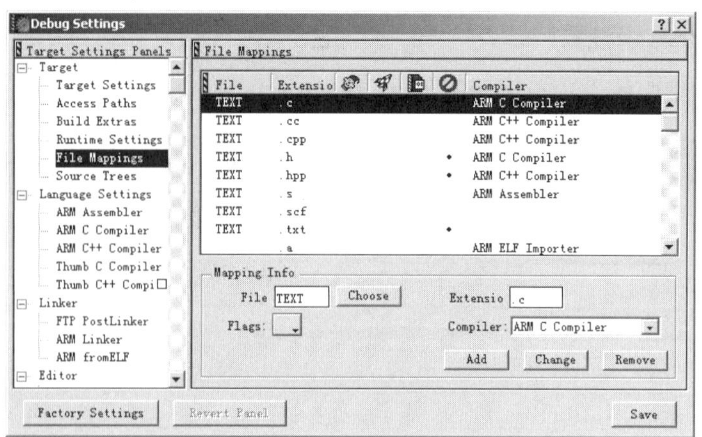

图 13.17　File Mappings 组中的选项设置

File Mappings 组中各选项的含义及设置方法如下。

- File Mappings：该列表框中列出了各类扩展名及与其对应的内嵌处理工具。每一行包括 7 栏。可以通过列表中的文本框和下拉列表框来改变当前行中各栏的值。各栏的含义如下。
  - 第 1 栏(File)为文件的类型。可以通过 File 文本框设置当前行的本栏值。
  - 第 2 栏(Extension)为文件的扩展名称。可以通过 Extension 文本框设置当前行的本栏值。
  - 第 3 栏(Resource)为资源文件标识符。在 CodeWarrior IDE for ARM 中的 File Mappings 列表框中没有使用这一栏。可以从 Flags 下拉列表框中选择/取消当前行中的本栏选项。
  - 第 4 栏(Launchable)表示本类文件是否可以被加载。当用户使用鼠标双击该类文件时，该文件将被本行指定的 CodeWarrior IDE 中的内嵌工具打开。可以从 Flags 下拉列表框中选择/取消当前行中的本栏选项。
  - 第 5 栏(Precompiled Flag)表示本类文件首先被 CodeWarrior IDE 中的相应工具处理。得到的结果可能被其他文件或者编译器使用。可以从 Flags 下拉列表框中选择/取消当前行中的本栏选项。
  - 第 6 栏(Ignored by Make)表示 CodeWarrior IDE 在编译/连接工程项目时忽略该类文件。可以从 Flags 下拉列表框中选择/取消当前行中的本栏选项。
  - 第 7 栏(Compiler)表示本类文件对应的 CodeWarrior IDE 中的内嵌工具。可以通过 Compiler 文本框设置当前行的本栏值。
- Add：该按钮用于向 File Mappings 列表框中添加选项。
- Change：该按钮用于修改 File Mappings 列表框中的选项。
- Remove：该按钮用于删除 File Mappings 列表框中的选项。

### 5. Source Trees 组设置

Source Trees 组中的选项设置如图 13.18 所示，其中定义的路径名称可以被 Access Paths 等选项组中的选项使用。

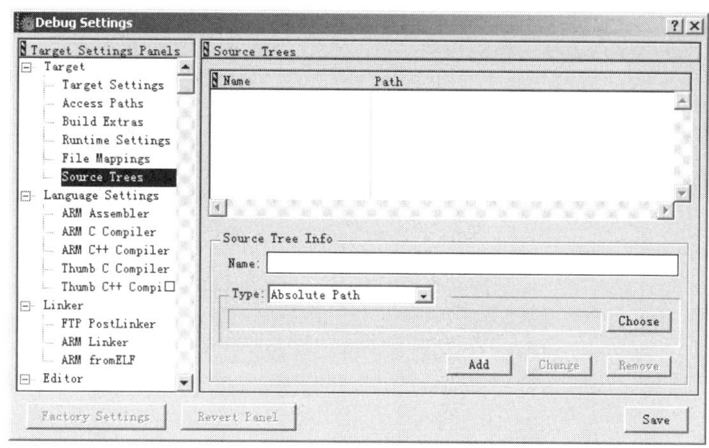

图 13.18　Source Trees 组中的选项设置

Source Trees 组中各选项的含义及设置方法如下。

- Source Trees：该列表框中列出了各路径的信息，它包括两栏：第 1 栏是路径的名称，第 2 栏为该名称对应的实际路径。
- Source Tree Info：该选项组中的选项可以用来定义、添加、修改、删除各路径。
  - ◆ Name：该文本框中为当前选中路径的名称。
  - ◆ Type：该下拉列表框可以选择当前选中路径的类型。
  - ◆ Choose：该按钮可以选择实际的路径。
  - ◆ Add：该按钮用于添加一条新的路径选项。
  - ◆ Change：该按钮用于修改当前路径选项。
  - ◆ Remove：该按钮用于删除当前路径选项。

## 13.3.3　汇编器的选项设置

下面介绍 CodeWarrior IDE 中内嵌的汇编器的选项设置。打开 Debug Settings 对话框，在左侧的 Target Settings Panels 列表框中选择 Language Settings 选项，再在其下选择 ARM Assembler 选项，即可打开汇编器选项设置界面，如图 13.19 所示。在该选项设置界面中包含 6 个选项卡，分别是 Target、ATPCS、Options、Predefines、Listing Control 和 Extras 选项卡。

在每个选项卡中，Equivalent Command Line 列表框中都列出了当前汇编器选项设置的命令行格式。有一些汇编器选项设置没有提供图形界面，需要使用命令行格式来设置。

### 1. Target 选项卡

Target 选项卡如图 13.19 所示。其中各选项的含义及设置方法如下。

- Architecture or Processor：该下拉列表框用于选择目标系统中的 ARM 体系结构版本号或处理器编号。
- Floating Point：该下拉列表框用于选择系统中浮点部件的体系结构，设置该下拉列表框后，将使得特定的 CPU 型号(使用-cpu 选项设置 CPU 型号)所隐含的浮点部件的体系结构失效。

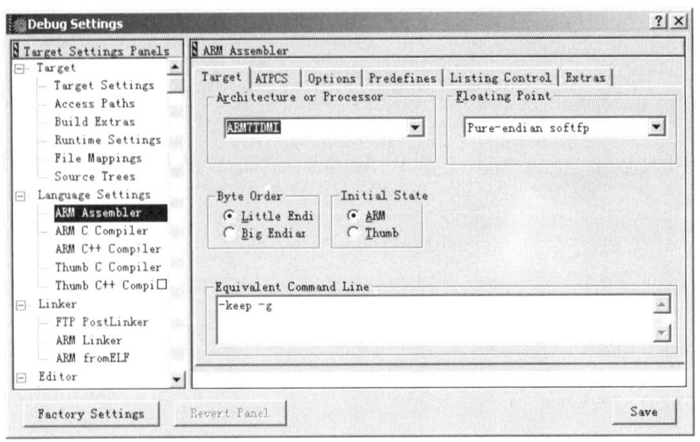


图 13.19　Target 选项卡

- Byte Order：该选项组中的单选按钮用于决定使用 Big-Endian 内存模式，还是使用 Little-Endian 内存模式。
- Initial State：该选项组中的单选按钮用于决定运行用户程序时，系统的状态为 ARM 状态还是 Thumb 状态。设置该选项组并不能切换系统状态，程序中必须包含进行程序状态切换的代码。

### 2. ATPCS 选项卡

设置合适的 ATPCS 选项，可以使汇编器在生成的目标文件中包含相应的属性标识符，这些属性标识符可以供连接器使用。但是，指定 ATPCS 选项后，汇编器并不会检查源文件以保证程序符合相应的 ATPCS 选项的规则，用户必须保证程序符合相应的 ATPCS 规则。ATPCS 选项卡如图 13.20 所示。其中各选项的含义及设置方法如下。

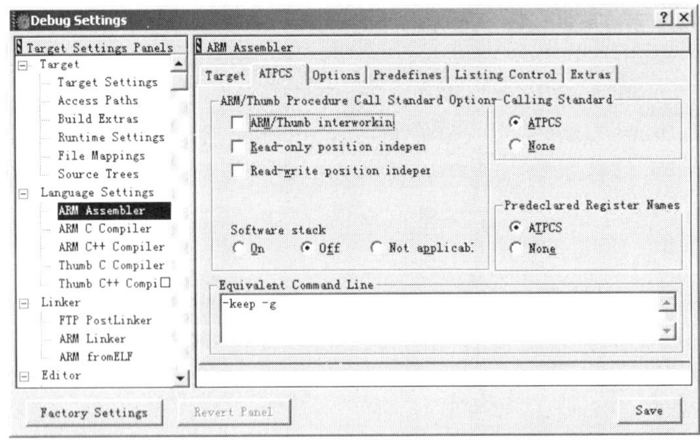


图 13.20　ATPCS 选项卡

- Calling Standard：该选项组中的单选按钮指定汇编程序代码是否遵守一定的 ATPCS 标准。
- Predeclared Register Names：该选项组中的单选按钮指定汇编器是否认识 ATPCS 中预定义的寄存器的名称。

- ARM/Thumb interworking：选中该复选框，则指定源程序中有 ARM 指令和 Thumb 指令混合使用。
- Read-only position independent：选中该复选框，则指定源程序是 ROPI(只读位置无关)。ARMASM 的默认选项是/noropi。
- Read-write position independent：选中该复选框，则指定源程序是 RWPI(读写位置无关)。ARMASM 的默认选项是/norwpi。
- On：选中该单选按钮，指定源程序进行软件数据栈限制检查。
- Off：选中该单选按钮，指定源程序不进行软件数据栈限制检查。
- Not applicable：选中该单选按钮，指定源程序既与进行软件数据栈限制检查的程序兼容，也与不进行软件数据栈限制检查的程序兼容。

### 3. Options 选项卡

Options 选项卡如图 13.21 所示。其中各选项的含义及设置方法如下。

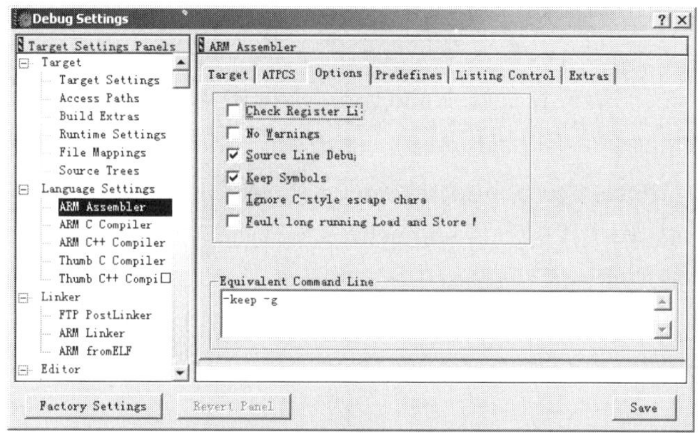


图 13.21　Options 选项卡

- Check Register Lists：选中该复选框，则 ARMASM 检查指令 RLIST、LDM、STM 中的寄存器列表，保证寄存器列表中的寄存器是按照寄存器编号由小到大的顺序排列的，否则将产生警告信息。
- No Warnings：选中该复选框，则 ARMASM 不产生警告信息。
- Source Line Debug：选中该复选框，则 ARMASM 产生 DRAWF2 格式的调试信息表。选中该复选框后，会自动选中 Keep Symbols 复选框。
- Keep Symbols：选中该复选框，则 ARMASM 将局部符号保留在目标文件的符号表中，供调试器在调试时使用。
- Ignore C-style escape characters：选中该复选框，则 ARMASM 忽略 C 风格的转义字符，如“\n”等。
- Fault long running Load and Store Multiples：选中该复选框，如果指令 LDM/STM 中的寄存器个数超标，ARMASM 将认为该指令错误。

### 4. Predefines 选项卡

在 Predefines 选项卡中可以定义一个全局的变量，并可以为其赋值，如图 13.22 所示。其中各选项的含义及设置方法如下。

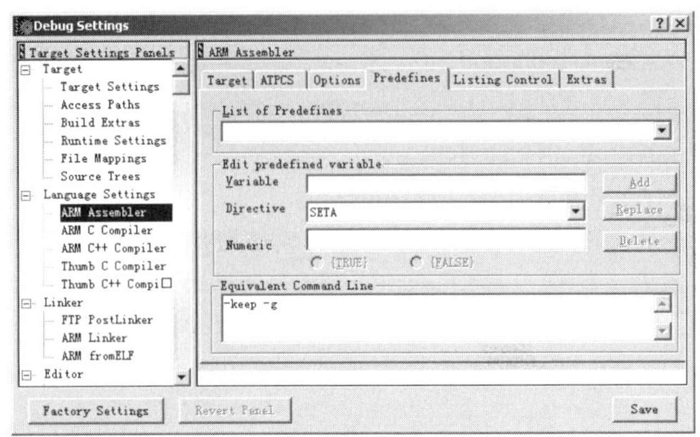

图 13.22 Predefines 选项卡

- Edit predefined variable：该选项组用于定义一个全局变量，并设置其值。在 Variable 文本框中可以输入全局变量的名称；在 Directive 下拉列表框中可以选择为该变量赋值的伪操作；在 Numeric 文本框中可以设置该全局变量的值。

  在完成上面的操作后，可以单击 Add 按钮，将该变量加入工程项目中。
- List of Predefines：在该下拉列表框中可以选择已经定义的全局变量，进而可以单击 Replace 按钮，用 Edit predefined variable 选项组中定义的全局变量代替 List of Predefines 下拉列表框中选择的全局变量。

  在 List of Predefines 下拉列表框中还可以选择已经定义的全局变量，进而可以单击 Delete 按钮，删除该全局变量。

### 5. Listing Control 选项卡

在 Listing Control 选项卡中可以设置列表文件的相关特性，如图 13.23 所示。其中各选项的含义及设置方法如下。

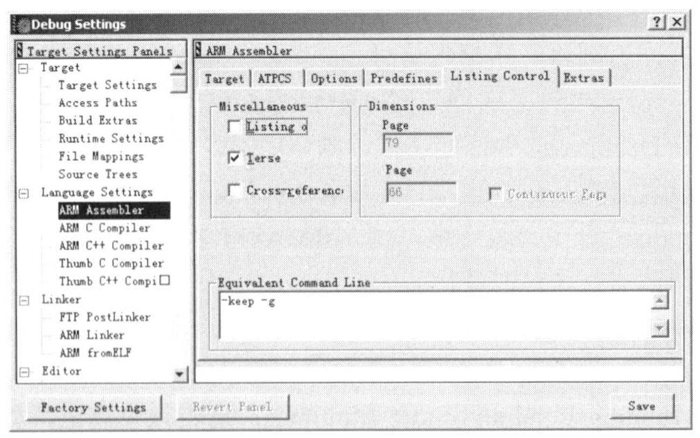

图 13.23 Listing Control 选项卡

- Listing on：选中该复选框，ARMASM 会将其产生的汇编程序列表输出到一个新的文本编辑窗口中。

- Terse：当选中该复选框时，源程序中由于条件汇编被排除的代码将不包含在输出列表中，当取消选中该复选框时，源程序中由于条件汇编被排除的代码将包含在输出列表中。
- Cross-references：选中该复选框，ARMASM 在输出列表中包含符号的交叉引用信息，比如符号在何处定义，在哪些地方被引用。
- Dimensions：该选项组在选中 Listing on 复选框时有效。它定义了输出列表中每页的长度和宽度，其中上面的文本框定义页宽度，下面的文本框定义页长度。当选中 Continuous Page 复选框时，输出列表不分页。

#### 6. Extras 选项卡

在 Extras 选项卡中，可以设置一个 via 格式的配置文件，这样各汇编选项就可以从该配置文件中读入。

## 13.3.4　编译器选项的设置

下面介绍 CodeWarrior IDE 中内嵌的编译器的选项设置。打开 Debug Settings 对话框，在左侧的 Target Settings Panels 列表框中选择 Language Settings 项下的 ARM C Compiler 选项，即可打开 ARM C 语言编译器 armcc 的选项设置界面，如图 13.24 所示。

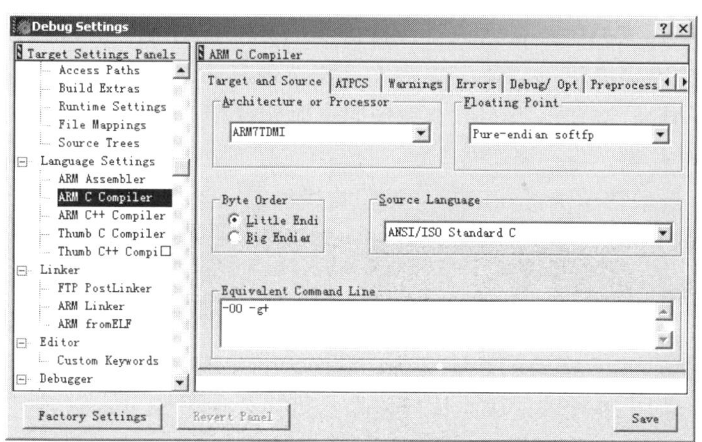


图 13.24　armcc 编译器的选项设置

armcc 选项设置界面中包含 8 个选项卡，分别是 Target and Source、ATPCS、Warnings、Errors、Debug/Optimization、Preprocessor、Code Generation 和 Extras 选项卡。

在每个选项卡中，Equivalent Command Line 列表框中都列出了当前编译器选项设置的命令行格式。有一些编译器选项设置没有提供图形界面，需要使用命令行格式来设置。

## 13.3.5　连接器选项的设置

下面介绍 CodeWarrior IDE 中内嵌的连接器的选项设置。打开 Embedded Settings 对话框，在左侧的 Target Settings Panels 列表框中选择 Linker 选项，再在其下选择 ARM Linker 选项，即可打开连接器的选项设置界面，如图 13.25 所示。

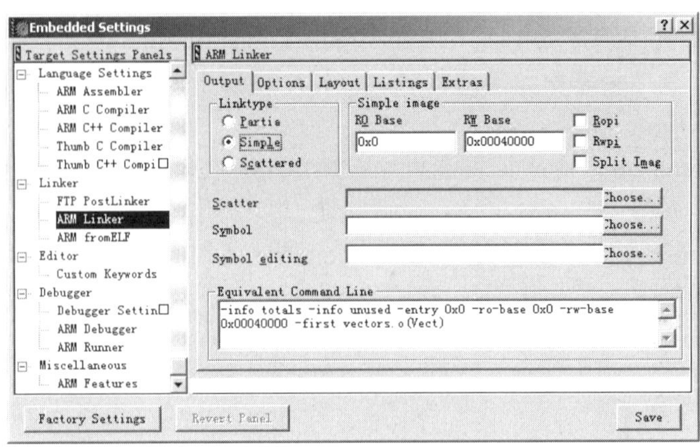


图 13.25　Output 选项卡

在连接器的选项设置界面中包含 5 个选项卡，分别是 Output、Options、Layout、Listings 和 Extras 选项卡。

在每个选项卡中，Equivalent Command Line 列表框中都列出了当前连接器选项设置的命令行格式。有一些连接器选项设置没有提供图形界面，需要使用命令行格式来设置。

1. Output 选项卡

Output 选项卡用来控制连接器进行连接操作的类型。ARM 连接器有 3 种类型的连接操作。对于不同的连接操作，需要设置的连接器选项有所不同。Output 选项卡如图 13.25 所示。其中，Linktype 选项组中的单选按钮用来确定使用的连接方式。下面介绍 ARM 连接器的这 3 种连接方式。

- Partial：选中该单选按钮时，连接器将执行部分连接操作。部分连接生成 ELF 格式的目标文件。这些目标文件可以作为进行进一步连接时的输入文件，也可以作为 armar 工具的输入文件。
- Simple：选中该单选按钮时，连接器将根据连接器选项中指定的地址映射方式，生成简单的 ELF 格式的映像文件。这时，所生成的映像文件中，地址映射关系比较简单，如果地址映射关系比较复杂，则需要使用 Scattered 连接方式。
- Scattered：选中该单选按钮时，连接器将根据 scatter 格式的文件中指定的地址映射方式，生成地址映射关系比较复杂的 ELF 格式的映像文件。

下面分别介绍在各种连接类型中需要设置的连接器选项。对于每种连接类型，那些无效的选项则没有介绍。

(1) 当选择 Partial 连接类型时，需要设置以下连接器选项，如图 13.26 所示。

- Symbol：该文本框用于指定一个符号定义文件(symdefs)的名称。符号定义文件是一个文本文件，它的使用方法与使用普通的目标文件相同，将其作为 ARM 连接器的输入文件。ARM 连接器从 symdefs 文件中提取需要的符号及其相关信息，将这些信息加入输出符号表中，这些符号具有 ABSOLUTE 和 GLOBAL 属性。ARM 连接器像对待从其他目标文件中提取的符号一样对待这些符号。关于符号定义文件的详细介绍可以参考 11.6.1 小节。

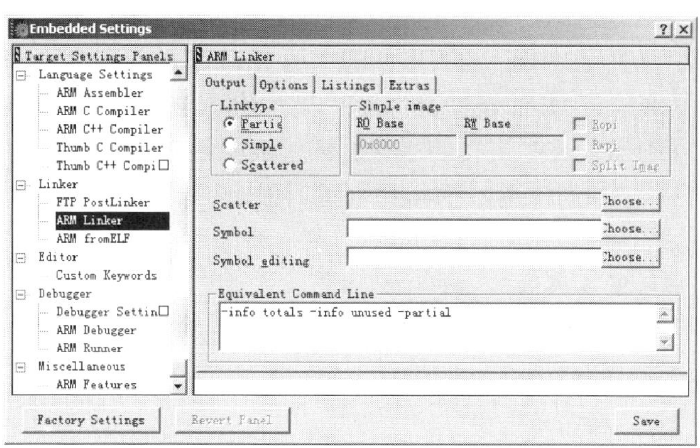

图 13.26　部分连接时的连接器选项

- Symbol editing：该文本框用于指定一个符号编辑文件(steering 格式的文件)的名称。steering 格式的文件是一个文本文件，用于修改输出文件中的输出符号表的内容。steering 类型的文件中的命令可以完成隐藏全局符号的操作以及重命名全局符号的操作。关于 steering 文件的详细介绍，可以参考 11.7 节。

(2) 当选择 Simple 连接类型时，需要设置以下连接器选项，如图 13.25 所示。

- RO Base：该文本框用于设置映像文件中 RO 属性输出段的加载时地址和运行时地址。地址值必须是字对齐的。如果没有指定地址值，则使用默认地址值 0x8000。
- RW Base：映像文件中包含 RW 属性和 ZI 属性输出段的运行时域的起始地址。地址值 address 必须是字对齐的。如果该文本框与 Split Image 复选框一起使用，该文本框将映像文件中 RW 属性和 ZI 属性输出段的加载时地址和运行时地址都设置成文本框中的值。

  对于简单连接方式，当没有使用 RW Base 文本框时，映像文件中包含一个加载时域和一个运行时域。这时，RO 属性的输出段、RW 属性的输出段以及 ZI 属性的输出段都包含在同一个域中。当设置 RW Base 文本框时，映像文件包括两个运行时域，一个包含 RO 属性的输出段，另一个包含 RW 属性的输出段和 ZI 属性的输出段。当选中 Split Image 复选框时，映像文件包括两个加载时域，一个包含 RO 属性的输出段，另一个包含 RW 属性的输出段和 ZI 属性的输出段。
- Ropi：选中该复选框，映像文件中 RO 属性的加载时域和运行时域是位置无关的(Position Independent，PI)。如果取消选中该复选框，相应的域被标记为绝对的。如果选中该复选框，ARM 连接器将保证以下操作。
  - ◆ 检查各段之间的重定位关系，保证其是合法的。
  - ◆ 保证 ARM 连接器自身生成的代码(veneers)是只读位置无关的。

  通常情况下，只读属性的输入段应该是只读位置无关的。

  在 ARM 开发系统中，只有在 ARM 连接器处理完所有的输入段后，才能够知道生成的映像文件是否为只读位置无关的。也就是说，即使在编译器和汇编器中指定了只读位置无关选项，ARM 连接器还有可能产生只读位置无关信息的。

- Rwpi：选中该复选框，映像文件中包含 RW 属性和 ZI 属性输出段的加载时域和运行时域是位置无关的。如果取消选中该复选框，相应的域被标记为绝对的；如果选中该复选框，ARM 连接器将保证以下操作。
  - ◆ 检查并确保各 RW 属性的运行时域包含的各输入段设定了 PI 属性。
  - ◆ 检查各段之间的重定位关系，保证其是合法的。
  - ◆ 在 Region$$Table 和 ZISection$$Table 中添加基于静态寄存器 sb 的选项。

  通常可写属性的输入段应该是读写位置无关的。

  在 ARM 开发系统中，编译器并不能强迫可写数据为读写位置无关的。也就是说，即使在编译器和汇编器中指定了位置无关选项，ARM 连接器还是可能产生读写位置无关信息的。
- Split Image：选中该复选框，将包含 RW 属性和 RO 属性的输出段的加载时域(Load Region)分割成两个加载时域。其中：
  - ◆ 一个加载时域包含所有的 RO 属性的输出段。其默认的加载时地址为 0x8000，可以使用连接选项-ro-base address 来更改其加载时地址。
  - ◆ 另一个加载时域包含所有的 RW 属性的输出段。该加载时域需要使用连接选项-rw-base address 来指定其加载时地址，如果没有使用选项-rw-base address 来指定其加载时地址，默认使用了-rw-base 0。
- Symbol 和 Symbol editing：这两个文本框的作用与选择 Partial 连接类型时相同。

(3) 当选择 Scattered 连接类型时，需要设置以下连接器选项，如图 13.27 所示。

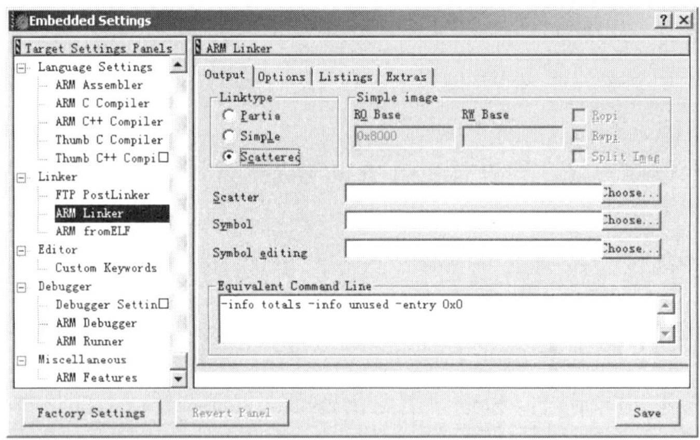


图 13.27　使用 scatter 文件确定映像文件地址映射关系时的连接器选项

- Scatter：该文本框用于指定 ARM 连接器使用的 scatter 格式的配置文件的名称。该配置文件是一个文本文件，用于指定映像文件的地址映射方式，其中包含了各域及各段的分组和定位信息。
- Symbol 和 Symbol editing：这两个文本框的作用与选择 Partial 连接类型时相同。

### 2. Options 选项卡

Options 选项卡如图 13.28 所示。其中各选项的含义及设置如下。

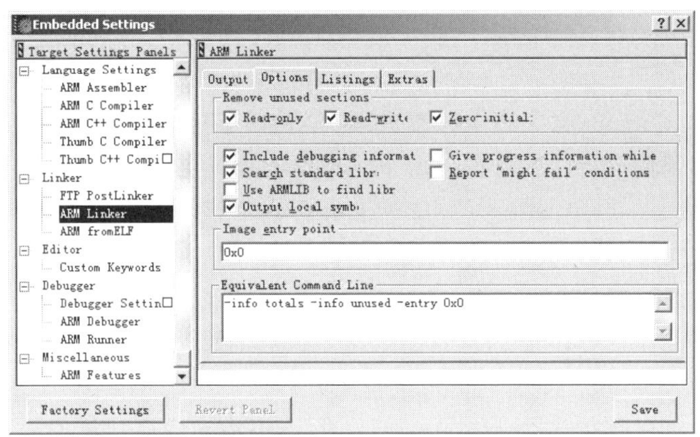

图 13.28　Options 选项卡

- Remove unused Sections：ARM 连接器可以删除映像文件中没有被使用的段。要注意的是不能删除异常中断处理程序。ARM 连接器认为以下这些输入段是被使用的。
  - ◆ 其中包含了普通入口点或者初始入口点。
  - ◆ 被包含了普通入口点或者初始入口点的输入段按 nonweak 方式引用的段。
  - ◆ 使用连接选项-first 或者-last 指定的段。
  - ◆ 使用连接选项-keep 指定的段。

其他的段，ARM 连接器认为是可以删除的。Remove unused Sections 选项组中的以下复选框用来指定连接器可以删除的未被使用的段的属性。

  - ◆ Read-only：该复选框用来指定连接器可以删除 RO 属性的未被使用的段。
  - ◆ Read-write：该复选框用来指定连接器可以删除 RW 属性的未被使用的段。
  - ◆ Zero-initial：该复选框用来指定连接器可以删除 ZI 属性的未被使用的段。

- Include debugging information：选中该复选框，在输出文件中包含调试信息。这些调试信息包括调试信息输入段、符号表以及字符串表。

  如果取消选中该复选框，在输出文件中将不包含调试信息。这时调试器就不能提供源代码级的调试功能。ARM 连接器对加载到调试器中的映像文件(ARM 中为*.axf 文件)进行一些特殊处理，使其中不包含调试信息输入段、符号表以及字符串表。但对于下载到目标系统中的映像文件(ARM 中为*.bin 文件)，ARM 连接器并没有特别的处理。如果 ARM 连接器在进行部分连接，则生成的目标文件中不包含调试信息输入段，但仍然包含了符号表以及字符串表。

  如果将来要使用工具 fromELF 来转换映像文件的格式，则在生成该映像文件时应选中该复选框。

- Search standard libraries：选中该复选框，ARM 连接器扫描默认的 C/C++运行时库，以解析各目标文件中被引用的符号。默认选中该复选框。如果取消选中该复选框，ARM 连接器在进行连接操作时，将不扫描默认的 C/C++运行时库来解析各目标文件中被引用的符号。

- Use ARMLIB to find libraries：选中该复选框，连接器使用 ARMLIB 环境变量定

义的路径搜索 C 运行时库，而不使用 Target 面板中的 Access Paths 组中定义的搜索路径。

- Output local symbols：选中该复选框，ARM 连接器在生成映像文件时，将局部符号也保存到输出符号表中。
- Give progress information while linking：选中该复选框，ARM 连接器在进行连接时显示进度信息。
- Report “might fail” conditions as errors：选中该复选框，ARM 连接器将可能造成错误的条件作为错误信息，而不是作为警告信息。
- Image entry point：该选项组用于指定映像文件中的初始入口点的地址值。一个映像文件中可以包括多个普通入口点，但是初始入口点只能有一个。当映像文件被一个加载程序加载时，加载程序将跳转到该初始入口点处执行。

  初始入口点必须满足以下条件。

  - ◆ 初始入口点必须位于映像文件的运行时域内。
  - ◆ 包含初始入口点的可执行域不能不覆盖，它的加载时地址和运行时地址必须是相同的(这种域称为固定域 Root Region)。

  参数可能的取值格式如下。

  - ◆ 入口点的地址值(entry-address)。比如-entry 0x0 指定初始入口点的地址为 0x0 处。
  - ◆ 地址符号(symbol)。比如-entry int-handler 指定初始入口点的地址为地址标号 int-handler 处。如果选项中指定的符号在映像文件中有多个定义时，ARM 连接器将报告错误信息。
  - ◆ 相对于某个目标中特定的段一定偏移量的位置，offset+section(object)。比如 -entry 8+startup(startupreg)。

### 3. Layout 选项卡

Layout 选项卡在连接方式为 Simple 时有效，它用来安排一些输入段在映像文件中的位置。Layout 选项卡如图 13.29 所示。其中各选项的含义及设置如下。

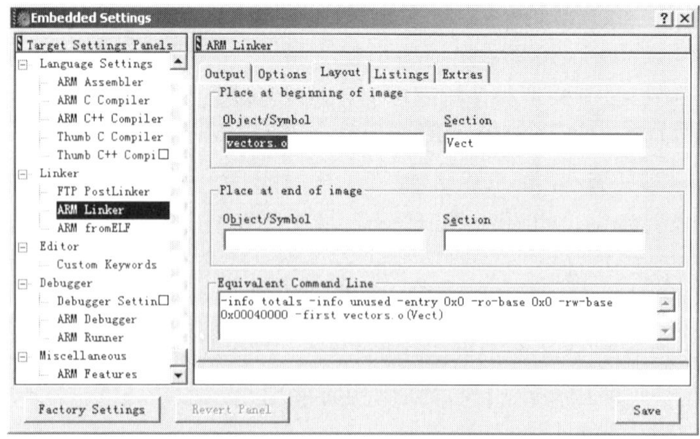


图 13.29　Layout 选项卡

- Place at beginning of image：该选项组用于指定将某个输入段放置在它所在的运行时域的开头。比如包含复位异常中断处理程序的输入段通常放置在运行时域的开头。有下面两种方法可以指定一个输入段。
  - ◆ 在 Object/Symbol 文本框中指定一个符号名称。这时，定义本符号的输入段被指定。
  - ◆ 在 Object/Symbol 文本框中指定一个目标文件名称，在 Section 文本框中指定一个输入段名称，从而确定了一个输入段作为指定的输入段。
- Place at end of image：该选项组用于指定将某个输入段放置在它所在的执行时域的结尾。比如包含校验和数据的输入段通常放置在运行时域的结尾。其指定一个输入段的方法与 Place at beginning of image 选项组中的相同。

4. Listings 选项卡

Listings 选项卡如图 13.30 所示。它主要用于设置与输出连接器信息相关的选项，各选项的含义及设置如下。

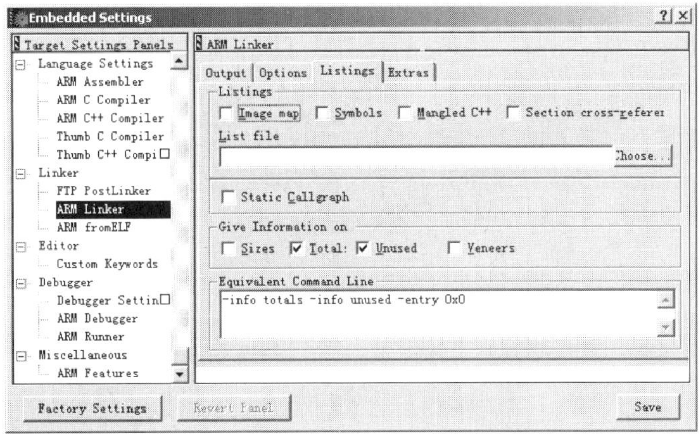


图 13.30　Listings 选项卡

- Listings：该选项组用于控制连接器生成的列表文件的情况。
  - ◆ Image map：选中该复选框，连接器将产生一个关于映像文件的信息图(map)。该信息图中包括各运行时域、加载时域和映像文件中各输入段(包括调试信息输入段和连接器产生的输入段)的起始地址与大小。
  - ◆ Symbols：选中该复选框，连接器将列出连接过程中的局部和全局符号及其数值，包括连接器产生的符号。
  - ◆ Mangled C++：选中该复选框，连接器将在诊断信息和连接选项-xref、-xreffrom、-xrefto、-symbol 产生的列表中显示 mangled 的 C++符号名称。当选中该复选框后，连接器不 unmangle 各 C++符号名，以它们在目标文件中的形式显示。当取消选中该复选框时，连接器 unmangle 各 C++符号名，以它们在源文件中的形式显示。默认选中该复选框。
  - ◆ Section cross-reference：选中该复选框，连接器将会列出所有输入段间的交叉引用。

- ◆ List file：该文本框用于指定列表文件的名称及其路径。
- ◆ Static Callgraph：选中该复选框，连接器将显示程序间的调用关系。

- ● Give Information on：该选项组用于控制连接器显示有关映像文件的一些信息。
  - ◆ Sizes：选中该复选框，连接器将列出映像文件中各输入目标文件和使用到的库文件的尺寸。
  - ◆ Total：选中该复选框，连接器将列出映像文件中所有输入目标文件和使用到的库文件的尺寸总和。
  - ◆ Unused：选中该复选框，连接器将列出被删除的没有被使用的输入段信息。
  - ◆ Veneers：选中该复选框，连接器将列出生成的 Veneers 的信息。

5. Extras 选项卡

在 Extras 选项卡中可以设置一个 via 格式的配置文件，其他各汇编选项可以从该配置文件中读入。还可以定义一个符号，用于替代其他所有未被定义的符号。Extras 选项卡如图 13.31 所示。各选项的含义及设置如下。

- ● Make undefined symbols refer to：在该文本框中输入一个已经定义的全局符号，用来代替映像文件中所有未定义的符号。ARM 连接器在进行连接操作时，将所有未被解析的符号引用指向符号 symbol。这种做法在自顶向下的设计中非常有用。在这种情况下，使用该文本框，可以连接部分实现的系统。
- ● Via file name：在该文本框中选择一个 via 格式的文件。via 格式的文件中包含了 ARM 连接器各命令行的选项，ARM 连接器可以从该文件中读取相应的连接器命令行选项。这在限制命令行长度的操作系统中非常有用。

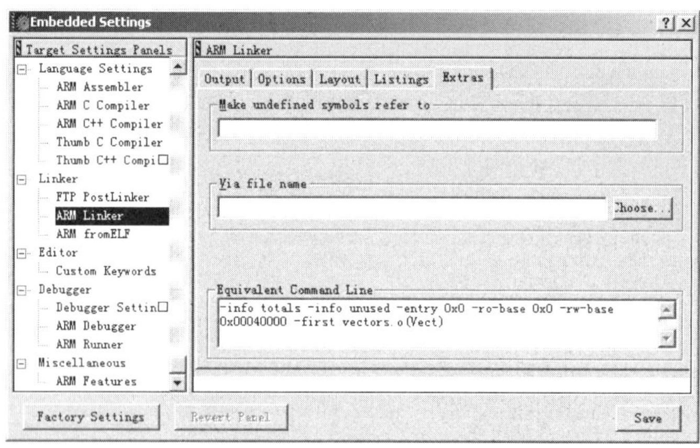


图 13.31　Extras 选项卡

## 13.3.6　fromELF 工具选项的设置

下面介绍 CodeWarrior IDE 中 fromELF 工具的选项设置。打开 Embedded Settings 对话框，在左侧的 Target Settings Panels 列表框中选择 Linker 选项，再在其下选择 ARM fromELF 选项，如图 13.32 所示。

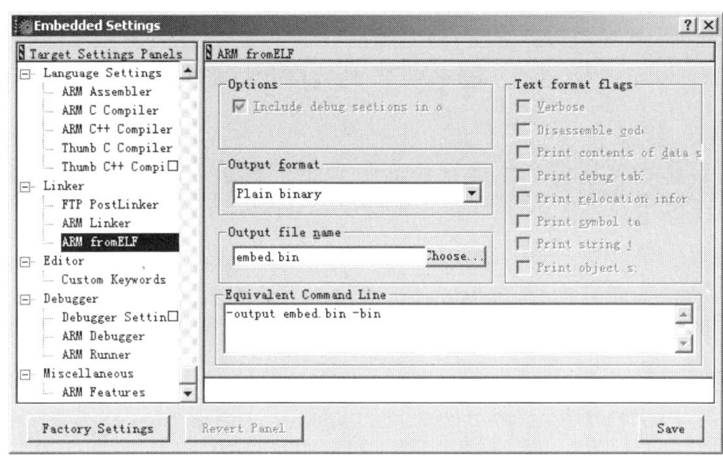

图 13.32　fromELF 工具的选项设置

使用 fromELF 工具，可以将 ARM 连接器产生的 ELF 格式的映像文件转换成其他格式的文件。相关的选项设置如下。

- Output format：该下拉列表框用于选择目标文件的格式。其可能的取值如下。
  - ◆ Executable AIF：可执行的 AIF 格式的映像文件。
  - ◆ Non executable AIF：非可执行的 AIF 格式的映像文件。
  - ◆ Plain binary：BIN 格式的映像文件。
  - ◆ Intellec Hex：IHF 格式的映像文件。
  - ◆ Motorola 32 bit Hex：Motorola 32 位格式的映像文件。
  - ◆ Intel 32 bit Hex：Intel 32 位格式的映像文件。
  - ◆ Verilog Hex：Verilog 十六进制的映像文件。
  - ◆ Text information：文本信息。
- Output file name：该文本框用于设置 fromELF 工具输出文件的名称。
- Text format flags：当输出文件为文本信息时，该选项组用于设置控制文本信息内容的选项，各选项的含义如下。
  - ◆ Verbose：选中该复选框，连接器将显示关于本次连接操作的详细信息。其中包括目标文件以及 C/C++运行时库的信息。
  - ◆ Disassemble code：选中该复选框，连接器将显示反汇编代码。
  - ◆ Print contents of data sections：选中该复选框，连接器将显示数据段信息。
  - ◆ Print debug table：选中该复选框，连接器将显示调试表信息。
  - ◆ Print relocation information：选中该复选框，连接器将显示重定位信息。
  - ◆ Print symbol table：选中该复选框，连接器将显示符号表。
  - ◆ Print string table：选中该复选框，连接器将显示字符串表。
  - ◆ Print object sizes：选中该复选框，连接器将显示目标文件的大小信息。
- Equivalent Command Line：该文本框列出了当前连接器选项设置的命令行格式。有一些连接器选项设置没有提供图形界面，需要使用命令行格式来设置。

# 13.4 复杂工程项目的使用

复杂工程项目是指包括多个生成目标或包含子工程项目的工程项目。在使用复杂工程项目时，需要考虑以下几个问题。

- 工程项目的结构：一个工程项目通常可以划分成几个子工程项目，分别由不同的开发小组来完成。在 CodeWarrior IDE 中，可以建立多个子工程项目，由不同的开发小组来完成，再建立一个主工程项目，将这些子工程项目集成到一起。
- 一个工程项目中生成目标的数量：一个工程项目中可以包含最多 255 个生成目标。当工程项目中包含较多的生成目标时，就需要更多的内存空间和磁盘空间，加载该工程项目时也需要更多的时间。一般来说，当一个工程项目中的生成目标超过 20 个时，最好将其中一些移动到子工程项目中。
- 包含经过充分测试的代码：可以将那些经过充分测试的、不常进行编译的代码组织到一个子工程项目中。在 CodeWarrior IDE 中，编译主工程项目时，可以指定是否编译这种子工程项目。
- 包含密切相关的代码：对于那些是主工程项目的一部分，但是需要不同的生成选项的代码，可以将其组织成一个生成目标。比如，对于 ARM/Thumb 代码混合使用的工程项目，可以将 ARM 代码和 Thumb 代码分别组织成两个不同的生成目标，然后定义 ARM 代码的生成目标依赖于 Thumb 代码的生成目标，从而生成一个 ARM/Thumb 代码混合使用的映像文件。
- 对于代码的存取方式：如果需要通过一个工程项目访问所有的代码，则使用多个生成目标比较合适；如果需要将所有代码分成一些独立的部分，使用子工程项目更为合适。

## 13.4.1 建立一个新的生成目标

可以在工程项目窗口的 Targets 视图中建立一个新的生成目标。具体操作步骤如下。

(1) 打开前面建立的工程项目示例 example.mcp。

(2) 在工程项目窗口中选择 Target 视图。

(3) 选择 Project | Create New Target 命令，CodeWarrior IDE 将弹出 New Target 对话框，如图 13.33 所示。

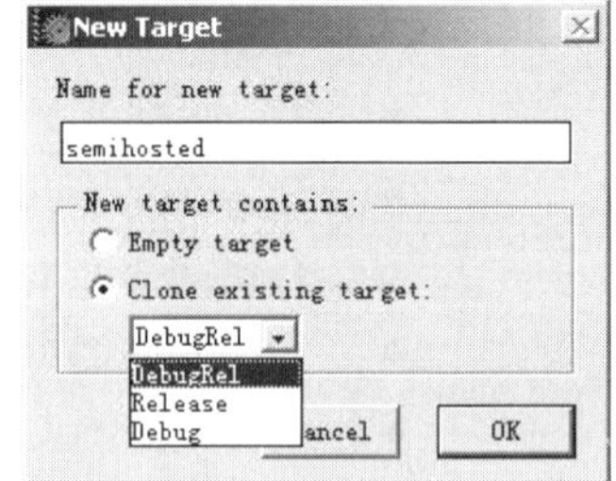


图 13.33 New Target 对话框

(4) 在 Name for new target 文本框中输入新生成目标的名称。这里输入“semihosted”。

(5) 设置新生成目标的类型，具体操作如下。

- 选中 Empty target 单选按钮，可建立一个空的生成目标。这时，用户必须设置所有的生成选项。
- 选中 Clone existing target 单选按钮，从其下拉列表框中选择一个 ADS 中预定义的生成目标，在此基础之上，建立新的生成目标。

(6) 单击 OK 按钮，将生成一个新的生成目标。

(7) 根据具体需要，设置新的生成目标。这主要包括以下两个内容。

- 将需要的文件加入新的生成目标中。在本小节中将介绍具体的操作步骤。
- 设置各生成选项。具体操作方法在 13.3 节中已经介绍。

通常有两种方法可以将所需的文件加入生成目标中，一种方法是利用工程项目窗口中的 Files 视图；另一种方法是利用 Project Inspector 对话框。下面分别介绍这两种方法。

使用工程项目窗口中 Files 视图向生成目标中添加文件的操作步骤如下。

① 打开前面建立的工程项目示例 example.mcp。

② 在工程项目窗口中切换到 Files 视图，如图 13.34 所示。

③ 确保希望添加文件的生成目标是当前活动的生成目标。

④ 设置 Target 栏，对应位置将在符号“●”和空之间切换。当为符号“●”时，表示对应的文件被加入本生成目标中；为空时，表示对应的文件不在本生成目标中。

使用 Project Inspector 对话框向生成目标中添加文件的操作步骤如下。

① 打开前面建立的 example.mcp 工程项目示例文件。

② 在工程项目窗口中选择需要加入某生成目标的文件。

③ 选择 Windows | Project Inspector 命令，弹出 Project Inspector 对话框。

④ 切换到 Targets 选项卡，其中显示了本工程项目中的所有生成目标，如图 13.35 所示。

⑤ 选中相应的复选框，将本文件加入该生成目标中。

⑥ 单击 Revert 按钮，放弃所做的修改；单击 Save 按钮将保存所做的修改。

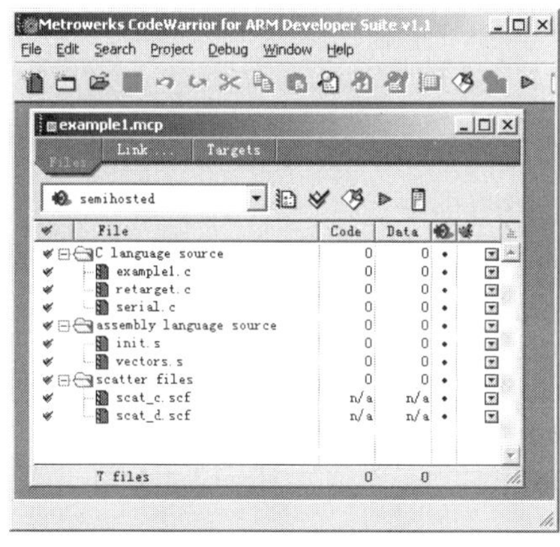


图 13.34　Files 视图

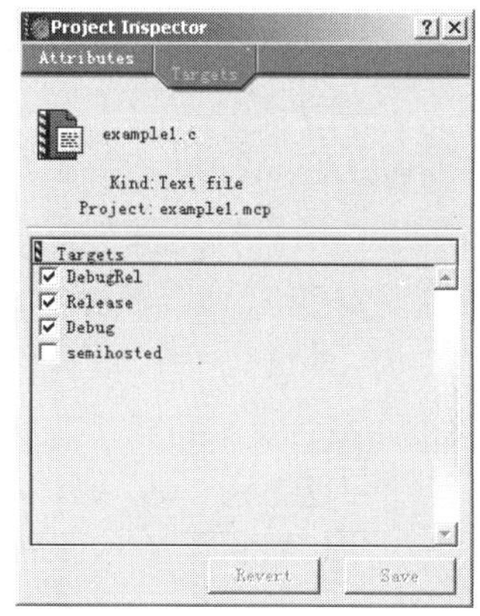


图 13.35　Project Inspector 对话框

## 13.4.2　将一个生成目标更名

修改一个生成目标的名称的操作步骤如下。

(1) 打开前面建立的工程项目示例 example.mcp。

(2) 在工程项目窗口中切换到 Targets 视图。

(3) 双击想要更名的生成目标，这里双击 semihosted，CodeWarrior IDE 将弹出 semihosted Settings 对话框，如图 13.36 所示。

(4) 在 semihosted Settings 对话框中打开 Target Settings 选项设置界面。在 Target

Name 文本框中输入新的生成目标名称。

(5) 单击 Save 按钮，保存所做的修改。

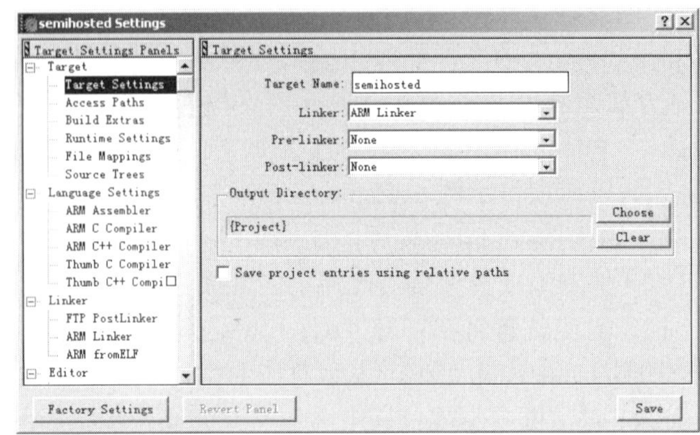

图 13.36 semihosted Settings 对话框

### 13.4.3 建立生成目标之间的依赖关系

对于包含多个生成目标的工程项目，可以建立各生成目标之间的依赖关系。如果生成目标 A 依赖于生成目标 B，则称生成目标 A 为主生成目标；称生成目标 B 为被依赖的生成目标。CodeWarrior IDE 在处理一个主生成目标时，首先处理该生成目标所依赖的被依赖生成目标。仅仅建立两个生成目标之间的依赖关系，并未强制连接器将两个生成目标的文件进行连接。要将被依赖的生成目标的输出文件连接到主生成目标的输出文件，需要显式地建立这种连接关系。

在 CodeWarrior IDE 中，工程项目生成命令 Make 仅处理当前活动的工程项目，CodeWarrior IDE 中没有提供类似于 Build All 的命令来处理一个工程项目中的所有生成目标。在本小节中，建立一个没有实际意义的空生成目标 dummy，然后将其他所有的生成目标加入生成目标 dummy 中，这样，在生成 dummy 时，所有的生成目标都将被处理。具体操作步骤如下。

(1) 打开前面建立的工程项目示例 example.mcp。

(2) 建立一个新的空类型的生成目标 dummy，操作步骤在 13.4.1 小节已经详细介绍过。

(3) 建立 dummy 生成目标对 Debug 生成目标的依赖关系，具体的操作步骤是在工程项目窗口的 Targets 视图中，将 Debug 生成目标拖曳到 dummy 生成目标的右下方。按照同样的方法，建立 dummy 生成目标对 DebugRel 生成目标和 Release 生成目标的依赖关系，如图 13.37 所示。

(4) 单击 dummy 生成目标左边的“+”符号，展开该生成目标，可以看到它所依赖的各生成目标，这些被依赖的生成目标以斜体字方式显示。

(5) 当使用 Make 命令处理 dummy 生成目标时，工程项目中 3 个生成目标都将被处理，达到了使用 Build All 命令操作的效果。

注意在本例中，各生成目标的输出文件之间并不进行连接。要将被依赖生成目标的输出文件连接到主生成目标的输出文件，需要在工程项目窗口的 Targets 视图中单击 Link

栏，使该被依赖生成目标的 Link 栏出现“●”符号。本例将 debug 生成目标的输出文件与 dummy 生成目标的输出文件连接，如图 13.38 所示。这只是一个示例，没有任何实际意义，因为 dummy 生成目标是一个空生成目标。

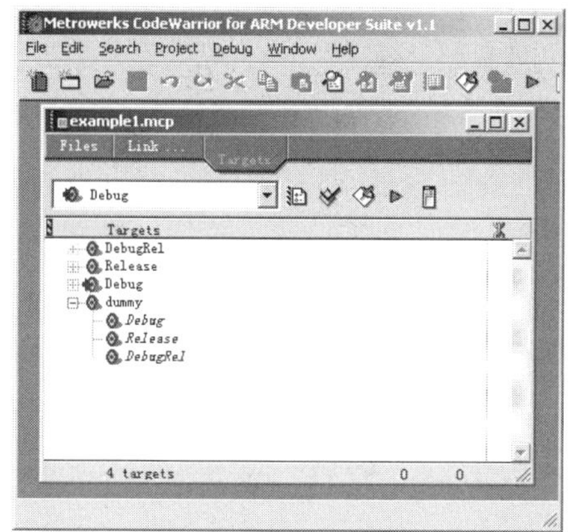

图 13.37　建立生成目标之间的依赖关系

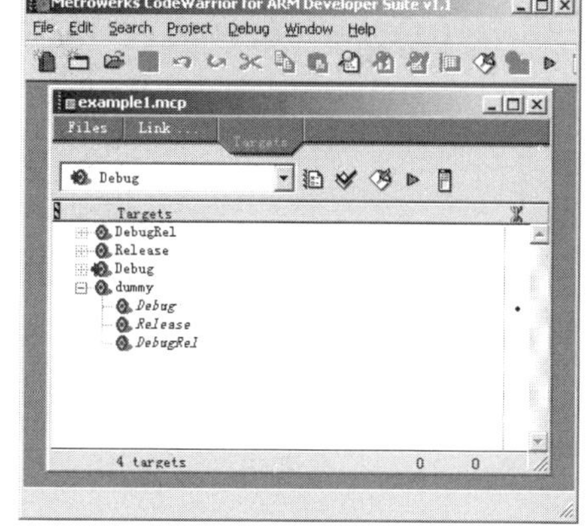

图 13.38　将被依赖的生成目标 debug 的输出文件与主生成目标 dummy 的输出文件连接

## 13.4.4　子工程项目的使用

CodeWarrior IDE 可以在一个工程项目中包含另外一个独立的工程项目，被包含的工程项目称为子工程项目。在实际系统中，通常需要将一个工程项目分割成多个相对独立的子工程项目，这些子工程项目可以由不同的开发组完成，最后集成为最终系统。每个子工程项目可以包含多个生成目标；各生成目标的输出文件既可以与主工程项目的某个生成目标的输出文件连接，也可以独立控制。

使用子工程项目包括下面三个步骤。

(1) 将一个子工程项目加入主工程项目的一个或者多个生成目标中。

(2) 指定主工程项目被 CodeWarrior IDE 处理时，它所包含的子工程项目中的哪些生成目标需被处理。默认情况下，子工程项目的所有生成目标都不会被处理。

(3) 指定子工程项目的哪些生成目标的输出文件需要与主工程项目的输出文件进行连接。默认情况下，所有生成目标的输出文件都不需要与主工程项目的输出文件进行连接。

下面举例说明子工程项目的使用方法。其中，主工程项目是一个用 ARM 可执行映像文件模板生成的工程项目，子工程项目是一个用 ARM 目标文件库模板生成的工程项目。具体操作步骤如下。

(1) 生成一个 ARM 可执行映像文件类型的工程项目 executable image.mcp，具体操作步骤可以参考 13.2.2 小节介绍的内容。这个 ARM 可执行映像文件类型的工程项目作为主工程项目。

(2) 向工程项目 executable image.mcp 中添加一个 C 语言源程序 main.c，具体操作步骤可以参考 13.2.2 小节介绍的内容。

(3) 生成一个 ARM 目标文件库类型的工程项目 object library.mcp。这个 ARM 目标文件库类型的工程项目作为子工程项目。

(4) 将步骤 2 中生成的 ARM 目标文件库类型的工程项目加入步骤 1 中建立的工程项目中。具体操作如下。

① 选择 Project | Add Files 命令，打开 Select files to add 对话框，如图 13.39 所示。

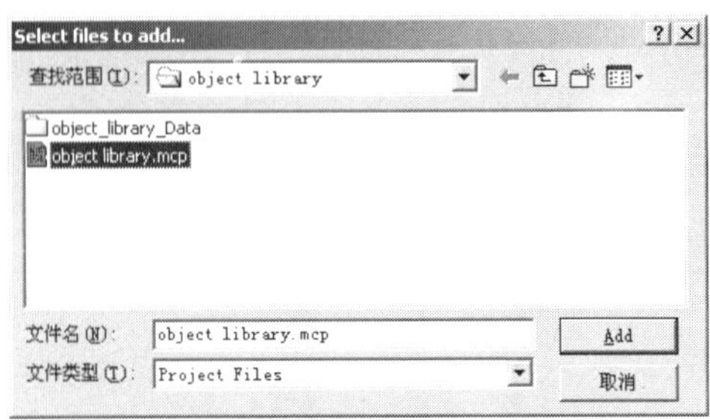


图 13.39 Select files to add 对话框

② 在 Select files to add 对话框中，选择 object library.mcp 文件，单击 Add 按钮，弹出 Add Files 对话框，如图 13.40 所示。

③ 在 Add files 对话框中选择加入 object library.mcp 子工程项目的主工程项目 executable image.mcp 的生成选项。这里选中 Debug 工程项目，单击 OK 按钮。在 executable image.mcp 对应的工程项目窗口的 Targets 视图中，单击各生成目标边上的“+”符号，如图 13.41 所示。

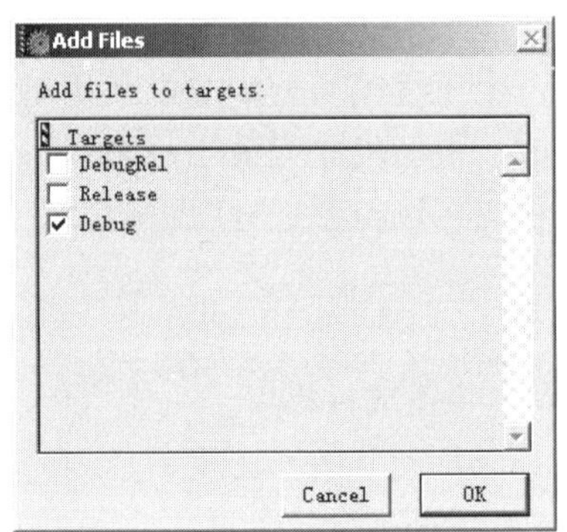


图 13.40 Add Files 对话框

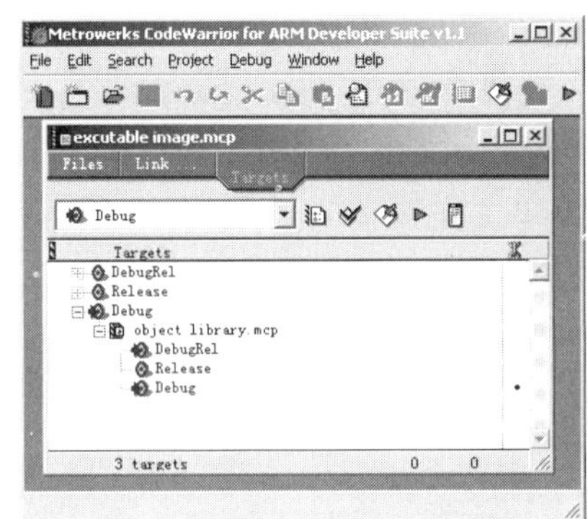


图 13.41 Targets 视图

(5) 指定主工程项目被 CodeWarrior IDE 处理时，它所包含的子工程项目中的哪些生成目标需被处理。如图 13.41 所示，在主工程项目的 Debug 生成目标的右下方，列出了其中包含的子工程项目的 3 个生成目标。单击其中的 Debug 生成目标和 DebugRel 生成目标左边的符号，该红色的符号上出现一个黑色的箭头，这表示在 CodeWarrior IDE 处理主工程项目的 Debug 生成选项时，将先处理子工程项目的 Debug 生成目标和 DebugRel 生成目标。

(6) 指定子工程项目的哪些生成目标的输出文件需要和主工程项目的输出文件进行连接。如图 13.41 所示，单击各子工程项目的生成目标右边的 Link 栏，当该位置出现“•”符号时，表示对应的子工程项目的生成目标的输出文件将和其主工程项目中对应的生成目标的输出文件进行连接。在图 13.41 中，子工程项目 object library.mcp 的 Debug 生成选项的输出文件将与主工程项目 executable image.mcp 的 Debug 生成选项的输出文件进行连接。

## 13.5　工程项目模板

工程项目模板是一些最小的工程项目，它可以作为模板，用来快速、简单地生成其他具有同样特点的工程项目。工程项目模板中包含以下信息。

- 预先定义的生成目标的各种选项。
- 预先定义的生成目标、子工程以及工程之间的相互依赖关系。
- 一些特定种类的文件。

当用户使用一个工程项目模板建立工程项目时，CodeWarrior IDE 将与该工程项目模板相关的文件复制到新建的工程项目所在的目录中。用户在此基础之上建立自己的工程项目。

本节介绍 ADS 提供的工程项目模板及其使用方法，最后介绍如何建立自己的工程项目模板。

### 13.5.1　ADS 中工程项目模板的使用

ADS 中的工程项目模板默认存放在路径 C:\Program Files\arm\adsv1_1\stationery 中。ADS 中提供的工程项目模板包括以下几种。

- ARM Executable Image：ARM 可执行映像文件模板。
- ARM Object Library：ARM 目标文件库模板。
- Empty Project：空工程项目模板。
- Makefile Importer Wizard：Makefile 导入向导模板。
- ARM Thumb Interworking Image：ARM/Thumb 混合使用的映像文件模板。
- Thumb Executable Image：Thumb 可执行映像文件模板。
- Thumb Object Library：Thumb 目标文件库模板。

这些工程项目模板都使用以下设置。

- 默认的目标系统设置，如 ARM7TDMI Little-endian 等。
- 编译器和汇编器使用默认的 ATPCS 选项。
- 包括 3 个生成目标：Debug、DebugRel 以及 Release。

#### 1. ADS 中预定义的主要工程项目模板

(1) ARM 可执行映像文件(ARM Executable Image)模板的特点如下。

- 使用 ARM C 编译器编译所有扩展名为.c 的 C 语言源文件。
- 使用 ARM C++编译器编译所有扩展名为.cpp 的 C++语言的源文件。
- 使用 ARM 汇编器汇编所有扩展名为.s 的汇编源文件。
- 使用 ARM 连接器生成简单的 ELF 格式的可执行映像文件。
- 使用 AXD 调试器调试和运行生成的 ELF 格式的可执行映像文件。

(2) ARM 目标文件库(ARM Object Library)模板用于生成 armar 格式的库文件，库文件中的代码为 ARM 代码。该工程项目模板与 ARM 可执行映像文件工程项目模板类似，主要区别在于：

- 它使用 armar 工具生成目标文件库；
- 它所生成的目标文件库不能独立运行和被调试。

(3) Thumb 可执行映像文件(Thumb Executable Image)模板的特点如下。

- 使用 Thumb C 编译器编译所有扩展名为.c 的 C 语言源文件。
- 使用 Thumb C++编译器编译所有扩展名为.cpp 的 C++语言的源文件。
- 使用 ARM 汇编器汇编所有扩展名为.s 的汇编源文件，默认情况下它把 ARM 汇编器配置成 Thumb 状态。
- 使用 ARM 连接器生成简单的 ELF 格式的可执行映像文件。
- 使用 AXD 调试器调试和运行生成的 ELF 格式的可执行映像文件。

(4) Thumb 目标文件库(Thumb Object Library)模板用于生成 armar 格式的库文件，库文件中的代码为 Thumb 代码。该工程项目模板与 Thumb 可执行映像文件工程项目模板类似，主要区别在于：

- 它使用 armar 工具生成目标文件库；
- 它所生成的目标文件库不能独立运行和被调试。

(5) ARM/Thumb 混合使用的映像文件(ARM Thumb Interworking Image)模板用于生成包含 ARM/Thumb 代码混合使用的工程项目。其主要特点如下。

- 其中的 ARM 代码和 Thumb 代码分别拥有独立的生成目标。ARM 代码拥有 3 个生成选项，即 ARMDebug、ARMDebugRel 和 ARMRelease；Thumb 代码拥有 3 个生成选项，即 ThumbDebug、ThumbDebugRel 和 ThumbRelease。
- 使用 ARM C/C++编译器编译所有 ARM 生成目标中的源文件。
- 使用 Thumb C/C++编译器编译所有 Thumb 生成目标中的源文件。
- 使用 ARM 汇编器汇编所有扩展名为.s 的汇编源文件，包括 ARM 指令的汇编程序和 Thumb 指令的汇编程序。
- 使用 ARM 连接器将 ARM 生成目标的输出文件与 Thumb 生成目标的输出文件连接，生成 ELF 格式的可执行映像文件。
- 在汇编器和编译器的选项中指定 interwork 类型的 ATPCS 标准。

### 2. ARM/Thumb 混合使用的映像文件模板的使用

下面介绍如何使用 ARM/Thumb 混合使用的映像文件模板建立一个工程项目。具体操作步骤如下。

(1) 使用 ARM/Thumb 混合使用的映像文件模板建立一个新的工程项目 interworking project.mcp。

(2) 将 Thumb 指令的源文件 Thumb.c 添加到新建的工程项目的 Thumb 类型的生成目标中。

(3) 将 ARM 指令的源文件 ARM.c 添加到新工程项目的 ARM 类型的生成目标中。这时，工程项目窗口的 Files 视图如图 13.42 所示。从该视图中可以看到各生成目标中的源文件。

(4) 切换到工程项目窗口的 Targets 视图，如图 13.43 所示。每个 Thumb 生成目标都依赖于相应的 ARM 生成目标。如 ThumbDebug 生成目标依赖于 ARMDebug 生成目标。

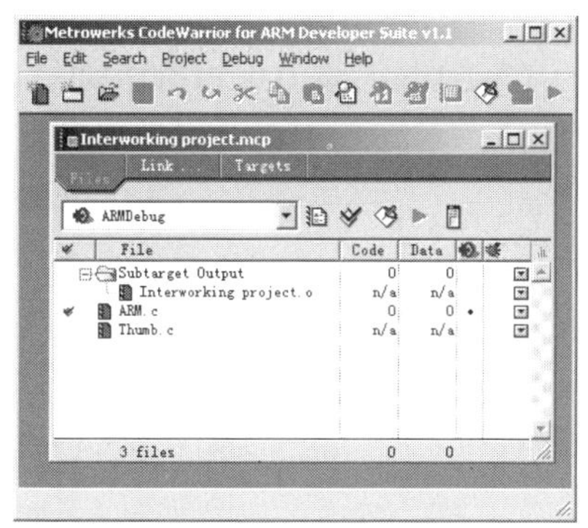

图 13.42　Files 视图

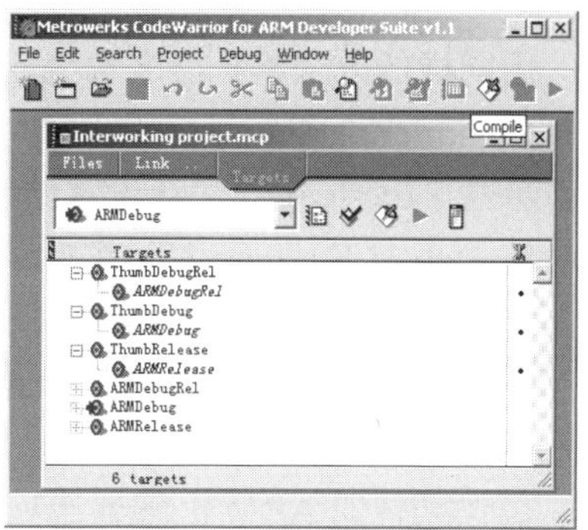


图 13.43　工程项目的 Targets 视图

(5) 生成(build)工程项目 interworking project.mcp 的 ThumbDebug 生成目标时，将发生下列操作。

- 生成 ARMDebug 生成目标。
- 生成 ThumbDebug 生成目标。
- 将两个生成目标的输出文件进行连接。

### 3. 将一个 ARM 工程项目转换成 Thumb 工程项目

将一个 ARM 工程项目转换成 Thumb 工程项目时，一方面需要修改不同扩展名的文件对应的处理工具；另一方面需要设置 CodeWarrior IDE 中各内嵌工具的选型。对于工程项目中的每个生成目标，都必须完成以下操作步骤，这里以 Debug 生成目标为例进行说明。

(1) 打开想要转换的 ARM 类型的工程项目。

(2) 选择 Edit | Debug Settings 命令，打开 Debug Settings 对话框。在左侧的列表框中选择 File Mappings 选项，如图 13.44 所示。

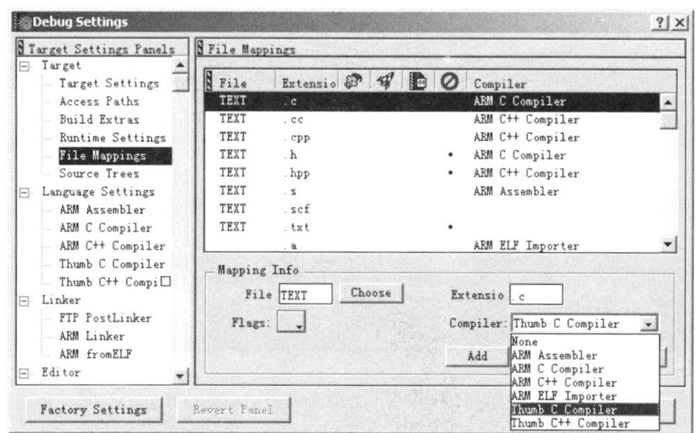


图 13.44　File Mappings 选项设置界面

(3) 在 File Mappings 列表框中，选择扩展名称为.c 的选项，在 Compiler 下拉列表框中选择 Thumb C Compiler 选项，将扩展名称为.c 的文件对应的 CodeWarrior IDE 中的内嵌工具改为 Thumb C Compiler。

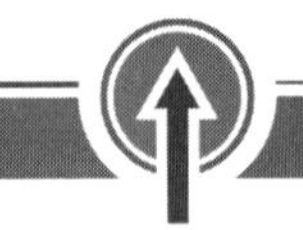



(4) 用同样的方法将扩展名称为.cpp 的文件对应的 CodeWarrior IDE 中的内嵌工具改为 Thumb C++ Compiler。

(5) 用同样的方法将扩展名称为.h 的文件对应的 CodeWarrior IDE 中的内嵌工具改为 Thumb C Compiler。

(6) 单击 Save 按钮，保存设置结果。

(7) 在 Debug Settings 对话框左侧的列表框中选择 ARM Assembler 选项，设置 ARM 汇编器的选项。

- 在 Target 选项卡中，将 Initial State 设置成 Thumb，如图 13.45 所示。
- 在 ATPCS 选项卡中，选中 ARM/Thumb interworking 复选框，如图 13.46 所示。
- 确保其他的 ARM 汇编器选项设置是合适的。
- 单击 Save 按钮，保存设置结果。

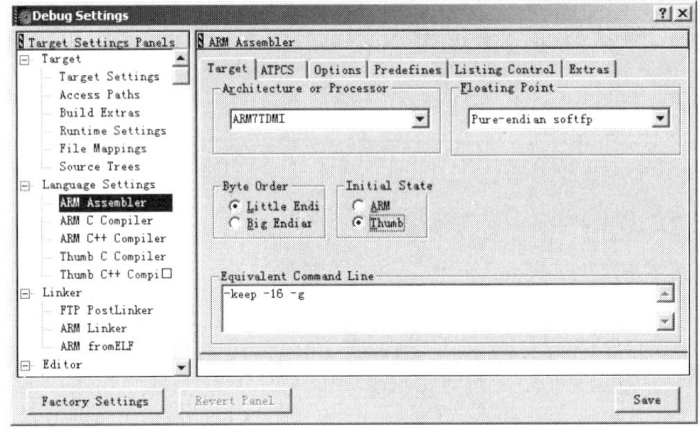

图 13.45　设置 Initial State 为 Thumb

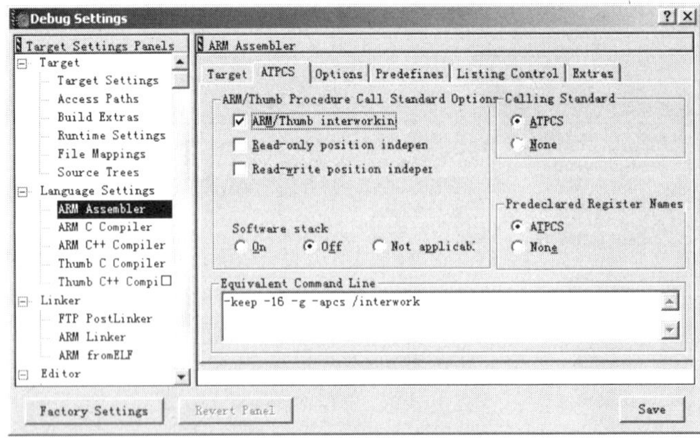

图 13.46　选中 ARM/Thumb interworking 复选框

(8) 在 Debug Settings 对话框左侧的列表框中选择 Thumb C Compiler 选项，设置 Thumb C 编译器的选项。

- 在 ATPCS 选项卡中，选中 ARM/Thumb interworking 复选框，如图 13.47 所示。
- 确保其他的 Thumb C 编译器选项设置是合适的。
- 单击 Save 按钮，保存设置结果。

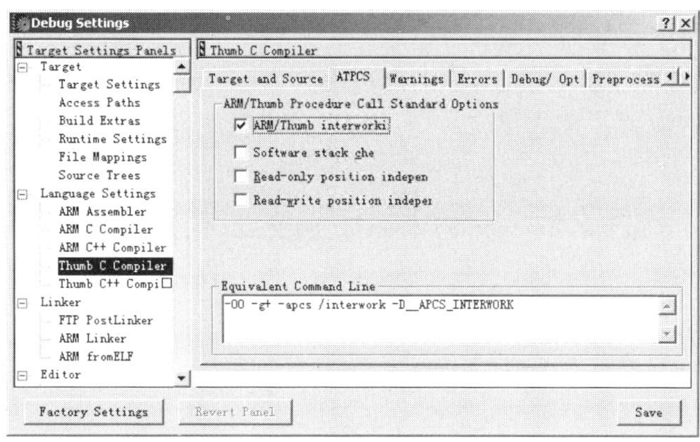


图 13.47　选中 ARM/Thumb interworking 复选框

(9) 在 Debug Settings 对话框左侧的列表框中选择 Thumb C++ Compiler 选项，设置 Thumb C++编译器的选项。

- 在 ATPCS 选项卡中，选中 ARM/Thumb interworking 复选框。
- 确保其他的 Thumb C++编译器选项设置是合适的。
- 单击 Save 按钮，保存设置结果。

## 13.5.2　建立用户工程项目模板

在 CodeWarrior IDE 中，作为工程项目模板的特殊工程项目，具有以下两个特点。

- 该工程项目位于 CodeWarrior IDE 的工程目标模板目录中。默认情况下为 C:\program files\ARM\ADSv1_1\stationery。
- 该工程项目中包含的文件与该工程项目保存在一起。

用户可以建立自己的工程项目模板。然后使用该工程项目模板，CodeWarrior IDE 会将与该工程项目模板相关的文件复制到新建立的工程项目的路径中。

建立用户自己的工程项目模板的操作步骤如下。

(1) 使用 ADS 中预定义的工程项目模板建立一个新的工程项目，或者建立一个空的工程项目。

(2) 选择 File | Save a Copy As 命令，打开 Save a copy of project as 对话框，如图 13.48 所示。然后将本工程项目保存到 ADS 的工程项目模板所在的路径，默认为 C:\program files\ARM\ADSv1_1\stationery。

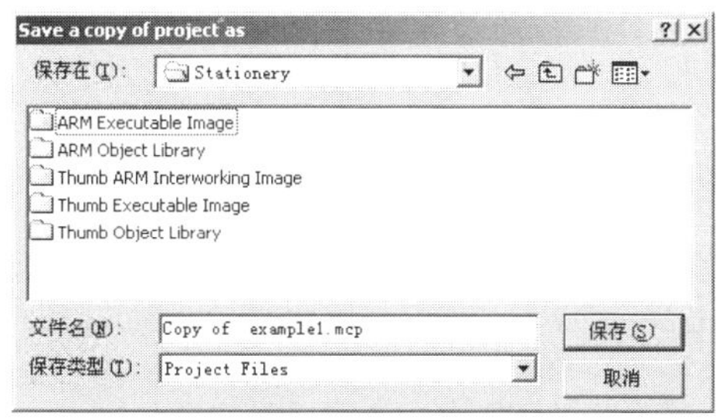


图 13.48　Save a copy of project as 对话框

(3) 向工程项目中添加需要的文件。

(4) 设置需要的生成选项。

(5) 保存相关的设置，完成建立一个工程项目模板的操作。

# 13.6 编译和连接工程项目

在 CodeWarrior IDE 中可以同时打开多个工程项目，必须选择一个工程项目作为当前工程项目，然后可以对其中包含的文件进行编译和连接操作。编译和连接工程项目中的文件时，需要确定两个问题。

- 确定工程项目中各种源文件使用何种工具进行处理。
- 选择工程项目中的一个生成目标。

在 13.5 节中介绍了 ADS 中提供的各种工程项目模板的特点，其中包含各种源文件对应的处理工具。可以通过 Debug Settings 对话框中的 File Mappings 选项设置界面控制这种源文件及其处理工具的对应关系。

关于生成目标的配置和选择，在 13.3 节中已经介绍过。所有对一个工程项目中文件的编译和连接操作都是针对当前生成目标的，其他的生成目标不受影响。

在 CodeWarrior IDE 中，当生成(Build)一个工程项目时，生成的目标文件和映像文件存放在该工程项目所在目录的一个子目录中。假设工程项目所在的目录为 C:\arm example\example1，则输出文件所在的目录为 C:\arm example\example1\example1_data。各种生成的文件类型及其存放位置如表 13.1 所示。

表 13.1 各种源文件及其生成的文件类型对应关系

| 输出文件 | 命名规则 | 默认的存放位置(相对于工程项目所在的目录) |
| --- | --- | --- |
| ELF 格式的可执行映像文件 | Project Name.axf | Project_Name_Data\Target_Name |
| 部分路径的 ELF 格式的目标文件 | Project Name.o | Project_Name_Data\Target_Name |
| ARM 库文件 | Project Name.a | Project_Name_Data\Target_Name |
| 目标文件 | File Name.o | Project_Name_Data\Target_Name\ObjectCode |

本节介绍在 CodeWarrior IDE 中编译和连接源文件的具体操作步骤。

## 13.6.1 编译文件

下面介绍在 CodeWarrior IDE 中编译文件的方法，这时不进行文件的连接操作。

### 1. 编译当前编辑窗口中的文件

编译当前编辑窗口中文件的操作步骤如下。

(1) 确保欲编译的文件是当前打开的工程项目中的文件。

(2) 单击相应的编辑窗口，使其成为当前活动窗口。

(3) 选择 Project | Compile 命令。

需要注意的是，在下列情况下，编译操作不会被执行：

- 当前没有打开的工程项目；
- 编辑窗口中欲编译的源文件没有扩展名；
- 编辑窗口中欲编译的源文件没有被包含在当前被打开的工程项目中。

### 2. 编译在工程项目窗口中选中的文件

可以通过工程项目窗口选择一个或者多个源文件进行编译。这时，这些文件不必在编辑窗口中打开。具体操作步骤如下。

(1) 打开想要进行编译的工程项目。

(2) 选择一个或者多个源文件。

(3) 选择 Project | Compile 命令。

### 3. 编译工程项目中发生变化的文件

使用 Bring Up To Date 命令可以编译最近一次编译后发生变化的所有文件，包括那些被新加入的文件。具体操作步骤如下。

(1) 确保欲编译的工程项目所在的窗口是当前活动窗口。

(2) 选择 Project | Compile 命令，以下源文件将会被编译。

- 该文件以前没有被编译过。
- 最近一次编译后发生改变的源文件。
- 使用 touch 标记的源文件。

### 4. 预处理源文件

命令 Preprocess 可以预处理源文件，它完成以下这些操作。

- 解释以“$”或者“#”开头的符号，如#define 等。
- 命令 Preprocess 删除源文件中 C/C++风格的注释语句。

命令 Preprocess 的具体用法如下。

(1) 打开需进行预处理操作的文件，或者从工程项目窗口中选择该文件。

(2) 选择 Project | Preprocess 命令，这时，结果将输出在一个新的编辑窗口中。

(3) 可以将该输出结果保存到一个文件中。

### 5. 对源文件进行语法检查

可以使用命令 Check Syntax 检查一个源文件的语法格式。该源文件可以属于一个工程项目，也可以是独立的一个文件。当源文件为一个独立文件时，在检查其语法格式时，必须打开一个工程项目，因为 CodeWarrior IDE 需要从该工程项目中得到文件所使用的编译器。具体操作步骤如下。

(1) 打开欲进行语法检查操作的文件，或者从工程项目窗口中选择该文件。

(2) 选择 Project | Check Syntax 命令。

## 13.6.2 生成工程项目

### 1. 生成工程项目

可以通过选择 Project | Make 命令，或者单击工程项目窗口中的 Make 按钮来生成工程项目，这时将发生以下操作。

- 编译新进入的，或修改过的，或设置 touch 标志的源文件，从而生成相应的目标文件。
- 连接各种目标文件以及库文件，生成 ELF 格式的映像文件，或者部分连接的目标文件。
- 进行连接后的操作，比如使用 fromELF 工具转换映像文件的格式。

### 2. 设置连接顺序

在工程项目窗口中可以设置连接顺序，具体操作步骤如下。

(1) 在工程项目窗口中切换到 Link Order 视图，如图 13.49 所示。

(2) 在窗口中通过拖曳操作安排各源文件的顺序，也就是进行连接操作时的顺序。

### 3. 删除目标文件

可以通过以下步骤删除生成的目标文件。

(1) 选择希望删除目标文件的工程项目。

(2) 选择 Project | Remove Object Code 命令，打开如图 13.50 所示的对话框。

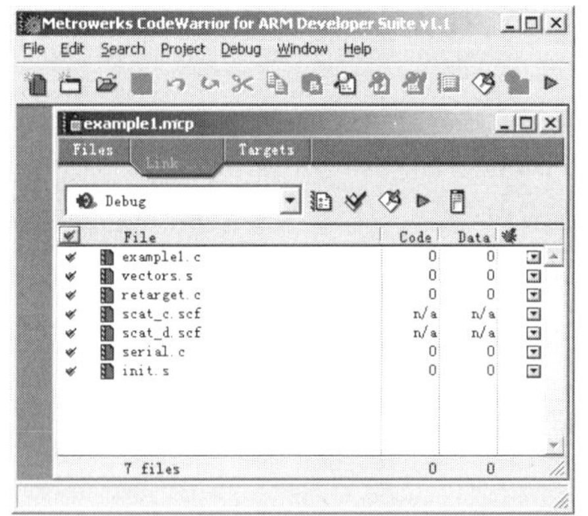


图 13.49 Link Order 视图

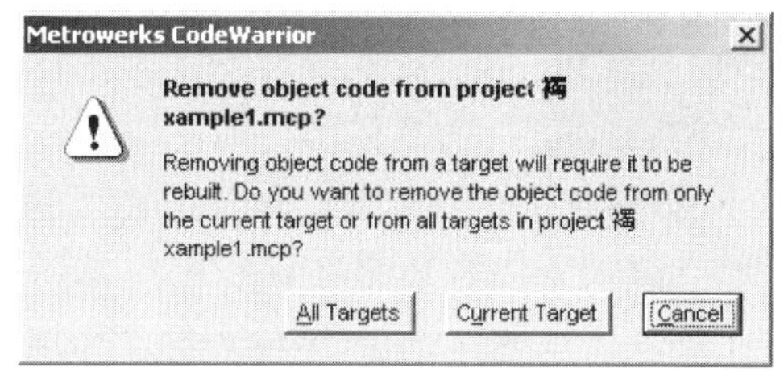


图 13.50 删除目标文件时的确认对话框

(3) 单击 All Targets 按钮，将删除所有生成目标中的目标文件；单击 Current Target 按钮，将删除当前生成目标中的目标文件；单击 Cancel 按钮，将取消步骤 2 中的操作。

# 第 14 章　ARM 体系中的调试方法

随着应用系统复杂性的提高，调试阶段在整个系统开发的过程中所占的比重越来越大。因此拥有高效、强大的调试系统可以大大减少整个系统开发的时间，加快产品的面市时间，减轻系统开发的工作量。ARM 体系结构包含了完善的调试手段，本章介绍 ARM 体系中调试系统的原理以及一些常用的调试工具。

## 14.1　ARM 体系中的调试系统

在嵌入式应用系统中，通常将运行目标程序的计算机系统称为目标机。由于目标系统中常常没有进行输入/输出处理的必要的人机接口，那么就需要在另外一台计算机上运行调试程序。这个运行调试程序的计算机通常是一台 PC，称为宿主机(或者调试机、主机)。在主机和目标机之间需要一定的信道进行通信。这样，一个调试系统应该包括 3 部分，即主机、目标机、目标机和主机之间的通信信道。

图 14.1 中给出了 ARM 体系中调试系统的结构。图中各部分的含义将在下面进行介绍。

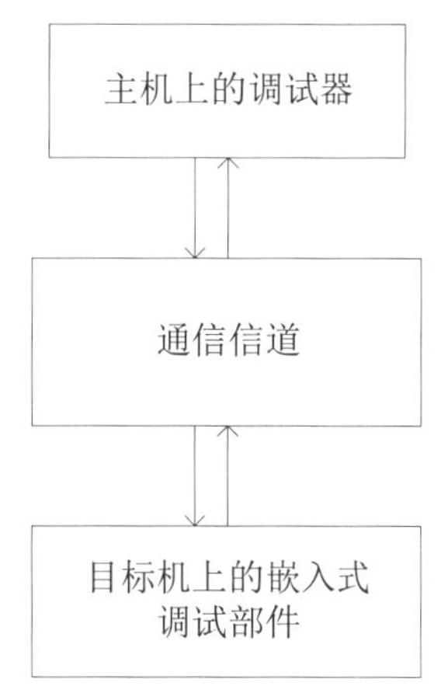


图 14.1　ARM 体系中调试系统的结构

在主机上运行的调试程序用于接收用户的命令，把用户命令通过主机和目标机之间的通信信道发送到目标机，接收从目标机返回的数据并按照用户指定的格式进行显示。

在 ADS 1.1 中包含的 ADW 是一个基于 Windows 操作系统的调试器(debugger)。在 14.4 节中，将较详细地介绍 ADW 的使用方法。

调试代理(Debug Agent)通常运行在目标机上(ARMulator 除外，它运行于主机上)，它接收主机上调试器发来的命令，可以在目标程序中设置断点，单步执行目标程序，并显示程序断点处的运行状态(寄存器和内存值)。在 ARM 体系中，调试代理可以有以下 4 种方式。

- ARMulator 是一种比较特殊的调试代理。它与其他运行在目标机上的调试代理有所不同，它是一个指令级的仿真程序，运行在主机上。使用 ARMulator，不需要硬件目标系统就可以开发运行于特定 ARM 处理器上的应用程序。由于 ARMulator 可以报告各指令执行时的机器周期，因此它还可以用来进行应用程序的性能分析。
- 基于 JTAG 的 ICE 类型的调试代理。ARM 公司的 Multi-ICE 以及 EmbeddedICE 属于这种类型的调试代理。这类调试代理利用 ARM 处理器中的 JTAG 接口以及一个嵌入的调试单元可以与主机上的调试器进行通信，完成以下工作。

    - ◆ 实时地设置基于指令地址值或者数据值的断点。
    - ◆ 控制程序单步执行。
    - ◆ 访问，并且可以控制 ARM 处理器内核。
    - ◆ 访问 ASIC 系统。
    - ◆ 访问系统中的存储器。
    - ◆ 访问 I/O 系统。
- Angel 调试监控程序。它是一组运行在目标机上的程序，可以接收主机上调试器发送的命令，执行诸如设置断点、单步执行目标程序、观察或者修改寄存器/存储器内容之类的操作。与基于 JTAG 的调试代理不同，Angel 调试监控程序需要占用一定的系统资源，如内存、串行端口等。使用 Angel 调试监控程序可以调试在目标系统上运行的 ARM 程序或者 Thumb 程序。
- 调试网关。通过调试网关，主机上的调试器可以使用 Agilent 公司的仿真模块，开发基于 ARM 的应用系统。

在主机和目标机之间需要一定的通信信道，通常使用的是串行端口、并行端口或者以太网卡。在主机和目标机之间进行数据通信时使用了一定的协议，这样主机上的调试器就可以使用一个统一的接口与不同的调试代理进行通信了。在早期使用的是一个称为 RDP(Remote Debug Protocol)的协议，它是一个基于字节流的简单协议，没有纠错功能。后来广泛使用的是称为 ADP(Angel Debug Protocol)的协议，它是一个基于数据包的通信协议，具有纠错功能。

## 14.2 基于 Angel 的调试系统

基于 Angel 的调试系统由以下两部分组成，这两部分之间通过一定的通信信道连接起来，通常使用的信道是串行口。

- 位于主机上的调试器：它接收用户命令，将其发送到目标机上的 Angel，使其执行一定的操作，并将目标机上 Angel 返回的数据以一定的格式显示给用户。ARM 公司提供的各调试器都支持 Angel。对于其他的调试器，如果它支持 Angel 所使用的调试协议 ADP，则也可以支持 Angel。
- 位于目标机上的 Angel 调试监控程序：它接收主机上调试器传来的命令，返回相应的数据。Angel 通常有两个版本：完整版本包含所有的 Angel 功能，主要用于调试应用系统；最小版本包含一些有限的功能，可以包含在最终的产品中。

本节对 Angel 的原理、功能以及移植方法做了比较详细的介绍。一方面是因为 Angel 是一个很有用的调试工具；另一方面是因为通过对 Angel 的分析，对于设计目标系统的启动代码是非常有帮助的。在本节中，比较详细地介绍了基于 LinkUp 公司的 L7205sdb 评价板的 Angel，也正是出于这一目的。

### 14.2.1 基于 Angel 的调试系统概述

#### 1. Angel 的组成

Angel 的组成如图 14.2 所示。主机上的调试器向目标机上的 Angel 发送请求。目标机上的 Angel 截取这些请求，根据请求的类型执行相应的操作。例如，当主机上的调试器请求设置断点时，Angel 在目标程序的相应位置插入一条未定义的指令，当程序运行到这个位置时，产生未定义指令异常中断，并且在未定义指令异常中断处理程序中完成断点需要的功能。

Angel 通过调试协议 ADP 与主机上的调试器进行通信。

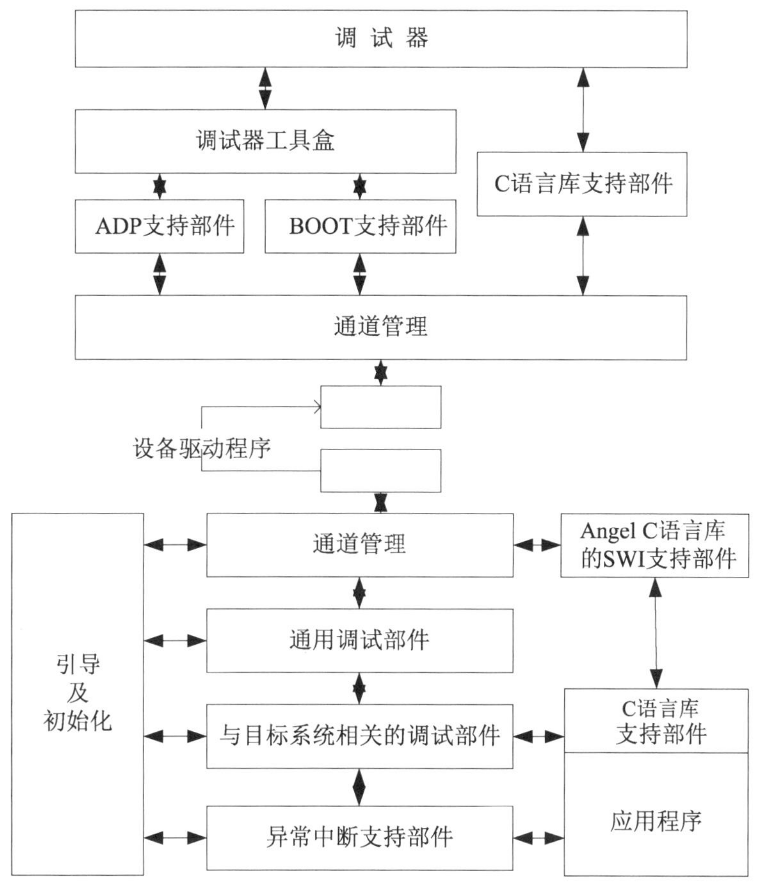


图 14.2　一个典型的 Angel 系统

下面简单介绍 Angel 系统各部分的功能。

(1) 主机上的调试器包括以下部分。

- 调试器：可以是 ARM 公司的调试器，如 ADW 和 ADU 等，也可以是第三方的调试器。
- 调试器工具盒：是调试器和 RDI(远程调试接口)之间的界面。
- ADP 支持部件：提供 RDI 与 ADP 消息之间的协议转换。
- BOOT 支持部件：用于建立主机和目标机之间的通信连接。比如，对于使用串行口进行通信的系统，可以设置波特率。
- C 语言库支持部件：用于处理目标 C 语言库的 semihosting 请求。
- 主机通道管理：管理主机上的通信通道，可以提供高层次的通信功能。
- 主机设备驱动程序：实现主机上的通信设备功能，可以为主机通道管理提供需要的服务。

(2) 目标系统包括以下部件。

- 目标机设备驱动程序：实现目标机上的通信设备功能，可以为目标机通道管理提供需要的服务。
- 目标机通道管理：管理目标机上的通信通道，可以提供高层次的通信功能。
- 通用调试部件：使用目标机通道与主机通信来处理 ADP 消息，接收主机所发送的请求。
- 与目标系统相关的调试部件：提供与具体目标系统相关的调试功能，例如设置断点、读写存储器等。
- 异常中断支持部件：处理所有的 ARM 异常中断。
- C 语言库支持部件：提供对目标 C 语言库以及 semihosting 请求的支持。
- 引导及初始化部件：完成下面的操作。
    - ◆ 进行启动检查。
    - ◆ 设置存储系统、数据栈、设备驱动程序等。
    - ◆ 将引导信息发送到主机上的调试器。
- 用户应用程序。

#### 2. Angel 的功能

目标机上的 Angel 实现下列功能。

1) 基本的调试功能

Angel 提供下列基本调试功能。

- 报告存储器和处理器状态。
- 将应用程序下载到目标系统中。
- 设置断点。

2) C 语言库的支持

在目标系统上运行的应用程序可以与 C 语言库连接。其中有些 C 语言库需要 semihosting 支持，即需要使用主机上的资源完成输入/输出请求。Angel 使用 SWI 机制完成这些 semihosting 请求。

在 ARM 程序中，Angel 使用的 SWI 号为 0x123456；在 Thumb 程序中，Angel 使用的 SWI 号为 0xab。

3) 通信支持

Angel 使用 ADP 通信协议。ADP 通信协议通过使用通信管道，可以使多个独立的消息包共享一个通信信道。Angel 支持下列通信信道。

- 串行端口。
- 并行端口。
- 以太网接口。

主机和目标机上的通道管理部件保证逻辑通道可以可靠地复用，并监视通道的使用情况，处理带宽溢出情况。主机和目标机上的设备驱动程序处理数据包的发送和接收，它可以检测并扔掉有错误的数据包。

4) 任务管理功能

包括通信操作和调试操作在内的所有 Angel 操作都是在任务管理部件管理下进行工作的。任务管理部件实现以下功能。

- 保证任何时候只有一个操作在执行。
- 为各任务分配优先级，并根据优先级调度各任务。
- 控制 Angel 运行环境的处理器模式。

5) 异常中断处理

Angel 使用除复位异常中断以外的其他 ARM 异常中断。具体的使用方式如下。

- SWI 异常中断：Angel 使用 SWI 异常中断实现目标系统上 C 语言库的 semihosting 请求，并可以实现进入和退出处理器的特权模式。
- 未定义指令异常中断：Angel 使用 3 条未定义的指令来实现在目标程序中设置断点。
- 数据中止和指令预取中止异常中断：Angel 设置了基本的数据中止和指令预取中止异常中断处理程序。通过这些程序实现挂起程序的运行，将控制权交回到调试器。
- FIQ 及 IRQ 异常中断：Angel 使用 FIQ 或者 IRQ 异常中断完成中断处理操作。如果可能，推荐使用 IRQ 异常中断。

#### 3. 使用 Angel 所需要的资源

使用 Angel 所需要的资源如下。

- 系统资源：Angel 使用的系统资源包括可配置的系统资源和不可配置的系统资源两种。可配置的系统资源包括一个 ARM 程序的 SWI 号和一个 Thumb 程序的 SWI 号；不可配置的资源包括两条未定义的 ARM 指令和一条未定义的 Thumb 指令。
- ROM 和 RAM 资源：Angel 需要使用 ROM 来保存其代码，使用 RAM 来保存其数据。当需要下载一个新版本的 Angel 时，还需要使用额外的 RAM 资源。
- 异常中断向量：Angel 通过初始化系统的异常中断向量表来安装自己，从而使得 Angel 有机会接管系统的控制权，来完成相应的功能。
- FIQ 及 IRQ 异常中断：Angel 需要使用下面的异常中断来实现主机和目标机之间的通信功能。推荐使用 IRQ 异常中断。
    - ◆ FIQ 异常中断。
    - ◆ IRQ 异常中断。
    - ◆ 同时使用 FIQ 异常中断和 IRQ 异常中断。
- 数据栈：Angel 需要使用自己的特权模式的数据栈。如果用户应用程序需要调用 Angel 功能，需要建立自己的数据栈。

### 14.2.2 使用 Angel 开发应用程序

#### 1. 两个版本的 Angel

Angel 有两个版本：完整版本包含所有的 Angel 功能，主要用于调试应用系统；最小版本包含一些有限的功能，可以包含在最终的产品中。下面介绍这两种 Angel 版本各自的特点。

完整版本的 Angel 独立地存在于目标系统中，它支持所有的调试功能。用户可以使用它完成以下任务。

- 将应用程序的映像文件下载到目标系统中。
- 调试目标代码。
- 开发应用程序。

最小版本的 Angel 是由完整版本的 Angel 剪裁得到的。它包括以下部分。

- 目标板的启动操作。
- 应用程序的加载。
- 设备驱动程序。

最小版本的 Angel 不是独立存在的，它是与用户应用程序连接在一起的，以完成上述功能。

最小版本的 Angel 不包括下述功能。

- 最小版本的 Angel 与主机的通信是基于字节流的，它不使用调试协议 ADP。
- semihosting 请求。
- 在一个设备上复用多个通信通道(Channel)。
- 任务管理。

### 2. 使用 Angel 开发应用程序的一般过程

如图 14.3 所示，使用 Angel 开发应用程序包括以下步骤。

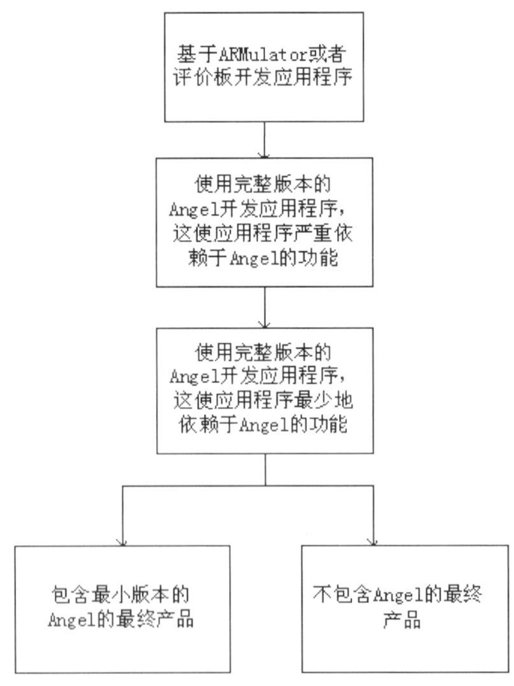


图 14.3　使用 Angel 开发应用程序的一般步骤

(1) 在 ARMulator 或者开发板上开发应用程序。

(2) 建立严重依赖 Angel 的应用程序。

(3) 建立很少依赖 Angel 的应用程序。

(4) 生成最终的产品。

### 3. 使用完整版本的 Angel 开发应用程序

下面介绍一些使用完整版本的 Angel 开发应用程序的知识，主要如下。

- 开发应用程序时需要规划的内容。
- 使用完整版本的 Angel 开发应用程序时的编程限制。
- Angel 和实时操作系统 RTOS 一起使用时的技术。
- 用户应用程序在处理器特权模式下执行。
- 异常中断处理程序连接。
- C 语言运行时库的使用方式。
- 在调试时使用断言(Assertions)。
- 关于断点的设置。

(1) 开发应用程序时需要规划的内容。

在着手开发应用程序之前，必须确定以下些选项。

- 应用程序使用的 ATPC 调用标准。
- 在应用程序中是否包含 ARM 程序和 Thumb 程序的相互调用。
- 目标系统的内存模式。
- 在最终产品中是否包含最小版本的 Angel，如果最终产品中不包含最小版本的 Angel，用户必须自己编写系统引导和初始化部分的代码，还必须自己处理系统中的异常中断。
- 在最终产品中是否需要 C 语言运行时库的支持，如果需要，用户需要自己实现这些 C 语言运行时库的支持函数。因为在最终产品中是不能使用 semihosting 请求主机资源的。
- 在生成的映像文件中是否包含调试时需要的信息。这将影响目标映像文件的大小和代码的可调试性。
- 确定目标系统的通信需求。用户需要设计通信时使用的各设备的驱动程序。
- 确定目标系统中的存储器大小。目标系统中的存储器必须能够保存 Angel 和应用程序，并且必须能够提供程序运行需要的存储空间。

(2) 编程限制。

在使用完整版本的 Angel 开发应用程序时，由于 Angel 需要一定的资源，这给程序设计带来了一定的限制。这些限制如下。

- Angel 需要使用自己的处理器特权模式下的数据栈，因此在 Angel 和实时操作系统 RTOS 一起使用时，必须确保在 Angel 运行时，RTOS 不会切换处理器的模式，否则可能造成死机。
- 用户应用程序尽量避免使用 SWI 0x123456 以及 SWI 0xab。这两个 SWI 异常中断号保留给 Angel 使用。Angel 使用它们来实现目标程序中 C 语言运行时库的 semihosting 请求。
- 如果用户应用程序中使用了 SWI，则在退出该 SWI 时必须将各寄存器的值还原成进入该 SWI 时的值。

- 如果应用程序中需要使用未定义的指令异常中断，必须注意 Angel 使用了未定义的指令异常中断。

(3) Angel 和 RTOS 一起使用。

Angel 需要使用自己的处理器特权模式下的数据栈，因此在 Angel 和实时操作系统 RTOS 一起使用时，必须确保在 Angel 运行时，RTOS 不会切换处理器的模式，否则可能造成死机。一般来说，在 Angel 运行时，RTOS 不能进行任务切换。这是一个苛刻的要求。使用 Angel 来调试 RTOS 将是一件非常困难的工作。

(4) 用户应用程序在处理器特权模式下执行。

如果用户应用程序在处理器特权模式下执行，必须设置应用程序自己的特权模式数据栈。当应用程序在特权模式下调用 Angel 的 SWIs 时，Angel 在进入 SWIs 时，需要使用应用程序的特权模式数据栈中 4 个字节的空间。在进入 SWIs 后，Angel 将使用自己的特权模式的数据栈。

因此，当应用程序在特权模式下调用 Angel 的 SWIs 时，必须保证它的特权模式数据栈为 FD(满且地址递减)类型，并且有 Angel 进入 SWIs 时所需要的足够的可用空间。

(5) 异常中断处理程序连接。

Angel 使用除复位异常中断以外的其他 ARM 异常中断。具体的使用方式如下。

- SWI 异常中断：Angel 使用 SWI 异常中断实现目标系统上 C 语言库的 semihosting 请求，并可以实现进入和退出处理器的特权模式。
- 未定义指令异常中断：Angel 使用 3 条未定义的指令来实现在目标程序中设置断点。
- 数据中止和指令预取中止异常中断：Angel 设置了基本的数据中止和指令预取中止异常中断处理程序。通过这些程序实现挂起程序的运行，将控制权交回到调试器。
- FIQ 及 IRQ 异常中断：Angel 使用 FIQ 或者 IRQ 异常中断完成中断处理操作。如果可能，推荐使用 IRQ 异常中断。

这样，如果用户应用程序需要使用其中的某些异常中断，则用户应用程序中相应的异常中断处理程序必须恰当地连接到 Angel 中的异常中断处理程序上。否则可能使 Angel 无法正常工作。具体影响对于不同的异常中断不同。下面列出了各种异常中断控制权没有转交到 Angel 中的处理程序时造成的错误。

- SWI 异常中断：如果应用程序的处理程序没有实现 EnterSVC SWI，Angel 将不能工作。如果应用程序的处理程序没有实现其他的 SWIs，则目标系统上 C 语言库的 semihosting 请求不能使用。
- 未定义指令异常中断：这时将不能在目标程序中设置断点，目标程序也不能单步运行。
- 数据中止和指令预取中止异常中断：这时主机上的调试器不能正常地处理这类异常中断。
- FIQ 异常中断：当 Angel 使用 FIQ 异常中断时，这种错误可能造成 Angel 不能正常工作。
- IRQ 异常中断：当 Angel 使用 IRQ 异常中断时，这种错误可能造成 Angel 不能正常工作。

(6) C 语言运行时库的使用方式。

ARM 公司随 SDT(ADS)提供的 C 语言运行时库通过 Angel 的 SWIs 来实现 semihosting 请求。用户在应用程序中可以连接 C 语言运行时库，具体使用方式如下。

- 在应用程序开发过程中使用 ARM C 语言运行时库，在最终的产品中使用用户自己的 C 语言运行时库或者操作系统提供的 C 语言运行时库。
- 在用户应用程序中实现 Angel SWIs，然后在应用程序或者操作系统中使用 ARM C 语言运行时库。
- 用户重新实现 ARM C 语言运行时库，使之适应于自己的使用环境。ARM C 语言运行时库是以源代码的形式提供的。
- 在用户启动代码中使用 Embedded C。

(7) 在调试时使用断言。

在 Angel 代码中包含了大量的断言，这些断言是通过 ASSERT_ENABLED 来使能或者禁止的。如果用户应用程序希望使用这种机制，可以使用下面的格式将相应的断言语句包括起来。

```
#if ASSERT_ENABLED
…
#endif
```

(8) 关于断点的设置。

Angel 只能在 RAM 中设置断点，它不能在 ROM 以及 Flash 中设置断点。

另外，在异常中断处理程序中设置断点时要非常小心。

### 4. 使用最小版本的 Angel 开发应用程序

最小版本的 Angel 只包含了部分的 Angel 功能。它不能用来调试应用程序，只能在应用程序开发的最后阶段，将其与应用程序连接在一起，从而提供一定的引导和初始化功能。最小版本的 Angel 不包括以下功能。

- 最小版本的 Angel 与主机的通信是基于字节流的，它不使用调试协议 ADP。
- 在 ADP 上的可靠通信。
- 目标机上的 C 语言运行时库的 semihosting 请求。
- 在一个设备上复用多个通信通道。
- 未定义的指令异常中断。
- 任务管理。

### 5. 下载应用程序

可以通过以下方式来下载应用程序，各种方式各有优缺点。

- 使用 Angel 通过串行口下载应用程序。其优点是只需要一个简单的串行口就可以下载应用程序。如果目标系统支持 Flash 的写入操作，这种方式还可以将应用程序写入 Flash 中。
- 使用 Angel 通过串行口和并行口下载应用程序。这时可以提供中等的下载速度。如果目标系统支持 Flash 的写入操作，这种方式还可以将应用程序写入 Flash 中。

- 使用 Angel 通过以太网接口下载应用程序。这时可以提供很快的下载速度。但只是需要目标系统中有以太网接口以及相关的驱动程序。如果目标系统支持 Flash 的写入操作，这种方式还可以将应用程序写入 Flash 中。
- Flash 烧入。这时目标系统中要有 Flash 以及相应的烧入程序。
- 使用 ROM 仿真器下载应用程序。
- 整片地烧入 ROM 或者 EPROM。

### 14.2.3 Angel 执行的操作

Angel 主要执行以下操作，理解这些操作对于移植 Angel 是非常有好处的。

- 初始化。
- 等待与主机上的调试机进行通信。
- 实现调试器请求的功能。
- 任务管理。所有的 Angel 操作都是由任务管理器控制的。任务管理器管理所有任务的优先级和调度规则。关于任务管理的详细介绍，可以参考 ARM 的相关文档。
- 上下文切换。Angel 维护着所有任务的运行上下文，可以实现任务切换。

#### 1. 初始化

初始化主要包括以下几个操作序列。

(1) 将处理器模式切换到特权模式，禁止中断，并检测 MMU 是否存在。如果 MMU 存在，在处理器特权模式下可以配置它。

(2) 根据编译时生成的地址值，Angel 确定应用程序运行时的位置以及异常中断向量的位置。

(3) 将 Angel 的代码段以及数据段复制到运行时的地址空间。

(4) 如果应用程序需要运行，则将它也复制到其运行时地址空间。

(5) 设置各种处理器模式下的数据栈。Angel 将维护自己独立的特权模式的数据栈。用户可以配置 Angel 的数据栈位置。

(6) 设置目标系统中特有的部件，如 MMU 以及 Profiling 时钟。

(7) 建立 Angel 的任务串行器。

(8) 将处理器模式切换到用户模式。进行高层次的初始化操作，初始化 C 语言运行时库以及 Angel 的 C 函数。

(9) 从这一步开始，对于完整版本的 Angel 和最小版本的 Angel，初始化操作就有所不同。对于完整版本的 Angel，进行以下操作。

- 建立基于 ADP 的通信通道。
- 如果应用程序需要使用其他通道，可以建立单纯的数据通道(Raw Data Channel)。
- 将引导信息发送到主机上的调试器，并等待调试器的回应。

对于最小版本的 Angel，进行以下操作。

- 设置设备驱动程序，建立单纯的数据通道。
- 跳转到程序入口点__entry。

### 2. 等待与主机上的调试机进行通信

Angel 在完成初始化操作后进入一个死循环，查询通信信道。如果调试器发送了请求，Angel 将接收该请求，并将其解码。执行相应的操作后，将结果返回调试器。

### 3. 实现调试器请求的功能

Angel 可以完成以下基本调试功能。

1) 报告存储器和处理器状态

Angel 可以查看存储器和处理器状态的请求。具体操作过程如下。

当调试器要求查看存储器内容时，Angel 中的一个函数接收调试器想要查询存储器的地址，然后将该地址范围内的数据以字节流的方式复制到一个数据缓冲区中。最后数据以 ADP 数据包的形式返回到调试器。

在 Angel 得到处理器控制权时，它将各寄存器的数据保存在一个数据块中。当调试器要求查看存储器内容时，保存寄存器值的数据块将被封装在一个 ADP 数据包中，返回到调试器。当调试器请求修改某寄存器内容时，Angel 改变数据块中的相应数据，当 Angel 释放对处理器的控制权时，该数据块被写回到各寄存器中。

2) 下载应用程序映像文件

当下载应用程序映像文件到目标系统时，调试器向目标系统上的 Angel 发送一系列的存储器写入 ADP 消息。Angel 将这些数据写入存储器中的相应位置。

存储器写入消息比其他的 ADP 消息都要长。当用户将 Angel 移植到自己的目标系统中时，必须保证系统中的设备驱动程序可以处理长度超过 256 字节的消息。存储器写入消息实际的长度可以在移植 Angel 时配置。

3) 设置断点

Angel 使用 3 条未定义的指令来设置断点。这三条指令的编码如下。

- 对于 Little-endian 格式的 ARM 程序，使用指令 0xE7FDDEFE。
- 对于 Big-endian 格式的 ARM 程序，使用指令 0xE7FFDEFE。
- 对于 Thumb 程序，使用指令 0xDEFE。

当调试器在目标代码的某个位置设置一个断点时，Angel 首先保存该位置原来的指令，然后将该指令替换成一个未定义的指令。

当断点被删除，或者调试器需要查看包含断点在内的存储区域时，Angel 将未定义指令恢复成原来的指令。当调试器运行断点处的指令时，Angel 将未定义指令恢复成原来的指令，并执行该指令。

当 Angel 在应用程序运行过程中检测到一条未定义的指令时，Angel 执行的操作如下。

- 对于 ARM 程序，读取(lr−4)处的指令；对于 Thumb 程序，读取(lr−2)处的指令。
- 如果该指令是 Angel 中预定义的用于产生断点的未定义指令，Angel 将执行以下操作。
  - ◆ 停止当前应用程序的执行。
  - ◆ 向调试器发送一条消息，包含断点状态。
  - ◆ 循环查询调试器回应的命令。
- 如果该指令不是 Angel 中预定义的用于产生断点的未定义指令，Angel 将执行以

下操作。

- ◆ 向调试器报告遇到了未定义的指令。
- ◆ 循环查询调试器回应的命令。

### 14.2.4 将 Angel 移植到特定的目标系统

ARM 公司提供了基于 PID 等评价板的 Angel。Angel 提供的形式中有源代码的方式。用户可以将 Angel 移植到自己的目标系统中。下面将以 LinkUp 公司的 L7205sdb 评价板上的 Angel 为例，介绍 Angel 各部分程序。

#### 1. Angel 源代码的目录结构

基于 ARM 评价板 PID 的 Angel 源代码的目录结构如图 14.4 所示。其中一个目录中存放那些与具体目标系统无关的源代码；另一个目录中存放与具体目标系统相关的源代码，如设备驱动程序和与板相关的启动代码；还有一个目录中存放关于 Angel 的生成文件(makefile 文件)以及工程项目文件。

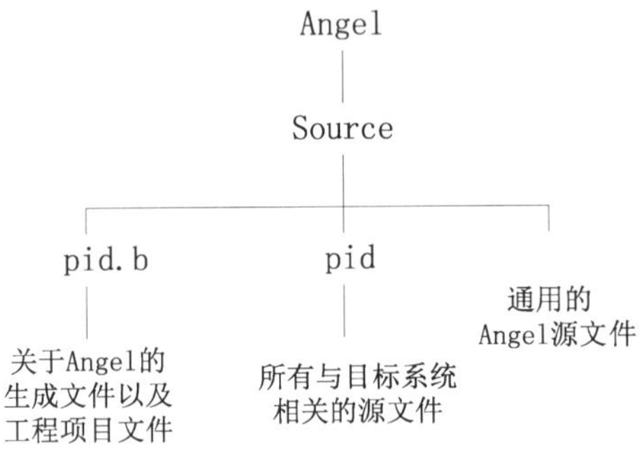


图 14.4 Angel 源文件的目录结构

#### 2. Angel 移植的一般步骤

Angel 移植的一般步骤如下。

① 选择一个与自己的目标系统相近的 Angel 版本作为模板。

② 建立生成文件或者项目管理文件。

③ 使用生成文件或者项目管理文件尝试处理模板程序。

④ 修改与目标系统相关的源文件。

⑤ 编写设备驱动程序。

⑥ 将生成的 Angel 映像文件下载到目标系统中调试。

下面简要介绍各步骤。

(1) 选择一个与自己的目标系统相近的 Angel 版本作为模板。

ARM 公司提供的基于 PID 评价板的 Angel 版本可以作为一个模板。该版本的 Angel 适合于比较复杂的目标系统。PID 评价板包括以下类型的存储器。

- SSRAM。
- SRAM。
- DRAM。

- ROM 或者 Flash。
- 两个串行口。
- 一个并行口。
- 两个 PC 卡插槽。

(2) 建立生成文件或者项目管理文件。

根据自己设计的 Angel 源文件的目录结构，以及特定的目标系统，建立生成文件或者项目管理文件，并设置合适的生成选项。

(3) 使用生成文件或者项目管理文件尝试处理模板程序。

使用生成文件或者项目管理文件尝试处理模板程序，以确保使用的生成文件或者项目管理文件是正确的，并可以检查所需要的源文件是否齐全。

(4) 修改与目标系统相关的源文件。

在后面将会详细介绍如何修改与目标系统相关的源文件，使之适应特定的目标系统。这里特别介绍以下两个文件的作用。

- 在 devconf.h 文件中定义目标设备的配置情况。
- 在 target.s 文件中定义 Angel 所要求的各宏。这些宏用于操作特定的目标系统。

(5) 编写设备驱动程序。

设备驱动程序的设计是整个 Angel 移植工程中的主要内容。它完全是与特定的目标系统相关的。

(6) 将生成的 Angel 映像文件下载到目标系统中调试。

使用生成文件或者工程项目文件生成 Angel 映像文件。使用前面介绍的方法将该映像文件下载到目标系统中，使用 ICE 工具等调试该映像文件。

### 3. 修改 Angel 中与目标系统相关的源文件

在基于 PID 评价板的 Angel 中，与目标系统相关的主要源文件如下。

- target.s：包含了一些系统启动时需要的宏。
- makelo.c：当本文件被编译时可以产生一个汇编文件，在其中包含了一些在 C 语言源程序中定义的常量。这样，这些常量就可以同时在 C 语言代码和汇编程序代码中被使用了。
- banner.h：包含了在 Angel 启动时发送给主机上调试器的一些提示性的信息。用户可以修改其内容，以反映当前通信信道的特性。
- devices.c：定义各设备的寄存器的基地址、数据结构，并设置各设备的中断处理程序。
- devconf.h：是主要的配置文件，其中包含了目标系统中各设备的声明、存储器的布局、数据栈的设置等。
- device drivers：包含了目标系统中的设备驱动程序。

下面将较详细地介绍这些源文件。

(1) target.s 文件。

target.s 文件中包含了一些系统启动时需要的宏。这些宏将会被 Angel 中的 startrom.s 和 suppasm.s 调用。下面简要介绍各宏的含义，接着给出了基于 LinkUp 公司的 L7205sdb 评价板的 Angel 中的相关代码。读者通过阅读这些代码，可以进一步明确各个宏的含义。

- UNMAPROM：该宏被 ROM 初始化程序 startrom.s 调用。在有些系统中使用该宏，可以在系统复位时将 ROM 存储器映射到地址为 0x0 的空间，在系统初始化完成后，再将 ROM 存储器映射到其物理地址所在的位置，而将 RAM 存储器映射到地址为 0x0 的空间。
- STARTUPCODE：该宏被程序 startrom.s 调用，它主要用于完成目标系统的启动过程。
- INITMMU：对于包含 MMU 的系统，该宏完成 MMU 的初始化。在这个过程中，页表的存放位置非常重要。
- INITTIMER：可以在该宏中初始化系统需要的时钟。Angel 本身并没有用到时钟。
- GETSOURCE：该宏被程序 interrupt.s 调用。Angel 调用该宏来判断一个中断是否为 Angel 的中断，如果是，确定中断源。该宏返回一个整数值，用来代表中断源。这个值与中断源的对应关系是在源文件 devconf.h 中确定的。
- CACHE_IBR：该宏被程序 suppasm.s 调用，用来设置 IBR。在基于 StrongARM 的目标系统的 Angel 中需要这个宏。

程序 14.1 列出了基于 LinkUp 公司的 L7205sdb 评价板的 Angle 中的源文件 target.s 的代码。由于在开发基于 ARM 的目标系统时，系统的初始化部分通常需要花费很大的精力，所以阅读这部分代码不仅可以移植 Angel，对于编写系统启动代码也是很有帮助的。注意这部分代码主要用于说明如何移植 target.s，它并不完整。相应的完整代码需要联系 LinkUp 公司得到。

**【程序 14.1】** target.s 源文件中的一些重要宏：

```
; ; ; ; ; ; ; ; ; ; ; ; ; ; ; ; ; ; ; ; ; ; ;
; 下面是宏 UNMAPROM 的定义
; ; ; ; ; ; ; ; ; ; ; ; ; ; ; ; ; ; ; ; ; ; ;
MACRO
$label  UNMAPROM        $w1,$w2

; 如果系统从串口启动，测试串口是否工作
      [ 0=1

      DEBUG_UART_INIT       $w1, $w2
10
      mov        r7, #'A'
      DEBUG_UART_SEND       r7, $w1, $w2
      B     %B10
      ]

        ; ; 清除页表中与 CS0 静态存储器相关的地址变换条目
       ; 即清除页表中以虚拟地址 0x0 开始的整个 64MB 的虚拟地址空间的地址变换条目
        ldr      $w2, =VirtualPageTableBase
        mov      $w1, #0
        mov      r7,  #64
25      str      $w1, [$w2], #4
        subs     r7, r7, #1
```

```
        bne     %b25

        ; 将系统中的 SDRAM 映射到虚拟地址空间 0x0
        ; 并将该空间的访问属性设置成 cacheable 和 bufferable
        LDR     $w2, =VirtualPageTableBase  ;
        LDR     r1, [$w2, #-4]
        LDR     r7, [$w2, #-8]
        ADD     r1, r1, r7
        LDR     $w2, [$w2, #-16]

        ldr     $w1, =(MMU_STD_ACCESS+MMU_C_BIT+MMU_B_BIT)
        ldr     r7,  =0xFFF00000
        and     r7,  r7, $w2
        orr     $w1, $w1, r7

        LDR     $w2, =VirtualPageTableBase
        CMP     r1,  #32
        MOVGT   r1,  #32

27      STR     $w1, [$w2], #4
        ADD     $w1, $w1, #(1<<20)
        SUBS    r1, r1, #1
        BNE     %b27

        ; 将系统中的 SDRAM 映射到虚拟地址空间 0xf000 0000
        ; 并将该空间的访问属性设置成 uncachable 和 unbufferable

        LDR     $w2, =VirtualPageTableBase
        LDR     r1, [$w2, #-4]
        LDR     r7, [$w2, #-8]
        ADD     r1, r1, r7
        LDR     $w2, [$w2, #-16]

        ldr     $w1, =(MMU_STD_ACCESS)
        ldr     r7,  =0xFFF00000
        and     r7,  r7, $w2
        orr     $w1, $w1, r7

        LDR     $w2, =VirtualPageTableBase
        ADD     $w2, $w2, #(0xF0000000 >> (20-2))
        CMP     r1,  #32
        MOVGT   r1,  #32

27      STR     $w1, [$w2], #4
        ADD     $w1, $w1, #(1<<20)
        SUBS    r1, r1, #1
        BNE     %b27
```

```
        ; 调用宏 CP15_FlushTLB，清空 TLB
        CP15_FlushTLB       $w1
       MEND


        ; ; ; ; ; ; ; ; ; ; ; ; ; ; ; ; ; ;
        ; 下面是宏 STARTUPCODE 的定义
        ; ; ; ; ; ; ; ; ; ; ; ; ; ; ; ; ; ;
       MACRO
$label  STARTUPCODE     $w1, $w2, $pos, $ramsize

; 当前 RAM 大小还未知
$label  MOV     $ramsize,#0x00000000

; 禁止所有的 IRQ 中断和 FIQ 中断
       ldr     $w1, =Int_Base
       MVN     $w2, #0
       STR     $w2, [$w1, #IRQEnableClear ]
       STR     $w2, [$w1, #FIQEnableClear ]

; 延迟一段时间
    ldr $w1,=0xff
01
    subs    $w1,$w1,#1
    bne %b01

; 读取 CPU 的芯片 ID
; 如果 CPU 是 L7210，将时钟设置为 74MHz
    ldr $w1,=0x80050050
    ldr $w2, [$w1]
    mov $w2, $w2, LSL #4
    mov $w2, $w2, LSR #16
    ldr $w1,=0x7210
    cmp $w2,$w1

; 下面的代码设置系统时钟
; 将锁相环频率设置成 148MHz，CPU 频率设置成 74MHz
    ldreq   $w1, =0x5fd5117
; 将锁相环频率设置成 129MHz，CPU 频率设置成 64.5MHz
ldrne   $w1, =0x5fd4717
; 设置 Next Config 寄存器
ldr $w2, =0x80050004
    str $w1, [$w2]
; 设置 Run Config 寄存器
    ldreq   $w1, =0x15117
    ldrne   $w1, =0x14717
    ldr $w2, =0x8005000c
    str $w1, [$w2]
    mov $w1, #0x1
```

```
; 设置 command 寄存器
   ldr $w2, =0x80050010
   str $w1, [$w2]
; 设置 current  config 寄存器
   ldr $w2, =0x80050000
   ldr $w1, [$w2]
   ldr $w1, [$w2]
   nop
  nop
; 使能
   ldr $w1,=0x80050030
   ldr $w2,[$w1]
   orr $w2,$w2,#0x4
   str $w2,[$w1]

; 启动并测试 UART
   [   0=1
      DEBUG_UART_INIT        $w1,$w2
            mov      $ramsize, #'a'
24
      DEBUG_UART_SEND        $ramsize, $w1,$w2
      b         %b24
      mov      $ramsize, #0x0
   ]

; 初始化 ysgyryd SMI 外部存储器设置
SMIregbase      EQU     0x90007000
cs0value       EQU     0x7a9
cs1value       EQU     0x7a9
cs2value       EQU     1
cs3value       EQU     1
cs4value       EQU     0
config1value    EQU     cs1value<<16+cs0value
config2value    EQU     cs3value<<16+cs2value
config3value    EQU     cs4value
; 初始化 smi
     ldr     $w2,=SMIregbase
     ldr     $w1,=config1value
     str     $w1,[$w2],#4
     ldr     $w1,=config2value
     str     $w1,[$w2],#4
     ldr     $w1,=config3value
     str     $w1,[$w2],#4


; 初始化 sdram
; 确保 200μs 延迟
      mov      $w1,     #0x1000
```

```
15      subs    $w1,    $w1,    #1
        bne     %b15
; 使能 sdram
        ldr     $w1,    =SDRAMRegBase
        ldr     $w2,    [$w1]
        add     $w2, $w2, #0x88
        str     $w2,    [$w1]
; 设置刷新计数器值
        ldr     $w2,    =0x8
        str     $w2,    [$w1,#0x4]
; 使能自动刷新
        ; ; ldr     $w1,    =SDRAMRegBase
        ldr     $w2,    [$w1]
        add     $w2,    $w2,    #(1<<23)
        str     $w2,    [$w1]
; 延迟 1ms
        mov     $w1,    #0x16
15      subs    $w1,    $w1,    #1
        bne     %b15
; 设置模式寄存器
; CAS=3, burst length = 8 , sequential access
; ;     ldr     $w1,    =SDRAMModeBase+(1<<11)+(1<<12)+(1<<15)+(1<<16)
; 将 CAS latency 设置成 2
        ldr     $w1,    =SDRAMModeBase+ (3<<11)+(2<<15)
        ldr     $w2,    [$w1]
; 对于第二个期间，重复上述操作
        add     $w1, $w1, #(1<<24)
        ldr     $w2, [$w1]
; 设置 DRAM 配置寄存器
        ldr     $w1,    =SDRAMRegBase
        ldr     $w2,    =SDRAM_CONFIGURATION
        orr     $w2,$w2,#0x30000
        str     $w2,    [$w1]
; 设置刷新计数器
; 32.256*64/4K
        ldr     $w2,    =0x200
        str     $w2,    [$w1,#0x4]
; 设置缓冲区计数器值

        ldr     $w2,    =0x55
        str     $w2,    [$w1,#0x8]
; 下面的代码可以用来测试 DRAM 存取是否正确
[   0=1
        ldr     $w1,    =SDRAMBase
        ldr     $w2,    =SDRAMBase+0x4
        str     $w2,    [$w1]
        str     $w1,    [$w2]
        mov     $w1,    #0
        ldr     $w1,    [$w2]
```

```
        mov      $w2,     #0
        ldr      $w2,     [$w1]
        ]

; 调用宏 SETUPMMU 设置 MMU
; 宏 SETUPMMU 在下面介绍
     SETUPMMU          $w1,$w2,r2,r3,r9,r7

; 琥珀色的指示灯在系统复位时打开，在系统测试期间关闭
        [ 0=1
        ldr      $w1, =AuxRegBase
        mov      $w2, AMBER_LED_BIT
        str      $w2, [$w1]
        ]
; 使用定时器控制绿颜色的指示灯的点亮和关闭
; 每次定时器溢出后进行指示灯状态切换
        ldr      $w1, =Timer_Base
        ldr      $w2, [$w1, #Timer1Control]!
        bic      $w2, $w2,  #0x380
        add      $w2, $w2,   #0x100
        str      $w2, [$w1]
      MEND

        ; ; ; ; ; ; ; ; ; ; ; ; ; ; ; ; ; ; ; ; ; ; ; ; ; ; ; ; ; ;
        ; 下面是宏 INITMMU 的定义
        ; 在这个版本的 Angel 中，由于 MMU 的初始化必须较早地完成
        ; 在宏 STARTUPCODE 中调用宏 SETUPMMU 完成
        ; 宏 INITMMU 实际是空的
        ; ; ; ; ; ; ; ; ; ; ; ; ; ; ; ; ; ; ; ; ; ; ; ; ; ; ; ; ; ;

MACRO
$label  INITMMU          $tmp1,$tmp2,$tmp3,$tmp4,$tmp5,$tmp6
        MEND


; ; ; ; ; ; ; ; ; ; ; ; ; ; ; ;
        ; 下面是宏 SETUPMMU 的定义
        ; 设置 MMU 中的页表内容
         ; ; ; ; ; ; ; ; ; ; ; ; ; ; ;
MACRO
$label  SETUPMMU   $base, $desc, $tmp,$tmp2,$cnt,$indx
        ROUT

       ; 用于调试时增加可读性
        [    0=0
        nop
        nop
        ]
```

```
        ; 禁止 MMU
         MOV  $tmp, #DisableMMU
         WriteCP15_Control   $tmp

        ; 自动识别系统中 SDRAM 的大小，并把结果保存到系统中特定的位置
         AutosizeSDRAM $tmp,$tmp2,$base,$desc,$cnt,$indx

         MOVS   $tmp2, $tmp,  LSR #16
         EOR    $cnt, $tmp,  $tmp2, LSL #16
         LDRNE  $base, =PageTableBase2
         LDREQ  $base, =PageTableBase1
         STR    $tmp2, [$base, #-4]
         STR    $cnt,  [$base, #-8]
        ; 保存一级页表的物理地址
STR    $base, [$base, #-12]

; 计算扩展槽 1 中 SDRAM 的起始地址，目的是为了使扩展槽 1 和扩展槽 2 中的
; SDRAM 占用一片连续的空间
; address = Bank 1 base address +
; Total possible size of bank 1 - Actual size of bank 1
         ; address = 0xF0000000 + 16MB - Size
         LDR   $indx,  =SDRAM_Bank1_High
         SUB   $indx, $indx, $cnt, LSL #20
        ; 保存该起始地址
         STR   $indx,  [$base, #-16]

        ; 建立 4GB 的虚拟空间到物理空间的映射关系
        ; 各块的存储访问属性设置成 uncached, unbuffered
        ; 各块的域标识设置成 domain 0 (客户类型)
        ; 各块的存储访问权限设置成允许所有权限
         LDR     $desc,  =MMU_STD_ACCESS
         MOV      $indx,  $base
         LDR     $cnt,   =PageTableEntryCount

01       STR     $desc,  [$indx], #4
         ADD      $desc,  $desc,  #(1<<20)
         SUBS    $cnt,   $cnt,   #1
         BNE     %B01

        ; 建立包含页表的存储页的地址映射关系
        ; 该页默认的虚拟空间在扩展槽 2 的高端 16KB 的区域
        ; 如果系统扩展槽 2 中有 SDRAM 存在，则该存储页的地址映射关系不变
        ; 如果系统扩展槽 2 中没有 SDRAM 存在，
        ; 则将该存储页映射到扩展槽 1 的高端
         LDR     $desc,  =MMU_STD_ACCESS
        ; 读取页表的地址，并计算它所在的存储页
         LDR     $indx,  =VirtualPageTableBase
         LDR     $tmp,   =0xFFF00000
         AND     $indx,  $tmp, $indx
```

```
        ORR     $desc,  $desc, $indx
        ADD     $indx,  $base, $base, LSR #(20-2)
        STR     $desc,  [$indx]
        ; 建立 CS0 选择的静态存储器的虚拟空间到物理空间的映射关系
        ; CS0 选择的静态存储器的物理地址为 0x2400 0000,
        ; 现在将虚拟空间 0x0 映射到 0x2400 0000
        ; 各块的存储访问属性设置成 cacheable, bufferable
        ; 各块的域标识设置成 domain 0 (客户类型)
        ; 各块的存储访问权限设置成允许所有权限

        LDR     $desc,  =(MMU_STD_ACCESS+MMU_C_BIT+MMU_B_BIT)
        LDR     $indx,  =IOCS0Base
        LDR     $tmp,   =0xFFF00000
        AND     $indx,  $tmp, $indx
        ADD     $indx,  $base, $indx, LSR #(20-2)
        LDR     $cnt,   =(IOCS0Size >> 20)

03      STR     $desc,  [$indx], #4
        ADD      $desc,  $desc,  #(1<<20)
        SUBS    $cnt,   $cnt,   #1
        BNE     %B03


        ; 建立 CS1 选择的静态存储器的虚拟空间到物理空间的映射关系
        ; CS1 选择的静态存储器的物理地址为 0x2400 0000,
        ; 现在将虚拟空间 0x1000 0000 映射到 CS1 选择的静态存储器的物理空间
        ; 各块的存储访问属性设置成 cacheable, bufferable
        ; 各块的域标识设置成 domain 0 (客户类型)
        ; 各块的存储访问权限设置成允许所有权限

LDR     $desc,  =(MMU_STD_ACCESS+MMU_C_BIT+MMU_B_BIT)
        LDR     $indx,  =IOCS1Base
        LDR     $tmp,   =0xFFF00000
        AND     $indx,  $tmp, $indx
        ORR     $desc,  $desc, $indx
        ADD     $indx,  $base, $indx, LSR #(20-2)
        LDR     $cnt,   =(IOCS1Size >> 20)

04      STR     $desc,  [$indx], #4
        ADD      $desc,  $desc,  #(1<<20)
        SUBS    $cnt,   $cnt,   #1
        BNE     %B04

        ; 建立片内 SRAM 的虚拟空间到物理空间的映射关系
        ; 片内 SRAM 的物理地址为 0x6000 0000,
        ; 现在将虚拟空间 0x6000 0000 映射到片内 SRAM 的物理空间
        ; 各块的存储访问属性设置成 cacheable, bufferable
        ; 各块的域标识设置成 domain 0 (客户类型)
        ; 各块的存储访问权限设置成允许所有权限
```

```
LDR     $desc,  =(MMU_STD_ACCESS+MMU_C_BIT+MMU_B_BIT)
        LDR     $indx,  =SRAMBase
        LDR     $tmp,   =0xFFF00000
        AND     $indx,  $tmp,  $indx
        ORR     $desc,  $desc, $indx
        ADD     $indx,  $base, $indx, LSR #(20-2)
        STR     $desc,  [$indx], #4

         ; 清空 Cache 及写缓冲区
         ; 重新使能 MMU
         ; 设置域访问控制寄存器，使域 0 的访问权限为客户类型，
         ; 其他域没有任何访问权限
         LDR     $tmp, =0x55555555
         WriteCP15_DAControl $tmp
         WriteCP15_TTBase    $base
         MOV $tmp, #0
         ; 清空 Cache
CP15_FlushIDC       $tmp
; 清空 TLB
         CP15_FlushTLB       $tmp
        ; 重新使能 Cache 和写缓冲区
         MOV  $tmp, #EnableMMUCW32
         WriteCP15_Control   $tmp

        ; 等待流水线上的指令执行完成
         nop
         nop
         nop
         nop
         nop
        MEND

         ; ; ; ; ; ; ; ; ; ; ; ; ; ; ; ; ; ; ; ; ; ; ; ; ; ;
         ; 下面是宏 INITTIMER 的定义
         ; 在本版本的 Angel 中，该宏为空
         ; ; ; ; ; ; ; ; ; ; ; ; ; ; ; ; ; ; ; ; ; ; ; ; ; ;
MACRO
$label  INITTIMER      $w1,$w2
$label
         MEND

; ; ; ; ; ; ; ; ; ; ; ; ; ; ; ; ; ; ; ; ; ; ; ; ; ;
; 下面是宏 GETSOURCE 的定义
; ; ; ; ; ; ; ; ; ; ; ; ; ; ; ; ; ; ; ; ; ; ; ; ; ;
MACRO
$label  GETSOURCE $re, $w1

        IF HANDLE_INTERRUPTS_ON_IRQ <> 0
$label    LDR     $w1, =Int_Base + IRQStatus
```

```
        LDR     $w1, [$w1]

        MOV     $re, #DE_NUM_INT_HANDLERS

        ; 测试产生中断的中断源
        ; 后测试的中断源具有更高的优先级
        IF PROFILE_SUPPORTED <> 0
          TST     $w1, #IRQ_TIMER1
          MOVNE   $re, #IH_PROFILETIMER
        ENDIF
        IF (SERIAL_INTERRUPTS_ON_FIQ = 0)
         TST     $w1, #IRQ_ANGEL_SERIAL
         MOVNE   $re, #IH_TL16C750_A
        ENDIF
        ENDIF

     ; 查询产生 FIQ 中断的中断源
      IF HANDLE_INTERRUPTS_ON_FIQ <> 0
        LDR     $w1, =Int_Base + FIQStatus
        LDR     $w1, [$w1]
        TST     $w1, #FIQ_ANGEL_SERIAL
        MOVNE   $re, #IH_TL16C750_A
      ENDIF   ; HANDLE_INTERRUPTS_ON_FIQ <> 0
      MEND

; ; ; ; ; ; ; ; ; ; ; ; ; ; ; ; ; ; ; ; ; ; ; ; ; ;
        ; 下面是宏 CACHE_IBR 的定义
        ; 在本版本的 Angel 中，该宏为空
; ; ; ; ; ; ; ; ; ; ; ; ; ; ; ; ; ; ; ; ; ; ; ; ; ;
MACRO
$label  CACHE_IBR       $w1,$w2
      MEND
```

(2)　makelo.c 文件。

使用 makelo.c 文件，可以在 C 语言源程序和汇编源程序之间共享常量。本文件被 armcc 编译器编译，当它执行时，可以从该文件开始处包含的 C 语言头文件中读取相关的信息，然后产生一个汇编文件，在其中包含了一些在 C 语言源程序中定义的常量。这样，这些常量就可以同时在 C 语言代码和汇编程序代码中被使用。例如，该文件包含了 C 语言的头文件 arm.h。在头文件 arm.h 中定义了以下常量：

```
#define USRmode 0
```

当文件 makelo.c 执行后，可以生成一个汇编语言文件，其中包含了以下语句：

```
USRmode EQU 0
```

这样，常量 USRmode 就可以同时在 C 语言源程序和汇编源程序中使用了。

在 makelo.c 文件中，上述功能是通过类似于下面的语句实现的：

```
fprintf(outfile, "Variable_Name\t\tEQU\t%d\n", Variable_Name);
```

(3) banner.h 文件。

banner.h 文件包含了在 Angel 启动时发送给主机上调试器的一些提示性的信息。用户可以修改其内容，以反映当前通信信道的特性。信息最大长度为 204 字节。用户不要在信息中包含该版本的 Angel 没有的功能。

程序 14.2 列出了基于 LinkUp 公司的 L7205sdb 评价板的 Angel 中包含的 banner.h 文件的内容。

**【程序 14.2】** banner.h 源文件：

```
* -*-C-*-
 *
 * $Revision: 1.2 $
 *   $Author: siv $
 *     $Date: 2001/03/22 01:21:49 $
 *
 * Copyright (c) 1996,1999 ARM Limited.
 * All Rights Reserved.
 *
 *   Project: ANGEL
*     Title: The message to send up when we boot
 */

#ifndef angel_banner_h
#define angel_banner_h

#include "toolver.h"

/* configmacros.h 定义了 banner.h 中使用的各种字符串*/
#include "configmacros.h"

#undef SER_STR
#define SER_STR "Serial"

/* 基于 LinkUp 的 L7205sdb 评价板的版本的 Angel 仅仅实现了串行口通信*/
#if HANDLE_INTERRUPTS_ON_IRQ == 0
#undef PRF_STR
#undef DCC_STR
#undef PAR_STR
#undef ETH_STR
#endif

/*下面定义了在 Angel 启动时发送给主机的信息*/
#define ANGEL_BANNER ANGEL_NAME " V" TOOLVER_ANGEL " for L7205/L7210
Evaluation Board\n" ANGEL_CONFIG "\n" BUILD_STRING "\n"

#endif

 /* EOF banner_h */
```

(4)　devices.c 文件。

devices.c 文件定义各设备的寄存器的基地址、数据结构，这样就可以使用 C 语言的指针来访问这些寄存器了。通常将各设备的寄存器定义成一个结构，或者使用#define 定义各寄存器的偏移地址。寄存器中的各个位通常也定义成符号形式。

devices.c 文件还设置各设备的中断处理程序。每个中断处理程序对应一个参数。由于在 Angel 中，各设备可以复用 IRQ/FIQ 异常中断，Angel 利用该参数来区分是哪个中断源产生的中断。

程序 14.3 列出了基于 LinkUp 公司的 L7205sdb 评价板的 Angel 中包含的 devices.c 文件的内容。

**【程序 14.3】** devices.c 源文件：

```
/* -*-C-*-
 *
 * $Revision: 1.1.1.1 $
 *   $Author: siv $
 *     $Date: 2001/03/21 20:23:14 $
 *
 * Copyright (c) 1996,1999 ARM Limited.
 * All Rights Reserved.
 *
 *   Project: ANGEL
 *
 *     Title: Device tables for LinkUp evaluation board
 */

#include "devdriv.h"
#include "devconf.h"

/* 头文件 tl16c750.h 中定义了一个两个端口的串行口控制器中的各寄存器 */
#include "tl16c750.h"
#if DEBUG == 1 && LOGTERM_DEBUGGING
# include "logging/logterm.h"
#endif

/*由于 LinkUp 的 L7205sdb 不支持系列设备，因此如果定义了下列设备，则报告错误*/
#if DCC_SUPPORTED ||  ETHERNET_SUPPORTED || PCMCIA_SUPPORTED ||
PROFILE_SUPPORTED
# error "Unsupported options have been selected: check predefined
constants"
#endif

/*
 * 系统中设备表 - one entry per device
 * 每个条目对应一个设备
 * 各设备的顺序以及总设备数要与 target.h 文件中的 enum DeviceIdent 对应
 */
const struct angel_DeviceEntry *const angel_Device[DI_NUM_DEVICES] =
```

```
{
   &angel_TL16C750Serial,
#if ETHERNET_SUPPORTED
   ???,
#else
   &angel_NullDevice,
#endif
#if DCC_SUPPORTED
   ???,
#else
   &angel_NullDevice,
#endif
};

/*
 * 中断处理函数表
 *每个条目对应一个处理函数
 * DE_NUM_INT_HANDLERS 表示表中的条目数，在头文件 devconf.h 中定义
 */

#if (DE_NUM_INT_HANDLERS > 0)
const struct angel_IntHandlerEntry  angel_IntHandler[DE_NUM_INT_HANDLERS]
= {
   { angel_TL16C750IntHandler, DI_TL16C750_A },
   # if PCMCIA_SUPPORTED
   { angel_PCMCIAIntHandler, 0 },
   { angel_PCMCIAIntHandler, 0 }
#else
   { angel_NodevIntHandler, 0},
   { angel_NodevIntHandler, 0}
# endif
# if PROFILE_SUPPORTED
  ,{ Angel_TimerIntHandler, 0 }
# endif
};
#endif

/*
 * 轮询(poll)类型的处理函数表
 *每个条目对应一个处理函数
 * DE_NUM_POLL_HANDLERS 表示表中的 entries in this table
 */
#if (DE_NUM_POLL_HANDLERS > 0)
const struct angel_PollHandlerEntry angel_PollHandler[DE_NUM_POLL_HANDLERS] = {
# if ETHERNET_SUPPORTED
   { angel_EthernetPoll, 0, angel_EthernetNOP, DI_ETHERNET },
# endif
#if DCC_SUPPORTED
   { (angel_PollHandlerFn)dcc_PollRead, DI_DCC,
```

```
    (angel_PollHandlerFn)dcc_PollWrite, DI_DCC },
#endif
};
#endif

/* EOF devices.c */
```

(5) devconf.h 文件。

devconf.h 文件是主要的配置文件，其中包含了目标系统中包含的设备的声明、可用的存储器的布局、数据栈的设置、各设备的中断处理等。下面列出了 devconf.h 文件中定义的各部分内容。

- 目标系统中包含的串行口数目。
- 目标系统中包含的硬件设备。
- 目标系统中 DCC 以及 Cache 的支持情况。
- 使用 DEBUG_METHOD 定义使用的调试方式。
- 定义 ADP 所使用的中断。定义 HANDLE_INTERRUPTS_ON_IRQ 时，使用 IRQ 异常中断；定义 HANDLE_INTERRUPTS_ON_FIQ 时，使用 FIQ 异常中断。在基于 LinkUp 公司的 L7205sdb 评价板的 Angel 中，这部分定义如下：

```
#define HANDLE_INTERRUPTS_ON_IRQ 1
#define HANDLE_INTERRUPTS_ON_FIQ 0
#if HANDLE_INTERRUPTS_ON_FIQ
#  define SERIAL_INTERRUPTS_ON_FIQ  1
#  define TL16C750_FIQSELECT  (FIQ_NINT2)
#else
# define SERIAL_INTERRUPTS_ON_FIQ  0
#endif /* HANDLE_INTERRUPTS_ON_FIQ */

# define TL16C750_SERIALIRQMASK  (IRQ_NINT2)

#if SERIAL_INTERRUPTS_ON_FIQ
#define TL16C750_IRQMASK  (0)
#else
#define TL16C750_IRQMASK  (TL16C750_SERIALIRQMASK)
#endif
```

- 定义各通信信道是如何被使用的。比如，可以用串行口 1 来供调试器和目标机通信使用；用串行口 2 供一般数据传输使用。在基于 LinkUp 公司的 L7205sdb 评价板的 Angel 中，这部分定义如下：

```
#if defined(MINIMAL_ANGEL) && MINIMAL_ANGEL != 0
#  define RAW_TL16C750_A        1
#  define RAW_DCC               1
#else
#  define RAW_TL16C750_A        0
#  define RAW_DCC               0
#endif
```

```
#define HAVE_RAW_TL16C750   (RAW_TL16C750_A)
#define HAVE_ANGEL_TL16C750 (!RAW_TL16C750_A)
```

- 定义目标系统中内存的分布情况。定义哪些内存区域是可以读取的，哪些内存区域是可以写入的。在基于 LinkUp 公司的 L7205sdb 评价板的 Angel 中，这部分定义如下：

```
#define WRITE_PERMITTED(a)  (((a) < 0x40000000) || \
                     (((a) >= ROMBase) && ((a) <= ROMLimit)) || \
                     (((a) >= 0x40000000) && ((a) < 0x50000000)) || \
                     (((a) >= 0x60000000) && ((a) < 0xa0000000)) || \
                     ((a) >= 0xd0000000) )
#define READ_PERMITTED(a) (WRITE_PERMITTED(a))
```

- 定义各种处理器模式下的数据栈的分布情况。在基于 LinkUp 公司的 L7205sdb 评价板的 Angel 中，这部分定义如下：

```
// 定义各数据栈的大小
#define Angel_UNDStackSize     0x0100

# if HANDLE_INTERRUPTS_ON_IRQ
#  define Angel_IRQStackSize    0x0800
# else
#  define Angel_IRQStackSize    0x0100
# endif

# if HANDLE_INTERRUPTS_ON_FIQ
#  define Angel_FIQStackSize    0x0800
# else
#  define Angel_FIQStackSize    0x0100
# endif

#define Angel_ABTStackSize     0x0100

#define Angel_AngelStackSize    0x2000
#define Angel_SVCStackSize     0x2000

/* 致命错误的中断处理使用的数据栈大小 */
#define Angel_FatalStackSize    0x0400


/* 定义 Angel 的各数据栈的位置
 * 这些数据栈可以处于存储空间的某个绝对位置
 * 也可以放置在相对于最高存储位置的某个位置
 */
# define Angel_StacksAreRelativeToTopOfMemory 1
```

```
//通常页表放置在内存的最高位置
//其下是 8 个自己的空间，可以存放 SDRAM 大小等
//再下面就可以放置 Angel 的各数据栈
#if Angel_StacksAreRelativeToTopOfMemory
#  define Angel_StackBaseOffsetFromTopMemory (-PageTableSize - (8*4)
- (Angel_CombinedAngelStackSize))
# define Angel_ApplStackOffset Angel_StackBaseOffsetFromTopMemory
#else
#  define Angel_FixedStackBase ???
#  define Angel_ApplStackOffset (Angel_DefaultTopOfMemory-PageTableSize)
#endif

/*
 * 应用程序的数据栈放置在 Angel 的数据栈的下面
  */
#define Angel_ApplStackSize       8192
#define Angel_ApplStackLimitOffset
(Angel_ApplStackOffset - Angel_ApplStackSize)
/*
 * 下面定义了 Angel 数据栈中，两个回调函数使用的数据栈之间的空闲栈空间的大小
 * 修改这个参数时，要非常小心
 */
#define Angel_AngelStackFreeSpace 0x400
```

- 定义下载文件时使用的 RAM 区域。比如，下载新版本的 Angel 映像文件时，该映像文件首先被下载到这一区域。如果该映像文件在编译时指定下载到其他位置，可以接着将其重定位到相应的区域。在基于 LinkUp 公司的 L7205sdb 评价板的 Angel 中，这部分定义如下：

```
/*定义下载文件时使用的 RAM 区域 */
#define Angel_DownloadAgentArea       0x8000
```

- 使用 DeviceIdent 结构来定义目标系统中的各设备。本结构中各设备的顺序要和文件 devices.c 中各设备的顺序相同。在基于 LinkUp 公司的 L7205sdb 评价板的 Angel 中，这部分定义如下：

```
/*
 * 在 DeviceIdent 结构中定义目标系统中的各设备
 *各设备的排列顺序以及总数目必须与 devices.c 文件中的相同
 */
typedef enum DeviceIdent
{
  DI_TL16C750_A = 0,
  DI_ETHERNET,
  DI_DCC,
  DI_NUM_DEVICES
} DeviceIdent;
```

- 在 IntHandlerID 结构中定义各设备的中断处理函数。该结构中，各处理函数的数

目和排列顺序必须与 devices.c 文件中的相同。同时，这些标号必须添加到 makelo.c 文件中，以使得其可以被 suppasm.s 文件访问。在基于 LinkUp 公司的 L7205sdb 评价板的 Angel 中，这部分定义如下：

```
/*
 * 在 IntHandlerID 结构中定义各设备中断处理函数
 * 各函数的排列顺序以及总数目必须与 devices.c 文件中的相同
 */
typedef enum IntHandlerID
{
    IH_TL16C750_A = 0,
    IH_PCMCIA_A,
    IH_PCMCIA_B,
#if PROFILE_SUPPORTED
    IH_PROFILETIMER,
#endif
    IH_NUM_DEVICES
} IntHandlerID;
```

(6) device drivers 文件

device drivers 文件中包含了目标系统中的设备驱动程序。

编写目标系统中各设备的驱动程序是移植 Angel 时的主要工作。这部分工作完全依赖于各目标系统的特点。一个设备驱动程序要完成以下操作。

- 初始化设备。
- 为设备注册中断处理程序或者查询方式的处理程序。
- 提供环形的数据缓冲区，用于与其他程序进行数据通信。
- 编写一个类似 angle_DeviceControlFN()的控制程序。本程序完成以下操作。
    - 禁止/使能接收单纯数据(Raw Data，即那些非 ADP 数据包的数据)。
    - 禁止/使能分析 ADP 数据包。
    - 初始化设备。
    - 将设备初始化到默认状态。
    - 配置设备。

## 14.3 基于 JTAG 的调试系统

本节以 ARM7TDMI 为例，介绍 ARM 体系中基于 JTAG 接口的调试系统。

### 14.3.1 基于 JTAG 调试系统的特点

与基于 Angel 的调试系统相比，基于 JTAG 的调试系统具有以下特点。

- 可以重复利用 JTAG 硬件测试接口。
- 可以提供 JTAG 接口访问系统状态和内核状态。
- 在进行调试时不需要在目标系统上运行程序。这样，对于一个“裸”的目标系统也可以进行调试。而基于 Angel 的调试系统则需要在目标系统上运行监控程序，这就需要一个可以工作的最小系统。

- 除了可以在 RAM 中设置断点外，还可以在 ROM 中设置断点。
- 可以通过在目标处理器中添加一些硬件，扩展调试功能。
- 不像基于 Angel 的调试系统那样，需要通过一个 UART 进行通信。

## 14.3.2　基于 JTAG 调试系统的结构

基于 JTAG 的调试系统的结构如图 14.5 所示，它包括 3 部分：位于主机上的调试器，例如 ARM 公司的 ADW 等；包括硬件嵌入式调试部件的目标系统；在主机和目标系统之间进行协议分析、转换的模块。下面分别介绍这些组成部分。

位于主机上的调试器主要用来接收用户命令，将其发送到目标系统中的调试部件，接收从目标系统返回的数据，并以一定的格式显示给用户。ARM 公司的 ADW 是一个基于 Windows 操作系统的调试器，在 14.4 节中将介绍 ADW 的使用方法。

(1) 目标系统的结构如图 14.6 所示。它主要包括以下 3 部分。

- 需要进行调试的处理器内核。
- EmbeddedICE 逻辑电路，包括一组寄存器和比较器，它可以用来产生调试时需要的异常中断，如产生断点等。
- TAP 控制器可以通过 JTAG 接口控制各个硬件扫描链。

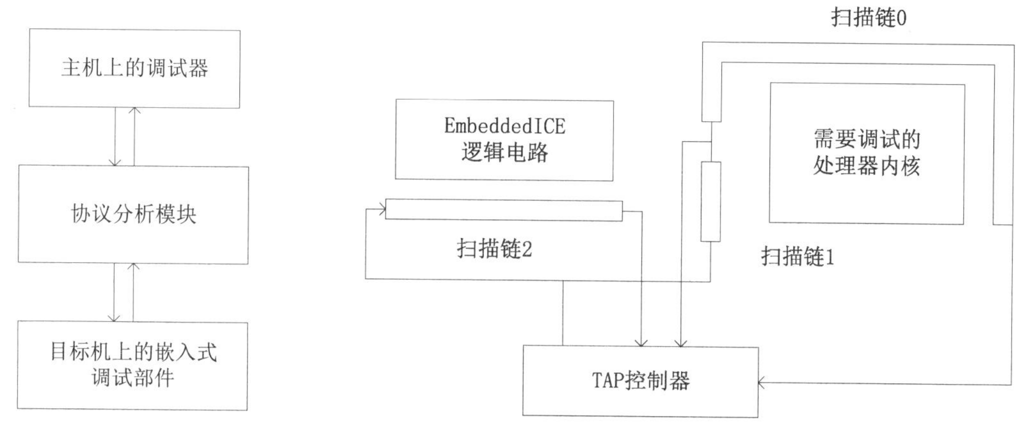


图 14.5　基于 JTAG 的调试系统的结构　　图 14.6　被调试的目标系统的结构

(2) 目标系统包含的硬件调试功能扩展部件可以实现以下功能。

- 停止目标程序的执行。
- 查看目标内核的状态。
- 查看和修改存储器的内容。
- 继续程序的执行。

(3) 图 14.6 中，3 条扫描链的含义如下。

- 扫描链 0 可以用来访问 ARM7TDMI 的所有外围部件，包括数据总线在内。整个扫描链从输入到输出包含以下几部分。

◆ 数据总线，从位 0 到位 31。
◆ 控制信号。
◆ 地址总线从位 31 到位 0。

- 扫描链 1 是扫描链 0 的一部分。它包括数据总线和控制线 BREAKPT。整个扫描链从输入到输出如下。
  ◆ 数据总线，从位 0 到位 31。
  ◆ 控制信号 BREAKPT。
- 扫描链 2 主要用于访问 EmbeddedICE 逻辑部件中的各寄存器。

位于主机和目标系统之间的协议转换器完成主机和系统之间的信息沟通。它接收主机发来的高级命令以及目标系统的处理器发来的低级命令。通常它是一个独立的硬件模块，与主机之间通过串行口或者并行口连接，与目标系统之间通过 JTAG 接口相连。

## 14.3.3 目标系统中的调试功能扩展部件

在 ARM7TDMI 处理器中，EmbeddedICE 逻辑部件提供了集成在芯片内的对内核进行调试的功能。这部分功能是通过处理器上的 TAP 控制器串行控制的。

图 14.7 表示了处理器内核、EmbeddedICE 逻辑部件和 TAP 控制器之间的关系，以及一些主要的控制信号。

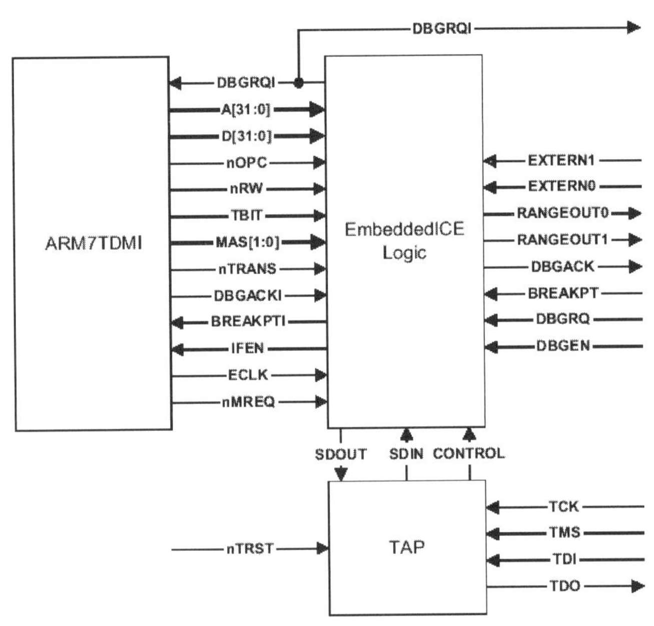


图 14.7 处理器内核、EmbeddedICE 逻辑部件以及 TAP 控制器之间的关系

EmbeddedICE 逻辑部件包含以下几部分。

- 两个数据断点(Watchpoint)寄存器。
- 两个独立的寄存器：调试控制寄存器和调试状态寄存器。
- 调试通信通道(DCC)。

两个数据断点寄存器可以被用来设置数据断点或者程序断点。当设置程序断点时，当前指定的地址与数据断点寄存器的值相等时，EmbeddedICE 逻辑部件停止程序的执行。当设置数据断点时，当数据总线上的数据与数据断点寄存器的值相等时，EmbeddedICE 逻辑部件停止程序的执行。

与基于 Angel 的调试系统不同，这时程序断点可以设置在 ROM 中，这是因为 EmbeddedICE 逻辑部件提供了需要的硬件支持。

在数据断点寄存器中的数据的位可以被屏蔽，使其在进行比较时不起作用，从而使得断点的设置更为灵活。

调试通信通道用来在主机上的调试器和目标处理器之间建立通信信道。在 ARM7TDMI 中，它是作为一个协处理器实现的。它包括以下几部分。

- 一个 32 位的通信数据读取寄存器。
- 一个 32 位的通信数据读取寄存器。
- 一个 6 位的通信控制寄存器。

通过这些接口，调试通信通道可以在主机上的调试器和目标处理器之间建立通信信道。

在所有调试信号中，下面 3 个是最主要的。

- BREAKPT：请求处理器进入调试状态的断点信号。
- DBGRQ：请求处理器进入调试状态。
- DBGACK：表明处理器已经进入调试状态。

### 14.3.4　基于 JTAG 的调试过程

在调试目标系统时，首先要通过一定的方式使目标系统进入调试状态。在调试状态下才能完成各种调试功能，例如查看处理器状态、查看和修改存储器内容等。ARM7TDMI 可以通过以下方式进入调试状态。

- 通过设置程序断点(Breakpoint)。
- 通过设置数据断点(Watchpoint)。
- 从相应的外部请求进入调试状态。

在目标程序中特定的位置设置断点后，当该位置处的指令进入指令流水线时，ARM7TDMI 内核将该指令表示为断点指令。当程序执行到断点指令时，处理器进入调试状态，此时断点指令还没有被执行。这时，用户就可以执行需要的调试功能。例如，查看处理器状态、查看和修改存储器内容等。

当断点设置在条件指令上时，不管该指令执行的条件能否得到满足，当该指令到达执行周期时，处理器都会进入调试状态。

在某条指令上设置了断点后，如果在该指令到达执行周期之前，程序发生了跳转，或者发生了异常中断，断点指令就可能得不到执行。这种情况下，处理器将会刷新指令流水线，从而使得处理器不会在该断点指令处进入调试状态。

当用户设置了数据断点时，目标系统中的调试部件将会监视数据总线。如果用户设置的条件得到了满足，处理器将会在执行完当前指令后进入调试状态。如果当前指令是 LDM 或者 STM，处理器将会在完成所有指令操作后进入调试状态。

# 14.4 ADW

## 14.4.1 ADW 概述

ADW 是包含在 ADS 中的运行于 Windows 操作系统的调试器。其人机界面如图 14.8 所示。其中包含了以下 3 部分。

- 菜单栏、工具栏和状态栏。
- 用来显示被调试的映像文件的各种窗口。
- 每个窗口有一个与之关联的菜单，其中包含了本窗口可以进行的操作。

ADW 是一个功能强大、操作简单的调试器。它包含以下几个基本的调试功能。

- 下载目标映像文件到目标系统中，如果目标系统支持，还可以将映像文件烧入目标系统的 Flash 中。
- 在目标程序中设置断点，包括程序断点和数据断点。
- 查看和修改断点处处理器的状态。
- 查看和修改断点处存储器的内容。
- 查看和修改目标程序中变量的值。
- 单步执行目标程序，并可以显示反汇编的代码或者源程序代码。
- 调试 C++程序。

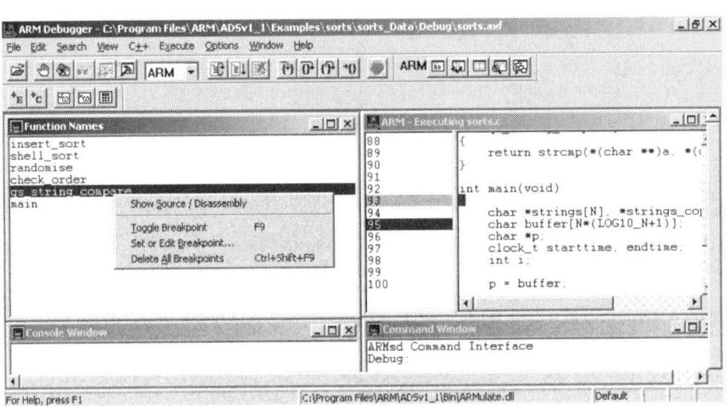

图 14.8　ADW 的人机界面

ADW 支持的调试目标如下。

- ARMulator。
- 基于 JTAG 的 ICE 类型的调试代理。
- Angel 调试监控程序。
- 调试网关。

下面介绍各种调试目标及其设置方法。

(1) ARMulator 是一种比较特殊的调试代理。与其他的调试代理运行在目标机上有所不同，ARMulator 是一个指令级的仿真程序，运行在主机上。使用 ARMulator，用户不需要硬件目标系统，就可以开发运行于特定的 ARM 处理器上的应用程序。由于 ARMulator 可以报告各指令的执行时间及其周期，它还可以用来进行应用程序的性能分析。在 ADW

中设置 ARMulator 的方法如下。

① 选择 Options | Configure Debugger 命令，打开 Debugger Configuration 对话框，如图 14.9 所示。

② 在 Target 选项卡的 Target Environment 下拉列表框中选择 C:\Program Files\ARM\ADSv1_1\Bin\ARMulate.dll 选项。

③ 单击 Configure 按钮，弹出 ARMulator Configuration 对话框，如图 14.10 所示。

④ 在 ARMulator Configuration 对话框中配置各选项。

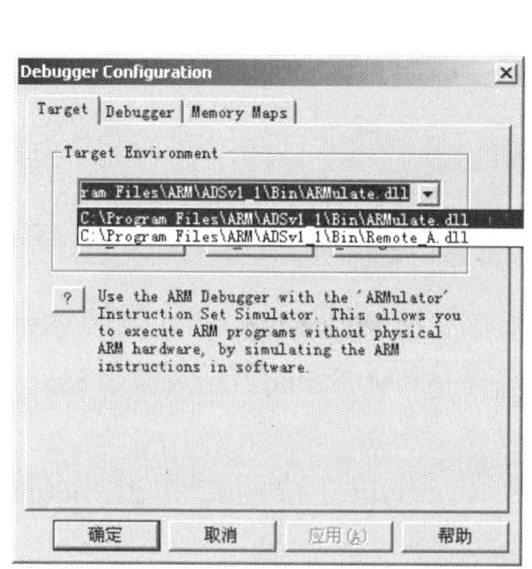


图 14.9　Debugger Configuration 对话框

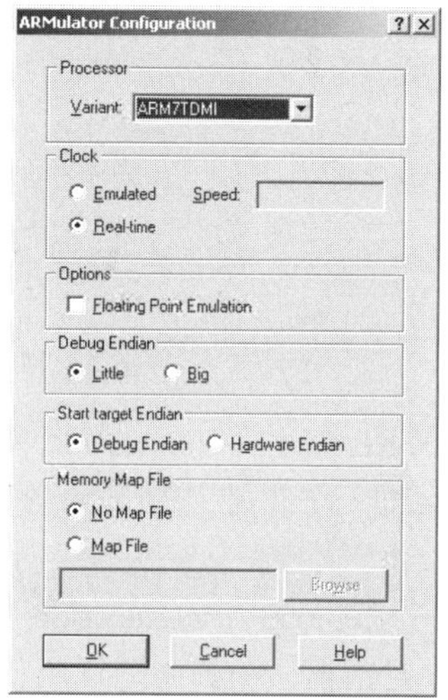


图 14.10　ARMulator Configuration 对话框

(2) 基于 JTAG 的 ICE 类型的调试代理，利用 ARM 处理器中的 JTAG 接口以及一个嵌入的调试单元可以与主机上的调试器进行通信，完成以下工作。

- 实时地设置基于指令地址值或者数据值的断点。
- 控制程序单步执行。
- 访问，并且可以控制 ARM 处理器内核。
- 访问 ASIC 系统。
- 访问系统中的存储器。
- 访问 I/O 系统。

(3) Angel 调试监控程序是一组运行在目标机上的程序，可以接收主机上调试器发送的命令，执行诸如设置断点、单步执行目标程序、观察或者修改寄存器/存储器内容之类的操作。与基于 JTAG 的调试代理不同，Angel 调试监控程序需要占用一定的系统资源，如内存、串口等。使用 Angel 调试监控程序可以调试在目标系统上运行的 ARM 程序或者 Thumb 程序。

在 ADW 中使用 Angel 或者 EmbeddICE 的设置方法如下。

① 选择 Options | Configure Debugger 命令，打开 Debugger Configuration 对话框。

② 在 Target 选项卡的 Target Environment 下拉列表框中选择 C:\Program Files\ARM\ADSv1_ 1\Bin\Remote_A.dll 选项。

③ 单击 Configure 按钮，弹出 Remote_A connection 对话框，如图 14.11 所示。

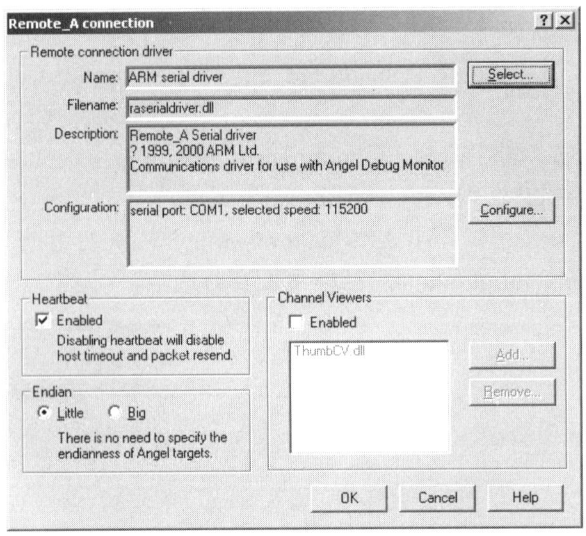


图 14.11　Remote-A Connection 对话框

④　在 Remote_A connection 对话框中，单击 Select 按钮，弹出 Available Connection Drivers 对话框，在其中选用适当的通信方式。这里选择 ARM Serial Driver。然后单击 OK 按钮返回。

⑤　在 Remote_A connection 对话框中，单击 Configure 按钮，弹出 Setup Serial Connection 对话框，在其中配置所使用的串行口号和波特率。

(4)　通过调试网关，主机上的调试器可以使用 Agilent 公司的仿真模块开发基于 ARM 的应用系统。

(5)　使用其他的调试目标时，设置方法如下。

①　选择 Options | Configure Debugger 命令，打开 Debugger Configuration 对话框。

②　在 Target 选项卡中单击 Add 按钮，选择适当的动态库。

③　根据具体的情况进行配置。

## 14.4.2　ADW 中的窗口

ADW 中的各窗口显示了与被调试的映像文件相关的信息。下面介绍 ADW 中的一些主要窗口。这些窗口是通过 View 菜单中的各个命令来控制是否显示的。

### 1. Execution 窗口

Execution 窗口显示当前执行的程序的源代码，如图 14.12 所示。

在本窗口中可以完成以下操作。

- 单步或者完全执行当前程序。
- 显示当前执行的程序的源代码。并且可以选择源代码的显示格式，可以是反汇编的汇编代码，也可以是 C/C++源代码。
- 通过 PC 寄存器的值，也可以在本窗口中显示其他地址区域的源代码。
- 设置、修改以及删除程序断点。

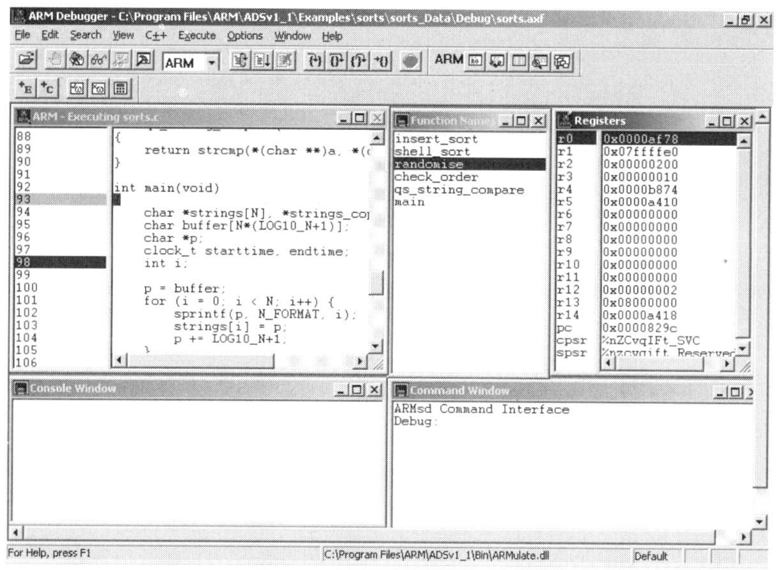

图 14.12　Execution、Function Names、Console、Command 及 Registers 窗口

### 2. Console 窗口

Console 窗口在调试程序时可以作为控制台，显示目标程序的输出结果，如图 14.12 所示。可以通过与该窗口关联的命令清除该窗口中的内容，或者将该窗口的内容保存到一个文件中。

### 3. Command 窗口

用户可以通过 Command 窗口发出调试命令。该窗口如图 14.12 所示。使用 help 命令能够显示出可以使用的命令。

### 4. Registers 窗口

在 Registers 窗口中显示了特定处理器模式下各寄存器的值，如图 14.12 所示。对于基于 Angel 的调试系统，用户只可以修改当前模式下的处理器值。对于其他的调试方式，用户可以修改各种处理器模式下各个寄存器的值。

使用 Registers 窗口，可以实现以下功能。

- 显示各处理器模式下的寄存器值。
- 修改寄存器值。
- 显示寄存器值所表示的存储器单元的内容。
- 在某个寄存器上设置数据断点。

### 5. Function Names 窗口

Function Name 窗口中显示了当前映像文件中包含的函数的名称，如图 14.12 所示。使用 Function Name 窗口，可以实现以下功能。

- 显示某个函数的源代码。
- 在某个函数的源代码上设置程序断点，并可以编辑或者删除这些程序断点。

### 6. Locals/Global 窗口

Locals 窗口显示被调试的映像文件中的各局部变量的值。Global 窗口显示被调试的映像文件中的各全局变量的值，如图 14.13 所示。当程序运行时，窗口中各变量的值将自动更新。使用 Locals/Global 窗口，可以实现以下功能。

- 改变一个变量的值。
- 显示某个变量所指的存储区域的内容。
- 改变各值显示的格式。
- 设置、修改以及删除基于某个变量的数据断点。
- 双击某个变量后，在一个新的窗口中显示该变量展开的层次结构的内容。

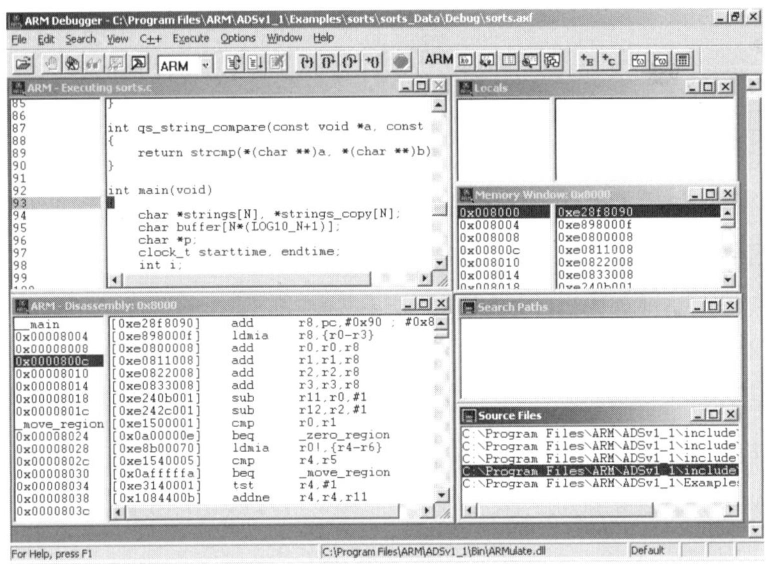

图 14.13　Locals、Memory、Search Paths、Source Files 及 Disassembly 窗口

### 7. Memory 窗口

Memory 窗口显示某个存储区域的内容，如图 14.13 所示。使用 Memory 窗口，可以实现以下功能。

- 通过窗口上的垂直滚动条可以显示其他存储区域的内容。
- 设置、修改以及删除数据断点。
- 修改某存储单元的内容。
- 改变存储区域的显示格式。

### 8. Disassembly 窗口

Disassembly 窗口显示将某个存储区域的数据反汇编得到的汇编指令，可以是 ARM 指令，也可以是 Thumb 指令，如图 14.13 所示。使用 Disassembly 窗口，可以实现以下功能。

- 跳转到另一个存储区域。
- 设置反汇编的汇编指令的格式，可以是 ARM 指令，也可以是 Thumb 指令。
- 设置、修改以及删除程序断点。

### 9. Search Paths 窗口

Search Paths 窗口中显示了调试当前映像文件时，为搜寻相应的源文件所需要的路径，如图 14.13 所示。

### 10. Source Files 窗口

Source Files 窗口中显示调试当前映像文件时，提供调试信息的各源文件的列表，如图 14.13 所示。双击窗口中的文件条目，可以在一个新的 Source Files 窗口中显示该源文件的源代码。

### 11. Breakpoints 窗口

Breakpoints 窗口显示当前被调试的映像文件中设置的所有程序断点，如图 14.14 所示，窗口的左半部分显示了程序断点所在的源文件，窗口的右半部分显示了程序断点在源文件中所在的源代码。使用 Breakpoints 窗口，可以实现以下功能。

- 显示反汇编的汇编代码以及源代码。
- 设置、修改以及删除程序断点。

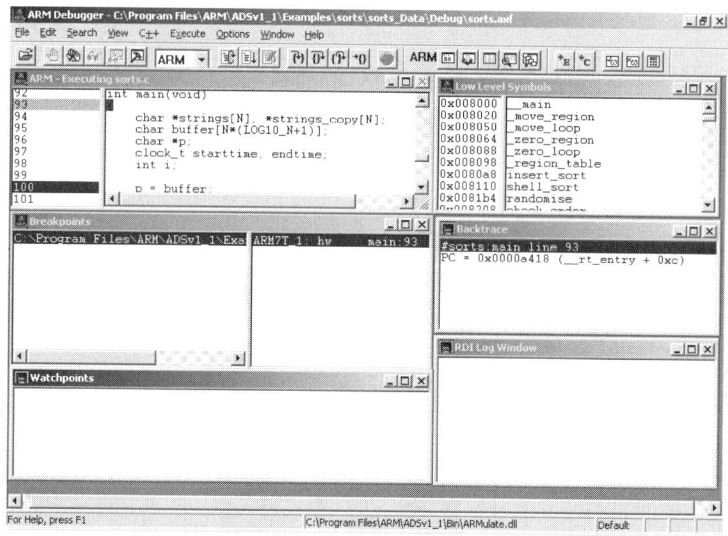


图 14.14　Breakpoints、Watchpoints、Backtrace、Low Level Symbols 及 RDILog 窗口

### 12. Watchpoints 窗口

Watchpoints 窗口显示了当前被调试的映像文件中设置的所有数据断点，如图 14.14 所示。使用 Watchpoints 窗口，可以实现以下功能。

- 修改一个数据断点。
- 删除一个数据断点。

### 13. Backtrace 窗口

Backtrace 窗口显示了当前程序运行的历史记录，如图 14.14 所示。使用 Backtrace 窗口，可以实现以下功能。

- 显示当前程序的反汇编代码。
- 在新窗口中显示当前程序的局部变量。
- 设置、修改以及删除程序断点。

#### 14. Low Level Symbols 窗口

Low Level Symbols 窗口显示了目标映像文件中的低级符号，如图 14.14 所示。使用 Low Level Symbols 窗口，可以实现以下功能。

- 显示窗口中各符号所指向的存储器单元的内容。
- 显示窗口中各符号所指向的存储器单元的内容反汇编后得到的汇编代码或者源代码。
- 在窗口中各符号所在的代码行设置程序断点，并且可以修改或者删除这些程序断点。

#### 15. RDILog 窗口

RDILog 窗口显示了 ADW 与目标系统之间底层通信的信息，如图 14.14 所示。

#### 16. Debug Internals 窗口

Debug Internals 窗口中显示了 ADW 内部使用的一些变量。用户通过该窗口可以查看这些变量，对于非只读的变量，用户还可以修改其值。

### 14.4.3 ADW 的使用

下面使用 ADS 1.1 所带的示例程序 sorts 来说明 ADW 中各窗口及其相关的操作。默认情况下，sorts 程序位于目录 C:\Program Files\ARM\ADSv1_1\Examples\sorts。这里使用 Metrowerks CodeWarrior for ADS 1.1 编译上述目录下的 sorts.mcp 工程项目文件，得到映像文件 sorts.axf。下面以 sorts.axf 为例说明 ADW 的使用方法。

在本小节中，选用的调试目标是 ARMulator，具体的设置方法在 14.4.1 中已经介绍了。对于其他的调试目标，下面介绍的内容同样适用。

#### 1. 下载映像文件

首先，需要将映像文件 sorts.axf 下载到目标系统中运行。具体操作步骤如下。

(1) 选择 File | Load Image 命令，打开 Load Image 对话框，如图 14.15 所示。

(2) 在 Load Image 对话框中选择 sorts.axf 映像文件。

(3) 在 Arguments 文本框中输入需要的参数，这里没有使用其他参数。

(4) 单击【打开】按钮。下载映像文件 sorts.axf。由于使用 ARMulator，映像文件 sorts.axf 下载到了主机存储器中。如果使用 Angel 等其他调试目标，映像文件 sorts.axf 可以被下载到目标系统的指定位置，具体位置在编译时指定。

(5) 选择 File | Reload Current Image 命令，可以重新下载当前的映像文件。

默认情况下，当映像文件下载完成后，ADW 自动在映像文件的开头设置一个断点。当映像文件被运行时，将会停在该断点处。

#### 2. 设置程序断点

程序断点(Breakpoint)是目标程序中的某个位置，当处理器执行该位置的指令之前，处理器停止执行，进入调试状态。ADW 中将程序断点分为两种：简单的程序断点和复杂的程序断点。简单的程序断点就是当处理器执行到程序中某条指令之前进入调试状态。复杂的程序断点是在处理器执行程序中的某条指令之前，如果满足一定的条件，处理器才进入调试状态，这些条件可以是处理器已经执行该指令的次数或者某个条件表达式。

在 ADW 中，可以通过以下窗口操作程序断点。

- Execution 窗口。
- Disassembly 窗口。
- Source Files 窗口。
- Backtrace 窗口。
- Function Names 窗口。
- Low Level Symbols 窗口。
- Class View 窗口(对于 C++程序而言)。

下面介绍程序断点的操作方法，可以在上述窗口中进行操作。

(1) 简单程序断点。

设置简单程序断点有以下两种方法。

方法 1：

① 双击希望设置简单程序断点的源代码，这时，将弹出 Set or Edit Breakpoint 对话框，如图 14.16 所示。

② 在 Set or Edit Breakpoint 对话框中单击 OK 按钮即可。

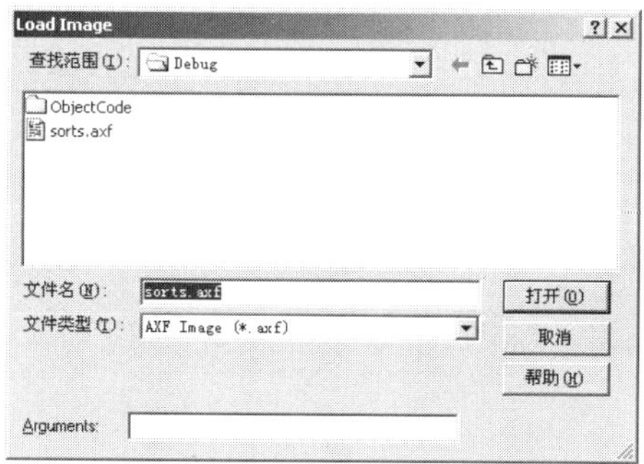


图 14.15　Load Image 对话框

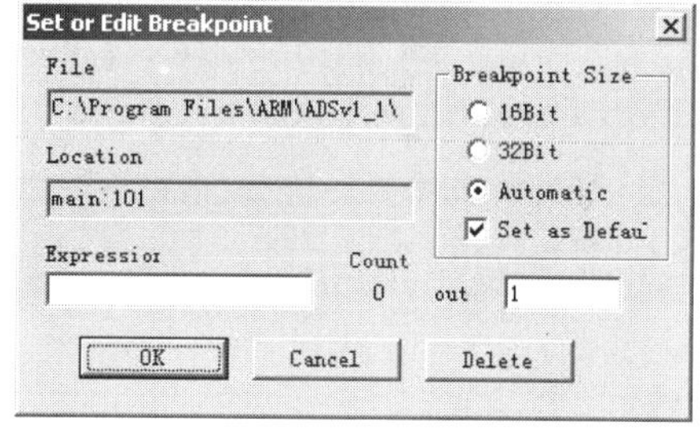


图 14.16　Set or Edit Breakpoint 对话框

方法 2：

① 将光标放置到希望设置简单程序断点的源代码。

② 通过以下操作，在该源代码处设置简单的程序断点。

- 选择 Execution | Toggle Breakpoint 命令。
- 单击 Toggle Breakpoint 按钮。
- 按 F9 键。

当通过 Function Names 窗口设置简单程序断点时，该断点被设置在指定的函数的入口。当通过 Low Level Symbols 窗口设置简单程序断点时，该断点被设置在代码序列的入口点。

可以通过 Breakpoint 窗口查看程序中设置的所有程序断点。

(2) 复杂程序断点。

在设置复杂程序断点时，需要在 Set or Edit Breakpoint 对话框中设置断点发生的条件。Set or Edit Breakpoint 对话框如图 14.16 所示。下面具体介绍其中各选项的含义。

- File：该文本框为只读，用于显示程序断点的源文件名称。
- Location：该文本框为只读，用于显示程序断点的具体位置。对于汇编程序来说，它是一个 32 位的地址值；对于 C/C++程序来说，它是相应的函数名称以及行号。
- Expression：该文本框中设置一个条件表达式，只有该条件表达式成立时，处理器在相应的程序断点处才会进入调试状态。
- Breakpoint Size：该选项组用于选择断点处指令的类型，可以是 ARM 指令或 Thumb 指令。
- Count：该文本框用于指定一个次数值 *n*，只有第 *n* 次该断点条件得到满足时，处理器才会在该断点处进入调试状态。

可以通过以下 3 种方法设置复杂程序断点。

方法 1：在某条代码上设置复杂程序断点。

① 双击希望设置简单程序断点的源代码，弹出 Set or Edit Breakpoint 对话框，如图 14.16 所示。

② 在 Set or Edit Breakpoint 对话框中，设置各断点的条件，然后单击 OK 按钮即可。

方法 2：通过 Function Names 窗口设置复杂程序断点。

① 打开 Function Names 窗口。

② 单击鼠标右键，从弹出的快捷菜单中选择 Set or Edit Breakpoint 命令，如图 14.17 所示。

③ 在打开的 Set or Edit Breakpoint 对话框中设置各断点的条件，然后单击 OK 按钮即可。

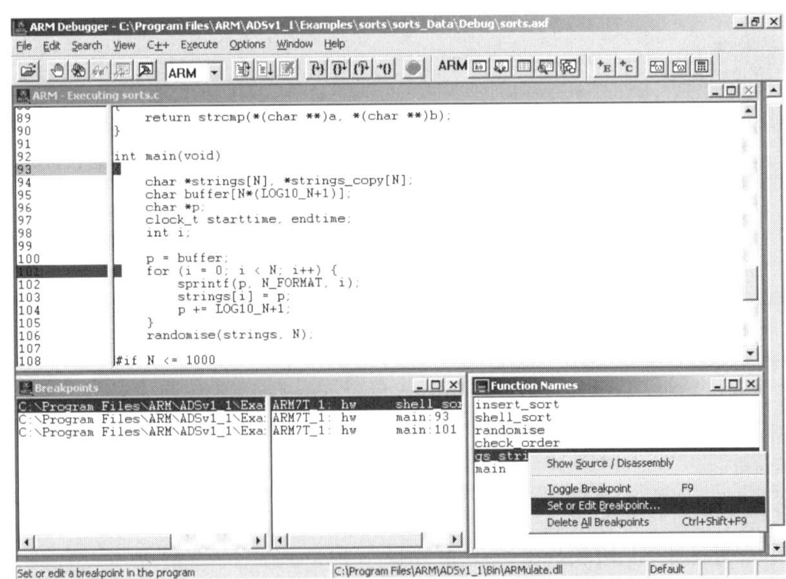


图 14.17　Function Names 窗口中的快捷菜单

方法 3：通过 Low Level Symbols 窗口设置复杂程序断点。

① 打开 Low Level Symbols 窗口。

② 单击鼠标右键，在弹出的快捷菜单中选择 Set or Edit Breakpoint 命令。

③ 在打开的 Set or Edit Breakpoint 对话框中设置各断点的条件，然后单击 OK 按钮即可。

(3) 删除程序断点。

删除程序断点有以下 5 种方法。

方法 1：

① 双击包含希望删除的程序断点的源代码，弹出 Set or Edit Breakpoint 对话框，如图 14.18 所示。

② 在 Set or Edit Breakpoint 对话框中单击 Delete 按钮即可。

方法 2：

① 鼠标右键单击包含希望删除的程序断点的源代码。

② 从弹出的快捷菜单中选择 Toggle Breakpoint 命令。

方法 3：

① 选中包含希望删除的程序断点的源代码。

② 单击工具栏中的 Toggle Breakpoint 按钮。

方法 4：

① 选择 View | Breakpoints 命令。

② 在 Breakpoints 窗口中选择希望删除的程序断点。

③ 按 Delete 键或单击 Toggle Breakpoint 按钮删除该程序断点。

方法 5：

选择 Exaction | Delete All Breakpoints 命令删除所有的程序断点。

### 3. 设置数据断点

数据断点是指当某个寄存器或者存储器单元的内容发生变化时，处理器停止执行下一条指令(对于汇编程序)或者下一条语句(对于 C/C++程序)，进入调试状态。

ADW 中将数据断点分为两种：简单的数据断点和复杂的数据断点。简单的数据断点就是当某个寄存器或者存储器单元的内容发生变化时，处理器停止执行下一条指令(对于汇编程序)或者下一条语句(对于 C/C++程序)，进入调试状态。复杂的程序断点是在满足简单数据断点的条件的同时，如果还满足一定的条件，处理器才进入调试状态，这些条件可以是寄存器或者存储器单元的内容发生变换的次数，或者是寄存器或者存储器单元的内容等于某个特定的值。

(1) 简单的数据断点。

设置简单数据断点的方法如下。

- 选择希望设置数据断点的寄存器、存储器单元或者变量。
- 通过以下操作在其上设置数据断点。
    - ◆ 选择 Execute | Toggle Watchpoint 命令。
    - ◆ 单击 Watchpoint 按钮。

- ◆ 从某些窗口的快捷菜单中选择 Toggle Watchpoint 命令。

(2) 复杂的数据断点。

在设置复杂数据断点时，需要在 Set or Edit Watchpoint 对话框中设置断点发生的条件。Set or Edit Watchpoint 对话框如图 14.19 所示。

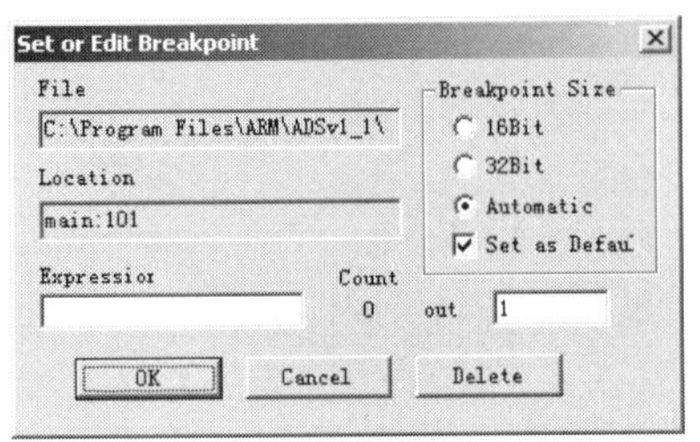


图 14.18　Set or Edit Breakpoint 对话框

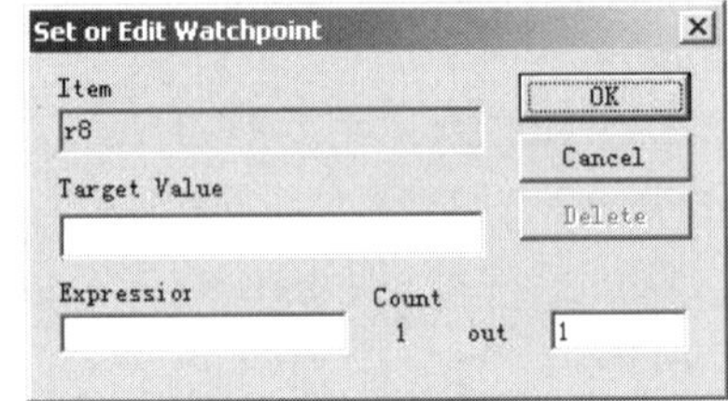


图 14.19　Set or Edit Watchpoint 对话框

下面具体介绍 Set or Edit Watchpoint 对话框中各选项的含义。

- Item：该文本框为只读，用于显示数据断点的寄存器、存储器单元或者变量。
- Target Value：该文本框设置为一个特定的值。当所选用的寄存器、存储器单元或者变量的值与该值相等时，处理器可能停止。没有指定该值时，当所选用的寄存器、存储器单元或者变量的值发生任何改变时，处理器可能停止。
- Expression：该文本框中设置一个条件表达式，只有该条件表达式成立时，处理器在相应的数据断点处才会进入调试状态。
- Count：该文本框用于指定一个次数值 *n*，只有第 *n* 次该断点条件得到满足时，处理器才会在该断点处进入调试状态。

设置复杂数据断点的方法如下。

① 选择希望设置数据断点的寄存器、变量或者存储器单元。

② 选择 Execute | Toggle Watchpoint 命令，打开 Set or Edit Watchpoint 对话框，如图 14.19 所示。

③ 在 Set or Edit Watchpoint 对话框中设置合适的条件，然后单击 OK 按钮即可。

修改复杂数据断点的方法如下。

① 选择 View | Watchpoint 命令，打开 Watchpoint 窗口。

② 在 Watchpoint 窗口中双击想要修改的数据断点，弹出 Set or Edit Watchpoint 对话框，如图 14.19 所示。

③ 在 Set or Edit Watchpoint 对话框中设置合适的条件，然后单击 OK 按钮即可。

删除复杂数据断点的方法如下。

① 选择 View | Watchpoint 命令，打开 Watchpoint 窗口。

② 在 Watchpoint 窗口中选择想要删除的数据断点。然后按 Delete 键或单击 Toggle Watchpoint 按钮删除该数据断点。

### 4. Backtrace 窗口的使用

Backtrace 窗口显示了当前程序执行的历史记录。图 14.20 显示了 sorts 程序运行到 randomise()函数时 Backtrace 窗口中的内容。

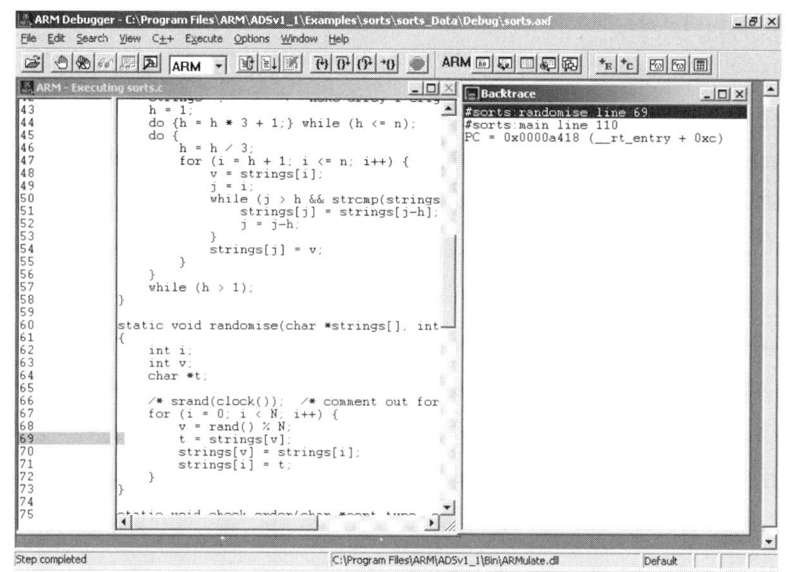

图 14.20　Sorts 程序运行到 randomise()函数中时 Backtrace 窗口中的内容

Backtrace 窗口中各部分内容的含义如下。

- 第 1 行显示了当前执行的代码所在的函数名称以及行号。
- 第 2 行显示调用当前函数的函数名称以及行号。
- 第 3 行显示了程序中调用 C 语言库函数的位置。

### 5. 运行目标程序

运行目标程序的方式有以下几种。

(1) 单步执行。

单步执行时，每次执行一条语句。这时，函数调用将被作为一条语句执行。对于 C/C++程序，每次执行一条 C/C++语句；对于汇编程序，每次执行一条汇编语句。单步执行的操作方法有以下几种。

- 选择 Execute | Step 命令。
- 按 F5 键。
- 单击 Step 按钮。

(2) Step In 命令。

Step In 命令每次执行一条语句。与 Step 命令的不同之处在于，对于函数调用语句，Step In 命令将进入该函数。Step In 的操作方法有以下几种。

- 选择 Execute | Step In 命令。
- 按 F8 键。
- 单击 Step In 按钮。

(3) Step Out 命令。

Step Out 命令执行完被调用的函数，处理器将停在函数调用的下一条语句。Step Out 的操作方法有以下几种。

- 选择 Execute | Step Out 命令。

- 按 Shift+F8 组合键。
- 单击 Step Out 按钮。

(4) Run to cursor 命令。

Run to cursor 命令使处理器停止在当前光标所在的位置。其操作方法有以下几种。

① 将光标定位在希望处理器停止的语句上。

② 使处理器停止在当前光标所在的位置，然后选择 Execute | Run to cursor 命令，或者按 F7 键。

### 6. Profiling 的使用

Profiling 按照一定的时间间隔采样 PC 寄存器的值。使用 Profiling 得到的信息可以估计目标程序中各个函数运行所占用的时间百分比。

在 ADW 中可以通过 Profiling 来得到这些数据，但不能分析这些数据。

ARM 提供的命令行工具 armprof 可以分析这些数据，显示目标程序中各个函数运行所占用的时间百分比。

基于 ARMulator 以及 Angel 的调试系统提供了 Profiling 功能，基于 ICE(JTAG)的调试系统没有提供 Profiling 功能。

使用 Profiling 功能的操作步骤如下。

(1) 下载目标映像文件。具体方法前面已经介绍。

(2) 选择 Options | Profiling | Toggle Profiling 命令。

(3) 运行目标映像文件。

(4) 选择 Options | Profiling | Write to File 命令，将 Profiling 数据保存到一个文件中。

使用命令行工具 armprof 可以分析由上述步骤得到的 Profiling 数据。

图 14.21 显示了 sorts.axf 运行时得到的 Profiling 数据，是用 armprof 分析的。

```
命令提示符 (2)
C:\>armprof sorts1.prf
There are 44 days left in this trial
Name                                    time%
strcmp                                 64.62%
insert_sort                            20.17%
_strtoul                                2.74%
shell_sort                              1.94%
_chval                                  1.23%
_printf_display                         1.16%
strtol                                  1.15%
__vfprintf                              1.15%
_partition_sort                         1.06%
qs_string_compare                       0.91%
__rt_sdiv                               0.64%
qsort                                   0.55%
atoi                                    0.39%
_sputc                                  0.34%
```

图 14.21　sorts.axf 运行时得到的 Profiling 数据

### 7. 将某存储区域的内容保存到磁盘文件中

通过以下操作步骤，可以将某存储区域的内容保存到磁盘文件中。

(1) 选择 File | Put File 命令，打开 Put file 对话框，如图 14.22 所示。

(2) 在 Put file 对话框中设置目标文件的名称。

(3) 设置欲保存的存储区域的起始地址和结束地址。

(4) 单击【保存】按钮，弹出一个确认对话框。

(5) 单击 OK 按钮。

### 8. 将某磁盘文件中的内容复制到特定的存储区域

通过以下操作步骤，可以将某磁盘文件中的内容复制到特定的存储区域。

(1) 选择 File | Get File 命令，打开 Get file 对话框，如图 14.23 所示。

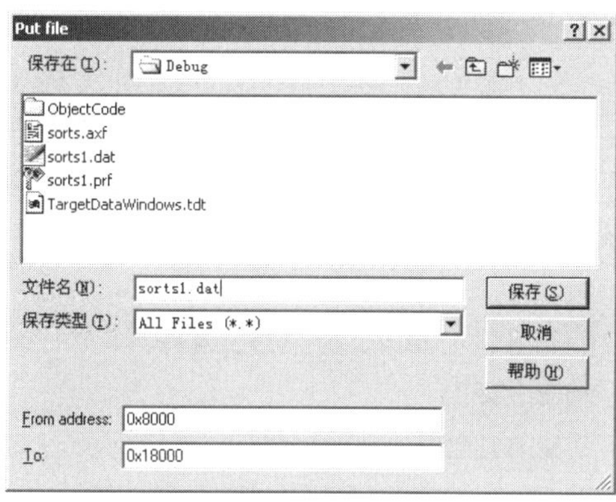


图 14.22　Put file 对话框

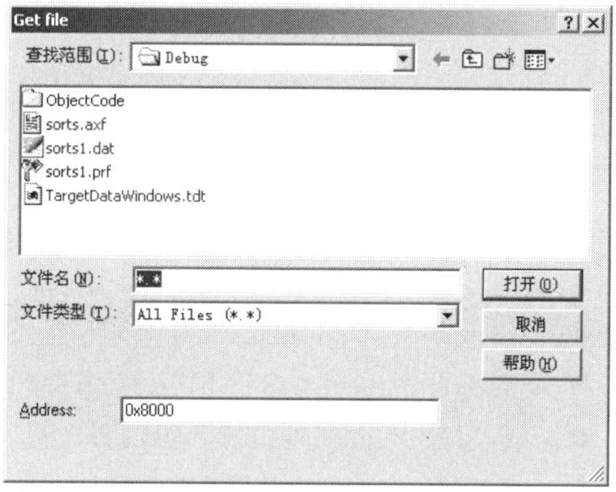

图 14.23　Get file 对话框

(2) 在 Get file 对话框中选择磁盘文件。

(3) 设置目标存储区域的起始地址。

(4) 单击【打开】按钮。

# 第 15 章　STM32 微控制器应用开发

本章通过实例带领读者完成基于 STM32CubeMX 和 HAL(Hardware Abstraction Layer，硬件抽象层)库的开发环境搭建与工程建立，讲解 GPIO、中断管理、通用同步异步收发器、定时器的基本定时与 PWM 信号输出功能以及模数转换外设的工作原理。

## 15.1　基 础 知 识

### 15.1.1　STM32 概述

STM32 是意法半导体(STMicroelectronics，ST)有限公司出品的一系列微控制器(MicroController Unit，MCU)的统称。

STM32 微控制器基于 ARM Cortex® -M0、M0+、M3、M4 和 M7 内核，这些内核是专门为高性能、低成本和低功耗的嵌入式应用设计的。STM32 微控制器按内核架构可以分为以下几个系列。

- 超低功耗产品系列：STM32L0、STM32L1、STM32L4、STM32L4+。
- 主流产品系列：STM32F0、STM32F1、STM32F3。
- 高性能产品系列：STM32F2、STM32F4、STM32F7、STM32H7。
- 无线产品系列：STM32WB。
- 微处理器(MPU)系列：STM32MP1。

### 15.1.2　STM32 微控制器的命名规则

STM32 微控制器的各个型号在封装形式、引脚数量、SRAM 和闪存大小、最高工作频率(影响产品的性能)等方面有所不同，开发人员可根据应用需求选择最合适的微控制器型号来完成项目设计。STM32 微控制器产品型号的各部分含义如图 15.1 所示。

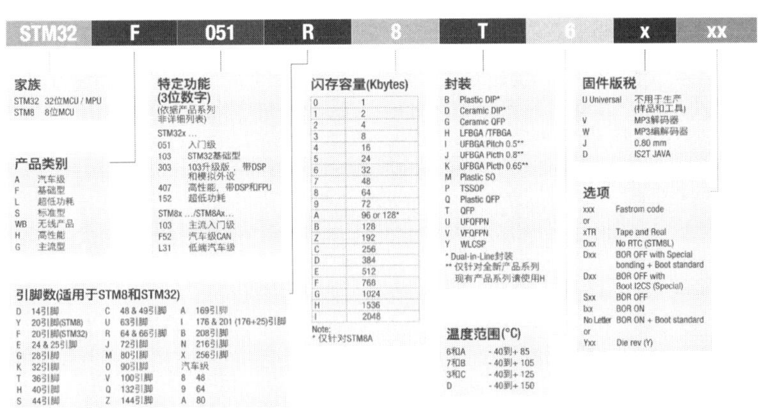


图 15.1　STM32 微控制器的产品型号

### 15.1.3　STM32 微控制器的主要特征

下面以 STM32F103VET6 型号为例，介绍 STM32 微控制器的主要特征。

(1) 32 位 ARM Cortex-M3 内核 CPU。

- 最大工作频率 72MHz，1.25DMIP/MHz，存储访问 0 等待。
- 单周期乘法运算和硬件除法运算。

(2) 存储。

- 具备 256KB 至 512KB 的 Flash 存储空间。
- 64KB 的 SRAM。

(3) 时钟、复位和电源管理。

- 2.0～3.6V 应用电源供电和 I/O。
- 上电复位(POR)、掉电复位(PDR)和可编程电压检测(PVD)。
- 4MHz 至 16MHz 外部晶振。
- 内部 8MHz 工厂校准 RC 振荡器。
- 内部 40kHz 经校准的 RC 振荡器。
- RTC 用经校准的 32kHz 振荡器。

(4) 低功耗。

- 睡眠、停止和待机 3 种低功耗模式。
- RTC 和备份寄存器用的 VBAT 电源。

(5) 3 个 12bit，1μs A/D 转换器(最多支持 21 个通道)。

- 转换范围：0～3.6V。
- 三通道采样和保持能力。
- 温度传感器功能。

(6) 2 个 12bit D/A 转换器。

- 12 通道 DMA 控制器。
- 支持外设：定时器、ADC、DAC、SDIO、I2S、SPI、I2C 和 USART。

(7) 调试模式。

- 串行调试(SWD)和 JTAG 调试接口。
- Cortex®-M3 嵌入式跟踪宏单元。

(8) 最多 112 个快速 I/O 口。

- 50/80/112 个 I/O 口都映射到 16 个外部中断向量，几乎所有的 I/O 都可容忍 5V 电压。

(9) 11 个定时器。

- 4 个 16bit 定时器，每个都具备 4 路输入捕获/输出比较/PWM 信号生成，或者脉冲计数和 4 倍频编码器输入。
- 2 个 16bit 电动机控制 PWM 定时器，具有死区产生和刹车功能。
- 2 个看门狗定时器(独立或窗口)。

- 1 个 24bit 向下计数的 SysTick 定时器。
- 2 个 16bit 基本定时器，亦可用于驱动 DAC。

(10) 13 个通信接口。

- 2 个 $I^2C$ 接口(SMBus/PMBus)。
- 5 个 USART。
- 3 个 SPI 接口(18Mb/s)，其中 2 个可切换为 $I^2S$。
- CAN 总线接口(支持 2.0B)。
- USB 2.0 全速接口。
- SDIO 接口。

# 15.2 STM32 的开发环境

## 15.2.1 STM32 的软件开发库

ST 公司为开发者提供了多个软件开发库，如：标准外设库、 HAL 库与 LL 库。另外，ST 公司还针对 F0 与 L0 系列 MCU 推出了 STM32 Snippets 示例代码集合。接下来分别介绍这几种软件开发库。

### 1. STM32 Snippets

STM32 Snippets 是 ST 公司推出的高度优化且立即可用的寄存器级代码段集合，可最大限度地发挥 STM32 微控制器应用设计的性能和能效。寄存器级编程虽然可降低内存占用率，节省宝贵的处理器时钟周期，降低电源电流消耗，但通常需要开发者花费很多时间和精力研究产品手册。另外，这种开发模式的缺点是代码在不同系列的 STM32 微控制器之间没有可移植性。

### 2. STM32 标准外设库

STM32 标准外设库(Standard Peripherals Library)是对 STM32 微控制器的完整封装，它包括了 STM32 微控制器所有外设的驱动描述和应用实例，为开发者访问底层硬件提供了一个中间 API。通过标准外设库，开发者无须深入掌握底层硬件的细节就可以轻松地驱动外设，快速部署应用。因此，使用标准外设库可以减少开发者驱动片内外设的编程工作量，降低时间成本。

### 3. STM32CubeTM、HAL 库与 LL 库

为了减少开发者的工作量，提高程序的开发效率，ST 公司发布了一个新的软件开发产品——STM32CubeTM。这个产品由 PC 端的图形化配置与代码生成工具 STM32CubeMX、嵌入式软件库函数(HAL 库与 LL 库)以及一系列的中间件集合(RTOS、USB 库、文件系统、TCP/IP 协议栈和图形库等)构成。

HAL 库是 ST 公司为 STM32 系列微控制器推出的硬件抽象层嵌入式软件，它可以提高程序在跨系列产品之间的可移植性。

与标准外设库相比，HAL 库表现出更高的抽象整合水平。HAL 库的 API 集中关注各

外设的公共函数功能，它定义了一套通用的用户友好的 API 函数接口，开发者可以轻松地将程序从 STM32 微控制器的一个系列移植到另一个系列。目前，HAL 库已经支持 STM32 全系列产品，它是 ST 公司未来主推的库。

### 15.2.2 STM32 的软件开发模式

开发者基于 ST 公司提供的软件开发库进行应用程序的开发，常用的 STM32 软件开发模式包括基于寄存器的开发模式、基于标准外设库的开发模式和基于 STM32Cube 的开发模式 3 种。

基于 STM32Cube 的开发模式是 ST 公司目前主推的一种模式，对于近年来推出的新产品，ST 公司已不再为其配备标准外设库。因此，为了顺应技术发展的潮流，本书选取了基于 STM32Cube 的开发模式，后续的任务实施讲解，都是基于这种开发模式。

### 15.2.3 STM32 的集成开发环境

目前推荐使用 STM32CubeMX 软件可视化地进行芯片资源和管脚的配置，然后生成项目的源程序，最后导入 IDE 中进行编译、调试与下载。STM32CubeIDE 集成了 STM32CubeMX 的 STM32 配置与项目创建功能，以便提供一体化工具体验，并节省安装与开发时间。

STM32CubeIDE 包含相关构建和堆栈分析仪，能够为用户提供有关项目状态和内存要求的有用信息。

STM32CubeIDE 还具有标准和高级调试功能，其中包括 CPU 内核寄存器、存储器和外设寄存器以及实时变量查看、串行线传输监测器接口或故障分析器的视图。

本书在后续的任务实施讲解中，将采用 STM32CubeMX + MDK-ARM 的开发工具组合。具体应用开发流程如下。

(1) 根据任务要求，利用 STM32CubeMX 进行功能配置。

(2) 生成基于 MDK-ARM 集成开发环境的初始代码。

(3) 添加功能逻辑，完成应用开发。

## 15.3 STM32 软件开发环境 MDK-ARM 的安装

### 15.3.1 下载软件

从 Keil 官网(https://www.keil.com/download/product/)下载 MDK-ARM 的安装包，如：MDK539.EXE。下载页面如图 15.2 所示。

### 15.3.2 安装和注册软件

安装包下载完毕后，双击运行，进入安装界面，根据向导提示单击 Next 按钮即可。MDK-ARM 安装完成之后，需要进行注册，可以按照图 15.3 中的顺序进行。

如果有现成的 License ID Code，则直接添加到③处，然后单击④处的 Add LIC 按钮即

可完成许可证的添加。如果没有 License ID Code，则可以先单击⑤处的 Get LIC via Internet 按钮，在线申请 License ID Code，然后重复上述过程即可。添加许可证成功后，可以看到如⑥处所示的信息。

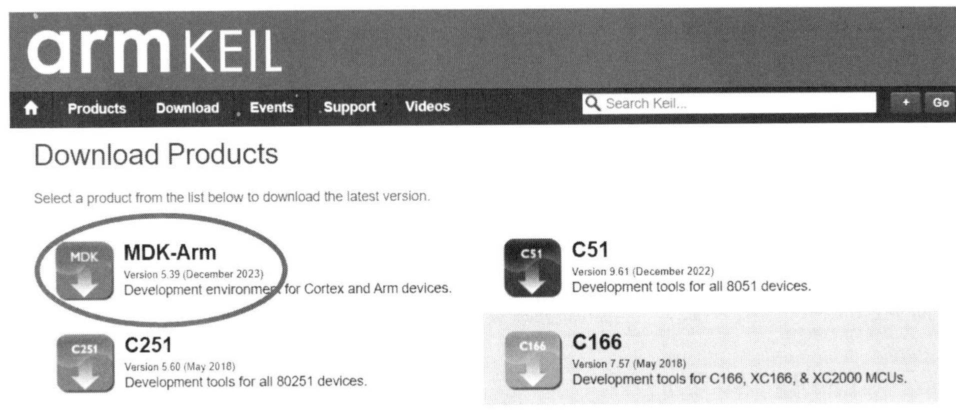


图 15.2　MDK-ARM 开发工具 IDE 下载网站

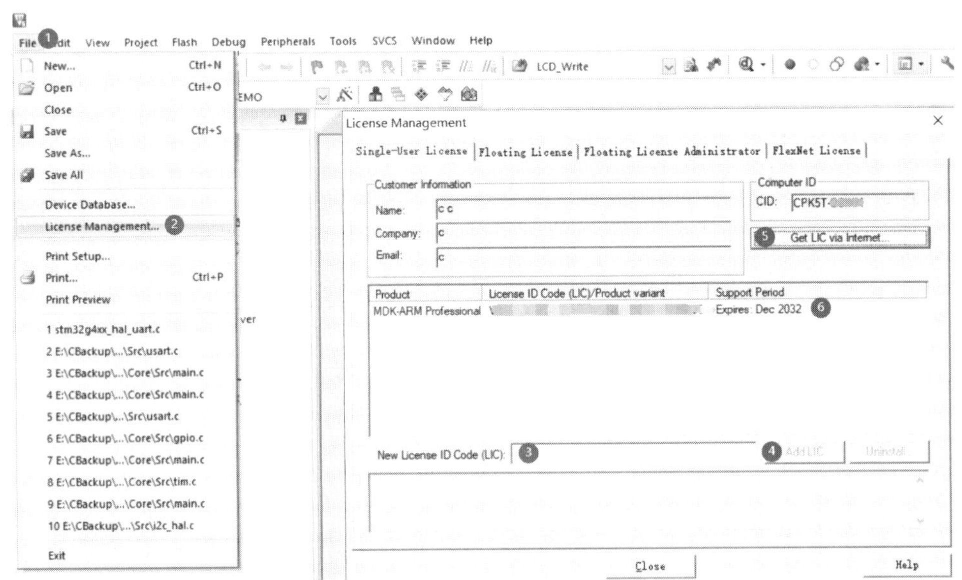


图 15.3　MDK-ARM 许可证管理界面

## 15.3.3　安装和升级软件包

MDK-ARM 软件安装完成之后，还需要安装或者升级对应芯片的软件包。MDK539.EXE 安装完成之后，将会进入软件包的安装主界面，如图 15.4 所示。

在 Pack Installer 窗口左侧的 Device 列表框中选择相应的 STM32 微控制器型号，如：STM32F103VE(图 15.14 中的标号①处)，然后单击右侧的 Intall 按钮进行在线安装(图 15.14 中的标号②处)，同时可通过图 15.4 中标号④处的进度条观察安装进度。

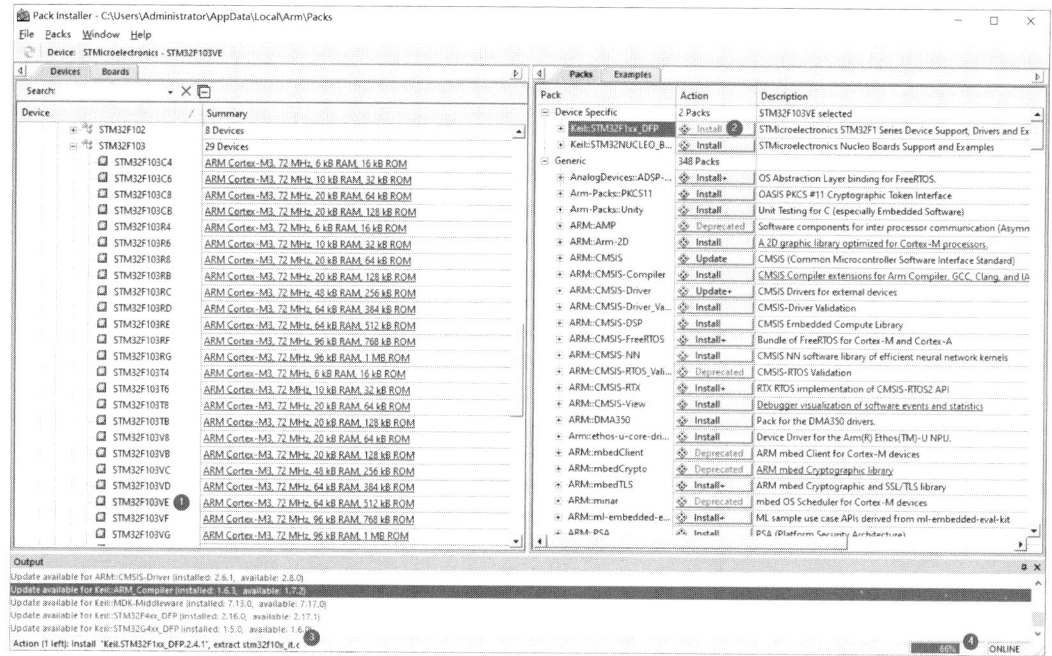

图 15.4　软件包的安装主界面

# 15.4　STM32CubeMX 的安装

STM32CubeMX 软件的运行依赖 Java Run Time Environment (简称 JRE)，因此建议在安装前到 Java 的官网 https://www.java.com 下载 JRE。读者应根据自己操作系统选择 32 位或 64 位版本进行下载安装，下载完成后可以根据向导提示安装即可。

到 STM32CubeMX 的官网(https://www.st.com/content/st_com/en/stm32cubemx.html)下载即可。STM32CubeMX 的安装过程非常简单，连续单击 Next 按钮，设置采用默认即可。

# 第 16 章　自动驾驶系统应用开发

本章主要讲解自动驾驶系统运动控制系统的功能以及工作原理。读者通过自动驾驶系统 5 个任务的实施，掌握 STM32 微控制器在智能小车中最基本的应用开发技能，为后续更强功能开发积累实战经验。

详细内容请扫描下方二维码。